浙江省普通本科高校"十四五"重点立项建设教材

新工科·新形态　机电类专业系列教材

U0663143

测试技术与传感器

基础与应用

李运堂　冯　娟　主　编

金　杰　李　璟　马小龙
　　　　　　　　　　副主编
王冰清　谢胜龙　张远辉

电子工业出版社·

Publishing House of Electronics Industry

北京·BEIJING

内 容 简 介

本书系统介绍了测试技术与各类传感器的基础知识和应用案例。全书共 14 章，分为两大篇：第一篇为测试技术基础（第 1～3 章），阐述测试的基本概念、信号分析基础及测试系统的静态和动态特性，为读者理解测试过程与方法奠定基础；第二篇为传感器基础及应用（第 4～14 章），概述了传感器技术，详细讲解了电阻式、电感式、电容式、光电式、压电式、热电式、磁电式、数字式、辐射式及图像检测等多种传感器的原理、特性及应用案例，为读者展示典型传感器在现代科技领域中的关键作用。本书采用二维码技术，将纸质教材与数字化教学资源有机融合，通过大量案例分析，引导读者理解传感器技术如何解决实际工程问题，并掌握其应用方法。

本书结构清晰、内容翔实、应用导向鲜明，适合作为高等院校机电类专业，如机械电子工程、自动化、机械设计制造及其自动化、电气工程及其自动化、机器人工程，以及测控技术与仪器等的核心教材或教学参考书。同时，对于从事传感检测技术研发、设备设计与系统集成工作的工程技术人员，本书也具有重要参考价值。

图书在版编目（CIP）数据

测试技术与传感器 ：基础与应用 / 李运堂，冯娟主编. -- 北京 ：电子工业出版社，2025. 6. -- ISBN 978-7-121-50589-8

Ⅰ．TP212

中国国家版本馆 CIP 数据核字第 202558PS60 号

责任编辑：张天运

印　　刷：三河市良远印务有限公司
装　　订：三河市良远印务有限公司
出版发行：电子工业出版社
　　　　　北京市海淀区万寿路 173 信箱　邮编 100036
开　　本：787×1092　1/16　印张：24　字数：614.4 千字
版　　次：2025 年 6 月第 1 版
印　　次：2025 年 6 月第 1 次印刷
定　　价：69.80 元

凡所购买电子工业出版社图书有缺损问题，请向购买书店调换。若书店售缺，请与本社发行部联系，联系及邮购电话：（010）88254888，88258888。

质量投诉请发邮件至 zlts@phei.com.cn，盗版侵权举报请发邮件至 dbqq@phei.com.cn。

本书咨询联系方式：（010）88254172，zhangty@phei.com.cn。

前　言

党的二十大报告指出："教育、科技、人才是全面建设社会主义现代化国家的基础性、战略性支撑。"当前，随着信息技术的高速发展，传感器在精密制造、生物医药、环境保护、食品安全、航空航天及新能源等众多关键领域中的作用越发凸显，成为确保产品质量、提升生产效率、保障系统安全的核心要素，引领自动化生产浪潮，驱动数字化转型深化，强力推动社会向高质量、可持续发展方向加速迈进。

本教材是浙江省普通本科高校"十四五"重点立项建设教材，旨在适应新时代人才培养特点和专业能力素质要求，服务国家高等教育的高质量发展，契合国家推动新工科建设、探索教材新形态的要求，培养在测试技术与传感器领域具备扎实理论基础和实践能力的专业人才。本教材有机融入课程思政元素，引导学生树立远大理想，激发学生爱国情、强国志、报国行，是一门培根铸魂的新工科公共基础课程配套教材。

作为新形态教材，本教材以读者为中心，以纸质教材为载体，充分发挥新媒体优势，将纸质教材与微课视频、在线测试等数字化教学资源有机融合，全方位、多角度向读者展现教材内容，便于读者掌握基础理论、拓宽知识视野、了解工程应用。本教材可作为普通高等院校检测技术课程的教材或参考书目。

本教材具有以下特点：①针对知识难点，制作了讲解视频，帮助读者深入掌握知识点；②习题类型丰富并附详尽答案，在线测试可自动评分，便于读者自我检测并巩固学习成果；③教材穿插了兼具趣味性和知识性的小讨论，引导读者在掌握课程内容的同时激发深度思考；④教材融入了有关行业前沿动态的小拓展，在拓宽读者知识面的同时注重社会主义核心价值观的引领，帮助读者实现科技能力与人文素养的同步提升；⑤提供了大量的工程应用案例，帮助读者深入理解并应用所学知识。

本教材由多位在测试技术与传感器领域拥有丰富教学与科研经验的教师共同编写而成。他们凭借各自的专业优势和研究专长，精心规划并撰写了各个章节的内容。通过团队成员之间的紧密合作与共同努力，确保了教材内容兼具基础性、前沿性、准确性和实用性，全面覆盖了测试基础、信号分析、传感器技术及应用案例等多个方面，为读者提供详尽、深入指导。

李璟编写第 1 章"测试的基础知识"，详细介绍了测试的基本概念、测试方法的分类、测量误差及不确定度，以及测量数据的处理方法，有助于读者准确理解测试基础知识。

李运堂编写第 2 章"信号分析基础"和第 10 章"热电式传感器及应用案例"，详细介绍了信号分析及描述方法、热电式传感器的工作原理及典型应用案例。信号分析是测试技术的核心内容之一，热电式传感器在温度测量领域应用广泛。

冯娟编写第 3 章"测试系统的特性分析"、第 5 章"电阻式传感器及应用案例"和第 6 章"电感式传感器及应用案例"，系统阐述了测试系统的基本特性、电阻式传感器和电感式传感器的工作原理及其应用案例，有助于读者深入理解测试系统的性能和电阻式、电感式传感器的应用。

马小龙编写第 4 章"传感器技术概论"和第 8 章"光电式传感器及应用案例"，这两章详细介绍了光电式传感器的工作原理、典型应用及工程案例，有助于读者理解传感器技术和光电式传感器的应用。

金杰编写第 7 章"电容式传感器及应用案例"、第 9 章"压电式传感器及应用案例"和第 11 章"磁电式传感器及应用案例"，详细介绍了电容式传感器、压电式传感器、磁电感应式传感器和霍尔传感器的工作原理、特性及应用案例。

谢胜龙编写第 12 章"数字式传感器及应用案例"，详细介绍了数字式传感器的特点、分类、工作原理及应用案例。数字式传感器具有高精度、高可靠性和易于集成等优点，在自动化领域应用广泛。

王冰清编写第 13 章"辐射式传感器及应用案例"，详细介绍了红外辐射传感器、超声波传感器和微波传感器的结构特点、工作原理及应用场景，有助于读者深入理解辐射式传感器的基础理论及工程应用。

张远辉编写第 14 章"图像检测技术及应用案例"，详细介绍了图像检测技术的基本原理、分类及应用案例，有助于读者了解图像检测在工业自动化、智能制造等领域的应用及其最新进展。

在本书编写过程中，我们尤为强调理论与实践的深度融合，本书不仅系统阐述了测试技术与传感器领域的核心理论知识，还精心收录了众多工程应用案例，可助力读者掌握所学知识的精髓。同时，我们也期望此书能成为测试技术与传感器领域内教学工作者、科研人员及工程技术人员的参考资源，为其工作和研究带来帮助与启发。

我们衷心感谢所有参与本书编写、审稿及出版工作的同仁们的无私奉献与辛勤努力，正是他们的精诚合作，才使本书得以顺利出版。本书在撰写过程中，得到了中国计量大学陈锡爱、富雅琼老师的鼎力支持与协助，对此我们致以诚挚的谢意！同时，感谢林纪闳、周晓昀、郡嘉懿、谢庭安、苑欣睿、王子鹏、李代爽、魏凯文等研究生同学在本书编写中提供的热情支持与协助。我们诚挚地期待广大读者不吝赐教，提出宝贵的意见和建议，以便我们持续优化内容，不断提升教材的质量与价值。

编者

2024 年 10 月 10 日

目　录

第一篇 测试技术基础

第1章

测试的基础知识

学习要点

1. 了解测试的基本概念、测试方法的分类及测试系统的组成；
2. 掌握测量误差的定义、分类及处理方法；
3. 了解测量不确定度的评定；
4. 了解测量数据的处理方法——回归分析。

知识图谱

测试的基础知识	测试的基本概念	有关量、测量、计量、测试、检测的概念
		测试方法的分类
		测试系统的组成
	测量误差与不确定度	测量误差的基本概念及分类
		测量误差的处理
		测量不确定度
	测量数据的处理方法	测量数据的有效数字处理准则
		测量数据的表述方法
		回归分析方法及应用

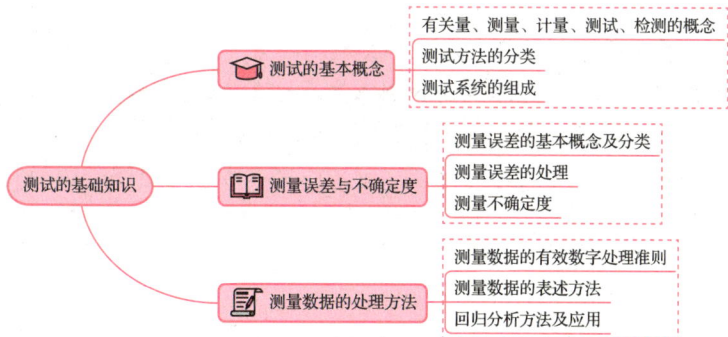

1.1 测试的基本概念

1.1.1 有关量、测量、计量、测试、检测的概念

量、测量、计量、测试、检测是相互之间密切关联的技术术语。

1.1 测试的基本
概念课件

1

1. 量

自然界中的一切现象、物体或物质，其存在与特性往往通过一定的"量"来体现和构成。量（Quantity）泛指现象、物体或物质所具有的特性。它既可以涵盖广义上的量，比如，长度、质量、温度和时间等抽象概念；也可以具体到特定的量，如某张桌子的确切长度或某杯水的实际温度。量的大小可用一个数值和一个测量单位的特殊约定组合来表示。例如，当测得某杯水的温度为20℃时，数值"20"与单位"℃"的组合表示，便准确描述了水温这个量的高低。

> 📖 **小知识**：通常情况下，量的大小是恒定的，不随测量单位的变化而改变，变化的仅仅是表示这一量的单位和相应的数值，这是不同单位间相互转换的基础，也是量的一个基本属性。人类对自然界的认识，实质上是一个不断将难以测量的量转变为可测量的量，并进一步发展为可精确计量的量的过程。

2. 测量

按照JJF 1001—2011《通用计量术语及定义》，测量（Measurement）被定义为：通过实验获得并可合理赋予某量一个或多个量值的过程。从定义上看，测量是以确定量值为目的的一组操作。测量过程本质上是一个对比操作，将被测量与性质相同的标准量相比较，进而确定被测量是标准量的若干整数倍或分数倍。例如，用磁敏电阻可以测出地球磁场万分之一的变化，从而可以用于探矿或判定海底沉船的位置。测量结果有多种表达形式，可以是具体的数字、一条曲线，或是某种图形等，它不仅包含数值信息，还明确了相应的单位。

🔍 小拓展

中国电子测量仪器行业的"带头人"——年夫顺

年夫顺围绕"四个面向"国家重大战略需求，以民族仪器振兴为己任，在电子测量仪器领域破解了西方国家"卡脖子"技术难题，实现与国外并跑，成为国产仪器行业一面旗帜，是我国电子测量仪器学科的带头人。年夫顺从事电子测量仪器科研工作超过30年，主要研究微波矢量网络分析仪、毫米波与太赫兹测量仪器和自动测量系统。在电子测量仪器领域，年夫顺的科研成果应用于北斗导航系统、5G移动通信、载人航天、探月工程等国家重大工程及相控阵雷达、风云气象卫星、太赫兹人体安检仪等重要装备，取得了显著的经济效益和社会效益。

3. 计量

按照JJF 1001—2011《通用计量术语及定义》，计量（Metrology）被定义为：计量是实现单位统一、量值准确可靠的活动。此定义阐明了计量的核心宗旨在于实现单位统一和量值的准确可靠，其内容是为了实现这一目的所开展的一系列相关活动，不仅包括科学技术和产业领域等各方面，还涉及法律法规、行政管理等内容，并且要通过仪器设备及测量环境控制等手段保证测量数据的准确可靠。通过计量获取的测量结果，已成为人类社会活动中不可或缺的重要信息源。

4．测试

测试（Measurement or Test）是具有试验性质的测量，包括测量和试验两个方面，其过程具有探索性，主要涉及新出现的量的测量及原有量需要对量程和分辨力进行拓展的测量，测量方法和测量仪器等都需要通过试验逐步确定。由此可见，测试工作的意义在于将不可测的量转化为可测的量，再形成测量方法和测量仪器，最后将该量值的计量列入计量体系的量值传递与溯源链。

5．检测

检测（Detection）是运用各种物理和化学效应，采用合适的方法与设备，对生产、科研、生活中的相关信息进行检查与测量，从而给出定性或定量的结果。检测技术涉及传感器技术、仪器仪表技术等多个学科。例如，在环境空气颗粒物浓度的检测方法上，空气中的颗粒物被激光器照射会散射光线，光散射探测器会测量颗粒物在不同角度的散射光强度，通过分析散射光的模式和强度来计算 PM2.5 的浓度。

> **小总结：** 量是阐述探索自然界物质运动规律的一个基本概念；测量是对量值的确定；计量作为测量的一种特定形式，不仅能确定量值，还能实现量值的统一；测试可视为测量与试验的综合；检测是测量、计量及测试在实际中的应用。它们之间关系密切，计量是测量、测试和检测的前提和基础，测量、测试与检测是计量的具体体现，测试又可为计量、测量与检测提供新的技术手段和方法。由于测试和测量密切相关，在实际使用中往往对测试与测量并不严格区分。一个完整的测试过程必然包含被测对象、计量单位、测试方法和测量误差。

1.1.2　测试方法的分类

测试（也称测量）方法是指具体实现被测量与标准量比较的方法，从不同的角度划分有不同的分类方法。

测试方法的
分类视频

1．按测量结果的获得方式分类

1）直接测量

直接测量是指被测量与同类的标准单位进行比较，或者用预先标定好的仪表对被测量进行测量，而不需要经过运算直接可以获取被测量值的测量方法，例如，弹簧管压力表用于测压，磁电式仪表用于测电压或电流等。直接测量能直接获得被测量的值，该过程便捷、快速，尽管测量精度不高，但在工业上仍然得到了比较广泛的应用。

2）间接测量

间接测量是指通过测量与被测量之间的明确数学关系的中间变量，将测量值代入相应的数学公式中，进而计算出被测量值的测量方法。例如，用伏安法测电阻，通过测量电阻两端的电压和通过电阻的电流，根据欧姆定律可以计算出被测电阻的阻值。在使用仪表进行测量时，需要结合直接测量和间接测量，通过改变测量条件进行多次测量，并联立方程组获得测量结果，这种测量也称为组合测量。间接测量过程复杂，步骤繁多，花费时间长，导致误差的因素较多；然而，通过对测量误差的详细分析，选择并确定合适的优化测量手段，并在较为理想的条件下实施测量，可以得到具有较高准确度的测量结果。间接测量一般用在直接测量难以实现、缺少直接测量手段及直接测量的精度达不到要求的场合，如测量运载火箭的轨道参数或具有放射性物体的参数等。

2. 按被测量随时间变化的情况分类

1）静态测量

静态测量是指在测量期间当被测量处于稳定状态下所进行的测量，故又称为稳态测量。当被测量不随时间变化或变化很缓慢时，可以认为测量系统的输入量和输出量都与时间无关，如测量气温、体温等。

2）动态测量

动态测量是指在测量期间为确定随时间变化的被测量处于非稳定状态下的瞬时值而进行的测量。此时被测量参数随时间的变化而变化，因此，这种测量必须瞬时完成。动态测量能更真实地反映被测量的情况，但需要较复杂的专用仪器进行测量。例如，测量飞机飞行中机翼摆动的角度、汽车运行中车轮的转速等。

3. 按测量器具是否与被测对象接触分类

1）接触式测量

接触式测量是指传感器直接与被测对象接触，受到被测参数的影响而输出信号。比如，采用热电偶传感器或热电阻传感器测量温度时，必须与被测对象接触，产生导热、辐射或对流换热，从而达到热平衡，即温度相等，传感器便产生代表温度高低的信号。但是由于传感器本身具有一定的热容量，因此在接触式测量中会破坏原来的温度场，造成热量损失。

2）非接触式测量

非接触式测量是指传感器不与被测对象接触即可得到测量值的测量方法。非接触式测量可以避免由于接触而影响被测对象的运行工况及特性，也可避免测试设备受到磨损，如辐射测温、多普勒超声测速等。

4. 按照测量在生产过程中进行与否分类

1）在线测量

在线测量是指在生产过程中进行实时监控，或在生产流水线上对产品质量进行检测的测量方法。例如，现代自动化机床均采用边加工边测量的方式，它能保证产品质量的一致性。

2）离线测量

离线测量是指对脱离了生产线的产品质量进行检测的测量方法。虽然这种测量方法能测出产品的合格与否，但是无法实时监控产品质量。

5. 按照测量的具体手段分类

1）偏位测量

偏位测量是指在测量过程中，利用被测量对仪表内部比较机构的作用，产生一定的偏移量，用该偏移量直接表示被测量的测量方法。例如，用弹簧秤测量物体质量、用高斯计测量磁场强度等，均是直接以指针偏移的大小来表示被测量。这种测量方式必须事先用标准量具对仪表刻度进行校正。可见，采用偏位式测量的仪表内不包括标准量具。偏位测量易产生灵敏度漂移和零点漂移，虽然过程简单、迅速，但准确度不高。例如，随着时间的推移，弹簧的刚度发生变化，弹簧秤的读数就会产生误差，所以必须定期对偏位测量仪表进行校验和校准。

2）零位测量

零位测量是指在测量过程中，将被测量与仪表内置的标准量进行对比，当测量系统达到平衡时，利用已知的标准量值来确定被测量值的测量方法。在零位测量仪表中，标准量具是装在测量仪表内的。通过调整标准量进行平衡操作，当两者相等时，用零位来指示测量系统的平衡状态。例如，用天平测量物体的质量、用平衡式电桥测量电阻值等。零位测量的特点是准确度高，但平衡复杂，多用于缓慢信号的测量。

3）微差测量

微差测量是一种融合了偏位测量的高速度和零位测量的高准确度优势的测量方法。该方法首先使被测量与测量仪器内置的标准量达到初始平衡状态。一旦被测量发生微小变化，测量仪器随即失衡，此时利用偏位指示器显示这一变化的数值。以天平（零位仪表）测量化学药品质量为例，当天平达到平衡状态后，若再增加药品，天平将再次失衡。此时，即使是最小的砝码也无法称出这一微小增量，但通过观察天平指针在刻度尺上移动的格数，就能准确读取这一微小差值。微差测量装置在使用时要定期用标准量（包括调零和调满度）校准，才能保证其测量准确度。

> **小提示**：每种测量方法都有各自的特点，在选择测量方法时，应首先研究被测量本身的特性、精度要求、环境条件及测量仪表、装置、仪器等，经综合考虑，再确定采用哪种测量方法和选择哪些测量设备。测量方法的选择与设备的选择同等重要，在实际测量时，要根据具体情况选择合适的测量方法。

1.1.3　测试系统的组成

测试系统通常由传感器、信号处理、信号传输、显示记录等环节组成，其框图如图 1.1.1 所示。

一般的测试系统，按功能可分为三级：第一级为信息获取，利用传感器感受被测量信息，并将其转换成对应大小的输出信号，通常将被测非电量转换为电信号输出；第二级为信号处理，将传感器输出的微弱信号进行必要的放大、转换、调节、运算，其中信号转换主要指电信号之间的转换，如将阻抗的变化转换

图 1.1.1　测试系统组成框图

为电压、电流、频率的变化；第三级为信号输出，将信号以数据、曲线等形式显示和记录，或将信号数字化后在计算机中进行存储、处理或输出，以便进一步分析研究，找出被测量信息的规律。

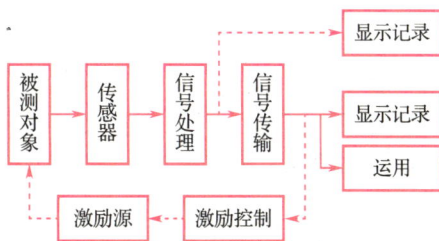

> **小讨论**：举出两个日常生活中的非电量测量的例子来说明常用的各种测试方法。

1.1 测试方法分类讨论

1.2 测量误差与不确定度

测量误差是必然存在的，然而，对测量误差的规律进行深入研究，不仅能够有效降低误差的影响，提高测量的精度，还能够对测量结果进行可靠性评定，给出精度的估计。

1.2 测量误差与
不确定度课件

1.2.1 测量误差的基本概念及分类

测量误差的基本
概念及分类视频

1. 基本概念

1）真值

表征某一被测量真实状态和属性的理论值通常被称作理论真值，也叫作绝对真值。比如，三角形的三个内角之和理论上应为 180°。鉴于许多量的理论真值难以直接通过测量手段获得，实际中常采用约定真值或相对真值作为替代。

（1）约定真值。

约定真值是指人们为了达到某种目的，按照约定的办法所确定的真值。约定真值是人们定义的，得到国际上公认的某个物理量的标准量值，也称为规定真值。例如，在标准条件下，水的三相点为 273.16K、金的凝固点为 1064.18℃等这类真值均为约定真值。

（2）相对真值。

相对真值是指在满足实际需要的前提下，相对于实际测量所考虑的精度，其测量误差可以忽略的测量结果，也叫实际值。通常，当高等级测量仪表的误差低于低等级测量仪表误差的 1/3 时，可以认为高等级测量仪表的示值是低等级测量仪表的相对真值。例如，标准压力表所指示的压力值相对于普通压力表的指示值而言，即可认为是被测压力的相对真值。相对真值在误差测量中的应用最为普遍。

2）标称值

计量或测量器具上标注的量值称为标称值，如精密电阻器上标注的 10Ω、天平的砝码上标注的 1g、标准电池上标出的电动势 1.0186V 等。由于制造上的缺陷或环境条件的变动，使计量或测量器具的实际数值与其标称值之间产生一定的偏差，其标称值具有不确定度，通常需要根据精度等级或误差范围进行测量不确定度的评定。

3）示值

示值，即测量器具直接显示或指示的量值，也被称为测量值或测得值。鉴于传感器无法达到绝对精确的状态，另外信号调理和模数转换过程不可避免地会引入误差，同时考虑到测量过程中环境条件的变动、外部干扰的存在及测量行为对被测对象原有状态的影响等，都可能导致示值与实际值之间存在一定的偏差。例如，用二等标准电压表测量电压，测得值为 249.5V（示值），用高一等级的电压表测得值为 249.9V（实际值），因此该二等标准电压表的测量误差为-0.4V。

> 📖 **小知识**：一般来说，测量仪器的示值和读数是有区别的。读数是仪器刻度盘上直接读到的数字，对于数字显示仪表，通常示值和读数是一致的，但对于模拟指示仪器，示值需要根据读数和所用的量程进行换算。例如，以 100 分度表示量程为 50mA 的电流表，当指针在刻度盘上的 50 位置时，读数是 50，而示值应是 25mA。

4）测量误差

测量误差是指测得值与被测量的真值之差。实际测量中通常用多次测量的算术平均值（数学期望）作为约定真值来代替真值。

5）精度

精度是反映测量值与真值接近程度的一个指标，它与误差的大小直接相关，因而可以通过误差的大小来评判精度的高低：误差越小，精度越高；反之，误差越大，精度越低。

6）测量不确定度

测量不确定度是指由于测量误差的存在，对测得量值准确度的不可信程度或不确定性的评价，表征测得量值附近的一个范围或区间，而测得量值以一定的概率落于其中，即对测得量值可靠程度的一种评定。不确定度越大，测得量值越远离真值，表示测得量值不可靠；不确定度越小，测得量值越接近真值，表示测得量值可靠，其准确度高。

🔍 小拓展

我国现代精度理论及工程应用的奠基人——费业泰教授

费业泰荣获了国际测量与仪器委员会（ICMI）颁发的"终身贡献奖"，以表彰其在该领域的杰出贡献。费业泰一辈子的工作就是不断减小误差，追求越来越高的精度。我国高新技术领域的每一项重大突破，都离不开精密仪器学科的支撑。

新中国成立以来，我国工业建设刚刚起步，对精度与误差的研究几近空白，费业泰经过长期的研究，提出了精度误差理论，该理论在我国现代化建设的各项事业中得到了广泛的采纳与应用，奠定了我国精度评定的基础，同时也成为精密仪器学科的重要理论支撑。费业泰还创新性地构建了热误差理论体系，并提出了"最好的部件在一起不一定能有最好的性能"的见解，同时深入探索了误差传递的规律，并据此提出了新的方法：不再单纯追求每个部件的高精度，而是通过优化不同部件的组合，确保机械设备达到整体的高精度水平。

2．测量误差的分类

测量误差根据特征或性质可以分为随机误差、系统误差和粗大误差。

1）随机误差

当对同一被测量实施无限次重复测量时，测量误差的大小和正负号均表现出无规律波动，这类误差被称作随机误差（Random Error），亦被称作偶然误差。随机误差的产生主要源于测量仪器本身或测量过程中那些未知且难以控制的随机因素的综合效应。例如，仪器内部元器件的性能波动、外部湿度与温度的变化、空中电磁波扰动、电网的畸变与波动等。这些互不相关的独立因素是人们不能控制的，它们中的某一项影响极其微小，但很多因素的综合影响就造成每一次测得值的无规律变化。随机误差从单次测量结果来看是没有规律的，无法通过实验方法修正和消除，但就其总体而言，服从一定的统计规律。因此可以通过统计学方法分析它对测量结果的影响。

2）系统误差

不改变测量条件，对同一被测量进行多次测量时，若其测量误差的大小和正负号保持不变，或随着条件的变化，误差遵循某一既定规律变动，此类误差被称作系统误差（Systematic

Error）。其中，若误差值保持固定不变，则称之为定值系统误差，此类误差在误差处理中可以被修正；相反，若误差值发生变化，则称之为变值系统误差，根据其变化规律，可分为线性系统误差、周期性系统误差和复杂规律系统误差等。

系统误差产生的原因主要包括：测量工具（如仪器、量具等）可能因设计缺陷、制造精度不足或安装、配置、校准不当而功能受限；此外，测量期间的环境条件如温度、湿度、气压波动及电磁干扰等外部因素的变化，也可能对测量结果造成偏差；再者，测量方法的局限性、所依据理论框架的不完善同样会导致误差；最后，操作人员视觉解读、操作习惯不当也是不可忽视的误差来源。由于系统误差具有规律性，因此能通过实验分析或引入修正值的方法来加以修正，也可以通过重新校准测量仪器的相关部件，最大限度地减少系统误差，或通过测量不确定度评定其误差范围。鉴于系统误差的成因往往难以全面掌握，故通过修正和调整仅能对系统误差进行部分补偿，尽管这些措施能够使其影响相较于修正前有所降低，但无法将其完全消除至零。

> 🔔 **小提示**：系统误差与随机误差可于某些条件下相互转化。某一具体误差，在一种场合下为系统误差，在另外一种场合下可能为随机误差，反之亦然。掌握了误差转化的特点，在有些情况下就可以将系统误差转化为随机误差，用增加测量次数并进行数据处理的方法减小误差的影响；或将随机误差转化为系统误差，用修正的方法减小其影响。

3）粗大误差

在相同条件下对同一被测量进行多次测量时，明显偏离规定条件下预期值的误差被称为粗大误差（Gross Error），也被称为疏忽误差，或粗差。粗大误差的特点是其绝对值相较于测量列中其他测量值的误差明显偏大，存在明显的扭曲，含有此类误差的测量值称为异常值或坏值。

粗大误差通常源于测量者的疏忽大意或电子测量设备遭遇强烈外部干扰，如操作失误、读数错误、记录错误及外部过电压尖峰等，其数值大小远超正常条件下的误差范围。一旦发现此类误差时，应立即剔除。

3. 测量误差的表示方法

1）绝对误差

绝对误差（Absolute Error）是指被测量值 A_x（仪器示值）与真值 A_0 之间的差值，即

$$\Delta = A_x - A_0 \tag{1.2.1}$$

由式（1.2.1）可见，绝对误差与被测量的量纲相同。

2）相对误差

相对误差（Relative Error）是指绝对误差 Δ 与真值 A_0 之间的比值，通常用百分比的形式表示，即

$$\gamma_0 = \frac{\Delta}{A_0} \times 100\% \tag{1.2.2}$$

式（1.2.2）中的真值 A_0 常用测量值（示值）代替，即

$$\gamma_x = \frac{\Delta}{A_x} \times 100\% \tag{1.2.3}$$

通常将 γ_0 称为真值相对误差，将 γ_x 称为示值相对误差。显然，相对误差无量纲，相较于

绝对误差更能体现不同测量结果的精度，其值越小，说明测量精度越高。

3）引用误差

引用误差亦称作满度相对误差，用测量仪表的绝对误差 Δ 与仪器满量程值 A_m 的百分比表示，即

$$\gamma_{\mathrm{m}} = \frac{\Delta}{A_{\mathrm{m}}} \times 100\% \tag{1.2.4}$$

对测量下限不为零的仪表而言，式（1.2.4）中用量程（$A_{\max} - A_{\min}$）来代替分母中的 A_m。当 Δ 取仪表的最大绝对误差 Δ_m 时，引用误差最大，即

$$\gamma_{\mathrm{m}} = \frac{\Delta_{\mathrm{m}}}{A_{\mathrm{m}}} \times 100\% \tag{1.2.5}$$

最大引用误差为评价测量仪器的精度等级（也称为精确度等级）提供了方便。依据国家标准（GB/T 13283—2008-T），工业过程测量和控制用仪表和显示仪表的精度等级就是按最大引用误差（最大引用误差百分数分子的绝对值）分为以下几种等级：0.01、0.02、（0.03）、0.05、0.1、0.2、（0.25）、（0.3）、（0.4）、0.5、1.0、1.5、（2.0）、2.5、4.0 和 5.0。只有在必要时，才可采用括号内的精度等级。精度等级的数值越小，仪表的精度越高，我国工业模拟仪表常用的 7 种精度等级与对应的引用误差如表 1.2.1 所示。一般来说，精度等级的数值越小，仪表越昂贵。仪表的精度等级由制造商根据其最大引用误差的大小来确定，原则上选大不选小，即满足

$$|\gamma_{\mathrm{m}}| \leqslant S\% \tag{1.2.6}$$

式中，S 表示精度等级数值。

表 1.2.1　仪表的精度等级与对应的引用误差

精确度等级 S	0.1	0.2	0.5	1.0	1.5	2.5	5.0
对应的引用误差 γ_{m}	±0.1%	±0.2%	±0.5%	±1.0%	±1.5%	±2.5%	±5.0%

🔔 **小提示**：精度等级数值仅反映了仪表引用误差的最大值，并不等同于该仪表在实际测量过程中产生的具体测量误差，即实际精度。

例 1-1　量程为 0～100℃的温度计，经标定整个量程中的最大绝对误差为 0.105℃，试确定其精度等级。

解：根据式（1.2.5），计算最大引用误差为

$$\gamma_{\mathrm{m}} = \frac{0.105}{100} \times 100\% = 0.105\%$$

由于 0.105 不是标准的精度等级数值，且 0.105 在 0.1～0.2 范围内，根据选大不选小的原则，该数字电压表的精度等级 S 被确定为 0.2 级。

例 1-2　被测电压约为 21.7V，为了获得最小的测量误差，应如何选择电压表？现有选项如下：A 表，精度 1.5 级，量程 0～30V；B 表，精度 1.5 级，量程 0～50V；C 表，精度 1.0级，量程 0～50V；D 表，精度 0.2 级，量程 0～360V。

解：根据式（1.2.4），使用 4 种电压表分别进行测量时可能产生的最大绝对误差如下。

A 表：$\Delta_A = (\pm 1.5\%) \times 30V = \pm 0.45V$；

B 表：$\Delta_B = (\pm 1.5\%) \times 50V = \pm 0.75V$；

C 表：$\Delta_C = (\pm 1\%) \times 50V = \pm 0.50V$；

D 表：$\Delta_D = (\pm 0.2\%) \times 360V = \pm 0.72V$。

结果表明，选用 A 表进行测量产生的误差较小。

由此可知，仪表的测量误差不仅与仪表的精度等级有关，而且与量程有关。因此，在选用仪表时应兼顾精度等级和量程，通常要求测量示值尽可能接近仪表满刻度值的 2/3 左右。

4）分贝误差

分贝误差实际上是相对误差的另一种表示形式，它对误差进行对数变换，因此特别适用于表示具有指数规律性的误差，分贝（dB）定义为

$$D = 20\lg A_x \tag{1.2.7}$$

若待测量 A_x 有绝对误差 Δ，则 A_x 的分贝有相应的分贝误差 γ_{dB}，且有

$$D + \gamma_{dB} = 20\lg(A_x + \Delta) \tag{1.2.8}$$

于是分贝误差为

$$\gamma_{dB} = 20\lg\left(1 + \frac{\Delta}{A_x}\right) \tag{1.2.9}$$

将式（1.2.9）按麦克劳林级数展开，保留低次项，得

$$\gamma_{dB} \approx 8.69\frac{\Delta}{A_x} \tag{1.2.10}$$

或

$$\frac{\Delta}{A_x} \approx 0.1151\gamma_{dB} \tag{1.2.11}$$

例 1-3 设计制作电压放大倍数 A 为 10 的线性放大器。对实际电路进行测量，其电压放大倍数为 10.245。求其绝对误差 Δ、相对误差 γ_0 和分贝误差 γ_{dB}。

解： 根据式（1.2.1）、式（1.2.2）和式（1.2.9），计算如下。

$$\Delta = 10.245 - 10 = 0.245$$

$$\gamma_0 = \frac{0.245}{10} \times 100\% = 2.45\%$$

$$\gamma_{dB} = 20\lg(1 + 0.0245) = 0.21dB$$

1.2.2 测量误差的处理

1. 粗大误差的处理

粗大误差的判别准则很多，下面重点介绍三种。

1）拉依达准则（又称 3σ 准则）

如果某测量值残差 v_i 的绝对值大于 3 倍的实验标准偏差，即

$$|v_i| = |x_i - \bar{x}| > 3\sigma \tag{1.2.12}$$

式中：x_i——被怀疑为异常值的测量值；$\bar{x}$——包含此异常测量值在内的测量值的算术平均值；v_i——包含此异常测量值在内的测量值残差；σ——包含此异常测量值在内的测量值的实验标准偏差。拉依达准则也称贝塞尔公式，即

$$\sigma = \sqrt{\frac{\sum_{i=1}^{n} v_i^2}{n-1}} \tag{1.2.13}$$

则认为该测量值 x_i 含有粗大误差，应予以剔除。剔除该异常值后，剩余的测量数据还应重新计算，并按式（1.2.12）判断，直到所有的异常测量值被剔除为止。拉依达准则简单实用，但它是以测量误差符合正态分布为前提，因此适用于测量次数较多的情况。

2）格罗布斯（Grubbs）准则

为了判别测量值中是否有异常值，将测量值按其大小由小到大排列成顺序统计量 x_i：$x_1 \leqslant x_2 \leqslant \cdots \leqslant x_n$，若认为 x_n 是异常值，则有统计量：

$$g_n = \frac{x_n - \bar{x}}{\sigma} \tag{1.2.14}$$

当 $g_i \geqslant g_0(n, \alpha)$ 时，则判定测量值 x_i 为粗大误差，应立即剔除。$g_0(n, \alpha)$ 为格罗布斯准则判别系数，它是测量次数为 n、显著性水平（或称检出水平）为 α（通常为5%或1%）时的统计量临界值，格罗布斯准则的 $g(n, \alpha)$ 数值如附录1-1所示。

附录1-1 格罗布斯准则的 $g(n, \alpha)$ 数值表

格罗布斯准则还可以用残差的形式表达，若测量列中的可疑值对应的残差满足

$$|v_i|_{max} > g(n, \alpha)\sigma \tag{1.2.15}$$

则认为该可疑值为粗大误差的异常值，应予以剔除。

格罗布斯准则是建立在数理统计理论的基础上的，因此在小样本测量中得到了广泛应用。目前国内外普遍推荐使用该准则判断粗大误差。

例1-4 对某量进行了10次重复测量，测量的数据为55.2，54.6，56.1，55.4，55.5，54.9，56.8，55.0，54.6，58.3，试用格罗布斯准则判别测量数据中是否含有粗大误差（$P=99\%$）。

解：测量数据的平均值为

$$\bar{x} = \frac{1}{n}\sum_{i=1}^{10} x_i = 55.64$$

测量数据的残差 $v_i = x_i - \bar{x}$ 分别为

v_i=−0.44，−1.04，+0.46，−0.24，−0.14，−0.74，+1.16，−0.64，−1.04，+2.66

由式（1.2.13）求出实验标准偏差 σ 为

$$\sigma = \sqrt{\frac{\sum_{i=1}^{10} v_i^2}{n-1}} = \sqrt{\frac{12.024}{10-1}} \approx 1.16$$

最大残差的绝对值和其对应的可疑值分别为

$$|v|_{max} = |v_{10}| = 2.66, \quad x_{10} = 58.3$$

求 $g_0(n, \alpha)$ 值并用格罗布斯准则判断：取显著性水平 $\alpha=0.01$，即认为置信水平 $P=99\%$，$n=10$，由附录1-1可知 $g_0(10, 0.01)=2.41$，那么

$$g_0(10, 0.01) \times \sigma = 2.41 \times 1.16 \approx 2.80$$

$$|v_{10}| = 2.66 < 2.80$$

由式（1.2.15）可知，v_{10} 不是粗大误差的异常值，因此上述测量数据不存在粗大误差的

异常值。

3）t 检验准则

若对某物理量等精度重复测量 n 次，得到的一组不含系统误差，且随机误差服从正态分布的测量值 $x_1, x_2, \cdots, x_d, \cdots, x_n$。其中，$x_d$ 表示测量值中被怀疑的异常值。要判断 x_d 是否是异常值，需求出不含 x_d 的实验标准偏差，即

$$\sigma = \sqrt{\frac{1}{n-2}\sum_{\substack{i=1\\i\neq d}}^{n}(x_i - \overline{x})^2} \qquad (1.2.16)$$

式中，$\overline{x}$——测量值平均值。然后根据所要求的显著性水平 α 及测量次数 n 查 t 检验准则表，即附录 1-2，得到 t 检验系数 $k(n,\alpha)$ 值。若

附录 1-2 t 检验准则表

$$|x_d - \overline{x}| > \sigma \cdot k(n,\alpha) \qquad (1.2.17)$$

则该 x_d 被认为是粗大误差的异常值，应剔除。

> 🔔 **小提示**：测量列中的异常值可能不止一个，所以应重复使用同一种判别准则，对全部测量数据进行检验。由于不同数据的可疑程度不一致，应按照残差绝对值的大小顺序进行检验。当剔除一个数据后，测量列的样本量发生变化，统计量及其临界值也发生变化，需重复计算剩余测量列的平均值和标准差，并据此继续识别并剔除粗大误差，直至所有测得值均不含粗大误差为止。

除以上三种判断粗大误差异常值的方法外，还有狄克逊（Dixon）准则、奈尔（Nair）准则等。拉依达（3σ）准则使用方便，不用查表；格罗布斯准则在观测次数为 $30<n<50$ 时判别较好；若当观测次数较少时，宜用 t 检验准则。在较为准确的测量中，可以选用两三种准则同时加以判断，若几种准则判断结果一致，则进行剔除或保留；若几种准则的判断结论有冲突，则需谨慎分析，通常倾向于不剔除，可增加测量次数，进一步观察。

2. 系统误差的处理

系统误差具有服从某一确定规律的特点，其在测量过程中由多种因素引起。由于这些因素的多样性，系统误差所展现出的变化规律或特征往往各不相同。因此，如何发现测量中的系统误差是分析和处理系统误差的首要问题，可以通过成熟的检验方法来发现它们。

1）实验对比检验法

实验对比检验法是判别、发现恒定系统误差的一种常用方法。它是通过调整引发系统误差的条件，并在不同条件下进行测量，以便识别恒定系统误差（用更高精度的标准仪器进行检定测量）。例如，量块按公称尺寸使用时，在测量结果中就存在由于量块尺寸偏差而产生的恒值系统误差，多次重复测量也不能发现这一误差，只有用另一块高一级精度的量块进行对比时才能发现。

2）残差观察法

残差观察法是判别、发现可变系统误差的一种常用方法。它通过观察测量值残差的大小和正负号的变化规律，利用数据表或图形分析，来判别是否存在可变系统误差。

若有等精度的一组测量值 x_i（$i=1,2,\cdots,n$）。由式（1.2.12）和式（1.2.13）得残差 v_i 和实验标准偏差 σ。以测量的顺序号 i 为横坐标，将测量值的残差散点作图并进行观察。若残余误差大体上是正负相同的，且无显著变化规律，则不存在系统误差；若残余误差数值有规律地递

增或递减，且在测量开始与结束时误差符号相反，则存在线性系统误差；若残余误差的符号以一种规律性的方式，先由正转负再由负转正，并循环往复地交替变化，则存在周期性系统误差。

3）准则判别法

当系统误差小于随机误差时，仅凭观察难以发现系统误差，需借助特定的判别准则来识别与确定。这些准则的核心在于检验误差分布是否偏离正态分布，其中，马利科夫准则和阿贝-赫梅特准则是常用的两种方法。

（1）马利科夫准则。

马利科夫准则适用于判别、检测和确定线性系统误差。设有一组按顺序排列的测量值 x_i （$i=1,2,\cdots,n$），先计算出每个测量值对应的残差 v_i，然后根据测量值的顺序分为前后两组，并分别计算这两组残差的总和，最后将两组残差和相减，即

$$D = \sum_{i=1}^{h} v_i - \sum_{i=b}^{n} v_i \tag{1.2.18}$$

当 n 为偶数时，取 $h=n/2$，$b=n/2+1$；当 n 为奇数时，取 $h=(n+1)/2$，$b=(n+1)/2+1$。

如果 D 的值接近于零，表明测量中不存在线性系统误差；而当 D 的值为非零（且明显大于 v_i 的值）时，则说明存在线性系统误差。

（2）阿贝-赫梅特准则。

阿贝-赫梅特准则适用于判别、检测和确定周期性系统误差。对于一组等精度测量数据，其残差按照测量顺序排列为 v_i（$i=1,2,\cdots,n$），令

$$A = \left| \sum_{i=1}^{n-1} v_i v_{i+1} \right| = |v_1 v_2 + v_2 v_3 + \cdots + v_{n-1} v_n| \tag{1.2.19}$$

若 $A \geq \sqrt{n-1}\sigma^2$（$\sigma^2$ 为测量数据的方差），则说明存在周期性系统误差。

3. 减小和消除系统误差的方法

若测量过程存在系统误差，需要对引起系统误差的原因进行详尽的分析。首先从根源上消除系统误差，包括按照规定调整仪器、测量前后检查仪器的零位、定期检定和维护仪器设备、对环境进行检查等，还需采取必要措施减小和消除系统误差。以下是几种常用的方法。

1）恒值系统误差的消除

利用修正值来减小和消除恒值系统误差是一种常用方法。在测量开始前，先采用标准器件或标准仪器进行比对和计算，确定该检测仪器的系统误差修正值。这些修正值可以通过制作误差表或绘制误差曲线来获取。在实际测量过程中，用修正值对测量结果进行修正，从而有效减小或几乎完全消除检测仪器原有的系统误差。

利用标准器件或标准仪器除用来确定检测仪器的系统误差修正值外，还可对各种影响因素，如温度、湿度、电压等变化引起的系统误差，通过反复实验绘制出相应的修正曲线或制成相应表格，供测量时使用。对随时间或温度不断变化的系统误差，如仪器的零点误差、增益误差等可采取定期测量和修正的方法解决。智能化检测仪器通常可对仪器的零点误差、增益误差间隔一定时间自动进行采样并自动实时修正处理，这也是智能化仪器能获得较高测量精度的主要原因。

由于修正值本身也含有一定的误差，因此不可能完全消除系统误差。通常也可采取标准量替代法、测量条件互换法、反向抵消法等措施消除系统误差。

2）线性系统误差的消除

对称测量法（亦称交叉读数法）是有效降低线性系统误差的方法。当出现线性系统误差时，即使被测参量保持恒定，其重复测量的结果也会随时间线性降低或升高，若以整个测量时段的某时刻为中点，则以此点相对称的成对测量值的算术平均值都相等。基于这一特性，可对称进行测量，将各对称点两次测量值的算术平均值作为最终结果，从而有效削弱线性系统误差的影响。

3）周期性系统误差的消除

为了有效降低周期性系统误差，可以每隔半个周期进行一次测量，并取两次测量值的算术平均值作为最终结果。由于进行两个相隔半周期的测量，其系统误差在理论上呈现出大小相等符号相反的特点，因此，这种方法在理论上能有效地降低甚至消除周期性系统误差的影响。

> **小提示：** 在实际工程中，由于影响因素复杂，上述几种方法难以彻底消除系统误差，应尽量将其对测量结果的影响减至最小。通常当测量系统误差（或残差）代数和的绝对值不超过测量结果不确定度的最后一位有效数字的一半时，认为系统误差对测量结果的影响很小，可忽略不计。

4. 随机误差的处理

随机误差具有随机变量的所有特性，其出现的概率分布通常遵循一定的统计规律。因此，可以采用数理统计的方法估算其分布范围，通过对其总体统计规律的分析研究，评估随机影响的不确定度。

1）随机误差的分布规律

若被测量的真值为 X_0，一组测量值为 X_i，则随机误差 x_i（假定已消除系统误差）为

$$x_i = X_i - X_0 \tag{1.2.20}$$

式中，$i = 1, 2, \cdots, n$。

经过大量实验验证：在不存在主导性误差源的情况下，随机误差 x_i 大多遵循正态分布规律。若以偏差幅值（含正负）为横轴、偏差出现的频次作为纵轴绘制图形，可以看出符合正态分布的随机误差普遍具有以下统计特性。

（1）有界性：随机误差的绝对值均被限定在某一范围内；

（2）单峰性：误差绝对值较小的出现概率高于绝对值较大的概率；

（3）对称性：正负绝对值相等的误差出现的概率几乎相等；

（4）抵偿性：随着测量次数的不断增多，随机误差的算术平均值逐渐趋近于零。

这些统计特性进一步证实了随机误差大多遵循正态分布。然而，当存在主导性误差源时，还可能会出现均匀分布、三角分布、梯形分布或 C 分布等其他分布形态。

2）随机误差的估计

（1）测量真值估计。

在进行实际测量时，由于随机误差的存在，无法直接获取被测量的绝对真值。然而，当测量的次数足够多时，可以采用算术平均值 $\bar{x}$ 近似表示被测量的真值。

$$\bar{x} = \frac{x_1 + x_2 + \cdots + x_n}{n} = \frac{1}{n} \sum_{i=1}^{n} x_i \tag{1.2.21}$$

式中：n——测量次数；x_i——第 i 次测量值。

（2）测量值的均方根估计。

均方根误差也称为标准偏差，单次测量值的标准偏差定义为

$$\sigma = \sqrt{\frac{1}{n}\sum_{i=1}^{n}(x_i - \mu)^2} \qquad (1.2.22)$$

式中，μ——被测量真值。

在实际测量中，被测量真值 μ 无法得到，故通常用算术平均值 $\bar{x}$ 代替真值对标准偏差 σ 做出估计，标准偏差估计值 $\hat{\sigma}$ 的表达式即式（1.2.13）的贝塞尔公式：

$$\hat{\sigma} = \sqrt{\frac{1}{n-1}\sum_{i=1}^{n}(x_i - \bar{x})^2} \qquad (1.2.23)$$

根据此式可求得单次测量的标准偏差的估计值。

（3）算术平均值的标准差。

由于测量次数总是有限，被测量的算术平均值不可能等于真值，因此在多次重复测量中需要评价算术平均值的精度，可用算术平均值的标准偏差来表示，即

$$\hat{\sigma}_{\bar{x}} = \frac{\hat{\sigma}}{\sqrt{n}} \qquad (1.2.24)$$

由此可知，算术平均值的标准偏差是单次测量值标准偏差的 $1/\sqrt{n}$ 倍，随着测量次数的不断增多，算术平均值会逐渐趋近于被测量的真值，从而提高测量精度。

（4）（正态分布时）测量结果的置信度。

理论和实践证明了大多数随机误差服从正态分布或接近正态分布，其概率密度函数为

$$p(x) = \frac{1}{\sqrt{2\pi}\sigma}e^{\frac{-(x-\mu)^2}{2\sigma^2}} \qquad (1.2.25)$$

式中：e——自然对数的底数；μ——随机变量的数学期望值（或均值）；σ——随机变量 x 的标准差，即均方根误差；σ^2——随机变量的方差；n——随机变量的数量。

综上所述，测量值的算术平均值可作为真值的近似估计，利用贝塞尔公式，可以求得反映其分散程度的标准差（标准偏差的估计值）。但还需要评估真值落在某一数值范围的概率，该范围被定义为置信区间，其边界称为置信限。置信区间包含真值的概率，即置信概率，也称作置信水平，它与置信限共同反映了测量结果的可靠程度，可称之为测量结果的置信度。显然对同一测量结果而言，置信限越大，置信概率就越大；反之亦然。

测量值落在某一特定区间的概率与标准差 σ 紧密相关，因此，常以正态分布标准偏差 σ 的倍数表示置信区间，具体为置信限设为 $\pm k\sigma$，其中，k 是置信因子（亦称置信系数）。在此置信区间（$\pm k\sigma$）内，真值被包含的概率称为置信概率（P）或置信水平（置信区间以外取值的概率称为显著性水平，即 $\alpha=1-P$），置信概率的表达式为

$$P\{|x-\mu| \leqslant k\sigma\} = \int_{\mu-k\sigma}^{\mu+k\sigma}\frac{1}{\sigma\sqrt{2\pi}}e^{\frac{-(x-\mu)^2}{2\sigma^2}}\,\mathrm{d}x \qquad (1.2.26)$$

为方便表示，这里令 $\delta=x-\mu$，则有

$$P\{|\delta| \leqslant k\sigma\} = \int_{-k\sigma}^{k\sigma}\frac{1}{\sigma\sqrt{2\pi}}e^{\frac{-\delta^2}{2\sigma^2}}\mathrm{d}\delta = \int_{-k\sigma}^{k\sigma}p(\delta)\mathrm{d}\delta \qquad (1.2.27)$$

表 1.2.2 为正态分布时置信概率 P 与置信因子 k 的关系。

表 1.2.2 正态分布时置信概率 P 与置信因子 k 的关系

表 1.2.2　正态分布时置信概率 P 与置信因子 k 的关系

概率 P/%	50	68.27	90	95	95.45	99	99.73
置信因子 k	0.676	1	1.645	1.960	2	2.576	3

由表中可见，随着 k 的增大，置信概率增大。在实际测量中，通常取 $k=3$（置信区间为 $\pm 3\sigma$），置信概率为 99.73%（显著性水平为 0.01）。一般情况下，可取 $k=2$（置信区间为 $\pm 2\sigma$），置信概率为 95.45%（显著性水平为 0.05），表明测量结果的置信度已经足够。

1.2.3　测量不确定度

实践证明，测量误差总是客观存在的，被测量的真值难以确定，测量结果带有不确定性，由此引出了测量不确定度的概念。

测量不确定度是误差理论深入发展的产物，其理论基础为概率论和统计学，旨在明确某些模糊概念并适于应用。它揭示了测量误差对测量结果可信度的影响，通过标准差或其倍数、置信区间半宽度来衡量。

1. 测量不确定度的分类

测量不确定度可分为以下三类。

1）标准不确定度

用标准偏差表示的不确定度称为标准不确定度。当不确定度源自多个因素时，每个不确定度因素评定的标准偏差即构成标准不确定度分量 u_i。标准不确定度依据不同的评定方法，又分为两类。

（1）A 类标准不确定度：通过统计分析方法获得的不确定度，记为 u_A。

（2）B 类标准不确定度：基于非统计方法（如资料和假设的概率分布）得出的不确定度，记为 u_B。

2）合成标准不确定度

当测量结果是基于多个其他量的值计算得出时，将这些量的方差或协方差进行合成后得到的标准不确定度称为合成标准不确定度，记为 u_C。

3）扩展不确定度

通过合成标准不确定度 u_C 乘上置信因子（也称为包含因子）k 得到的区间半宽度来表示的测量不确定度，称为扩展不确定度。扩展不确定度的置信水平由包含因子的具体数值决定，其代表了测量结果附近的置信区间，被测量的值落在此区间内的概率很大，记为 U。扩展不确定度是表示测量结果不确定度的常用方式。

2. 测量不确定度和测量误差的区别

测量不确定度和测量误差都是评价测量结果质量高低的重要指标，但两者之间又有明显的区别，必须正确认识和区分，以防混淆和误用。

误差是测量结果与真值之差，以真值为基准，因此，更多地被视为理想条件下的定性概念；测量不确定度则以被测量的估计值为基准，体现了人们对测量认识的局限性，并可以通过一定手段进行量化评定。两者各个方面的主要区别详见附录 1-3。

附录 1-3 测量误差与测量不确定度差异对比表

测量误差和测量不确定度，尽管都可以用来表述测量结果，但在数值上并不存在直接关系。当测量结果接近真值时误差很小，然而，若对不确定度来源认识存在局限，那么评估出的不确定度反而会很大；反之，即使测量误差较大，但如果分析评估不充分，那么得出的不确定度评定可能会很小，特别是存在尚未被认知的较大系统误差时。误差理论是不确定度评定的基础，只有深入理解误差特性及其影响，才能准确评定不确定度。

3．不确定度的评定方法

1）A 类标准不确定度的评定

A 类标准不确定度通过统计分析法对测量数据进行评定，它等同于基于一系列测量值计算出的标准差。具体而言，当在相同条件下对被测量重复进行 n 次测量，并将这些测量值记为 x_i（$i=1,2,\cdots,n$），然后采用它们的算术平均值 $\overline{x}$ 作为被测量的估计值（测量结果）时，此算术平均值的标准差 $\widehat{\sigma}$ 就被定义为测量结果的 A 类标准不确定度 u_A，由式（1.2.23）和式（1.2.24）计算得到，即

$$u_A = \widehat{\sigma} = \sqrt{\frac{\sum_{i=1}^{n}(x_i - \overline{x})^2}{n(n-1)}} \tag{1.2.28}$$

> **小提示**：评定 A 类标准不确定度时通常要求测量次数 $n \geq 10$。

2）B 类标准不确定度的评定

当无法利用统计方法来评估测量结果不确定度时，就要用 B 类评定方法。B 类标准不确定度评定的主要依据包括：历史测量数据、制造商提供的产品技术规格书、仪器的鉴定与校准证书或研究报告提供的数据、手册或某些资料给出的参考数据及其附带的不确定度等。这类评定通常不依赖于直接测量数据，而是基于对现有可靠信息的查证。比如：

（1）近期同类测试的大量历史数据与统计分析结果；

（2）当前检测设备近期内性能参数的测量与校准报告；

（3）查询同被测值相近的标准设备通过对比测量得到的数据及误差信息。

通常，依据过往经验或相关可靠信息及资料，对被测量的可能取值区间$(-\alpha,+\alpha)$进行分析，并假定被测量值遵循某种概率分布，如正态分布、三角分布或均匀分布等。然后，根据所需的置信水平来确定包含因子 k，进而可求出 B 类标准不确定度，其表达式为

$$u_B = \alpha/k \tag{1.2.29}$$

式中：α——被测量可能取值区间的半宽度；k——包含因子。k 的选取与概率分布有关，假设为正态分布时，查表 1.2.2；假设为非正态分布时，查表 1.2.3。当无法判断被测量的概率分布时，一般取 $k=2$（$P=95\%$）或 3（$P=99\%$）。

表 1.2.3　几种常见的非正态分布时置信概率 P 与包含因子 k 的关系

分布类型	三角分布	均匀分布	梯形分布（$\beta=0.5$）
k（$P=99\%$）	2.20	1.71	2.00
k（$P=95\%$）	1.90	1.65	1.77

注：表中 β 为梯形的上底半宽度与下底半宽度之比。

例 1-5　对于公称质量为 50g 的标准砝码 M，其检定证书上注明的实际测量值是 50.000345g，并指出该值的 0.95 置信水平下的扩展不确定度为 0.00008g，假设测量数据服从正态分布。计算这个标准砝码的 B 类标准不确定度 u_B。

解： 由于题中假设测量数据服从正态分布，因此，查表 1.2.2 可得 $k(P=95\%)=1.960$，由式（1.2.29）可得 M 的 B 类标准不确定度为

$$u_B = \frac{0.00008}{1.960} \approx 40.82 \mu g$$

B 类标准不确定度评定的可靠性取决于所提供信息的可信程度，在可能的情况下应尽量利用长期实际观察的值估计概率分布。多数情况下，只要测量次数足够多，其概率分布近似为正态分布，若无法确定分布类型时，一般假设为均匀分布。

3）合成标准不确定度的评定

当多种因素导致测量结果存在多个标准不确定度分量时，通常用合成标准不确定度 u_C 反映这些分量共同影响下的测量结果的标准不确定度。为了确定 u_C，需要先深入分析各种因素和测量结果的关系，以确保对每个标准不确定度分量都能进行准确评估，再计算合成标准不确定度。

若各影响测量结果的标准不确定度分量相互独立，即被测量 Y 是通过 n 个输入量 x_i（$i=1,2,\cdots,n$）的函数关系 $Y=f(x_i)$ 来确定的，并且这些分量之间不存在相关性，则合成标准不确定度可通过下式求得

$$u_C(Y) = \sqrt{\sum_{i=1}^{n}\left(\frac{\partial f}{\partial x_i}\right)^2 u^2(x_i)} = \sqrt{\sum_{i=1}^{n} c_i^2 u^2(x_i)} \tag{1.2.30}$$

式中：$\dfrac{\partial f}{\partial x_i}$——被测量 Y 对输入量 x_i 的偏导数，称为灵敏系数或传递系数，用符号 c_i 表示；

$u(x_i)$——输入量 x_i 的 A 类或 B 类标准不确定度分量。

如果影响测量结果的各标准不确定度分量彼此相关时，合成标准不确定度可由下式表示：

$$u_C(Y) = \sqrt{\sum_{i=1}^{n}\left(\frac{\partial f}{\partial x_i}\right)^2 u^2(x_i) + 2\sum_{i \neq j}^{n} \frac{\partial f}{\partial x_i}\frac{\partial f}{\partial x_j}\rho_{ij} u(x_i) u(x_j)}$$
$$= \sqrt{\sum_{i=1}^{n} c_i^2 u^2(x_i) + 2\sum_{i \neq j}^{n} c_i c_j \rho(x_i,x_j) u(x_i) u(x_j)} \tag{1.2.31}$$

式中：ρ_{ij}——任意两个输入量 x_i 和 x_j 不确定度的相关系数；$\rho_{ij} u(x_i) u(x_j)=\sigma_{ij}$——输入量 x_i 和 x_j 的协方差。

如果 x_i 和 x_j 的不确定度不相关，即相关系数 $\rho_{ij}=0$，那么合成标准不确定度为

$$u_C(Y) = \sqrt{\sum_{i=1}^{n} c_i^2 u^2(x_i)} \tag{1.2.32}$$

如果各种导致标准不确定度分量的因素与测量结果之间不存在明确的函数关系，那么应依据实际情况选择 A 类或 B 类评定方法分别确定各标准不确定度分量 u_i 的值。再根据上述方法求得合成标准不确定度为

$$u_C(Y) = \sqrt{\sum_{i=1}^{n} u_i^2 + 2\sum_{i \neq j}^{n} \rho_{ij} u_i u_j} \tag{1.2.33}$$

为确保测量结果不确定度的准确性，必须全面分析所有可能影响测量结果的因素，并列出所有不确定度来源，确保既无遗漏也不重复。

4）扩展不确定度的评定

扩展不确定度 U 由包含因子 k 与合成不确定度 u_C 的乘积求得，即

$$U = ku_C \tag{1.2.34}$$

根据被测量的测量值 y 和该测量值的不确定度，测量结果表示为

$$Y = y \pm U = y \pm ku_C \tag{1.2.35}$$

y 为被测量 Y 的最优估计值，而被测量 Y 的实际落在 $[y-U, y+U]$ 区间内的概率较大。包含因子 k 的选取方法详见附录 1-4。

附录 1-4　包含因子 k 的选取方法

4. 测量不确定度评定的流程及实例

1）测量不确定度评定的一般流程

（1）清晰界定被测量的定义及测量环境，明确所采用的测量理论、技术手段、被测量的数学模型，以及测量所需的标准和设备等信息。

（2）深入分析并详细列出对测量结果影响显著的不确定度分量。

（3）对每个标准不确定度分量进行定量评定（注意：A 类评定前要剔除异常值）；并给出其数值 u_i 和自由度 v_i。

（4）计算合成标准不确定度 u_C 和扩展不确定度 U。

（5）报告测量结果。

2）测量不确定度评定的实例

精密露点仪作为湿度测量的标准器，由恒温恒湿试验箱提供稳定的湿度场，采取比较法对湿度计进行检定。当试验箱温度为 20℃，相对湿度为 60%RH 时，精密露点仪的示值为 59.10%RH，被检湿度计的 10 次测量数据如表 1.2.4 所示。（精密露点仪的鉴定书给出，精密露点仪的示值误差按 3 倍标准差计算为 ±1%RH；试验箱说明书给出，试验箱的稳定度不超过 ±3%RH，湿度场的不均匀性小于 ±5%RH。）

表 1.2.4　测量数据记录表

n	1	2	3	4	5	6	7	8	9	10	Σ	$\overline{F}$
F_i/%RH	59.4	59.4	59.8	59.7	59.7	60.5	59.6	59.7	60.6	60.8	599.2	59.92

测量不确定度评定的步骤如下。

（1）建立测量过程数学模型。

湿度计修正值与其相关示值之间的数学模型如下：

$$\Delta F = F - F_S = F - F_B - F_X$$

式中：ΔF——被检湿度计的示值误差；F——被检湿度计的读数；F_S——试验箱内实际湿度；F_B——精密露点仪示值；F_X——精密露点仪的修正值。

（2）分析测量不确定度的来源和不确定度的评定。

影响湿度测量不确定度的因素主要有：测量重复性引起的标准不确定度 u_1；精密露点仪引入的标准不确定度 u_2；被检湿度计的读数误差引入的标准不确定度 u_3；试验箱湿度不均匀引入的标准不确定度 u_4；试验箱湿度波动度引入的标准不确定度 u_5。通过分析这些不确定度

的特性，u_1 应采用 A 类评定方法确定，而 $u_2 \sim u_5$ 应采用 B 类评定方法确定。下面分别计算各不确定度分量。

① 测量重复性引起的标准不确定度 u_1。

按 A 类评定方法评定，由实测数据计算算术平均值 $\overline{F} = 59.92\%\text{RH}$，根据贝塞尔公式求得样本标准偏差 σ_F 为

$$\sigma_F = \sqrt{\frac{\sum_{i=1}^{n}(F_i - \overline{F})^2}{n-1}} \approx 0.51\%\text{RH}$$

则算术平均值的标准偏差即测量重复性引入的标准不确定度 u_1，即

$$u_1 = \frac{\sigma_F}{\sqrt{n}} = \frac{0.51\%\text{RH}}{\sqrt{10}} \approx 0.16\%\text{RH}$$

② 精密露点仪引入的标准不确定度 u_2。

按 B 类评定方法评定，从精密露点仪的鉴定书得知，$\alpha = 1\%\text{RH}$，$k = 3$，精密露点仪引入的标准不确定度 u_2 为

$$u_2 = \frac{\alpha}{k} = \frac{1\%\text{RH}}{3} \approx 0.33\%\text{RH}$$

③ 被检湿度计的读数误差引入的标准不确定度 u_3。

被检湿度计分辨力为 0.1%RH，其极限误差为±0.05%，为均匀分布，$\alpha = 0.05\%\text{RH}$，k 取 $\sqrt{3}$，则

$$u_3 = \frac{\alpha}{k} = \frac{0.05\%\text{RH}}{\sqrt{3}} \approx 0.029\%\text{RH}$$

④ 试验箱湿度不均匀引入的标准不确定度 u_4。

由试验箱说明书可知，检定时将标准器置入试验箱中心位置，有效工作区域内任意一点与中心的湿度差小于±5%RH，由湿度不均匀引入的标准不确定度分量按均匀分布处理，$\alpha = 5\%\text{RH}$，k 取 $\sqrt{3}$，则

$$u_4 = \frac{\alpha}{k} = \frac{5\%\text{RH}}{\sqrt{3}} \approx 2.89\%\text{RH}$$

⑤ 试验箱湿度波动度引入的标准不确定度 u_5。

在整个读数过程中，湿度波动量为±3%RH。由时间常数不同而引起的跟踪滞后误差均匀分布，$\alpha = 3\%\text{RH}$，k 取 $\sqrt{3}$，则

$$u_5 = \frac{\alpha}{k} = \frac{3\%\text{RH}}{\sqrt{3}} \approx 1.73\%\text{RH}$$

（3）计算合成标准不确定度。

鉴于上述 5 个标准不确定度分量彼此独立，因此，合成不确定度 u_C 为

$$u_C = \sqrt{u_1^2 + u_2^2 + u_3^2 + u_4^2 + u_5^2} = \sqrt{(0.16)^2 + (0.33)^2 + (0.029)^2 + (2.89)^2 + (1.73)^2}\,\%\text{RH} \approx 3.4\%\text{RH}$$

（4）计算扩展不确定度。

根据附录 1-4 选取包含因子 $k = 2$（置信概率为 95%），则扩展不确定度 U_{95} 为

$$U_{95} = k u_C = 2 \times 3.4\%\text{RH} = 6.8\%\text{RH}$$

（5）报告测量结果。

测量结果的报告采用扩展不确定度，不确定度的数值与被测量的估计值末位对齐，其有

效数字一般不超过两位。湿度计测量结果的不确定度可表示为

$$60\%\text{RH 时},\quad U_{95}=6.8\%\text{RH},\quad k=2。$$

小讨论：以测量次数 $n=10$ 为例，通过推导说明测量次数较少时不宜采用拉依达准则判断异常值的理由。

1.2 拉依达准则讨论

1.3　测量数据的处理方法

1.3 测量数据的处理方法课件

　　测量数据处理是指根据一定的数据分析方式，对测量数据进行规划、分析和处理，旨在揭示相关物理量之间的关系，或寻求事物的本质规律，或验证理论假设的准确性，或为后续的测量提供依据等。下面主要介绍测量数据的有效数字处理准则、测量数据的表述方法和回归分析方法及应用。

1.3.1　测量数据的有效数字处理准则

　　由于任何测量都具有一定的误差，即受一定准确度限制。因此记录测量数据的位数时，必须要有位数的限制，如果将一些不需要的数字都写出来，不但不能正确反映数据的准确度，而且会浪费时间。因此，通常用有效数字来判断其近似值的准确度。

1.　有效数字

　　有效数字是指一个数中，从左边第一个非零数字起到末位止所有数字的位数。例如，200.8 有四位有效数字，0.0056 有两位有效数字，10.80 有四位有效数字。值得注意的是，位于数字最左边第一个非零数字之前的所有"0"均不是有效数字，然而，处于最右边的非零数字之后的所有"0"都是有效数字。

　　测量结果的最终有效数字位数，是由所采用的测量工具的精度决定的，即有效数字的最后一位应与测量精度的量级一致。举例来说，当使用千分尺进行测量时，其精度上限为 0.01mm，若测得长度 l 为 15.842mm，小数点后第二位数字因精度限制而不可靠，第三位则更无意义。因此，应仅保留小数点后第二位，即记录为 $l=15.84$mm，包含四位有效数字。可见测量结果有效数字保留原则为：最后一位数字可能不准确，但前一位数字应是可靠的。测量误差通常保留 1～2 位有效数字，所以上述千分尺测量的结果可表示为 $l=(15.84\pm0.01)$mm。

2.　数据修约规则

　　数字修约是指根据保留位数的要求，对某一数字中多余位数的数字按照一定规则进行取舍的过程。在确定了有效数字位数后，应舍去多余的数字，最后一位有效数字应根据下面的修约规则进行凑整。

　　（1）若舍去的数字大于保留数字最后一位的一半，则最后一位加 1。

　　（2）若舍去的数字小于保留数字最后一位的一半，则最后一位保持不变。

　　（3）若舍去的数字等于保留数字最后一位的一半，则根据末位数字的奇偶性进行凑整：若末位为偶数则保持不变，若末位为奇数则加 1。

例 1-6　对以下数字进行修约，保留小数点后两位：8.256、8.254、8.255、8.265。

解：8.256—>8.26；8.254—>8.25；8.255—>8.26；8.265—>8.26。

负数修约时，先修约绝对值，再加负号。数字修约时应注意：不可连续修约。对不确定度的修约，采用"就大不就小"的原则，可将不确定度末位后的数字全部进位而非舍去。

数字在舍入过程中产生的误差称为舍入误差。根据上述规则进行数字舍入，舍入误差被限制在保留数字最后一位的半个数以内。第三条修约规则明确指出，并非所有尾数为 5 的数字都要进位，从而使舍入误差成为随机误差，在进行大量运算时，随机误差的均值趋于 0，从而有效防止了在使用四舍五入规则时可能出现的系统误差累积问题。

3. 数据运算规则

在进行数据运算时，为了确保最终结果的精度尽可能高，所有参与运算的数据在有效数字后额外保留一位数字作为参考数字（安全数字）。以下是一些可供参考的建议。

（1）对于加减运算，应以小数位数最少的数据为基准，其他数据在此基础上多保留一位小数，但最终的计算结果应与小数位数最少的数据位数相同。

（2）对于乘除运算，应以有效数字最少的数据为基准，其他数据的有效数字应比该数据多一位，但最终的计算结果应与有效数字最少的数据位数相同。

（3）乘方运算与乘法运算相似，而开方运算则是乘方的逆过程，因此可按照乘除运算处理。

（4）在对数运算中，为了保证精度，对于具有 n 位有效数字的数据，应使用 n 位或 $n+1$ 位对数表。

（5）在进行三角函数运算时，随着角度误差的减小，所取函数值位数应相应增加，如表 1.3.1 所示。

表 1.3.1　角度误差与函数值位数的对应关系

角度误差/″	10	1	0.1	0.01
函数值位数	5	6	7	8

1.3.2　测量数据的表述方法

测量数据常用的表述方法有表格法、图示法和经验公式法等。通过数据的表述，可反映被测量的变化规律，以便进一步分析和应用。

1. 表格法

表格法是一种将测量数据整理成表格形式的方法，它可以清晰地展示各种数据之间的关系。在科学实验中，通常需要记录大量的数据。将这些数据整理成表格，可以方便地比较、分析和观察数据的规律性。例如，在测试中，可以将每次测量的时间、温度、压力、体积等数据记录在表格中，以便更好地了解测试过程和结果。表格法表述数据的优点是简单、方便，数据易于参考和比较，同一表格内可以同时表示多个变量之间的变化关系；缺点是不直观，不易看出数据变化的趋势。

2. 图示法

图示法是一种将测量数据用图形表示的方法。与表格法相比，图示法可以更直观地展示数据的分布规律和变化趋势。常见的图示法表示图形包括柱状图、折线图、散点图等。通过图示法，可以清晰地看到数据的变化趋势，进而进行数据的分析和预测。例如，在研究温度对反应速率的影响时，可以绘制出反应速率随温度变化的曲线图，以便更好地理解实验结果。图示法能形象直观地反映数据变化的趋势，如递增或递减、极值点、周期性等。

3．经验公式法

在工程测试中获取的数据，既可通过图表直观展示函数关系，也可利用与图形相匹配的数学公式来描述这些关系，进而可以运用数学分析手段研究变量间的相关性。这种数学表达式称为经验公式，亦称为回归方程。回归分析是构建回归方程的常用方法。下一节重点讨论回归分析方法及应用。

> 🔔 **小提示**：回归分析中，可利用最小二乘原理确定回归方程或经验公式，检验回归方程的精度还需要进行回归方程的方差分析及显著性检验，以确定回归方程是否与实际情况相吻合。

1.3.3　回归分析方法及应用

回归分析方法是处理变量之间相关关系的数理统计方法，其通过对一定量的测量数据进行统计分析，旨在揭示变量间存在的相互依赖关系及其统计规律。它是测试技术中处理拟合曲线、确定经验公式等问题不可或缺的方法。

回归分析涵盖多种类型，包括一元线性回归（直线拟合）和一元非线性回归（曲线拟合）等。

1．一元线性回归

一元线性回归也称为直线拟合，是处理两个变量之间线性相关关系的一种方法，即用一元线性方程 $y=a+bx$ 表示两个变量 y 与 x 之间的函数关系。对于一组测量数据 (x_i,y_i)（$i=1,2,\cdots,n$），利用最小二乘原理可确定回归方程的系数 a 和 b，即确立拟合方程。

最小二乘法的原理是使实际测量数据 y_i 与由回归方程 $y=a+bx$ 计算出 x_i 对应的回归值 $\hat{y}_i$ 之间的残差 v_i 的平方和为最小，即令函数

$$f(a,b) = \sum_{i=1}^{n} v_i^2 = \sum_{i=1}^{n} [y_i - \hat{y}_i]^2 = \sum_{i=1}^{n} [y_i - (a+bx_i)]^2 \tag{1.3.1}$$

值最小，只要使 a 和 b 的偏导数为零，即可解得 a 和 b 的值。令 $\dfrac{\partial f}{\partial a}=0$，$\dfrac{\partial f}{\partial b}=0$，即

$$\frac{\partial f}{\partial a} = \sum_{i=1}^{n} (y_i - a - bx_i)(-1) = 0 \tag{1.3.2}$$

$$\frac{\partial f}{\partial b} = \sum_{i=j}^{n} [(y_i - a - bx_i)(-x_i)] = 0 \tag{1.3.3}$$

求解式（1.3.2）可得

$$a = \frac{1}{n} \left(\sum_{i=1}^{n} y_i - b \sum_{i=1}^{n} x_i \right) \tag{1.3.4}$$

将式（1.3.4）代入式（1.3.3）解得

$$b = \frac{\sum_{i=1}^{n} x_i \sum_{i=1}^{n} y_i - n \sum_{i=1}^{n} x_i y_i}{\left(\sum_{i=1}^{n} x_i\right)^2 - n \sum_{i=1}^{n} x_i^2} \qquad (1.3.5)$$

将式（1.3.5）代入式（1.3.2）可得

$$a = \frac{1}{n}\left(\sum_{i=1}^{n} y_i - \frac{\sum_{i=1}^{n} x_i \sum_{i=1}^{n} y_i - n \sum_{i=1}^{n} x_i y_i}{\left(\sum_{i=1}^{n} x_i\right)^2 - n \sum_{i=1}^{n} x_i^2} \sum_{i=1}^{n} x_i\right) = \frac{\sum_{i=1}^{n} x_i \sum_{i=1}^{n} x_i y_i - \sum_{i=1}^{n} y_i \sum_{i=1}^{n} x_i^2}{\left(\sum_{i=1}^{n} x_i\right)^2 - n \sum_{i=1}^{n} x_i^2} \qquad (1.3.6)$$

回归方程的方差分析是指采用拟合方程的残余标准偏差来衡量拟合直线的精度，即

$$\sigma = \sqrt{\frac{\sum_{i=1}^{n} v_i^2}{n - m - 1}} \qquad (1.3.7)$$

式中：n——测量次数；m——拟合方程中自变量的个数。残余标准偏差 σ 数值越小，表示拟合直线的精度越高。

回归方程的显著性检验是检验回归方程是否符合变量 y 与 x 之间的客观规律，可采用相关指数 R^2、F 检验法等进行回归方程的显著性检验。

2．一元非线性回归

在实际工程测试中，经常遇到两变量为非线性关系，即具有某种曲线关系的问题。对这类非线性问题，如果仍直接用最小二乘法求解，计算过程将会非常复杂，常用以下两种方法来解决：一种是通过变量代换，化曲线回归问题为直线回归问题，这样可以用求解一元线性回归方程的方法对其求解，这类问题称为曲线拟合；另一种方法是通过级数展开，把曲线函数变成多项式的形式，即直接用回归多项式来表述变量间的关系，把解曲线回归方程的问题转化成解多项式的问题，这类问题称为多项式拟合。下面，我们举例说明采用第一种方法解曲线回归问题。

例 1-7　为了分析百货商店销售额（x）与流通率指标（每元商品流转额所对应的流通费用，简称流通率 y）之间的关系，从 9 个商店收集了相关数据（见表 1.3.2）。请建立它们之间关系的数学模型。

表 1.3.2　样本销售额 x 与流通率 y

样本	1	2	3	4	5	6	7	8	9
x/万元	1.5	4.5	7.5	10.5	13.5	16.5	19.5	22.5	25.5
y/%	7.0	4.8	3.6	3.1	2.7	2.5	2.4	2.3	2.2

解： 为了得到 x 与 y 之间的关系，先绘制出它们之间的散点图，并用一条平滑曲线拟合，如图 1.3.1 所示。由该图可以判断它们之间的关系近似为指数关系，因此确定曲线方程为

$$y = a x^b$$

对上式两边取对数得

$$\ln y = \ln a + b \ln x$$

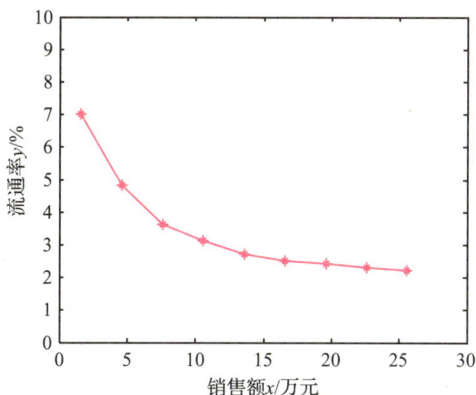

图 1.3.1　销售额与流通率的关系曲线

令 $y'=\ln y$，$x'=\ln x$，$a_0=\ln a$，得

$$y'=a_0+bx'$$

采用最小二乘法进行拟合，由式（1.3.5）和式（1.3.6）求得系数 a_0 和 b 为

$$a_0=2.1421，b=-0.426$$

则有

$$\ln y=2.1421-0.426\ln x$$

即

$$y=e^{2.1421}x^{-0.426}$$

得

$$y=8.517x^{-0.426}$$

拟合方程精度根据式（1.3.7）计算，得

$$\sigma=\sqrt{\frac{21.69709}{9-2}}\approx1.7606$$

表明该曲线拟合效果较好。

小提示： 采用最小二乘法求回归方程，其前提是假定自变量 x 的误差极小或可忽略不计，即主要关注输出量 y 的误差情况，而不考虑输入量的误差。当两个变量 x 和 y 的测量误差都比较大时，就不能应用上面的分析方法，这时应当按测量数据点到选取曲线的垂直距离的平方和为最小进行计算。

小讨论： 在什么情况下，一元非线性回归问题可以转化为一元线性回归问题处理？把曲线回归模型化为线性形式后，对其进行显著性检验是否可以？为什么？

1.3 一元非线性回归讨论

本章知识点梳理与总结

1. 介绍了测试的基本概念，包括与测试有关的基本概念、测试方法的分类和测试系统的

组成。

2．介绍了测量误差的基本概念及分类，着重介绍了测量误差的判别准则及方法和测量不确定度的分类及计算方法。

3．介绍了有关测量数据的处理方法，包括有效数字处理准则和测量数据的表述方法。着重对基于最小二乘法的回归分析进行了推导和计算，并举实例对一元非线性回归进行了说明。

本章自测

第 1 章在线自测

思考题与习题

第 1 章思考题与习题答案及解析

1．填空题

1-1　不确定度表示_____，可用标准偏差表示，也可用标准偏差的倍数或置信区间的半宽度表示。

1-2　不确定度分为_____、_____、_____和_____四种。

1-3　测试系统通常由_____、_____、_____、_____等环节组成。

1-4　常用的测量数据表述方法有_____、_____和_____。

1-5　根据变量个数及变量之间关系的不同，回归分析分为_____、_____、_____和_____等。

1-6　计量具有_____、_____、_____和_____等特点。

1-7　测量是以确定_____为目的的全部操作，测试则是_____的测量。

1-8　按测量器具是否与被测对象接触，测量方法分为_____和_____。

1-9　对不随时间变化的（或变化极慢）被测量进行的测量，称为_____测量；对随时间变化的被测量进行的测量，需确定被测量的瞬时值及其随时间变化的规律的测量，称为_____测量。

1-10　为了监视生产过程，或在生产流水线上监测产品质量的测量称为_____测量，反之，则称为_____测量。

2．简答题

1-11　解释量、测量、计量和测试的概念有什么区别。

1-12　画图说明测试系统的组成及各组成部分的作用。

1-13　判断粗大误差的准则有哪些，分别适用于什么条件？减小和消除系统误差的方法有哪些？

1-14 测量误差与测量不确定度有何异同点？

1-15 测量误差的表示和测量不确定度的评定分别包含哪几种形式？

3. 计算分析题

1-16 对于一个精度等级为 1.5 级，量程为 0～2.0MPa 的压力表，当指示值为 1.2MPa，请求以下三种误差：①最大引用误差 γ_m；②可能出现的最大绝对误差 Δ_m；③在该指示值下的示值相对误差 γ_x。

1-17 对某被测量进行了 8 次测量，测量值分别为 25.40，25.50，25.38，25.48，25.42，25.46，25.45，25.43，求被测量的最佳估计值和测量不确定度。

1-18 为什么选用电测仪表时，不仅要考虑它的精度，而且要考虑其量程？要测量 25A 电流，请问在量程为 150A、精度为 0.5 级和量程为 30A、精度为 1.5 级的两个电流表中选用哪一个更适合？

1-19 需要测量 80℃的温度，现有两个温度计可供选择：一个是 0.5 级精度，测量范围为 0～300℃；另一个是 1.0 级精度，测量范围为 0～100℃。请问，哪一个温度计更适合？

1-20 将 3.459、0.6352 修约成 2 位有效数字。2.1400 有几位有效数字？

1-21 某间接测量量 $w=2u+v$，在测量 u 和 v 时，它们是一对一同时读数，测量数据如题 1-21 表所示，试求 w 及其标准不确定度。

题 1-21 表 测量数据表

测量序号	1	2	3	4	5	6	7	8	9	10	11	12
u 读数	52	51	53	48	51	53	49	51	52	51	52	49
v 读数	26	25	27	26	27	28	24	23	25	26	27	29

1-22 某一标准电阻检定证书表明在 23℃时电阻为（10.000742±0.000129）Ω，其不确定区间具有 99%的置信水平，求电阻的 B 类标准不确定度。其中，正态分布时概率与置信因子 k 的关系如题 1-22 表所示。

题 1-22 表 概率与置信因子 k 的关系

概率 P%	50	68.27	90	95	95.45	99	99.73
置信因子 k	0.676	1	1.645	1.960	3	2.576	3

1-23 用标准数字电压表在标准条件下，对某直流电压源 10V 点的输出电压进行 10 次测量，测量值 v_i 如题 1-23 表所示。在电压测量前对标准电压表进行 24h 的校准，并知在 10V 点测量时，其 24h 的示值稳定度不超过±15μV。根据标准电压表的检定证书，其示值误差按 3 倍标准差计算：$3.5\times10^{-6}\times U$（标准电压表示值），求测量结果的不确定度。

题 1-23 表 测量值结果

测量列 i	1	2	3	4	5
测量值 v_i/V	10.000107	10.000103	10.000097	10.000111	10.000091
测量列 i	6	7	8	9	10
测量值 v_i/V	10.000108	10.000121	10.000101	10.000110	10.000094

第2章

信号分析基础

信号反映客观事物内在规律，可用于分析事物之间相互关系并预测未来发展趋势。信号可采用自变量为时间或空间的函数描述，也可利用图形或曲线等方式直观显示。其中，电信号传输方便、速度快并且易于分析和处理，应用最为广泛。信号分析和处理领域所指的信号通常为电信号。

信号分析与处理主要包括：①获取信号特征及其随时间变化规律；②分析信号构成，了解信号随频率变化的特征；③剔除干扰，获取信号中的有用信息。

学习要点

1. 了解信号的分类及描述；
2. 重点掌握周期信号的傅里叶级数展开及其频谱特点；
3. 重点掌握非周期信号的傅里叶变换、傅里叶变换性质及常见非周期信号频谱；
4. 了解离散信号（主要指抽样信号）的傅里叶变换及其频谱特性，掌握信号抽样定理与频谱混叠。

知识图谱

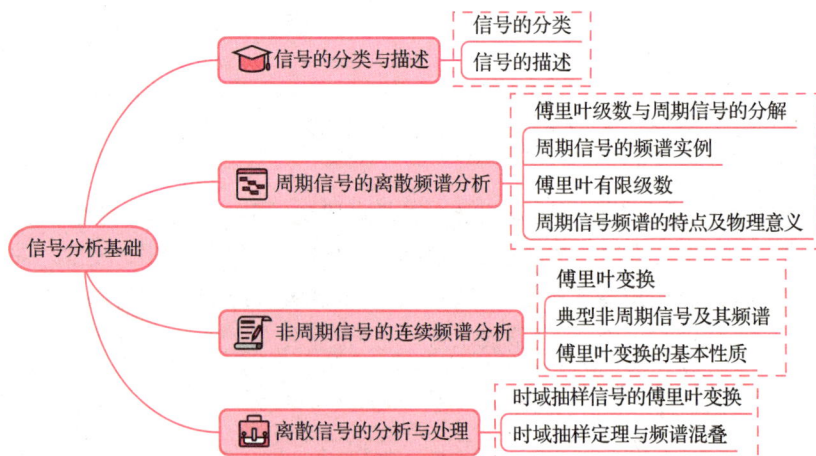

2.1　信号的分类与描述

2.1 信号的分类
与描述课件

2.1.1　信号的分类

工程中的信号一般是以时间为自变量的函数，根据信号随时间变化的特点信号可以分为确定性信号与随机信号、连续信号与离散信号等。

1.　确定性信号与随机信号

1）确定性信号

若信号是以时间为自变量的函数，对于任一时刻，均可得到确定的函数值，该信号称为确定性信号。例如，正弦信号、阶跃信号、指数信号等。确定性信号根据信号随时间的变化规律可分为周期信号和非周期信号。

（1）周期信号：指信号的幅值按一定时间间隔 T 重复出现的信号，即

$$x(t) = x(t + nT), \quad n = 0, \pm1, \pm2, \cdots (n \text{ 为整数}) \tag{2.1.1}$$

满足上式的最小 T 值称为信号周期。

① 简谐周期信号：最简单的周期信号，按正弦或余弦规律变化，正弦函数表达式为

$$x(t) = K\sin(\omega t + \varphi) \tag{2.1.2}$$

式中：K——幅值，反映信号强度；ω——频率，反映信号振荡速度；φ——初相位，反映信号起始位置，影响信号 $t = 0$ 时刻的函数值。

② 复杂周期信号：两个或多个简谐周期信号叠加而成的周期信号。例如，周期性方波信号、周期性三角波信号等都属于复杂周期信号。

（2）非周期信号。非周期信号在时间上不具有周而复始的特性。非周期信号分为准周期信号和瞬态信号。

① 准周期信号：由有限个简谐周期信号叠加而成，但各简谐分量之间没有公共周期，因而信号不能周期重复出现，如 $x(t) = 2\cos(4t) + 8\cos(\sqrt{2}t + 30°)$ 由两个正弦信号叠加而成，周期分别为 $T_1 = \dfrac{1}{2}\pi$ 和 $T_2 = \sqrt{2}\pi$。两个周期没有最小公倍数，或者说频率比 $\omega_1/\omega_2 = 2\sqrt{2}$ 是无理数，没有共同周期，为准周期信号。

② 瞬态信号：一般指持续时间短，有明显的开始和结束的信号，工程上的瞬态信号通常随时间的增加逐渐衰减至零，如指数衰减振荡信号、单个脉冲信号，机器部件受瞬时冲击、各种撞击声、火箭发射产生的信号等。

按时间变化的确定性信号的分类如表 2.1.1 所示。

2）随机信号

随机信号不可预知，具有随机性，无法用数学关系式描述，如图 2.1.1 所示。信号在传输过程中，不可避免地要受到各种干扰和噪声的影响，干扰和噪声都具有随机特性。例如，汽车在高速公路行驶过程中产生的振动、车辆通过使桥梁产生振动、零件过程机床床身的振动、电网负荷波动等都属于随机信号。随机信号任何一次观测结果只是诸多可能结果中的一个，但信号幅值变化服从统计规律。因此，可以用概率统计的方法分析随机信号。随机信号的统

计特性参数包括：均值、均方值、方差、概率密度函数、相关函数和功率谱密度函数等。

表 2.1.1　确定性信号的分类

一 级 分 类	二 级 分 类	波 形 图	
周期信号	简谐周期信号		
	复杂周期信号		
非周期信号	准周期信号		
	瞬态信号	 三角脉冲信号	 指数衰减振荡信号

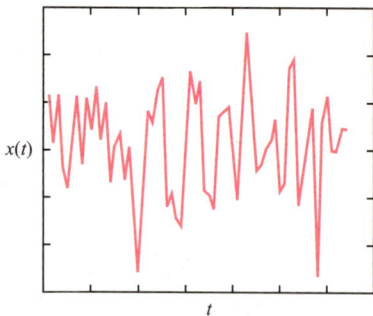

图 2.1.1　随机信号

严格地讲，确定性信号也包含一定的随机成分，判断一个信号是确定性信号还是随机信号，通常在相同条件下，进行多次重复实验，若在规定的误差范围内得到的信号相同，则可以认为该信号为确定性信号，否则为随机信号。

2. 连续信号与离散信号

如果信号的函数表达式以时间为自变量，根据时间变量取值是连续的还是离散的，可将信号分为连续信号和离散信号。

1）连续信号

在所讨论时间内，除若干个不连续点外，任意时间都可给出确定的函数值，即时间变量 t 是连续的，该信号称为连续信号，如表 2.1.2 所示。三角脉冲信号、直流信号、阶跃信号、余弦信号、斜波信号等都属于连续信号。

连续信号的幅值可以连续或离散。时间连续、幅值离散的信号称为量化信号；时间和幅值均连续的信号称为模拟信号。

表 2.1.2 连续信号与离散信号

时　间	幅　值	
	连　续	离　散
连续	模拟信号	量化信号
离散	抽样信号	数字信号

2）离散信号

在一定的时间间隔内，只在不连续的规定瞬时具有函数值，在其他时间点没有定义的信号称为离散信号。

离散信号的幅值可以离散或连续。幅值和时间均离散的信号称为数字信号；幅值连续而时间离散的信号称为抽样信号，通常由连续信号经采样获得。现实生活中的信号一般是连续的，要对连续信号进行数字处理；模拟信号经过 A/D 转换得到数字信号。

3. 能量信号和功率信号

按照能量的观点，信号分为能量信号和功率信号。

1）能量信号

工程测试中将非电量转换为电信号，常将信号 $x(t)$ 看作随时间变化的电压，将其加在单位电阻 R（$R=1$）上的瞬时功率为 $x^2(t)$，在区间 $(-\infty,+\infty)$ 内信号的能量为

$$E = \int_{-\infty}^{\infty} x^2(t)\mathrm{d}t \qquad (2.1.3)$$

若 $E<\infty$，则认为信号能量有限，该信号称为能量信号，如矩形脉冲信号、指数衰减信号等瞬态信号均为能量信号。

2）功率信号

若 $x(t)$ 在区间 $(-\infty,+\infty)$ 内的能量 $E\to\infty$，限区间 $(-T,T)$ 信号的平均功率为

$$P = \lim_{T\to\infty} \frac{1}{2T} \int_{-T}^{T} x^2(t)\mathrm{d}t \qquad (2.1.4)$$

若 $P<\infty$，则认为信号功率有限，该信号称为功率信号。一个幅值有限的周期信号或随机信号，若能量无限，但功率有限，属于功率信号。

通常，客观存在的信号大都是持续时间有限的能量信号。例如，单自由度欠阻尼振动系统，其质心位移信号 $x(t)$ 是能量有限的衰减正弦信号。

> 🔔 **小提示**：一个信号可以是非功率非能量信号，如单位斜坡信号，但不可能既是能量信号又是功率信号。

以上三种常见的信号分类方法，分别根据信号针对时间的确定性、连续性和可积性进行分类，属于信号在时域的分类。在频域内，以信号的频域分布、能量或功率频谱作为划分依据，信号可分为低频信号、高频信号、窄带信号或宽带信号等。

2.1.2 信号的描述

信号包含丰富信息，需对信号进行分析和处理，以提取有用信息。信号描述是指对信号在不同变量域进行数学表达，从而表征信号数据特征，是信号分析的基础。信号分析通常以 4 种变量域对信号进行描述：时间域（时域）、频率域（频域）、幅值域和时延域。

> 🔔 **小提示**：信号的各种描述方法从不同的角度观察同一信号，不改变信号的特性，它们之间可以相互转换，例如，傅里叶变换将信号描述从时域转换到频域，而傅里叶逆变换将信号从频域转换到时域。

1. 时域描述

以时间作为自变量对信号进行描述，称为信号的时域描述，是信号最直接的描述方法，反映了信号幅值随时间变化的过程，由时域描述图形可获得信号的时域特征参数，如周期、峰值、均值、方差、均方值等，这些参数反映了信号变化的快慢和波动情况。因此，时域描述直观、形象，便于观察和记录。图 2.1.2（a）所示为某型号发动机的噪声信号波形。

2. 频域描述

以频率作为自变量对信号进行描述，称为信号的频域描述。频域描述可以揭示信号的频率结构，组成信号的各频率分量的幅值、相位与频率的对应关系，其在动态测试中应用广泛。

例如，对噪声、振动等信号进行频域描述，可从频谱中获得噪声或振动由哪些不同的频率分量组成、各频率分量所占比例及主要的频率分量，从而找出噪声或振动源，以便排除或减小有害噪声或振动。图 2.1.2（b）所示为某型号发动机噪声信号的频谱。

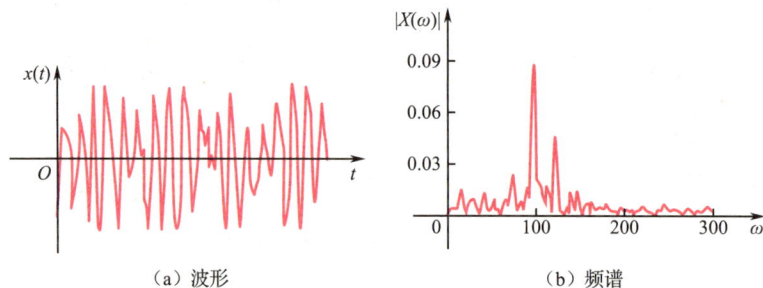

（a）波形　　　　　　　　　　　（b）频谱

图 2.1.2　某型号发动机的噪声信号波形和频谱

3. 幅值域描述

以幅值作为自变量对信号进行描述，称为信号的幅值域描述，反映了信号中不同强度幅值的分布情况，常用于随机信号的统计分析。由于随机信号的幅值具有随机性，通常用概率密度函数描述。图 2.1.3 所示为某随机信号的概率密度函数，反映信号幅值在某一范围出现的概率，提供了随机信号沿幅值域分布的信息。

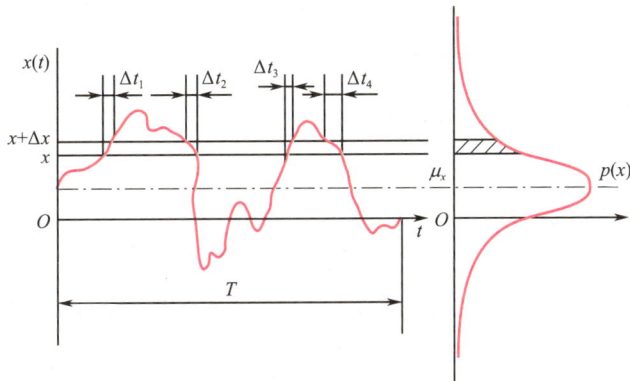

图 2.1.3　概率密度函数

4．时延域描述

以时间和频率的联合函数同时描述信号在不同时间和频率的能量密度或强度，称为信号的时延域描述。它是分析非平稳随机信号的有效工具，可同时反映信号的时间和频率信息，揭示非平稳随机信号所代表的被测物理量的本质。

2.1 准周期信号讨论

小讨论：准周期信号与复杂周期信号有何异同？复杂周期信号的周期如何确定？

2.2　周期信号的离散频谱分析

周期信号的离散频谱分析视频

2.2 周期信号的离散频谱分析课件

2.2.1　傅里叶级数与周期信号的分解

根据数学分析可知，任一周期信号 $x(t)$ 在区间 $(t，t+T)$ 上满足狄利克雷条件，即信号在一个周期内：①存在有限个第一类间断点或单调连续，②存在有限个极值点，③信号绝对可积，即 $\int_t^{t+T}|x(t)|\mathrm{d}t<\infty$，则信号 $x(t)$ 可以展开成傅里叶级数。工程上的周期信号通常都满足狄利克雷条件，除特殊需要外，一般不再考虑此条件。

谐波信号是最简单的周期信号，仅有一个频率成分。一般周期信号可利用傅里叶级数分解成多个乃至无穷个不同频率的谐波信号的线性叠加。

1．傅里叶级数的三角函数展开式

$$x(t)=a_0+\sum_{n=1}^{\infty}[a_n\cos(n\omega_0 t)+b_n\sin(n\omega_0 t)]\quad（n=1,2,3,\cdots）\qquad（2.2.1）$$

式中： ω_0 ——周期信号基波频率， $\omega_0 = \dfrac{2\pi}{T}$ ， T 表示信号周期； a_0 、 a_n 、 b_n ——傅里叶系数；

a_0 ——常值分量，信号在一个周期内的平均值， $a_0 = \dfrac{1}{T}\displaystyle\int_{-T/2}^{T/2} x(t)\mathrm{d}t$ ； a_n ——余弦分量的幅值，

$a_n = \dfrac{2}{T}\displaystyle\int_{-T/2}^{T/2} x(t)\cos(n\omega_0 t)\mathrm{d}t$ ； b_n ——正弦分量的幅值， $b_n = \dfrac{2}{T}\displaystyle\int_{-T/2}^{T/2} x(t)\sin(n\omega_0 t)\mathrm{d}t$ 。

将式（2.2.1）中正弦、余弦项合并，可得

$$x(t) = a_0 + \sum_{n=1}^{\infty} A_n \cos(n\omega_0 t + \varphi_n) \tag{2.2.2}$$

式中： A_n ——各频率分量的幅值， $A_n = \sqrt{a_n^2 + b_n^2}$ ； φ_n ——各频率分量的初相位， $\varphi_n = -\arctan\dfrac{b_n}{a_n}$ 。

式（2.2.1）和式（2.2.2）描述了周期信号 $x(t)$ 的频率结构，表明周期信号由直流分量 a_0 和无穷多个不同频率的谐波分量叠加而成。由于 n 为正整数，当 $n=1$ 时， $A_1\cos(\omega_0 t + \varphi_1)$ 是频率为 ω_0 的分量，称为基波（一次谐波），基波的频率与信号频率相同；当 $n>1$ 时，频率为 $n\omega_0$ 的分量称为 n 次谐波，各高次谐波分量的频率是基波频率 ω_0 的整数倍。

> 🔔 **小提示**：由于 n 为正整数，各频率成分都是 ω_0 的正整数倍。因此，周期信号的谱线只出现在 $0, \omega_0, 2\omega_0, \cdots, n\omega_0, \cdots$ 等离散频率点上，频谱为离散频谱。

为了直观地表达信号的频率成分结构，以频率 $\omega(n\omega_0)$ 为横坐标，各次谐波的幅值 A_n 为纵坐标作图，可直观看出各频率分量的大小，该图称为信号的幅频谱或者幅值谱。图中每条线段代表某频率分量的幅值，称为谱线。以频率 $\omega(n\omega_0)$ 为横坐标，各次谐波的相角 φ_n 为纵坐标作图，称为信号的相频谱或者相位谱。幅值谱和相位谱统称为信号的频谱图（简称频谱）。

2. 傅里叶级数的复指数函数展开式

根据欧拉公式

$$\mathrm{e}^{\pm \mathrm{j}\omega t} = \cos(\omega t) \pm \mathrm{j}\sin(\omega t)$$

可得

$$\begin{cases} \cos(\omega t) = \dfrac{1}{2}(\mathrm{e}^{-\mathrm{j}\omega t} + \mathrm{e}^{\mathrm{j}\omega t}) \\[2mm] \sin(\omega t) = \mathrm{j}\dfrac{1}{2}(\mathrm{e}^{-\mathrm{j}\omega t} - \mathrm{e}^{\mathrm{j}\omega t}) \end{cases} \tag{2.2.3}$$

将式（2.2.3）代入式（2.2.1）可得

$$\begin{aligned} x(t) &= a_0 + \sum_{n=1}^{\infty}\left[\dfrac{a_n}{2}(\mathrm{e}^{-\mathrm{j}n\omega_0 t} + \mathrm{e}^{\mathrm{j}n\omega_0 t}) + \dfrac{b_n}{2}\mathrm{j}(\mathrm{e}^{-\mathrm{j}n\omega_0 t} - \mathrm{e}^{\mathrm{j}n\omega_0 t}) \right] \\ &= a_0 + \sum_{n=1}^{\infty}\left[\dfrac{1}{2}(a_n + \mathrm{j}b_n)\mathrm{e}^{-\mathrm{j}n\omega_0 t} + \dfrac{1}{2}(a_n - \mathrm{j}b_n)\mathrm{e}^{\mathrm{j}n\omega_0 t} \right] \end{aligned}$$

令 $c_0 = a_0$ ， $c_n = \dfrac{1}{2}(a_n - \mathrm{j}b_n)$ ， $c_{-n} = \dfrac{1}{2}(a_n + \mathrm{j}b_n)$

则有

$$x(t) = c_0 + \sum_{n=1}^{\infty}[c_n\mathrm{e}^{\mathrm{j}n\omega_0 t} + c_{-n}\mathrm{e}^{-\mathrm{j}n\omega_0 t}] \tag{2.2.4}$$

由于 c_n 和 c_{-n} 是一对共轭复数，则

$$\sum_{n=1}^{\infty} c_{-n} e^{-jn\omega_0 t} = \sum_{n=-\infty}^{-1} c_n e^{jn\omega_0 t} \tag{2.2.5}$$

当 $n=0$ 时，$a_n = \dfrac{2}{T}\displaystyle\int_{-\frac{T}{2}}^{T/2} x(t)\mathrm{d}t$，$b_n = 0$。于是

$$c_0 = \frac{1}{2}\left[\frac{2}{T}\int_{-T/2}^{T/2} x(t)\mathrm{d}t\right] = \frac{1}{T}\int_{-T/2}^{T/2} x(t)\mathrm{d}t = a_0 \tag{2.2.6}$$

c_0 与 $n=0$ 时 c_n 的计算式一致。因此，将式（2.2.4）中的各项合并，得到傅里叶级数的复指数展开式为

$$x(t) = \sum_{n=-\infty}^{\infty} c_n e^{jn\omega_0 t} \qquad (n=0,\pm1,\pm2,\cdots) \tag{2.2.7}$$

式中，c_n ——复数傅里叶系数，即

$$c_n = \frac{1}{T}\int_{-T/2}^{T/2} x(t) e^{-jn\omega_0 t}\mathrm{d}t \tag{2.2.8}$$

以上结果表明，周期信号 $x(t)$ 可分解成无穷多个指数分量之和；而且傅里叶系数 c_n 完全由原信号 $x(t)$ 确定，因此 c_n 包含原信号 $x(t)$ 的全部信息。

通常，c_n 为复变函数，可写成

$$c_n = \mathrm{Re}(c_n) + j\mathrm{Im}(c_n) = |c_n| e^{j\varphi_n} \tag{2.2.9}$$

式中：$|c_n| = |c_{-n}| = \dfrac{A_n}{2} = \dfrac{1}{2}\sqrt{a_n^2 + b_n^2}$；$\varphi_n = -\arctan\dfrac{b_n}{a_n}$，$\varphi_{-n} = -\varphi_n$。

复数傅里叶系数 c_n 的模和相角分别表示各次谐波的幅值和相位，包括了周期信号所含各次谐波幅值和相位信息。以频率 ω（$n\omega_0$）为横坐标，分别以 $|c|$、φ_n 为纵坐标，可以得到信号幅值谱和相位谱；如果纵坐标分别为 c_n 的实部和虚部，可以得到信号的实频谱和虚频谱。由于 n 的取值为整数，复频谱同样为离散频谱。

式（2.2.9）中，n 为整数。n 为负值时，谐波频率 $n\omega_0$ 为"负频率"。负频率的出现完全是数学运算的结果，并无任何物理意义。正负频率对应谱线的幅值相等，正、负频率对应的两条谱线相加代表该频率分量的幅值。

> ✒ **小总结**：对比傅里叶级数两种形式的展开式：①复指数函数展开式的频谱为双边频谱（$\omega \in -\infty \sim \infty$），三角函数展开式的频谱为单边频谱（$\omega \in 0 \sim \infty$）；②双边幅值谱为偶函数，双边相位谱为奇函数；③双边频谱中各谐波的幅值为单边频谱中对应谐波幅值的一半，即 $|c_n| = A/2$。

2.2.2　周期信号的频谱实例

周期信号的傅里叶级数将周期信号分解为不同频率的谐波分量。周期信号展开为傅里叶级数的关键是确定傅里叶系数，即 a_0、a_n、b_n 或 c_n。若已知信号 $x(t)$ 的波形满足某种对称关系时，利用函数的奇偶特性，可以方便快速地求解傅里叶系数。

1）$x(t)$ 为奇函数

若信号的波形关于坐标原点对称，即信号为奇函数，$-x(t) = x(-t)$，则 $a_0 = 0$，$a_n = 0$，

$$b_n = \frac{4}{T}\int_0^{T/2} x(t)\sin(n\omega_0 t)\mathrm{d}t，此时$$

$$x(t) = \sum_{n=1}^{\infty} b_n \sin(n\omega_0 t) \tag{2.2.10}$$

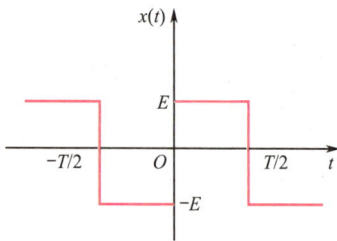

图 2.2.1　周期性方波信号

例 2-1　周期性方波信号如图 2.2.1 所示，试求：

（1）傅里叶级数的三角函数展开式，并画出频谱图；

（2）傅里叶级数的复指数函数展开式，并画出频谱图。

解：（1）因该信号为奇函数，因此

$$a_0 = 0, \quad a_n = 0$$

$$b_n = \frac{2}{T}\int_{-T/2}^{T/2} x(t)\sin(n\omega_0 t)\mathrm{d}t = \frac{4}{T}\int_0^{T/2} E\sin(n\omega_0 t)\mathrm{d}t$$

$$= \frac{2E}{n\pi}[1-\cos(n\pi)] = \begin{cases} 0, & n=2,4,6,\cdots \\ \dfrac{4E}{n\pi}, & n=1,3,5,\cdots \end{cases}$$

周期性方波可写成

$$x(t) = \frac{4E}{\pi}\left[\sin(\omega_0 t) + \frac{1}{3}\sin(3\omega_0 t) + \frac{1}{5}\sin(5\omega_0 t) + \cdots\right]$$

$$= \frac{4E}{\pi}\left[\cos\left(\omega_0 t - \frac{\pi}{2}\right) + \frac{1}{3}\cos\left(3\omega_0 t - \frac{\pi}{2}\right) + \frac{1}{5}\cos\left(5\omega_0 t - \frac{\pi}{2}\right) + \cdots\right]$$

幅值和相位分别为

$$\begin{cases} A_n = \sqrt{a_n^2 + b_n^2} = \dfrac{4E}{n\pi} \\ \varphi_n = -\arctan b_n/a_n = -\dfrac{\pi}{2} \end{cases} \quad n=1,3,5,\cdots$$

频谱图如图 2.2.2 所示，其幅值谱只包含基波（ω_0）及奇次谐波（$n=3,5,7\cdots$）的频率分量，各次谐波的幅值以 $\dfrac{1}{n}$ 的规律收敛，相位谱均为 $-\dfrac{\pi}{2}$。

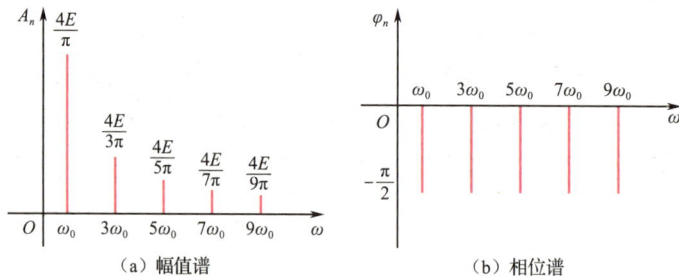

（a）幅值谱　　　　　　　　（b）相位谱

图 2.2.2　周期性方波的频谱图

（2）根据式（2.2.8）计算复数傅里叶系数，即

$$c_n = \frac{1}{T}\int_{-T/2}^{T/2} x(t)\mathrm{e}^{-jn\omega_0 t}\mathrm{d}t$$

$$= \frac{1}{T}\left[\int_{-T/2}^{T/2} x(t)\cos(n\omega_0 t)\mathrm{d}t - j\int_{-T/2}^{T/2} x(t)\sin(n\omega_0 t)\mathrm{d}t\right]$$

$$= -\mathrm{j}\frac{2}{T}\int_0^{T/2} E\sin(n\omega_0 t)\mathrm{d}t = -\mathrm{j}\frac{E}{n\pi}[\cos(n\pi) - 1]$$

$$= \begin{cases} -\mathrm{j}\dfrac{2E}{n\pi}, & n = \pm1,\pm3,\pm5,\cdots \\ 0, & n = \pm2,\pm4,\pm6,\cdots \end{cases}$$

周期方波的傅里叶级数复指数展开式为

$$x(t) = -\mathrm{j}\frac{2E}{\pi}\sum_{n=-\infty}^{+\infty}\frac{1}{n}\mathrm{e}^{\mathrm{j}n\omega_0 t}$$

于是，幅值为

$$|c_n| = \begin{cases} \left|\dfrac{2E}{n\pi}\right|, & n = \pm1,\pm3,\pm5,\cdots \\ 0, & n = \pm2,\pm4,\pm6,\cdots \end{cases}$$

相位为

$$\varphi_n = \arctan\frac{-\dfrac{2E}{n\pi}}{0} = \begin{cases} -\dfrac{\pi}{2}, & n = 1,3,5,\cdots \\ \dfrac{\pi}{2}, & n = -1,-3,-5,\cdots \end{cases}$$

图 2.2.3 所示为该周期方波的复频谱图，频谱为双边频谱。幅值谱为偶函数，关于纵轴对称；相位谱为奇函数，关于原点对称。

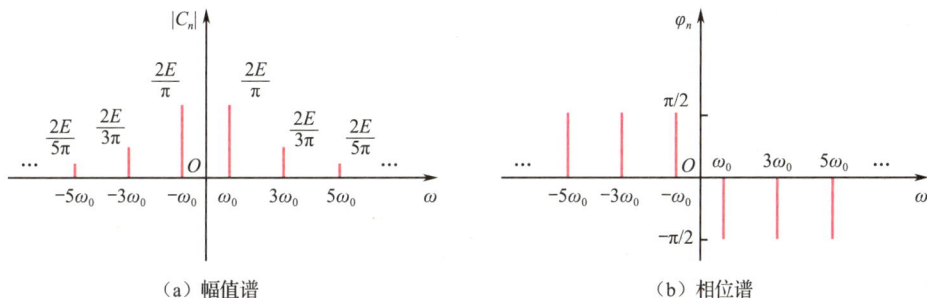

（a）幅值谱　　　　　　　　　　　　（b）相位谱

图 2.2.3　周期方波的复频谱图

2）$x(t)$ 为偶函数

若 $x(t)$ 为偶函数，信号波形关于纵坐标对称，满足 $x(t) = x(-t)$，则 $b_n = 0$，$a_0 = \dfrac{2}{T}\int_0^{T/2} x(t)\mathrm{d}t$，$a_n = \dfrac{4}{T}\int_0^{T/2} x(t)\cos(n\omega_0 t)\mathrm{d}t$，于是

$$x(t) = a_0 + \sum_{n=1}^{\infty} a_n\cos(n\omega_0 t) \tag{2.2.11}$$

例 2-2　周期性三角脉冲信号如图 2.2.4 所示，求此信号的频谱。

解： 由图 2.2.4 可知，该信号为偶函数。

$$b_n = 0$$

$$a_0 = \frac{1}{T}\int_{-T/2}^{T/2} x(t)\mathrm{d}t = \frac{2}{T}\int_0^{T/2}\left(E + \frac{2E}{T}t\right)\mathrm{d}t = \frac{E}{2}$$

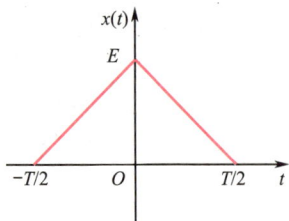

图 2.2.4　周期性三角脉冲信号

$$a_n = \frac{2}{T}\int_{-T/2}^{T/2} x(t)\cos(n\omega_0 t)\mathrm{d}t$$

$$= \frac{4E}{T}\int_0^{T/2}\left(1 - \frac{2}{T}t\right)\cos(n\omega_0 t)\mathrm{d}t$$

$$= \frac{4E}{n^2\pi^2}\sin^2\left(\frac{n\pi}{2}\right)$$

$$= \begin{cases} \dfrac{4E}{n^2\pi^2}, & n=1,3,5,\cdots \\ 0, & n=2,4,6,\cdots \end{cases}$$

周期性三角脉冲信号的傅里叶级数展开式

$$x(t) = \frac{E}{2} + \frac{4E}{\pi^2}\left[\cos(\omega_0 t) + \frac{1}{9}\cos(3\omega_0 t) + \frac{1}{25}\cos(5\omega_0 t) + \cdots\right]$$

幅值和相位分别为

$$\begin{cases} A_n = \sqrt{a_n^2 + b_n^2} = \dfrac{4E}{n^2\pi^2} \\ \varphi_n = -\arctan b_n/a_n = 0 \end{cases} \qquad n=1,3,5,\cdots$$

图 2.2.5 为周期性三角脉冲信号的频谱图，幅值谱包含常值分量和奇次谐波分量，谐波的幅值以 $\dfrac{1}{n^2}$ 的规律收敛，相位谱为零。

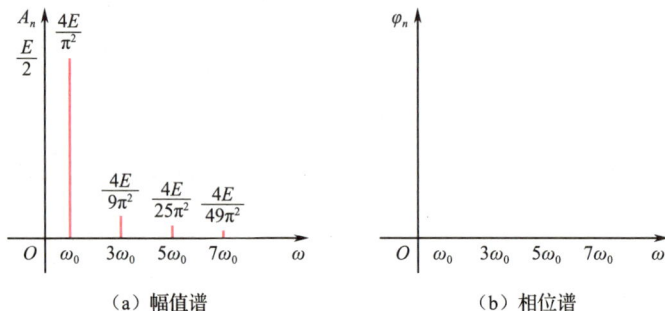

（a）幅值谱　　　　　　　　　（b）相位谱

图 2.2.5　周期性三角脉冲信号的频谱图

常见周期信号的傅里叶级数见附录 2-1。

附录 2-1 常见周期信号的傅里叶级数

2.2.3　傅里叶有限级数

周期信号的傅里叶展开式为

$$x(t) = a_0 + \sum_{n=1}^{\infty}[a_n\cos(n\omega_0 t) + b_n\sin(n\omega_0 t)]$$

理论上，任意周期信号展开成傅里叶级数时需无限多项才能与原信号相等。实际应用中，采用有限项级数代替无限项级数。若取前 $2N+1$ 项逼近周期函数 $x(t)$，称为有限项傅里叶级数：

$$S_N(t) = a_0 + \sum_{n=1}^{N}[a_n\cos(n\omega_0 t) + b_n\sin(n\omega_0 t)] \tag{2.2.12}$$

　　显然，选取有限项级数是近似方法，所选项数越多，有限项级数越逼近原函数。用 $S_N(t)$ 逼近 $x(t)$ 引起的误差为

$$\varepsilon_N(t) = x(t) - S_N(t) \tag{2.2.13}$$

　　以图 2.2.6 所示的方波信号为例，说明选取不同项数的有限级数逼近原函数的情况，直观了解傅里叶级数的含义，并观察级数中各频率分量对波形的影响。

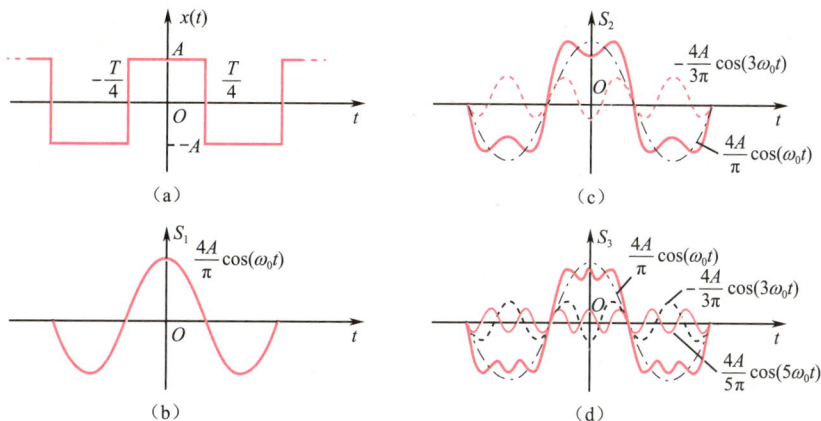

图 2.2.6　方波信号有限项傅里叶级数波形

　　从图 2.2.6 可以看出以下几点。

　　（1）傅里叶级数取项数 N 越多，相加后波形越逼近原信号 $x(t)$，两者的误差越小。当 $N \to \infty$ 时，S_N 波形等于 $x(t)$。

　　（2）若 $x(t)$ 为脉冲信号，其高频分量主要影响脉冲的跳变沿，低频分量主要影响脉冲的顶部。$x(t)$ 波形变化越缓慢，包含的低频分量越丰富；变化越剧烈，包含的高频分量越丰富。

　　（3）信号中任一频谱分量的幅值或相位发生相对变化，输出波形会失真。

　　（4）傅里叶级数取项数 N 越多，合成的波形 S_N 中峰起越靠近 $x(t)$ 的不连续点。

📖　小知识：吉布斯（Gibbs）现象

　　傅里叶级数取项数 N 很大时，合成的波形 S_N 的峰起值趋于常数，约为总跳变值的 9%，并从不连续点开始以起伏振荡的形式逐渐衰减，该现象称为吉布斯现象。图 2.2.7 所示为矩形波和锯齿波的吉布斯现象。

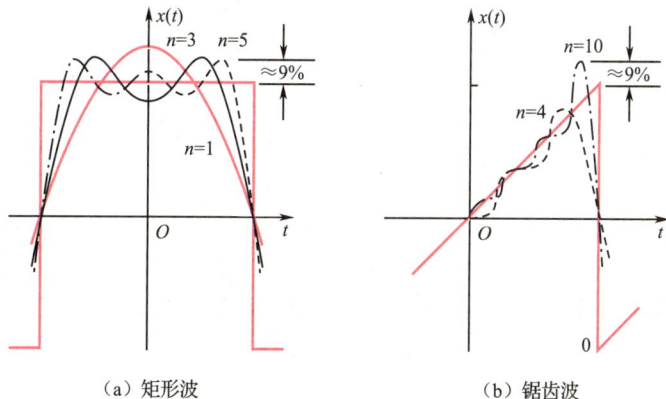

（a）矩形波　　　　　（b）锯齿波

图 2.2.7　吉布斯现象

2.2.4　周期信号频谱的特点及物理意义

1. 频谱的特点

（1）离散性。频谱由不连续的谱线组成，每条谱线代表一个谐波分量。

（2）谐波性。各次谐波的频率为基频 ω_0 的整数倍，谱线只出现在基频整数倍上。

（3）收敛性。各频率分量的谱线高度表示各次谐波分量的幅值或相位。工程上常见的周期信号的谐波幅值随着谐波次数的增大而减小。

（4）奇偶性：幅值谱和实频谱是偶对称的，相位谱和虚频谱是奇对称的。

（5）频谱的单双边特性：三角函数展开式得到单边频谱，复指数函数展开式得到双边频谱，其幅值之间存在定量的数学关系式：$A_n = 2\left|C_n\right|$。

2. 频谱的物理意义

傅里叶级数展开式表明，周期信号满足狄利克雷条件，可以展开成有限或无限个谐波分量的和。若线性测试系统受到复杂周期信号作用，输出信号可以看成多个简谐信号作用结果的叠加，使问题得到简化。

通过傅里叶级数及频谱图，能直观看出周期信号的频率成分、各频率成分的幅值和相位、各次谐波幅值在周期信号中的比例等。

3. 信号频带宽度

由于周期信号幅值谱的收敛性，即随着谐波频率的增大，谐波幅值渐近于零，表明信号的能量主要来源于低频谐波分量，频谱分析中忽略谐波次数过高的分量，并且其余谐波之和与原信号之间的差异在允许的范围，据此提出了信号频带宽度的概念。

> 🔔 **小提示**：在选择或设计测试系统时，被测信号的频带宽度必须小于测试系统的工作频率范围，否则将引起信号失真，测量误差增大。

通常把频谱中幅值下降到最大幅值的 1/10 时所对应的频率作为信号的频带宽度，也称 1/10 法则。

若信号时域波形有跃变，则占用频带较宽，一般取基频的 10 倍为频带宽度；时域波形没有跃变，则占用频带较窄，通常取基频的 3 倍为频带宽度。

测试系统通常包含多个组成部分，如传感器、放大器、滤波器等，输入信号中的谐波频率如果超过了某部分的截止频率，这些谐波得不到相应的信号调理，引起信号失真，产生测量误差。可见，分析信号的频率结构对动态测试非常重要。

2.2 信号频带宽度讨论

> 📋 **小讨论**：某周期信号上升边缘较陡，周期为 0.5ms，现有一频带为 5kHz 的示波器，可否用该设备记录该信号？如果不能，应选择频带宽度多少的测试设备记录该信号？

2.3　非周期信号的连续频谱分析

　　非周期信号包括准周期信号和瞬态信号。准周期信号由简谐信号叠加而成，但无公共周期。因此，准周期信号的频谱是由有限个谱线构成的离散频谱，但不具有周期信号频谱的谐波性特征。在工程测试中，彼此独立的激振源共同作用引起的振动一般属于准周期信号。

　　非周期信号通常指瞬态信号，其频谱不能直接用傅里叶级数展开，必须采用傅里叶变换分析其频域特性。瞬态信号在工程中经常出现，图 2.3.1 所示的欠阻尼系统的位移信号、电容放电时的电压信号等均属于瞬态信号。本节主要讨论瞬态信号的频谱分析。

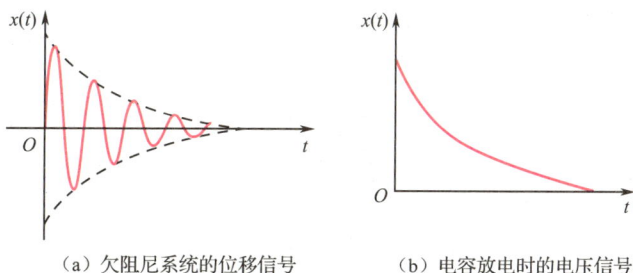

（a）欠阻尼系统的位移信号　　　　　　（b）电容放电时的电压信号

图 2.3.1　瞬态信号的波形图

2.3.1　傅里叶变换

　　理论上，非周期信号可以看作是周期 T 为无穷大的周期信号。因此，可以通过周期信号的频谱推导非周期信号的频谱。

　　当周期信号的周期 T 趋于无穷大时，其相邻谱线的间隔 $\Delta\omega = \omega_0 = 2\pi/T$ 趋于无穷小，谱线越来越密并无限靠近，离散谱线演变为连续曲线，成为连续频谱，得到非周期信号的傅里叶变换。因此，非周期信号的频谱是由无限多个频率、无限接近的分量组成的连续频谱。从数学角度分析，极限情况下，无限多个无穷小量之和仍等于有限值，此有限值的大小取决于信号的能量。基于上述原因，非周期信号不能采用周期信号频谱的表示方法，必须引入新的量——频谱密度函数。下面根据周期信号的傅里叶级数推导非周期信号的傅里叶变换，并说明频谱密度函数的含义。

　　根据周期信号 $x(t)$ 的傅里叶级数的复指数展开式（2.2.7），将 c_n 式（2.2.8）代入得到

$$x(t) = \sum_{n=-\infty}^{+\infty}\left[\frac{1}{T}\int_{-T/2}^{T/2}x(t)\mathrm{e}^{-jn\omega_0 t}\mathrm{d}t\right]\mathrm{e}^{jn\omega_0 t} \tag{2.3.1}$$

当信号的周期趋于无穷大时，即 $T \to \infty$，有

（1）谱线的间隔趋于无穷小，$\Delta\omega = \omega_0 \to \mathrm{d}\omega$；

（2）离散频率变成连续频率，$n\omega_0 = n\Delta\omega \to \omega$；

（3）求和变成求积，$\displaystyle\sum_{n=-\infty}^{n=\infty} \to \int_{-\infty}^{\infty}$；

（4）$\dfrac{1}{T} = \dfrac{\omega_0}{2\pi} = \dfrac{1}{2\pi}\mathrm{d}\omega$。

于是，式（2.3.1）改写为

$$x(t) = \int_{-\infty}^{+\infty} \dfrac{\mathrm{d}\omega}{2\pi}\left[\int_{-\infty}^{+\infty} x(t)\mathrm{e}^{-\mathrm{j}\omega t}\mathrm{d}t\right]\mathrm{e}^{\mathrm{j}\omega t}$$

$$= \dfrac{1}{2\pi}\int_{-\infty}^{+\infty}\left[\int_{-\infty}^{+\infty} x(t)\mathrm{e}^{-\mathrm{j}\omega t}\mathrm{d}t\right]\mathrm{e}^{\mathrm{j}\omega t}\mathrm{d}\omega \qquad (2.3.2)$$

在上式方括号内的积分中，时间 t 为积分变量，积分结果仅为 ω 的函数，记为 $X(\omega)$。于是有

$$X(\omega) = \int_{-\infty}^{+\infty} x(t)\mathrm{e}^{-\mathrm{j}\omega t}\mathrm{d}t \qquad (2.3.3)$$

以上建立了 $x(t)$ 与 $X(\omega)$ 确定的对应关系，将信号由时域描述变换到频域描述。称式（2.3.3）所表达的 $X(\omega)$ 为 $x(t)$ 的傅里叶变换（Fourier Transform，FT）；将式（2.3.3）代入式（2.3.2）可得

$$x(t) = \dfrac{1}{2\pi}\int_{-\infty}^{+\infty} X(\omega)\mathrm{e}^{\mathrm{j}\omega t}\mathrm{d}\omega \qquad (2.3.4)$$

上式将信号由频域描述变换到时域描述，称式（2.3.4）所表达的 $x(t)$ 为 $X(\omega)$ 的傅里叶逆变换（Inverse Fourier Transform，IFT）。傅里叶变换和傅里叶逆变换表达式互称为傅里叶变换对，可用符号简记为

$$\begin{cases} x(t) = F^{-1}[X(\omega)] \\ X(\omega) = F[x(t)] \end{cases} \qquad (2.3.5)$$

需要说明的是，前面推导傅里叶变换并未遵守严格的数学步骤。理论上，傅里叶变换需满足一定条件才存在。这种条件类似于傅里叶级数的狄利克雷条件，不同之处在于时间范围由一个周期变成无穷区间。傅里叶变换存在的充分条件是在无穷区间内满足绝对可积条件，即

$$x(t) = \int_{-\infty}^{+\infty}|f(t)|\mathrm{d}t < \infty \qquad (2.3.6)$$

一般情况下，$X(\omega)$ 是复函数，可以写成

$$X(\omega) = \mathrm{Re}X(\omega) + \mathrm{j}\mathrm{Im}X(\omega) = |X(\omega)|\mathrm{e}^{\mathrm{j}\varphi(\omega)} \qquad (2.3.7)$$

式中：$|X(\omega)|$ —— $X(\omega)$ 的幅值，表示信号中各频率分量的相对大小；$\varphi(\omega)$ —— $X(\omega)$ 的相位，表示信号中各频率分量之间的相位关系。

由式（2.3.4）可以看出，信号 $x(t)$ 由频率 ω 连续变化的无穷多个谐波分量 $\mathrm{e}^{\mathrm{j}\omega t}$ 叠加而成。每一个谐波分量的幅值或相位表示为 $\dfrac{1}{2\pi}X(\omega)\mathrm{d}\omega$（无穷小量），则 $X(\omega)$ 表示频率为 ω 处的单位频带宽度内不同频率谐波分量 $\mathrm{e}^{\mathrm{j}\omega t}$ 的幅值和相位，具有密度的含义。因此，$X(\omega)$ 称为 $x(t)$ 的频谱密度函数。$|X(\omega)|$ 表示非周期信号的幅值频谱密度函数，简称幅值谱密度；$\varphi(\omega)$ 表示非周期信号的相位谱密度。为了同周期信号的频谱表示一致，习惯上将 $|X(\omega)| - \omega$ 与 $\varphi(\omega) - \omega$ 曲线分别称为非周期信号的幅值谱和相位谱，它们都是频率的连续函数。

> ✒ **小总结**：非周期信号的频谱是连续频谱，包含了从零到无穷大的不同频率的所有谐波分量；频谱用频谱密度函数描述，表示单位频宽上的幅值和相位（单位频宽内包含的能量），其量纲具有密度的含义。

工程中常用的频谱图包括幅值谱图和相位谱图。为了作图方便及在更宽的频率范围内表达信号的频率特性，通常采用对数幅值谱图、对数相位谱图、对数功率谱图（如周期信号、随机信号等）和对数能量谱图（如瞬态信号等）。这些频谱图对幅值、功率或能量取对数计算，如 $20\log A(\omega)$，纵坐标的单位是分贝（dB），频率轴（横坐标）采用对数分度。常见信号的傅里叶变换及其频谱如附录 2-2 所示。

附录 2-2　常见信号的傅里叶变换及其频谱

2.3.2　典型非周期信号及其频谱

1．单位冲激信号（δ 函数）及其频谱

1）单位冲激信号的定义

某些物理现象需用一个时间极短，但取值极大的函数描述，例如，力学中瞬时作用的冲击力、电学中的雷击电闪、数字通信中的抽样脉冲、爆炸、碰撞等。"冲激函数"在信号处理、系统分析和建模中十分重要。

单位冲激信号指在极短时间 ε 内激发一个矩形脉冲 $S_\varepsilon(t)$，幅值为 $\dfrac{1}{\varepsilon}$，其面积为 1，如图 2.3.2（a）所示。当 $\varepsilon \to 0$ 时，矩形脉冲 $S_\varepsilon(t)$ 的极限称为单位冲激信号，记作 $\delta(t)$。若将冲激面积看成冲激强度，则 $\delta(t)$ 函数为幅值无穷大、强度为 1 的脉冲，采用带有箭头的线段表示，如图 2.3.2（b）所示。

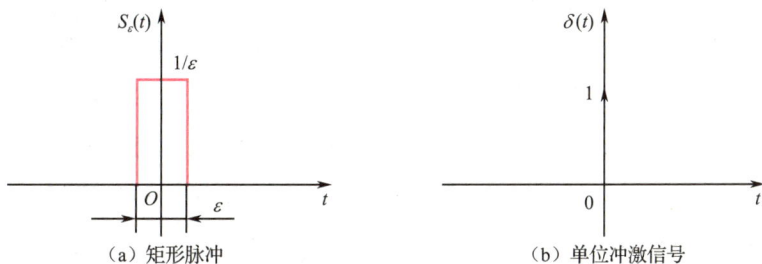

图 2.3.2　矩形脉冲与单位冲激信号（δ 函数）

单位冲激函数的数学表达式为

$$\begin{cases} \int_{-\infty}^{+\infty}\delta(t)\mathrm{d}t=1 \\ \delta(t)=0 \quad (t\neq 0) \\ \delta(t)=\infty \quad (t=0) \end{cases} \tag{2.3.8}$$

单位冲激信号 $\delta(t)$ 在 $t=0$ 处有"冲激"，$t\neq 0$ 时函数值均为零，其冲激强度或冲激面积为 1。任意 $t=t_0$ 处出现的冲激如图 2.3.3 所示，可表示为

$$\begin{cases} \int_{-\infty}^{+\infty}\delta(t-t_0)\mathrm{d}t=1 \\ \delta(t-t_0)=0 \quad (t\neq t_0) \\ \delta(t-t_0)=\infty \quad (t=t_0) \end{cases} \tag{2.3.9}$$

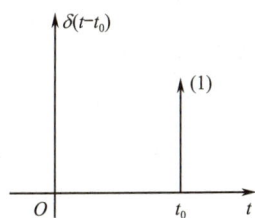

图 2.3.3　t_0 时刻出现的冲激 $\delta(t-t_0)$

若任一冲激信号 $x(t)$ 的强度为 E，可表示为 $x(t)=E\delta(t)$，图形表示时，在箭头旁边标注 E。

> 🔔 **小提示：** 单位冲激信号 $\delta(t)$ 是理想函数，无法直接获得。工程上，将 ε 远小于被控对象时间常数的单位窄脉冲信号近似当作 $\delta(t)$ 处理。

2）单位冲激信号 $\delta(t)$ 的抽样特性

将单位冲激信号 $\delta(t)$ 与 $t = 0$ 时刻连续（且处处有界）的信号 $f(t)$ 相乘，则 $t = 0$ 处 $f(0)\delta(t)$，其余各点乘积为零，即

$$\int_{-\infty}^{\infty} \delta(t)f(t)\mathrm{d}t = \int_{-\infty}^{\infty} \delta(t)f(0)\mathrm{d}t$$

$$= f(0)\int_{-\infty}^{\infty} \delta(t)\mathrm{d}t = f(0) \tag{2.3.10}$$

类似地，对于延迟 t_0 的单位冲激信号有

$$\int_{-\infty}^{\infty} \delta(t-t_0)f(t)\mathrm{d}t = \int_{-\infty}^{\infty} \delta(t-t_0)f(t_0)\mathrm{d}t = f(t_0) \tag{2.3.11}$$

以上两式表明单位冲激信号的抽样特性，即单位冲激信号 $\delta(t)$ 与连续时间信号 $f(t)$ 相乘并在 $-\infty$ 到 ∞ 时间内积分，可得到 $f(t)$ 在 $t = 0$ 点的函数值，即抽样出 $f(0)$。若将单位冲激移到 t_0 时刻，则抽样值取 $f(t_0)$。

单位冲激信号 $\delta(t)$ 的抽样特性（筛选特性）在信号分析和处理中具有重要作用。

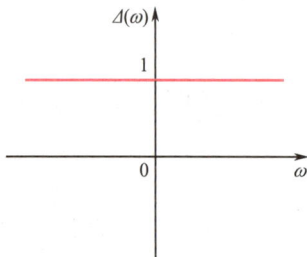

图 2.3.4 单位冲激信号 $\delta(t)$ 的频谱

3）单位冲激信号 $\delta(t)$ 的频谱

根据傅里叶变换

$$\Delta(\omega) = \int_{-\infty}^{\infty} \delta(t)\mathrm{e}^{-\mathrm{j}\omega t}\mathrm{d}t = \int_{-\infty}^{\infty} \delta(t)\mathrm{e}^{0}\mathrm{d}t = 1 \tag{2.3.12}$$

可见，单位冲激信号 $\delta(t)$ 的频谱为常数，如图 2.3.4 所示。$\delta(t)$ 函数具有无限宽广的频谱，在所有频段上等强度，称为"均匀谱"。因此，单位冲激信号 $\delta(t)$ 可用作测试系统的激励信号，可通过测试系统在单位冲激信号作用的响应评价系统特性。

2. 矩形脉冲信号及其频谱

1）矩形脉冲信号的频谱

矩形脉冲信号也称矩形窗函数，时域表达式为

$$x(t) = \begin{cases} E, & |t| \leqslant \tau/2 \\ 0, & |t| > \tau/2 \end{cases} \tag{2.3.13}$$

式中：E——脉冲幅度；τ——脉冲宽度。

根据傅里叶变换，其频谱为

$$X(\omega) = \int_{-\infty}^{\infty} x(t)\mathrm{e}^{-\mathrm{j}\omega t}\mathrm{d}t = \int_{-\frac{\tau}{2}}^{\tau/2} E\mathrm{e}^{-\mathrm{j}\omega t}\mathrm{d}t = \frac{E}{\mathrm{j}\omega}(\mathrm{e}^{\mathrm{j}\omega\tau} - \mathrm{e}^{-\mathrm{j}\omega\tau})$$

$$= E\tau \left[\frac{\sin\left(\dfrac{\omega\tau}{2}\right)}{\dfrac{\omega\tau}{2}} \right] = E\tau\mathrm{Sa}\left(\frac{\omega\tau}{2}\right)$$

> **小提示**：数学上将 $\mathrm{Sa}(x)=\sin x/x$ 称为抽样函数，在测试信号分析中应用较多。抽样函数是偶函数，其波形以 2π 为周期随 x 的增加衰减振荡，在 $x=n\pi$（$n=\pm1,\pm2,\pm3,\cdots$）处函数值为零。

矩形脉冲信号的幅频谱和相频谱分别为

$$|X(\omega)|=E\tau\left|\mathrm{Sa}\left(\frac{\omega\tau}{2}\right)\right| \tag{2.3.14}$$

$$\varphi(\omega)=\begin{cases}0,&\dfrac{4n\pi}{\tau}<|\omega|<\dfrac{2(2n+1)\pi}{\tau}\\[2mm]\pi,&\dfrac{2(2n+1)\pi}{\tau}<|\omega|<\dfrac{(4n+1)\pi}{\tau}\end{cases} \tag{2.3.15}$$

矩形脉冲信号及其频谱如图 2.3.5 所示。

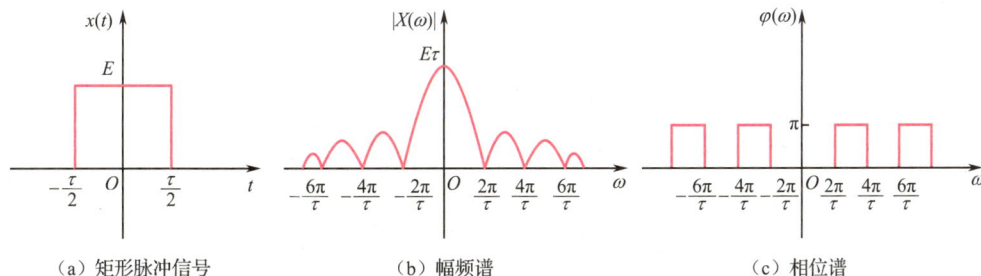

（a）矩形脉冲信号　　　　（b）幅频谱　　　　（c）相位谱

图 2.3.5　矩形脉冲信号及其频谱

因为 $X(\omega)$ 是实函数，没有虚部，通常采用一条 $X(\omega)$ 曲线同时表示幅频谱 $|X(\omega)|$ 和相位谱 $\varphi(\omega)$，如图 2.3.6 所示。

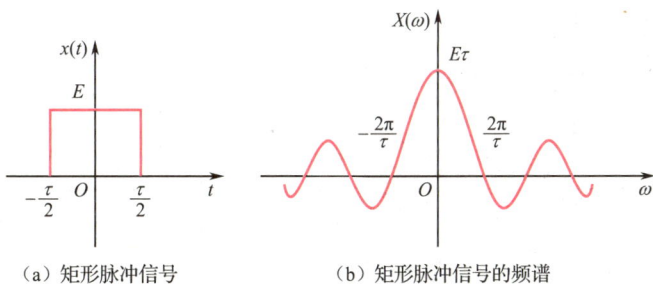

（a）矩形脉冲信号　　　　（b）矩形脉冲信号的频谱

图 2.3.6　矩形脉冲信号的频谱

2）矩形脉冲信号的频谱分析

由矩形脉冲信号的频谱可以看出，该信号能量主要集中在零频率到第一个过零点之间，所含能量为信号全部能量的 90% 以上，称为频谱的主瓣。

一个时域有限信号的频谱是无限宽的，但信号能量主要集中在某有限频带宽度内。信号的有效带宽是指包含信号大部分能量的频带宽度。一般来讲，信号的能量主要集中在主瓣，故 $\omega=\dfrac{2\pi}{\tau}$ 为矩形脉冲信号的有效带宽。

矩形脉冲信号频谱分布受其时域持续时间（脉冲宽度 τ）长短的影响：

（1）若 τ 很大，信号能量大部分集中在低频段 $0\sim\pm\dfrac{2\pi}{\tau}$，如图 2.3.7（a）所示；

（2）若 $\tau\to\infty$，脉冲信号变为直流信号，频谱函数 $X(\omega)$ 只在 $\omega=0$ 处存在，如图 2.3.7（b）所示；

（3）τ 减小，频谱中高频成分增加，信号频带增宽，如图 2.3.7（c）所示；

（4）若 $\tau\to 0$，矩形脉冲变成无穷窄脉冲，相当于单位冲激信号，频谱函数 $X(\omega)$ 成为平行于 ω 轴的直线，并扩展到全部频谱范围，信号的频带宽度趋于无穷大，如图 2.3.7（d）所示。

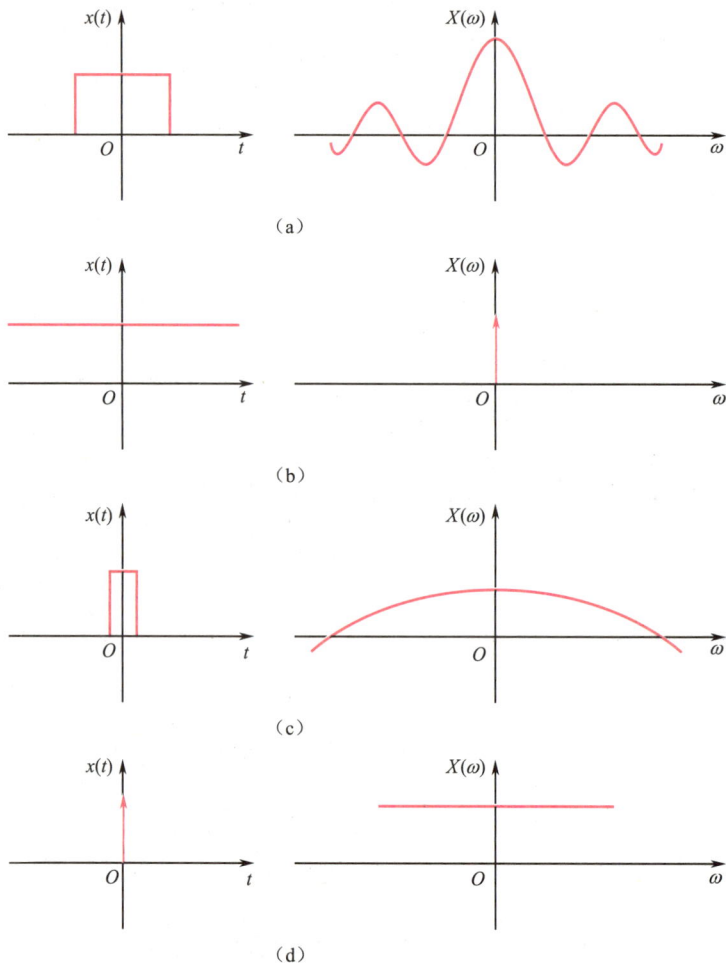

图 2.3.7　脉冲宽度与频谱的关系

> **小提示**：矩形脉冲信号的频带宽度与脉冲宽度（窗宽）τ 成反比。在选择测试仪器时，若被测信号是窄脉冲，则测试仪器必须有较宽的工作频带。

2.3.3　傅里叶变换的基本性质

傅里叶变换是信号时域与频域之间转换的基本数学工具。在信号分析的理论研究与实际设计工作中，掌握傅里叶变换的主要性质，有助于理解信号在时域某种运算后在频域发生的变化，或者根据频域的运算推测时域

傅里叶变换的基本性质视频

的变化，有助于复杂工程问题的分析和简化。

1. 对称性

若
$$x(t) \Leftrightarrow X(\omega)$$
则有
$$X(t) \Leftrightarrow 2\pi x(-\omega) \tag{2.3.16}$$

可见，若 $x(t)$ 的频谱函数为 $X(\omega)$，则与 $X(\omega)$ 波形相同的时域函数 $X(t)$ 的频谱函数与原信号 $x(t)$ 的波形相似。例如，矩形脉冲信号的频谱为抽样信号，而抽样信号的频谱为矩形窗函数，如图 2.3.8 所示。根据对称性，若信号 $x(t)$ 为偶函数时，$x(t)$ 的时域与频域具有对称性。

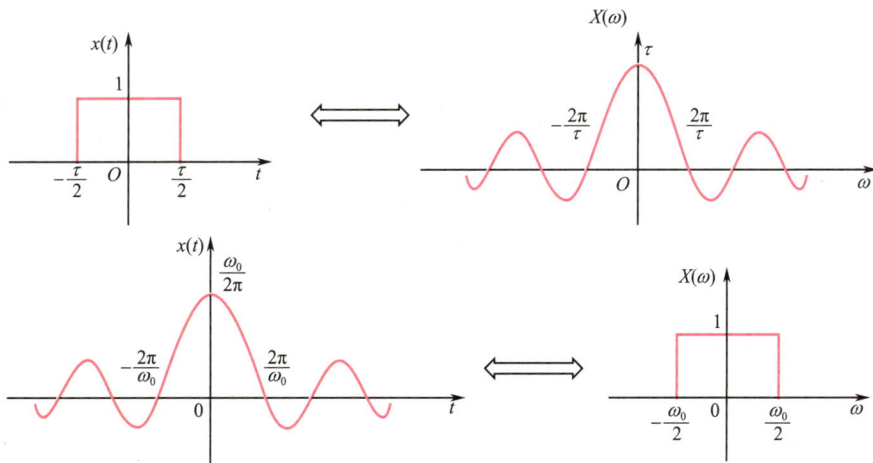

图 2.3.8 傅里叶变换的对称性举例

2. 线性（叠加性）

若 $x_i(t) \Leftrightarrow X_i(\omega)$（$i = 1, 2, \cdots, n$）
则有
$$\sum_{i=1}^{n} k_i x_i(t) \Leftrightarrow \sum_{i=1}^{n} k_i X_i(\omega) \tag{2.3.17}$$

式中：k_i——常数；n——正整数。

线性特性表明，时域内多个信号线性叠加，其频谱等于各信号频谱的线性叠加。因此，可将复杂信号的频谱，分解成多个简单信号的频谱进行分析和处理。

3. 尺度变换特性

若
$$x(t) \Leftrightarrow X(\omega)$$
则有
$$x(kt) \Leftrightarrow \frac{1}{k} X\left(\frac{\omega}{k}\right) \tag{2.3.18}$$

式中：k——非零实常数，称为尺度因子或压缩系数。

尺度变换特性表明，在时域中信号沿时间轴扩展（$k < 1$），信号的频带将受到压缩，信号低频分量丰富，而幅值增大至原频谱的 $1/k$。反之，在时域中压缩信号（$k > 1$），则其频谱将展宽，信号高频分量增加，而幅值减小。其原因在于：信号随时间的变化加快 k 倍，它包含的

频率分量增加 k 倍，频谱展宽 k 倍。根据能量守恒原理，各频率分量的大小必然减小为 $1/k$。尺度因子 $k=1$、0.5、2 时，窗函数 $x(t)$ 的时域波形与相应的频谱如图 2.3.9 所示。

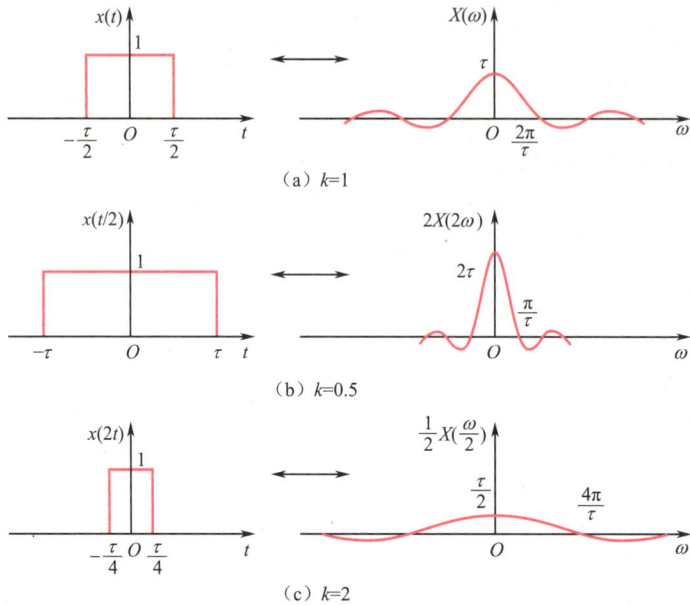

（a）$k=1$

（b）$k=0.5$

（c）$k=2$

图 2.3.9　窗函数的尺度变换特性

> **小提示**：信号的持续时间与信号所占的频带宽度成反比。工程测试中，为了加快信号的传输速度，需要压缩信号的持续时间，需以展宽频带作为代价。若后续信号处理设备，如放大器、滤波器等的通频带不够宽，将导致信号传输失真。

4. 时移特性

若
$$x(t) \Leftrightarrow X(\omega)$$
则有
$$x(t \pm t_0) \Leftrightarrow X(\omega) e^{\pm j\omega t_0} \qquad (2.3.19)$$

时移特性表明，信号 $x(t)$ 在时域中沿时间轴左右移动 t_0，其频谱为 $X(\omega)$ 乘以相应的因子 $e^{\pm j\omega t_0}$，即信号沿时间轴移动后，其幅频谱不变，相频谱产生附加变化，为 $\Delta\theta = \pm\omega t_0$。信号在时域内的移动对应于频域内的相移。

5. 频移特性

若
$$x(t) \Leftrightarrow X(\omega)$$
则有
$$x(t) e^{\pm j\omega_0 t} \Leftrightarrow X(\omega \mp \omega_0) \qquad (2.3.20)$$

频移特性表明，若时域信号 $x(t)$ 乘以因子 $e^{j\omega_0 t}$，其频谱 $X(\omega)$ 沿频率轴向右搬移 ω_0，频谱形状无变化，即频域中将频谱沿频率轴右移 ω_0 等效于时域中的信号乘以因子 $e^{j\omega_0 t}$。

将信号 $x(t)$ 与载波信号 $\sin\omega_0 t$ 或 $\cos\omega_0 t$ 相乘，实现信号 $x(t)$ 的频谱搬移，该过程称为信号调制，$x(t)$ 称为调制信号，$\cos(\omega_0 t)$ 称为载波，$x(t)\cos(\omega_0 t)$ 称为包络为 $x(t)$、载频为 ω_0 的已调信号。根据频移特性，有

$$F[x(t)\cos(\omega_0 t)] = F\left[x(t)\frac{e^{j\omega_0 t}+e^{-j\omega_0 t}}{2}\right] = \frac{1}{2}[X(\omega+\omega_0)+X(\omega-\omega_0)] \quad (2.3.21)$$

$$F[x(t)\sin(\omega_0 t)] = F\left[x(t)\frac{e^{j\omega_0 t}-e^{-j\omega_0 t}}{2j}\right] = \frac{j}{2}[X(\omega+\omega_0)-X(\omega-\omega_0)] \quad (2.3.22)$$

若时域信号 $x(t)$ 乘以 $\cos(\omega_0 t)$，等效于 $x(t)$ 的频谱一分为二，沿频率轴向左和向右各平移 ω_0，但幅频特性的形状不变。或者说将该信号的各个频率分量都提高了 ω_0，并在幅值上减小为原来的 1/2。假设调制信号 $x(t)$ 的频谱为 $X(\omega)$，如图 2.3.10（a）所示，已调信号 $x(t)\cos(\omega_0 t)$ 的频谱如图 2.3.10（b）所示。

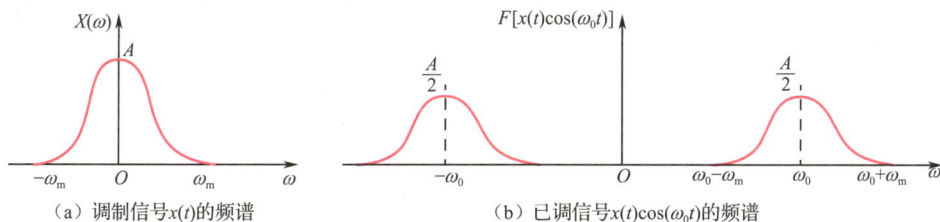

（a）调制信号 $x(t)$ 的频谱　　　　　　（b）已调信号 $x(t)\cos(\omega_0 t)$ 的频谱

图 2.3.10　调制信号和已调信号的频谱

小 拓 展

国际首次！我国科研团队完成超导太赫兹通信（来自央视新闻客户端）

2024 年 10 月 3 日，中国科学院紫金山天文台取得重大技术突破，实现了高清视频信号公里级太赫兹/亚毫米波无线通信传输，是国际首次将高灵敏度超导接收技术应用于远距离太赫兹无线通信，创下 0.5THz 以上频段无线通信的最远距离。在海拔约 4300 米的青海亚毫米波天文观测基地，0.5THz 频率高清视频信号传输距离达到 1.2 公里，信号发射功率仅 10 微瓦。

上述技术攻克了多项关键技术：极端环境太赫兹高灵敏度超导接收机、太赫兹高效倍频链、中频带宽扩展及超宽带调制发射，以及 0.5THz 频段的超导隧道结外差混频接收全电子学太赫兹通信系统等。

例 2-3　已知矩形调幅信号 $x(t) = g(t)\cos(\omega_0 t)$，其中 $g(t)$ 为矩形脉冲，幅值为 E，脉冲宽度为 τ，如图 2.3.11（a）中虚线所示。试求其频谱函数。

解： 矩形脉冲 $g(t)$ 的频谱为

$$G(\omega) = E\tau \cdot Sa\left(\frac{\omega\tau}{2}\right)$$

因为 $x(t) = \frac{1}{2}g(t)(e^{j\omega_0 t}+e^{-j\omega_0 t})$，根据傅里叶变换的频移特性，可得 $x(t)$ 的频谱为

$$X(\omega) = \frac{1}{2}G(\omega-\omega_0)+\frac{1}{2}G(\omega+\omega_0)$$

$$= \frac{E\tau}{2}Sa\left[(\omega-\omega_0)\frac{\tau}{2}\right]+\frac{E\tau}{2}Sa\left[(\omega+\omega_0)\frac{\tau}{2}\right]$$

可见，矩形调幅信号的频谱等于将矩形脉冲 $g(t)$ 的频谱 $G(\omega)$ 一分为二，各向左、右平移 ω_0。矩形调幅信号的频谱 $X(\omega)$ 如图 2.3.11（b）所示。

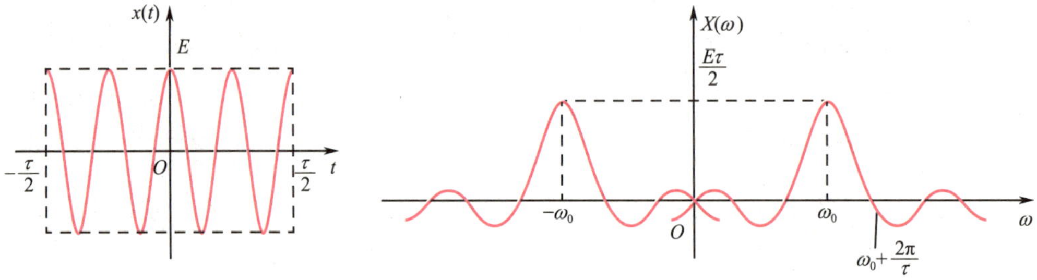

（a）波形　　　　　　　　　　　　　　　（b）频谱

图 2.3.11　矩形调幅信号

6. 微分特性

若
$$x(t) \Leftrightarrow X(\omega)$$
则有
$$\frac{\mathrm{d}^n x(t)}{\mathrm{d}t^n} \Leftrightarrow (\mathrm{j}\omega)^n X(\omega) \tag{2.3.23}$$

微分特性表明，时域信号 $x(t)$ 对 t 取 n 阶导数，等效于在频域中 $x(t)$ 的频谱 $X(\omega)$ 乘以 $(\mathrm{j}\omega)^n$。显然，在时域对信号进行微分运算，直流分量消失，信号低频分量减少，高频分量增强。因此，微分运算可用于提取信号中快速变化的信息，如图像边缘或轮廓检测等。

7. 积分特性

若
$$x(t) \Leftrightarrow X(\omega)$$
则有
$$\int_{-\infty}^{t} x(t)\mathrm{d}t \Leftrightarrow \frac{1}{2}X(0)\delta(\omega) + \frac{1}{\mathrm{j}\omega}X(\omega) \tag{2.3.24}$$

积分特性表明，在时域对信号进行积分，高频量受到抑制，此过程具有"平滑滤波"作用，对应频谱幅值变为 $\left|\dfrac{X(\omega)}{\omega}\right|$。

> 🔔 **小提示**：微分特性和积分特性常用于处理复杂信号或具有微积分关系的信号。例如，测得某系统的速度，利用积分特性可获得位移参数的频谱，利用微分特性可获得加速度参数的频谱。

8. 卷积定理

很多情况下，直接用积分计算卷积较困难，利用卷积定理可简化信号分析过程，因此，卷积定理是信号处理研究领域应用最广的傅里叶变换性质之一。

数学上，两个函数 $x_1(t)$ 与 $x_2(t)$ 的卷积定义为
$$x_1(t) * x_2(t) = \int_{-\infty}^{\infty} x_1(\tau)x_2(t-\tau)\mathrm{d}\tau \tag{2.3.25}$$
或
$$x_1(t) * x_2(t) = \int_{-\infty}^{\infty} x_2(t-\tau)x_1(\tau)\mathrm{d}\tau \tag{2.3.26}$$
式中，符号"*"表示卷积。

1）时域卷积定理

若
$$x_1(t) \Leftrightarrow X_1(\omega),\ x_2(t) \Leftrightarrow X_2(\omega)$$

则有
$$x_1(t) * x_2(t) \Leftrightarrow X_1(\omega)X_2(\omega) \tag{2.3.27}$$

时域卷积定理，表明在时域中两个信号的卷积的频谱等效于两个信号频谱的乘积。该特性对于系统分析和求解系统的响应具有重要意义，可从频域角度表征线性系统输入-输出的关系，简化了运算。

2）频域卷积定理

若
$$x_1(t) \Leftrightarrow X_1(\omega),\ x_2(t) \Leftrightarrow X_2(\omega)$$

则有
$$x_1(t)x_2(t) \Leftrightarrow \frac{1}{2\pi}X_1(\omega) * X_2(\omega) \tag{2.3.28}$$

频域卷积定理表明时域中两个信号乘积的频谱等于两个信号频谱的卷积乘以 $\frac{1}{2\pi}$。

应用举例：①时域信号的采样可表征为周期冲激序列与模拟信号的乘积，映射到频域则是原信号频谱函数和周期冲激序列频谱函数的卷积；②信号处理中，将无限长的信号截短成多个有限长的信号，相当于将无限长的信号与矩形脉冲信号相乘，利用频域卷积特性可计算截短后有限长信号的频谱。

2.3 非周期信号
的频谱分析讨论

> **小讨论**：信号 $x(t)$ 的频谱 $X(\omega)$ 如图 2.3.11（a）所示，令 $E=1$。
> （1）画出 $\omega_m \ll \omega_0$ 时，$x_1(t) = x(t) \cdot \cos(\omega_0 t)$ 的频谱图，如果 $\omega_m > \omega_0$，频谱图将会出现什么情况？
> （2）画出 $\omega_m \ll \omega_0$ 时，$x_2(t) = [x(t) \cdot \cos(\omega_0 t)] \cdot \cos(\omega_0 t)$ 的频谱图，在该频谱图的基础上采取哪些措施可以还原信号 $x(t)$ 的频谱？

2.4　离散信号的分析与处理

2.4 离散信号的分析与处理课件

工程实践中，离散信号普遍存在，在许多测试中，将所获得的模拟信号离散化得到其抽样信号，或者直接通过测试系统获得数字信号，以便计算机对信号进行分析和处理。因此，离散信号的频域分析十分重要。

本节侧重介绍抽样信号的傅里叶变换。利用抽样脉冲序列 $p(t)$ 从连续信号 $x(t)$ 中"抽取"一系列的离散样值的过程称为"抽样"，该离散信号称为"抽样信号"，用 $x_s(t)$ 表示，如图 2.4.1 所示。

> **小提示**：信号分析时，习惯上把 $\mathrm{Sa}(t) = \dfrac{\sin t}{t}$ 称为"抽样函数"，与本节所述的"抽样"或"抽样信号"具有完全不同的含义。本节的抽样也称为"采样"或"取样"。

实现抽样的原理如图 2.4.2 所示，连续信号经抽样变成抽样信号，再经量化、编码成为数字信号。数字信号传输后，经过上述过程的逆变换可恢复原连续信号。本节侧重研究信号被抽样后频谱的变化规律。

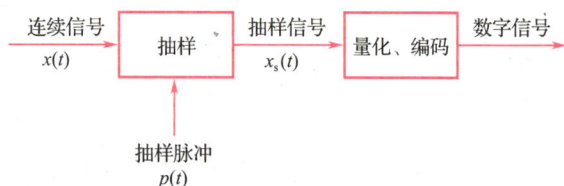

图 2.4.1　抽样信号的波形

图 2.4.2　抽样过程方框图

信号抽样后出现两个问题：①抽样信号 $x_s(t)$ 的傅里叶变换和原连续信号 $x(t)$ 的傅里叶变换有什么联系？②连续信号经抽样后，是否保留了原信号 $x(t)$ 的全部信息，或者说，在什么条件下，可从抽样信号 $x_s(t)$ 中无失真地恢复出原连续信号 $x(t)$？下面分别对这两个问题进行分析。

小拓展

李衍达——中国信号处理领域专家

李衍达主要从事信号处理理论和地震勘探数据处理方法的研究。在信号重构方面，他提出了应用幅度谱和部分采样点重构信号的新定理，使所需的采样点由 N/2 减至 N/6；他提出了利用相位重构估计时延的新方法和仅用幅度谱重构最小相位信号的新算法。李衍达在信号重构理论及算法的研究上达到了国际先进水平。

2.4.1　时域抽样信号的傅里叶变换

令连续信号 $x(t)$ 的傅里叶变换为 $X(\omega) = F[x(t)]$；抽样脉冲序列 $p(t)$ 的傅里叶变换为 $P(\omega) = F[p(t)]$；抽样后信号 $x_s(t)$ 的傅里叶变换为 $x_s(\omega) = F[x_s(t)]$。

若采用均匀抽样，抽样周期为 T_s，抽样频率为

$$\omega_s = 2\pi f_s = \frac{2\pi}{T_s} \tag{2.4.1}$$

一般情况下，抽样后信号为抽样脉冲序列 $p(t)$ 与连续信号 $x(t)$ 相乘，即

$$x_s(t) = x(t)p(t) \tag{2.4.2}$$

由于 $p(t)$ 是周期信号，$p(t)$ 的傅里叶变换可表示为

$$P(\omega) = 2\pi \sum_{n=-\infty}^{\infty} P_n \delta(\omega - n\omega_s) \qquad (2.4.3)$$

其中，

$$P_n = \frac{1}{T_s} \int_{-\frac{T_s}{2}}^{\frac{T_s}{2}} p(t) \mathrm{e}^{-jn\omega_s t} \mathrm{d}t \qquad (2.4.4)$$

式中，P_n 是 $p(t)$ 的傅里叶系数。

根据频域卷积定理可知

$$X_s(\omega) = \frac{1}{2\pi} X(\omega) * P(\omega) \qquad (2.4.5)$$

将式（2.4.3）代入式（2.4.5），化简后得到抽样信号 $x_s(t)$ 的傅里叶变换为

$$X_s(\omega) = \sum_{n=-\infty}^{\infty} P_n X(\omega - n\omega_s) \qquad (2.4.6)$$

> ✒ **小总结**：信号被时域抽样后，频谱不再连续，变成了以抽样频率 ω_s 为间隔的周期性重复。重复过程中，幅值被抽样信号 $p(t)$ 的傅里叶系数所加权，由于 P_n 只是 n 的函数，所以频谱 $X(\omega)$ 形状不发生变化。频谱的周期性重复和幅值加权是抽样信号频谱的基本特征。

式（2.4.6）中的傅里叶系数 P_n 取决于抽样脉冲序列的形状，下面讨论两种典型的情况。

1. 矩形脉冲抽样

抽样脉冲 $p(t)$ 为矩形，脉宽为 τ，脉冲幅值为 E，抽样频率为 ω_s。因为 $x_s(t) = x(t)p(t)$，所以抽样信号 $x_s(t)$ 在抽样期间的脉冲顶部不是平的，而是随 $x(t)$ 变化的，如图 2.4.3 所示，此抽样称为"自然抽样"。由式（2.4.4）可求出

$$P_n = \frac{1}{T_s} \int_{-\frac{T_s}{2}}^{\frac{T_s}{2}} p(t) \mathrm{e}^{-jn\omega_s t} \mathrm{d}t$$

$$= \frac{1}{T_s} \int_{-\frac{\tau}{2}}^{\frac{\tau}{2}} E \mathrm{e}^{-jn\omega_s t} \mathrm{d}t \qquad (2.4.7)$$

积分后得到

$$P_n = \frac{E\tau}{T_s} \mathrm{Sa}\left(\frac{n\omega_s \tau}{2}\right) \qquad (2.4.8)$$

代入式（2.4.6），得到矩形脉冲抽样信号的频谱为

$$X_s(\omega) = \frac{E\tau}{T_s} \sum_{n=-\infty}^{\infty} \mathrm{Sa}\left(\frac{n\omega_s \tau}{2}\right) X(\omega - n\omega_s) \qquad (2.4.9)$$

显然，在这种情况下，$X_s(\omega)$ 在以 ω_s 为周期的重复过程中的幅值以 $\mathrm{Sa}\left(\dfrac{n\omega_s \tau}{2}\right)$ 规律变化，如图 2.4.3 所示。

2. 冲激抽样

若抽样脉冲 $p(t)$ 是冲激序列，称该抽样为"冲激抽样"或"理想抽样"。

因为

$$p(t) = \delta_{\mathrm{T}}(t) = \sum_{n=-\infty}^{\infty} \delta(t - nT_{\mathrm{s}})$$

$$X_{\mathrm{s}}(t) = x(t)\delta_{\mathrm{T}}(t)$$

所以，抽样信号 $x_{\mathrm{s}}(t)$ 由一系列冲激信号构成，每个冲激的间隔为 T_{s}，强度等于连续信号的抽样值 $x(nT_{\mathrm{s}})$，如图 2.4.4 所示。

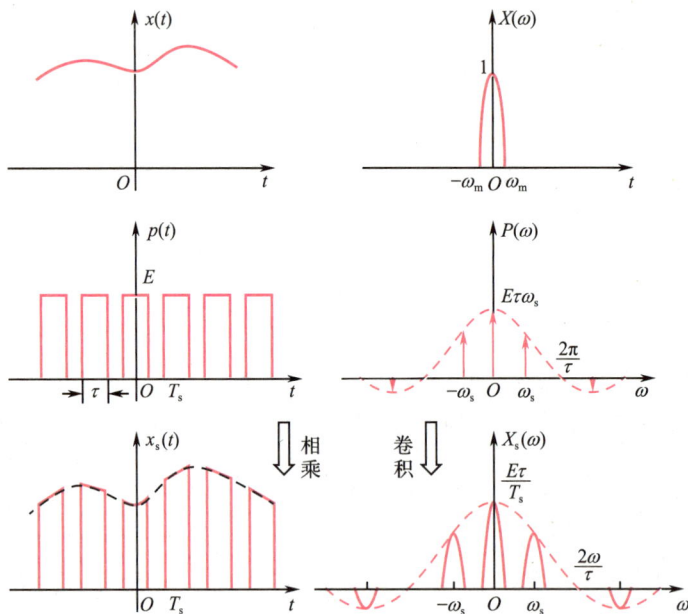

图 2.4.3　矩形脉冲抽样信号的频谱

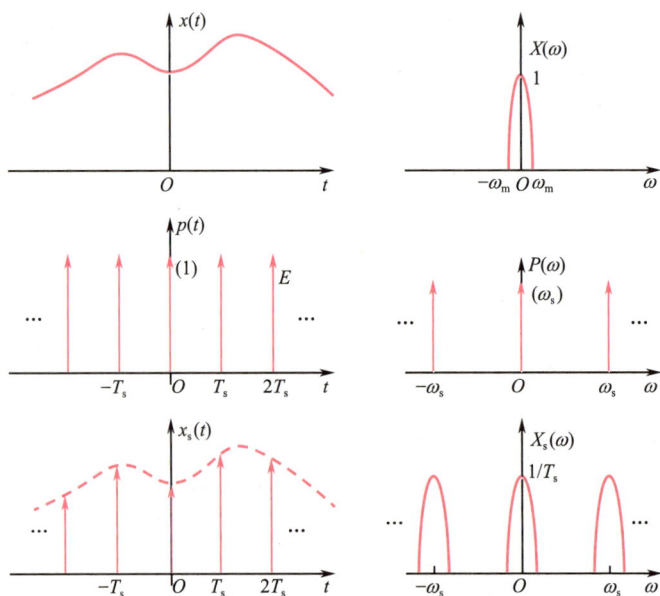

图 2.4.4　冲激抽样信号的频谱

由式（2.4.4）可以求出 $\delta_{\mathrm{T}}(t)$ 的傅里叶系数为

$$P_n = \frac{1}{T_s} \int_{-\frac{T_s}{2}}^{\frac{T_s}{2}} \delta_T(t) e^{-jn\omega_s t} dt$$

$$= \frac{1}{T_s} \int_{-\frac{T_s}{2}}^{\frac{T_s}{2}} \delta(t) e^{-jn\omega_s t} dt = \frac{1}{T_s}$$

代入式（2.4.6），得到冲激抽样信号的频谱为

$$X_s(\omega) = \frac{1}{T_s} \sum_{n=-\infty}^{\infty} X(\omega - n\omega_s) \qquad (2.4.10)$$

式（2.4.10）表明：由于冲激序列的傅里叶系数 P_n 为常数，$X_s(\omega)$ 以 ω_s 为周期等幅重复，如图 2.4.4 所示。

显然矩形脉冲抽样和冲激抽样为式（2.4.6）的两种特定情况，冲激抽样是矩形脉冲抽样的一种极限情况。实际常采用矩形脉冲抽样，为了便于问题分析，脉冲宽度 τ 相对较窄时，近似为冲激抽样。

> ✒ **小总结**：通过时域的抽样特性讨论可知，连续时间信号离散处理后，其频谱由原来的连续频谱转化为离散频谱。

2.4.2　时域抽样定理与频谱混叠

本节讨论如何从抽样信号中恢复原连续信号及在什么条件下可以无失真地完成信号恢复。"抽样定理"是信号分析与处理方面的基础理论，对该问题给出了明确回答。

时域抽样定理：有一个频谱有限信号 $x(t)$，若频谱范围为 $-\omega_m \sim \omega_m$，则信号 $x(t)$ 可用等间隔的抽样值唯一表示。而抽样间隔必须不大于 $\frac{1}{2f_m}$（其中 $\omega_m = 2\pi f_m$），或者说，最低抽样频率为 $2\omega_m$。

以图 2.4.5 来证明抽样定理。假设信号 $x(t)$ 的频谱 $X(\omega)$ 限制在 $-\omega_m \sim \omega_m$ 范围内，若以间隔 T_s（或重复频率 $\omega_s = \frac{2\pi}{T_s}$）对 $x(t)$ 进行抽样，抽样后信号 $x_s(t)$ 的频谱 $X_s(\omega)$ 即 $X(\omega)$ 以 ω_s 为周期重复，则抽样信号的频谱距离为 ω_s，若 $\omega_s < 2\omega_m$，则频谱混叠，若要从混叠的频谱中恢复原来的时域信号将丢失部分信号，引起传输失真。因此，为使抽样信号的频谱不产生混叠，需满足

$$\omega_s \geqslant 2\omega_m \text{ 或 } T_s \leqslant \frac{1}{2f_m} \qquad (2.4.11)$$

式（2.4.11）为抽样定理的数学表达式。通常把最大允许的抽样间隔 $T_s = \frac{\pi}{\omega_m} = \frac{1}{2f_m}$ 称为"奈奎斯特间隔"，把最低允许的抽样频率 $f_s = \frac{2\pi}{\omega_s} = 2f_m$ 称为"奈奎斯特频率"。

> 🔔 **小提示**：抽样信号 $x_s(t)$ 保留了原连续信号 $x(t)$ 的全部信息，完全可以用 $x_s(t)$ 唯一地表示 $x(t)$，或者说，完全可以由 $x_s(t)$ 恢复 $x(t)$。

图 2.4.5 给出了抽样频率 $\omega_s > 2\omega_m$（不混叠时）及 $\omega_s < 2\omega_m$（混叠时）两种情况下冲激抽样信号的频谱。由该图可知，在满足抽样定理的条件下，为了从频谱 $X_s(\omega)$ 中无失真地还原 $X(\omega)$，可以用如下的矩形函数 $G(\omega)$ 与 $X_s(\omega)$ 相乘，即

$$X(\omega) = X_s(\omega)H(\omega)$$

其中

$$G(\omega) = \begin{cases} T_s, & |\omega| < \omega_m \\ 0, & |\omega| > \omega_m \end{cases}$$

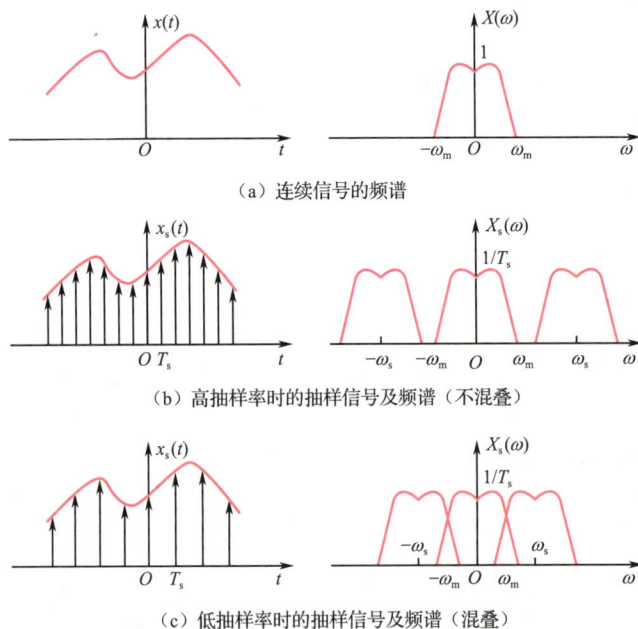

（a）连续信号的频谱

（b）高抽样率时的抽样信号及频谱（不混叠）

（c）低抽样率时的抽样信号及频谱（混叠）

图 2.4.5　冲激抽样信号的频谱

实现 $X_s(\omega)$ 与 $G(\omega)$ 相乘就是将抽样信号 $x_s(t)$ 施加于"理想低通滤波器"，该滤波器的传输函数为 $G(\omega)$，滤波器的输出端得到频谱为 $X(\omega)$ 的连续信号 $x(t)$。相当于从图 2.4.5 无混叠情况下的 $X_s(\omega)$ 频谱中只取出 $|\omega| < \omega_m$ 的成分，恢复了 $X(\omega)$，即恢复了 $x(t)$。

2.4 最低抽样频率讨论

大多连续信号的频谱是无限的，完全避免抽样信号频谱的混叠难以实现，通常采用抗混低通滤波器理，令截止频率 $\omega_m < \omega_s/2$，滤掉信号中大于 ω_m 的频率成分，从而使抽样信号的频谱不混叠。

小讨论：对信号 $x(t) = \mathrm{Sa}(100t) + \mathrm{Sa}(50t)$ 进行无失真传输，试分析最低抽样频率与奈奎斯特间隔。

本章知识点梳理与总结

1. 介绍了信号的分类及描述；

2．介绍了周期信号的傅里叶级数的三角函数形式和复指数形式展开式及其离散频谱；

3．介绍了非周期信号的傅里叶变换、傅里叶变换性质及常见非周期信号频谱；

4．介绍了抽样信号的傅里叶变换及其频谱分析，着重介绍了时域抽样定理与频谱混叠。

本章自测

第 2 章在线自测

思考题与习题

第 2 章思考题与习题答案及解析

1. 填空题

2-1　周期信号频谱的特点是_____、_____、_____。准周期信号由多个_____信号合成，但各信号的周期之间没有_____。

2-2　某线性时不变系统，若输入信号为某一频率的正弦信号，则输出信号 $y(t)$ 为正弦信号，与输入信号相比，_____保持不变，_____和_____可能发生改变。

2-3　_____变换可以将信号描述从时域转换到频域，而_____变换可以从频域转换到时域。

2. 简答题

2-4　周期信号的频谱有什么特点？简述周期信号的双边频谱与单边频谱的异同点。

2-5　多个简谐信号满足什么条件时才能合成为周期信号？如何确定周期信号的频带宽度？

2-6　非周期信号的频谱有什么特点？非周期信号的幅值谱 $|X(\omega)|$ 和周期信号的幅值谱 A_n 有何区别？

2-7　简述信号的时域描述和频域描述的特点。

3. 计算分析题

2-8　请利用傅里叶级数的相关知识，分别绘制正弦 $\sin(\omega_0 t)$、余弦信号 $\cos(\omega_0 t)$ 的频谱图。

2-9　求指数函数 $y(t) = Be^{-\beta t}$（$B = 30, \beta = 3, t \geq 0$）的频谱，写出幅值谱和相位谱的表达式，并画出对应的频谱图。

2-10　对信号 $x_1(t) = A\sin(2\pi \times 10t)$ 和 $x_2(t) = A\sin(2\pi \times 50t)$ 进行抽样处理，抽样间隔 $T_s = 1/40$。请比较两个信号抽样后离散序列的状态。

2-11　被窗函数截断的余弦函数如题 2-11 图所示，该信号的时域表达式为

$$x(t)=\begin{cases}\cos(\omega_0 t), & |t|<T_0 \\ 0, & |t|\geqslant T_0\end{cases}$$

试：（1）画出该信号的幅频图；

（2）分析当 T_0 增大或减小时，幅频图有何变化。

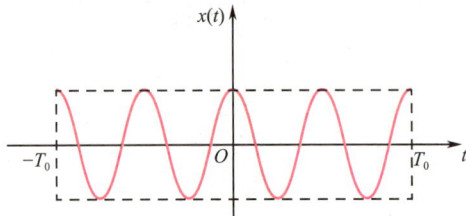

题 2-11 图　余弦函数

2-12　信号 $x(t)$ 的傅里叶变换为 $X(f)$，其波形和频谱如题 2-12 图所示。试求函数 $y(t)=x(t)[1+\cos(2\pi f_0 t)]$ 的傅里叶变换 $Y(f)$，并画出其图形。

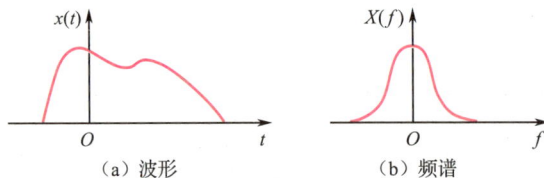

（a）波形　　　　　　　　（b）频谱

题 2-12 图　信号 $x(t)$ 及其频谱

2-13　一时间函数 $f(t)$ 及其频谱如题 2-13 图所示，已知函数 $x(t)=f(t)\cos(\omega_0 t)$，设 $\omega_0>\omega$，ω 为 $f(t)$ 中最高频率分量的角频率，试画出 $x(t)$ 和 $X(\omega)$ 的示意图；当 $\omega_0>\omega$ 时，$X(\omega)$ 的图形会出现什么样的情况？

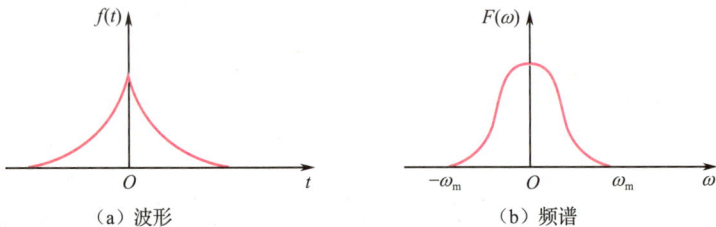

（a）波形　　　　　　　　（b）频谱

题 2-13 图　信号 $f(t)$ 及其频谱

2-14　请利用傅里叶变换的性质说明被测信号 $x(t)$ 与载波信号 $\cos(\omega_0 t)$ 相乘如何实现频谱搬移？在频谱搬移过程中，载波信号频率 ω_0 与调制信号 $x(t)$ 的最高频率 ω_m 应满足什么条件？

2-15　一连续信号 $x(t)$ 在时域被抽样，试问：（1）其抽样信号 $x_s(t)$ 的傅里叶变换和未经抽样的原连续信号 $x(t)$ 的傅里叶变换有什么联系？（2）在什么条件下，可从抽样信号 $x_s(t)$ 中无失真地恢复原连续信号 $x(t)$？

第3章

测试系统的特性分析

测试系统通常由传感器、信号处理、信号传输、显示记录等环节组成。测试系统的基本要求是其输出信号能够真实地反映输入信号的变化过程，使测试结果尽可能反映输入信号的原始特征，实现无失真测试。本章将深入讨论测试系统输入与输出的关系，解析测试系统的静态特性和动态特性。

学习要点

1. 了解线性定常系统的主要特性；
2. 了解测试系统的静态特性及其性能指标；
3. 掌握测试系统的动态特性及其性能指标，重点掌握频域动态特性及其性能指标；
4. 掌握实现测试系统无失真测试的条件；
5. 理解测试系统静态特性、动态特性的标定与校准。

知识图谱

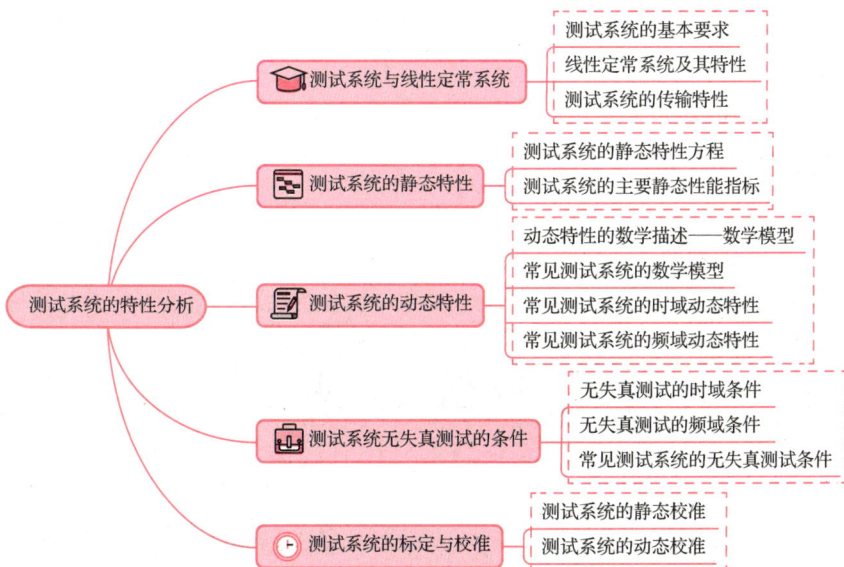

测试系统的特性分析

- 测试系统与线性定常系统
  - 测试系统的基本要求
  - 线性定常系统及其特性
  - 测试系统的传输特性
- 测试系统的静态特性
  - 测试系统的静态特性方程
  - 测试系统的主要静态性能指标
- 测试系统的动态特性
  - 动态特性的数学描述——数学模型
  - 常见测试系统的数学模型
  - 常见测试系统的时域动态特性
  - 常见测试系统的频域动态特性
- 测试系统无失真测试的条件
  - 无失真测试的时域条件
  - 无失真测试的频域条件
  - 常见测试系统的无失真测试条件
- 测试系统的标定与校准
  - 测试系统的静态校准
  - 测试系统的动态校准

3.1 测试系统与线性定常系统

3.1 测试系统与线性定常系统课件

3.1.1 测试系统的基本要求

通常将系统对输入的反应称为系统的输出或响应，外界对系统的作用称为系统的输入或激励。理想的测试系统具有单值的、确定的输入与输出关系，输入与输出呈线性关系为最佳。

> **小提示：**（1）"测试系统"既指多个环节组成的复杂测试系统，也指测试系统的某个组成环节，如传感器、信号处理（信号调理电路）、显示记录（记录仪器）等。因此，本章介绍的测试系统特性既适用于整个测试系统，也适用于测试系统的各组成环节。
>
> （2）本章所讨论的测试系统均为线性定常系统。

假设测试系统的输入为 $x(t)$，传输特性为 $g(t)$，输出为 $y(t)$，如图 3.1.1 所示，则工程测试问题简化为处理 $x(t)$、$g(t)$ 和 $y(t)$ 三者之间的关系，主要有以下三种情况。

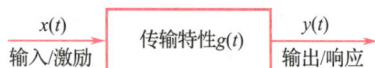

图 3.1.1　传输特性、输入和输出

（1）系统辨识：若输入 $x(t)$ 和输出 $y(t)$ 可测，由输入、输出可判断系统的传输特性；

（2）信号检测：若已知测试系统的传输特性 $g(t)$，输出 $y(t)$ 可测，通过 $g(t)$ 和 $y(t)$ 可推断输入 $x(t)$；

（3）输出预测：若已知输入 $x(t)$ 和测试系统的传输特性 $g(t)$，可推断和估计输出信号 $y(t)$。

系统的传输特性对输入信号产生影响，测试系统需满足一定的性能要求才能使输出信号真实地反映输入信号。工程测试中，遇到的测试系统通常为线性系统。若线性系统的参数不随时间变化，则此线性系统称为线性定常系统或线性时不变系统。理想测试系统应具有线性时不变特性，可简化理论分析、性能计算、数据处理并提高测量精度。

> **小提示：**实际测试系统无法在较大范围内满足线性时不变要求，只能在一定误差允许范围内满足要求。

3.1.2 线性定常系统及其特性

1. 输入与输出关系式

若系统的输入 $x(t)$ 与输出 $y(t)$ 间的关系可用常系数线性微分方程式（3.1.1）描述，则该系统为线性定常系统。

$$a_0 \frac{\mathrm{d}^n y(t)}{\mathrm{d}t^n} + a_1 \frac{\mathrm{d}^{n-1} y(t)}{\mathrm{d}t^{n-1}} + \cdots + a_{n-1} \frac{\mathrm{d}y(t)}{\mathrm{d}t} + a_n y(t) =$$

$$b_0 \frac{\mathrm{d}^m x(t)}{\mathrm{d}t^m} + b_1 \frac{\mathrm{d}^{m-1} x(t)}{\mathrm{d}t^{m-1}} + \cdots + b_{m-1} \frac{\mathrm{d}x(t)}{\mathrm{d}t} + b_m x(t) \tag{3.1.1}$$

式中：$a_0, a_1, \cdots, a_{n-1}, a_n$ 和 $b_0, b_1, \cdots, b_{m-1}, b_m$ 是与测试系统的结构特性有关的常系数；n 和 m 为

正整数，通常 $n \geqslant m$ ，该测试系统称为 n 阶系统。

2. 线性定常系统的特性

1）线性特性

（1）齐次性。

若在输入 $x(t)$ 作用下系统的响应为 $y(t)$ ，系统输入为 $kx(t)$ 的响应为 $ky(t)$ ， k 为任意常数。齐次性是指当输入信号放大若干倍或大幅度缩小时，其输出也放大或缩小相等倍数。

（2）叠加性。

同时作用于测试系统的几个输入信号引起的输出结果，等于几个输入信号单独作用产生的输出结果的叠加，即如果 $x_i(t) \to y_i(t)$ ，其中 $i = 1, 2, \cdots, n$ ，则有

$$\sum_{i=1}^{n} x_i(t) \to \sum_{i=1}^{n} y_i(t) \tag{3.1.2}$$

根据线性定常系统的叠加性，求线性时不变系统在复杂输入信号作用下的输出，可先将输入分解成许多简单的输入分量，对各输入分量单独求输出，再相加为总输出。

2）微分特性

若系统在输入 $x(t)$ 作用下的输出为 $y(t)$ ，则 $\dfrac{\mathrm{d}^n x(t)}{\mathrm{d}t^n}$ 输入系统的响应为 $\dfrac{\mathrm{d}^n y(t)}{\mathrm{d}t^n}$ 。

3）积分特性

零初始条件下，系统在输入 $x(t)$ 作用下的输出为 $y(t)$ ，则 $\displaystyle\int_0^t x(t)\mathrm{d}t$ 输入系统的响应为 $\displaystyle\int_0^t y(t)\mathrm{d}t$ 。

4）频率保持性

在正弦输入信号激励下，线性定常系统的稳态输出信号的频率成分与输入信号的频率成分相同，但幅值和相位可能发生改变。假设测试系统的输入为正弦激励 $x(t) = A_{\text{in}}\sin(\omega t + \varphi_{\text{in}})$ ，则稳态输出 $y_{\text{s}} = A_{\text{out}}\sin(\omega t + \varphi_{\text{out}})$ ，如图 3.1.2 所示。

图 3.1.2　频率保持性图示

> 📖 **小知识**：实际测试中，输出信号常受噪声或其他信号的干扰。根据频率保持性，输出信号中与输入信号相同的频率分量才是由输入引起的输出。若输出信号出现与输入信号频率不同的分量，说明系统中存在非线性环节，或者超出了系统的线性工作范围。可采用滤波技术提取出有用信息，再分析异常频率分量的来源，从而诊断故障原因。

3.1.3　测试系统的传输特性

测试系统的传输特性表示系统输入与输出之间的对应关系，掌握了测试系统的传输特性，才能将失真控制在允许的误差范围内，并根据测试要求合理设计或选用测试装置，从而组成测试系统。因此，研究测试系统的传输特性，就是评价实际系统与理想线性定常系统之间的差异，差异越小，实际系统的传输特性越好。

根据输入信号 $x(t)$ 随时间变化的快慢程度，测试系统的传输特性分为以下两种。

1．静态特性

静态特性指输入信号不随时间变化或变化缓慢时测试系统表现出来的特性。用于静态测量的测试系统，只需考虑静态特性，采用线性代数方程描述测试系统的特性。

2．动态特性

动态特性指输入信号随时间变化时测试系统表现出来的特性。用于动态测试的系统，测量结果同时受静态特性和动态特性的影响，采用常系数线性微分方程描述测试系统的特性。常系数线性微分方程描述的线性定常系统是理想的测试系统。由于所有的物理系统和元件在不同程度上都具有非线性特性，因此严格地说，不存在理想的线性定常系统。

> 🔔 **小提示**：工程实际中，通过限定工作范围和允许误差范围，通常将实际的测试系统当作线性定常系统处理，因此，可用分析线性定常系统的理论和方法设计和分析测试系统。

> 📋 **小讨论**：实际工程测试中，测得的信号常受到其他信号或噪声的干扰，请说明线性系统的频率保持性在测试中有何作用？

3.1 频率保持性
讨论

3.2 测试系统的静态特性

3.2 测试系统的
静态特性课件

3.2.1 测试系统的静态特性方程

测试系统的静态特性是指测试系统在静态信号作用下输入与输出之间的关系。静态测试中，输入信号 $x(t)$ 和输出信号 $y(t)$ 一般都不随时间变化，或者随时间变化非常缓慢以至可以忽略，因此，式（3.1.1）中微分项为零，于是有

$$y = \frac{b_m}{a_n} x = Sx \qquad (3.2.1)$$

式（3.2.1）为理想线性定常系统的静态特性方程，输入与输出关系曲线为理想的直线，输入与输出为线性关系，斜率 S 为常数。

实际测试系统或多或少存在非线性，输出与输入关系曲线不是理想直线，静态特性可由多项式表示

$$y = S_0 + S_1 x + S_2 x^2 + \cdots + S_n x^n \qquad (3.2.2)$$

式中：S_0——零位输出；S_1——线性项常数；$S_2, S_3, \cdots, S_n$——非线性项常数；x、y——输入信号、输出信号。

式（3.2.2）表明实际测试系统的静态特性是一条曲线，通常采用试验测定（校准或标定）获得。在标准工作状态下，利用一定精度等级的校准设备，对测试系统往复循环测试，得到输入、输出数据，数据列成表格，绘制各被测量值（正行程和反行程）对应输出平均值的连线，即静态特性曲线。

3.2.2　测试系统的主要静态性能指标

1.　测量范围与量程

测试系统所能测量到的最小被测量 x_{min} 与最大被测量 x_{max} 之间的范围称为测量范围,表述为(x_{min},x_{max})或 $x_{min}\sim x_{max}$;测试系统测量范围的上限值 x_{max} 与下限值 x_{min} 代数差 $x_{max}-x_{min}$ 称为量程。例如,某温度传感器的测量范围为 $-50\sim120℃$,则该传感器的量程为 $170℃$。

2.　线性度

线性度是指测试系统实际输入-输出特性曲线接近理想直线的程度。测试系统理想的输入-输出特性应为线性,实际大都具有一定程度的非线性,如果测试系统的非线性项影响较小,在输入变化范围不大时,采用工作范围内的拟合直线表示,如图 3.2.1 所示,$\overline{y}_i$ 为实际输出值,y_i 为理想输出值。规定条件下标定曲线与拟合直线间的最大偏差与满量程的百分比称为线性度,也称为非线性误差,即

$$\delta_L = \frac{|\Delta L_{max}|}{Y_{FS}} \times 100\% \qquad (3.2.3)$$

式中:ΔL_{max} ——标定曲线与拟合直线间的最大偏差;Y_{FS} ——测试系统量程。

由式(3.2.3)可知,δ_L 越小,系统的线性越好。即使是同类传感器,拟合直线不同,其线性度也是不同的,因此线性度与拟合直线的确定方法有关。

测试系统的线性工作范围越宽,系统的有效量程越大,设计测试系统时,尽可能保证其在接近线性的范围内工作。

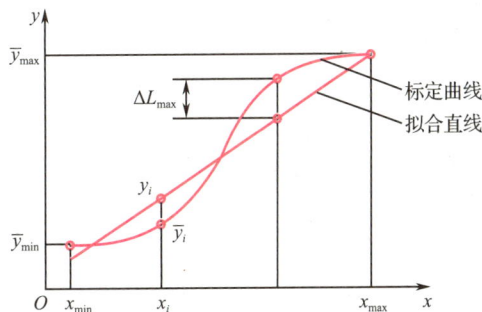

图 3.2.1　线性度

> 🔔 **小提示:** 实际测试工作中,若非线性较为严重,可以采取限制测量范围或采用线性补偿(硬件或软件补偿)等措施提高系统的线性度。

3.　静态灵敏度

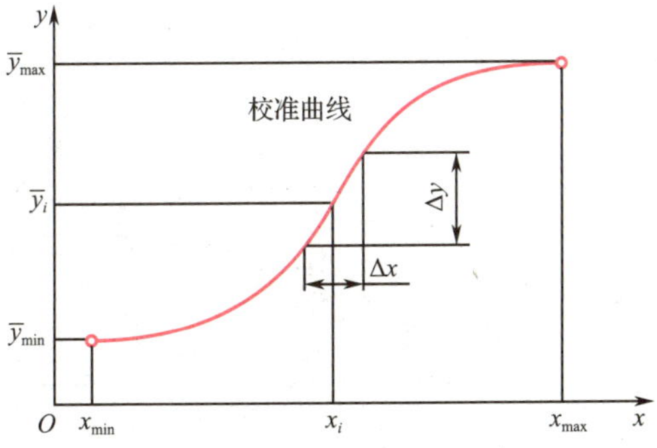

图 3.2.2　静态灵敏度

静态灵敏度指静态测量时,输出变化量 Δy 与引起此变化的输入变化量 Δx 之比,又称灵敏度,即

$$S = \frac{\Delta y}{\Delta x} \qquad (3.2.4)$$

理想测试系统的静态特性曲线为直线,直线斜率即灵敏度,为常数,如图 3.2.2 所示。当输出量纲与输入量纲相同时,灵敏度为无量纲常数,常称"放大倍数"或"增益"。

实际的测试系统并非理想线性系统,特性曲线是非线性的,定义其灵敏度为

$$S = \lim_{\Delta x \to 0} \frac{\Delta y}{\Delta x} = \frac{\mathrm{d}y}{\mathrm{d}x} \qquad (3.2.5)$$

式（3.2.5）表示单位输入量的变化引起测试系统输出量的变化。因此，非线性测试系统灵敏度随输入量的变化而改变，不同的输入量对应的灵敏度不同。实际测试中，通常要求系统的灵敏度为常数，一般在线性工作范围内用拟合直线代替实际特性曲线，系统的平均灵敏度即该拟合直线的斜率。

灵敏度反映了测试系统对输入量微小变化的敏感程度，其是由测试系统的物理属性或结构所决定的。静态特性曲线越陡峭，灵敏度越大；越平坦，灵敏度越小。

若测试系统由多个环节串联构成，灵敏度等于各环节灵敏度的乘积，即

$$S = S_1 \cdot S_2 \cdot S_3 \cdot \cdots \cdot S_n \qquad (3.2.6)$$

式中：$S_1, S_2, S_3, \cdots, S_n$ 分别为各环节的灵敏度。若其中某个环节的灵敏度过低，其他环节的灵敏度较高，系统的灵敏度也可能不高。因此，要提高系统的灵敏度，需要考虑各个环节的灵敏度匹配。

> 🔔 **小提示**：灵敏度反映了测试系统对输入量变化反应的能力，灵敏度越高，输出信号越大，测量范围往往越小，稳定性越差。因此，要根据实际情况合理地选取灵敏度。

4. 迟滞

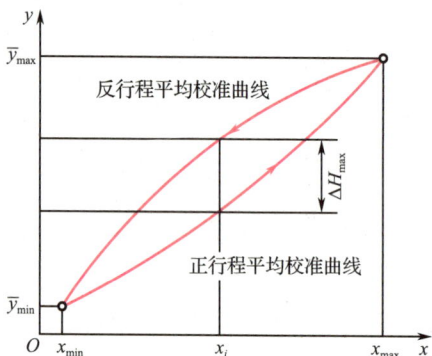

图 3.2.3　迟滞

在相同测试条件下，在输入量由小到大（正行程）和由大到小（反行程）的变化期间，输出特性曲线不重合的现象称为迟滞，又称回程误差。同一输入量所引起的输出量之间的差值称为迟滞偏差，用 ΔH 表示。如图 3.2.3 所示，迟滞为量程测量范围内，迟滞偏差的最大值 ΔH_{max} 与量程的百分比，即

$$\delta_B = \frac{|\Delta H_{max}|}{Y_{FS}} \times 100\% \qquad (3.2.7)$$

式中：δ_B——系统的迟滞；ΔH_{max}——输出值在正、反行程间的最大偏差。

迟滞产生的原因：测试系统机械部分存在摩擦、间隙、松动、积尘等，引起能量吸收和消耗。为了减小迟滞，应尽量减少摩擦，对变形零件采取热处理和稳定处理等措施。

5. 重复性

如图 3.2.4 所示，相同条件下，输入量按同一方向在测量范围内多次重复测量，静态特性曲线的一致程度称为重复性，又称重复性误差，表示为

$$\delta_R = \frac{|\Delta R_{max}|}{Y_{FS}} \times 100\% \qquad (3.2.8)$$

式中：ΔR_{max}——同一输入量多次循环测量，同向行程输出量的最大差值。

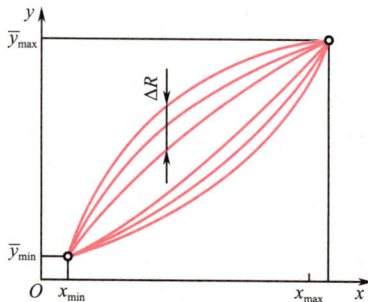

图 3.2.4　重复性误差

重复性误差表征了系统测量结果的分散性和随机性，可用标准偏差表示：

$$\delta_R = \frac{k\sigma}{Y_{FS}} \times 100\% \tag{3.2.9}$$

式中：k——置信因子（常取 $k=2$ 或 3）；σ——测量值的标准偏差。

6. 精度

精度表征测试系统测量结果与被测量真值的符合程度，反映了测试系统中随机误差和系统误差的综合影响。

1）精密度、正确度和精确度

实际应用中，常采用精密度、正确度和精确度描述测量结果的精度。

（1）精密度 δ。表示同一测量者用同一测试装置对同一被测量连续重复测量多次，测量结果的分散程度，精密度反映测量结果中随机误差的大小。精密度越高，随机误差越小，测量结果分布越密集。

（2）正确度 ε。表示测量结果偏离真值的程度，正确度越高，测量值越接近真值，又称准确度。正确度反映测量结果中系统误差的大小，系统误差越小，正确度越高。

（3）精确度 τ。简称精度，是正确度和精密度两者之和，精确度高表示精密度和正确度都较高，反映了测量结果中系统误差与随机误差的综合影响。

图 3.2.5 有助于加深对精密度、正确度和精确度三个概念的理解。图 3.2.5（a）表示精密度高，正确度低；图 3.2.5（b）表示正确度高，精密度低；图 3.2.5（c）表示精确度高。

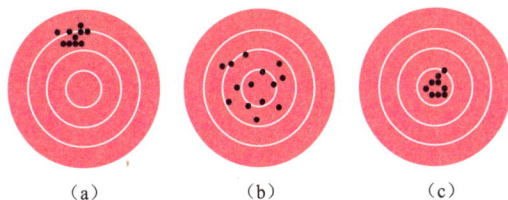

（a）　　　　　（b）　　　　　（c）

图 3.2.5　正确度、精密度与精确度的关系

✎ **小总结**：实际测量时，正确度高，精密度不一定高；精密度高，正确度也不一定高；但精确度高，精密度与正确度都高。因此，实际测量应要求精确度高。

2）系统精度的描述

描述系统精度的技术指标如下。

（1）测量误差。

通常测量误差越小，精度越高。综合考虑非线性误差、回程误差、重复性误差等，可由非线性度 δ_L、回程误差 δ_H 与重复性误差 δ_R 三者的代数和或平方和的根表示，即

$$\delta_A = \delta_L + \delta_H + \delta_R \tag{3.2.10}$$

$$\delta_A = \sqrt{\delta_L^2 + \delta_H^2 + \delta_R^2} \tag{3.2.11}$$

重复性误差属于随机误差，非线性误差、回程误差属于系统误差，而系统误差与随机误差的最大值不一定出现在相同的测点上。因此，用该方法表征精度是粗略的简化表示。

（2）测量不确定度。

测量不确定度可以定量评定测量结果的质量，是对测量误差极限估计值的评价。测量不

确定度越小，测量结果越可信，精度越高。

7. 分辨力与分辨率

分辨力表示系统可测出的最小输入变化量，与系统噪声和被测量大小有关，它反映系统分辨输入量微小变化的能力。输入量变化太小时，输出量不会发生变化，系统对输入量的变化无反应，输入量变化达到一定程度时，输出量才产生可观测的变化。

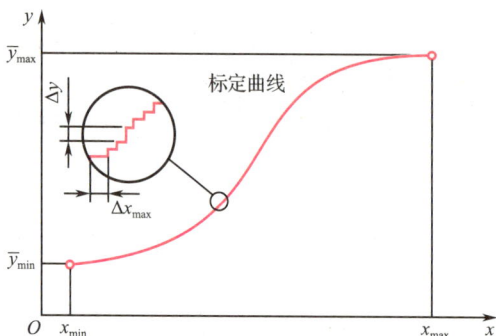

图 3.2.6　分辨力与阈值

如图 3.2.6 所示，对于第 i 个测点 x_i 有 Δx_i 变化时，输出才有可观测到的变化，输入变化量小于 Δx_i 时，测试系统输出不发生可观测到的变化，Δx_i 为测点处的分辨力。显然，量程范围内，不同测量点的分辨力不完全相同，测试系统的分辨力为量程范围内都能产生可观测输出变化 Δx_i 的最大值，即 Δx_{max}。

Δx_{max} 与量程之比称为分辨率，即

$$F = \frac{\Delta x_{max}}{x_{max} - x_{min}} \times 100\% \qquad (3.2.12)$$

测试系统分辨率的数值越小，系统的性能越好。实际测量中，需综合考虑系统的精度、重复性及环境等因素的影响，分辨率过高易受到噪声、干扰的影响，引起示值波动过大，测量精度下降。

> **小提示**：分辨率、灵敏度与精度三者概念请勿混淆。通常有：①灵敏度越高，分辨率也越高；②提高灵敏度和分辨率都可以提高测量精度；③灵敏度和分辨率高不代表测量精度一定高。

测试系统的分辨力通常由显示装置能有效辨别的最小示值差决定：①对于数字式测试系统，分辨力通常为其输出显示的最后一位所表示的数值，例如，数字式压力传感器压力为 1.75MPa，其分辨力为 0.01MPa；②对于模拟测试系统，分辨力为输出指示标尺最小分度值的一半所代表的输入量。

8. 阈值

阈值指测试系统在量程零点或起始点处能引起输出量发生变化的最小输入量，又称失灵区、死区等。如图 3.2.6 所示，测试系统的输入从零开始缓慢增加，只有在达到某一值后才能测得输出变化，该最小值 x_{min} 称为阈值。若在零点附近测试系统的非线性严重，则形成"死区"，可将死区的大小作为阈值。

> **小提示**：分辨力与阈值的区别
> 　分辨力反映测试系统分辨输入量微小变化的能力，输入量的变化小于分辨力，系统对输入量的变化无任何反应；阈值表示测试系统可测出的最小输入量，可看作系统在零点附近的分辨力。

9. 漂移

输入信号不变，输出信号随环境和工作条件变化而发生缓慢变化，输出值偏离原指示值的现象称为漂移。通常将输入为零时，测试系统输出的漂移称为零漂。

环境温度变化引起的输出变化称为温度漂移，也称为温漂。例如，某型电压传感器的温漂为 0.03%F.S.（/h·℃），表示温度每改变 1℃，传感器的输出每小时变化为满量程值的 0.03%。对大多数测试系统而言，必须对漂移进行观测和度量，因此，可采取恒温稳压等措施减小漂移对系统的影响。

> 小讨论：某压力传感器的测量范围为 $0\sim10^5\mathrm{Pa}$，输出电压
> $u=2.5\times10^{-3}p-1.5\times10^{-10}p^2+3\times10^{-15}p^3\,\mathrm{mV}$。试求：
>
> （1）压力在 $0\sim10^5\mathrm{Pa}$ 范围内变化时，灵敏度变化规律。
>
> （2）压力分别为多大时，压力传感器灵敏度最小和最大？

3.2 灵敏度计算
与分析讨论

3.3 测试系统的
动态特性课件

3.3　测试系统的动态特性

测试系统的动态特性指输入随时间变化时，系统输出与输入之间的关系。实际工程测试中，如果被测信号是随时间变化的动态信号，要求测试系统能够再现被测信号的变化规律，即输入信号与输出信号具有相同的时间函数。但实际测试系统的输出信号与输入信号不具有相同的时间函数，输入与输出的差异称为动态误差。

研究测试系统的动态特性，实质上是建立输入信号、输出信号和测试系统结构参数三者之间的关系，分析动态输出与输入之间的差异及影响差异的因素，以便减小动态误差。

3.3.1　动态特性的数学描述——数学模型

为了便于描述测试系统的动态特性，通常把测试系统抽象成数学模型，分析输入信号与输出信号之间的关系。在一定的测量范围内，实际的测试系统通常被视为线性定常系统，其动态特性用时域的微分方程、复数域的传递函数和频域的频率特性来描述。工程测试中，通过动态特性不仅能精确求出系统的响应曲线，还能快速了解测试系统在动态过程中的主要特征，及某些参数的改变对系统性能的影响。

1. 微分方程

根据测试系统的物理结构和物理定律，在时域内建立输入与输出关系的常系数微分方程，即式（3.1.1）。微分方程是系统的时域数学模型。若系统输入已知，在给定的条件下求解微分方程，可求出系统的响应，进而分析系统的动态特性。

用微分方程表示系统的数学模型有如下不便：①微分方程的阶次越高，求解难度就越大；②利用微分方程难以分析测试系统的结构、参数与其性能间的关系。为了研究和运算方便，常通过拉普拉斯变换（简称拉氏变换）或傅里叶变换分别在复数域或频域建立测试系统的数学模型——传递函数或频率特性，以此描述测试系统的动态特性。

2. 传递函数

1）定义

零初始条件下，系统输出量的拉氏变换 $Y(s)$ 与输入量的拉氏变换 $X(s)$ 之比称为该系统的传递函数，用 $G(s)$ 表示：

$$G(s) = \frac{Y(s)}{X(s)} \tag{3.3.1}$$

零初始条件下，对式（3.1.1）进行拉氏变换，可得

$$(a_0 s^n + a_1 s^{n-1} + \cdots + a_{n-1} s + a_n)Y(s) = (b_0 s^m + b_1 s^{m-1} + \cdots + b_{m-1} s + b_m)X(s)$$

根据传递函数的定义

$$G(s) = \frac{Y(s)}{X(s)} = \frac{b_0 s^m + b_1 s^{m-1} + \cdots + b_{m-1} s + b_m}{a_0 s^n + a_1 s^{n-1} + \cdots + a_{n-1} s + a_n} \tag{3.3.2}$$

式中：$a_0, a_1, \cdots, a_{n-1}, a_n$ 和 $b_0, b_1, \cdots, b_{m-1}, b_m$ ——由测试系统结构参数决定的常数；分母中 s 的幂次 n ——传递函数的阶次。

传递函数 $G(s)$ 由微分方程经拉氏变换得到，拉氏变换为线性变换，将变量从时间域变换到复数域，同微分方程一样可以表征测试系统的动态特性。

> ✒ **小总结**：在数学上，传递函数与微分方程等价，都包含了系统瞬态和稳态响应的全部信息；在运算上，求解传递函数比求解微分方程简便，特别是针对复杂系统。

2）基本性质

（1）传递函数描述了系统的固有特性，只取决于系统的结构和参数，与输入信号的大小和形式无关。

（2）物理性质截然不同的系统可能具有完全相同的传递函数。例如，弹簧-质量-阻尼系统和 RLC 电路都可以用同一形式的传递函数来描述。对于不同的物理系统，经过抽象和近似，有可能得到形式上完全相同的数学模型。反之，同一数学模型可以描述物理性质截然不同的系统。

（3）传递函数可以反映系统的输入、输出动态特性，也可间接反映结构和参数变化对系统输出的影响。

3）测试系统的典型连接方式

测试系统通常由若干个环节串联和并联组成，根据传递函数的定义可得到运算规则。

（1）串联连接。

串联连接的特点是，前一环节的输出就是后一环节的输入。图 3.3.1（a）为 3 个传递函数分别为 $G_1(s)$、$G_2(s)$ 和 $G_3(s)$ 的环节串联构成的测试系统，图 3.3.1（b）为串联连接的等效框图。可知，串联连接的等效传递函数等于所有串联环节传递函数的乘积。

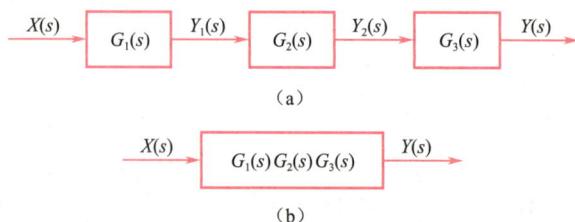

（a）

（b）

图 3.3.1　串联连接

（2）并联连接。

并联连接的特点是各个环节的输入信号为同一个 $X(s)$，输出 $Y(s)$ 为各环节的输出之和。图 3.3.2（a）为 3 个传递函数分别为 $G_1(s)$、$G_2(s)$ 和 $G_3(s)$ 的环节并联构成的测试系统，图 3.3.2（b）为并联连接的等效框图。可知，并联连接的等效传递函数等于所有并联环节传递函数之和。

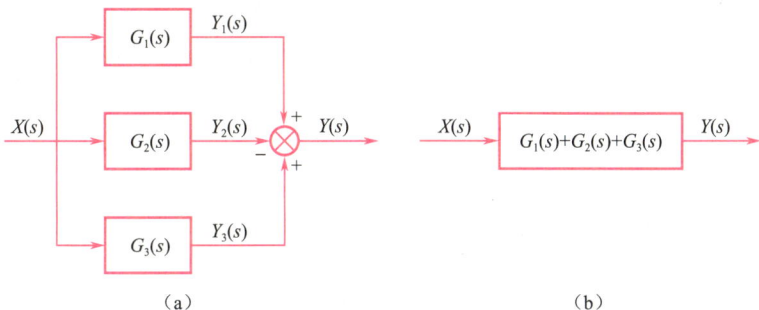

图 3.3.2　并联连接

（3）反馈连接。

图 3.3.3（a）为负反馈连接的一般形式。图中反馈端的"－"号表示系统为负反馈连接，图 3.3.3（b）为负反馈连接的等效框图。

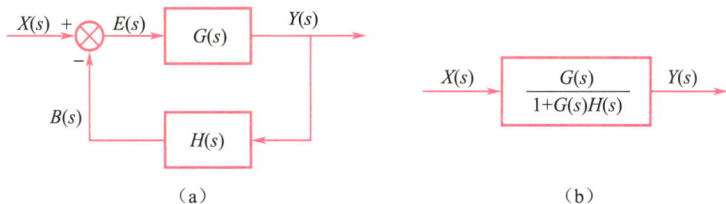

图 3.3.3　负反馈连接

3．频率特性

1）定义

零初始条件下，系统输出 $y(t)$ 的傅里叶变换 $Y(j\omega)$ 与输入 $x(t)$ 的傅里叶变换 $X(j\omega)$ 之比称为系统的频率特性，记为 $G(j\omega)$ 或 $G(\omega)$，即

$$G(j\omega) = \frac{Y(j\omega)}{X(j\omega)} \qquad (3.3.3)$$

同理，对式（3.1.1）进行傅里叶变换，可得频率特性为

$$G(j\omega) = \frac{Y(j\omega)}{X(j\omega)} = \frac{b_0(j\omega)^m + b_1(j\omega)^{m-1} + \cdots + b_{m-1}(j\omega) + b_m}{a_0(j\omega)^n + a_1(j\omega)^{n-1} + \cdots + a_{n-1}(j\omega) + a_n} \qquad (3.3.4)$$

显然，式（3.3.4）与将 $s = j\omega$ 代入传递函数公式，即式（3.3.2）具有同样的形式。因此，频率特性是传递函数的特例，它是在频域描述系统的特性，也称为频率响应函数。

频率特性也可定义为：零初始条件下，系统稳态时的正弦输出与正弦输入的复数比，因此频率特性描述了测试系统对简谐信号的传输特性。

> 🔔 **小提示**：频率特性是测试系统的又一种数学模型，与微分方程、传递函数一样反映了系统的固有特性。

2）频率特性的物理意义

频率特性反映在不同频率的正弦输入信号作用下系统的响应特性。对于稳定的测试系统，稳态输出具有与输入同频率的正弦信号，只是其幅值与相位发生变化，且幅值和相位都是 ω 的函数，随着输入信号频率 ω 的变化而变化。

可采用正弦信号激励的方式来研究系统的动态特性，即采用不同频率的正弦信号作为系统的输入信号，并测得稳态时系统的响应，便可获得系统的频率特性 $G(j\omega)$。这种通过实验方法来确定系统的动态特性，在工程中非常具有实用价值。由于任何复杂信号都可分解为不同频率的简谐信号之和，而线性系统又具有叠加性，因此频率特性也反映了测试系统对任意信号的传输特性。

> **小提示**：频率特性描述系统的简谐输入和其稳态输出的关系，在测量系统的频率特性时，必须在系统响应达到稳态时才可测量。

3）幅频与相频特性

任给 ω 一个确定的值，频率特性 $G(j\omega)$ 为一个复数，表示复平面上的一个点，如图3.3.4 所示。频率特性可表示为直角坐标形式和极坐标形式，即

$$G(j\omega) = R(\omega) + jI(\omega) = A(\omega)e^{j\varphi(\omega)} \tag{3.3.5}$$

式中：$R(\omega)$ —— $G(j\omega)$ 的实部，称为实频特性；$I(\omega)$ —— $G(j\omega)$ 的虚部，称为虚频特性。

$A(\omega)$ 为 $G(j\omega)$ 的幅值，称为幅频特性，表示了系统的稳态输出与输入的幅值比随频率 ω 变化的关系，即

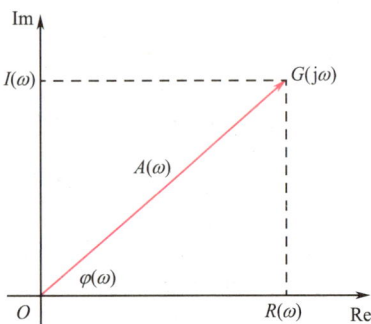

图 3.3.4　幅频特性与相频特性

$$A(\omega) = |G(j\omega)| = \frac{A_Y(\omega)}{A_X(\omega)} \tag{3.3.6}$$

$\varphi(\omega)$ 为 $G(j\omega)$ 的相位，称为相频特性，表示了稳态输出与输入的相位差随频率 ω 变化的关系，即

$$\varphi(\omega) = \varphi_Y(\omega) - \varphi_X(\omega) \tag{3.3.7}$$

式中：$A_Y(\omega)$、$A_X(\omega)$ —— 输出、输入信号的幅值；$\varphi_Y(\omega)$、$\varphi_X(\omega)$ —— 输出、输入信号的相位。

4）频率特性曲线

在测试系统的分析和设计中，通常把线性系统的频率特性画成曲线，能直观反映测试系统对不同频率成分输入信号的扭曲情况——输出与输入的差异。以频率 ω 为横坐标，以幅值 $A(\omega)$ 为纵坐标，画出 $A(\omega)$ 随频率 ω 变化的曲线，此曲线称为幅频特性曲线；以频率 ω 为横坐标，以相位 $\varphi(\omega)$ 为纵坐标，画出 $\varphi(\omega)$ 随频率 ω 变化的曲线，此曲线称为相频特性曲线。

Bode 图又称对数频率特性曲线，是分析和设计测试系统的重要工具，由对数幅频特性和对数相频特性两条曲线构成：①Bode 图横坐标为频率 ω 轴，对数分度，单位为弧度/秒（rad/s）；②对数幅频特性曲线纵坐标为 $L(\omega) = 20\lg A(\omega)$，线性分度，单位是分贝（dB）；③对数相频特性曲线纵坐标为 $\varphi(\omega)$，线性分度，单位是°。

如图 3.3.5 所示，分别绘制一阶系统的 $L(\omega)-\omega$ 曲线和 $\varphi(\omega)-\omega$ 曲线，分别称为对数幅频特性曲线和对数相频特性曲线，即得到一阶系统的 Bode 图。

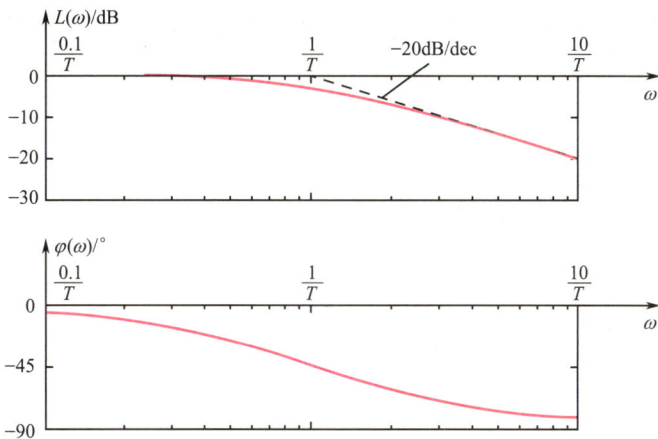

图 3.3.5　一阶系统的 Bode 图

用 Bode 图表示频率特性有如下优点：①横轴（频率）采用对数分度：可在较宽的频率范围内显示系统的响应特性；②分段直线拟合：Bode 图的曲线由分段直线组成，可直观了解系统在不同频率下的幅值和相位变化；③乘除变加减：幅值用对数 $20\lg A(\omega)$ 表示，简化了 Bode 图的绘制和分析过程；④可用实验法辨识系统：用实验法测得系统频率响应数据，并绘制 Bode 图，从而辨识被测系统的数学模型。

> 小总结：测试系统的动态特性在时域用微分方程描述，在复数域用传递函数描述，在频域用频率特性描述。这三种数学模型的形式和用途有所不同，但它们共同的目标都是描述系统的固有特性，为测试系统的设计和分析提供理论基础和工具。

3.3.2　常见测试系统的数学模型

在工程测试领域，常见的测试系统多是零阶系统、一阶系统和二阶系统，高阶系统通常可看作若干个一阶系统和二阶系统的组合。

1. 零阶系统的数学模型

零阶系统的动态特性方程可以用下述代数方程描述

$$y(t) = kx(t) \tag{3.3.8}$$

传递函数 $G(s)=k$ ；频率特性 $G(j\omega)=k$ ；k 为测试系统的静态灵敏度或放大倍数。

零阶系统具有理想的动态特性，输入与输出成正比，无论被测量 $x(t)$ 随时间如何变化，它的性能由静态灵敏度 k 表征并恒定不变，其输出不失真，且在时间上也无任何滞后，因此零阶系统又称比例系统。

零阶系统不包含任何储能元件。例如，利用弹簧变形测量拉力的力传感器、测量微位移的变面积式电容传感器和测量液面高度的变介电常数型电容传感器都可看作零阶系统。零阶系统是理想化的抽象数学模型。由于应用过程中存在无法完全消除的影响因素，实际中很难实现。

2. 一阶系统的数学模型

用一阶微分方程描述的系统称为一阶系统。一个储能元件与一个耗能元件的组合，可构成一阶系统，图 3.3.6 所示的 RC 低通滤波电路为典型的一阶系统，该系统的输出电压 $u_o(t)$ 与输入电压 $u_i(t)$ 之间的关系为

$$T\frac{du_o(t)}{dt} + u_o(t) = u_i(t) \tag{3.3.9}$$

式中，$T = RC$，为充电时间常数。

零初始条件下，得到该系统的传递函数为

$$G(s) = \frac{U_o(s)}{U_i(s)} = \frac{1}{Ts+1} \tag{3.3.10}$$

令 $s = j\omega$，得到一阶系统的频率特性为

$$G(j\omega) = \frac{1}{j\omega T + 1} \tag{3.3.11}$$

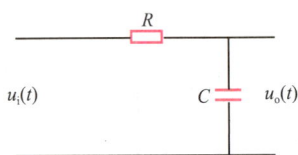

图 3.3.6　RC 低通滤波电路

T 为一阶系统的时间常数，它是具有时间的量纲，反映系统惯性的大小。

常见的一阶系统还有弹簧和阻尼器组成的机械系统、比例控制的恒温箱、单容液位控制系统等，它们均具有式（3.3.9）、式（3.3.10）形式的数学模型，只是 T 的含义随系统的不同而不同，一阶系统又称惯性系统。

3. 二阶系统的数学模型

用二阶微分方程描述的系统称为二阶系统。测试系统中，二阶系统的典型应用极为普遍，很多高阶系统在应用上可近似为二阶系统。二阶系统包含两个独立的储能元件，能量在两个元件之间交换，使系统具有往复振荡的趋势。当阻尼不够大时，系统呈现出振荡的特性。

图 3.3.7 所示的 RLC 电路为典型的二阶系统。该系统的输出电压 $u_o(t)$ 与输入电压 $u_i(t)$ 之间的关系为

$$LC\frac{d^2u_o(t)}{dt^2} + RC\frac{du_o(t)}{dt} + u_o(t) = u_i(t) \tag{3.3.12}$$

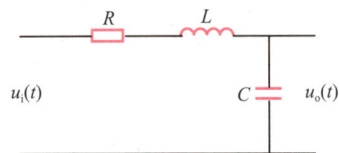

图 3.3.7　RLC 电路

二阶系统均可用二阶微分方程的通式描述，即

$$a_2\frac{d^2y(t)}{dt^2} + a_1\frac{dy(t)}{dt} + a_0y(t) = b_0x(t)$$

令 $\omega_n = \sqrt{\frac{a_0}{a_2}}$ 为系统的固有频率，$\zeta = \frac{a_1}{2\sqrt{a_0a_2}}$ 为系统的阻尼比，$S = \frac{b_0}{a_0}$ 为系统的灵敏度，则上式可改写为

$$\frac{d^2y(t)}{dt^2} + 2\zeta\omega_n\frac{dy(t)}{dt} + \omega_n^2 y(t) = S\omega_n^2 x(t) \tag{3.3.13}$$

显然，ω_n、ζ 和 S 取决于测试系统的结构，测试系统一经组成或调试完毕，其固有频率 ω_n、阻尼比 ζ 和灵敏度 S 也随之确定。

对于线性系统而言，灵敏度 S 为常数，与输入信号的频率无关，为了表达方便，通常归一化处理，取 $S = 1$，则二阶系统的传递函数为

$$G(s) = \frac{\omega_n^2}{s^2 + 2\zeta\omega_n s + \omega_n^2} \tag{3.3.14}$$

相应的频率特性可表示为

$$G(\mathrm{j}\omega) = \cfrac{1}{1 - \left(\cfrac{\omega}{\omega_\mathrm{n}}\right)^2 + 2\mathrm{j}\zeta\cfrac{\omega}{\omega_\mathrm{n}}} \tag{3.3.15}$$

3.3.3　常见测试系统的时域动态特性

测试系统的时域动态特性是系统对输入信号的瞬态响应特性。测试系统的动态特性不仅与测试系统的结构和参数有关，还与测试系统的输入信号形式有关。通常选用几种典型的输入信号作为标准输入信号研究测试系统的动态特性。常用的激励信号有阶跃信号、斜坡信号、脉冲信号等。工程测试中，常选用阶跃信号作为输入揭示系统在时域的动态特性，下面以单位阶跃信号为例，分析一阶系统和二阶系统的动态特性。

1.　一阶系统的单位阶跃响应及其动态性能指标

设一阶系统的输入为单位阶跃信号，其拉氏变换为 $X(s)=1/s$，则可得到系统的输出为

$$Y(s) = G(s) \cdot X(s) = \frac{1}{Ts+1} \cdot \frac{1}{s} = \frac{1}{s} - \frac{T}{Ts+1}$$

对上式进行拉氏逆变换，可得

$$y(t) = 1 - \mathrm{e}^{-t/T}$$

式中：右边第一项为响应的稳态分量 1；第二项是响应的瞬态分量，是时间 t 的指数衰减函数，当 $t \to \infty$ 时其值趋于零。一阶系统的单位阶跃响应曲线如图 3.3.8 所示。

（1）一阶系统的单位阶跃响应是一条指数上升、渐近趋于稳态值 1 的曲线。$t=0$ 时，输出为零；随着 t 的增大，输出按指数规律增大，最终趋于稳态值。因此，从 $t=0$ 到最终值，输出与输入之间总存在误差，该误差称为测试系统的动态误差，通常动态误差在一定范围内可认为达到稳态，即

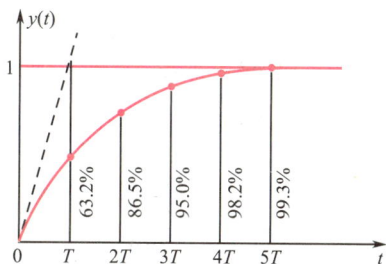

图 3.3.8　一阶系统的单位阶跃响应曲线

$$\sigma = \left| \frac{y(t) - y_\mathrm{s}}{y_\mathrm{s}} \right| \times 100\% = \mathrm{e}^{-t/T} \times 100\% \leqslant 某个给定值 \tag{3.3.16}$$

式中：y_s——系统的稳态输出，这里 $y_\mathrm{s}=1$；某个给定值——常取 2%、5% 或 10%。

（2）一阶系统的时域动态性能指标。

时间常数 T：输出由零上升到稳态值 y_s 的 63.2% 所需的时间；

上升时间 t_r：输出由稳态值的 10% 上升到 90% 所需要的时间，$t_\mathrm{r}=2.20T$。

调节时间 t_s：输出由零上升并保持在与稳态值 y_s 偏差的绝对值不超过某一量值 σ 的时间。通常把输出达到稳态值的 98% 所需的时间 $4T$ 作为响应速度指标，动态误差小于 2%，近似认为系统达到稳态。

> 🔔 **小提示**：为提高响应速度，减小动态误差，应尽可能采用时间常数小的系统。一阶系统的时间常数越大，达到稳态所需时间越长，动态误差越大；反之，时间常数越小，达到稳态所需时间越短，响应速度越快，动态误差越小。

2. 二阶系统的单位阶跃响应及其动态性能指标

1）单位阶跃响应

对于传递函数为式（3.3.15）的二阶系统，阻尼比 ζ 不同其单位阶跃响应函数也不同。下面分四种情况讨论。

（1）欠阻尼：$\zeta < 1$ 时，其单位阶跃响应函数为

$$y(t) = 1 - \frac{e^{-\zeta\omega_n t}}{\sqrt{1-\zeta^2}}\sin(\omega_d t + \beta) \tag{3.3.17}$$

式中：$\omega_d = \omega_n\sqrt{1-\zeta^2}$ 称为系统的阻尼振荡频率；$\beta = \arctan(\sqrt{1-\zeta^2}/\zeta)$。

$y(t)$ 也是两项之和，即由稳态响应 1 和幅值按指数规律衰减、频率为 ω_d 的正弦振荡瞬态响应构成。因此，欠阻尼二阶系统的单位阶跃响应是幅值按指数规律衰减的阻尼正弦振荡，其衰减速度取决于指数项 $e^{-\zeta\omega_n t}$ 的幂，因此常称 $\zeta\omega_n$ 为衰减系数。

（2）无阻尼：$\zeta = 0$ 时，其单位阶跃响应函数为

$$y(t) = 1 - \sin\omega_n t \tag{3.3.18}$$

式（3.3.18）表明，系统做幅值恒为 1、频率为 ω_n 的无衰减的等幅振荡。在实际测试系统中实现无阻尼是非常困难的，无阻尼主要用于理论分析。

（3）临界阻尼：$\zeta = 1$ 时，其单位阶跃响应函数为

$$y(t) = 1 - (1 + \omega_n t)e^{-\omega_n t} \tag{3.3.19}$$

$y(t)$ 为两项之和，即由稳态响应 1 和单调衰减的瞬态响应构成。因此，临界阻尼二阶系统的单位阶跃响应是初值为 0、终值为 1 的单调上升过程，无振荡现象。此时 ω_n 越大，动态误差越小，响应速度越快。

> 🔔 **小提示：** 在不希望输出出现超调而又要求响应速度较快的情况下，可采用临界阻尼系统，如指示和记录仪表系统等。但是实际中，完全达到并保持临界阻尼并不容易。

（4）过阻尼：$\zeta > 1$ 时，其单位阶跃响应函数为

$$y(t) = 1 - \frac{(\zeta + \sqrt{\zeta^2-1})e^{(-\zeta+\sqrt{\zeta^2-1})\omega_n t}}{2\sqrt{\zeta^2-1}} + \frac{(\zeta - \sqrt{\zeta^2-1})e^{(-\zeta-\sqrt{\zeta^2-1})\omega_n t}}{2\sqrt{\zeta^2-1}} \tag{3.3.20}$$

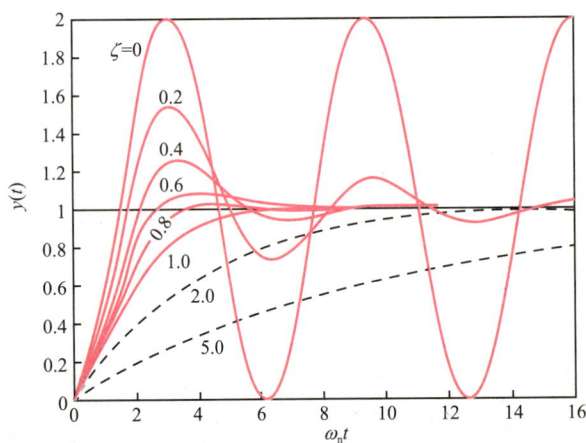

由式（3.3.20）可知，$y(t)$ 由稳态响应和两个瞬态响应项构成，两个瞬态响应都为衰减的指数函数。系统可看作两个一阶系统的串联，系统不产生振荡，一般 $\zeta > 1$ 的二阶系统近似按一阶系统对待。

由图 3.3.9 可以看出，过阻尼时二阶系统的单位阶跃响应为一条单调上升的指数曲线，但其响应速度比临界阻尼时缓慢，快速性较差。因此，在实际工程设计中，除特殊情况外一般不采用过阻尼系统。

图 3.3.9　二阶系统的单位阶跃响应曲线

2）时域动态性能指标

如图 3.3.10 所示，二阶系统的时域动态性能指标如下。

（1）调节时间 t_s：输出由零上升达到并保持在稳态值允许的误差范围内所需的时间，该误差范围通常规定为稳态值的 2%、5% 或 10%。

对于二阶系统，可根据允许的动态误差，代入相应的公式计算得到。

（2）上升时间 t_r：输出由稳态值的 10% 上升到稳态值的 90% 所需的时间。例如，二阶系统的最大相对超调量 M_p 不超过所允许的动态误差时，上升时间可近似表示为

$$t_r = \frac{0.5 + 2.3\zeta}{\omega_n} \tag{3.3.21}$$

（3）峰值时间 t_p：阶跃响应曲线达到第一个振荡峰值所需的时间。对于欠阻尼的二阶系统，按照求极值的通用方法，即将式（3.3.20）对 t 求导，并令其导数等于零，即

$$\left.\frac{\mathrm{d}y(t)}{\mathrm{d}t}\right|_{t=t_p} = -\frac{\mathrm{e}^{-\zeta\omega_n t_p}}{\sqrt{1-\zeta^2}}[-\zeta\omega_n\sin(\omega_d t_p + \beta) + \omega_d\cos(\omega_d t_p + \beta) = 0$$

经计算求得第一个振荡峰值所对应的时间为

$$t_p = \frac{\pi}{\omega_d} = \frac{\pi}{\omega_n\sqrt{1-\zeta^2}} \tag{3.3.22}$$

（4）超调量 M_p：输出的最大值与稳态值之差和稳态值之比的百分数，即

$$M_p = \frac{y(t_p) - y_s}{y_s} \times 100\% \tag{3.3.23}$$

式中：$y(t_p)$——响应曲线最大值，对于欠阻尼系统，为第一个振荡峰值；y_s——系统的稳态输出，这里 $y_s = 1$。

对于欠阻尼的二阶系统，根据式（3.3.23），将 $t = t_p = \pi/\omega_d$ 代入可得

$$M_p = \mathrm{e}^{-\zeta\pi/\sqrt{1-\zeta^2}} \times 100\% \tag{3.3.24}$$

可见，超调量 M_p 仅与阻尼比 ζ 有关，阻尼比 ζ 越小，超调量越大。

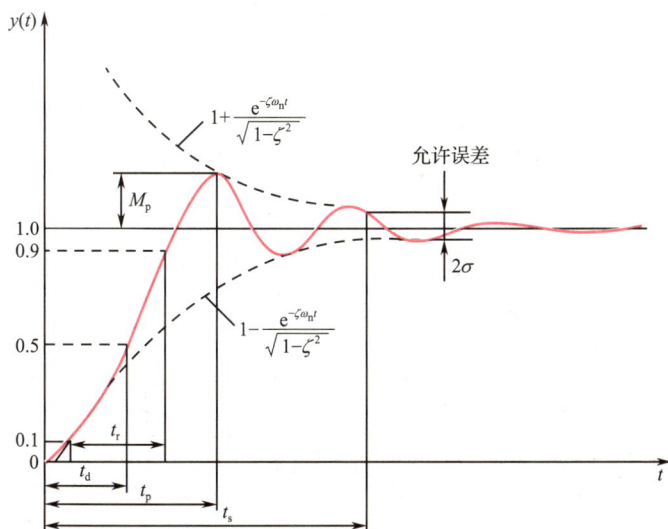

图 3.3.10　二阶系统的单位阶跃响应及其时域动态性能指标

3）单位阶跃响应速度与阻尼比和固有频率的关系

（1）单位阶跃响应速度与固有频率 ω_n 有关。当 ζ 一定时，ω_n 越大，瞬态响应分量衰减越迅速，系统能够更快达到稳态值，响应速度越快。

（2）单位阶跃响应速度与阻尼比 ζ 有关，不同阻尼比对应的单位阶跃响应曲线如图3.3.9所示，由图可知：

① 当 $\zeta=0$ 时，系统做无衰减的等幅振荡，振荡频率为 ω_n。

② 当 $0<\zeta<1$ 时，系统在稳态值附近做衰减的正弦振荡。阻尼比 ζ 直接影响系统的超调量和振荡次数。阻尼比 ζ 越小，系统的超调量越大，振荡次数越多，达到稳态需要的时间越长；随着阻尼比 ζ 的增大，超调量和振荡次数减小。无论哪种情况，其响应在 $t \to \infty$ 时最终趋于稳态值（$\zeta=0$ 除外）。无论阻尼比 ζ 过大还是过小，趋于最终稳态值的时间都较长。

> 🔔 **小提示**：在一定的阻尼比 ζ 下，欠阻尼系统比临界阻尼系统响应速度更快，因此工程中除了一些不允许产生振荡的应用，如指示和记录仪表系统等，通常设计成欠阻尼系统。通常根据系统的最大相对超调量 M_p 为所允许的动态误差的原则来确定系统的 ζ 值。

③ 当 $\zeta=1$ 时，系统响应无振荡。ω_n 越大，动态误差越小，响应速度越快。

④ 当 $\zeta>1$ 时，响应曲线无振荡、无超调，过渡过程长。阻尼比越大，达到稳态的时间越长，动态误差越大；随着阻尼比减小，动态误差逐渐减小，响应速度变快。

3.3.4 常见测试系统的频域动态特性

为评估测试系统的频域动态性能指标，需研究频率特性的幅频特性 $A(\omega)$ 和相频特性 $\varphi(\omega)$。

1. 一阶系统的频域动态性能指标

一阶系统的幅频、相频特性的表达式分别为

$$A(\omega)=\frac{1}{\sqrt{1+(\omega T)^2}} \tag{3.3.25}$$

$$\varphi(\omega)=-\arctan(\omega T) \tag{3.3.26}$$

可见，一阶系统在正弦信号激励下，稳态响应的幅值比和相位差取决于输入信号的频率 ω 和系统的时间常数 T。一阶系统的幅频特性曲线和相频特性曲线如图3.3.11所示。

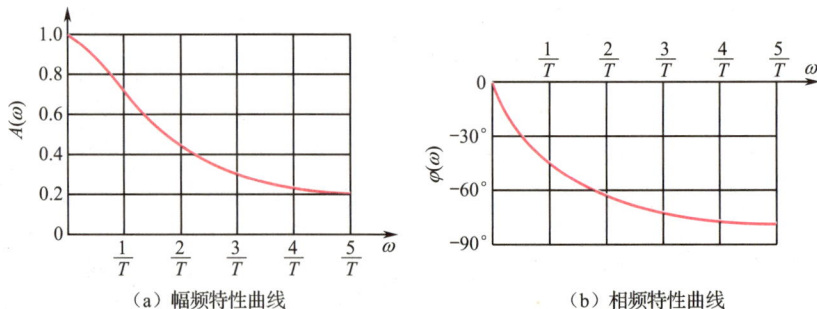

（a）幅频特性曲线　　　　（b）相频特性曲线

图3.3.11　一阶系统的频率特性曲线

1）稳态响应动态误差

理想测试系统的输出波形应该是按比例、无滞后地再现输入信号的波形，即 $A(\omega)=1$，$\varphi(\omega)=0$。由图 3.3.11 可知，当 $\omega=0$ 时，幅值比 $A(\omega)=1$，相位差 $\varphi(\omega)=0$。由此可得到一阶系统的 幅值误差 为

$$\Delta A(\omega)=\frac{A(\omega)-A(0)}{A(0)}\times100\%=[A(\omega)-1]\times100\% \tag{3.3.27}$$

一阶系统的 相位误差 为

$$\Delta\varphi(\omega)=\varphi(\omega)-\varphi(0)=\varphi(\omega) \tag{3.3.28}$$

幅值误差和相位误差统称为稳态响应动态误差。

由图 3.3.11 可以看出，一阶系统是低通滤波器，适用于测量缓变或低频信号。输入信号频率较低时，一阶系统能够在幅值和相位上较好地跟踪输入；频率较高时，一阶系统输出出现幅值衰减和相位延迟，因此必须限制输入信号的频率范围。

2）工作频带

系统的 工作频带：系统的幅值误差小于允许的幅值误差时，幅频特性曲线所对应的频率范围，即

$$\varepsilon=|\Delta A(\omega)|\times100\%=|A(\omega)-1|\times100\%\leqslant\sigma \tag{3.3.29}$$

式中：σ ——允许的幅值误差，通常取 5% 或 10%。

时间常数 T 决定一阶系统工作频带。在幅值误差一定的情况下，时间常数 T 越小，系统的工作频带越宽；反之，若时间常数 T 越大，则系统的工作频带越窄。

> **小总结**：为减小一阶系统的稳态响应动态误差，增大工作频带，应尽可能采用时间常数 T 小的测试系统。

例 3-1　用一阶系统测量 100Hz 的正弦信号。

（1）限制幅值误差在 5% 以内，时间常数的取值为多少？

（2）若测试 50Hz 正弦信号，幅值误差和相位误差是多少？

解：（1）由题意知，幅值误差 $\varepsilon_1=1-A(\omega)\leqslant0.05$，即 $A(\omega)\geqslant0.95$，则有

$$A(\omega)=\frac{1}{\sqrt{1+(\omega T)^2}}\geqslant95\%$$

由于 $f_1=100\text{Hz}$，$\omega_1=2\pi f_1$，代入上式得

$$\frac{1}{\sqrt{1+(2\pi\times100T)^2}}\geqslant0.95$$

经计算得 $T\leqslant5.23\times10^{-4}\text{s}$。

（2）当 $\omega_2=2\pi f_2=100\pi$，且 $T=5.23\times10^{-4}\text{s}$ 时，幅值为

$$A(\omega_2)=\frac{1}{\sqrt{1+(5.23\times10^{-4}\times100\pi)^2}}\approx98.68\%$$

所以此时幅值误差 $\varepsilon_2=1-98.68\%=1.32\%$。

相位误差 $\varphi(\omega_2)=-\arctan(5.23\times10^{-4}\times100\pi)\approx-9.33°$。

例 3-2 某一压力检测装置的频率特性为 $H(\mathrm{j}\omega) = \dfrac{1}{0.04\mathrm{j}\omega + 1}$，若用该系统进行测量，要求幅值误差在 5% 以内，则被测信号的最高频率应控制在什么范围内？

解：由式（3.3.23）和式（3.3.26）得到，该一阶系统的幅频特性和相频特性表达式分别为

$$A(\omega) = \frac{1}{\sqrt{1+(\omega T)^2}} = \frac{1}{\sqrt{1+0.0016\omega^2}}$$

$$\varphi(\omega) = -\arctan(\omega T) = -\arctan(0.04\omega)$$

由题意知：幅值误差 $\varepsilon = 1 - A(\omega) \leq 0.05$，即 $A(\omega) \geq 0.95$，则有

$$A(\omega) = \frac{1}{\sqrt{1+0.0016\omega^2}} \geq 0.95$$

可得到 $\omega \leq 6.82\mathrm{rad/s}$，被测信号的最高频率应控制在 6.82rad/s 范围内。

> ✒ 小总结：一阶系统时间常数 T 确定后，规定允许的幅值误差，则可确定其测试的最高信号频率，系统的可用频率范围为 $0 \sim \omega_h$。反之，若要选择一阶系统，必须了解被测信号幅值和频率的变化范围，根据其最高频率 ω_h 和允许的幅值误差去合理选择或设计一阶系统。

2．二阶系统的频域动态性能指标

二阶系统的幅频特性和相频特性分别为

$$A(\omega) = \frac{1}{\sqrt{\left[1-\left(\dfrac{\omega}{\omega_n}\right)^2\right]^2 + 4\zeta^2\left(\dfrac{\omega}{\omega_n}\right)^2}} \tag{3.3.30}$$

二阶系统的频域动态性能指标视频

$$\varphi(\omega) = \begin{cases} -\arctan\dfrac{2\zeta\left(\dfrac{\omega}{\omega_n}\right)}{1-\left(\dfrac{\omega}{\omega_n}\right)^2}, & \omega \leq \omega_n \\[4mm] -\pi + \arctan\dfrac{2\zeta\left(\dfrac{\omega}{\omega_n}\right)}{\left(\dfrac{\omega}{\omega_n}\right)^2 - 1}, & \omega > \omega_n \end{cases} \tag{3.3.31}$$

二阶系统的幅频特性曲线、相频特性曲线如图 3.3.12 所示。

由图 3.3.12 可知，二阶系统具有以下特性。

（1）二阶系统是低通滤波器。

① 当 $\omega/\omega_n = 0$ 时，$A(\omega) = 1$，$\varphi(\omega) = 0°$，幅值误差与相位误差为零；

② 当 $\omega/\omega_n \ll 1$ 时，$A(\omega) \approx 1$，$\varphi(\omega) \approx 0°$，幅值误差和相位误差都很小；

③ 当 $\omega/\omega_n = 1$ 时，若阻尼比 ζ 较小，此时 $A(\omega)$ 有极大值 $1/(2\zeta)$，输出幅值急剧增大，系统产生共振，$\varphi(\omega) = 90°$，输出信号波形的幅值和相位严重失真；

④ 当 $\omega/\omega_n \gg 1$ 时，$A(\omega) \approx 0$，$\varphi(\omega) \approx -180°$，即输出信号几乎与输入信号反相，表明被

测信号的频率远高于测试系统的固有频率，测试系统无响应。

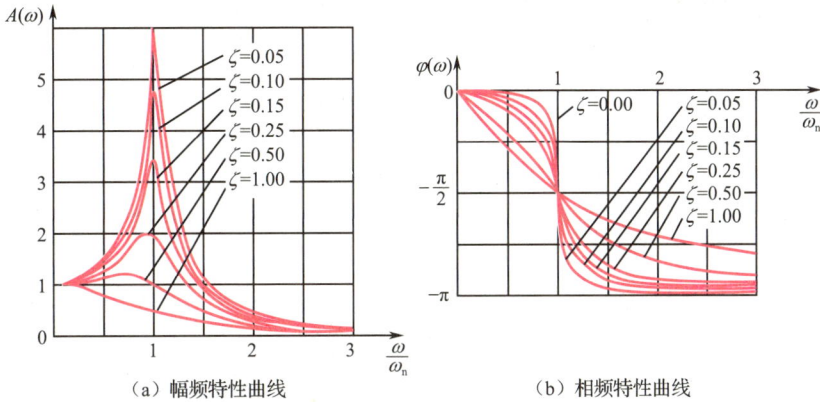

（a）幅频特性曲线　　　　　　（b）相频特性曲线

图 3.3.12　二阶系统的频率特性曲线

（2）谐振频率和谐振峰值。

二阶系统幅频特性曲线是否出现峰值取决于系统的阻尼比 ζ 的大小，由 $dA(\omega)/d\omega = 0$，可得峰值对应的频率为

$$\omega_r = \omega_n \sqrt{1 - 2\zeta^2} \tag{3.3.32}$$

由此可知，当阻尼比在 $0 \leqslant \zeta < 1/\sqrt{2} \approx 0.707$ 时，幅频特性曲线才出现峰值。ω_r 称为系统的谐振频率，对应的谐振峰值为

$$A_{\max} = A(\omega_r) = \frac{1}{2\zeta\sqrt{1-\zeta^2}} \tag{3.3.33}$$

具体分析如下：①当 $\zeta = 0$ 时，$\omega_r = \omega_n$，$A(\omega_r) \to \infty$，系统出现共振（测试系统不宜在共振区域工作），可见，共振频率即无阻尼的固有频率；②当 $0 < \zeta < 1/\sqrt{2}$ 时，系统出现谐振，且谐振频率 ω_r，随着阻尼比 ζ 的增大而减小，即峰值点逐渐向纵坐标靠近；③当 $\zeta = 1/\sqrt{2} \approx 0.707$ 时，曲线的峰值消失，幅频特性曲线将呈现单调下降；④当 $\zeta \geqslant 1/\sqrt{2}$ 时，曲线不会出现峰值，不再产生谐振，与一阶系统的幅频特性曲线相似。

（3）阻尼比 ζ 对二阶系统工作频带的影响。

二阶系统的固有频率 ω_n 不变时，阻尼比 ζ 对其工作频带的影响很大。图 3.3.13 给出了具有相同的固有频率而阻尼比不同，在允许的相对幅值误差不超过 σ_F 时，所对应的工作频带各不相同的示意图。阻尼比为 ζ_2 时系统的工作频带最宽。

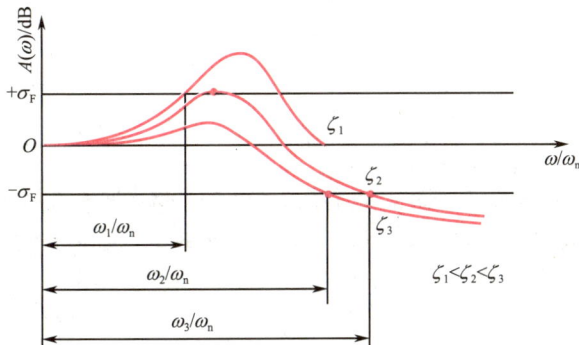

图 3.3.13　二阶系统的阻尼比与工作频带的关系

因此，若规定允许的幅值误差为 σ_F，则存在阻尼比 ζ 使二阶系统获得最宽工作频带，此阻尼比称为"频域最佳阻尼比 ζ_b"。二阶系统的工作频带范围与阻尼比 ζ 和允许的幅值误差 σ_F 有关。频域最佳阻尼比 ζ_b 的值通常不大于 0.707，因为阻尼比 $\zeta \geq 0.707$ 时，幅频特性曲线峰值消失，其幅值误差只有负误差，没有正误差，导致工作频带较窄。因此，二阶系统的最佳阻尼比为 0.6～0.7。

（4）固有频率 ω_n 对工作频带的影响。

当二阶系统的阻尼比 ζ 不变时，固有频率 ω_n 越高，保持一定动态误差下的工作频带越宽。

> ✒ **小总结**：二阶系统的动态特性参数为固有频率 ω_n 和阻尼比 ζ。为减小测量误差和拓宽工作频带，应选择合适的固有频率，当阻尼比 $\zeta = 0.6～0.7$、输入信号频率为 0～0.6ω_n 时，幅值误差不超过 5%，相位误差较小，测试系统具有较好的动态特性。

例 3-3　某二阶测试系统的固有频率为 ω_n，阻尼比 ζ 为 0.1。若要求幅值误差 $\varepsilon \leq 10\%$，试确定该测试系统的工作频带。

解：该二阶测试装置的幅频特性曲线如图 3.3.14 所示。根据允许的幅值误差为 10%，分别作出 $A(\omega) = 1.1$ 和 $A(\omega) = 0.9$ 两根平行线。

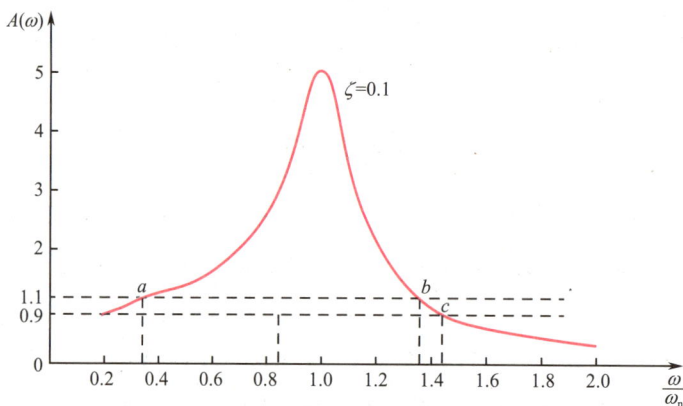

图 3.3.14　图示法求解二阶系统的工作频带

将 $A(\omega) = 1.1$、$A(\omega) = 0.9$ 和 $\zeta = 0.1$ 分别代入式（3.3.30），求解代数方程，可得到幅频特性曲线与两个平行线的 3 个交点坐标分别为

$$\omega_a / \omega_n = 0.304, \quad \omega_b / \omega_n = 1.366, \quad \omega_c / \omega_n = 1.44$$

显然，平行线 $A(\omega) = 1$ 与 $\zeta = 0.1$ 的幅频特性曲线交于 a、b 两点，平行线 $A(\omega) = 0.9$ 与 $\zeta = 0.1$ 的幅频特性曲线交于点 c。

因此，该测试装置的工作频带为 0～0.304ω_n。

3.3 二阶系统动态特性讨论

> 🔧 **小讨论**：由压电式力传感器、电荷放大器和记录仪串联而成的测力系统，各部分频率特性如图 3.3.15 所示，其中 $T = 0.1\text{s}$，$\zeta = 0.5$，$\omega_n = 20\text{rad/s}$。若被测力为 $x(t) = 10\cos(10t + 45°)$，试求：记录下来的信号 $y(t)$。

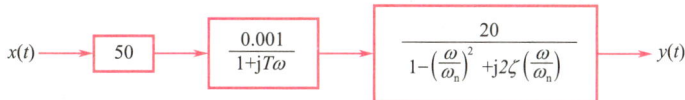

图 3.3.15　某测力系统框图

3.4　测试系统无失真测试的条件

测试系统无失真测试的条件视频　3.4 测试系统无失真测试的条件课件

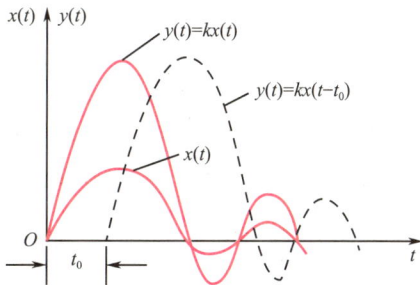

无失真测试是指测试系统的输出信号真实、准确地反映出输入信号的信息。通常信号在传输过程中将产生失真，即测试系统的输出波形与输入波形不同，在实际应用中，希望信号在传输过程中失真最小。线性定常系统引起的信号失真由两方面因素造成：①幅值失真：系统对信号各频率分量幅值产生不同程度的放大或衰减，使响应各频率分量的相对幅值产生变化；②相位失真：系统对各频率分量产生的相移不为零，使响应的各频率分量在时间轴上的相对位置产生变化。

3.4.1　无失真测试的时域条件

从时域来看，输出信号的波形与输入信号的波形完全相同即无失真测试，如图 3.4.1 所示。

如果输出 $y(t)$ 与输入 $x(t)$ 满足

$$y(t) = kx(t) \tag{3.4.1}$$

表明输出信号仅仅是幅值上放大了 k 倍，输出无滞后，波形相似。

如果输出 $y(t)$ 与输入 $x(t)$ 满足

$$y(t) = kx(t - t_0) \tag{3.4.2}$$

表明输出信号除幅值放大 k 倍外，时间上有一定的滞后 t_0，波形仍然相似。

图 3.4.1　无失真测试的时域波形

式（3.4.1）表示理想无失真测试的输出与输入的关系，在实际测试中很难满足。一般情况下，采用式（3.4.2）表示测试系统无失真测试的时域条件。

3.4.2　无失真测试的频域条件

根据上述时域条件，可以推导出无失真测试的频域条件。

对式（3.4.2）两边取傅里叶变换，并根据傅里叶变换的时移特性，得到

$$Y(j\omega) = kX(j\omega)e^{-j\omega t_0} \tag{3.4.3}$$

则系统的频率特性为

$$G(j\omega) = \frac{Y(j\omega)}{X(j\omega)} = ke^{-j\omega t_0} \tag{3.4.4}$$

幅频特性及相频特性为

$$\begin{cases} A(\omega) = k = 常数 \\ \varphi(\omega) = -\omega t_0 \end{cases} \quad (3.4.5)$$

式（3.4.5）表示测试系统频域描述的无失真测试条件，其物理意义如下。

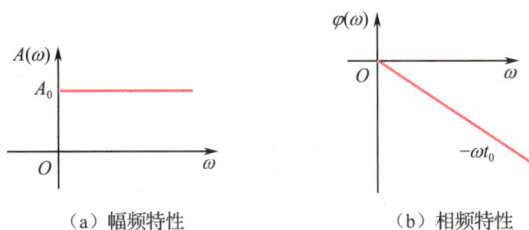

图 3.4.2　无失真测试的频率响应特性

（1）输入信号中各频率分量通过测试系统时，其幅值应放大或缩小相同倍数 k，即必须在信号的全部频带内，系统的幅频特性为常数，如图 3.4.2（a）所示。

（2）输入信号中各频率分量通过测试系统时，其相位滞后与输入信号频率成正比，相频特性曲线为通过原点并具有负斜率的直线，如图 3.4.2（b）所示。

实际的测试系统不可能做到在无限带宽上完全符合无失真测试的条件，通常测试系统既有幅值失真 [$A(\omega) \neq k$ 常数] 又有相位失真 [$\varphi(\omega)$ 为非线性]，而且输入信号的频率越高，失真越明显。

> **小总结**：测试系统只能在一定的频率范围内将波形失真限制在允许的误差范围内，即只能在系统的工作频率范围内按一定的精度要求近似满足无失真测试条件。

3.4.3　常见测试系统的无失真测试条件

测试过程中，通常采用如下措施减小波形失真产生的测量误差：首先，根据被测信号的工作频带，选择合适的测试系统，使其在工作频带内幅频特性、相频特性接近无失真测试条件；其次，对输入信号进行必要的前置处理，滤除非信号频带内的噪声，减小或消除干扰信号，提高信噪比。

在选择测试系统特性时，应分析幅频特性和相频特性对测试的影响。例如，在故障诊断或振动测试中，常常只需要了解振动频率成分及其强度，并不关心波形变化，这种情况下只要求了解幅频特性，对相位特性无要求；而某些测试要求精确测量输出波形的延迟，对测试系统的相频特性应有严格的要求，以减小相位失真引起的测试误差。

1. 一阶系统的无失真测试条件

对于一阶系统，在允许误差范围内，时间常数 T 越小，响应速度越快，近似满足无失真测试条件的频带越宽，因此一阶系统的时间常数 T 越小越好。若要求幅值误差不超过 5%，则 $\omega T \leqslant 0.3$，此时相位滞后不超过 17°。

2. 二阶系统的无失真测试条件

对于二阶系统，阻尼比 $\zeta = 0.6 \sim 0.7$，输入信号频率范围为 $0 \sim 0.6\omega_n$，幅频特性 $A(\omega)$ 的变化不超过 5%，相频特性 $\varphi(\omega)$ 接近于直线，相位失真较小，系统可获得最佳的综合特性，近似满足无失真测试条件，这是设计或选择二阶系统的依据。

测试系统通常由若干个测试装置组成，任何一个环节产生的波形失真，必然导致整个测试系统输出波形的失真，因此，只有保证每一个环节

3.4 无失真传输讨论

都满足无失真测试条件才能使输出波形不失真。

小讨论：某测试系统的幅频特性曲线和相频特性曲线如图 3.4.3 所示。当输入信号为 $x_1(t) = A_1\sin(\omega_1 t) + A_2\sin(\omega_2 t)$ 时，输出信号无失真；当输入信号为 $x_2(t) = A_1\sin(\omega_1 t) + A_4\sin(\omega_4 t)$ 时，输出信号失真。上述说法正确吗？请说明导致该现象的原因。

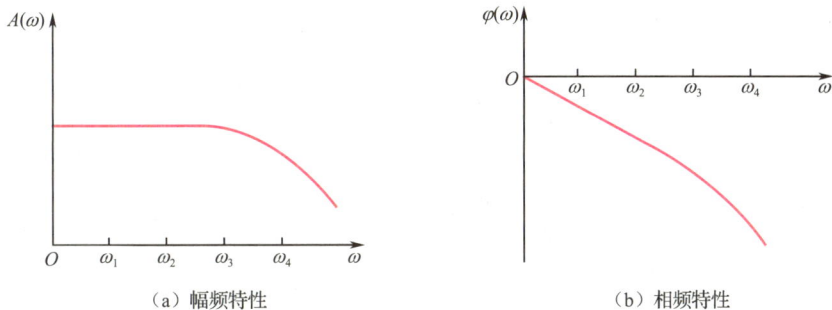

（a）幅频特性　　　　　　　　　　（b）相频特性

图 3.4.3　讨论题图

3.5　测试系统的标定与校准

3.5 测试系统的标定与校准课件

任何新研制或生产的测试系统在装配完成后都必须按设计指标进行全面严格的性能鉴定。测试系统标定就是利用已知标准或精度高一级的标准器具对测试系统进行定度的过程，从而建立测试系统输出与输入之间的对应关系，并确定其性能指标。

使用一段时间后，测试系统可能因为运动机件磨损及腐蚀、弹性元件疲劳、电子元器件老化等造成误差，需要重新确认其输出与输入之间的关系和性能指标，该性能复测的过程称为校准，校准与标定的本质相同。校准的基本方法是利用标准设备产生已知的非电量（如压力、位移等）作为输入量，输入待标定的测试系统，再将测试系统的输出与输入的标准量做比较，获得一系列校准曲线或数据。

为保证各种被测量值的一致性和准确性，对测试系统进行校准，应按照国家和地方计量部门的有关检定规程，选择正确的校准条件和适当的标准仪器，并按照一定的程序进行。通常，工程测量中测试系统的校准，应在其与使用条件相似的环境下进行。

对标准仪器的要求包括：①有足够的精度，至少比被校准系统的精度高一个精度等级，且符合国家计量量值传递的规定；②量程范围应与被校准系统相适应，性能可靠稳定，使用方便，适用于多种环境等。

根据系统的用途，输入既可以是静态的也可以是动态的，因此测试系统的校准有静态校准和动态校准两种。

3.5.1　测试系统的静态校准

静态校准的目的是确定测试仪器或系统的输入输出关系及其静态性能指标，如灵敏度、线性度、迟滞、重复性和精度等。

1. 静态标准条件

测试系统的静态校准是在静态标准条件下进行的。静态标准条件如下：

（1）无振动、冲击、加速度；

（2）环境温度为15～25℃；

（3）相对湿度不大于85%；

（4）大气压力为101±7kPa。

2. 静态校准过程

（1）由高精度设备给出一组数值准确已知的、不随时间变化的标准输入量，并将这些输入量在满量程范围内均匀地等分为若干个输入点；

（2）根据量程分布情况，由小到大（正行程）逐点输入标准量值，并记录对应的输出值；再由大到小（反行程）输入标准量值，并记录对应的输出值。

（3）按正反行程进行相同的多次往复循环测量，记录相应的输出量，从而得到输入-输出测试数据，绘制曲线或得到回归方程，即静态特性曲线（方程）；

（4）通过必要的数据处理，根据各性能指标定义，便可确定被校准系统的线性度、灵敏度和迟滞等静态性能指标。

3.5.2　测试系统的动态校准

动态校准主要是测定系统的动态特性参数，如时间常数、阻尼比和固有频率等。动态校准，通常以标准激励信号（如正弦信号、阶跃信号等）为输入，采用实验的方法测得输出-输入特性曲线。

1. 动态校准条件

对传感器进行动态校准，应有合适的典型输入信号发生器和动态信号记录设备。首先，典型输入信号发生器，要能够产生较理想的动态输入信号。若获得时域脉冲响应，要保证输入能量足够大，且脉冲宽度尽可能窄；若获得幅频特性和相频特性，要保证输入信号是不失真的正弦周期信号；其次，对于动态信号记录设备，工作频带要足够宽，应高于被校准测试系统输出响应中最高次谐波的频率，在实际动态测试时，常选择记录设备的工作频带不低于被校准测试系统工作频带的2～3倍，或记录设备的固有频率不低于被校准测试系统固有频率的3～5倍。

2. 动态校准方法

主要有两种：阶跃响应法和频率响应法，即通过对数频率特性曲线（Bode 图）和阶跃响应曲线，确定测试系统的时间常数 T、阻尼比 ζ 和固有频率 ω_n 等动态特性参数。

1）阶跃响应法

用单位阶跃信号去激励测试系统，即 $t<0$ 时 $x(t)=0$，$t\geq0$ 时 $x(t)=1$，由实验方法测量阶跃响应曲线，由此可得测试系统的动态特性参数。这种方法通过输出的瞬态响应（过渡过程）来标定系统的动态特性，因此也称为瞬态响应法。在工程应用中，对测试系统突然卸载或突然加载都属于阶跃输入，该输入方式简单易行，能充分揭示系统的动态特性。

（1）一阶系统时间常数 T 的测量。

方法一：由一阶系统的阶跃响应曲线可知，当输出响应达到最终稳态值的 63.2%时，所对应的时间就是时间常数 T。这种方法未涉及测试的全过程，仅通过某个瞬时值来确定时间常数，结果精度较低。

方法二：准确测定 T 值的方法。

一阶系统的单位阶跃响应为 $y(t)=1-\mathrm{e}^{-\frac{t}{T}}$，移项后得 $1-y(t)=\mathrm{e}^{-t/T}$。两边取对数，并令 $z=\ln[1-y(t)]$，则有

$$z=-\frac{t}{T} \tag{3.5.1}$$

上式表明，z 与 t 成线性关系。根据实验测得的输出信号 $y(t)$ 作出 $z-t$ 曲线，如图 3.5.1 所示。若测试系统是典型的一阶系统，则 z 与 t 成线性关系，即各数据点基本分布在一条直线上，通过求直线 $\ln[1-y(t)]=-\frac{t}{T}$ 的斜率，即得到时间常数 T。这种方法考虑了瞬态响应的全过程，结果更可靠。

（2）二阶系统固有频率 ω_{n} 和阻尼比 ζ 的测量。

典型的二阶（欠阻尼）系统的单位阶跃响应曲线如图 3.5.2 所示，其瞬态响应以角频率 $\omega_{\mathrm{d}}=\omega_{\mathrm{n}}\sqrt{1-\zeta^2}$ 做衰减振荡，其振荡周期 $T_{\mathrm{d}}=2\pi/\omega_{\mathrm{d}}$。

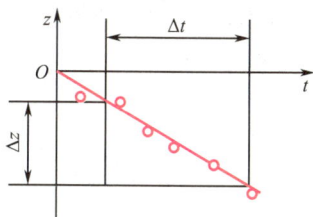

图 3.5.1　一阶系统时间常数的测定

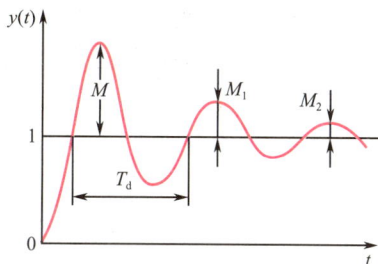

图 3.5.2　二阶（欠阻尼）系统的单位阶跃响应曲线

① 阻尼比 ζ 的测量。

按照求极值的通用方法，可以求得各振荡峰值所对应的时间 $t_{\mathrm{p}}=0,\dfrac{\pi}{\omega_{\mathrm{d}}},\dfrac{2\pi}{\omega_{\mathrm{d}}},\cdots$。

显然，根据最大超调量 M 和阻尼比 ζ 的关系可得

$$\zeta=\sqrt{\frac{1}{\left(\dfrac{\pi}{\ln M}\right)^2+1}} \tag{3.5.2}$$

因此，从二阶系统的单位阶跃响应曲线上测出最大超调量 M 后，根据式（3.5.2）可求得阻尼比 ζ。

如果测得的阶跃响应衰减过程较长，可利用任意两个超调量 M_i 和 M_{i+n} 来求阻尼比 ζ。设相邻周期数为 n 的任意两个超调量 M_i 和 M_{i+n}，其对应的时间分别为 t_i 和 t_{i+n}，则

$$t_{i+n}=t_i+\frac{2n\pi}{\omega_{\mathrm{d}}} \tag{3.5.3}$$

将 t_i 和 t_{i+n} 分别代入式（3.3.23），则可求得 M_i 和 M_{i+n}。

若令 $\delta_n = \ln \dfrac{M_i}{M_{i+n}}$ （对数衰减率），则有 $\delta_n = \dfrac{2n\pi\zeta}{\sqrt{1-\zeta^2}}$ 。

由此可得阻尼比 ζ 为

$$\zeta = \frac{\delta_n}{\sqrt{\delta_n^2 + 4n^2\pi^2}} \tag{3.5.4}$$

当阻尼比 ζ 很小（$\zeta \leqslant 0.1$）时，$\sqrt{1-\zeta^2} \approx 1$，则可用下式估计阻尼比 ζ，即

$$\zeta \approx \frac{\delta_n}{2n\pi} \tag{3.5.5}$$

该方法由于用了比值 M_i / M_{i+n}，因而消除了信号幅值不理想的影响。若测试系统为典型的二阶系统，则 n 为任意整数时式（3.5.4）严格成立，即 ζ 值与 n 的取值大小无关。如果计算得到的 ζ 值不同，说明该系统不是二阶系统。

② 固有频率 ω_n 的测量。

根据响应曲线（见图 3.5.2），可测得振荡周期 T_d，则系统的固有频率 ω_n 为

$$\omega_n = \frac{\omega_d}{\sqrt{1-\zeta^2}} = \frac{2\pi}{T_d\sqrt{1-\zeta^2}} \tag{3.5.6}$$

2）频率响应法

对测试系统施加正弦激励 $x(t) = A_0\sin(\omega t)$，保持其幅值 A_0 恒定，依次改变激励频率 ω，通常频率自接近零的足够低的频率开始，逐渐增加到较高频率，直到输出的幅值减小到最初输出幅值的一半为止，当输出达到稳态后，测量输出和输入的幅值比 $A(\omega)$ 和相位差 $\varphi(\omega)$，从而求得测试系统在一定频率范围内的幅频特性曲线和相频特性曲线，根据这些曲线就可求出其动态特性参数。

（1）一阶系统时间常数 T 的测量。

方法一：将实验所测得的幅频特性或相频特性数据代入式（3.3.25）和（3.3.26）可直接确定时间常数值 T。

方法二：将实验数据绘成对数幅频特性曲线或对数相频特性曲线，即 Bode 图（见图 3.3.5）。在曲线的转折点处可求得时间常数 $T = 1/\omega$，也可由对数幅频特性曲线下降 3dB（当 $\omega T = 1$ 时，$L(\omega) = -3\text{dB}$）所对应的角频率 $\omega = 1/T$ 来确定时间常数 T。

（2）二阶系统固有频率 ω_n 和阻尼比 ζ 的测量。

在工程上要准确地测量相位比较困难，通常利用幅频特性曲线来估计二阶系统的动态特性参数。分以下两种情况分析。

① $0.1 < \zeta < 0.707$ 时。

二阶系统通常设计为 $\zeta = 0.6 \sim 0.7$ 的欠阻尼系统。当 $\zeta < 0.707$ 时，其幅频特性曲线的峰值（共振点）在偏离固有频率 ω_n 的 ω_r 处（见图 3.3.12），$\omega_r = \omega_n\sqrt{1-2\zeta^2}$。此时，其谐振峰值为 $A(\omega_r) = 1/(2\zeta\sqrt{1-\zeta^2})$，由此可确定阻尼比 ζ 和固有频率 ω_n。

② $\zeta \leqslant 0.1$ 时。

当阻尼比 ζ 很小时，$\omega_r \approx \omega_n$，即直接用峰值角频率 ω_r 近似为固有频率 ω_n。由式（3.3.30）可得，当 $\omega = \omega_n$ 时，$A(\omega_n) \approx \dfrac{1}{2\zeta}$，因此 ζ 很小时，$A(\omega_n)$ 非常接近峰值，且幅频特性曲线在 ω_n 的两侧可以认为是对称的，对称取两点，即令 $\omega_1 = (1-\zeta)\omega_n$，$\omega_2 = (1+\zeta)\omega_n$，分别代入式（3.3.30），

可得 $A(\omega_1) \approx 1/(2\sqrt{2}\zeta) \approx A(\omega_2)$，这样，在幅频特性曲线峰值的 $1/\sqrt{2}$ 处（对应 Bode 图的 –3dB 处），作一条水平线与幅频特性曲线交于两点，如图 3.5.3 所示，其对应的频率分别为 ω_1 和 ω_2，这两点称为半功率点（ ω_1 和 ω_2 处的功率为最大功率的一半）。于是阻尼比 ζ 的估计值为

$$\zeta = \frac{\omega_2 - \omega_1}{2\omega_n} \tag{3.5.7}$$

该方法适用于阻尼比 $\zeta \leqslant 0.1$ 时二阶系统动态特性参数的估计，称为半功率点法，简便易用，工程上应用广泛。

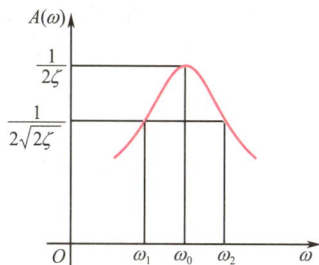

图 3.5.3　半功率点法估计二阶系统的阻尼比

小讨论：测定某二阶系统的频率特性时发现，谐振发生在频率 500Hz 处，最大幅值比为 2。试求：

（1）该二阶系统的阻尼比 ζ 和固有频率 ω_n。

（2）该系统的频率特性。

3.5 二阶系统标定讨论

本章知识点梳理与总结

1．阐述了测试系统的基本要求及线性定常系统的主要特性；

2．介绍了测试系统的静态特性及其性能指标，对灵敏度、分辨力和漂移三种静态性能指标进行了重点介绍；

3．介绍了测试系统的动态特性及其性能指标，重点介绍了频域动态特性及其性能指标；

4．介绍了实现线性定常测试系统的无失真测试条件，在此基础上，介绍了一阶系统和二阶系统的无失真测试条件；

5．介绍了测试系统静/动态特性的标定与校准的常用方法。

本章自测

第 3 章在线自测

思考题与习题

1．填空题

3-1　灵敏度反映了测试系统对_____变化的反应能力。一般来说，

第 3 章思考题与习题答案及解析

灵敏度越高，就越容易受到外界干扰和噪声的影响，测量范围变_____（宽或窄）。

3-2　当测试系统由多个环节串联构成时，系统的灵敏度等于各环节灵敏的_____。当输入与输出的量纲相同时，灵敏度是一个无量纲的数，常称为_____。

3-3　频率特性包含幅频特性和相频特性，幅频特性为输出信号与输入信号的幅值之_____，相频特性为输入信号与输出信号的相位之_____，频率特性是_____的特例。

2．简答题

3-4　一阶系统和二阶系统主要涉及哪些动态特性参数？这些动态特性参数的取值对系统性能有何影响？一般采用怎样的取值原则？

3-5　系统无失真测试的条件是什么？应如何拓展一阶及二阶系统的工作频带？

3-6　工程意义与理论意义上的无失真测试有何差别？一阶系统和二阶系统的动态特性参数对系统的性能有何影响，有何取值原则？

3．计算分析题

3-7　若温度传感器的时间常数为 $T = 0.1\text{s}$，输入一个简谐信号，若要求输出信号的幅值误差不大于 5%，输入信号频率为多大？对应输出信号的相位滞后是多少？

3-8　某测试装置传递函数为 $H(s) = \dfrac{1}{0.05s + 1}$，用该装置测量信号 $x(t) = 50\sin(20t + 30^\circ)$，试求稳态输出 $y(t)$。

3-9　若某测试装置传递函数为 $H(s) = \dfrac{1}{0.01s + 1}$，现用该装置测量信号 $x(t) = 0.6\sin 10t + 0.6\sin(100t - 30^\circ)$，试求稳态输出 $y(t)$。

3-10　某一阶温度传感器测量容器内的温度，假定温度为频率 1～5Hz 的正弦信号，若允许的幅值误差为 ±5%，应选择时间常数为多少的温度传感器？

3-11　某一阶测试系统的传递函数为 $1/(0.04s + 1)$。

（1）使用该测试系统分别测量 0.5Hz、1Hz、2Hz 的正弦信号，试求其幅值误差。

（2）输入信号的最高频率在什么范围，能够使该测试系统的幅值误差在 10% 以内吗？

3-12　某一阶测试装置时间常数为 $T = 15\text{s}$，受到一低频信号（ $f = 0.01\text{Hz}$ ）的干扰，该装置的滞后时间是多少？稳态幅值衰减了多少？

3-13　对典型二阶系统输入脉冲信号，从记录的响应曲线上测得振荡周期为 4ms，第 3 个和第 11 个振荡的单峰幅值分别为 12mm、4mm。试求该系统的固有频率和阻尼比。

3-14　现有二阶测试系统，受激励 $F_0\sin(\omega t)$ 作用，共振时测得幅值为 20mm，在 4/5 的共振频率时测得幅值为 12mm，求系统的阻尼比 ζ。（提示：假设在 4/5 共振频率时，阻尼项可忽略。）

3-15　惯性式位移传感器具有 1Hz 的固有频率，可认为是无阻尼的振动系统，当它受到频率为 2Hz 的振动时，仪表指示幅值为 1.25mm，求该振动系统的真实幅值是多少？

3-16　现用固有频率为 1200Hz 的振子记录基频为 600Hz 的方波信号，振子阻尼比 $\zeta = 0.707$，试分析记录结果。

3-17　某车床加工外圆表面时，表面振纹主要由转动轴上齿轮的不平衡惯性力而使主轴箱振动所引起。振纹的幅值谱如题 3-17 图（a）所示，主轴箱传动示意图如题 3-17 图（b）所示。传动轴 1、传动轴 2 和主轴 3 上的齿轮齿数分别为 $z_1 = 30$、$z_2 = 40$、$z_3 = 20$、$z_4 = 50$。传动轴转速 $n_1 = 2000\text{r/min}$。哪一根轴上的齿轮不平衡量对加工表面的振纹影响最大?为什么？

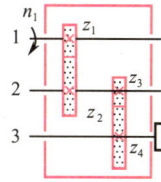

（a）振纹的幅值谱   （b）主轴箱传动示意图

题 3-17 图

3-18 若两个结构相同的二阶装置，其固有频率相同，两者阻尼比分别为 0.1 和 0.65，若允许的幅值误差为 10%，试求：

（1）两个装置的工作频带分别是多少?

（2）阻尼比从 0.1 增至 0.65，装置工作频带变化了多少倍？

第二篇 传感器基础及应用

第4章

传感器技术概论

传感器技术正在发生着日新月异的更迭，新的材料、新的传感技术、新的感知方法在不断地涌现，研究人员发现以前在某一领域中使用的传感器技术也可以使用在另一个领域中。与以往按部就班学习传感器技术的方法相比，我们也应该与时俱进，在学习的过程中，需要具备本领域坚实的基础知识与获取信息的能力，善于观察、发现，提高知识的迁移能力。

学习要点

1. 了解传感器的定义及分类方法，了解常用传感器的基本工作原理和输入/输出信号种类。能根据输入/输出信号选择不同类型的传感器。

2. 掌握传感器的技术发展和提高传感器性能的关键因素，能对测量结果进行误差分析和数据处理等，掌握传感器的组成，理解传感器的基本功能。

3. 了解传感器领域的最新前沿技术和开展科学研究的方法，能根据需求选型。

知识图谱

传感器技术
- 传感器定义与组成
- 传感器分类
- 传感器技术发展
  - 提高与改善传感器的性能
  - 开展传感器研究的方法
  - 传感器的发展趋势

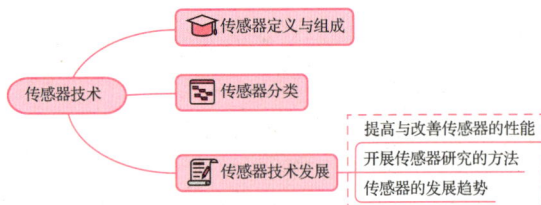

4.1 传感器定义与组成

4.1 传感器定义与组成课件

传感器通常定义为：传感器（Transducer/Sensor）是一种接收刺激并以电信号做出响应的装置。根据中国国家标准（GB/T 7665—2005），传感器能够检测特定的被测量（Stimulus and

Measurand），并通过其内部电路将该信号转换为可用的输出。传感器通常由敏感元件和转换元件组成，敏感元件（Sensing Element）负责直接感知被测量，并将其信息传递给转换元件；而转换元件（Transducing Element）处理来自敏感元件的信号，将其转换为电信号，以供后续的调理和处理。当输出信号符合特定标准时，该设备被称为变送器（Transmitter）。传感器的普遍特征是利用物理定律或物质的物理、化学或生物特性，将非电量（如位移、速度、加速度和力等）转换为电量（如电压、电流、频率、电荷、电容和电阻等）并输出。

在设计与制造传感器时，将其基本结构主要分为敏感元件和转换元件两部分，分别负责检测和信号转换。随着科技的不断进步，传感器的定义也有所改变。首先，并非所有传感器都能清晰地区分出敏感元件与转换元件，如半导体气体传感器、湿度传感器、压电传感器、热电偶、压电晶体和光电器件等，它们通常将感知到的被测量直接转换为电信号，从功能上将两者合并。其次，单纯由敏感元件和转换元件构成的传感器通常输出信号较弱，因此还需采用信号调理与转换电路对信号进行变换，如放大、信号类型转换，使信号与下一步的功能电路匹配。

信号调理与转换电路的主要功能包括：①将来自传感器的信号进行放大和调整，以便于后续处理和传输，大多数情况下，它会将各种电信号转换为更便于测量的电压、电流或频率信号；②对转换后的信号进行处理，如滤波、调制或解调、衰减及数字化处理等。常见的信号调理与转换电路包括放大器、电桥、振荡器、电荷放大器和相敏检波电路等。此外，传感器的基本构成和信号调理与转换电路还需依赖辅助电源提供必要的工作能量。传感器的典型结构如图 4.1.1 所示。

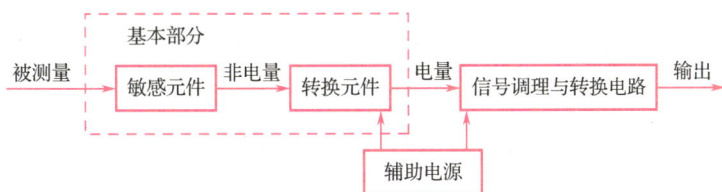

图 4.1.1 传感器的典型结构

利用电路中电信号的强弱传送信息的方法称为"电传送"。目前，电子信息技术发展最成熟，电信号使用最普遍、最方便。传感器的输出信号一般为电信号，由于不同种类的传感器的检测与转换原理各不相同，因此它们输出的电信号有多种形式，如连续信号（模拟信号）与离散信号（脉冲信号、开关信号或数字信号等），周期性信号与非周期性信号，电压、电流、电荷信号，幅值、频率、相位信号等，每一种传感器输出电信号的形式取决于其工作原理和设计要求。

> 小讨论：思考被测量信号通过传感器的各组成部分后，信号发生了怎样的转变？

4.2 传感器分类

4.1 测量信号的转变讨论　　　　　　　4.2 传感器分类课件

传感器的分类方法多种多样，各有其优势，按被测参数进行分类的方法可以让人清楚地了解传感器的应用场合，按信号类型进行分类可以让人清楚地知道传感器在电路中的信号传输类型（见图 4.2.1），其中常见的是以被测参数和工作原理进行分类。

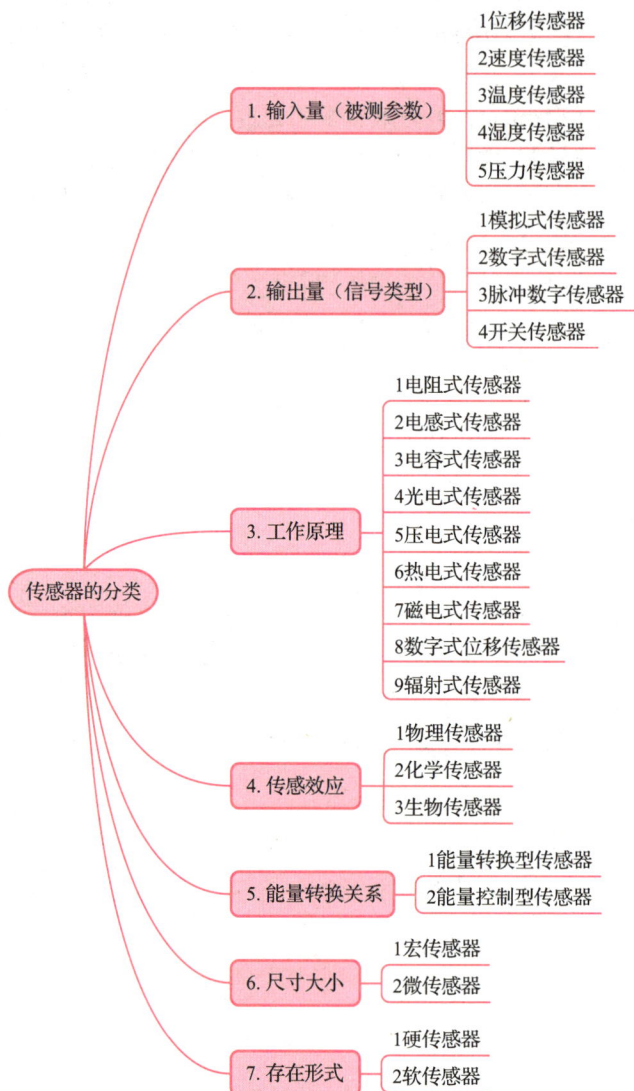

图 4.2.1　传感器的分类

1．按被测参数进行分类

通常人们按照被测参数的类型来分类传感器，如位移测量的传感器、速度检测的传感器、温度采集的传感器、压力采集的传感器等。也可以按照被测参数大类别进行区分，例如，热工量［温度、流量、热量、比热容、压力（差）等］、机械量（位移、力、质量、转速、加速度等）、物性和成分量［浓度、比重、酸碱度（pH 值）、密度、气体化学成分等］、状态量（颜色、磨损量、材料内部裂缝或缺陷、透明度等）。这种分类方法通常在讨论传感器的用途时使用。

2．按传感器的输出量进行分类

传感器按输出量可分为模拟式传感器、数字式传感器、脉冲数字传感器和开关传感器 4 类。模拟式传感器的输出信号为连续形式的模拟量；数字式传感器的输出信号为离散形式的数字量；脉冲数字传感器将被测量信号以频率信号或短周期信号形式输出；开关传感器是指当一个被测量信号达到设定的阈值时，传感器输出信号。设计的测控系统通常要用到微处理器，因此，通常需要将模拟式传感器输出的模拟信号通过 ADC（模数转换器）转换成数字信号；数字式传感器输出的数字信号便于传输，具有重复性好、可靠性高的优点。

3. 按传感器的工作原理进行分类

根据传感器的工作原理（物理定律、物理效应、半导体理论、化学原理等）对传感器进行分类是较为普遍的一种方法。看到传感器的名字就可以直接了解其传感原理。

4. 按传感器的传感效应进行分类

在特定使用场景中需要选择不同的传感器，例如，物理传感器（Physical Transducer/Sensor）较多使用在稳定无反应的场景中；化学传感器（Chemical Transducer/Sensor）较多使用在有化学反应的场景中，且需要考虑是否需要添加药剂；生物传感器（Biological Transducer/Sensor）在使用中需要考虑温度、湿度等因素的影响。

物理传感器是指依靠传感器的敏感元件材料本身的物理特性变化或转换元件的结构参数变化来实现信号的变换，如利用水银在温度升高时的体积膨胀与温度下降时的体积收缩现象可以指示温度的变化，实现对温度的测量。物理传感器按其构成可细分为物性型传感器和结构型传感器。

（1）物性型传感器在使用过程中，其敏感元件本身会发生物理特性的改变，将被测量转换成可用信号，例如，电阻阻值的变化、体积的变化等，如水银温度计；物性型传感器主要指近年来出现的半导体类、陶瓷类、光纤类或其他新型材料的传感器，如利用材料在光照下改变其特性的特点可以制成光电式传感器；利用材料在磁场作用下改变其特性的特点可以制成磁敏式传感器；利用材料在压力作用下改变其特性的特点可以制成压电式传感器等。

（2）结构型传感器在使用过程中其结构参数发生了改变，从而引起输出值的变化，例如，增大或缩小极距导致两极板间的电容值发生了变化，通过测量极板间的电容值可以间接计算出位移等物理量。

化学传感器是指依靠传感器的敏感元件材料本身的电化学反应来实现信号的转换，用于检测无机或有机化学物质的成分和含量，如气体传感器、湿度传感器。化学传感器广泛用于化学分析、化学工业的在线检测及环境保护监测中。

通过生物活性物质的选择性识别来测量生物化学物质的方法是近些年来的研究热点。这种传感器与传统传感器的传感原理有较大的差别，依赖其敏感元件材料的生物效应来实现信号转换。待测物质通过扩散进入固定化的生物敏感膜层后，生物敏感元件产生的信息会被转换为电信号，如酶传感器和免疫传感器。近年来，生物传感器发展迅速，在医学诊断和环境监测等领域展现出广泛的应用潜力。

5. 按传感器的能量转换关系进行分类

无论是哪种传感原理，在传感过程中均涉及能量的传递与变化，也可以按能量的转换与强弱关系来对传感器进行分类，这种分类方法可以方便说明系统中的能量转换关系，传感器分为能量转换型传感器和能量控制型传感器。

能量转换型传感器是将一种能量转换为另一种能量的传感器，也称为发电型或有源型（Active）传感器，输出量直接由被测量转换而得，其输入、输出量之间通常有一定的物理联系，无须辅助电源供电。这类传感器包括热电偶、光电池、压电式传感器、磁电感应式传感器、固体电解质气体传感器等，属于换能器。对于无人值守的物联网应用，自供能量的有源型传感器具有广阔的应用前景。

能量控制型传感器是一种能量大小会改变的传感器，也称为参量型或无源型（Passive）传感器，其本身不能产生能量，需要外界输入能量并对输入量进行调节与控制。由于传感器需要由外加电源供给，因此，传感器输出能量可能会使输入量叠加电源能量，从而使输出能量大于输入能量，起到能量放大作用。例如，在使用电阻式传感器的过程中，通常，将电阻量的变化分到该电阻器上电压值的变化，采集电阻两端的电压并换算出电阻的大小。同理，通过这种原理可以将电感、电容、霍尔和某些光电式传感器也归类为能量控制型传感器。

6. 按传感器的尺寸大小进行分类

按尺寸大小可将传感器分为宏传感器和微传感器。传统传感器的尺寸较大，称为宏传感器；用 MEMS（微机电系统）及微纳加工技艺等可生产出一类尺寸很小的新型传感器，称为微传感器。

7. 按传感器的存在形式进行分类

按传感器的存在形式可将其分为硬传感器和软传感器。传统的传感器主要以实物（硬件）的形式存在，称为硬传感器（也称为物理传感器）；随着信息技术在感知领域的发展，出现了一类纯软件实现的、具有检测功能的新型传感器——感知系统，它以 CPU 等计算资源为平台、以虚拟（软件）的形式存在，称为软传感器。

硬传感器是直接测量的器件或装置，如压力传感器（气压计）、速度传感器（转速表）和温度传感器（温度计）等。软传感器通常是间接测量的，它将不同特性和动态的测量结合在一起，可以同时处理数十个甚至数百个测量值，在数据融合中极其有效。典型的软传感器有卡尔曼滤波器，而最新的软传感器会使用神经网络或模糊计算，如卡尔曼滤波器用于估计位置、电动机速度。软传感器是一种利用其他来源的信息来估计被测量的软件程序，而不是直接进行测量的。它经常被用于在线估计，基于对硬件传感器测量信号的分析，用软件实现数学模型。

> **小讨论**：血液在低温保存时呈凝固状态，输给病人前需要解冻。在解冻过程中，应选用哪种传感器来测量血液的实时温度？通过什么原理测量？

4.3 传感器技术发展

随着科学技术的发展，传感器技术的发展趋势向着提高与改善传感器的技术性能方向开展基础理论研究，包括寻找新原理、开发新材料、采用新工艺或探索新功能等。最新的发展还包括传感器的无线化、微型化、集成化、网络化、智能化、安全化和虚拟化，这些发展不是独立的，通常彼此关联，相互融合，从而推动传感器由分离器件向低功耗、多功能、高精度、数字化、网络化、系统集成与功能复合和应用创新方向发展。传感器的体积将变得更小，价格更便宜，测量的数据更准确，一个传感器可以传感多源信息。

4.2 对血液温度的实时测量讨论

4.3.1 提高与改善传感器的性能

减小测量误差、提高测量精度是改善传感器性能的核心追求。提高与改善传感器性能的技术途径目前主要集中在以下方面。

1. 差动技术

差动技术涉及传感器中一对结构组件（如电容传感器的极板间距或电感传感器的气隙厚度），在相同输入量的作用下，它们产生数值相等但方向相反的变化。通过这种方式，可以显著降低温度、电源波动及其他外部干扰对传感器测量精度的影响，从而抵消共模误差、减小非线性误差，并提高传感器的灵敏度。

2. 平均技术

平均技术可将采集到的正偏差与负偏差数据相互抵消，波动较小，产生平均效应，例如，利用多个传感单元对同一个物理量进行采集，得到每个传感单元在一定周期内输出的累加值再进行平均，假设每个单元的随机误差 δ 服从正态分布，根据误差理论，总的误差将减小为

$$\sum \delta = \pm \frac{\delta}{\sqrt{n}} \tag{4.3.1}$$

式中：$\sum \delta$——总随机误差；n——单元数。

可见，平均技术有助于减小传感器误差、增大信号量（相应提高传感器的灵敏度）。

3. 补偿与修正技术

补偿与修正技术的应用主要集中于两种情况：①针对传感器自身的特性进行补偿，通过识别误差模式或者测量其大小和方向，采用合适的方法进行补偿或修正；②针对传感器的工作环境变化进行补偿，分析环境因素（如温度、压力等）对测量结果的影响规律，并引入相应的补偿措施。这些措施可以通过电子电路等硬件实现，也可以通过手动计算或计算机软件来完成。

4. 稳定性处理

传统传感器在输出数据时，随着工作时间的增长及自身的发热，其输出数据会发生偏移，造成传感器性能不稳定。为了避免这些状况的发生，提升数据稳定性、对结构材料进行时效处理和冷却处理是较为有效的方法。

5. 计量基准量子化

计量基准的选择至关重要，需要复现和保存基本单位的传统方法是依赖实物基准的，但实物基准随着时间的持续也会发生偏差，存在稳定性差和难以精确复制等问题。这些年来，科学家提出计量基准量子化，其具有小型化和芯片化的优势，可以直接集成到超精密仪器和设备中，实现实时校准，从而将仪器和设备的精度提升到最佳水平。

4.3.2 开展传感器研究的方法

不断提高传感器测量精度是仪器科学追求的永恒目标。人们研究新原理、新材料、新工

艺所取得的成果将产生更多品质优良的新型传感器，如光纤传感器、液晶传感器、以高分子有机材料为敏感元件的压电式传感器、生物传感器等。各种仿生传感器和检测超高温、超低温、超高压、超高真空等极端参数的新型传感器，是今后传感器技术研究和发展的重要方向。

1. 寻找新原理

传感器的工作原理依托于多种物理现象、化学反应和生物效应。探索新现象、新规律及新效应、新原理是开发新型传感器的关键。这种创新不仅能提高现有测量参数的精度，还能实现对新参数的测量。例如，扫描隧道显微镜的发明，使科学家首次能够实时观察单个原子在物质表面上的排列和与表面电子行为相关的物化性质。这一技术为原子层面的研究提供了全新的测量工具，将测量分辨率提升到了原子级别，极大地推动了表面科学、材料科学和生命科学等的发展。目前主要的研究动向如下。①基于量子力学效应的传感器可以用于检测微弱信号。例如，采用热噪声温度传感器能够测量到 10^{-6}K 的超低温；而基于光子滞后效应的红外传感器则具有极快的响应速度。此外，通过激光冷却原子技术，可以精确测量重力场或磁场的变化，从而设计出高灵敏度的量子传感器。量子精密测量利用量子操控技术，实现对磁场、惯性、重力和时间等物理量的超高精度测量，突破了传统测量方法的理论限制，成为精密测量技术的重要发展方向。②通过化学反应或生物效应，可以开发出实用的化学传感器和生物传感器。例如，鸟的视觉能力是人类的 8～50 倍，蝙蝠、飞蛾和海豚的听觉，以及海豹和蜘蛛的触觉等，这些动物的感官功能超出了现有传感器技术的能力。研究这些生物的感知机制，有助于仿生传感器的开发。仿生传感器是一种结合固定化细胞、酶或其他生物活性物质与换能器的新型传感器，基于生物学原理设计，如图 4.3.1 所示。这些传感器可以分为嗅觉、视觉、听觉、味觉、触觉、接近觉、力觉和滑觉等不同类型，形成具有仿生功能的人工电子器官，如人工鼻（电子鼻）、人工眼、人工耳、人工舌和人工皮肤（电子皮肤）。

栅极
源极
漏极

图 4.3.1 仿生传感器

基于新原理的超精密仪器不断涌现，例如，X 射线三维显微镜能够在不损害检测对象的前提下，对其内部结构进行高分辨率成像。此外，扫描电子显微镜也在向高通量、飞秒级超快时间分辨率和原位观察等方向发展。

2. 开发新材料

敏感材料是实现传感器感知功能的重要物质基础。随着材料科学的进步，人们可以根据需要控制材料的成分，设计和制造出可用于传感器生产的多种功能材料。

1）半导体敏感材料

半导体敏感材料在传感器技术中展现出显著的技术优势，并将在相当长的一段时间内继续保持主导地位。硅作为半导体材料，在力、热、光、磁、气、离子及其他类型的敏感元件中应用。采用金属材料和非金属材料结合成化合物半导体是另一种思路，例如，半导体氧化物可制造各种气敏传感器，图 4.3.2 所示为各种类型的传感器。

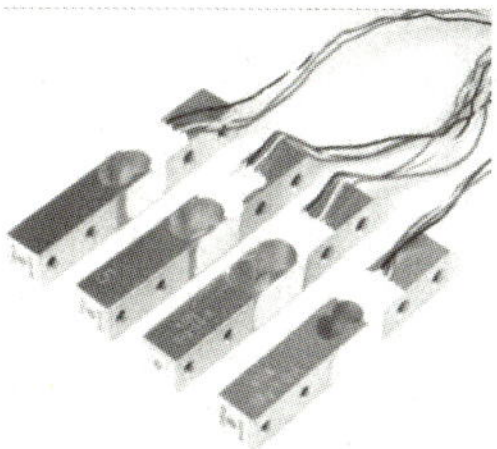

半导体力敏传感器 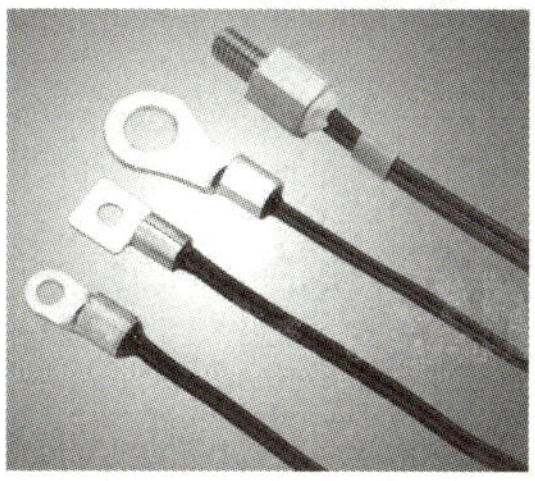　　　　　半导体热敏传感器 　　　　　半导体气敏传感器

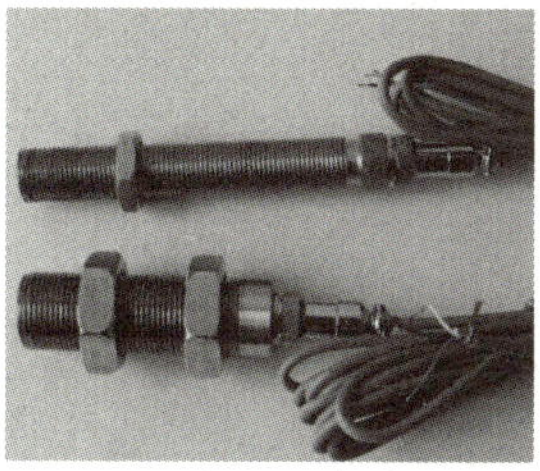

半导体磁敏传感器 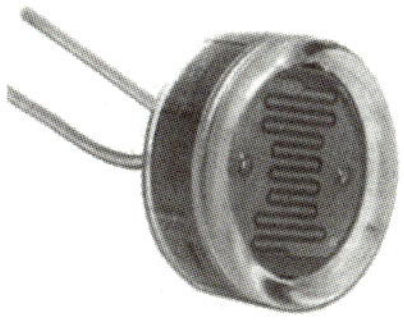　　　　　半导体光敏传感器 　　　　　半导体湿敏传感器

图 4.3.2　各种类型的传感器

2）陶瓷敏感材料

陶瓷敏感材料在敏感技术领域展现出巨大的技术潜力，特别是压电陶瓷和半导体陶瓷的应用最为广泛。未来，陶瓷敏感材料的发展将侧重于新材料的探索和新材料的开发，以实现更高的稳定性、精确度和更长的寿命。同时，这些材料也将朝着小型化、薄膜化、集成化和多功能化的方向发展。

3）纳米磁性材料

探索纳米磁性材料的特性和应用，开发纳米晶体和纳米颗粒材料，可以提高材料的物理性能和功能多样性，特别是在信息存储、传感器和医疗应用中的潜力。研究纳米磁性材料在量子计算和量子信息技术中的应用，从而开发出新的量子器件和量子传感器。

4）智能材料

通过设计和调控其物理、化学、机械和电学等属性，开发出具备生物材料特性或性能优于生物材料的人造智能材料。通常认为，智能材料具备以下功能：环境判断与自适应、自诊断、自修复及自增强功能。当前，智能材料的研究主要集中在生物材料和具有形状记忆功能的材料上。时基功能是生物材料最显著的特征，其敏感性会随时间的推移而降低，特别是在长期适应某一环境后。形状记忆功能的智能材料主要包括形状记忆合金、形状记忆陶瓷和形状记忆聚合物。

5）柔性材料

柔性材料具有能在大范围内任意改变自身形状的特点，在管道故障检查、医疗诊断、侦察探测领域具有广泛的应用前景。近年来，随着人形机器人、可穿戴技术的迅速发展，对导电高分子研究的投入增多，有机材料从传统的绝缘体变成可导电的半导体并应用于人体上，制造出柔性材料、柔性电子产品。柔性电子技术是将有机或无机材料电子器件制作在柔性/可延性塑料或薄金属基板上的新兴电子技术，是一场全新的电子技术革命，引起全世界的广泛关注并得到了迅速发展，柔性传感器如图 4.3.3 所示。

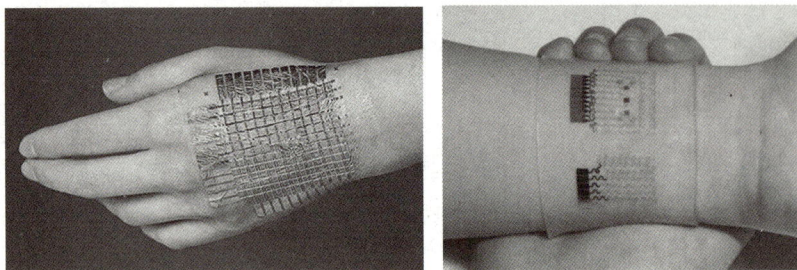

图 4.3.3　柔性传感器

柔性电子产品至少由 4 部分构成：电子组件、柔性底板、交联导电材料和黏合层。在这些部分中，薄膜晶体管和传感器等电子组件是柔性电子产品的核心组成部分。柔性电子产品以其独特的柔性、延展性及高效、低成本制造工艺，在信息、能源、医疗、国防等领域具有广泛的应用前景，如柔性电子显示器、有机发光二极管（OLED）、射频识别（RFID）、薄膜太阳能电池板、电子报纸、电子皮肤、人工肌肉等。作为柔性电子产品的关键部分，柔性传感器正从基础研究逐步走向产业化，诸如折叠手机和柔性可穿戴电子设备等智能产品层出不穷。

6）纳米材料

纳米材料由于体积小，因此比表面积巨大，一些特定的纳米材料表现出对外部环境变化的敏感。例如，温度的变化引起纳米材料表面离子价态和电子输出的改变，且响应迅速，利用纳米材料在表面的传感效应可制成温度传感器。纳米传感器可以在原子和分子尺度上进行操作，充分利用纳米材料的反应活性、拉曼光谱效应、催化效率、导电性、强度、硬度、韧性、超强可塑性和超顺磁性等特有性质，具有灵敏度高、功耗小、成本低、多功能集成等特点。

作为目前发现的最薄、强度最大、导电/导热性能最强的一种新型纳米材料，石墨烯（Graphene）被称为"黑金"，只有一个原子层厚度（0.335nm，仅为一根头发丝的二十万分之

图 4.3.4　基于石墨烯的碳基芯片

一），这种材料在强度、柔韧导电、导热、光学特性方面具有优势，在物理学、材料学、航空航天等领域得到了较好的应用与发展。石墨烯被许多国家列为头号技术，中国的石墨烯技术已跃居世界领先地位，常州市也被誉为"东方碳谷"。2020年，区别于传统的硅基芯片，我国研究的基于石墨烯的碳基芯片实现突破，成为领先全球的关键技术，如图 4.3.4 所示。

在信息感知领域，石墨烯可以用来制造光电传感器、电磁传感器（电场传感器、磁场传感器）、机械传感器（应力传感器、质量传感器）及化学与电化学传感器（气体传感器、生物小分子传感器、酶传感器、DNA 电化学传感器、医药传感器）等多种石墨烯传感器，如制造超薄、高灵敏度的图像传感器，拥有高于目前相机 1000 倍的感光能力，从而检测不可见的红外线，或者进行拥有完美像素的夜间摄影；可以制作成光子传感器（石墨烯光电探测器），用于检测光纤中携带的信息；可利用石墨烯量子点制作单分子传感器，石墨烯纳米生物传感器也已诞生；可制作能够感知温度和微小动作变化的传感器（如机器人用智能手套）。石墨烯的发现将改进传统传感器的传感原理与设计结构，为未来科技的发展打开了一道新的大门。

3．采用新工艺

新工艺的采用也是实现新结构、发展新型传感器的重要途径。向着微小型方向发展的新工艺的发展前景很好，例如，微细加工技术是将离子束、电子束、分子束、激光束和化学刻蚀等用于微电子加工的技术，随着传感器向着微小型方向发展，目前微细加工技术已越来越多地用于传感器领域，如溅射薄膜工艺、等离子刻蚀（见图 4.3.5）、外延、扩散、各向异性腐蚀、光刻高分辨率 3D 打印等。利用薄膜工艺可制造出快速响应的气体传感器、湿度传感器。3D 打印仿生眼可帮助视觉障碍者恢复视力。新工艺还包括 MEMS 工艺和新一代固态传感器微结构制造工艺，如深反应离子刻蚀（Deep Reactive Ion Etching，DRIE）工艺；封装工艺，如常温键合倒装焊接工艺、无应力微薄结构封装工艺、多芯片组装工艺；集成工艺和多变量复合传感器微结构集成制造工艺，如工业控制用多变量复合传感器。

图 4.3.5　等离子刻蚀技术

4．探索新功能

探索新功能主要集中于传感器的多功能化方面，即增强传感器的功能，把多个功能不同的传感元件集成在一起，使其能同时测量多个变量，不仅可以降低生产成本、减小体积，而且可以有效地提高传感器的稳定性、可靠性、安全性等性能指标。

4.3.3　传感器的发展趋势

1．传感器的无线化

传感器技术的前沿探索

传统的传感器通常基于有线连接的方式进行数据等信息的传输。近年来，随着 5G、无线局域网（Wi-Fi）、蓝牙（Bluetooth）、红外（IrDA）、ZigBee、超宽频（Ultra Wide Band）、近程通信（NFC）、LoRa 等无线通信技术的快速发展，以及信息感知范围的扩大，网络化感知需求的增长，特别是深空探测、卫星遥感、全球定位、无线传感网、物联网、远程监控与报警系统等新技术与应用的推动，传感器的无线化发展趋势明显，相关无线产品所占的比重越来越大。传感器的无线化在检测系统搭建、快速安装与调整、覆盖复杂地形或特殊分布区域（如水下、太空）等方面表现出优势。智能无线传感器及其网络在工业环境中能够在任何位置进行安装和使用，具备高度的可靠性和自主处理能力。它们为各类生产设备提供了数据共享与采集功能，从而在提升生产效率、优化产品质量和降低成本方面起到了关键作用。

典型地，遥感技术作为目前人类快速实现全球或大区域对地观测的手段，在环境监测过程中其有其他技术不能替代的独特作用和特点，能够为国家环境生态保护与建设决策提供科学依据。在遥感监测技术的运用中，针对工业废水污染及水体热污染，通常利用热红外传感器进行探测，其图像可显示出热污染排放、流向和温度分布情形；针对海洋污染，卫星遥感可实现高精度、大范围、全天候的污染监测，利用卫星上的可见光/多光谱辐射传感器获得油膜厚度、污染油种类等多种数据。这些遥感监测中使用的传感器在信息感知和数据传输过程中都离不开无线技术的支持。

2. 传感器的微型化

随着 MEMS 技术和 3D 打印技术的迅速发展，采用集成电路工艺和微组装工艺，将机械、电子元器件集成在一个基片上，体积缩小了。在过去的 20 余年间，传感器技术在各领域都受到青睐，特别是在航空航天和兵器工业领域。我国的一些医院引进了磁控胶囊内镜检查系统（见图 4.3.6），并在消化内镜中心投入使用。磁控胶囊内镜检查解决了传统胶囊内镜检查时不能对病灶进行反复观察的缺陷，为医师提供了更可靠的检查数据和结果。运用磁控胶囊内镜检查，不用插管，无痛无创伤，更不需要麻醉，避免了检查性损伤的出现。受检者没痛苦，在自然状态下检查，大大提高了检查的精准度和受检者的耐受性。

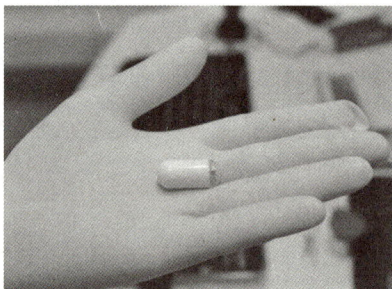

图 4.3.6　磁控胶囊内镜

3. 传感器的集成化

传感器技术的发展趋势之一是与 MEMS 技术的结合，朝着高精度、小型化和集成化方向演进。将相同功能的单一传感元件通过集成工艺排列在同一平面上，形成一维线性传感器，可以将原本针对单个点的测量扩展为对整个面或空间的测量。例如，采用电荷耦合器件（CCD）技术制作的固态图像传感器，可用于文字或图形识别。将具有不同测量功能的传感器集成到一个器件中，使其能够同时测量多种参数。

温湿度传感器将温度和湿度检测功能集成在一起，如中国科学院电子学研究所研制的一款集成压力、温度和湿度的传感器。有研究所开发出仅用一滴血液即可同时快速检测出其中 Na、K 和 H 等离子成分及其浓度的多离子传感器，用于医院临床诊断时非常方便。2022 年，我国研究团队研制出全自主咽拭子采集机器人系统，通过视觉和触觉传感器的融合成功采集了几万例真人咽拭子样本，安全性较人工采集更好并荣获日内瓦国际发明展银奖。随着机器人技术的发展，新出现了一种称为"电子皮肤"的集成式触觉传感器，可以模仿人类皮肤，具有触觉、压觉、力觉、滑觉、冷热觉等功能，可以把温度、湿度、力等感觉用定量的方式表达出来，并对物体的外形、质地和硬度敏感，甚至可以帮助伤残者获得失去的感知能力。

除传感器自身的集成化外，还可以把传感器和相应的测量电路（包括放大、运算温度补偿等环节）、微执行器集成在一个芯片上形成单片集成系统，这有助于减小干扰、提高灵敏度和方便使用。

4．传感器的网络化

随着数字化技术、现场总线技术、云计算技术、TCP/IP 技术等在测控领域的快速拓展，计量测试与互联网的深度融合（互联网+传感器），传感器的网络化得以快速发展，"超视距"测量变得轻松。其实施方法如下：首先，智能传感器接口模块（STIM）标准定义了传感器网络适配器与微处理器之间的硬件和软件接口，使传感器能够实现工业标准的接口和协议功能。通过这一标准，传感器可以更方便地与各种网络进行连接，提供了更加灵活和便捷的互操作性。其次，以 IEEE 802.15.4（LR-WPAN）为基础的无线传感网技术成为了物联网的关键技术之一，具有以数据为中心、功耗极低、组网方式灵活、低成本等诸多优点，在军事侦察、环境监测、智能家居、医疗健康、科学研究等众多领域有广泛的应用前景，是目前的一个技术研究热点。

5．传感器的智能化

我国高度重视创新发展，把新一代人工智能作为推动科技跨越式发展、产业优化升级、生产力整体跃升的驱动力量，努力实现高质量发展。在此背景下，传感器的智能化成为当前传感器技术发展的重要方向之一。

普通传感器只有从感知到输出的单一功能，失效后无法及时判定。将传感器与数据挖掘、深度学习、模糊理论、知识集成等技术结合，利用控制单元和计算机编程的特点，使传感器兼有检测、变换、逻辑判断、数据处理、功能计算、故障自诊断及"思维"等人工智能功能，自主传感器成为可能，演变成了传感器的智能化。

传感器的"智能化"表现包括：安装使用过程中的自主校零、自主标定、自校正功能；在使用过程中应对各类环境干扰及变化的自动补偿功能；工作状态下的数据采集及自主分析数据处理及执行干预等本地逻辑功能；数据采集后的上传及系统指令的决策处理功能等，特别是面向无人值守应用环境，以及大数据分析数据采集产品中的自学习功能等。若在机器人手指上安装高精密力传感器（见图 4.3.7），可以实时感知到手指与物体的接触力，调整抓取力。一般来说，智能化传感器具有提高测量精度、增加功能和提高自动化程度三个方面的作用。

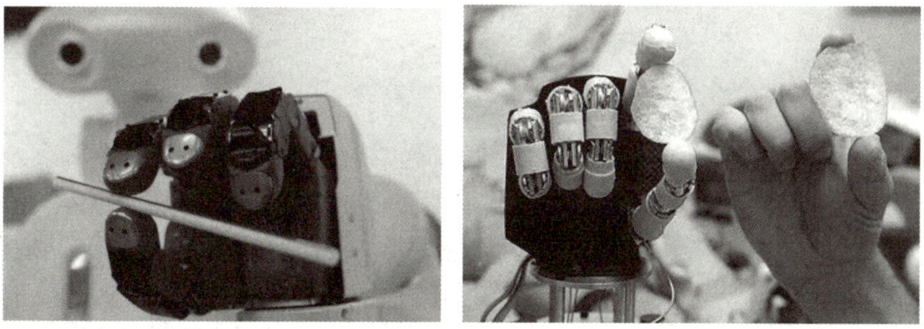

图 4.3.7　安装高精密力传感器的机器人手指

传感器技术与智能技术的融合，推动了传感器从单一功能、单一检测对象向多功能、多变量检测的转变。同时，传感器也从传统的被动信号转换发展到主动控制其特性并主动进行信息处理。此外，传感器不再是孤立的元件，而向系统化、网络化方向发展。反过来，传感器也逐渐成为人工智能的关键组成部分。在人工智能的感知、计算和认知智能的层级体系中，传感器技术作为感知智能的核心，支撑着人工智能从感知智能向认知智能的进化。基于物联网、智能制造等应用的强势牵引，在大数据和人工智能的支持下，传感器的智能化水平将得以进一步提升，智能传感器、智能感知的内涵将大大丰富。例如，传感器基于自身所感知的历史数据汇聚成工业大数据，利用人工智能方法对其进行数据分析和数据挖掘，可以及时发现感知的异常数据并自动丢弃等，提升传感器的智能化水平。2020 年 3 月，科学家研制的自带神经网络的图像传感器登上 *Nature* 杂志，它相当于人类眼睛直接处理图像，不用劳烦大脑，40ns 即可完成图像分类，相较于人脑它的速度提升了几十万倍，如图 4.3.8 所示，图中 ORAM 为光学随机存取存储器。

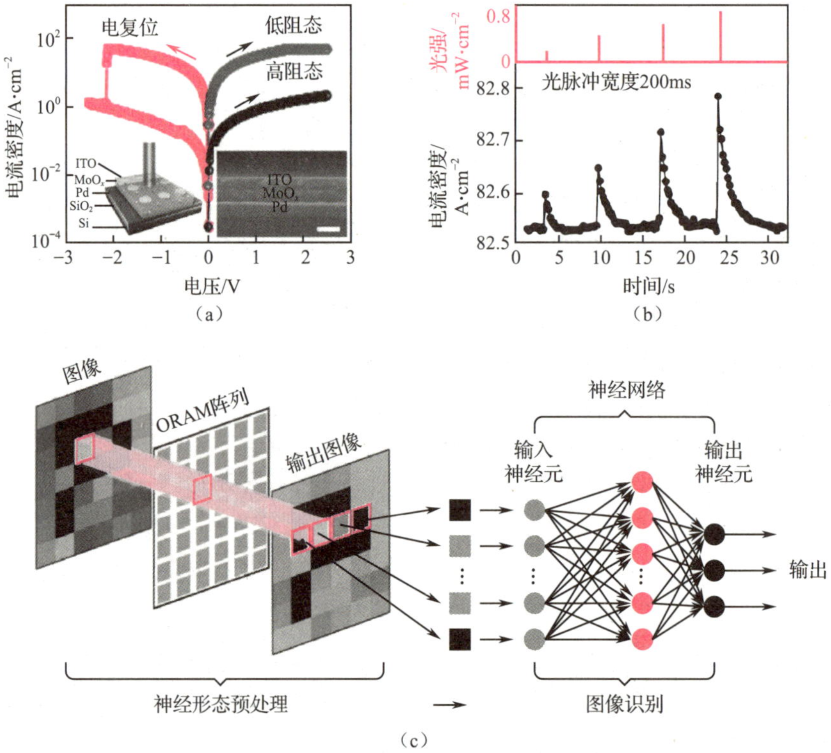

图 4.3.8 具有感存算一体化的新型神经形态视觉传感器

6．传感器的安全化

按需获取被观测对象的真实信息是传感器作为感知单元最基本的功能需求，传感器种类众多、用途广泛、应用场景多样（如万物互联、网络化感知、无线传输、节点无人值守）。一方面，各种决策越来越依赖数据，负责信息感知的传感器所输出的数据资源越来越重要；另一方面，它也面临着被非法利用或被攻击者破坏的潜在风险，这种非法利用或破坏，或者针对传感器硬件（如毁坏传感器），或者针对传感器所感知的信息（如截取、篡改、伪造、迟延或重放传感器输出的信息，或者非授权传播等），最终目的是使合法及时获取与应用真实信息的目标不能达成。

传感器的安全化是指通过硬件和软件两个方面的手段应对攻击者的破坏行为（如硬件防篡改、访问控制、节点冗余、数据真实性鉴别、消息加密、恶意节点识别与剔除等），从源头上为信息植入"安全基因"，有效抵御因传感器无线化、网络化形成工业大数据可能带来的信息安全风险，确保通过传感器所获取的信息是可控的、保密的、新鲜的、真实的、可靠的。

发展高质量数字经济离不开数据安全。作为信息链的源头和信息感知的物质基础，传感器的安全相对于数据安全具有更加重要的意义，传感器输出的数据被称为"第一数据"，是一切依托传感器的应用的根基。

> **小拓展**
>
> 传感器的阈值报警功能在矿井应用中至关重要。2024 年 1 月，为了使一氧化碳传感器不频繁报警而影响工作，一煤矿井下职工非法用气球堵住传感器测量端，一共持续了 34 小时之久，所幸无人员伤亡。国家安全监察部门对该企业做出了严肃的处理。

7. 传感器的虚拟化

虚拟化技术通过通用硬件平台，并借助软件和算法来实现传感器的特定硬件功能。这种方法能够有效缩短产品开发周期、降低成本，同时提升系统的可靠性。传感器虚拟化使得硬件依赖性减少，功能实现更加灵活，便于快速迭代和部署，进而推动了传感器技术的创新与应用。信息技术正在推动传感器本身发生质的飞跃，随着测控系统信息化程度的加深和传感器网络化、智能化水平的提升，以及软件定义网络（Software Defined Network，SDN）和虚拟现实（Virtual Reality，VR）的推广使用等，传感器的虚拟化趋势越来越明显，虚拟仪器、软测量的内涵将进一步丰富。

传感器的虚拟化表现为三个方面：一是智能传感器的应用将越来越广泛，且智能传感器中软件与算法的比重将越来越大；二是基于"软件就是仪器"的理念和虚拟仪器的多种优势，以虚拟仪器为平台的测控系统将大行其道；三是以大数据和人工智能等前沿技术为支撑，面向网络或信息平台的"纯软件式"传感器将得到快速发展，这类"软件"突破了传统意义上传感器作为"器件或装置"的定义，没有"有形"的敏感元件或转换元件，但它具有检测的基本特征，可以认为是一种广义的传感器，依托一定的计算资源平台，通过算法对集合的数据进行智能分析、挖掘和处理，并输出"检测"的结果。

4.3 传感器的前沿技术讨论

> **小讨论**：查阅最新文献，总结传感器的前沿技术。

本章知识点梳理与总结

1. 介绍了传感器的定义，按照输入量、输出量、工作原理等对传感器进行了分类。
2. 阐述了提高与改善传感器性能的技术。
3. 介绍了开展基础理论研究的方法、当前科研的最新前沿技术。

本章自测

第 4 章在线自测

思考题与习题

第 4 章思考题与习题答案与解析

4-1 简述传感器的定义。敏感元件、转换元件的功能分别是什么？

4-2 简述对信号进行调理的意义，信号调理的方法有哪些？

4-3 提高与改善传感器性能的方法有哪些？

4-4 简述传感器虚拟化的概念。

4-5 在工业化工等领域，有很多的旋转机械（如风机）。该类旋转机械一旦发生振动故障，危害就很大。请设计风机振动故障测试系统（包括传感器、信息转换、信息提取等环节），并给出组成框图。

4-6 查阅文献，总结传感器数据安全化的意义、方法与优势。

4-7 查阅文献，总结我国的传感器技术面临的瓶颈。

4-8 2024 年 4 月 25 日 20 时 59 分，长征二号 F 遥十八运载火箭把神舟十八号载人飞船运送上天，发射离地约 10 分钟后，飞船与火箭按照预设程序分离。飞船内的航天员乘组状态良好，发射圆满成功。为了保证舱内人员的生命状态，在载人飞船内部布置了很多传感器。选择某种传感器及其测试系统，写出传感器类型、传感器组成、传感器原理、可能的数据分析方法，并画出测试系统框图。

第5章

电阻式传感器及应用案例

电阻式传感器由电阻应变片和弹性敏感元件构成，电阻应变片粘贴在弹性敏感元件上，在被测物理量的作用下，弹性敏感元件产生应变，电阻应变片将该应变转换成电阻变化，再通过测量电路将电阻应变片的电阻变化转换为电流或电压输出，电流或电压变化反映了被测物理量的大小。

由于变形、力、力矩、位移、速度、加速度等许多物理量都可引起结构应变，因此电阻式传感器被广泛地应用于工程测量和科学实验中。

学习要点

1. 了解电阻应变片的结构、种类、材料，掌握电阻应变片的静态特性和动态特性；
2. 掌握电阻应变片的工作原理、测量电路、温度误差及补偿；
3. 重点掌握电阻应变片的布置方法和接桥方式，了解电阻应变式传感器的典型应用；
4. 了解压阻式传感器的工作特性、测量电路及其应用；
5. 理解压阻式传感器的工程应用案例。

知识图谱

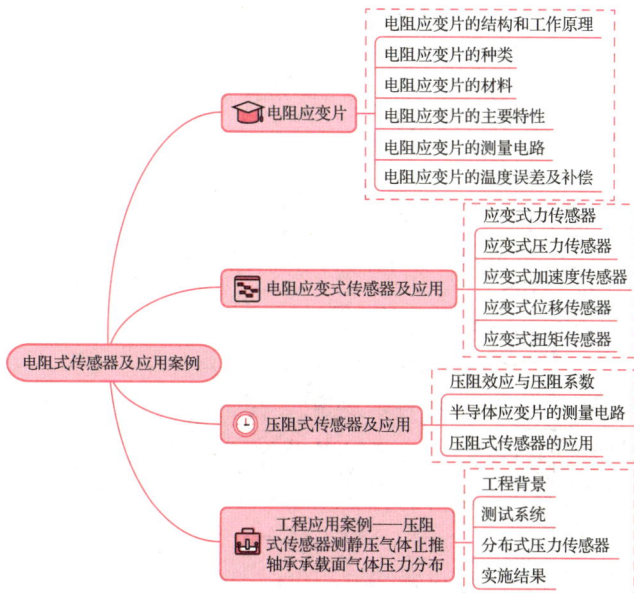

5.1 电阻应变片

电阻应变片是电阻式传感器的核心元件，应用时，将其牢固粘贴在被测试件表面，电阻应变片随试件受力变形而变形，引起电阻应变片的电阻变化，从而将试件的应变转换为电阻的变化。

5.1.1 电阻应变片的结构和工作原理

1. 电阻应变片的结构

图 5.1.1 为电阻应变片的结构示意图，由敏感栅、基片、覆盖层和引线构成。各组成部分的材料直接影响电阻应变片的性能，应根据使用条件和要求合理选择。

（1）敏感栅：实现"应变—电阻"转换的敏感元件。按照敏感栅的材料，电阻应变片分为金属应变片和半导体应变片两类。敏感栅用黏合剂固定在基片上。电阻应变片的阻值有 60Ω、120Ω 等规格，120Ω 最为常用。

敏感栅纵轴方向的长度称为栅长，用 l 表示。与纵轴方向垂直的宽度称为栅宽，用 b 表示。电阻应变片测得的应变是栅长和栅宽围成的长方形面积内的平均轴向应变。

（2）基片：主要作用是保持敏感栅的形状和位置，并将被测试件的应变准确传递给敏感栅，为提高测量精度，基片通常加工成薄片，厚度一般为 0.02～0.04mm；基片应具有良好的绝缘、耐热和耐腐蚀性能，常用的基片材料有纸、胶膜和玻璃纤维布等。

（3）引线：敏感栅引出的金属导线，将敏感栅的电阻丝连接到测量电路，通常采用直径为 0.10～0.15mm 的低电阻镀银铜丝或镍铬丝等制成。

（4）覆盖层：保持敏感栅和引线的形状，保护敏感栅，防潮、防尘、防损和防腐蚀等。

2. 电阻应变片的工作原理

图 5.1.2 所示是长度为 l、截面积为 A、电阻率为 ρ 的电阻丝，未受力时，阻值 R 为

$$R = \rho \frac{l}{A} \tag{5.1.1}$$

电阻丝在外力 F 的作用下被拉伸或压缩，长度、截面积和电阻率均发生变化，从而导致阻值改变，对式（5.1.1）两边求导可得

$$\frac{dR}{R} = \frac{dl}{l} - \frac{dA}{A} + \frac{d\rho}{\rho} \tag{5.1.2}$$

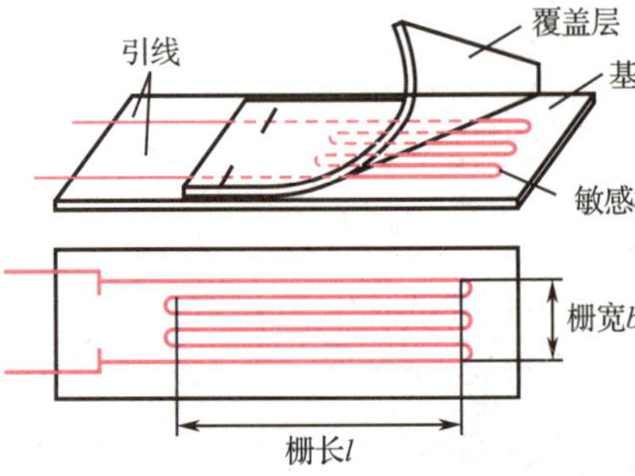

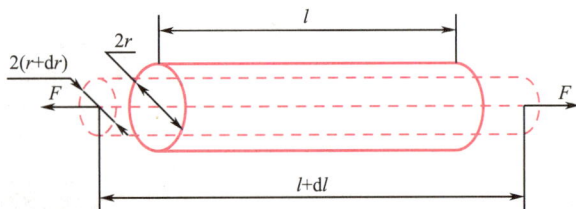

图 5.1.1　电阻应变片的结构示意图

图 5.1.2　电阻丝

为分析方便，假设电阻丝为圆形截面，即 $A = \pi r^2$（r 为电阻丝的半径），则 $\mathrm{d}A/A = 2\mathrm{d}r/r$，于是

$$\frac{\mathrm{d}R}{R} = \frac{\mathrm{d}l}{l} - 2\frac{\mathrm{d}r}{r} + \frac{\mathrm{d}\rho}{\rho} \tag{5.1.3}$$

式中：$\dfrac{\mathrm{d}R}{R}$——电阻丝电阻的相对变化；$\dfrac{\mathrm{d}l}{l}$——电阻丝长度的相对变化，称为电阻丝的轴向应变或纵向应变，用 ε 表示；$\dfrac{\mathrm{d}r}{r}$——电阻丝半径的相对变化，称为电阻丝的径向应变或横向应变，用 ε_r 表示；$\dfrac{\mathrm{d}\rho}{\rho}$——电阻丝电阻率的相对变化。

由材料力学知识可知，轴向应变 ε 与径向应变 ε_r 的关系为

$$\varepsilon_\mathrm{r} = -\mu\varepsilon \tag{5.1.4}$$

式中：μ——电阻丝材料的泊松比（取值为 0～0.5）。负号表示径向应变与轴向应变方向相反，即在弹性范围内电阻丝沿轴向伸长，其径向尺寸减小；反之亦然。

整理式（5.1.3）可得

$$\frac{\mathrm{d}R}{R} = (1 + 2\mu)\varepsilon + \frac{\mathrm{d}\rho}{\rho} \tag{5.1.5}$$

1）金属应变片的工作原理——电阻应变效应

假设电阻丝为金属材料，其电阻率的相对变化正比于电阻丝体积的相对变化，即

$$\frac{\mathrm{d}\rho}{\rho} = C\frac{\mathrm{d}V}{V} \tag{5.1.6}$$

式中：C——与金属材料有关的常数，如康铜，$C \approx 1$；V——金属丝的体积，$V = Al$。

体积的相对变化 $\dfrac{\mathrm{d}V}{V}$ 与轴向应变 ε 之间的关系为

$$\frac{\mathrm{d}V}{V} = \frac{\mathrm{d}A}{A} + \frac{\mathrm{d}l}{l} = 2\varepsilon_\mathrm{r} + \varepsilon = -2\mu\varepsilon + \varepsilon = (1 - 2\mu)\varepsilon \tag{5.1.7}$$

将以上各式代入式（5.1.5）可得

$$\frac{\mathrm{d}R}{R} = \varepsilon + 2\mu\varepsilon + C(1 - 2\mu)\varepsilon = [(1 + 2\mu) + C(1 - 2\mu)]\varepsilon = S_\mathrm{m}\varepsilon \tag{5.1.8}$$

式中：$S_\mathrm{m} = (1 + 2\mu) + C(1 - 2\mu)$，称为金属电阻丝材料的应变灵敏度系数，其物理意义为单位应变引起的电阻相对变化。它由两部分构成：第一部分由金属电阻丝的几何尺寸变化引起；第二部分由材料电阻率随应变引起。对于金属材料，电阻率变化 $\dfrac{\mathrm{d}\rho}{\rho}$ 较小，可以忽略不计。

> ✏ **小总结：**金属材料的电阻变化以结构尺寸变化引起的电阻变化为主，电阻相对变化 $\dfrac{\mathrm{d}R}{R}$ 与其轴向应变 ε 成正比，称为金属材料的 电阻应变效应。

2）半导体应变片的工作原理——压阻效应

锗、硅等单晶半导体材料具有压阻效应，即半导体材料电阻率的变化与其所受到的轴向应力成正比：

$$\frac{\mathrm{d}\rho}{\rho} = \pi_l \sigma_l = \pi_l E \varepsilon \tag{5.1.9}$$

式中：π_l——半导体材料的纵向压阻系数，表示单位应力所引起的电阻率的相对变化量；σ_l——作用于材料的轴向（纵向）应力；ε——作用于材料的轴向（纵向）应变；E——半导体材料的弹性模量。

将式（5.1.9）代入式（5.1.5），可得

$$\frac{\mathrm{d}R}{R} = (1+2\mu)\varepsilon + \pi_l E \varepsilon = [(1+2\mu)+\pi_l E]\varepsilon = S_s \varepsilon \tag{5.1.10}$$

式中，$S_s = (1+2\mu)+\pi_l E$，称为半导体材料的应变灵敏度系数，由两部分构成：第一部分由半导体材料的几何尺寸变化引起；第二部分由半导体材料的压阻效应引起。

通常 $\pi_l E$ 比 $1+2\mu$ 大几十至上百倍，因此半导体材料电阻相对变化的主要参数是压阻系数。所以，S_s 可近似表示为

$$S_s \approx \pi_l E \tag{5.1.11}$$

> 🖊 **小总结**：电阻应变片的工作原理是基于导体材料的电阻应变效应和半导体材料的压阻效应的。电阻应变效应是指金属导体在外力作用下产生机械变形，其电阻值随机械变形而发生变化的物理现象；压阻效应是指半导体材料在受到外力作用时，其电阻率发生变化的物理现象。

3．应变片的灵敏度系数

1）电阻丝的灵敏度系数 S_0

通常把单位应变引起的电阻丝阻值变化称为电阻丝的灵敏度系数，其物理意义为单位应变引起的电阻相对变化，即

$$\frac{\Delta R}{R} = S_0 \varepsilon \tag{5.1.12}$$

在电阻丝拉伸极限内，电阻值的相对变化与应变成正比。金属材料的灵敏度系数为 1.8～4.8。

2）电阻应变片的灵敏度系数 S

电阻应变片的电阻相对变化（$\Delta R/R$）与试件主应力方向的应变 ε（$\Delta l/l$）之比称为电阻应变片的灵敏度系数。实验表明，电阻应变片阻值的相对变化 $\Delta R/R$ 与纵向应变 ε 的关系在较宽的范围内具有线性关系，即

$$\frac{\Delta R}{R} = S \varepsilon \tag{5.1.13}$$

电阻应变片的灵敏度系数又称为标称灵敏度系数。

> 🔔 **小提示**：由于应变片栅端圆弧部分的横向效应及黏合剂引起的应变传递失真，通常电阻应变片的灵敏度系数小于相同材料电阻丝的灵敏度系数。

4．电阻应变片的横向效应

如图 5.1.3 所示，对于粘贴在试件表面的电阻应变片，敏感栅由 n 条长度为 l 的直线段和 $n-1$ 个半径为 r 的端部圆弧段组成。被测试件受拉伸作用产生轴向应变 ε_x 和横向应变 ε_y。直

线段电阻丝沿轴向的拉应变为 ε_x，阻值增大。圆弧段的应变在 $+\varepsilon_x$ 到 $-\mu\varepsilon_x$ 之间变化。在 $\theta = \pi/2$ 的圆弧段处，除沿此轴方向存在拉应变 ε_x 外，同时在垂直方向存在压应变 $\varepsilon_y = -\mu\varepsilon_x$，导致圆弧段的阻值减小。

测量应变时，构件的轴向应变 ε_x 使敏感栅阻值发生变化，横向应变 ε_y 使敏感栅圆弧部分阻值发生变化，电阻应变片既受轴向应变的影响，又受横向应变的影响，从而使灵敏度系数和电阻相对变化减小，此现象称为横向效应。通过圆弧段采用短接式或直角式横栅、箔式应变片等措施可有效减小横向效应产生的测量误差。

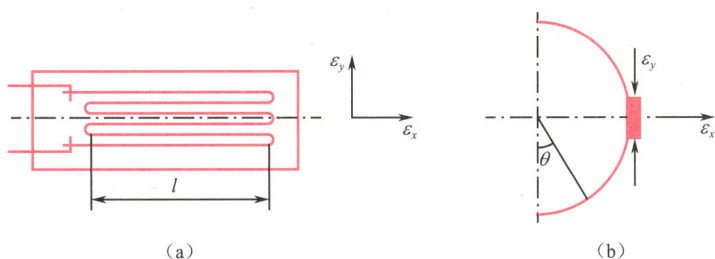

（a）　　　　　　　　　　　　　　　　（b）

图 5.1.3　电阻应变片的横向效应

5.1.2　电阻应变片的种类

电阻应变片种类较多，按照敏感栅所采用的材料，电阻应变片分为金属应变片和半导体应变片。

1. 金属应变片

金属应变片包括丝式应变片、箔式应变片和薄膜应变片等。

1）丝式应变片

丝式应变片有两种：回线式应变片和短接式应变片，如图 5.1.4 所示。

（1）回线式应变片。

回线式应变片是将直径为 $0.012 \sim 0.05\mathrm{mm}$ 的金属电阻丝绕制成栅状并粘贴在绝缘基片上制成的，制作简便，稳定性好，价格便宜，易于粘贴，但受横向效应的影响容易产生测量误差。

> 📖 **小知识**：金属电阻丝为何要制作成栅状结构？
> 　电阻丝的阻值与长度成正比，将其绕成栅状可以增大电阻丝的长度，相同应变条件下，栅状结构能够增大电阻值变化量，引起较大的电压变化，提高电阻应变片的灵敏度。

（2）短接式应变片。

短接式应变片将电阻丝平行排列，两端用直径比栅丝直径大 $5 \sim 10$ 倍的镀银丝短接，优点是横向效应小、精度高，但短接部分容易出现应力集中，受冲击振动时影响疲劳寿命。

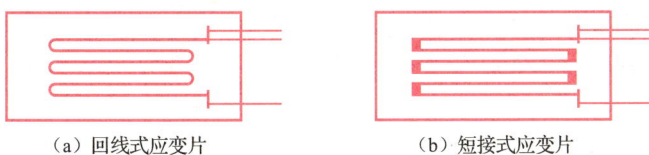

（a）回线式应变片　　　　　　　　（b）短接式应变片

图 5.1.4　丝式应变片

2）箔式应变片

箔式应变片的工作原理和丝式应变片基本相同，敏感元件利用照相制版或光刻腐蚀等工艺制成很薄的金属箔栅，厚度一般为 0.001～0.01mm，可制作成任意形状，适应不同的测量要求，图 5.1.5 所示为常见的箔式应变片。箔式应变片应用日益广泛，在常温条件下，已逐渐取代丝式应变片。

图 5.1.5　箔式应变片

（1）箔式应变片的优点。

①金属箔栅很薄，感受应力状态与试件表面应力状态更接近，箔栅端部较宽，横向效应小，有利于提高测量精度；②箔栅表面积大，散热条件好，允许通过较大电流，输出信号强，测量灵敏度高；③箔栅尺寸准确、均匀、柔性好，能制成任意形状；④机械滞后小，疲劳寿命长；⑤便于成批生产，生产效率高。

（2）箔式应变片的缺点。

生产工序较为复杂，引出线焊点采用锡焊，不适用于高温环境测量；价格相对较高。

3）薄膜应变片

薄膜应变片采用真空蒸发或真空淀积等方法，在薄绝缘基片上形成 0.1μm 以下金属电阻薄膜并制成敏感栅。薄膜应变片的优点：①厚度极小、质量轻、没有蠕变和滞后；②电流密度大、工作范围广、长期稳定性好；③具有优良的耐热性、耐湿性和耐冲击性；④便于制作低成本、高灵敏度、高精度的集成元件，应用前景十分广阔。

2. 半导体应变片

半导体应变片基于半导体材料的压阻效应制成，不同类型的半导体，外力施加的方向不同，压阻效应也不同。目前使用最多的是单晶硅半导体，沿所需的晶向切割成薄片，经过研磨加工后，切成小条作为应变片的电阻材料，经过光刻腐蚀等工序，两端焊接引线，粘贴在基片上制作而成，如图 5.1.6 所示。敏感栅的形状可以是条形、U 形或 W 形等。粘贴式应变片传递应变不理想，存在较大的滞后和蠕变，并且电阻温度系数大，电阻值的分散性较大。

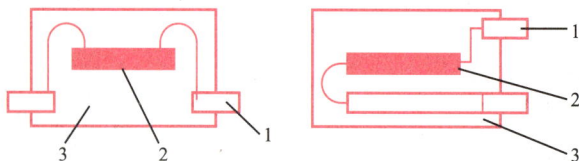

1—引线；2—Si；3—基片。

图 5.1.6　体型半导体应变片的结构

随着集成电路工艺的发展，相继出现扩散型、外延型和薄膜型半导体应变片。与金属应变片相比，半导体应变片具有灵敏度高、机械滞后小、横向效应小、尺寸小等优点，但温度稳定性差，测量较大应变时非线性严重，批量生产时性能分散度大。随着半导体材料和制作技术的不断发展，半导体应变片的线性度和温度稳定性有所提高。

📖 **小知识：** 电阻应变片的发展历程。

电阻应变片最早可追溯到 1856 年，物理学家发现金属丝的应变和电阻变化有一定的函数关系；1938 年，工程师发明了用金属丝制成的电阻应变片，用于测试金属构件的应力和应变；1953 年，工程技术人员利用光刻技术，首次制成了箔式应变片，大大提高了生产效率和电阻应变片的产品性能。

随着微光刻技术的发展，箔式应变片的几何尺寸的准确度更高，成为现代应变片的主流；1957 年，科研人员在综合各学科技术成果的基础上，成功研制了压阻半导体应变片，为传感器的小型化、集成化奠定了基础。由此可见，电阻应变片是团队协作及各学科技术相互融合、交叉的成果。

5.1.3　电阻应变片的材料

1. 敏感栅材料

1）材料要求

①灵敏度系数大，且在应变范围内为常数，电阻变化率与机械应变之间具有良好且宽范围的线性关系；②电阻率 ρ 尽可能高，即相同长度和横截面积的电阻丝具有较大的电阻值；③电阻温度系数小，电阻、温度间的线性关系稳定、重复性好；④抗氧化、耐腐蚀性能强，无明显的机械滞后；⑤具有优良的机械加工性能，机械强度高，碾压及焊接性能好，与其他金属的接触电势小。

2）常用材料的特点

制作敏感栅的金属材料有康铜、铁铬铝合金、铁镍铬合金、铂及铂金等，康铜是目前应用最广泛的应变片材料，其优点是：①灵敏度系数的稳定性好，在弹性变形范围及塑性变形范围内都保持常数；②电阻温度系数较小且稳定，采用恰当的热工艺处理，电阻温度系数可达到 $\pm 5 \times 10^{-5}$/℃；③加工性能好，易于焊接。

2. 基片材料

基片的作用是保持敏感栅的形状和位置，将被测试件上的应变准确传递到敏感栅上并使敏感栅与弹性元件相互绝缘。基片材料的性能要求：①机械性能好，挠性好，易于粘贴，电绝缘性能好；②热稳定性能和抗潮湿性能好；③机械滞后和蠕变小。

常用的基片材料有胶膜、纸基和玻璃纤维布等。各种材料的特点如下。①胶膜：一般采用酚醛树脂、聚酰亚胺等有机聚合物，厚度为 0.03～0.05mm，最高使用温度范围为 100～300℃；②纸基：柔软、易粘贴，应变极限大，成本低，但耐热、耐湿性能差，工作温度低于 80℃，目前逐渐被胶膜取代；③玻璃纤维布：工作温度可达 400～450℃，多用作中高温应变片的基片材料。

3. 引线材料

引线具有敏感栅与测量电路之间过渡连接和引导的作用。引线材料的性能要求：电阻温度系数小、电阻率低、易于焊接、抗氧化性能好。通常采用直径为 0.10～0.16mm 的镀银铜丝、镍铬或铁铬铝丝制成，并用钎焊与敏感栅连接。

4．黏合剂

黏合剂的性能与粘贴技术会直接影响测量结果，要根据使用条件选择适当的黏合剂。

1）黏合剂的作用

①制作应变片时，将覆盖层和敏感栅固定在基片上；②使用应变片时，黏合剂将基片粘贴在被测试件表面的被测部位。因此，黏合剂胶层必须将被测试件的应变准确地传递到敏感栅上，并且具有良好的稳定性。

2）黏合剂的性能要求

①机械强度高，粘贴强度好，能准确传递应变；②蠕变和机械滞后小，绝缘性能好；③耐疲劳，具有一定的韧性；④不会对被测试件和电阻应变片产生化学腐蚀；⑤具有良好的耐潮湿和耐高/低温性能等。

3）常用的黏合剂材料

常用的黏合剂分为有机和无机两大类：①有机黏合剂有酚醛树脂、环氧树脂、有机硅树脂及聚酰亚胺等，主要用于中低温场合测量；②无机黏合剂有磷酸盐、硅酸盐和硼酸盐等，主要用于高温场合测量。

5.1.4　电阻应变片的主要特性

为了合理选用电阻应变片，需要了解电阻应变片的主要特性及性能参数。

1．静态特性

静态特性是指应变不随时间变化或变化缓慢时电阻应变片的输出特性，其主要指标有灵敏度系数、机械滞后、零漂、蠕变、应变极限、最大工作电流、绝缘电阻等。

1）灵敏度系数

将初始电阻值为 R_0 的电阻应变片粘贴在被测试件表面，在轴线单方向应力的作用下，电阻应变片阻值的相对变化与被测试件表面的轴向应变之比称为灵敏度系数。灵敏度系数会影响测量精度，要求灵敏度系数尽量大且稳定。

受横向效应、黏合剂和基片等影响，电阻应变片的灵敏度系数通常小于敏感栅材料的灵敏度系数。在规定条件下：①试件单向受力；②试件材料为泊松系数 $\mu=0.285$ 的钢材；③电阻应变片轴向与主应力方向一致。通过试验对电阻应变片的灵敏度系数进行标定。

2）机械滞后

温度保持恒定，对贴有电阻应变片的试件循环加载和卸载，$(\Delta R/R)-\varepsilon$ 的加载特性与卸载特性不重合，称为机械滞后。加载特性曲线与卸载特性曲线的最大差值称为机械滞后量。

产生机械滞后的主要原因是敏感栅、黏合剂和基片在机械应变后产生的残余应变。室温下，通常要求机械滞后小于 $3\sim10\mu\varepsilon$。实际测量时，除选用合适的黏合剂外，测试前应预先多次循环加载和卸载，可有效减小机械滞后。

> 🔔 **小提示**：一个微应变（$\mu\varepsilon$）定义为长度为 1m 的试件变形为 1μm 时的相对变形量。

3）零漂、蠕变

温度保持恒定、试件不承受机械应变的情况下，电阻应变片的电阻值随时间变化的特性，称为应变片的零漂。零漂产生的主要原因：①敏感栅施加工作电流后产生的温度效应；②电阻应变片内的应力变化、老化等。

电阻应变片的机械应变不变，电阻值随时间而变化的特性称为蠕变。引起蠕变的主要原因是电阻应变片制造过程中胶层之间发生"滑移"，使力传递到敏感栅的应变量逐渐减少。因此，选择抗剪强度高的黏合剂和基片材料，适当减薄胶层和基片，并使之充分固化，有利于减少蠕变。

> 🔔 **小提示**：零漂和蠕变都是用来衡量电阻应变片相对时间的稳定性的，在长时间测量中意义突出。实际上，电阻应变片工作时零漂和蠕变同时存在，蠕变值包含零漂，零漂是不加载情况下的特例。

4）应变极限

理想情况下，电阻应变片的电阻值的相对变化与轴向应变成正比，即灵敏度系数为常数，但实际测量时只在一定应变范围内保持，当试件输入的真实应变超过某一值时，电阻应变片的输出特性将呈现非线性。在温度保持不变的条件下，非线性误差达到 $\pm 10\%$ 的应变值称为应变极限 ε_{lim}，如图 5.1.7 所示。应变极限是衡量电阻应变片测量范围和过载能力的指标，通常要求应变极限不小于 $8000\mu\varepsilon$。

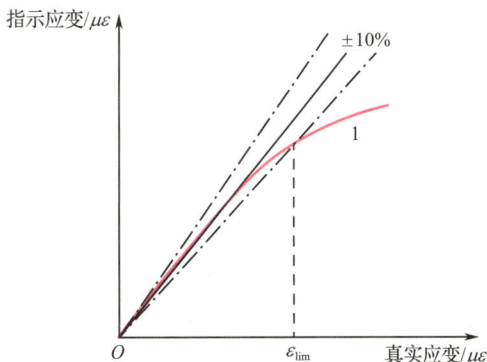

图 5.1.7 电阻应变片的应变极限

5）最大工作电流

电阻应变片接入测量电路，不影响电阻应变片工作特性的最大电流称为最大工作电流。工作电流越大，灵敏度越高，输出信号越大。但电流过大，会使电阻应变片发热、变形，甚至烧坏，零漂和蠕变增大。静态测量时工作电流一般为 25mA；动态测量时工作电流为 75～100mA。如果散热条件好，电流可适当增大。

6）绝缘电阻

敏感栅与基片之间的电阻值称为绝缘电阻。绝缘电阻取决于黏合剂、基片材料和固化工艺，其值越大越好。绝缘电阻降低，将导致测试系统的灵敏度降低。

2．动态特性

电阻应变片的动态特性关系到可测量的动态应变的频率范围。测量较高频率的动态应变时，应考虑电阻应变片的动态特性。动态应变以应变波的形式在试件中传播，传播形式和速度与声波相同。应变波由试件表面经黏合剂、基片传播至敏感栅，时间极短，可忽略；而应变波在敏感栅长度方向传播时，存在时间滞后，产生动态应变测量误差。因此，电阻应变片的动态特性只考虑应变沿栅长方向传播时电阻应变片的响应特性。下面以正弦变化的应变为例，介绍电阻应变片的动态特性。

受力试件应变按正弦规律变化时，电阻应变片反映出来的是电阻应变片敏感栅上各点感受应变量的平均值。因此，电阻应变片所反映的应变波的幅值将低于真实应变波，产生测量误差。测量误差随栅长的增大而增大。

假设频率为 f、幅值为 ε_0 的正弦应变波在试件中以速度 v 沿着栅长 x 方向传播，应变波

在瞬时 t 的分布如图 5.1.8 所示。设正弦应变波的波长为 λ，则有 $\lambda = v/f$。v 为应变波在弹性材料中的传播速度，$v = \sqrt{E/\rho}$，E、ρ 分别为试件材料的弹性模量和密度，材料为钢时，$v \approx 5000\text{m/s}$。若栅长为 l_0，栅长中点 x_l 处的瞬时应变 $\varepsilon_l = \varepsilon_0 \sin(2\pi x_l/\lambda)$。栅长 l_0 在范围 $[x_l \pm (l_0/2)]$ 内的平均应变为

$$\varepsilon_{\text{m}} = \frac{1}{l_0} \int_{x_l - \frac{l_0}{2}}^{x_l + \frac{l_0}{2}} \varepsilon_0 \sin \frac{2\pi}{\lambda} x \, \mathrm{d}x = \frac{\lambda \varepsilon_l}{\pi l_0} \sin \frac{\pi l_0}{\lambda} \tag{5.1.14}$$

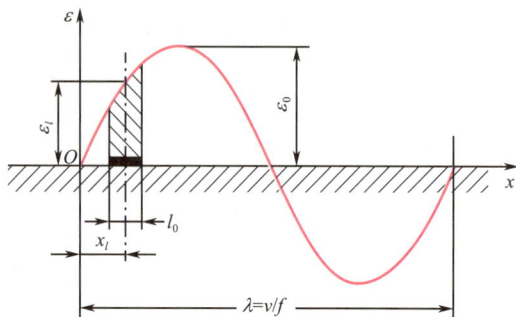

图 5.1.8　电阻应变片对正弦应变波的响应

平均应变 ε_{m} 与中点应变 ε_l 的相对误差为

$$\sigma = \left| \frac{\varepsilon_{\text{m}} - \varepsilon_l}{\varepsilon_l} \right| = \left| \frac{\lambda}{\pi l_0} \sin \frac{\pi l_0}{\lambda} - 1 \right| \tag{5.1.15}$$

当 $\pi l_0/\lambda \ll 1$ 时，将上式展开成级数，并略去高阶项，可得

$$|\sigma| = \frac{1}{6} \left(\sin \frac{\pi l_0}{\lambda} \right)^2 \approx \frac{1}{6} \left(\frac{\pi l_0 f}{v} \right)^2 \tag{5.1.16}$$

可见，粘贴在试件上的应变片对正弦应变波的响应误差 σ 随栅长 l_0 和应变频率 f 的减小而减小。因此，在设计和应用应变片时，若已知应变波在某材料内的传播速度，根据要求的精度 $|\sigma|$，可确定应变片允许的最大工作栅长 l_0 或最高工作频率 $f_{\max}$，即

$$l_0 \leqslant \frac{v}{\pi f} \sqrt{6|\sigma|} \quad \text{或} \quad f_{\max} \leqslant \frac{v}{\pi l_0} \sqrt{6|\sigma|} \tag{5.1.17}$$

> 🔔 **小提示：** 应变波的变化频率较低或者应变片的栅长较小时，栅长引起的响应误差可忽略不计。另外，栅长越小，越能反映试件受力位置处的真实应变，测量精度越高。

5.1.5　电阻应变片的测量电路

　　电阻应变片将被测试件的应变转换为电阻的变化，由于应变量及电阻值变化量一般都很小，难以精确测量，因此，必须通过测量电路将电阻应变片电阻的变化转换为电压或电流的变化，通常采用的测量电路是电桥电路，也称惠斯通电桥。

电阻应变片的
测量电路视频

　　根据电桥激励电源的不同，电桥电路分为直流电桥和交流电桥。直流电桥只能测量电阻变化，交流电桥可用于测量电阻、电感和电容的变化。本章主要介绍直流电桥。

1. 直流电桥

1）直流电桥的工作原理

直流电桥如图 5.1.9 所示，R_1、R_2、R_3、R_4 为电桥的 4 个桥臂。为便于说明，假设电桥的激励电源的内阻为零，输出为空载，电桥的输出电压为

$$U_o = U_{BC} - U_{DC} = \frac{R_2 R_4 - R_1 R_3}{(R_1 + R_2)(R_3 + R_4)} U_i \tag{5.1.18}$$

电桥平衡时，输出电压 $U_o = 0$，可得

$$R_1 R_3 = R_2 R_4 \tag{5.1.19}$$

式（5.1.19）称为电桥平衡条件，即相对桥臂阻值的乘积或者相邻桥臂阻值之比相等。

2）电阻应变片的测量电桥

电桥的主要指标是电桥灵敏度、非线性和负载特性，下面分别针对恒压源电桥（包括单臂电桥、双臂电桥和全桥）、恒流源电桥的电桥灵敏度和非线性特性等进行讨论。

（1）单臂电桥。

单臂电桥如图 5.1.10 所示，桥臂 R_1 为工作应变片，其余为常值电阻，U_i 为电桥激励电压，U_o 为电桥的输出电压。当电阻应变片无应变时，电桥处于平衡状态，即 $R_1 R_3 = R_2 R_4$，电桥的输出电压 $U_o = 0$。

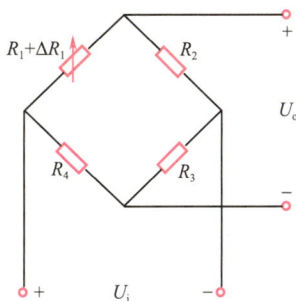

图 5.1.9　直流电桥　　　　图 5.1.10　单臂电桥

当桥臂 R_1 因应变而增大 ΔR_1 时，电桥失去平衡，此时电桥的输出电压为

$$U_o = \left(\frac{R_2}{R_1 + \Delta R_1 + R_2} - \frac{R_3}{R_3 + R_4} \right) U_i = \frac{-\dfrac{\Delta R_1}{R_1} \cdot \dfrac{R_3}{R_4}}{\left(1 + \dfrac{\Delta R_1}{R_1} + \dfrac{R_2}{R_1}\right)\left(1 + \dfrac{R_3}{R_4}\right)} U_i \tag{5.1.20}$$

设电桥的桥臂电阻阻值之比为 $\dfrac{R_2}{R_1} = \dfrac{R_3}{R_4} = n$，通常 $\Delta R_1 \ll R_1$，略去分母中的微小项 $\dfrac{\Delta R_1}{R_1}$，则有

$$U_o \approx -\frac{\Delta R_1}{R_1} \cdot \frac{n}{(1+n)^2} \cdot U_i \tag{5.1.21}$$

应变片单位电阻变化引起的输出电压变化为电桥的电压灵敏度，即

$$S_U = \left| \frac{U_o}{\left(\dfrac{\Delta R_1}{R_1} \right)} \right| = \frac{n}{(1+n)^2} \cdot U_i \tag{5.1.22}$$

分析上式可知：

① 电压灵敏度 S_U 与激励电压 U_i 成正比。激励电压越高，电压灵敏度越大，应根据激励电压受到最大工作电流的限制来适当选择。

② 电压灵敏度与桥臂电阻阻值之比 n 有关。令 $\dfrac{dS_U}{dn}=0$，求得 $n=1$，即 $R_1=R_2$、$R_3=R_4$ 时，电桥的电压灵敏度最大，$S_U=\dfrac{U_i}{4}$，此时电桥输出电压为

$$U_o \approx -\frac{1}{4}\frac{\Delta R_1}{R_1}\cdot U_i \tag{5.1.23}$$

由此可知，当桥臂电阻 $R_1=R_2$、$R_3=R_4$ 时，电桥的电压灵敏度与激励电压 U_i 和电阻的相对变化量 $\dfrac{\Delta R_1}{R_1}$ 成正比，与各桥臂电阻阻值无关。

式（5.1.23）为 $\Delta R_1 \ll R_1$ 的情况下得到的近似值，实际值应按式（5.1.20）计算，即实际输出电压为

$$U_o' = \frac{-\dfrac{\Delta R_1}{R_1}}{2\left(2+\dfrac{\Delta R_1}{R_1}\right)}U_i = -\frac{1}{4}U_i\frac{\Delta R_1}{R_1}\frac{1}{1+\dfrac{\Delta R_1}{2R_1}} \tag{5.1.24}$$

可见，实际输出电压 U_o' 与电阻相对变化量 $\dfrac{\Delta R_1}{R_1}$ 为非线性关系，非线性误差为

$$\delta_L = \frac{U_o-U_o'}{U_o'} = \frac{\Delta R_1}{2R_1} \tag{5.1.25}$$

电阻应变片的应变一般不超过 $5000\mu\varepsilon$。对于半导体应变片，当灵敏度系数 $S=150$ 时，$\dfrac{\Delta R_1}{R_1}=S\varepsilon=150\times5000\times10^{-6}=0.75$，非线性误差 $\delta_L\approx37.5\%$；对于金属应变片，当灵敏度系数 $S=3$ 时，$\Delta R_1/R_1=S\varepsilon=0.015$，非线性误差 $\delta_L\approx0.75\%$，可忽略不计。因此，非线性误差随着灵敏度系数 S 和应变 ε 的增大而增大，必须采取相应的补偿措施。

在实际应用中，为了减小非线性误差和提高电桥灵敏度，常采用半桥和全桥。

（2）双臂电桥（半桥）。

双臂电桥如图 5.1.11（a）所示，在两个相邻桥臂接入工作应变片 R_1 和 R_2，一片受拉伸，一片受压缩，电阻变化大小相同、方向相反，处于差动工作状态，另外两个桥臂 R_3 和 R_4 为常值电阻。为简化桥路设计，同时得到电桥的最大灵敏度，通常 $R_1=R_2=R_3=R_4$，即等臂电桥。电阻应变片无应变时，$R_1R_3=R_2R_4$，电桥处于平衡状态。电阻应变片存在应变时，若取 $|\Delta R_1|=|\Delta R_2|=\Delta R$，电桥输出电压为

$$U_o = \left[\frac{R_2-\Delta R_2}{(R_1+\Delta R_1)+(R_2-\Delta R_2)}-\frac{R_3}{R_3+R_4}\right]U_i = -\frac{\Delta R}{2R}U_i \tag{5.1.26}$$

可见，双臂电桥的输出电压 U_o 与 $\dfrac{\Delta R}{R}$ 呈线性关系。电压灵敏度 $S_U=\dfrac{U_i}{2}$，比单臂电桥提高了一倍。

（3）全桥。

若 4 个桥臂都接入工作应变片，如图 5.1.11（b）所示，电阻应变片无应变时，$R_1R_3=R_2R_4$，

电桥处于平衡状态。电阻应变片存在应变时，相邻桥臂应变的极性相反，相对桥臂应变的极性相同，构成全桥。若取 $|\Delta R_1| = |\Delta R_2| = |\Delta R_3| = |\Delta R_4| = \Delta R$，则电桥的输出电压为

$$U_o = -\frac{\Delta R}{R} U_i \tag{5.1.27}$$

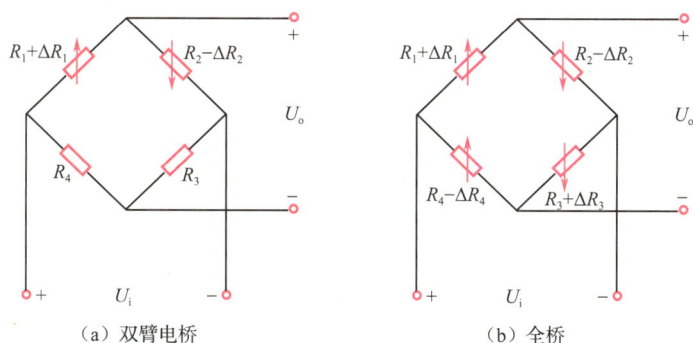

（a）双臂电桥　　　　　　　　　　（b）全桥

图 5.1.11　电桥

可见，全桥的输出电压与被测应变呈线性关系，不存在非线性误差，电桥的电压灵敏度 $S_U = U_i$，比双臂电桥提高了一倍。

通常，电桥 4 个桥臂分别接入型号相同、初始阻值为 R、灵敏度系数为 S 的电阻应变片，存在应变时，4 个桥臂相应的电阻变化分别为 $+\Delta R_1$、$-\Delta R_2$、$+\Delta R_3$、$-\Delta R_4$，电桥的输出电压为

$$U_o = -\frac{R(\Delta R_1 - \Delta R_2 + \Delta R_3 - \Delta R_4) + \Delta R_1 \Delta R_3 - \Delta R_2 \Delta R_4}{(2R + \Delta R_1 \pm \Delta R_2)(2R + \Delta R_3 \pm \Delta R_4)} U_i \tag{5.1.28}$$

由于 $\Delta R_i \ll R$，略去上式中的高阶微量，电桥的输出电压近似为

$$U_o = -\frac{1}{4}\left(\frac{\Delta R_1}{R} - \frac{\Delta R_2}{R} + \frac{\Delta R_3}{R} - \frac{\Delta R_4}{R}\right) U_i \tag{5.1.29}$$

将 $\dfrac{\Delta R_i}{R} = S\varepsilon_i$ 代入上式，可得

$$U_o = -\frac{1}{4} U_i S(\varepsilon_1 - \varepsilon_2 + \varepsilon_3 - \varepsilon_4) \tag{5.1.30}$$

式（5.1.29）和式（5.1.30）称为电桥的和差特性，它表明：

（1）$\Delta R_i \ll R$ 时，输出电压与应变呈线性关系；

（2）若相邻桥臂的应变极性相同，同为拉应变或压应变，输出电压与应变之差成正比；若相邻桥臂的应变极性相反，输出电压与应变之和成正比；

（3）若相对桥臂的应变极性相同，同为拉应变或压应变，输出电压与应变之和成正比；若相对桥臂的应变极性相反，输出电压与应变之差成正比。

> **小提示：** ε 可为轴向应变或径向应变。应变片粘贴方向确定后，若为压应变，ε 为负值；若为拉应变，ε 为正值。合理利用电桥的和差特性，可提高灵敏度，消除非测量载荷的影响并实现温度补偿。

例 5-1　如图 5.1.12 所示，弹性悬臂梁同时受到弯矩 M 和拉力 P 的作用，梁的上、下表面粘贴两个相同的应变片 R_1 和 R_2，分析各电阻应变片的应变。如何组桥进行以下测试？求出电桥的输出电压。

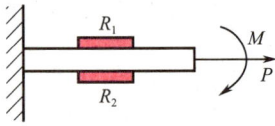

图 5.1.12　复合载荷作用下
的悬臂梁

（1）测量拉力 P，消除弯矩 M 的影响；

（2）测量弯矩 M，消除拉力 P 的影响。

解： 假设悬臂梁在拉力 P 作用下产生的应变为 ε_P，在弯矩 M 作用下产生的应变为 ε_M，R_1、R_2 的应变分别为 $\varepsilon_P + \varepsilon_M$ 和 $\varepsilon_P - \varepsilon_M$。

（1）如图 5.1.13（a）所示，将 R_1、R_2 布置在电桥的相对桥臂，R_3、R_4 为常值电阻，阻值与 R_1、R_2 的初始阻值相同，$\varepsilon_3 = \varepsilon_4 = 0$，则电桥的输出电压为

$$U_o = -\frac{1}{4}U_i S(\varepsilon_1 - \varepsilon_3 + \varepsilon_2 + -\varepsilon_4) = -\frac{1}{4}U_i S[(\varepsilon_P + \varepsilon_M) - 0 + (\varepsilon_P - \varepsilon_M) - 0] = -\frac{1}{2}S\varepsilon_P U_i$$

实现了拉力 P 的测量并消除了弯矩 M 的影响。

（2）如图 5.1.13（b）所示，若将 R_1、R_2 布置在电桥的相邻桥臂，电桥的输出电压为

$$U_o = -\frac{1}{4}U_i S(\varepsilon_1 - \varepsilon_2 + \varepsilon_3 - \varepsilon_4) = -\frac{1}{4}U_i S[(\varepsilon_P + \varepsilon_M) - (\varepsilon_P - \varepsilon_M) + 0 - 0] = -\frac{1}{2}S\varepsilon_M U_i$$

实现了弯矩 M 测量并消除了拉力 P 的影响。

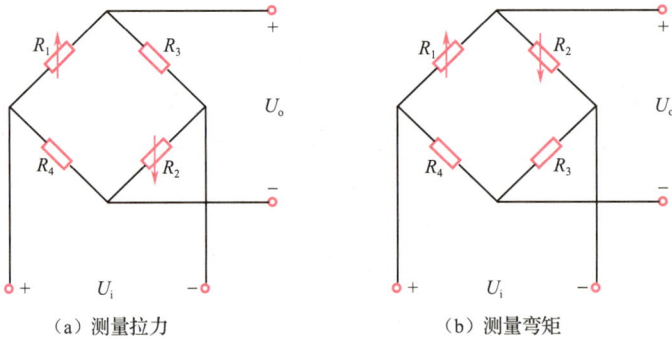

（a）测量拉力　　　　　　　　　　（b）测量弯矩

图 5.1.13　例 5-1 悬臂梁的测量电桥

（4）电流激励电桥。

电压激励电桥（又称恒压源电桥）中因各桥臂电流变化会导致非线性误差。电流激励电桥（又称恒流源电桥）可减小非线性误差，如图 5.1.14 所示，供桥电流为 I，各桥臂电流分别为 I_1 和 I_2，若恒流源的内阻很大，则

$$\begin{cases} I_1(R_1 + R_2) = I_2(R_3 + R_4) \\ I = I_1 + I_2 \end{cases} \quad (5.1.31)$$

解方程组可得

$$I_1 = \frac{R_3 + R_4}{R_1 + R_2 + R_3 + R_4}I \quad (5.1.32)$$

$$I_2 = \frac{R_1 + R_2}{R_1 + R_2 + R_3 + R_4}I \quad (5.1.33)$$

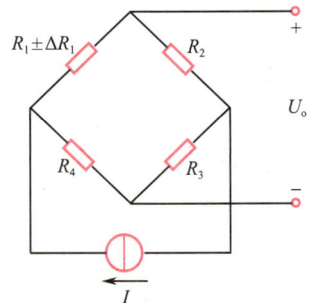

图 5.1.14　电流激励电桥

电桥的输出电压为

$$U_o = I_1 R_2 - I_2 R_3 = \frac{R_2 R_4 - R_1 R_3}{R_1 + R_2 + R_3 + R_4}I \quad (5.1.34)$$

初始时电桥处于平衡状态（$R_1 R_3 = R_2 R_4$），电桥的输出电压为零。设桥臂电阻 R_1 的变化为 $\pm\Delta R$，R_2、R_3 和 R_4 为固定电阻，则电桥的输出电压为

$$U_o = \mp \frac{R \cdot \Delta R}{4R \pm \Delta R} I = \mp \frac{1}{4} I \Delta R \frac{1}{1 \pm \dfrac{\Delta R}{4R}} \tag{5.1.35}$$

相对于电压激励电桥，单臂工作时电流激励电桥的非线性误差减小。

若采用全桥，电桥的输出电压为

$$U_o = \mp I \Delta R \tag{5.1.36}$$

可见，高内阻的电流激励电桥可有效减小非线性误差。若采用全桥，可提高灵敏度，并实现温度自动补偿。

2．电桥平衡调节

将电阻应变片接入电桥测量电路，应满足电桥平衡条件，使电阻应变片无应变时电桥输出为零，但实际测量时，各桥臂的性能参数不可能完全相同，再加上引线电阻、分布电容等因素，可能影响直流电桥的初始平衡条件和输出电压。因此，需设置调零电路，在电阻应变片未工作时进行电桥平衡调节。

5.1.6　电阻应变片的温度误差及补偿

电阻应变片在测量过程中，机械应变会导致电阻变化，环境温度同样会引起电阻变化，产生虚假应变，造成测量误差。因此，必须减小或消除温度对测量结果的影响，提高测量精度。

1．温度误差产生的原因

使电阻应变片产生温度误差的原因主要如下。

1）电阻热效应

电阻热效应指敏感栅电阻值随温度发生变化，由金属电阻丝的电阻温度系数 α 决定。金属电阻丝阻值与温度的关系为

$$R_t = R(1 + \alpha \Delta t) \tag{5.1.37}$$

式中：Δt ——温度变化量，即 $\Delta t = t - t_0$；α ——敏感栅材料的电阻温度系数；R ——温度为 t_0 时的电阻值；R_t ——温度为 t 时的电阻值。

电阻热效应引起的应变误差为

$$\varepsilon_\alpha = \frac{\Delta R_\alpha / R}{S} = \frac{\alpha \Delta t}{S} \tag{5.1.38}$$

2）热胀冷缩效应

试件材料和敏感栅的线膨胀系数相同时，无论环境温度如何变化，试件和电阻丝的应变完全一致，不会产生内应力。试件材料和敏感栅的线膨胀系数不一致时，环境温度变化导致试件和电阻丝的应变不一致，存在附加内应力，产生附加电阻。如图 5.1.15 所示，设温度为 t_0 时粘贴在试件上的应变片的栅长为 l，敏感栅和试件的线膨胀系数分别为 β_s 和 β_g，温度变化 Δt 时，栅长受热膨胀至 l_s，试件受热膨胀至 l_g，则有

$$\begin{cases} l_s = l(1 + \beta_s \Delta t) = l + l\beta_s \Delta t = l + \Delta l_s \\ l_g = l(1 + \beta_g \Delta t) = l + l\beta_g \Delta t = l + \Delta l_g \end{cases} \tag{5.1.39}$$

由于 $\beta_s \neq \beta_g$，因此 $\Delta l_s \neq \Delta l_g$。若 $\beta_s < \beta_g$，由于电阻应变片与试件粘贴在一起，敏感栅被迫从 Δl_s 拉

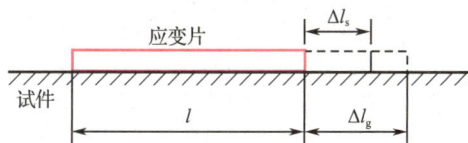

图 5.1.15　线膨胀系数不同引起的温度误差

长至 Δl_g ，导致电阻应变片产生附加变形 Δl_β ，即

$$\Delta l_\beta = \Delta l_\mathrm{g} - \Delta l_\mathrm{s} = l(\beta_\mathrm{g} - \beta_\mathrm{s})\Delta t \tag{5.1.40}$$

附加应变为

$$\varepsilon_\beta = \Delta l_\beta / l = (\beta_\mathrm{g} - \beta_\mathrm{s})\Delta t \tag{5.1.41}$$

附加应变引起的电阻变化为

$$\Delta R_\beta = RS(\beta_\mathrm{g} - \beta_\mathrm{s})\Delta t \tag{5.1.42}$$

式中：R ——温度为 t_0 时的电阻应变片电阻值；S ——应变片灵敏度系数。

温度变化引起电阻应变片总的电阻变化为

$$\Delta R_t = \Delta R_\alpha + \Delta R_\beta = R[\alpha + S(\beta_\mathrm{g} - \beta_\mathrm{s})]\Delta t \tag{5.1.43}$$

相应的总应变为

$$\varepsilon_t = \varepsilon_\alpha + \varepsilon_\beta = \frac{\alpha\Delta t}{S} + (\beta_\mathrm{g} - \beta_\mathrm{s})\Delta t \tag{5.1.44}$$

可见，温度变化引起的附加电阻变化与环境温度、电阻应变片自身的性能参数及试件的材料有关。

2. 温度补偿方法

温度变化会引起电阻应变片电阻值改变，造成测量误差，因此需采取措施进行温度补偿。常用的温度补偿方法有应变片自补偿法、桥路补偿法和热敏电阻补偿法。

1）应变片自补偿法

利用自身具有温度补偿作用的电阻应变片实现温度自补偿。由式（5.1.43）和式（5.1.44）可知

$$\alpha = -S(\beta_\mathrm{g} - \beta_\mathrm{s}) \tag{5.1.45}$$

若已知被测试件的线膨胀系数 β_g ，合理选择敏感栅材料，使其灵敏度系数 S 、线膨胀系数 β_s 和电阻温度系数 α 满足式（5.1.45），即可实现温度的自补偿。该方法结构简单、制造和使用方便，但一种电阻应变片只能在特定的试件材料上使用，存在局限性。

2）桥路补偿法

（1）使用补偿块。

如图 5.1.16 所示，R_1 为工作应变片，粘贴在被测试件表面；R_b 为补偿应变片，粘贴在材料与被测试件完全相同的补偿块上。补偿应变片 R_b 和工作应变片 R_1 完全相同，且处于同一温度场，将 R_1 和 R_b 作为电桥的相邻桥臂，其余桥臂 R_3、R_4 为常值电阻。在工作过程中补偿块仅随温度发生变形。基于电桥的和差特性，由于 R_1 和 R_b 两个电阻应变片处在同一温度场，且为相邻桥臂，温度变化引起电压输出相互抵消，实现温度补偿。

当被测试件无应变时，R_1 和 R_b 处于同一温度场，调整电桥参数使电桥输出电压为零，电桥处于平衡状态；温度升高或降低，R_1 和 R_b 因温度引起的电阻变化相同，即 $\Delta R_{1t} = \Delta R_{\mathrm{b}t}$，电桥仍然处于平衡状态，输出电压为零；若被测试件有应变 ε ，工作应变片 R_1 由应变引起的电阻增量为 $\Delta R_{1\varepsilon} = R_1 S\varepsilon$，而补偿应变片 R_b 不承受应变，不会产生因应变引起的电阻变化。因此，电桥的输出电压只与被测试件的应变 ε 有关，与环境温度无关。

要实现温度补偿，需满足：①两个应变片处于同一温度场；②R_1 和 R_b 具有相同的电阻温度系数、线膨胀系数、灵敏度系数和初始电阻值；③补偿块材料和被测试件的线膨胀系数相

同；④在应变片工作过程中，$R_3 = R_4$。

（a）补偿应变片的粘贴　　　　（b）电桥电路

图 5.1.16　桥路补偿时补偿应变片的粘贴及电桥电路

桥路补偿法简单易行，温度补偿范围大、补偿效果好，是最常用的温度补偿方法之一。缺点是温度变化梯度较大时，两个应变片很难处于同一温度场。

（2）不使用补偿块。

在实际应用中，根据被测试件应变的情况，不使用补偿块，将补偿应变片直接粘贴在被测试件上，既能实现温度补偿，又能提高电桥灵敏度。

① 半桥接法。

如图 5.1.17（a）所示的弹性悬臂梁，将两个完全相同的工作应变片 R_1 和 R_2 分别粘贴在梁的上、下表面的对称位置，在力 F 的作用下，R_1 为拉应变，R_2 为压应变，两个应变大小相等、方向相反，且处于同一温度场。设外力作用时应变片 R_1 与 R_2 的电阻变化量为 ΔR，其中 R_1 增大 ΔR，R_2 减小 ΔR；温度变化时，R_1 和 R_2 因温度引起的电阻变化量均为 ΔR_t。将 R_1 与 R_2 接到电桥的相邻桥臂，另外两个桥臂 R_3 和 R_4 为常值电阻，电桥的输出电压为

$$U_o = \left[\frac{(R - \Delta R + \Delta R_t)}{(R - \Delta R + \Delta R_t) + (R + \Delta R + \Delta R_t)} - \frac{R}{R + R} \right] U_i = -\frac{1}{2} \frac{\Delta R}{R + \Delta R_t} U_i \quad (5.1.46)$$

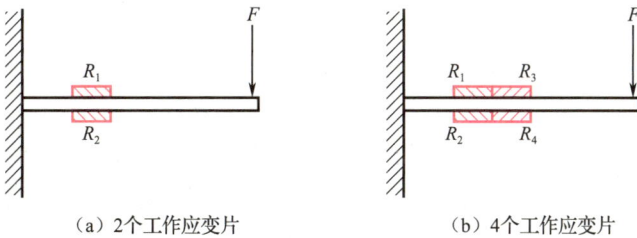

（a）2个工作应变片　　　　　（b）4个工作应变片

图 5.1.17　桥路温度补偿

② 全桥接法。

为了提高电桥的灵敏度，最好采用全桥，如图 5.1.17（b）所示，外力作用时 4 个工作应变片的电阻变化量均为 ΔR，其中 R_1 和 R_3 增大 ΔR，R_2 和 R_4 减小 ΔR；温度变化时，4 个工作应变片因温度引起的电阻变化量均为 ΔR_t，则电桥的输出为

$$U_o = -\frac{\Delta R}{R + \Delta R_t} U_i \quad (5.1.47)$$

显然，电路灵敏度增加一倍，并且可进行温度补偿。

3）热敏电阻补偿法

如图 5.1.18 所示，负温度系数热敏电阻 R_t 与工作应变片 R_1 处于同一温度场。电桥的灵敏度随温度升高而下降时，电桥的输出电压减小；此时，热敏电阻 R_t 的电阻值减小，使电桥的输入电压随温度的升高而增大，电桥的输出电压增大，补偿受温度影响引起的电桥输出电压减小。

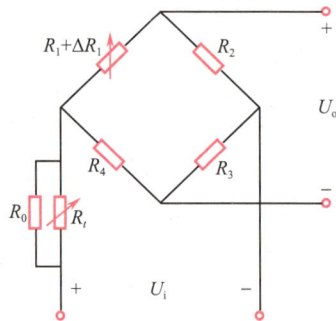

图 5.1.18　热敏电阻补偿法

5.2　电阻应变式传感器及应用

电阻应变式传感器广泛应用于机械、航空、电力、化工、交通、建筑、医学等领域，其工作时电阻变化很小，但灵敏度较高，主要用于测量应变、位移、力、力矩、压力、加速度、速度、温度等物理量。

5.2 电阻应变式传感器及应用课件

1. 电阻应变式传感器的主要特点

1）优点

（1）精度高，测量范围广，应变测量范围从几微应变至数千微应变。

（2）尺寸小，质量轻，结构简单，便于实现小型化、固态化。

（3）对被测试件工作状态和应力分布的影响很小，使用、维修方便。

（4）可在高温、高速、高压、强振、强磁场及化学腐蚀等恶劣条件下正常工作。

（5）价格低廉，产品多样，选择面广。

2）缺点

（1）大应变时具有较明显的非线性。

（2）输出信号微弱，抗干扰能力较差。

（3）仅能测出敏感栅范围内的平均应变，不能测出应变梯度。

2. 电阻应变片的布置和组桥原则

应用电阻应变式传感器时，选取合适的弹性元件将被测物理量转换为应变，合理规划电阻应变片在弹性元件上的布置和接桥方式，利用电桥的和差特性实现测量，同时进行温度补偿和消除非测量载荷的影响。电阻应变片的布置和组桥应根据弹性元件的受力情况确定，一般采用以下原则。

（1）贴片：贴片处应变尽量与外载荷呈线性关系，避开非线性区，同时尽量使贴片区域免受非测量载荷的干扰；电阻应变片应布置在弹性元件应变最大的位置，并沿主应力方向贴片。

（2）组桥：充分利用电桥的和差特性，将电阻应变片布置在弹性元件的正负应变区域，选择半桥或全桥，进行温度补偿并消除非测量载荷的干扰。实际应用中，推荐采用 4 个相同的电阻应变片组成全桥，使输出的灵敏度最大。

> 📖 **小知识**：高精度应力应变测量，确保构件安全
>
> 材料在交变应力作用下会产生金属疲劳断裂现象。金属材料在应力作用下产生微裂纹，裂纹经过一定数量循环，将扩展到临界点，导致金属材料在工作应力小于屈服强度的情况下发生突然断裂。
>
> 2007 年 11 月 2 日，一架美军 F-15C 鹰式战斗机在做空中缠斗飞行训练时突然解体，调查结果表明，飞机的关键支撑构件——桁梁出现了金属疲劳断裂；1998 年，德国一辆高速列车因车轮内部疲劳断裂而在行驶中突然出轨；1979 年，一架美国航空公司 DG-10 客机上的螺栓因金属疲劳断裂而折断，导致飞机坠毁。因此，构件的健康监测越来越受到重视，通过测量应变了解构件变形状况、分析形变原因，可预防金属疲劳断裂，保证构件和设备安全运行。

5.2.1　应变式力传感器

应变式力传感器的量程宽、精度高、结构简单，在静态和动态测量中应用广泛，如在电子秤、材料试验机、飞机和航空发动机地面测试、桥梁大坝健康诊断中发挥重要作用。根据弹性元件的不同形状，可以制成悬臂梁式、环式和柱式等应变式力传感器。

应变式力传感器视频

1. 悬臂梁式应变式力传感器

悬臂梁是一端固定、另一端自由的弹性敏感元件，其结构简单，易于加工，贴片方便，灵敏度较高，在较小力（500N 以下）测量中应用普遍，主要有等强度悬臂梁和等截面悬臂梁两种。图 5.2.1 所示为应变式力传感器实物图。图 5.2.1（a）所示为梁式称重传感器 QLL-10，为合金钢材料，内部灌胶密封，防油，防水，耐腐蚀；采用单剪切梁结构设计，安装使用灵活方便，使用于料斗秤、电子平台秤等各类称重设备。

（a）梁式称重传感器 QLL-10　　　　　　　（b）环式力传感器 LFE-19A

图 5.2.1　应变式力传感器实物图

1）等强度悬臂梁式应变式力传感器

图 5.2.2 所示为等强度悬臂梁式应变式力传感器，三角形顶点受载荷 F 的作用，梁内各截面产生的应力和应变相等。

R_1 为电阻应变片，粘贴在悬臂梁上，载荷导致悬臂梁产生变形，传递给电阻应变片，使电阻应变片产生相同的变形，引起电阻值发生变化。将该电阻应变片接入测量电桥，根据电桥输出电压实现对载荷 F 的测量。等强度梁各点的应变为

$$\varepsilon = \frac{6Fl}{bh^2E} \tag{5.2.1}$$

式中：l ——梁的长度；h ——梁的厚度；b ——梁的固定端宽度；E ——材料的弹性模量。

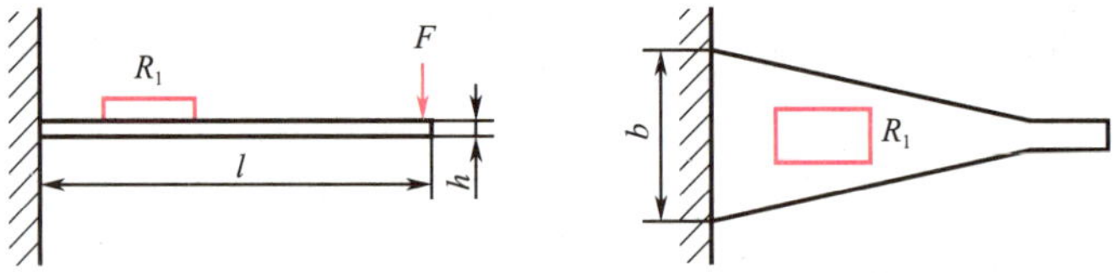

（a）正视图　　　　　　　　　　（b）俯视图

图 5.2.2　等强度悬臂梁式应变式力传感器

2）等截面悬臂梁式应变式力传感器

图 5.2.3 所示为矩形等截面悬臂梁式应变式力传感器，其应力分布较复杂，不同位置的应变不相等，对电阻应变片的粘贴位置的要求较高。等截面悬臂梁距梁固定端为 x 处的应变为

$$\varepsilon_x = \frac{6F(l-x)}{bh^2E} = \frac{6F(l-x)}{AhE} \tag{5.2.2}$$

式中：x ——距梁固定端的距离；A ——梁的截面积。

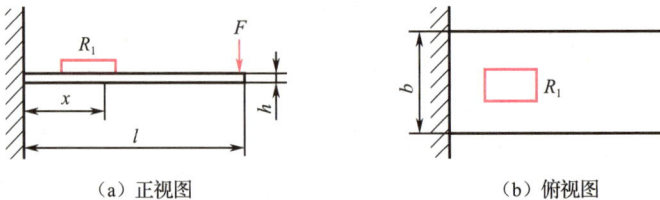

（a）正视图　　　　　　　　　　（b）俯视图

图 5.2.3　矩形等截面悬臂梁式应变式力传感器

2. 环式应变式力传感器

常见的环式应变式力传感器的弹性元件的结构形式有等截面环和变截面环两种，刚度大，

稳定性好，固有频率高，主要用于中、小载荷的测力传感器，等截面环适用于测量较小的力，变截面环适用于测量较大的力。

测力环各点的应力状态比较复杂，应变分布不均匀，存在近零应变区、正应变区和负应变区。对于等截面环，电阻应变片贴在环内侧正、负应变最大区域，避开刚性支点，如图 5.2.4（a）所示；对于变截面环，电阻应变片贴在环水平轴的内、外两侧面上，如图 5.2.4（b）所示。当受到力 F 作用时，电阻应变片 R_1 和 R_3 受拉应力作用，R_2 和 R_4 受压应力作用，4 个电阻应变片组成全桥，可提高灵敏度并进行温度补偿。

图 5.2.1（b）所示为环式力传感器 LFE-19A 实物图，采用中空设计，主要测量挤压力，装配过盈力值检测。

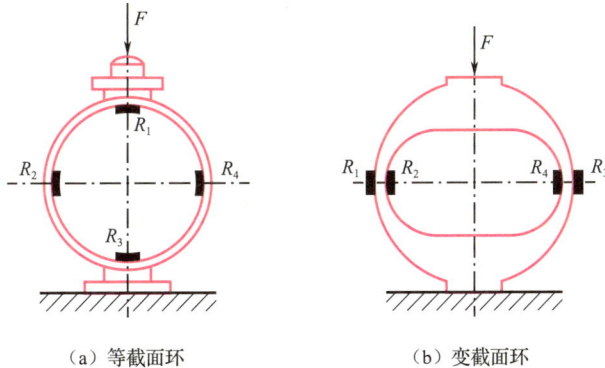

（a）等截面环　　　　　　　　　　（b）变截面环

图 5.2.4　环式应变式力传感器

3. 柱式应变式力传感器

柱式应变式力传感器的弹性元件为实心或空心圆柱，结构简单紧凑，承载能力强，主要用于中等载荷的拉压力测量。弹性圆柱受轴向载荷的作用时，在同一截面上产生拉应变或压应变，应变分布均匀。

在实际测量中，被测力与轴线存在偏心或微小角度，不可能完全沿圆柱体的轴线作用，圆柱体受横向力和弯矩的干扰，从而产生测量误差，影响测量精度。为减小测量误差，采用"均匀分布、横竖贴法"克服偏心力的影响而实现应变的测量。如图 5.2.5（a）所示，采用 8 个相同的电阻应变片，其中 4 个沿圆柱体轴向粘贴，4 个沿周向粘贴，图 5.2.5（b）为圆柱面的展开图，图 5.2.5（c）为桥路连接图。R_1、R_3 串接，R_2、R_4 串接并置于相对桥臂；R_5、R_7 串接，R_6、R_8 串接并置于另一相对桥臂，既可消除偏心和弯矩的影响，又提高了灵敏度并进行了温度补偿。

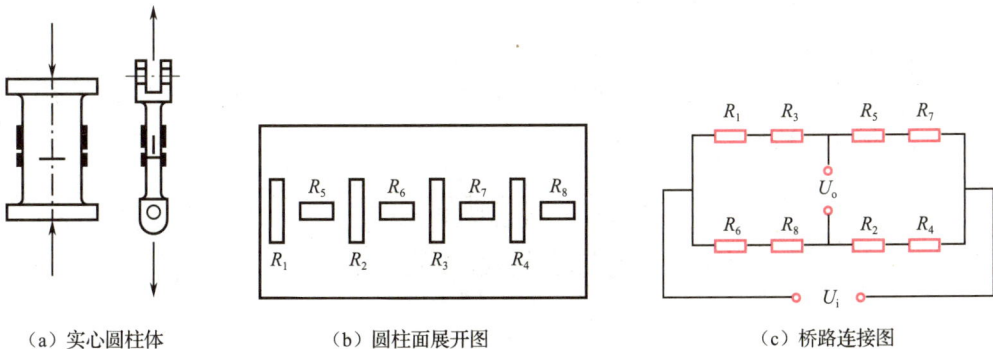

（a）实心圆柱体　　　　　（b）圆柱面展开图　　　　　（c）桥路连接图

图 5.2.5　柱式力传感器

5.2.2　应变式压力传感器

应变式压力传感器主要由弹性元件、电阻应变片和外壳组成，大多采用膜片式或筒式弹性元件，其主要用于测量流动介质的静态和动态压力，如动力设备管道和内燃机管道的进出气口的压力测量、枪和炮管内部压力测量等。

1. 筒式压力传感器

筒式压力传感器的弹性元件采用薄壁圆筒，结构简单，制造方便，适用于高压测量，在设计高压圆筒时，要进行强度计算并注意连接处的密封问题。当被测压力作用于圆筒的内腔时，圆筒发生变形，圆筒径向应变远大于轴向应变，通常在圆筒的外表面沿圆周方向粘贴两个电阻应变片（R_1、R_3），感受拉应变；在圆筒的实心顶部外表面或沿圆筒轴向粘贴两个电阻应变片（R_2、R_4），起到温度补偿作用，如图 5.2.6 所示，4 个电阻应变片组成全桥，提高输出的灵敏度和线性度，并进行温度补偿。

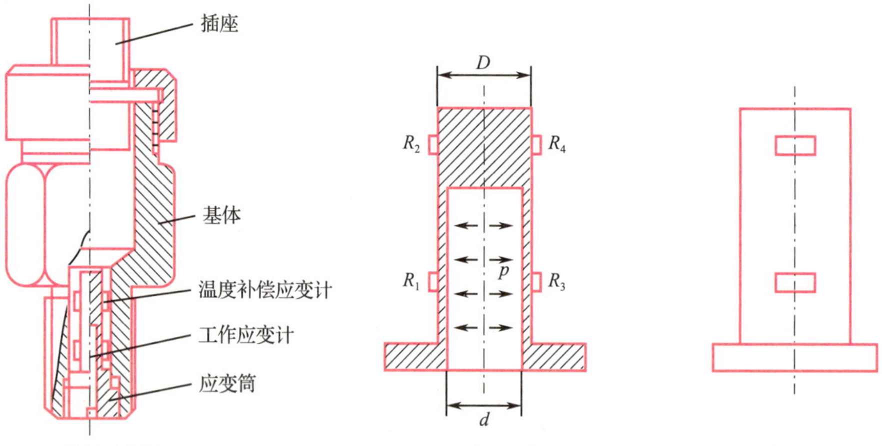

（a）结构示意图　　　　　　（b）薄壁圆筒　　　　　　（c）应变片布片

图 5.2.6　筒式压力传感器

2. 膜片式压力传感器

膜片式压力传感器的弹性元件为平膜片或波纹膜片，结构简单，性能可靠，圆形箔式应变片可制成小尺寸高精度的压力传感器。以平膜片式压力传感器为例，平膜片周边固定，将两种不同的压力介质隔开，压力差使膜片产生变形。根据平膜片的应力、应变分布，将电阻应变片粘贴在平膜片上感受其径向应变和切向应变。

图 5.2.7 为膜片式压力传感器，电阻应变片贴于膜片内壁，在压力 p 的作用下，膜片的径向应变和切向应变分别为

$$\varepsilon_{\mathrm{r}} = \frac{3p(1-\mu^2)(R^2-3x^2)}{8h^2E} \tag{5.2.3}$$

$$\varepsilon_{\mathrm{t}} = \frac{3p(1-\mu^2)(R^2-x^2)}{8h^2E} \tag{5.2.4}$$

式中：R——膜片的半径；h——膜片的厚度；x——离圆心的径向距离；p——膜片上均匀分布的压力；μ——材料的泊松比；E——材料的弹性模量。

分析式（5.2.3）和式（5.2.4）有

（1）$x = 0$ 时，在膜片中心位置的应变 $\varepsilon_r = \varepsilon_t = \dfrac{3p(1-\mu^2)R^2}{8h^2E}$；

（2）$x = R/\sqrt{3}$ 时，有 $\varepsilon_r = 0$，$\varepsilon_t = \dfrac{p(1-\mu^2)R^2}{4h^2E}$；

（3）$x = R$ 时，在膜片边缘处的应变 $\varepsilon_r = -\dfrac{3p(1-\mu^2)R^2}{4h^2E}$，$\varepsilon_t = 0$。

（a）应力变化与应变分布　　　　（b）电阻应变片的粘贴位置

图 5.2.7　膜片式压力传感器

由以上计算分析及应变分布图 5.2.7（a）可知：①切向应变 ε_t 始终为非负值，中心处最大；②$x = R/\sqrt{3}$ 处径向应变为 0，不能感受径向应变 ε_r，贴片时要避开此处；③径向应变 ε_r 有正有负，在中心处和切向应变 ε_t 相等，边缘处最大，是中心处的两倍。

> **小总结**：由以上分析得到以下贴片方法。圆心处切向应变最大，一般在膜片圆心处沿切向贴两个电阻应变片（R_1、R_4）感受 ε_t；边缘处径向应变最大，在边缘处沿径向贴两个电阻应变片（R_2、R_3）感受 ε_r；电阻应变片 R_1、R_4 相对和 R_2、R_3 相对组成全桥测量电路，提高灵敏度并实现温度补偿。

3. 组合式压力传感器

组合式压力传感器将感受元件和弹性元件分开，感受元件（如膜片、膜盒、波纹管、弹簧管等）转换压力，电阻应变片贴在弹性元件（如弹性梁、薄壁圆筒等）的敏感部位，能根据需求组合成多种类型，如图 5.2.8 所示。

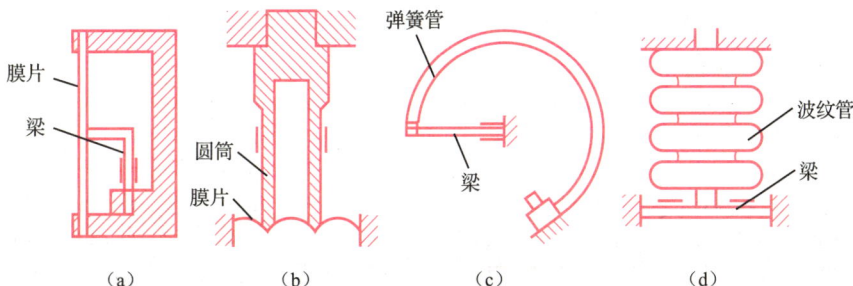

图 5.2.8　几种弹性敏感元件组合示意图

组合式压力传感器灵敏度高，适用于测量低压力，但固有频率低，不适用于需要快速响应或高频振动的测量，尤其是高动态瞬变压力测量，受固有频率的限制，组合式压力传感器的性能可能会受到影响，无法提供准确可靠的测量结果。因此，在选择传感器时，需根据具体的应用场景和需求决定是否使用组合式压力传感器。

5.2.3　应变式加速度传感器

加速度是运动参数，需要经过质量惯性系统将加速度转换成作用于弹性元件上的力实现测量。根据牛顿第二运动定律，物体运动的加速度与作用于它的力成正比，与质量成反比，据此可实现加速度的测量。

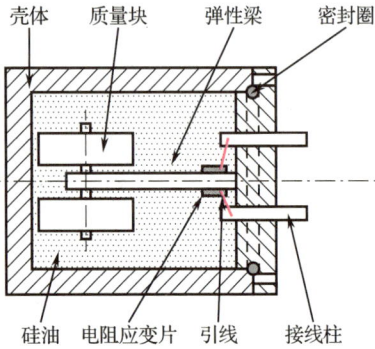

图 5.2.9　应变式加速度传感器

图 5.2.9 所示为应变式加速度传感器的结构，由一端固定、一端带有惯性质量块（质量为 m）的弹性梁，以及贴在梁根部的电阻应变片及壳体等组成。壳体内充满硅油，提供必要的阻尼。测量时，将传感器壳体与被测物体刚性连接。当被测物体以加速度 a 运动时，质量块受到与加速度方向相反的惯性力作用，惯性力为 $F = ma$，惯性力使弹性梁产生变形，导致电阻应变片的电阻值发生变化，从而引起电桥输出电压的变化，即可测出加速度。应变式加速度传感器结构简单，设计灵活，具有良好的低频响应，在低频振动测量中应用广泛，主要用于 $10 \sim 60$Hz 低频的振动和冲击测量。

5.2.4　应变式位移传感器

应变式位移传感器将被测位移转换成弹性元件的变形和应变，通过应变计或电桥，输出正比于被测位移的电量，可用于近测或远测静态或动态位移。

国产 WY 系列应变式位移传感器的结构如图 5.2.10（a）所示，其由悬臂梁、弹簧、测量杆等组成，被测位移由测量头、测量杆、弹簧传递到悬臂梁，使之弯曲变形。梁的根部附近上、下表面各粘贴两个电阻应变片，构成全桥电路，即可实现位移测量，由于采用了悬臂梁-螺旋弹簧串联的组合结构，适用于测量 $10 \sim 100$mm 的较大位移。

该应变式位移传感器的工作原理如图 5.2.10（b）所示，当测量杆上的测量头产生位移时，测量杆推动悬臂梁，使粘贴于上面的电阻应变片产生应变，并且应变量与位移成正比，即

$$d = K\varepsilon \tag{5.2.5}$$

上式表明：d 与 ε 呈线性关系，比例系数 K 与弹性元件尺寸、材料特性参数有关。图 5.2.11 为 WY-01 高密封等级拉杆式直线位移传感器实物图。

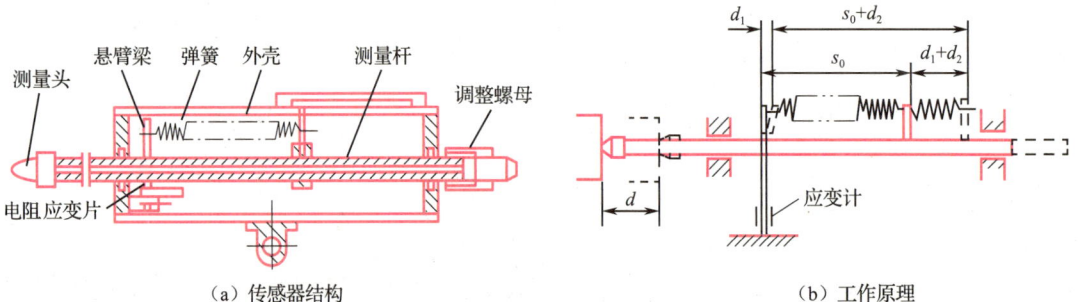

（a）传感器结构　　　　　　　　　　（b）工作原理

图 5.2.10　WY 系列应变式位移传感器

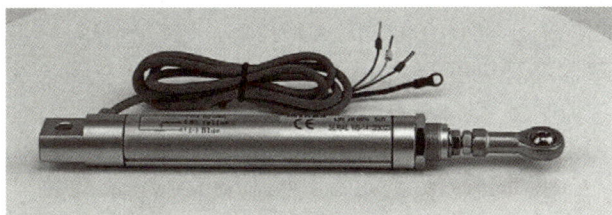

图 5.2.11　WY-01 高密封等级拉杆式直线位移传感器实物图

5.2.5　应变式扭矩传感器

应变式扭矩传感器采用应变电测技术。在扭转轴上粘贴电阻应变片组成测量电桥，当扭转轴受扭矩产生微小变形后引起电桥电阻值变化，应变电桥电阻的变化转变为电信号的变化从而实现扭矩测量。如图 5.2.12（a）所示，应变式扭矩传感器由扭转轴、电阻应变片、放大器、集流环、振荡器和显示记录仪等组成。

图 5.2.12（b）所示为 LT-01A 扭矩传感器实物图，体积小巧，法兰式结构安装方便；采用不锈钢或者铝合金结构，精度高，稳定性好。

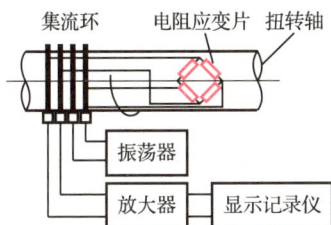

（a）结构图　　　　（b）LT-01A 扭矩传感器实物图

图 5.2.12　应变式扭矩传感器

5.2 电阻应变片组桥讨论

> **小讨论：** 等强度梁上、下表面贴有若干参数相同的电阻应变片，如图 5.2.13 所示。梁材料的泊松比为 μ，在力 P 的作用下，梁的轴向应变为 ε，用静态应变仪测量时，如何组桥才能实现下列读数？
> （1）ε；（2）$(1+\mu)\varepsilon$；（3）4ε；（4）$2(1+\mu)\varepsilon$；（5）0；（6）2ε。

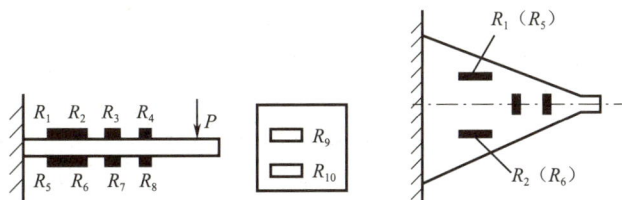

图 5.2.13　5.2 节讨论题图

5.3　压阻式传感器及应用

5.3 压阻式传感器及应用课件

压阻式传感器是利用半导体应变片的压阻效应制成的传感

器，通常利用单晶硅材料的压阻效应和集成电路技术，通过测量电路得到与力的变化成正比的电信号。压阻式传感器广泛应用于航天、航空、航海、石油化工等领域，以及工业设备、水利、医疗等领域的压力测量与控制。

5.3.1　压阻效应与压阻系数

半导体应变片基于半导体材料的压阻效应制成，不同类型的半导体，外力施加的方向不同，压阻效应不同。常见的半导体应变片采用锗和硅等作为敏感栅，把应变转换成电阻的变化。

由于半导体材料具有各向异性，当硅膜片存在应力时，产生纵向（扩散电阻长度方向）压阻效应和横向（扩散电阻宽度方向）压阻效应

$$\frac{\Delta R}{R} = \pi_1 \sigma_1 + \pi_t \sigma_t \tag{5.3.1}$$

式中，π_1、π_t 分别为纵向压阻系数和横向压阻系数，大小由扩散电阻晶相决定；σ_1、σ_t 分别为纵向应力和横向应力（切向应力），应力状态由扩散电阻的所在位置决定。

5.3.2　半导体应变片的测量电路

1. 测量原理

不同于粘贴式电阻应变片，压阻式传感器可以直接通过硅膜片感受被测压力，不需要通过弹性敏感元件间接感受外力。压阻式传感器的核心部分是 N 形的圆形硅膜片，采用集成工艺将电阻条集成在单晶硅膜片上，制成硅压阻芯片，将此芯片封装于外壳内，引出电极引线。在圆形硅膜片布置图 5.3.1 所示的 4 个等值电阻。电阻 R_2、R_3 处于 $r < 0.635r_0$ 位置，感受拉应力；R_1、R_4 处于 $r > 0.635r_0$ 位置，感受压应力。

只要位置合适，可满足

$$\frac{\Delta R_2}{R_2} = \frac{\Delta R_3}{R_3} = -\frac{\Delta R_1}{R_1} = -\frac{\Delta R_4}{R_4} \tag{5.3.2}$$

通过全桥电路，可获得最大的电压输出灵敏度。

2. 温度补偿

压阻式传感器扩散电阻的温度系数较大，电阻值随温度的变化而变化，传感器产生零漂现象。温度升高，压阻系数减小，传感器的灵敏度减小；反之，灵敏度增大。因此，压阻式传感器受温度的影响，会产生零漂和灵敏度漂移，引起温度误差。为了减小温度的影响，压阻式传感器通常采用恒流源激励电桥，并通过串并联电阻、热敏电阻等进行温度补偿。

如图 5.3.2 所示，在电桥的电源回路中，串联的二极管电压用于补偿灵敏度温漂。二极管的 PN 结为负温度特性，温度升高，压降减小，电桥电压提高，输出变大，补偿应变片灵敏度产生的影响。串联电阻 R_S 用于调零操作，并联电阻 R_p 主要用于补偿。当温度上升时，假设 R_2 阻值增加得较大，则 a 点电位 V_a 高于 c 点电位 V_c，$V_a - V_c$ 为零漂，可采用两种措施消除该零漂：①在 R_2 上并联一只具有负温度系数的阻值较大的电阻 R_p，用于抑制 R_2 变化，实现补偿；②在 R_3 上并联一只阻值较大且具有正温度系数的电阻，达到补偿效果。

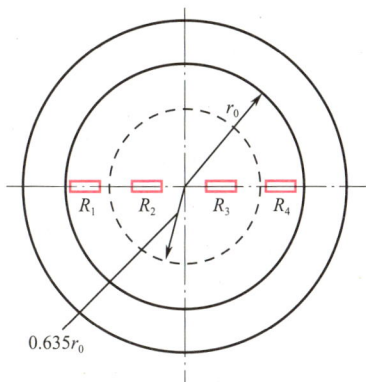

图 5.3.1　圆形硅膜片上电阻布置图

图 5.3.2　温度补偿电路

5.3.3　压阻式传感器的应用

1. 加速度测量

压阻式加速度传感器的结构如图 5.3.3 所示，为悬臂梁式加速度计。悬臂梁用单晶硅制成，悬臂梁一端固定一质量块，另一端固定在传感器基座上，悬臂梁的根部扩散 4 个等值电阻，构成惠斯通电桥。自由端的质量块受到加速度作用时，悬臂梁因惯性力的作用产生弯曲而发生变形，同时产生应变，使扩散电阻的阻值变化，电桥输出与加速度成比例的电压。

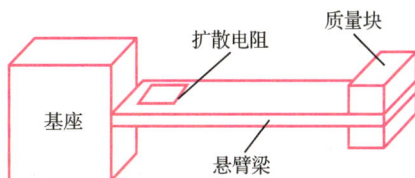

图 5.3.3　压阻式加速度传感器

该类传感器的特点：①内在噪声低，输出阻抗低，输出电压高，对静电和电磁干扰的敏感度低，信号调理简单易行，对底座应变和热瞬变不敏感，大冲击加速度作用时零漂很小；②工作频带很宽，频率响应可以低到零频（直流响应），因此可用于低频振动和持续时间长的冲击测量，如军工冲击波试验；③灵敏度较低，适合冲击测量，如汽车碰撞测试、运输过程中冲击和振动的测量、颤振研究等。

2. 压力测量

压阻式传感器最常用于测量压力，实际应用中，选择不同外形尺寸、结构形式和材料的压阻式传感器，满足不同的使用要求。

1）压阻式压力传感器

压阻式压力传感器由外壳、硅杯和引线组成，如图 5.3.4 所示，核心是方形硅膜片。在硅膜片上，利用集成电路工艺制作 4 个阻值相等的电阻。图中虚线内为承受压力区域。根据前述原理可知，R_2、R_4 感受拉应变，R_1、R_3 感受压应变，4 个电阻之间用面积较大但阻值较小的扩散电阻引线连接，构成全桥。硅片表面用 SiO_2 薄膜加以保护，并用铝质导线做全桥的引线。因为硅膜片底部加工成中间薄（用于产生应变）、周边厚（起支承作用），所以又称为硅杯。硅杯在高温下用玻璃黏结剂贴在热胀冷缩系数相近的玻璃基板上。将硅杯和玻璃基板安装到壳体中，制成压阻式压力传感器。

硅杯两侧存在压力差时，硅膜片产生变形，4 个应变电阻在应力作用下阻值发生变化，电桥失去平衡，按照电桥的工作方式，输出电压 U_o 与硅膜片两侧的压差 Δp 成正比，即

$$U_o = K(p_1 - p_2) = K\Delta p \tag{5.3.3}$$

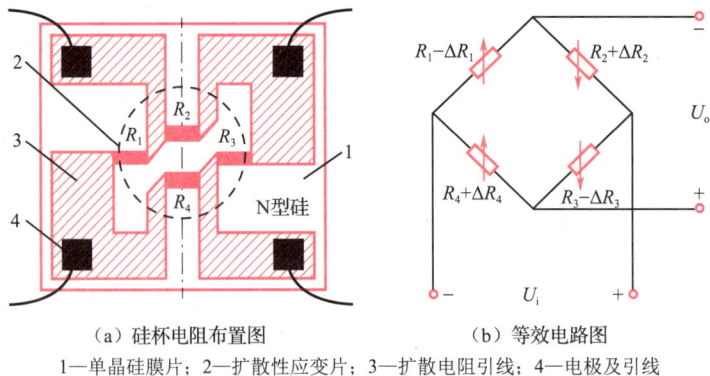

（a）硅杯电阻布置图　　　　　　　　（b）等效电路图

1—单晶硅膜片；2—扩散性应变片；3—扩散电阻引线；4—电极及引线

图 5.3.4　压阻式压力传感器

压阻式压力传感器尺寸小、固有频率高，广泛应用于频率很高的流体压力、压差测量。随着半导体材料和集成电路工艺的发展，采用多晶硅、蓝宝石等基底制成的压阻式压力传感器在腐蚀、高温等环境中可实现高精度测量。

🔍 **小拓展**

我国研制出柔韧、透气、高灵敏的全织物压阻式传感器

来源：《纺织导报》 2023 年 11 月 29 日

近日，国内某高校研究团队公布了一项研究成果，成功制备了低成本且可批量化的 3D 全织物压阻传感器，不使用黏合剂或胶水，结合芯鞘纤维与原位热焊接方法提高 CNT（碳纳米管）导电网络的涂覆牢度和稳定性。研究人员以聚乙烯（PE）切片和亲水性切片为鞘层，以聚丙烯（PP）切片为芯层，利用工业化纺丝成网与热风黏合技术结合制备了亲水性 PP-PE 双组分纺粘非织造材料，再通过浸渍方法和原位热焊接技术将 CNT 网络固定在 PP-PE 纤维的表面，多层叠加制备出 3D 全织物压阻式传感器。

将压阻式传感器固定于身体的不同部位，可用于人体生命活动（如脉搏、关节运动等）及手指弯曲运动的无线监测，在可穿戴电子、健康监测、人机交互等新兴领域具有广阔的应用前景。

2）MEMS 压阻式压力传感器

MEMS 压阻式压力传感器体积小、功耗和成本低、测量精度高，测量精度可达到 0.01%FS～0.03%FS，采用类似集成电路的设计技术和制造工艺，可大批量生产，使压力控制变得简单、易用，并实现智能化，感压元件通常是硅膜片。随着科技的不断发展，多传感器信息融合技术使得 MEMS 压阻式压力传感器能够与其他传感器协同工作，实现对环境信息的综合感知和处理。

MEMS 压阻式压力传感器采用周边固定的圆形应力硅薄膜内壁，利用 MEMS 技术将 4 个高精密半导体应变片刻制在其表面应力最大处，结构如图 5.3.5 所示，上下两层是玻璃体，中间为硅片，硅片中部做成应力杯，应力硅薄膜上部

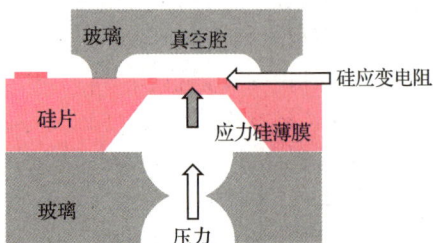

图 5.3.5　MEMS 压阻式压力传感器的结构示意图

设有真空腔。应力硅薄膜与真空腔接触面经光刻生成电阻应变片电桥电路。外面压力经引压腔进入传感器应力杯，应力硅薄膜因外力作用微微向上鼓起，发生弹性变形，4 个电阻应变片电阻发生变化，电桥失去平衡，输出与压力成正比的电压信号。

> **小拓展**
>
> ### 中科院某研究所研制出高性能压阻式气流传感器
>
> 来源：高分子科学前沿　2023 年 02 月 19 日
>
> 近期，中国科学院某研究所受自然蜘蛛网径线感应气流能力的启发，通过碳基杂化材料和自支撑结构设计，研制了同时具有超低气流检测下限和超宽感应范围的气流传感器。该传感器能感知低至 $0.0087 \mathrm{ms}^{-1}$ 的微弱气流，同时能检测高达 $23 \mathrm{ms}^{-1}$ 的大气流刺激；能以低至 0.1s 的时间快速响应气流刺激，并能监测高达 1150 次的循环气流刺激，表现出良好的稳定性。基于该传感器气流响应能力，开发了先进的智能蜘蛛网系统，实现对气流刺激方向、位置和强弱的实时检测和预警，实现非接触式控制虚拟蜘蛛的运动行为，为开发用于智能仿生系统和高效人机交互的高性能气流传感系统开辟了新途径。

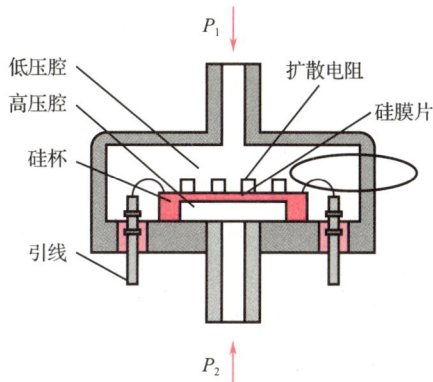

> **小讨论**：压阻式压力传感器的结构示意图如图 5.3.6 所示。请简述该传感器测量压力的工作原理，如何实现温度补偿效果？
>
>
>
> 5.3 压阻式传感器
> 工作原理讨论
>
> 图 5.3.6　压阻式压力传感器的结构示意图

5.4　工程应用案例——压阻式传感器测静压气体止推轴承承载面气体压力分布

5.4.1　工程背景

静压气体止推轴承的性能取决于承载面气体压力分布，但因气膜厚度微小，给直接测量承载面气体压力分布带来困难，目前大多根据轴承的承载力、刚度等实验结果间接验证根据承载面气体压力分布理论计算结果的准确性。随着测试及传感技术的快速发展，分布式压力传感器可铺设在被测物体表面，实现气体压力直接测量，避免了开设小孔干扰流体运动而影响测量结果，为承载面气体压力分布整体直接测量提供崭新途径。

5.4.2 测试系统

图 5.4.1 为静压气体止推轴承承载面气体压力测量装置，由供气组件、测试平台和数据采集系统组成。供气组件包括空气压缩机（1）、开关阀（2）、储气罐（3）、压力表（4）、截止阀（5）、过滤器（6）、干燥器（7）、调压阀（8）；测试平台包括调节手轮（9）、套筒（10）、传动杆（11）、直线轴承（12）、连接杆（13）、力传感器（14）、球头杆（15）、静压气体止推轴承（16）、分布式压力传感器（17）、大理石平台（18），数据采集系统包括数据采集卡、微型计算机及相应的软件系统。

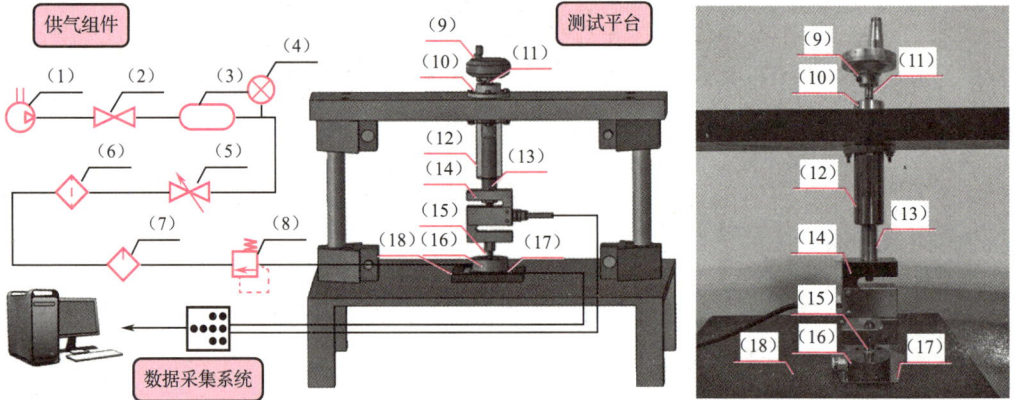

图 5.4.1 实验平台

5.4.3 分布式压力传感器

分布式压力传感器的工作原理如图 5.4.2 所示，包括测压阵列、信号采集器和数据分析软件，测压阵列包含多个由导电电极和压敏电阻构成的敏感单元，压敏电阻阻值随外部载荷变化，将压力转换为电流/电压信号，网格化敏感单元形成测量区域。信号采集器获取传感器输出电信号并输入数据分析软件，测量不同时刻作用于每个敏感单元的压力。分布式压力传感器信号传输、存储和数据处理方便、可重复使用，并且具有动态压力监测与回放、压力分布数字化和图形化功能。

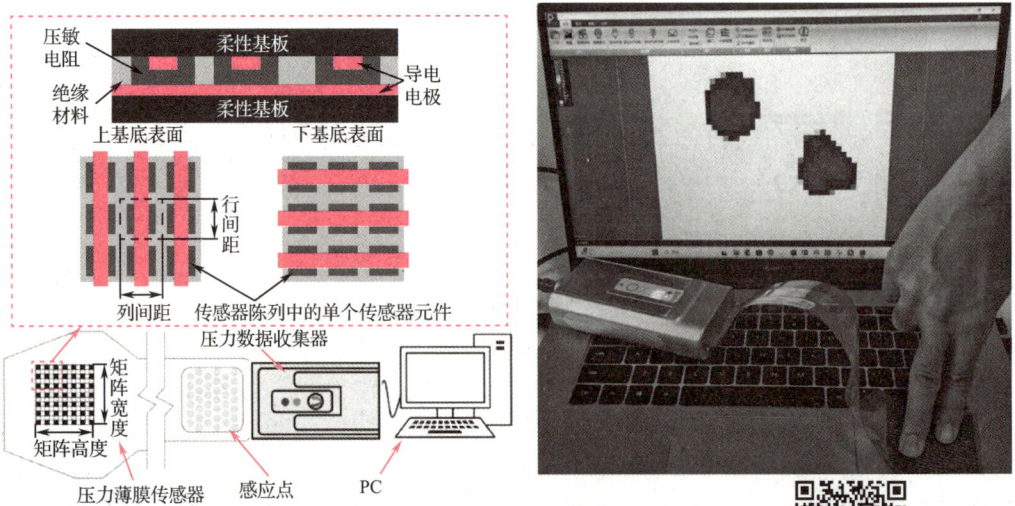

图 5.4.2 分布式压力传感器的工作原理

图 5.4.2 分布式压力传感器工作原理彩图

本案例采用福普生 45S2 分布式压力传感器，其测量范围为 0.1～0.8MPa，最大测量面积为 44.7mm×44.7mm。

5.4.4　实施结果

分布式压力传感器直接获得感测点压力，通过建立感测点与轴承位置的对应关系得到承载面气体压力分布。如图 5.4.3 所示，根据最外侧非零数据点，利用非线性最小二乘法拟合数据点位置：

$$(x - x_c^2) + (y - y_c^2) = R^2 \tag{5.4.1}$$

式中：x_c、y_c——拟合圆的圆心坐标；R——拟合圆的半径。

非零数据点到拟合圆圆心的距离与轴承半径差的平方和取极小值：

$$\min \sum F_i^2 = \sum_i \left(\sqrt{(x_i - x_c^2) + (y_i - y_c^2)} - R \right)^2 \tag{5.4.2}$$

式中：x_i、y_i——非零数据点的位置坐标。

再根据分布式压力传感器的阵列参数确定感测点位置与轴承位置间的对应关系。利用轴承参数确定气腔区域。

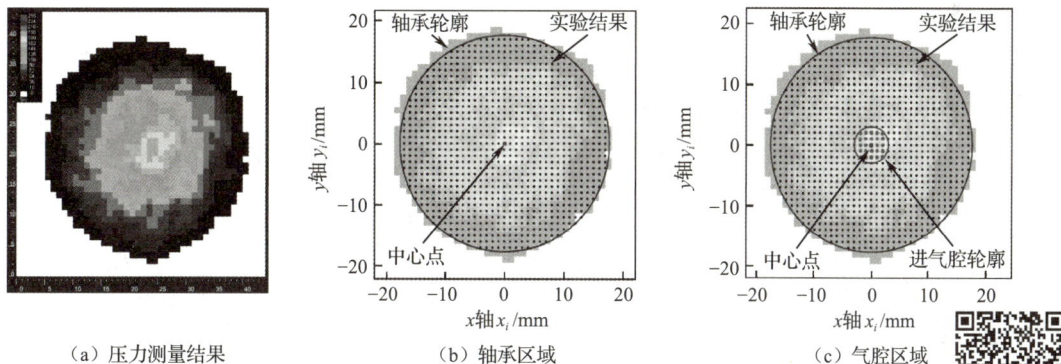

（a）压力测量结果　　（b）轴承区域　　（c）气腔区域

图 5.4.3　分布式压力传感器测量结果处理

图 5.4.3 分布式压力传感器测量结果处理彩图

 本章知识点梳理与总结

1．介绍了电阻应变片的结构、工作原理、种类、材料及静态特性和动态特性，重点介绍了电阻应变片的测量电路、温度误差及其补偿方法；

2．通过介绍典型电阻应变式力传感器的应用，让读者掌握电阻应变片的布置和接桥方式，在此基础上，介绍了应变式加速度传感器、应变式位移传感器和扭矩式传感器的应用；

3．介绍了压阻式传感器的压阻效应、测量电路，在此基础上介绍了压阻式传感器在压力和加速度测量方面的应用；

4．介绍了压阻式传感器应用案例——测静压气体止推轴承承载面气体压力分布。

⊞ 本章自测

[QR code]

第 5 章在线自测

👥 思考题与习题

[QR code]

第 5 章思考题与习题答案及解析

1. 填空题

5-1　电阻应变式传感器由_____和_____组成。它基于金属导体材料的_____效应和半导体材料的_____效应，将应变转换成_____的变化。

5-2　_____组成的全桥差分电路，可使输出的灵敏度最大。在电桥测量电路中，由于电阻应变片的阻值总有偏差，因此需要设置_____电路。

5-3　有一电阻应变片，其灵敏度系数 $S = 2$，$R = 120\Omega$，设工作时其应变为 $1000\mu\varepsilon$，则电阻变化量 ΔR 为_____。假设将电阻应变片接成如题 5-3 图所示的电路，则电阻应变片无应变时，电流表示值为_____；有应变时，电流表示值为_____；电流表示值的相对变化量为_____，电流变化太小，不能从电流表上直接读出，一般采用_____电路来测量该微小变化（注意标明单位）。

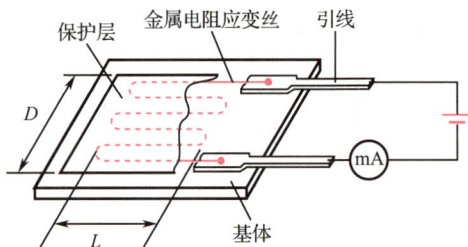

题 5-3 图

保护层　金属电阻应变丝　引线

基体

5-4　电阻应变片布置在弹性元件_____位置，并沿_____方向贴片；贴片处的应变尽量与外载荷呈_____关系。

5-5　阻值为 120Ω 的固定电阻与阻值为 120Ω、灵敏度系数为 2 的电阻应变片组成电桥，供桥电压为 3V，若负载电阻为无穷大，当电阻应变片的应变为 $2000\mu\varepsilon$ 时，双臂电桥的输出电压为_____ mV。

2. 简答题

5-6　半导体应变片与金属应变片在工作原理上有何不同？各有何特点？

5-7　什么是电阻应变效应？什么是压阻效应？

5-8　如何提高电阻应变片测量电桥的输出电压灵敏度及线性度？

3. 计算分析题

5-9　如题 5-9 图所示，在距离悬臂梁端部为 b 的位置的上、下表面各粘贴两个电阻应变片，4 个电阻应变片 R_1、R_2、R_3、R_4 的值完全相同，灵敏度系数 $S = 4$。设力 $P = 500N$，悬臂梁

宽度为 $\omega = 30\text{mm}$，厚度为 $t = 2\text{ mm}$，弹性模量为 $E = 2 \times 10^{10}\text{ Pa}$。已知距离悬臂梁端部为 b 的位置上的应变为 $\varepsilon = \dfrac{6Pb}{E\omega t^2}$，当 $b = 30\text{mm}$ 时。试求：

（1）标注 4 个电阻应变片在悬臂上的贴片位置，并给出相应的测量桥路图；

（2）各电阻应变片的电阻相对变化量；

（3）当电桥供电电压为 $U_\text{i} = 20\text{V}$ 时，求桥路的输出电压 U_o；

（4）这种测量方法对环境温度的变化是否有补偿作用？为什么？

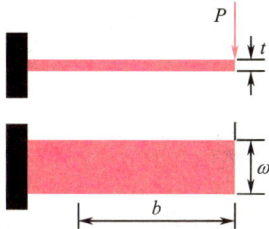
题 5-9 图

5-10　用一电阻应变片测量一结构上某点的应力，电阻 $R = 120\Omega$、灵敏度系数 $S = 2.03$ 的电阻应变片接入电桥的一臂。若电桥采用 10V 直流电源供电，测得输出电压为 5mV，求该点沿电阻应变片敏感方向的应变和应力。构件材料的弹性模量 $E = 20 \times 10^{10}\text{ Pa}$。

5-11　如题 5-11 图所示，一构件上贴有 4 个相同的电阻应变片，在拉弯的综合作用下，试分析各电阻应变片感受的应变，如何组桥才能进行以下测试？电桥输出各为多少？

（1）只测弯矩，消除拉应力的影响；

（2）只测拉力，消除弯矩的影响。

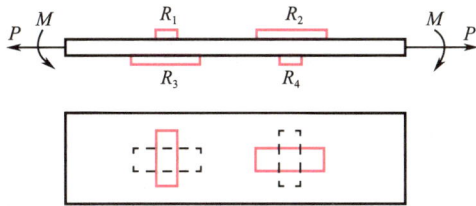

题 5-11 图

5-12　用电阻应变片构成全桥，测某一构件的应变变化规律为 $\varepsilon(t) = A\cos(10t) + B\cos(100t)$。若电桥激励电压 $u_\text{i} = E\sin(10000t)$，求此电桥的输出信号频谱。

5-13　一等强度梁如图 5.2.2 所示，现有 4 个性能完全相同的电阻应变片 R_1、R_2、R_3 和 R_4，初始电阻值为 100Ω，灵敏度系数 $S = 2$。当试件受力 F 时，设电阻应变片的平均应变值 $\varepsilon = 1000\ \mu\text{m/m}$。假设测量电路的直流电源电压为 3V。

（1）请用一个电阻应变片构成单臂测量电桥，求电桥输出电压及电桥非线性误差。

（2）请用两个电阻应变片构成测量电路，要求与单臂电桥有相同的电压灵敏度，同时实现温度补偿，请在图中标出两个电阻应变片所贴的位置，并绘出测量电桥。

（3）请根据现有条件，设计测量电路使得电桥电压灵敏度最高，绘出测量电桥，并在图中标出或用语言描述 4 个电阻应变片所贴的位置，同时求出电桥的输出电压及电桥的非线性误差。

5-14　如题 5-14 图所示的构件，受到拉力 P 和弯矩 M 的作用，现有 4 个性能完全相同的电阻应变片 R_1、R_2、R_3 和 R_4。试问如何贴片和组桥能够实现测量拉力 P，同时实现温度补偿和消除弯矩 M 的影响？请说明温度补偿的原理，并求出电桥的输出电压表达式。

5-15　什么是电阻应变片的横向效应？如何消除电阻应变片的横向效应？

5-16　什么是应变片的灵敏度系数？什么是电阻丝的灵敏度系数？二者有何区别？为什么？

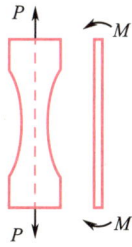

题 5-14 图

第6章
电感式传感器及应用案例

电感式传感器基于电磁感应原理，将位移、振动、压力、流量等物理量转化为线圈自感或互感系数的变化，通过测量电路将该变化转换成电压或电流的波动，从而实现非电量到电信号的转换。其灵敏度高、分辨率高；线性好、性能稳定、重复性好；能实现信息的远距离传输和控制；可在恶劣的环境中工作。

电感式传感器按工作原理可分为自感式（接触式）传感器、互感式（接触式）传感器及电涡流式（非接触式）传感器三种类型，满足不同的测量需求。

学习要点

1. 掌握自感式传感器的结构、工作原理和测量电路，重点掌握交流电桥及信号的调制与解调；
2. 掌握差动变压器式传感器的结构、工作原理和测量电路；
3. 掌握电涡流式传感器的工作原理、特性和测量电路；
4. 理解电感式传感器的典型应用和工程应用案例。

知识图谱

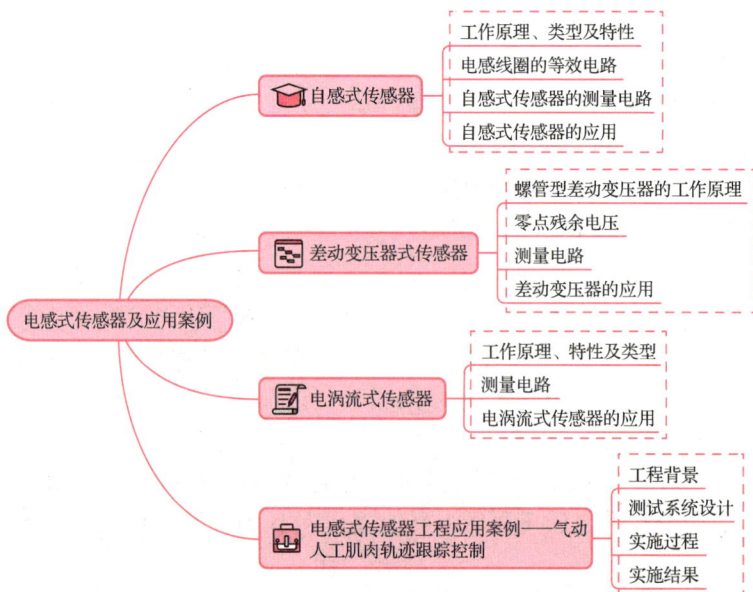

　　19 世纪 30 年代，法拉第发现了电磁感应现象，即当磁场发生变化时，导体中会产生电动势，这一发现为电感式传感器的发展奠定了理论基础。20 世纪初，随着无线电技术的发展，人们开始研究线圈的自感和互感特性，并将其应用于调谐回路和滤波器等。20 世纪中期，随着自动控制技术的发展，人们开始利用电磁感应原理设计各种传感器，如位移传感器、压力传感器等。20 世纪后期，随着微电子技术和计算机技术的发展，人们开始利用集成电路和数字信号处理技术提高电感式传感器的性能和精度。

6.1　自感式传感器

6.1 自感式传感器课件

6.1.1　工作原理、类型及特性

　　自感式传感器由衔铁、铁芯和线圈三部分构成，如图 6.1.1 所示。铁芯和衔铁由导磁材料制成，线圈套在铁芯上，铁芯和衔铁之间存在气隙，衔铁连接运动部件，其位移改变气隙厚度，影响磁阻，使线圈电感量变化。测量电路将该变化转换为电压、电流或频率信号，并能辨别衔铁位移与方向，实现非电量至电量的转换。

　　线圈的电感为

$$L = \frac{N^2}{R_m} \tag{6.1.1}$$

式中：N——线圈的匝数；R_m——磁路的总磁阻。

　　如果气隙厚度很小，忽略磁路的铁损，总磁阻由铁芯、衔铁的磁阻 R_f 和气隙的磁阻 R_δ 组成，即

$$R_m = R_f + R_\delta = \frac{L_f}{\mu_f A_f} + \frac{2\delta}{\mu_0 A} \tag{6.1.2}$$

式中：L_f、A_f、μ_f——铁芯和衔铁的磁路长度（m）、截面积（m^2）和磁导率（H/m）；δ、A、μ_0——气隙厚度（m）、等效截面积（m^2）和空气的磁导率（$\mu_0 = 4\pi \times 10^{-7}$ H/m）。

　　由于铁芯和衔铁通常采用磁导率较高的硅钢片或坡莫合金制成，通常在非饱和状态下工作。μ_f 远大于 μ_0，因此铁芯、衔铁的磁阻 R_f 远小于空气隙的磁阻 R_δ，R_f 可忽略不计。将式（6.1.2）代入式（6.1.1）得

$$L = \frac{N^2 \mu_0 A}{2\delta} \tag{6.1.3}$$

　　由式（6.1.3）知，线圈匝数 N 固定时，气隙厚度 δ 或等效截面积 A 的变化会引起线圈电感 L 的变化。因此，自感式传感器实质上是带气隙的铁芯线圈，根据磁路中几何参数变化的不同分为变气隙型、变面积型和螺管型。

1. 变气隙型自感式传感器

1）单线圈变气隙型自感式传感器

　　由式（6.1.3）可知，若等效截面积 A 不变，则电感 L 与气隙厚度 δ

变气隙型自感式传感器工作原理及特性视频

成反比，即变气隙型自感式传感器的输出特性呈非线性，如图 6.1.2 所示。

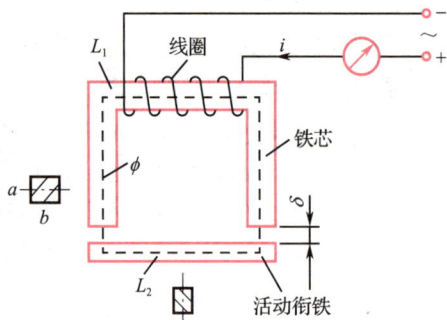

图 6.1.1　自感式传感器的结构

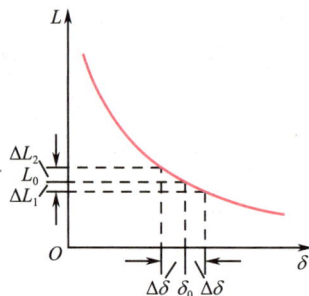

图 6.1.2　变气隙型自感式传感器的输出特性曲线

变气隙型自感式传感器的灵敏度为

$$S = \frac{dL}{d\delta} = -\frac{N^2 \mu_0 A}{2\delta^2} \tag{6.1.4}$$

为增强传感器灵敏度，初始气隙厚度 δ_0 不宜过大，以免气隙变化 $\Delta\delta$ 导致的电感变化 ΔL 过小，降低灵敏度。然而，δ_0 过小则增加装配与调参难度，使传感器易受振动冲击的影响，稳定性下降。一般设定 δ_0 为 0.1～0.5mm。

（1）当衔铁向上移动 $\Delta\delta$ 时。

假设衔铁运动使气隙厚度减小 $\Delta\delta$，线圈的电感增大 ΔL_1，此时线圈的电感为

$$L_1 = \frac{N^2 \mu_0 A}{2(\delta_0 - \Delta\delta)} \tag{6.1.5}$$

电感增量为

$$\Delta L_1 = L_1 - L_0 = L_0 \frac{\Delta\delta}{\delta_0} \left(\frac{1}{1 - \Delta\delta/\delta_0} \right) \tag{6.1.6}$$

式中，L_0 ——传感器初始气隙厚度为 δ_0 时的电感。

电感的相对变化为

$$\frac{\Delta L_1}{L_0} = \frac{\Delta\delta}{\delta_0} \left(\frac{1}{1 - \Delta\delta/\delta_0} \right) \tag{6.1.7}$$

当 $\Delta\delta \ll \delta_0$ 时，对电感的相对变化量进行泰勒级数展开

$$\frac{\Delta L_1}{L_0} = \frac{\Delta\delta}{\delta_0} \left[1 + \frac{\Delta\delta}{\delta_0} + \left(\frac{\Delta\delta}{\delta_0} \right)^2 + \cdots \right] = \frac{\Delta\delta}{\delta_0} + \left(\frac{\Delta\delta}{\delta_0} \right)^2 + \left(\frac{\Delta\delta}{\delta_0} \right)^3 + \cdots \tag{6.1.8}$$

（2）当衔铁向下移动 $\Delta\delta$ 时。

假设衔铁运动使气隙厚度增大 $\Delta\delta$，线圈的电感减小 ΔL_2，此时线圈的电感为

$$L_2 = \frac{N^2 \mu_0 A}{2(\delta_0 + \Delta\delta)} \tag{6.1.9}$$

电感增量为

$$\Delta L_2 = L_0 - L_2 = L_0 \frac{\Delta\delta}{\delta_0} \left(\frac{1}{1 + \Delta\delta/\delta_0} \right) \tag{6.1.10}$$

电感的相对变化为

$$\frac{\Delta L_2}{L_0} = \frac{\Delta\delta}{\delta_0}\left(\frac{1}{1+\Delta\delta/\delta_0}\right) \tag{6.1.11}$$

当 $\Delta\delta \ll \delta_0$ 时，将式（6.1.11）展开为级数形式，即

$$\frac{\Delta L_2}{L_0} = \frac{\Delta\delta}{\delta_0}\left[1 - \frac{\Delta\delta}{\delta_0} + \left(\frac{\Delta\delta}{\delta_0}\right)^2 - \cdots\right] = \frac{\Delta\delta}{\delta_0} - \left(\frac{\Delta\delta}{\delta_0}\right)^2 + \left(\frac{\Delta\delta}{\delta_0}\right)^3 - \cdots \tag{6.1.12}$$

对式（6.1.12）做线性处理，忽略 2 次及以上的高次项，得

$$\frac{\Delta L_2}{L_0} = \frac{\Delta\delta}{\delta_0} \tag{6.1.13}$$

可见，线圈电感与气隙厚度呈非线性关系，ΔL_1 和 ΔL_2 不相等，并且高次项是造成非线性的原因。若 $\Delta\delta \ll \delta_0$，高次项迅速减小，改善了非线性。若增大 δ_0，线性度改善，但传感器灵敏度降低，所以变气隙型自感式传感器的测量范围与其线性度及灵敏度大小相互矛盾。

> **小提示**：在较小的气隙范围内工作时，变气隙型自感式传感器的灵敏度可视为常数，认为输出与输入近似呈线性关系，一般用于微小位移的测量。

2）差动式变气隙型自感式传感器

为提高变气隙型自感式传感器的灵敏度和线性度，常常采用差动结构。如图 6.1.3 所示，两个结构、参数完全一致的线圈公用一个衔铁，实现灵敏度和线性度的双重提高。

衔铁位于初始位置时，两个初始气隙厚度均为 δ_0，两个线圈的初始电感 L_0 相同。被测试件带动衔铁上下移动时，两个磁回路的磁阻变化大小相等、方向相反，一个线圈电感增大，另一个线圈电感减小，形成差动结构。将两个差动线圈分别接入测量电桥的相邻桥臂，另两个桥臂可以是电阻或者变压器的两个次级线圈。

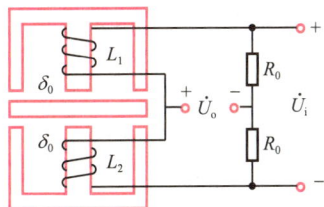

图 6.1.3 差动式变气隙型自感式传感器的工作原理

衔铁向上移动 $\Delta\delta$，线圈 L_1 电感增大，L_2 电感减小，若 $\Delta\delta \ll \delta_0$，两个差动线圈电感的相对变化为

$$\frac{\Delta L}{L_0} = 2\frac{\Delta\delta}{\delta_0}\left[1 + \left(\frac{\Delta\delta}{\delta_0}\right)^2 + \left(\frac{\Delta\delta}{\delta_0}\right)^4 + \cdots\right] \tag{6.1.14}$$

忽略高次项得

$$\frac{\Delta L}{L_0} = 2\frac{\Delta\delta}{\delta_0} \tag{6.1.15}$$

对比单线圈变气隙型自感式传感器与差动式变气隙型自感式传感器，差动式变气隙型自感式传感器的优势在于：

（1）差动式变气隙型自感式传感器比单线圈自感式电感传感器的灵敏度提高了 1 倍；

（2）差动式变气隙型自感式传感器因消除了偶次项，非线性误差大幅减小，线性特性得到改善；

（3）采用差动式结构，作用在衔铁上的电磁吸力是两个线圈磁通产生的电磁吸力之差，部分电磁吸力互相抵消，提高了测量的准确性。

2. 变面积型自感式传感器

如图 6.1.4 所示，变面积型自感式传感器的特点在于气隙厚度 δ 维持恒定，铁芯与衔铁之间的相对覆盖面积随衔铁的垂直移动而改变，引起线圈电感发生变化。由式（6.1.3）及图 6.1.4（b）可知，线圈电感 L 与面积 A 呈线性关系，因此变面积型自感式传感器的灵敏度为常数，即其灵敏度不随衔铁位置的变化而改变。

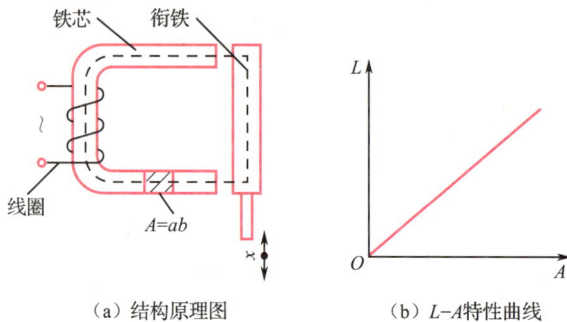

（a）结构原理图　　　　（b）L–A特性曲线

图 6.1.4　变面积型自感式传感器

设初始磁通截面（铁芯横截面）面积为 ab，a、b 分别为铁芯截面的长度和宽度，当衔铁随外力作用沿铁芯截面长度方向移动 x 时（$x<a$），线圈的电感为

$$L = \frac{N^2 \mu_0 b}{2\delta}(a - x) \tag{6.1.16}$$

对式（6.1.16）微分得到传感器灵敏度为

$$S = \frac{\mathrm{d}L}{\mathrm{d}x} = -\frac{N^2 \mu_0 b}{2\delta} \tag{6.1.17}$$

当 S 为常数时，传感器的输出特性呈线性。实际上，该线性范围是有限的。若 $x>a$，则不再满足线性关系，同时漏磁阻对线性范围产生一定影响。铁芯与衔铁不平行容易产生测量误差。

相较于变气隙型自感式传感器，变面积型自感式传感器的线性好，量程范围大；制造装配方便，应用较广；但灵敏度较低，在实际应用中常采用差动结构改善性能。

3. 螺管型自感式传感器

螺管型自感式传感器的结构如图 6.1.5 所示，由螺管线圈和柱形铁芯组成。线圈的电感与铁芯插入线圈的长度有关，传感器工作时，铁芯随被测量在线圈中运动，使线圈磁力线路径上的磁阻改变，引起线圈电感变化。

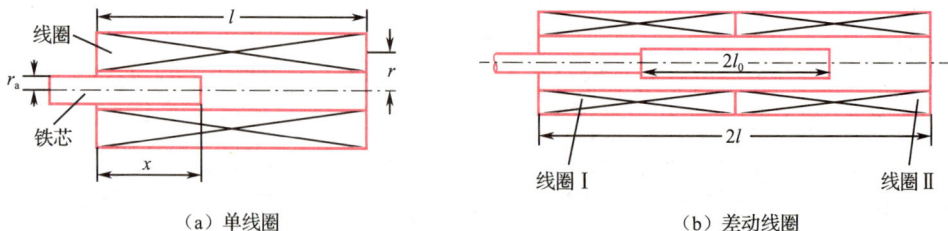

（a）单线圈　　　　　　（b）差动线圈

图 6.1.5　螺管型自感式传感器的结构

如图 6.1.5（a）所示，螺管线圈的长度、半径和匝数分别为 l、r、N，且 $r \ll l$，可认为线圈内的磁场强度均匀分布。线圈空心时的电感为

$$L = \frac{\pi N^2 \mu_0 r^2}{l} \tag{6.1.18}$$

当半径为 r_a、磁导率为 μ_m 的铁芯插入线圈时，磁阻下降，磁感应强度增大，电感增大。设铁芯插入线圈的长度为 $x(x < l)$，线圈电感为

$$L = \frac{\pi N^2 \mu_0}{l^2}(lr^2 + \mu_m x r_a^2) \tag{6.1.19}$$

由式（6.1.19）可知，传感器的结构和材料确定后，线圈的电感 L 与铁芯插入长度 x 呈线性关系。为提高传感器的灵敏度，可采取增大线圈匝数 N、增大铁芯半径 r_a、采用高磁导率 μ_m 的材料等措施。

实际上，线圈内部的磁场强度沿轴向分布并非呈现理想的均匀状态，导致传感器输出特性为非线性。而且线圈的电感易受到电源电压、频率及温度等因素的干扰，为了改善线性度、提升灵敏度与测量精度，常采用差动式螺管型自感式传感器，如图 6.1.5（b）所示。

差动式螺管型自感式传感器具有以下特点：

（1）结构简单，便于制造与装配，批量生产的互换性强；

（2）气隙厚度大，磁路磁阻高，灵敏度低，但线性范围大；

（3）由于磁阻高，为补偿磁阻，线圈需多匝绕制，从而增大了分布电容与铜损电阻，影响温度稳定性；

（4）磁路大部分为空气，易受外部磁场干扰；

（5）铁芯损耗较大，线圈品质因数较低。

例 6-1　有一变气隙型自感式传感器，铁芯横截面的面积 $A = 1.5\text{cm}^2$，磁路长度 $l = 20\text{cm}$。气隙厚度 $\delta = 0.5\text{cm}$，空气磁导率 $\mu_0 = 4\pi \times 10^{-7}\text{H/m}$，线圈匝数 $N = 2500$ 匝，若衔铁位移 $\Delta\delta = 0.1\text{mm}$，试求：（1）线圈的初始电感；

（2）若采用差动式结构，求电感的最大变化量。

解：（1）初始电感为

$$L = \frac{N^2 \mu_0 A}{2\delta} = \frac{2500^2 \times 4\pi \times 10^{-7} \times 1.5 \times 10^{-4}}{2 \times 0.5 \times 10^{-2}} \approx 117.75 \times 10^{-3}\text{H} = 117.75\text{mH}$$

（2）衔铁位移 $\Delta\delta = 0.1\text{mm}$ 时，电感为

$$L_1 = \frac{N^2 \mu_0 A}{2(\delta + \Delta\delta)} = \frac{2500^2 \times 4\pi \times 10^{-7} \times 1.5 \times 10^{-4}}{2 \times (0.5 + 0.01) \times 10^{-2}} \approx 115.54 \times 10^{-3}\text{H} = 115.54\text{mH}$$

衔铁位移为 $\Delta\delta = -0.1\text{mm}$ 时，电感为

$$L_2 = \frac{N^2 \mu_0 A}{2(\delta - \Delta\delta)} = \frac{2500^2 \times 4\pi \times 10^{-7} \times 1.5 \times 10^{-4}}{2 \times (0.5 - 0.01) \times 10^{-2}} \approx 120.15 \times 10^{-3}\text{H} = 120.15\text{mH}$$

采用差动方式时，相应的电感变化量为 $L = L_2 - L_1 = 4.61\text{mH}$。

6.1.2　电感线圈的等效电路

在之前的分析中，假设电感线圈为理想的纯电感。实际的传感器线圈不可能为纯电感，除线圈自感 L 外，还包括线圈的铜损电阻 R_c、铁芯的涡流损耗电阻 R_e 和磁滞损耗电阻 R_h，用总电阻 R 表示；还存在线圈的固有电容和电缆的分布电容，用集中参数 C 表示。自感式传感器的等效电路如图 6.1.6 所示。

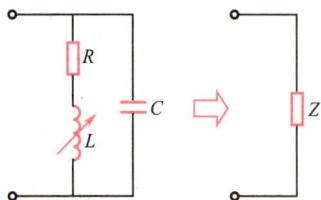

图 6.1.6 自感式传感器的
等效电路

自感式传感器的线圈可以用复阻抗 Z 来等效，根据图 6.1.6 可得

$$Z = \frac{(R + j\omega L)\left(-j\dfrac{1}{\omega C}\right)}{R + j\omega L - j\dfrac{1}{\omega C}} \qquad (6.1.20)$$

线圈的品质因数 Q 表示在一定频率的交流电压激励下，线圈感抗和等效损耗电阻之比，$Q = \omega L / R$，对式（6.1.20）进行变换，可得

$$Z = \frac{R}{(1 - \omega^2 LC)^2 + \left(\dfrac{\omega^2 LC}{Q}\right)^2} + \frac{j\omega L\left(1 - \omega^2 LC - \dfrac{\omega^2 LC}{Q}\right)}{(1 - \omega^2 LC)^2 + \left(\dfrac{\omega^2 LC}{Q}\right)^2} \qquad (6.1.21)$$

通常线圈的品质因数 Q 较高，当 $Q \gg 1$ 时，上式简化为

$$Z = \frac{R}{(1 - \omega^2 LC)^2} + j\omega \frac{L}{(1 - \omega^2 LC)} = R_s + j\omega L_s \qquad (6.1.22)$$

式中，$R_s = \dfrac{R}{(1 - \omega^2 LC)^2}$，$L_s = \dfrac{L}{1 - \omega^2 LC}$。

由式（6.1.22）可知，并联电容 C 使有效损耗电阻 R_s 及有效电感 L_s 增加，导致线圈的有效品质因数 $Q_s = \omega L_s / R_s = (1 - \omega^2 LC)Q$ 减小。此时，传感器的有效灵敏度为

$$\frac{dL_s}{L_s} = \frac{1}{1 - \omega^2 LC} \cdot \frac{dL}{L} \qquad (6.1.23)$$

并联电容 C 使传感器的灵敏度有所提高，导致传感器性能变化。

> 📖 **小知识**：智能化电感线圈在物联网中的应用。
>
> 在物联网系统中，电感线圈常用于信号滤波、数据传输和能量转换等环节，确保信息传输的准确性和稳定性。电感线圈向着小型化、大功率、高压高频、智能化方向发展。
>
> 智能化电感线圈的核心在于：①通过高 Q 值、低损耗等先进的磁芯材料，提升电气性能；②借助精密制造工艺，如微纳加工技术，减小电感线圈的体积和质量；③融入传感、通信等技术，实现远程控制和故障预警。
>
> 以智能家居为例，电感线圈广泛应用于智能门锁、智能照明、智能安防等设备。电感线圈能够确保智能家居系统各组件间的无缝连接，实现远程控制、场景联动等。

6.1.3 自感式传感器的测量电路

自感式传感器将被测量转换成线圈电感的变化，测量电路将电感变化转换成电压或电流等，以便进行放大和远距离传输。

1．交流电桥

1）交流电桥的工作原理

交流电桥采用交流电激励，如图 6.1.7 所示，4 个桥臂可以是电阻、电容或电感。交流电

桥的输出可以直接接入无零漂的交流放大器，常作为电阻式、电感式和电容式等传感器的测量电路。

若交流电桥的桥臂用复阻抗表示，则直流电桥的平衡关系式也适用于交流电桥，即电桥平衡时需满足

$$Z_1 Z_3 = Z_2 Z_4 \qquad (6.1.24)$$

若复阻抗采用指数 $Z = z e^{j\varphi}$ 表示，则

$$z_1 z_3 e^{j(\varphi_1 + \varphi_3)} = z_2 z_4 e^{j(\varphi_2 + \varphi_4)} \qquad (6.1.25)$$

要使式（6.1.25）成立，下列两个等式必须同时成立

$$\begin{cases} z_1 z_3 = z_2 z_4 \\ \varphi_1 + \varphi_3 = \varphi_2 + \varphi_4 \end{cases} \qquad (6.1.26)$$

图 6.1.7　交流电桥

式中：z_1、z_2、z_3、z_4——各复阻抗的幅值；φ_1、φ_2、φ_3、φ_4——各阻抗的相位。

式（6.1.26）表明，交流电桥平衡必须满足：相对桥臂阻抗幅值之积相等，相对桥臂阻抗相位之和相等。

> 🔔 **小提示**：为满足交流电桥平衡条件，交流电桥各臂可有不同的阻抗组合方式。当相邻两个桥臂是相同性质的阻抗时，另外两个桥臂需配置性质相同的阻抗。

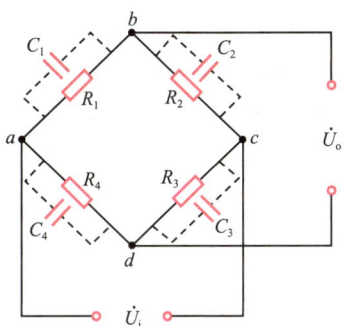

图 6.1.8　纯电阻交流电桥

实际应用中，即使纯电阻交流电桥，其导线之间也会产生分布电容，分布电容附加到各桥臂的电阻上，形成并联电容结构，如图 6.1.8 所示。因此，交流电桥的平衡需要通过可变电阻或可变电容反复调节，确保幅值和相位同时满足平衡条件。

2）交流电桥与直流电桥对比

（1）交流电桥。

①输出为调制信号，外界工频干扰不易被引入电路；②要求供桥电源稳定性好；③交流放大电路简单，且没有零漂的影响。

（2）直流电桥。

①采用直流电源作为激励电源，稳定性好；②平衡电路简单，输出为直流量，可用直流仪表测量，精度高；③电桥的连接导线不会形成分布电容，对导线连接方式要求低；④易引入工频干扰；⑤直流放大器较复杂，直流放大时易受零漂和接地电位的影响；⑥直流电桥适合于静态量的测量。

2. 变压器电桥

变压器电桥电路如图 6.1.9 所示，为改善线性度，提高灵敏度，基于电桥的和差特性，交流电桥通常与差动式自感式传感器组合使用，采用半桥双臂工作方式，平衡臂为变压器的两个次级线圈。

变压器电桥的分析方法与交流电桥一致。相邻两个桥臂 Z_1、Z_2 是差动式自感式传感器的两个线圈阻抗，另外两个桥臂为交流变压器的两个次级绕组（电压均为 $\dot{U}/2$）。若负载电阻为无穷大，则输出电压为

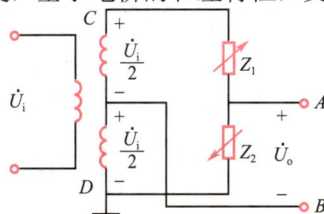

图 6.1.9　变压器电桥电路

$$\dot{U}_{\text{o}} = \frac{Z_2}{Z_1 + Z_2}\dot{U}_{\text{i}} - \frac{\dot{U}_{\text{i}}}{2} = \frac{Z_2 - Z_1}{Z_1 + Z_2}\frac{\dot{U}_{\text{i}}}{2} \tag{6.1.27}$$

若差动式自感式传感器的两个线圈完全对称，即 $Z_1 = Z_2 = Z$，初始时 $\dot{U}_{\text{o}} = 0$，电桥平衡。工作时，衔铁由初始平衡零点产生位移，传感器两个线圈的阻抗发生变化，设 $Z_1 = Z - \Delta Z$、$Z_2 = Z + \Delta Z$，则开路输出电压为

$$\dot{U}_{\text{o}} = \frac{\dot{U}_{\text{i}}}{2}\frac{\Delta Z}{Z} \tag{6.1.28}$$

传感器线圈的阻抗 Z 包括损耗电阻 R 和感抗 L，即 $Z = R + \text{j}\omega L$。对于高 Q 值的电感线圈，忽略损耗电阻，此时有

$$\dot{U}_{\text{o}} = \frac{\dot{U}_{\text{i}}}{2}\frac{\Delta R + \text{j}\omega \Delta L}{R + \text{j}\omega L} \approx \frac{\dot{U}_{\text{i}}}{2}\frac{\Delta L}{L} \tag{6.1.29}$$

同理，当传感器衔铁的移动方向相反，即 $Z_1 = Z + \Delta Z$，$Z_2 = Z - \Delta Z$ 时，开路输出电压为

$$\dot{U}_{\text{o}} = -\frac{\dot{U}_{\text{i}}}{2}\frac{\Delta L}{L} \tag{6.1.30}$$

由式（6.1.29）和式（6.1.30）得到，衔铁沿不同方向移动相同位移时，电桥输出电压 $\dot{U}_{\text{o}}$ 大小相等，但相位相反。$\dot{U}_{\text{o}}$ 为交流电压，因此不能辨别相位和衔铁位移方向，需要使用专门的电路（如相敏检波电路等）鉴别输出电压的极性并确定衔铁位移方向。

> 🔔 **小提示**：交流电桥的电源应有良好的频率稳定度与电压波形，通常采用 5～10kHz 的音频交流电源。变压器电桥使用元件少，输出阻抗小，桥路开路时电路呈线性，应用广泛。

3. 交流电桥的调制与解调

调制与解调技术在测试、通信及控制等领域应用广泛，是实现信号高质量、远距离传输的重要技术手段。

在测试技术中，被测量经传感器变换输出后，多为低频缓变的微弱信号，容易受到外部干扰和噪声的影响，为实现信号的传输特别是远距离传输，需要将测量信号与噪声信号分离并放大。如果采用直流放大器，面临级间耦合衰减和漂移等问题。因此，在实际测量中，常将低频缓变的微弱信号调制成高频交流信号，经交流放大器放大，再利用解调器从高频信号中提取出原始的低频缓变测量信号。图 6.1.10 及图 6.1.11 展示了调制、放大与解调的全过程。

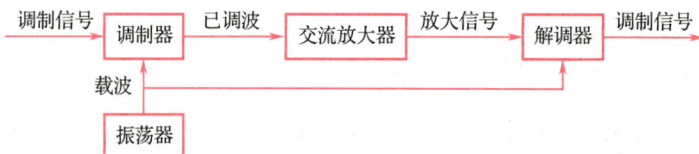

图 6.1.10　调制与解调过程框图

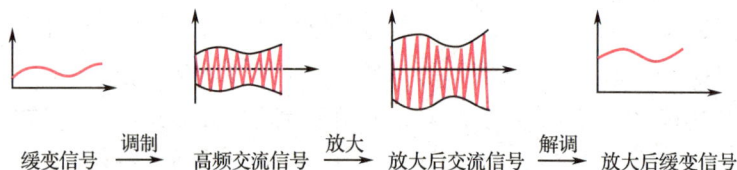

图 6.1.11　调制与解调过程信号波形变化图

调制是指利用测量信号（也称调制信号）控制高频载波信号的幅值、频率或相位等参数，使被控参数随着测量信号的变化而改变，从而将被测信号承载在高频载波信号上形成已调信号。解调是调制的反过程，是将原来的低频调制信号从已调制信号中提取出来的过程。

针对信号的三要素：幅值、频率和相位，调制可分为调幅（AM）、调频（FM）和调相（PM）；这三种调制方式产生的波形分别是调幅波、调频波和调相波，它们各自承载了原始信号的不同信息维度。高频载波信号作为调制过程中的载体，形式多样，包括谐波信号、方波信号等。本节主要介绍调幅技术及其解调过程。

> ✎ **小总结**：调制是为了解决低频缓变的微弱信号的放大和传输问题，提高被测信号抗干扰的能力；解调是为了恢复原调制信号。

1）调幅原理

调幅是将高频载波信号与调制信号 $g(t)$ 相乘，使载波信号的幅值随调制信号的变化而变化。将载波信号 $\cos(\omega_0 t)$ 和调制信号 $g(t)$ 相乘得到已调信号，$g_m(t) = g(t)\cos(\omega_0 t)$，已知调制信号 $g(t)$ 的频谱为 $G(\omega)$，根据欧拉公式及傅里叶变换的频移特性，已调信号 $g_m(t)$ 的频谱 $G_m(\omega)$ 为

$$G_m(\omega) = \frac{1}{2}[G(\omega + \omega_0) + G(\omega - \omega_0)] \tag{6.1.31}$$

由式（6.1.31）可知，已调信号 $g_m(t)$ 的频谱 $G_m(\omega)$ 等效于调制信号 $g(t)$ 的频谱 $G(\omega)$ 一分为二，沿频率轴由原点平移至载波频率 ω_0 处，但幅频特性的形状保持不变，如图 6.1.12 所示。因此，调幅过程就相当于频谱"搬移"过程。

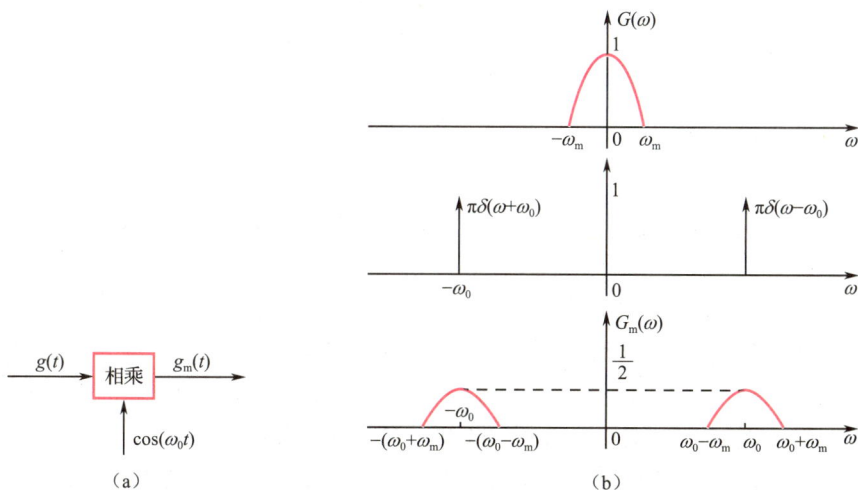

图 6.1.12 调幅原理及已调信号的频谱

为了使已调信号仍保持原调制信号的频谱形状，避免波形重叠失真，载波频率必须高于调制信号 $g(t)$ 的最高频率 ω_m。为减小后续放大电路可能引起的失真，已调信号的频带宽度（$2\omega_m$）相对载波频率 ω_0 越小越好。实际应用中，载波频率是调制信号最高频率 ω_m 的数倍甚至十倍。

2）解调原理

将已调信号 $g_m(t)$ 再次与原载波信号 $\cos\omega_0 t$ 相乘，$g_0(t) = g_m(t) \cdot \cos(\omega_0 t)$，根据欧拉公式

及傅里叶变换的频移特性，得

$$G_0(\omega) = \frac{1}{2}[G_m(\omega + \omega_0) + G_m(\omega - \omega_0)] \qquad (6.1.32)$$

显然，$G_0(\omega)$ 等效于 $g_m(t)$ 的频谱 $G_m(\omega)$ 一分为二，沿频率轴向左和向右各平移 ω_0，但幅频特性的形状保持不变，幅值减小为原来的一半。

如图 6.1.13 所示，频谱再次 "搬移"。若用低通滤波器滤除中心频率为 $2\omega_0$ 的高频成分，可复现原信号频谱（幅值变为原来的 0.5 倍），该过程称为同步解调。"同步"指解调时所乘的载波信号与调制时的载波具有相同的频率和相位。

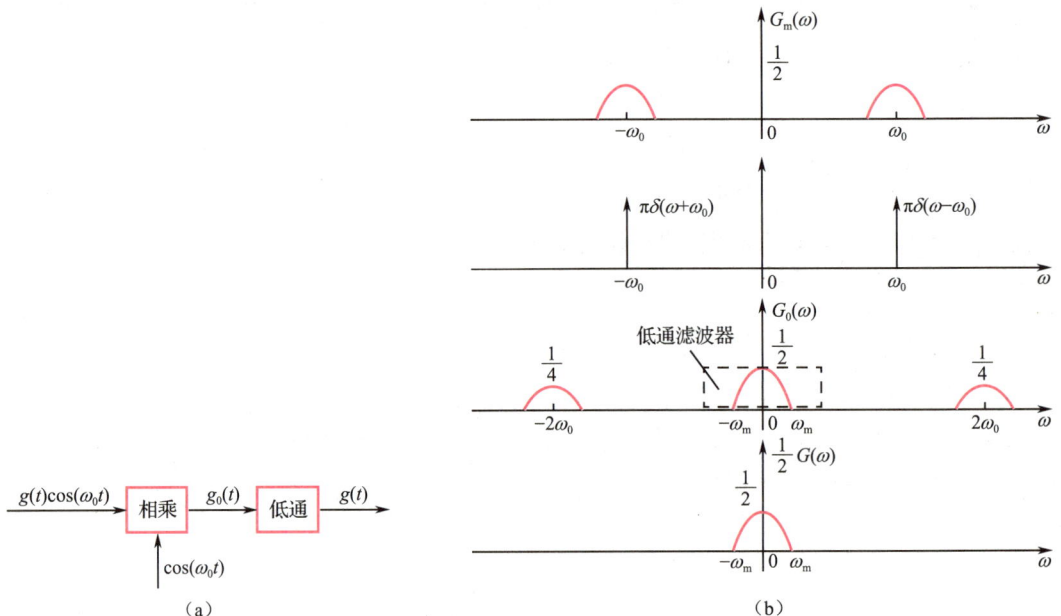

图 6.1.13　解调原理及解调信号的频谱

3）调幅电路

幅值调制装置实质上是乘法器，电桥在本质上也是乘法器，若以高频振荡电源为电桥供电，则输出为调幅信号。

4）解调电路——相敏检波电路

已调信号的幅值随调制信号的大小变化，包络线形状与调制信号一致，对其做整流和检波处理，可得到已调信号的包络线，实现解调。常用的解调电路有整流检波电路和相敏检波电路等。整流检波电路由整流电路和低通滤波电路构成；相敏检波电路（与滤波器配合）具有鉴别信号相位的能力，能够判断位移的大小和方向，将已调信号还原成原信号波形，起解调作用。

环形相敏检波电路的相关信号波形如图 6.1.14 所示。4 个性能相同的二极管 $VD_1 \sim VD_4$ 以同一方向串联成环形电桥，电阻起限流作用。变压器 A 的输入为已调信号 $x_m(t) = x(t)\cos(\omega t)$，变压器 B 的输入信号为高频载波信号 $y(t) = \cos(\omega t)$，u_{ef} 为相敏检波电路的输出，b、d 接入变压器 A 的副边线圈，a、c 接入变压器 B 的副边线圈；e、f 分别为变压器 A 和变压器 B 的中央抽头；变压器 B 的输出电压 u 远大于变压器 A 的输出电压 u_m，以便控制二极管的导通状态，R_f 为连接在两个变压器次级线圈中点之间的负载电阻，如图 6.1.15 所示。

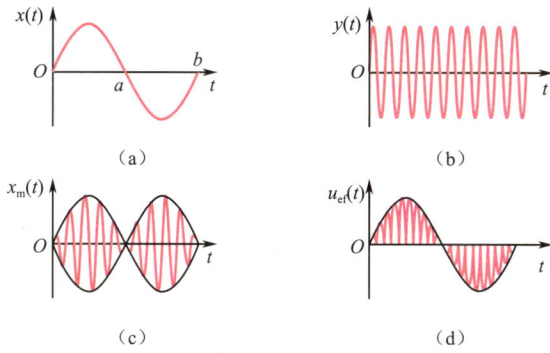

图 6.1.14　环形相敏检波电路的相关信号波形

（1）当调制信号 $x(t)>0$ 时，$x_m(t)$ 与 $y(t)$ 同频同相。

① 如图 6.1.15（a）所示，$x(t)$ 处于正半周期时，假设变压器 A 的副边线圈电压，上端为"＋"，下端为"－"，变压器 B 的副边线圈感应电压，右端为"＋"，左端为"－"，由于 c 点电压为 u，b 点电压为 u_m，并且 $u \gg u_m$，二极管 VD_4 截止，环形电桥电流方向为 $c \to VD_1 \to d \to VD_2 \to a$，由于电路结构对称，$d$ 和 f 两点电压相同，输出电压 $u_{ef}=u_{ed}=u_m>0$。

② 如图 6.1.15（b）所示，$x(t)$ 处于负半周期时，变压器 A 的副边线圈电压，下端为"＋"，上端为"－"，变压器 B 的副边线圈感应电压，左端为"＋"，右端为"－"，由于 a 点电压为 u，d 点电压为 u_m，并且 $u \gg u_m$，二极管 VD_2 截止，环形电桥电流方向为 $a \to VD_3 \to b \to VD_4 \to c$，由于电路结构对称，$b$ 和 f 两点电压相同，输出电压 $u_f=u_{eb}=u_m>0$。

（2）当调制信号 $x(t)<0$ 时，$x_m(t)$ 与 $y(t)$ 同频反相。

① 如图 6.1.15（c）所示，$x(t)$ 处于正半周期时，假设变压器 A 的副边线圈电压，下端为"＋"，上端为"－"，变压器 B 的副边线圈感应电压，右端为"＋"，左端为"－"，由于 c 点电压大于 b 点电压，二极管 VD_4 截止，环形电桥电流方向为 $c \to VD_1 \to d \to VD_2 \to a$，由于电路结构对称，$d$ 和 f 两点电压相同，输出电压 $u_{ef}=u_{ed}=u_m<0$。

② 如图 6.1.15（d）所示，$x(t)$ 处于负半周期时，变压器 A 的副边线圈电压，上端为"＋"，下端为"－"，变压器 B 的副边线圈感应电压，左端为"＋"，右端为"－"，由于 a 点电压大于 d 点电压，二极管 VD_2 截止，环形电桥电流方向为 $a \to VD_3 \to b \to VD_4 \to c$，由于电路结构对称，$b$ 和 f 两点电压相同，输出电压 $u_{ef}=u_{eb}=u_m<0$。

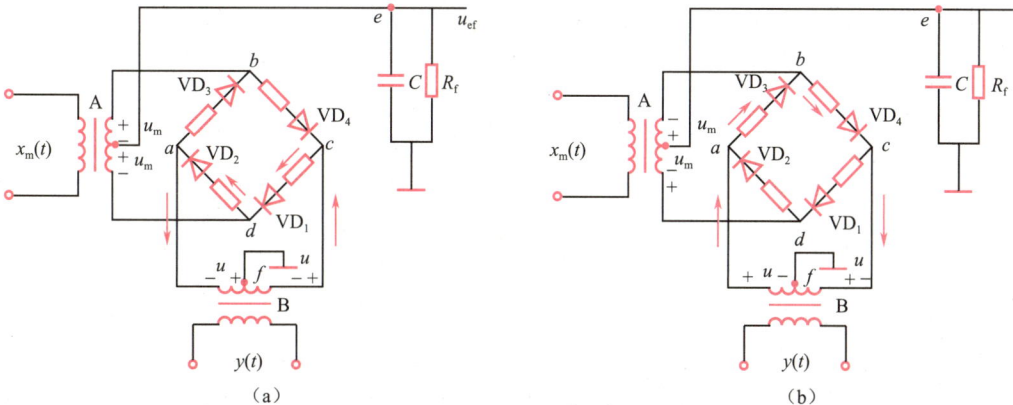

图 6.1.15　环形相敏检波电路的工作原理

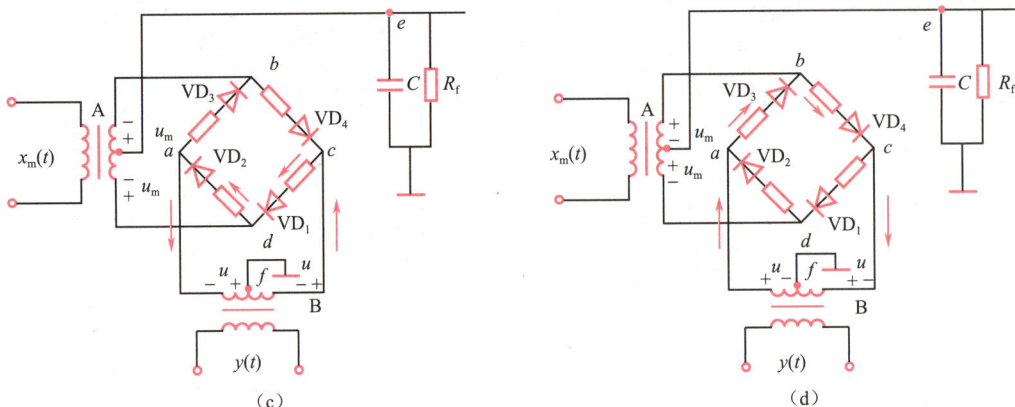

（c）　　　　　　　　　　　　（d）

图 6.1.15　环形相敏检波电路的工作原理（续）

6.1.4　自感式传感器的应用

自感式传感器用于位移测量，或测量可转换为位移的量，如力、加速度、速度、液位、流量等。一般为接触式测量，可以进行静态测量和动态测量。

1. 位移测量

电感测微仪是差动式自感式传感器微位移测量装置，其原理如图 6.1.16 所示，由螺管型电感传感器、交流电桥、交流放大器、相敏检波器、低通滤波器、振荡器、稳压电源及显示器等组成。电阻和自感传感线圈组成交流电桥，电桥输出交流电压经放大后输入相敏检波器，相敏检波器的输出结果通过低通滤波器后，再由指示仪表输出显示。

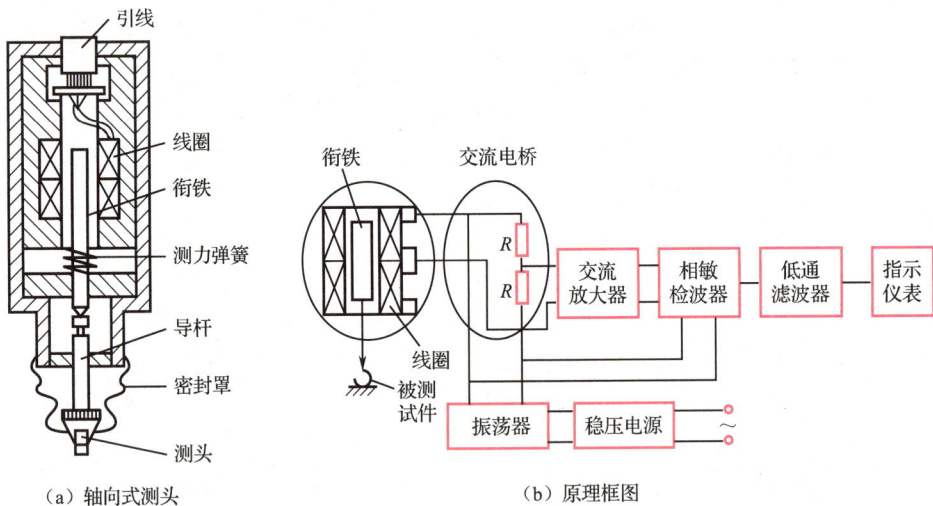

（a）轴向式测头　　　　　　　　（b）原理框图

图 6.1.16　电感测微仪

2. 压力测量

图 6.1.17 所示为变气隙型自感式压力传感器的结构，由铁芯、衔铁、膜盒、线圈等组成，衔铁与膜盒顶端固定。膜盒顶端产生与压力 P 成正比的位移，带动衔铁移动，使气隙厚度变化，流过线圈的电流发生相应的改变，电流表指示值反映被测压力大小。

图 6.1.18 所示为差动式变气隙型自感式压力传感器，核心组件包括 C 形弹簧管、衔铁、铁芯及配对线圈。外界压力 P 作用于 C 形弹簧管时，其自由端产生位移，驱动衔铁移动，导致线圈 1 与线圈 2 电感变化大小相等、极性相反，一个增大，另一个减小。此电感变化通过电桥转换为电压输出。输出电压与被测压力呈比例关系，因此测量输出电压即可获得被测压力。

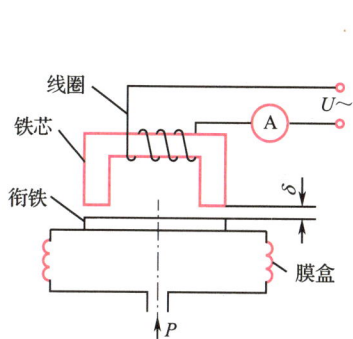

图 6.1.17　变气隙型自感式压力传感器　　图 6.1.18　差动式变气隙型自感式压力传感器

小讨论：为何自感式传感器一般采用差动形式？差动式螺管型自感式传感器与差动式变气隙型自感式传感器有哪些相同点和不同点？

6.1 自感式传感器
讨论

6.2 差动变压器式传感器

差动变压器式传感器根据变压器基本原理制成，二次绕组采用差动连接，可将被测量的变化转换为线圈互感变化。差动变压器式传感器简称差动变压器，又称互感式传感器。其结构形式有变气隙型、变面积型和螺管型等，其中螺管型尤为常见，可测量 1~100mm 的机械位移，广泛应用于各类测量场景，性能可靠、精度高、灵敏度高。

6.2 差动变压器式
传感器课件

小拓展

我国建成最大的电感式位置传感器生产基地

来源《湖北日报》

2024 年 6 月 14 日，国内最大的自主品牌电感式位置传感器生产基地在武汉光谷建成投产，4 条专业化传感器自动生产线，可年产 450 万套电感式位置传感器，年产值约 3 亿元。这一新基地投产，标志着电感式位置传感器的国产化迈出重要一步。

投产仪式上发布了新一代双冗余 TAS 扭矩角度传感器、SAS 角度传感器、LPS 直线位移传感器和 MPS 电机位移传感器。可广泛应用在各种线控转向和线控制动等自动驾驶辅助系统，以及汽车车身和底盘电控系统中。

6.2.1　螺管型差动变压器的工作原理

螺管型差动变压器的结构如图 6.2.1 所示，包括一次绕组和两个完全相同的二次绕组、圆柱形衔铁和线圈框架等。

螺管型差动变压器的两个二次绕组 N_1 和 N_2 反极性串联，理想情况下等效电路如图 6.2.1（b）所示。一次绕组 N 施加交流电压时，二次绕组 N_1 和 N_2 由于电磁感应分别产生感应电动势 e_1 和 e_2，大小与衔铁的位置有关。由于两个二次绕组 N_1 和 N_2 反极性串联，则变压器输出电势为

$$e_o = e_1 - e_2 \tag{6.2.1}$$

二次绕组产生的感应电动势为

$$e = -M \frac{dI_i}{dt} \tag{6.2.2}$$

式中：M——一次绕组与二次绕组之间的互感系数；I_i——一次绕组线圈的激磁电流。

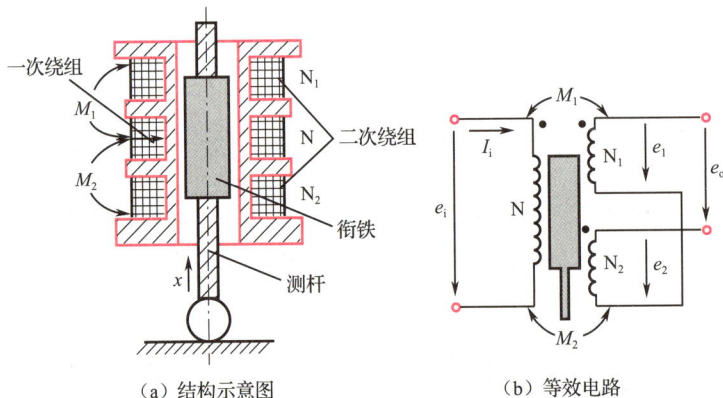

（a）结构示意图　（b）等效电路

图 6.2.1　螺管型差动变压器的结构

衔铁位于线圈中间位置时，由于两个线圈互感系数相等（$M_1 = M_2$），感应电动势 $e_1 = e_2$，输出电动势 $e_o = 0$；衔铁向上移动，磁通变化使互感系数变化，$M_1 > M_2$，$e_1 > e_2$，差动输出电动势 $e_o \neq 0$。同理，衔铁向下移动，$M_1 < M_2$，$e_1 < e_2$，差动输出电动势 $e_o \neq 0$，移动方向改变，输出电动势反相。衔铁位移改变，差动输出电动势随之变化。

6.2.2　零点残余电压

差动变压器的衔铁处于中间位置时，理想条件下的输出电压为零。实际上，输出电动势不为零，在零点存在微小电压，称为零点残余电压，记作 Δe。图 6.2.2 为零点残余电压的输出特性，实线为实际特性，虚线为理想特性。

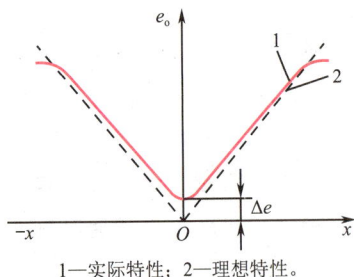

1—实际特性；2—理想特性。

图 6.2.2　差动变压器的零点残余电压

1. 零点残余电压的组成

零点残余电压波形由基波分量和高次谐波分量组成，如图 6.2.3 所示。

（1）两个二次绕组的几何结构不完全对称、电气参数不完全一致，导致它们产生的感应电动势相位不同、幅值不等，形成了基波；

（2）电源本身含有高次谐波；

（3）由于磁性材料磁化曲线的非线性，形成了高次谐波。

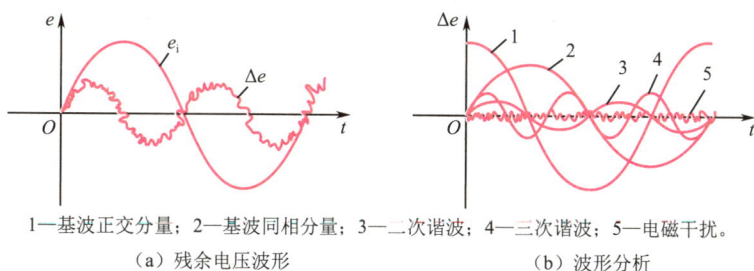

1—基波正交分量；2—基波同相分量；3—二次谐波；4—三次谐波；5—电磁干扰。

（a）残余电压波形　　　　　　　（b）波形分析

图 6.2.3　零点残余电压波形及其组成

2. 零点残余电压对测量结果的影响

① 零点残余电压输入放大器易使放大器末级饱和，影响电路正常工作；②传感器的输出特性不经过零点，造成实际特性与理论特性不完全一致，产生测量误差。

3. 减小零点残余电压的措施

在实际应用时，应采取以下措施减小零点残余电压。

（1）为保证传感器线圈电气参数、磁路和几何尺寸对称，要求：①提高加工精度，线圈选配成对，采用磁路可调结构；②磁性材料需经适当处理消除残余应力；③磁路工作点选在磁化曲线的线性段。

（2）选用合适的测量线路。如图 6.2.4 所示，采用相敏检波后，衔铁反行程特性曲线由 1 变到 2，消除了零点残余电压。

（3）采用适当的差动整流电路。如图 6.2.5 所示，两个二次绕组的感应电压相位不同，并联或串联电容（或电阻）可改变其中一个感应电压的相位，改变磁化曲线的工作点，减小高次谐波产生的残余电压。

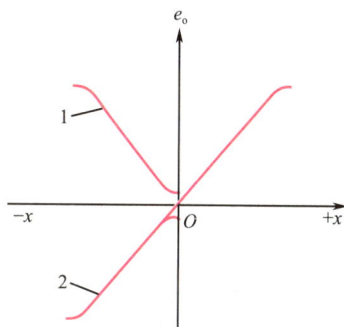

图 6.2.4　采用相敏检波后的输出特性

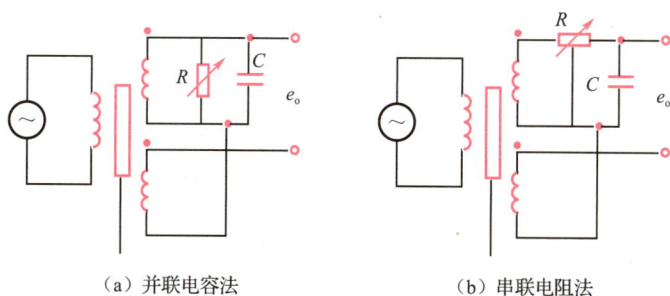

（a）并联电容法　　　　　　　　（b）串联电阻法

图 6.2.5　调相位式残余电压补偿电路

6.2.3　测量电路

差动变压器输出为交流电压，且存在零点残余电压，常用差动整流电路（消除零点残余电压）和相敏检波电路（判断位移大小和方向）辨别衔铁位移方向并消除零点残余电压。

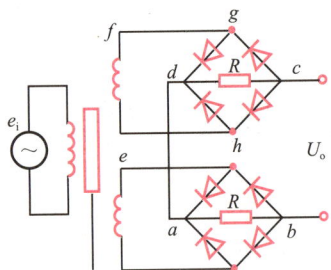

图 6.2.6　全波差动整流电路

图 6.2.6 所示为全波差动整流电路，其基于二极管单向导通原理进行解调。若上方次级线圈输出瞬时电压极性，f 点为 "$+$"，e 点为 "$-$"，则电流路径是 $f\rightarrow g\rightarrow d\rightarrow c\rightarrow h\rightarrow e$。反之，如 f 点为 "$-$"，e 点为 "$+$"，则电流路径是 $e\rightarrow h\rightarrow d\rightarrow c\rightarrow g\rightarrow f$。无论次级线圈的输出瞬时电压极性如何，通过电阻 R 的电流总是由 d 到 c。同理，可分析下方次级线圈的输出电压情况。传感器输出电压 $U_o = e_{ab} + e_{cd}$，输出电压波形如图 6.2.7 所示。

差动整流电路结构简单，无须调整相位，也无须考虑零点残余电压的影响，分布电容影响小，适合于远距离传输。

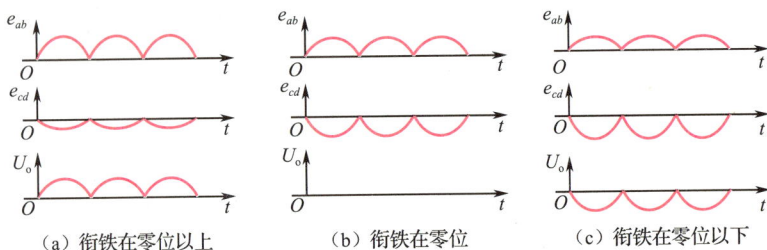

（a）衔铁在零位以上　　　　（b）衔铁在零位　　　　（c）衔铁在零位以下

图 6.2.7　全波差动整流电路的输出电压波形

6.2.4　差动变压器的应用

差动变压器结构简单、测量精度高、线性范围大（$\pm 100\,\mathrm{mm}$）、灵敏度高、稳定性好，应用广泛，同位移有关的物理量可通过差动变压器转换成电量输出。差动变压器常用于测量振动、厚度、应变、压力、加速度等。

1．差动变压器式位移传感器

差动变压器式位移传感器（简称 LVDT 传感器）如图 6.2.8 所示，其可动衔铁与线圈通常无实体接触，实现无摩擦测量，可靠性高，工作寿命长，可在强磁场、高压、高温、辐射、潮湿、粉尘等恶劣环境下使用，具有测量精度高、分辨率高、灵敏度高、线性范围大、响应速度快、频响范围宽等特点。

1）内部结构

①一个初级绕组：位于整个结构的中心位置，是励磁信号的输入端；②一对次级绕组：沿相反方向串联，绕在初级绕组的两侧；③导磁铁芯：作为运动部件，可在空心线圈中移动，与待测位置的物体相连；④屏蔽层和外壳：保护绕组免受损坏及提供电磁屏蔽。

2）工作原理

运行时，在初级绕组上施加小的交流电压，产生"励磁信号"，在两个相邻的次级绕组中感应出电动势，铁芯在不同的位置时，次级绕组电动势差不同，通过感应电压可确定铁芯位置。

LVDT 传感器输出电压与铁芯位置有关：①铁芯位于空心管中央时，两个次级绕组中的感应电动势相互抵消，相位差 $180°$，输出电压为零；②铁芯向一侧移动时，其中一个次级线圈中的感应电压大于另一个次级线圈中的感应电压，产生电动势差，输出交变电压；③铁芯通过中心位置，从一端移动到另一端，输出电压由最大值变为零，再回到最大值，在此过程中，相位变化 $180°$。

LVDT 传感器产生的交流电信号，幅值表示铁芯从中央位置开始的移动量，相位表示铁芯的移动方向。因此，LVDT 传感器的输出电压极性表示运动方向，感应电压的大小表示位移的大小。

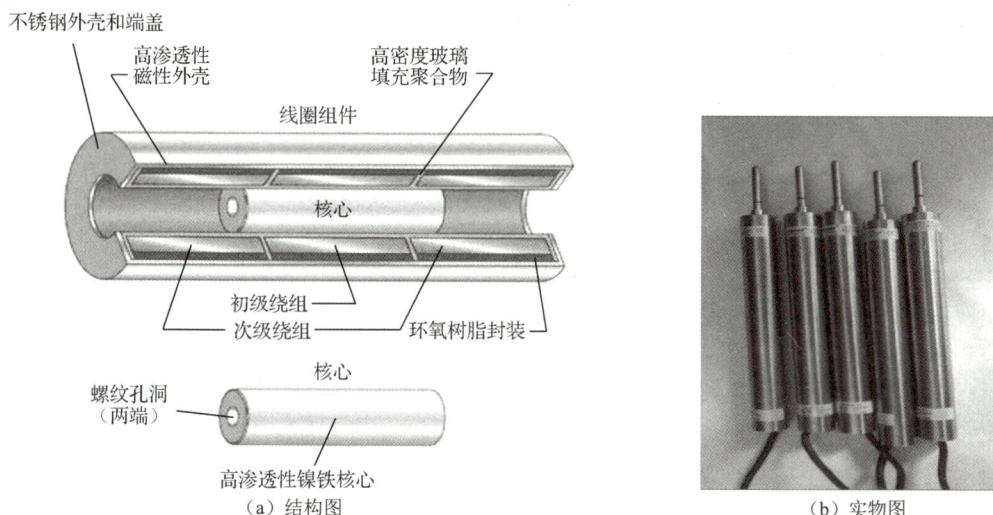

（a）结构图　　　　　　　　　　　　　　（b）实物图

图 6.2.8　LVDT 传感器

2．差动变压器式加速度传感器

差动变压器加上悬臂梁弹性支承构成加速度计，图 6.2.9 为差动变压器式加速度传感器的结构示意图和测振电路方框图。测定物体振动频率和幅值时，激励频率需大于振动频率的 10 倍。差动变压器式加速度传感器适用于测量低频振动，可测振幅范围为 0.1～5mm，可测振动频率范围一般为 0～150Hz。高频振动测量可选用压电式传感器。

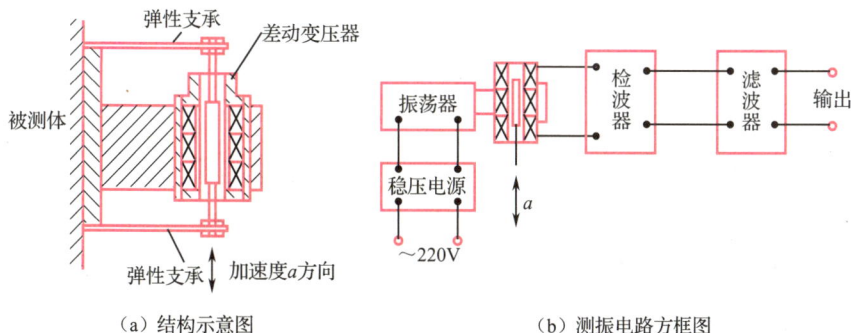

（a）结构示意图　　　　　　　　　　　（b）测振电路方框图

图 6.2.9　差动变压器式加速度传感器

3．差动压力变送器

差动变压器和弹性敏感元件组合可以构成多种形式的差动变压器式压力传感器（又称差动压力变送器）。图 6.2.10 为微压力变送器的结构示意图和测量电路方框图，微压力变送器主要由膜盒、差动变压器和测量电路等组成，适用于测量各种液体、气体的压力。被测压力为零时，膜盒在初始位置，固接在膜盒中心的衔铁位于差动变压器线圈的中间位置，输出电压为零。被测压力增大，自由端位移与被测压力成正比，带动衔铁移动，差动变压器存在输出电压。经相敏检波、滤波后，输出电压反映被测压力。

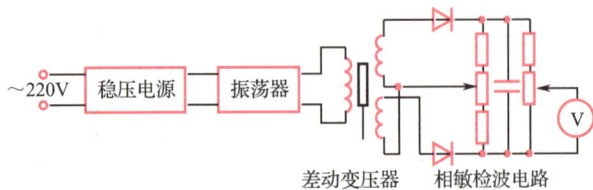

（a）结构示意图　　　　　　　　　　　（b）测量电路方框图

1—接头；2—膜盒；3—底座；4—线路板；5—差动变压器；6—衔铁；7—罩壳。

图 6.2.10　微压力变送器

微压力变送器测量电路包括稳压电源、振荡器、差动变压器、相敏检波电路等。由于差动变压器输出电压较大，输出电压为 0～50mV，线路中无须使用放大器，即可测量 -1.5～1.5kPa 的压力。

图 6.2.11 为小型压力变送器 PT300，其特点是：①采用 316L 不锈钢隔离膜片结构，抗腐能力强；②电压、电流、频率信号输出；③精度高、全固态设计，可在恶劣的环境中使用；④可测量范围为 0～100MPa 压力。

图 6.2.11　小型压力变送器 PT300

小讨论：有一差动式变压器式传感器，已知传感器线圈的电感 $L = 30\text{mH}$，铜电阻 $R = 40\Omega$，电源频率 $f = 400\text{Hz}$，电压 $U_i = 4\text{V}$，组成四臂等阻抗电桥，如图 6.2.11 所示。试求：

（1）匹配电阻 R_1、R_2 的值分别为多少时，电压灵敏度最大？

（2）当 $\Delta Z = 30\Omega$ 时，分别求单臂和双臂差分电桥后输出电压的大小。

6.2 差动变压器式传感器讨论

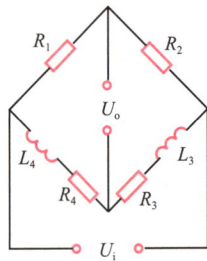

图 6.2.11　交流电桥

6.3　电涡流式传感器

电涡流式传感器的工作原理及特性视频

6.3 电涡流式传感器课件

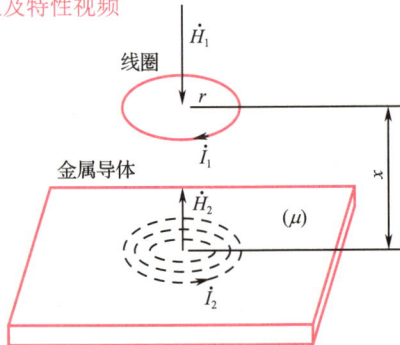

根据电磁感应原理，金属导体置于交变磁场或在磁场中做切割磁力线运动，导体内产生感应电流，此电流在导体内呈涡旋状，此现象称为电涡流效应。根据电涡流效应制成的传感器称为电涡流式传感器。

6.3.1　工作原理、特性及类型

1. 工作原理

电涡流式传感器的工作原理如图 6.3.1 所示。电涡流式传感器是由传感器线圈和被测金属导体构成的线圈-金

图 6.3.1　电涡流效应示意图

属导体系统。根据电磁感应原理，当传感器线圈施加频率为 f 的正弦交变电流 $\dot{I}_1$ 时，线圈周围空间产生正弦交变磁场 $\dot{H}_1$，使得置于磁场中的金属导体发生电磁感应，产生电涡流 $\dot{I}_2$，此电涡流产生交变磁场 $\dot{H}_2$，$\dot{H}_2$ 的方向与 $\dot{H}_1$ 的方向相反。由于磁场 $\dot{H}_2$ 对线圈的反作用削弱磁场 $\dot{H}_1$，导致传感器线圈的等效阻抗变化。

🔍 小拓展

上海中心大厦的"慧眼"阻尼器

2024 年 9 月 16 日，中国第一高楼——上海中心大厦在 75 年来最强台风"贝碧嘉"中稳如泰山，归功于其顶部的"镇楼神器"——电涡流摆式调谐质量阻尼器。该阻尼器名叫"慧眼"，重达 1000 吨，是目前世界最重的摆式阻尼器质量块，采用我国独创的电涡流调谐技术，是世界超高层建筑减震阻尼器的首创性技术运用。

"慧眼"阻尼器由配重物和吊索构成，相当于巨型复摆。强风来袭，阻尼器反向运动抵消大楼摆动，利用庞大自重对抗风力对建筑物的影响，减缓大楼晃动。采用电涡流阻尼技术，机械能通过阻尼系统转化为热能消散。如图 6.3.2 所示，阻尼器下方是一个 10m×10m 的铜板，铜板上镶嵌 125 块强力磁铁。当铁制质量块摆动时，铜板中产生电涡流，进而产生磁场，该磁场阻碍质量块运动，从而消减阻尼器的摆动，形成自我调节机制，增强了阻尼效果，增加了大楼的稳定性。

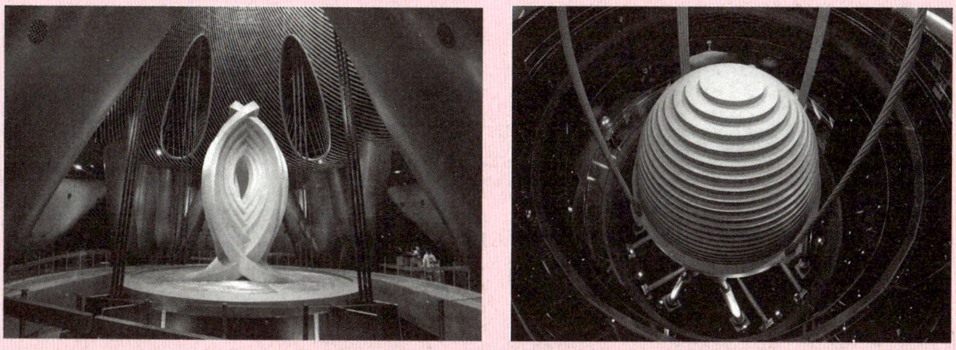

(a)　　　　　　　　(b)

图 6.3.2 "慧眼"阻尼器

传感器线圈受电涡流影响时的等效阻抗 Z 用下式描述：

$$Z = F(\rho,\ \mu,\ r,\ f,\ x) \tag{6.3.1}$$

式中：x——线圈与导体间的距离；f——线圈中励磁电流的频率；r——线圈与金属导体的尺寸因子；μ——金属导体的磁导率；ρ——金属导体的电阻率 。

可见，线圈阻抗变化取决于金属导体的电涡流效应，若改变式（6.3.1）中的一个参数，其他参数不变，则阻抗 Z 只与该参数有关，测出阻抗变化，便可确定该参数，实现对该参数的测量，即构成测量该参数的传感器。

电涡流式传感器的应用方向：①利用线圈与导体之间的距离 x 作为变换量，可做成测量位移、厚度、振动等参量的传感器；②利用导体的电阻率 ρ 作为变换量，可做成测量表面温度、判别材质的传感器；③利用导体的磁导率 μ 作为变换量，可做成测量应力、硬度等参数的传感器；④若同时改变导体的电阻率 ρ 和磁导率 μ，可以实现对导体的探伤。

因此，电涡流式传感器能对位移、厚度、材料损伤、应力等进行非接触式连续测量，其体积小、频响范围宽、灵敏度高，应用十分广泛。

2. 基本特性

电涡流式传感器的电磁过程复杂，为分析方便，通常采用图 6.3.3 所示的电涡流式传感器的简化模型，即把产生电涡流的金属导体等效成一个短路环，假设电涡流只分布在环体内。在图 6.3.3（a）中，d 为传感器线圈的外径，D_1 和 D_2 分别为短路环的内径和外径，电涡流在导体中的贯穿深度为

$$h = \sqrt{\frac{\rho}{\pi \mu f}} \tag{6.3.2}$$

式中：ρ、μ——导体的电阻率、磁导率；f——线圈的激励电流频率（Hz）。

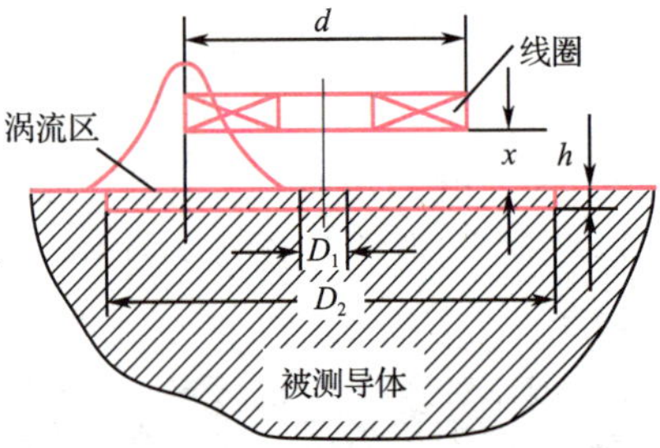

（a）简化模型 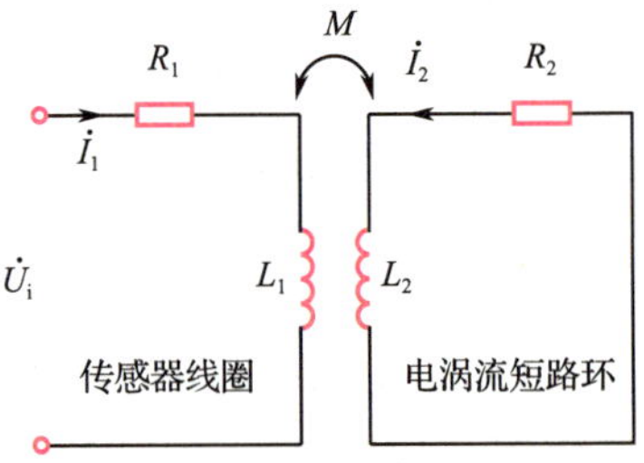 （b）等效电路

图 6.3.3 电涡流式传感器的简化模型及等效电路

> 📖 **小知识：集肤效应**
>
> 导体置于交变磁场时，内部产生的电涡流分布不均匀，电涡流集中在导体外表薄层和一定径向范围，此效应称为集肤效应（也称趋肤效应）。

根据简化模型，传感器线圈和被测导体可等效为相互耦合的两个线圈，如图 6.3.3（b）所示。R_1、L_1 分别为传感器线圈的电阻和电感；M 为线圈和短路环之间的互感系数；R_2、L_2 分别为短路环的等效电阻和等效电感。

根据基尔霍夫定律，可得

$$\begin{cases} R_1 \dot{I}_1 + j\omega L_1 \dot{I}_1 - j\omega M \dot{I}_2 = \dot{U}_i \\ R_1 \dot{I}_2 + j\omega L_2 \dot{I}_2 - j\omega M \dot{I}_1 = 0 \end{cases} \tag{6.3.3}$$

式中：$\dot{U}_i$、ω——传感器线圈的激励电压和角频率。

由式（6.3.3）解得传感器线圈的等效阻抗为

$$Z = \frac{\dot{U}_i}{\dot{I}_1} = R_1 + \frac{\omega^2 M^2}{R_2^2 + \omega^2 L_2^2} R_2 + j\omega \left[L_1 - \frac{\omega^2 M^2}{R_2^2 + \omega^2 L_2^2} L_2 \right] \tag{6.3.4}$$

$$= R_{eq} + j\omega L_{eq}$$

式中：R_{eq}、L_{eq}——传感器线圈受电涡流影响后的等效电阻和等效电感，分别为

$$R_{eq} = R_1 + \frac{\omega^2 M^2}{R_2{}^2 + \omega^2 L_2{}^2} R_2 \tag{6.3.5}$$

$$L_{eq} = L_1 - \frac{\omega^2 M^2}{R_2{}^2 + \omega^2 L_2{}^2} L_2 \tag{6.3.6}$$

传感器线圈受到电涡流影响后的品质因数为

$$Q = \frac{\omega L_{eq}}{R_{eq}} = Q_0 \frac{1 - \dfrac{L_2}{L_1} \cdot \dfrac{\omega^2 M^2}{R_2{}^2 + \omega^2 L_2{}^2}}{1 + \dfrac{R_2}{R_1} \cdot \dfrac{\omega^2 M^2}{R_2{}^2 + \omega^2 L_2{}^2}} \tag{6.3.7}$$

式中，Q_0 ——无涡流时传感器线圈的品质因数，$Q_0 = \omega L_1/R_1$。

可以看出，传感器线圈受电涡流影响，线圈的等效阻抗、等效电感和品质因数发生改变。测量电路检测线圈 Z、L 或 Q 的变化，并将其转换为电量，可实现测量的目的。

3. 电涡流的形成范围

1）电涡流的径向形成范围

电涡流密度 J 和径向形范围与线圈外径 d、线圈与导体间的距离 x 有关。x 一定时，电涡流密度 J 随线圈外径 d 的大小而变化。

如图 6.3.4 所示，J_0 为金属导体表面的电涡流密度，即 J 的最大值；J_D 为外径为 D 处的金属导体表面的电涡流密度。涡流的径向形成范围为传感器线圈外径的 1.8～2.5 倍，且分布不均匀；线圈外径处，电涡流密度最大；线圈中心处电涡流密度为零。

通常，被测导体的平面尺寸应大于传感器线圈外径 d 的 2 倍，否则灵敏度下降。若被测导体为圆柱体，且直径 D 大于线圈外径的 3.5 倍时，传感器的灵敏度近似为常数，当 $D = d$ 时，灵敏度（S）仅为最大值的 60% 左右，其关系如图 6.3.5 所示。

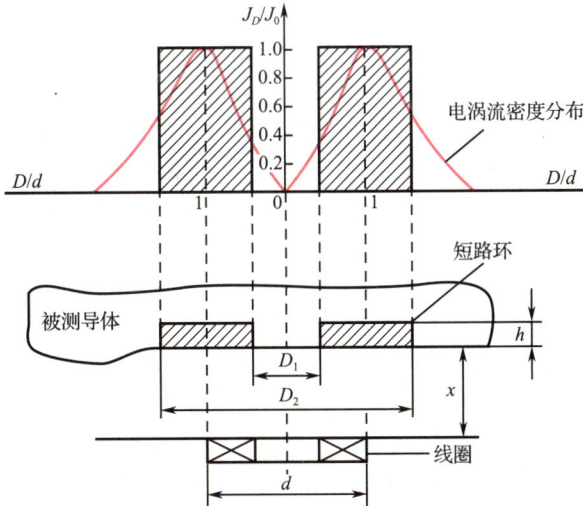

图 6.3.4　电涡流密度 J 与线圈外径 d 的关系曲线　　图 6.3.5　被测导体的直径与灵敏度的关系

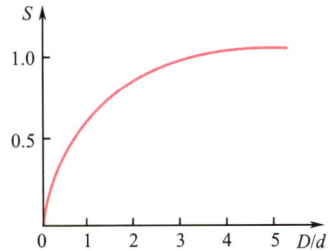

2）电涡流强度与距离的关系

电涡流强度随着线圈与导体间的距离 x 的变化而改变，如图 6.3.6 所示，图中 I_1 为线圈激励电流；I_2 为金属导体中的等效电流；r 为线圈外半径。由图 6.3.6 可知：①电涡流强度与距

离 x 呈非线性关系，随着 x/r 的增大而迅速减小。②测量位移时，应使 $x \ll r$，一般取 $x = 0.05r \sim 0.15r$。

3）电涡流的轴向贯穿深度

贯穿深度是指电涡流密度减小到表面电涡流密度的 $1/e$ 时电涡流距离导体表面的厚度。受集肤效应的影响，电涡流贯穿金属导体的深度有限。电涡流密度随 H 的增大按指数规律衰减，即

$$J_H = J_m e^{-H/h} \qquad (6.3.8)$$

式中：J_H ——沿轴向处的电涡流密度；J_m ——电涡流密度的最大值；H ——金属导体中某一点与表面的距离；h ——电涡流的轴向贯穿深度。

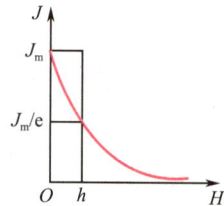

图 6.3.7 所示为电涡流密度的轴向分布曲线，电涡流主要分布在表面附近。

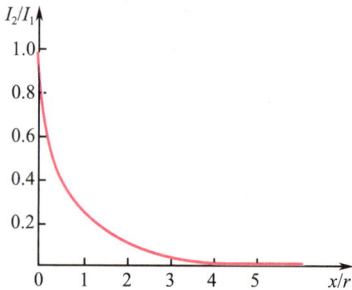

图 6.3.6　电涡流强度与距离 x 的归一化曲线　　图 6.3.7　电涡流密度的轴向分布曲线

4. 电涡流式传感器的类型

根据激励信号频率大小和电涡流在导体内的贯穿情况，电涡流式传感器可分为高频反射式电涡流式传感器和低频透射式电涡流式传感器。

1）高频反射式电涡流式传感器

图 6.3.8 所示为 CZF1 型电涡流式传感器的结构。如图 6.3.9 所示，传感器线圈由高频信号激励，使其产生高频交变磁场 ϕ_i，被测导体靠近线圈时，磁场作用范围的导体表层产生与磁场相交的电涡流 i_e，此电涡流又将产生一交变磁场 ϕ_e 阻碍外磁场变化，因此，在被测导体内存在着电涡流损耗。电涡流损耗使传感器的 Q 和等效阻抗 Z 降低，当被测导体与传感器间的距离 d 改变时，传感器的 Q 和等效阻抗 Z、电感 L 均发生变化，从而将位移量转换成电量。

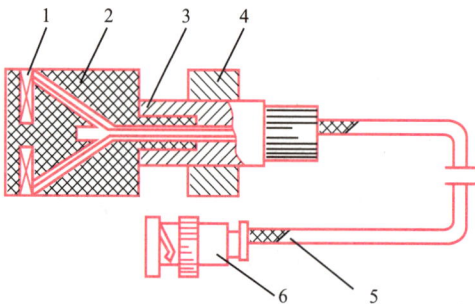

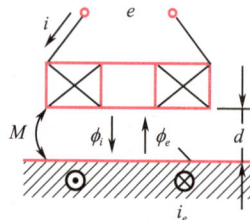

1—线圈；2—框架；3—衬套；4—支架；5—电缆；6—插头。

图 6.3.8　CZF1 型电涡流式传感器的结构　　图 6.3.9　高频反射式电涡流式传感器的工作原理

2）低频透射式电涡流式传感器

该类传感器采用低频激励，贯穿深度较大，用于测量金属材料的厚度，其原理如图 6.3.10 所示。发射线圈 L_1 和接收线圈 L_2 分别位于被测金属板 M 的上、下方。L_1 上施加低频电压 u_1 时，L_1 上产生交变磁通，若两线圈间无金属板，交变磁通直接耦合至 L_2 中，L_2 产生感应电压 u_2。若将被测金属板放入两线圈之间，则 L_1 线圈产生的磁场将使金属板中产生电涡流，并将贯穿金属板，磁场能量受到损耗，到达 L_2 的磁通减弱，引起 L_2 的感应电压 u_2 下降。金属板越厚，电涡流损耗就越大，电压 u_2 越小。因此，u_2 的大小间接反映金属板 M 的厚度，根据电压 u_2 可得知被测金属板的厚度。

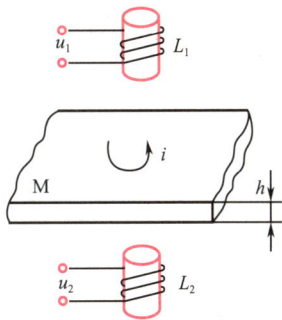

图 6.3.10　低频透射式电涡流式传感器的工作原理

6.3.2　测量电路

根据电涡流式传感器的工作原理，被测量可转换为传感器线圈等效电感 L、等效阻抗 Z 和品质因数 Q 等参数的变化，测量电路将 Z、L 或 Q 转换为电压或电流信号输出。一般情况下，Q 的测量电路应用较少，Z 的测量电路可采用交流电桥，L 的测量电路一般用谐振电路。

1．电桥法测量电路

交流电桥作为测量电路时，一般将传感器接至桥路的一个桥臂，其他三个桥臂采用固定的阻抗；通常为实现补偿温度，设计与测量线圈参数完全相同的补偿线圈。将电涡流式传感器设计成差动形式，即将传感器的两个测量线圈分别接入桥路中相邻的两个桥臂，如图 6.3.11 所示。图中，Z_1、Z_2、R_1 和 R_2 组成电桥的 4 个桥臂，电桥供电电压 U_i 及输出电压 Δu 通过放大器放大后经检波器变成直流输出 U_o。

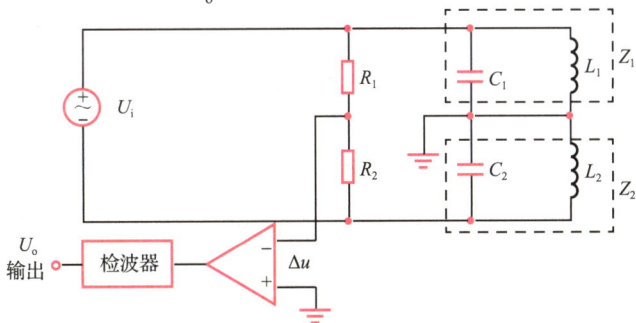

图 6.3.11　电桥法原理图

电路输入-输出关系为

$$U_o = \frac{U_i}{Z_1 + Z_2} Z_1 - \frac{U_i}{R_1 + R_2} R_1 \tag{6.3.9}$$

当 $R_1 = R_2 = R$，$C_1 = C_2 = C$ 时

$$U_o = \frac{U_i}{2} \cdot \frac{Z_1 - Z_2}{Z_1 + Z_2} = \frac{U_i}{2} \cdot \frac{\omega(L_1 - L_2)}{\omega(L_1 + L_2) + 2\omega^3 CL_1L_2} \tag{6.3.10}$$

若使

$$L_1 + L_2 = \omega^2 CL_1L_2 \tag{6.3.11}$$

化简式（6.3.10）可得

$$U_o = \frac{-U_i(L_1 - L_2)}{2(L_1 + L_2)} \qquad (6.3.12)$$

令 $\Delta L = L_1 - L_2$，$L = L_1 + L_2$，则输出电压为

$$U_o = \left| \frac{-U_i(L_1 - L_2)}{2(L_1 + L_2)} \right| = \frac{U_i \Delta L}{2L} \qquad (6.3.13)$$

由此可见，输出电压 U_o 与传感器的电感差 ΔL 成正比，交流电桥可用于涡流线圈构成的差动式传感器。

2. 谐振测量电路

将传感器线圈 L 与固定电容 C 并联组成 LC 并联谐振回路，其谐振频率为

$$f = \frac{1}{2\pi\sqrt{LC}} \qquad (6.3.14)$$

谐振时电路的等效阻抗最大，$Z = L/RC$ （R 为线圈的损耗电阻）。

线圈等效电感 L 变化，回路的谐振频率和等效阻抗发生变化，测量谐振频率或等效阻抗可间接测出被测参数。根据电路的输出位频率或幅值，谐振电路主要有调频电路和调幅电路。

1）调频电路

调频电路的原理如图 6.3.12 所示。调频电路将传感器线圈作为电感元件直接接入 LC 并联谐振回路，位移 x 的变化引起线圈电感的变化，高频改变振荡器的振荡频率，实现频率调制。为消除寄生调幅，鉴频器前应增设限幅器。

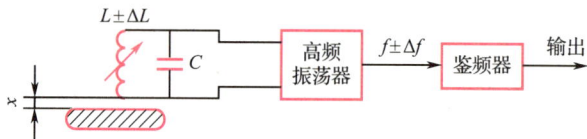

图 6.3.12　调频电路的原理

常用的调频测量电路如图 6.3.13 所示，由克拉泼电容三点式振荡器和射极输出器两大部分组成。射极输出器起阻抗匹配作用，以便和下级电路连接。克拉泼电容三点式振荡器产生高频正弦波，其频率随传感器线圈电感 $L(x)$ 的变化而改变。频率和 $L(x)$ 之间的关系为

$$f \approx \frac{1}{2\pi\sqrt{L(x)C}} \qquad (6.3.15)$$

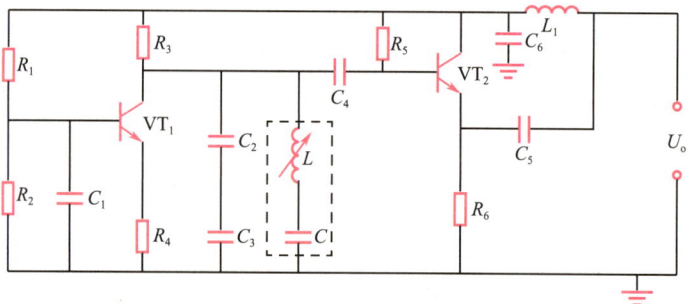

图 6.3.13　调频测量电路

> 📖 **小知识：** 克拉泼电容三点式振荡器是电容三点式振荡器的改进型线路，在 LC 并联谐振回路的电感支路串入小容量电容，如图 6.3.13 虚线框所示，利用 LC 并联谐振回路

的自激振荡特性，通过调节电容参数改变振荡频率。克拉泼电容三点式振荡器提高了振荡器的频率稳定性，同时保持电路的起振条件不变。

2）调幅电路

调幅电路组成如图 6.3.14 所示，振荡器一般采用石英振荡器，提供频率及幅值稳定的高频信号，激励 LC 并联谐振回路。耦合电阻可视为激励电源内阻，降低传感器对振荡器的影响，其大小将影响测量电路的灵敏度，因此选择耦合电阻时，需考虑传感器线圈的品质因数和振荡器的输出阻抗。

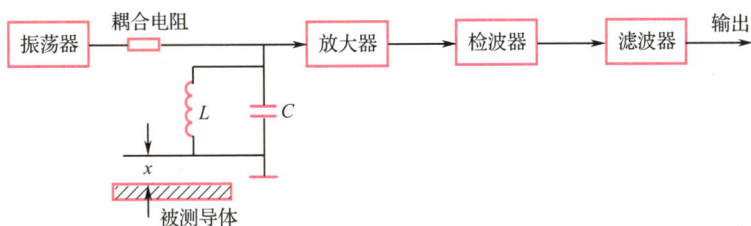

图 6.3.14　调幅电路组成

（1）工作原理。

无被测导体时，调节 LC 并联谐振回路的谐振频率 f_0 使其等于振荡器的激励频率，此时 LC 并联谐振回路的阻抗最大，输出电压的幅值最大，如图 6.3.15 中谐振曲线 I 所示。

被测导体接近传感器线圈，线圈等效电感发生变化，谐振回路的谐振频率和等效阻抗随之发生变化，回路失谐而偏离激励频率，谐振峰值将向左或向右移动，振荡器输出电压幅值随之变化。传感器离被测导体越近，回路的等效阻抗越小，输出电压的幅值越低。

谐振峰值移动的方向与被测导体的材料有关：①若被测导体为非磁性材料或硬磁材料，距离减小时，线圈的等效电感减小，回路谐振频率增大，谐振峰值向右移动，同时，由于回路阻抗减小，激励电流在 LC 并联谐振回路产生的压降由原来的 u_0 降为 u_A，如图 6.3.15 中曲线 A 所示；②若被测导体为软磁材料，线圈等效电感增大，回路谐振频率减小，谐振峰值向左移动，其谐振曲线如图 6.3.15 中曲线 B 所示。

（2）输出特性。

调幅电路的输出特性如图 6.3.16 所示，曲线为非线性，在 $x_1 \sim x_2$ 范围内为线性。实际测量时，传感器应安装在线性段中间 x_0 所示的间距处，此距离为理想安装位置。由于 LC 并联谐振回路的激励频率不变，因此谐振回路输出电压的频率始终不变，幅值随位移 x 变化，它相当于一个调幅波，经放大、检波、滤波后，得到与被测信号对应的电压信号。

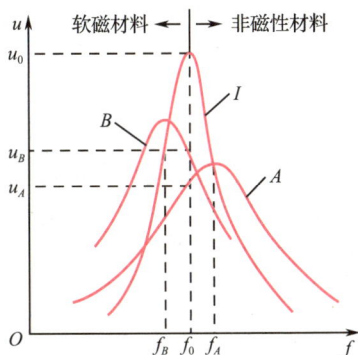

图 6.3.15　谐振曲线

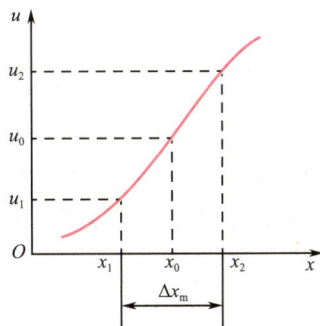

图 6.3.16　调幅电路的输出特性

6.3.3 电涡流式传感器的应用

电涡流式传感器使用方便、结构简单、不受油液介质影响、灵敏度高，且频响范围宽，可实现非接触式测量，可用于测量厚度、尺寸、表面平整度、位移、振幅、转速等，广泛用于电力、石化、冶金、机械等行业。

1. 位移测量

电涡流式传感器与被测金属导体的距离变化将影响其等效阻抗，电涡流式传感器可用于测量微小位移，例如，汽轮机主轴的轴向位移，金属试样的热膨胀系数，磨床换向阀、先导阀的位移，钢水的液位等。

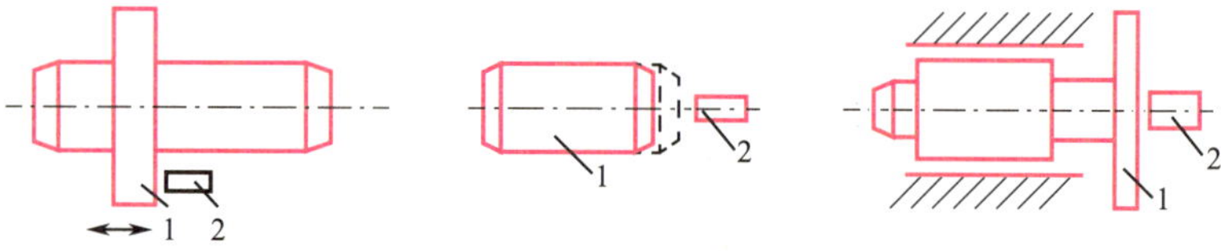

（a）汽轮机主轴的轴向位移　（b）金属试样的热膨胀系数　（c）磨床换向阀位移
1—被测试件；2—传感器探头。

图 6.3.17　位移测量

2. 振幅测量

电涡流式传感器可以无接触地测量各种机械振动的振幅，测量范围从几十微米到几毫米。测量轴振动时，需测量轴的振动形状，作出轴振形图。如图 6.3.18 所示，用多个电涡流式传感器并排安置在轴附近，用多通道指示仪输出至记录仪，轴振动时获得各传感器所在位置的瞬时振幅，画出轴振形图。

3. 转速测量

把一个旋转金属体加工成齿轮状，旁边安装一个电涡流式传感器，如图 6.3.19 所示。当旋转体旋转时，传感器将产生周期性的输出脉冲信号。对单位时间内输出的脉冲进行计数，从而计算出其转速为

$$r = \frac{N/n}{t} \tag{6.3.16}$$

式中：N —— t 时间内的脉冲数；n —— 旋转体的齿数。

4. 表面粗糙度测量及无损探伤

可以将电涡流式传感器做成无损探伤仪，用于非破坏性地探测金属材料的表面裂纹、热处理裂纹及焊缝裂纹等，如图 6.3.20 所示。探测时，保持传感器与被测试件的距离不变，若有裂纹出现，则金属的电阻率、磁导率变化，裂缝处的位移量也将改变，这些综合参数的变化将引起传感器参数的变化，测量传感器参数的变化即可实现探伤。

5. 厚度测量

低频透射式电涡流式传感器可以无接触地测量金属板的厚度和非金属板的镀层厚度，检

测范围为 1～100mm，分辨率为 0.1μm。通常在金属板的上下方各安装一个传感器探头，传感器输出电压的大小可反映被测金属板的厚度。

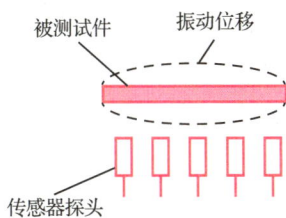

图 6.3.18　振幅测量　　　　图 6.3.19　转速测量　　　　图 6.3.20　无损探伤

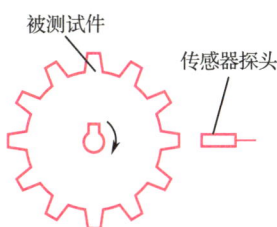

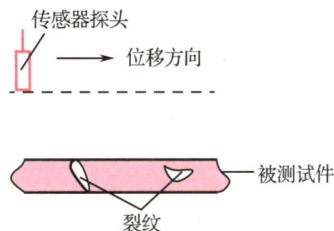

6. 电涡流式接近开关

某电涡流式接近开关实物图如图 6.3.21（a）所示，测量线路框图如图 6.3.21（b）所示，其能在几毫米至几十毫米的距离内检测有无金属物体靠近。

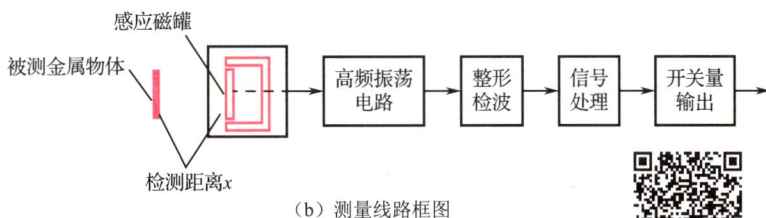

（a）实物图　　　　　　　　　（b）测量线路框图

图 6.3.21　电涡流式接近开关

6.3 电涡流式传感器讨论

小讨论：电磁炉是日常生活中常见的基于涡流效应的家用电器，如图 6.3.22 所示，请简述其加热食物的工作原理。

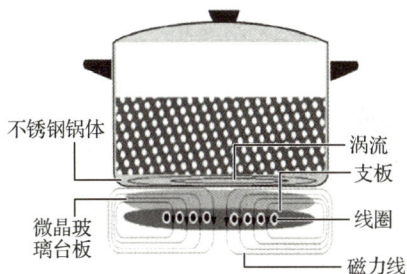

图 6.3.22　电磁炉工作原理示意图

6.4　电感式传感器工程应用案例——气动人工肌肉轨迹跟踪控制

6.4.1　工程背景

气动人工肌肉（PAM）作为一种柔顺性好、功率比大和成本低的执行器，在机器人、自动化、医疗及航空航天等诸多领域应用广泛。气动人工肌肉被视为一种理想的驱动元件，其在轨迹跟踪控制中的精度和稳定性方面有待提高。

本案例设计的测试装置主要基于比例调压阀的控制，采用先进控制算法和技术，有效减小气动人工肌肉轨迹跟踪控制的误差，优化人工气动肌肉的轨迹跟踪控制性能。

6.4.2 测试系统设计

1. 传感器简介

1）位移传感器

TEX-0050系列位移传感器能够将微小的位移变化转换为电信号，其工作原理是基于电感式位移传感器的原理，利用电感元件的电感量与铁芯位置之间的线性关系进行位移测量。具体来说，当电感线圈中通有电流时，会产生磁场，铁芯的位置会影响磁感应强度。通过测量电感线圈的感应电压，可以确定铁芯的位置，进而得到位移。这种传感器通常将发射器安装在被测物体上，以确保能够准确感知物体的位移。发射器是位移传感器中负责发射电信号的部件，对于电感式位移传感器，发射器通常位于电感线圈附近，以便在电流通过时产生磁场，从而准确测量位移。

本测试系统选用 TEX-0050-415-002-001 型位移传感器，如图 6.4.1 所示，其线性度为 0.1%，量程为 0～50mm，重复定位精度为±0.01mm，球眼接头，单端拉杆，径向输出。

2）气压传感器

气体压力传感器（简称气压传感器）主要是用于测量气体绝对压强的转换装置。本测试系统采用 SDE1-D10-G2-WQ4-L-PU-M8-G5 气压传感器，如图 6.4.2 所示，精度为 2%，量程为 0～1MPa，采用 QS-4 快插式接头，模拟量输出为 0～10V。

图 6.4.1 TEX-0050-415-002-001 型位移传感器 图 6.4.2 SDE1-D10-G2-WQ4-L-PU-M8-G5 气压传感器

2. 测试系统搭建

为获取气动人工肌肉的位移/气压迟滞数据，需要首先开展气动人工肌肉气压位移迟滞实验，图 6.4.3 为测试系统搭建示意图。气动人工肌肉运动过程中的位移和内部气压分别由位移传感器和气压传感器实时测量得到；比例调压阀（VPPM-6L）用于实时控制气动人工肌肉内部气压；数据采集卡（PCI6230）嵌入工控机的主机箱中，通过模拟量输入通道（AI）实时采集气动人工肌肉的位移和气压数据，通过模拟量输出通道（AO）给比例调压阀发送指令，控制气动人工肌肉的内部气压。控制程序采用 LabVIEW 编程实现。

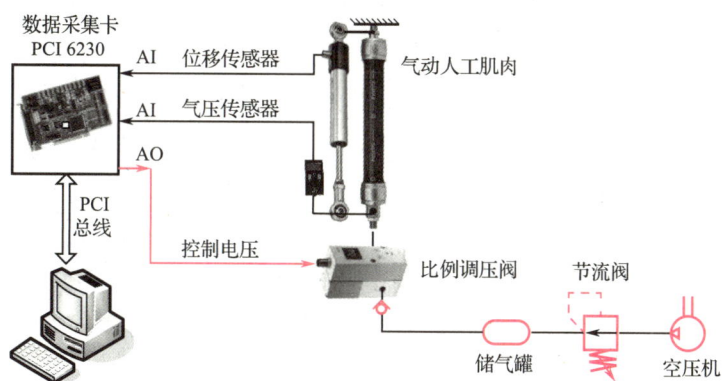

图 6.4.3　测试系统搭建示意图

6.4.3　实施过程

图 6.4.4 为气动人工肌肉位移/气压实验装置图。实验过程中，位移传感器的两端分别固定于气动人工肌肉的固定端和移动端。气压传感器的一端与气动人工肌肉相连，可实时测量其内部气压变化，另一端与比例调压阀相连。

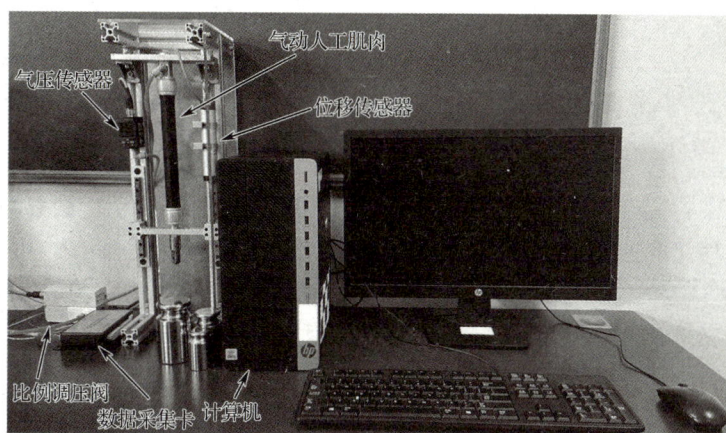

图 6.4.4　气动人工肌肉位移/气压实验装置图

本实验所编写控制程序的采样周期为 10ms，控制程序中的 PID 参数采用多次实验得到，表 6.4.1 列出了控制程序中的 PID 参数。

表 6.4.1　反馈回路的控制参数

比例系数 K_p	积分系数 K_i	微分系数 K_d
0.05	0.01	0

测试要求如下：①气动人工肌肉跟踪复杂周期波轨迹，数学表达式为式（6.4.1），波形如图 6.4.5（a）所示；②信号参数如表 6.4.2 所示。

$$y_d(t) = \begin{cases} A_1\sin(2\pi f_1 t + \varphi_1) + L_1, & 0 \leqslant t < \dfrac{3T}{10} \\[2mm] A_2\sin(2\pi f_2 t + \varphi_2) + L_2, & \dfrac{3T}{10} \leqslant t < \dfrac{T}{2} \\[2mm] A_3\sin(2\pi f_3 t + \varphi_3) + L_3, & \dfrac{T}{2} \leqslant t < \dfrac{7T}{10} \\[2mm] A_4\sin(2\pi f_4 t + \varphi_4) + L_4, & \dfrac{7T}{10} \leqslant t < \dfrac{4T}{5} \\[2mm] A_5\sin(2\pi f_5 t + \varphi_5) + L_5, & \dfrac{4T}{5} \leqslant t \leqslant T \end{cases} \qquad (6.4.1)$$

表 6.4.2　周期波信号参数

幅值 A/mm	频率 f/Hz	相位角 φ/rad	初始幅值 L/mm
55	0.2	$\pi/2$	440
35	0.2	$-\pi/2$	420
22.5	0.2	$-\pi/2$	407.5
55	0.2	$-\pi/2$	440
25	0.2	$\pi/2$	470

6.4.4　实施结果

气动人工肌肉对复杂周期波轨迹的跟踪效果如图 6.4.5（b）所示，图 6.4.6 为相应的气动人工肌肉气压位移迟滞曲线。分析图 6.4.5（b）所示的轨迹跟踪误差曲线，可得到轨迹跟踪误差，最大误差为 2.738mm，平均绝对误差为 0.7153mm。结果表明，基于比例调压阀的控制具有很高的控制精度和鲁棒性。图 6.4.7 为期望轨迹和实际轨迹之间的关系曲线，由图可看出两者呈线性关系，迟滞得到了明显补偿。

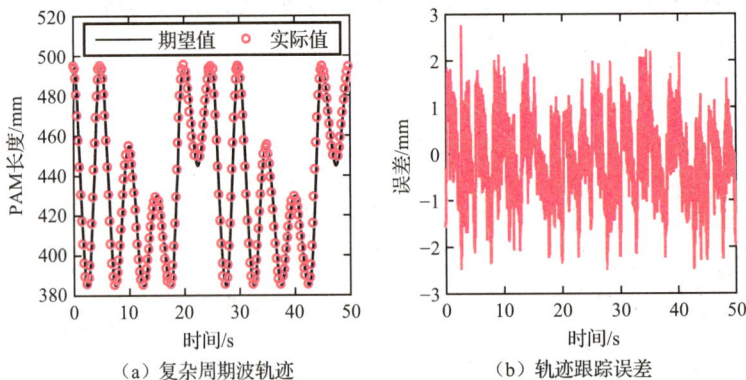

（a）复杂周期波轨迹　　　　　　　（b）轨迹跟踪误差

图 6.4.5　基于比例调压阀的前馈/反馈控制周期波轨迹与轨迹跟踪误差

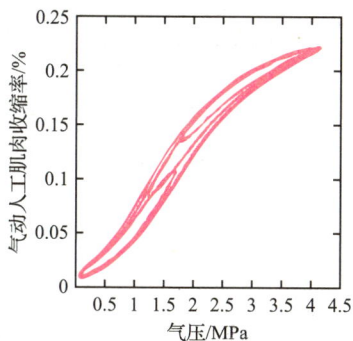

图 6.4.6　气动人工肌肉气压位移迟滞曲线

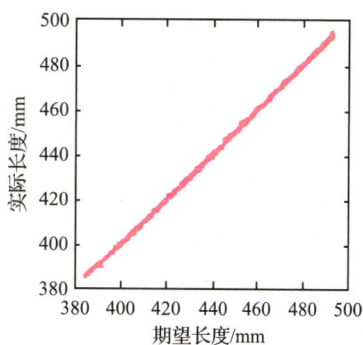

图 6.4.7　气动人工肌肉期望长度与实际长度的关系

本章知识点梳理与总结

　　1. 介绍了自感式传感器的结构及其工作原理，重点介绍了交流电桥的工作原理、相敏检波电路及信号的调制与解调，在此基础上，介绍了自感式传感器的典型应用；

　　2. 介绍了差动变压器的结构、工作原理及测量电路，重点介绍了螺管型差动变压器，在此基础上，介绍了差动变压器的典型应用；

　　3. 介绍了电涡流式传感器的工作原理、特性、测量电路及其典型应用；

　　4. 介绍了电感式传感器的工程应用案例——气动人工肌肉轨迹跟踪控制。

本章自测

第 6 章在线自测

思考题与习题

1. 填空题

第 6 章思考题与习题答案及解析

　　6-1　螺管型差动变压器在活动衔铁位于_____位置时，输出电压应该为零。实际不为零，称它为_____。

　　6-2　按照电涡流在导体内的贯穿情况，电涡流式传感器可分为_____和_____两类。

　　6-3　调幅是将高频载波信号与被测信号相乘，使载波信号的_____随被测信号变化而变化。解调时所乘的信号与调制时的载波信号具有相同的_____和_____，这称为同步解调。

6-4　通常电涡流式传感器的电涡流密度在线圈中心处为＿＿＿＿＿＿，在距离为线圈外径处，电涡流密度＿＿＿＿＿＿。

6-5　电感式传感器是利用＿＿＿＿原理，将被测非电量转换成＿＿＿＿或＿＿＿＿变化的一种装置，电感式传感器的种类很多，按工作原理可分为＿＿＿＿、＿＿＿＿或＿＿＿＿三种。其中＿＿＿＿＿＿可实现非接触式测量。

6-6　自感式传感器可以分为＿＿＿＿式自感式传感器、＿＿＿＿式自感式传感器和＿＿＿＿式自感式传感器。

6-7　交流电桥的平衡条件为相对桥臂阻抗模的＿＿＿＿＿相等，且相对桥臂阻抗的＿＿＿＿相等。

2．简答题

6-8　什么是电涡流效应？电涡流的形成范围和贯穿深度与哪些因素有关？被测试件对电涡流式传感器的灵敏度有何影响？

6-9　调制与解调的目的是什么？从时域和频域的角度说明值调幅和同步解调的原理。

3．计算分析题

6-10　请将电阻 R_1、R_2、电感 L 和电容 C 4 个电路元件组成交流全桥，画出该电桥电路，并写出该电桥的平衡条件。

6-11　试从调幅原理说明为什么某动态应变仪的电桥激励电源频率为 10kHz，而工作频率为 0～1500Hz。

6-12　用一缓变信号 $u(t) = A\cos(10\pi t) + B\cos(100\pi t)$ 调制一载波 $u_c(t) = E\sin(2000\pi t)$，经过调制后得到的调幅波的频带宽度为多少？

6-13　某一变气隙型自感式传感器，铁芯截面积 $A = 4 \times 4\,\text{mm}^2$，气隙长度 $\delta = 0.4\text{mm}$，衔铁最大位移 $\Delta\delta = \pm 0.08\text{mm}$，激励线圈匝数 $N = 2500$ 匝，导线直径 $d = 0.06\text{mm}$，电阻率 $\rho = 1.75 \times 10^{-6}\,\Omega\cdot\text{cm}$，当激励电源频率 $f = 4000\text{Hz}$ 时，忽略漏磁及铁损，求：

（1）线圈的初始电感值；

（2）线圈电感的最大变化量；

（3）线圈的直流电阻值。

6-14　用电涡流测振仪测量某主轴的轴向振动。传感器灵敏度为15mV/mm，最大线性范围为6mm。如题 6-14 图（a）所示，将传感器安装于主轴右侧，记录仪记录的振动波形如题 6-14 图（b）所示。

（1）被测金属与传感器间的安装距离 l 为多少，测量效果佳？

（2）求主轴振幅的基频 f；

（3）求轴向振幅的最大值 A。

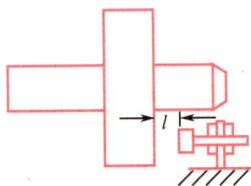

（a）传感器安装示意　　　　（b）振动波形

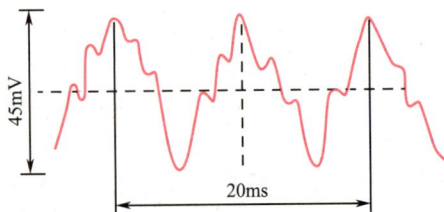

题 6-14 图

6-15 一个铁氧体环形磁芯，平均长度为12cm，横截面面积为1.5cm^2，平均相对磁导率为$\mu_r = 2000$。求：

（1）均匀绕线500匝时的电感；

（2）匝数增加1倍时的电感。

6-16 有一变气隙型自感式传感器，平均相对磁导率$\mu_r = 5000$，磁路长度$l = 20\text{cm}$，铁芯横截面面积$A = 1.5\text{cm}^2$。气隙厚度$\delta_0 = 0.5\text{cm}$，空气的磁导率$\mu_0 = 4\pi \times 10^{-7}\text{H/m}$，线圈匝数$W = 3000$匝，若衔铁位移$\Delta\delta = 0.1\text{mm}$，试求该变气隙型自感式传感器的灵敏度$\Delta L/\Delta\delta$。若采用差动方式时其灵敏度为多少？

6-17 测板材厚采用电涡流法，若被测板厚为$(1 + 0.2)\text{mm}$，被测材料磁导率为$\mu = 4\pi \times 10^{-7}\text{H/m}$，电阻率为$\rho = 2.9 \times 10^{-6}\Omega \cdot \text{cm}$，激励电源频率$f = 1\text{MHz}$。

（1）试求涡流贯穿深度h（采用高频反射式测量）；

（2）可采用低频透射法测板材厚度吗？若可以，请说明并画出检测原理示意图。

第7章
电容式传感器及应用案例

电容式传感器是一种将被测非电量转换成电容量变化的传感器，其结构简单、体积小、灵敏度高、响应速度快，可实现非接触式测量，能在辐射、高温和强振动等恶劣环境下正常工作，广泛应用于柔性电子器件、触摸屏及液位监测等领域。

学习要点

1. 掌握电容式传感器的工作原理、类型及特性；
2. 掌握电容式传感器等效电路和测量电路；
3. 了解电容式传感器的应用及工程应用案例。

知识图谱

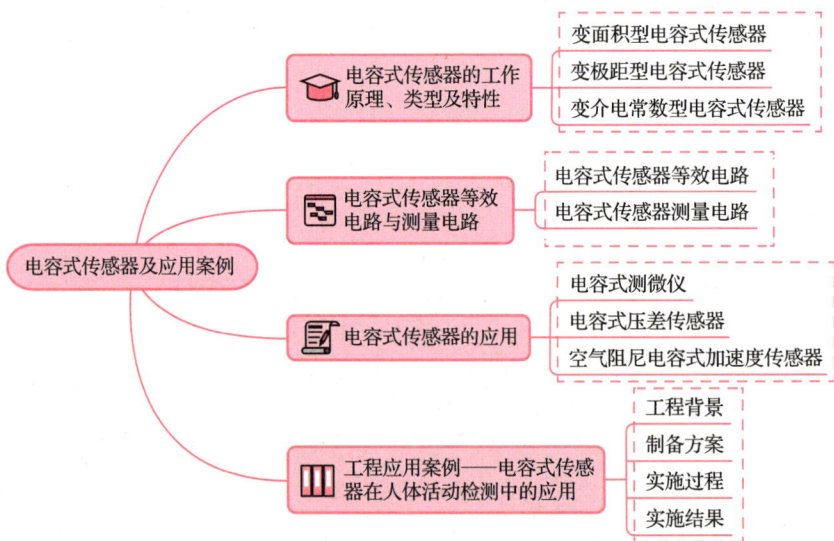

7.1 电容式传感器的工作原理、类型及特性

7.1 电容式传感器的工作原理、类型及特性课件

电容式传感器是具有参数可变特性的电容器，如图 7.1.1 所示。忽略边缘效应，平行极板电容器的电容量 C 可表示为

$$C = \frac{\varepsilon_0 \varepsilon_r A}{\delta} = \frac{\varepsilon A}{\delta} \qquad (7.1.1)$$

式中：A——两电容极板之间的覆盖面积；δ——两电容极板之间的距离；ε——两电容极板之间介质的介电常数；ε_r——两电容极板之间介质的相对介电常数；ε_0——真空介电常数，$\varepsilon_0 = 8.85 \text{pF/m}$。

图 7.1.1 电容式传感器的结构示意图

由式（7.1.1）可知，任意被测量 A、δ、ε 变化时，传感器电容量 C 改变。电容式传感器可分为变面积型、变极距型和变介电常数型。

小提示： 在被测量 A、δ 和 ε 中，保持其中两个被测量不变，仅改变另一个被测量，便可把该被测量的变化转换成电容量的变化，再通过测量电路将其转换为电量输出。

小知识： 理想条件下，平板电容器的电场均匀分布于两极板之间。实际上在极板的边缘附近，电场分布并非均匀，此现象称为电场的边缘效应，如图 7.1.2（a）所示。

边缘效应使传感器的输出特性为非线性，设计计算复杂，降低传感器的灵敏度。减小边缘效应的方法：①减小极板厚度，并使其远小于电容极距；②在结构上增设等位环，如图 7.1.2（b）所示。

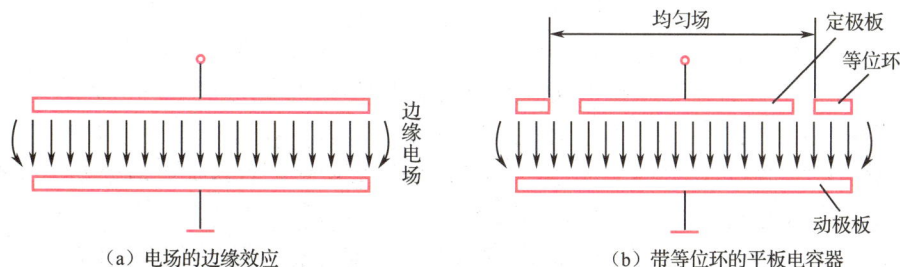

（a）电场的边缘效应 （b）带等位环的平板电容器

图 7.1.2 边缘效应和采用等位环消除边缘效应的原理图

小拓展

电容式传感器研究朝动态智能、高性能及可持续方向发展

来源：上海科技报，2024 年 6 月 4 日

2024 年，我国高校与国外科研机构联合开展基于二硫材料的柔性电子器件相关研究，在生物基二硫动态适应网络应用于可穿戴电容式压力传感器方向取得新进展。新式可穿戴电容式压力传感器专为实时监测人体运动设计，在经历损伤自愈合或闭环回收后，传感器可输出稳定可靠的检测信号。这一成就预示着电容式传感器研究朝着动态智能、高性能及可持续方向发展。

7.1.1　变面积型电容式传感器

图 7.1.3 所示为变面积型电容式传感器的结构示意图，由固定不动的极板（定极板）与可移动的极板（动极板）构成。变面积型电容式传感器可分为直线位移变面积型电容式传感器和角位移变面积型电容式传感器。

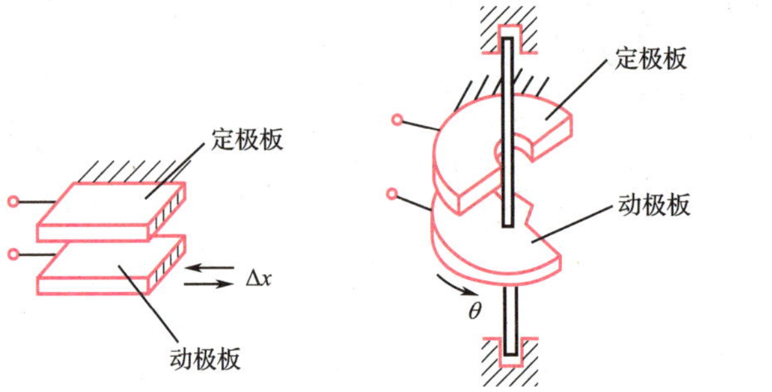

（a）直线位移变面积型电容式传感器　　（b）角位移变面积型电容式传感器

图 7.1.3　变面积型电容式传感器的结构示意图

1.　直线位移变面积型电容式传感器

图 7.1.3（a）为直线位移变面积型电容式传感器的结构示意图。动极板沿直线方向移动 Δx，两极板之间的覆盖面积改变，传感器电容量变化。忽略边缘效应的影响，传感器的电容变化量 ΔC 及灵敏度 S 分别为

$$\Delta C = \left| C - C_0 \right| = \left| \frac{\varepsilon b(a - \Delta x)}{\delta} - \frac{\varepsilon b a}{\delta} \right| = \frac{\varepsilon b \Delta x}{\delta}$$

$$S = \frac{\Delta C}{\Delta x} = \frac{\varepsilon b}{\delta} \tag{7.1.2}$$

式中：C_0——初始电容量；a——定/动极板长度；b——定/动极板宽度。

由式（7.1.2）可知，传感器的电容变化量与直线位移呈线性关系，可通过增加 b 或减小 δ 提高传感器的灵敏度。

将多个直线位移变面积型电容式传感器串联成齿形极板电容，扩大两极板之间的覆盖面积，提高传感器的灵敏度，如图 7.1.4（a）所示。

齿形极板的齿数为 n 时，若动极板移动 Δx，其电容变化量及灵敏度分别为

$$\Delta C = \left| C - n C_0 \right| = \left| \frac{n \varepsilon b(a - \Delta x)}{\delta} - \frac{n \varepsilon b a}{\delta} \right| = n \frac{\varepsilon b \Delta x}{\delta} = n C_0 \frac{\Delta x}{a}$$

$$S = \frac{\Delta C}{\Delta x} = \frac{n \varepsilon b}{\delta} \tag{7.1.3}$$

比较式（7.1.2）和式（7.1.3）可知，齿形极板型电容式传感器的灵敏度提高了 n 倍。

直线位移变面积型电容式传感器的动极板在极距方向上发生微小移动会影响测量精度，通常将变面积型电容式传感器设计成同轴圆柱形极板结构，如图 7.1.4（b）所示，其电容为

$$C = \frac{2 \pi \varepsilon l}{\ln(R/r)} \tag{7.1.4}$$

式中：l——外圆筒与内圆柱重合部分的长度；R——外圆筒的内半径；r——内圆柱的半径。

动极板移动 Δx 时，不考虑边缘效应，电容变化量为

$$\Delta C = \left| \frac{2\pi\varepsilon(l-\Delta x)}{\ln(R/r)} - \frac{2\pi\varepsilon l}{\ln(R/r)} \right| = \frac{2\pi\varepsilon\Delta x}{\ln(R/r)} = C_0 \frac{\Delta x}{l} \qquad (7.1.5)$$

显然，同轴圆柱形极板型电容式传感器的电容变化量与直线位移呈线性关系。

（a）齿形极板　　　　　　　　　（b）同轴圆柱形极板

图 7.1.4　变面积型电容式传感器的派生结构

2. 角位移变面积型电容式传感器

图 7.1.3（b）所示为角位移变面积型电容式传感器，假设初始角位移 $\theta=0$，动极板和定极板之间的覆盖面积为

$$A = \frac{\pi r^2}{2} \qquad (7.1.6)$$

式中，r——定/动极板半径。

当动极板发生角位移 θ 时，电容变化量为

$$\Delta C = \left| C - C_0 \right| = \left| \frac{\varepsilon A \left(1 - \dfrac{\theta}{\pi}\right)}{\delta_0} - \frac{\varepsilon A}{\delta_0} \right| = \frac{\varepsilon A \theta}{\delta_0 \pi} \qquad (7.1.7)$$

式中，θ ——动极板的角位移。

角位移变面积型电容式传感器的灵敏度为

$$S = \frac{\Delta C}{\Delta \theta} = \frac{\varepsilon A}{\delta_0 \pi} \qquad (7.1.8)$$

变面积型电容式传感器的输出与输入之间保持线性关系（实际应用中因边缘效应具有一定的非线性），其灵敏度低，适合于测量较大的直线位移及角位移。

变面积型电容式传感器可采用差动结构，如图 7.1.5 所示，其输出与灵敏度均提升一倍。

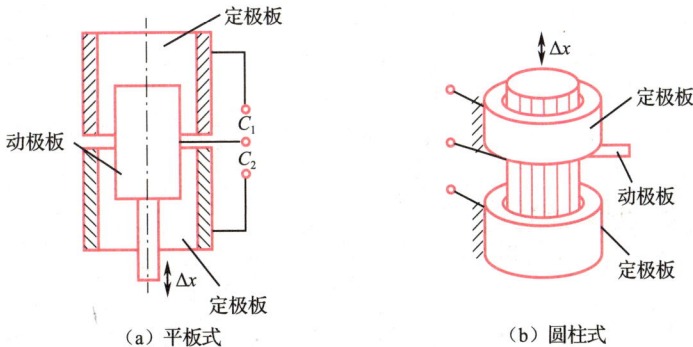

（a）平板式　　　　　　　　　　（b）圆柱式

图 7.1.5　变面积型电容式传感器的差动结构

7.1.2　变极距型电容式传感器

图 7.1.6 所示为变极距型电容式传感器的结构原理图。当被测量发生变化时，动极板会随之移动，进而导致动极板与定极板之间的垂直距离（两极板间距）发生改变。这种间距的变化直接影响电容式传感器电容量的改变。

当传感器的 ε 和 A 保持恒定，两极板间初始距离为 δ_0 时，若动极板向上移动 $\Delta\delta$，即两极板间距缩小 $\Delta\delta$，电容器的电容量增加 ΔC，为

$$\Delta C = \frac{\varepsilon A}{\delta_0 - \Delta\delta} - \frac{\varepsilon A}{\delta_0} = \frac{\varepsilon A}{\delta_0} \cdot \frac{\Delta\delta}{\delta_0 - \Delta\delta} = C_0 \cdot \frac{\Delta\delta}{\delta_0 - \Delta\delta} \tag{7.1.9}$$

式中：C_0——初始电容量，$C_0 = \dfrac{\varepsilon A}{\delta_0}$。

由式（7.1.9）可知，电容变化量 ΔC 与极距变化量 $\Delta\delta$ 呈非线性关系，如图 7.1.7 所示。对式（7.1.9）进行变换，可得

$$\frac{\Delta C}{C_0} = \frac{\Delta\delta}{\delta_0}\left(\frac{1}{1 - \Delta\delta/\delta_0}\right) \tag{7.1.10}$$

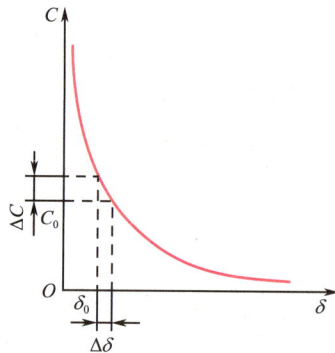

图 7.1.6　变极距型电容式传感器的结构原理图　　　图 7.1.7　C–δ 特性曲线

当 $\Delta\delta/\delta_0 \ll 1$ 时，将式（7.1.10）展开为级数形式，即

$$\frac{\Delta C}{C_0} = \frac{\Delta\delta}{\delta_0}\left[1 + \frac{\Delta\delta}{\delta_0} + \left(\frac{\Delta\delta}{\delta_0}\right)^2 + \left(\frac{\Delta\delta}{\delta_0}\right)^3 + \cdots\right] \tag{7.1.11}$$

式（7.1.11）中，忽略高次项部分，可简化为

$$\frac{\Delta C}{C_0} \approx \frac{\Delta\delta}{\delta_0} \tag{7.1.12}$$

由式（7.1.12）可知，当 $\Delta\delta \ll \delta_0$ 时，电容变化量 ΔC 与极距变化量 $\Delta\delta$ 呈近似线性关系。变极距型电容式传感器适用于测量微小的变化量。为了降低非线性误差的影响，在测量过程中满足 $\Delta\delta/\delta_0 = 0.02 \sim 0.1$。

变极距型电容式传感器的灵敏度计算公式为

$$S = \frac{\mathrm{d}C}{\mathrm{d}\delta} = -\frac{\varepsilon A}{\delta^2} \tag{7.1.13}$$

根据式（7.1.13），变极距型电容式传感器的灵敏度 S 与极距 δ 的平方成反比。通过减小初始极距 δ_0 可提高传感器的灵敏度。但若 δ_0 过小，会导致传感器测量范围受限，可能引发电

容击穿，损坏器件。

实际应用中，为了提高灵敏度，减小非线性误差，有效应对外界条件变化（如电源电压波动、环境温度变化）可能带来的不利影响，通常采用图 7.1.8（a）所示的差动结构。

初始状态下，变极距差动型电容式传感器的动极板位于两个定极板的中间，动极板与上、下两个定极板之间的初始极距相等，上、下两侧的初始电容相等。当动极板向上移动 $\Delta\delta$ 时，上侧的极距减小，电容 C_1 增大，下侧的极距增大，电容 C_2 减小，则有

$$C_1 = C_0\left[1 + \frac{\Delta\delta}{\delta_0} + \left(\frac{\Delta\delta}{\delta_0}\right)^2 + \left(\frac{\Delta\delta}{\delta_0}\right)^3 + \cdots\right]$$

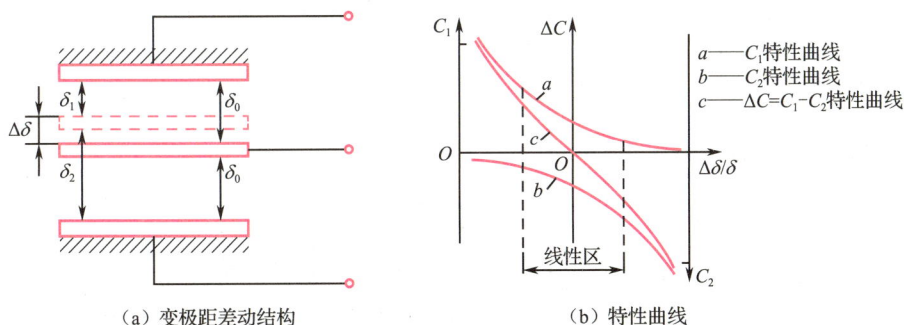

$$C_2 = C_0\left[1 - \frac{\Delta\delta}{\delta_0} + \left(\frac{\Delta\delta}{\delta_0}\right)^2 - \left(\frac{\Delta\delta}{\delta_0}\right)^3 + \cdots\right]$$

a——C_1特性曲线
b——C_2特性曲线
c——$\Delta C = C_1 - C_2$特性曲线

（a）变极距差动结构　　　　（b）特性曲线

图 7.1.8　变极距差动型电容式传感器的结构及特性曲线

差动电容为

$$\Delta C = C_1 - C_2 = 2C_0\left[\frac{\Delta\delta}{\delta_0} + \left(\frac{\Delta\delta}{\delta_0}\right)^3 + \left(\frac{\Delta\delta}{\delta_0}\right)^5 + \cdots\right] \tag{7.1.14}$$

若不考虑高次项的影响，差动电容的相对变化为

$$\frac{\Delta C}{C_0} \approx 2\frac{\Delta\delta}{\delta_0} \tag{7.1.15}$$

图 7.1.8（b）为变极距差动型电容式传感器的 $C\text{-}\delta$ 特性曲线。变极距差动型电容式传感器的灵敏度提升了一倍，非线性误差降低，测量结果更准确。差动结构可有效减小电源电压波动、环境温度改变等外界因素变化对传感器的影响。

7.1.3　变介电常数型电容式传感器

若电容式传感器两极板之间电介质发生变化，介电常数会发生改变，电容量发生变化。变介电常数型电容式传感器可分为平板结构和圆柱结构。

变介电常数型电容式传感器视频

1. 平板结构

图 7.1.9 为平板结构变介电常数型电容式传感器的工作原理图。根据两极板间所施加介质（介电常数为 ε_1）的不同分布位置，该传感器可分为串联型和并联型。

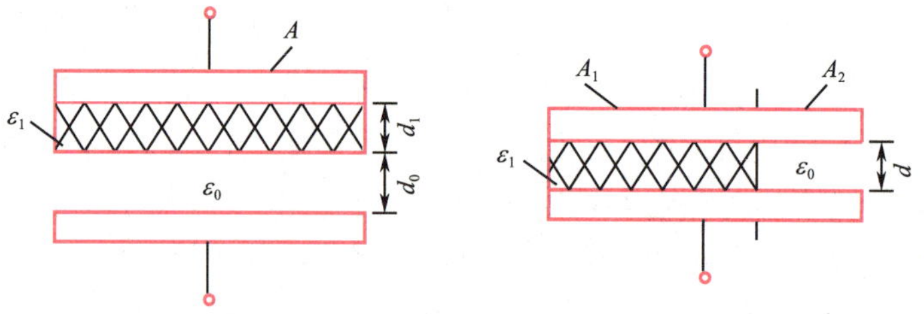

图 7.1.9　平板结构变介电常数型电容式传感器的工作原理图

1）串联型

串联变介电常数型电容式传感器可视为上、下两个由不同介质构成的电容式传感器的串联组合，其中

$$C_1 = \frac{\varepsilon_0 \varepsilon_1 A}{d_1} \tag{7.1.16}$$

$$C_2 = \frac{\varepsilon_0 A}{d_0} \tag{7.1.17}$$

传感器总电容量为

$$C = \frac{C_1 C_2}{C_1 + C_2} = \frac{\varepsilon_0 \varepsilon_1 A}{\varepsilon_1 d_0 + d_1} \tag{7.1.18}$$

在未添加介质（介电常数为 ε_1）的情况下，传感器的初始电容量为

$$C_0 = \frac{\varepsilon_0 A}{d_0 + d_1} \tag{7.1.19}$$

加入介质（介电常数为 ε_1）后的电容变化量为

$$\Delta C = C - C_0 = C_0 \frac{\varepsilon_1 - 1}{\varepsilon_1 \dfrac{d_0}{d_1} + 1} \tag{7.1.20}$$

由上式可知，介质改变引起的电容变化量 ΔC 与所加介质的介电常数 ε_1 呈非线性关系。

2）并联型

并联变介电常数型电容式传感器可视为左、右两个由不同介质构成的电容式传感器的并联组合，其中

$$C_1 = \frac{\varepsilon_0 \varepsilon_1 A_1}{d} \tag{7.1.21}$$

$$C_2 = \frac{\varepsilon_0 A_2}{d} \tag{7.1.22}$$

传感器总电容量为

$$C = C_1 + C_2 = \frac{\varepsilon_0 \varepsilon_1 A_1 + \varepsilon_0 A_2}{d} \tag{7.1.23}$$

在未添加介质（介电常数为 ε_1）的情况下，传感器的初始电容量为

$$C_0 = \frac{\varepsilon_0 (A_1 + A_2)}{d} \tag{7.1.24}$$

加入介质（介电常数为 ε_1）后的电容变化量为

$$\Delta C = C - C_0 = \frac{\varepsilon_0 A_1 (\varepsilon_1 - 1)}{d} \tag{7.1.25}$$

由上式可知，介质改变引起的电容变化量 ΔC 与所加介质的介电常数 ε_1 呈线性关系。

例 7-1　假设电容器极板的宽度为 b，长度为 l，两极板之间的距离为 δ。介质的宽度至少与极板宽度 b 相等，且其厚度为 δ_2。当介电常数为 ε_2 的介质在电容器内部沿水平方向左右运动时，它占据电容器的长度为 x。介质在电容器中的移动导致介电常数发生变化，求解此情况下电容器的电容量及灵敏度。

解：

当极板间无介质（介电常数为 ε_2）时：

$$C_0 = \frac{\varepsilon A}{\delta} = \frac{bl\varepsilon_1}{\delta}$$

当极板间有介质（介电常数为 ε_2）时：

$$C = C_A + C_B$$

$$C_A = \frac{C_{\varepsilon_1} C_{\varepsilon_2}}{C_{\varepsilon_1} + C_{\varepsilon_2}} = \frac{bx}{(\delta - \delta_2)/\varepsilon_1 + \delta_2/\varepsilon_2} = \frac{bx}{\delta_1/\varepsilon_1 + \delta_2/\varepsilon_2}$$

$$C_B = \frac{b(l-x)}{\delta/\varepsilon_1} = C_0 - C_0 \frac{x}{l}$$

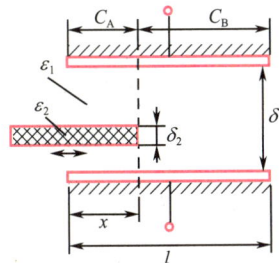

图 7.1.10　例 7-1 图

其中，$\delta_1 = \delta - \delta_2$。

从而有

$$C = C_A + C_B = C_0 - C_0 \frac{x}{l} + \frac{bx}{\delta_1/\varepsilon_1 + \delta_2/\varepsilon_2}$$

灵敏度为

$$S = \frac{dC}{dx} = -\frac{C_0}{l} + \frac{b}{\delta_1/\varepsilon_1 + \delta_2/\varepsilon_2} = \text{constant}$$

2. 圆柱结构

图 7.1.11 所示为电容式液位计的结构原理图。假定圆柱形容器内部被测液体的介电常数为 ε_1，液体上方空气的介电常数为 ε_0。当被测液体的高度在同轴圆柱形极板之间发生变化时，同轴圆柱形极板间的电容量相应改变。此时，可视为两个同轴圆柱形电容器处于并联状态，极板之间的总电容 C 等于由气体介质部分形成的电容 C_1 与由液体介质部分形成的电容 C_2 之和。

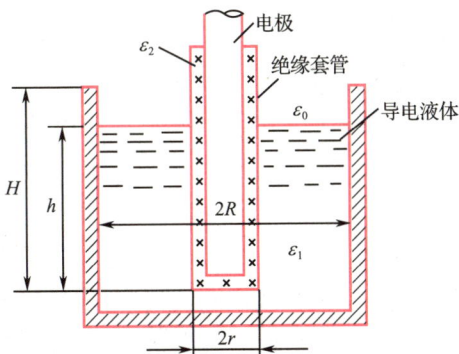

图 7.1.11　电容式液位计的结构原理图

由式（7.1.4）可知，空气部分的电容 C_1 为

$$C_1 = \frac{2\pi\varepsilon_0(H-h)}{\ln(R/r)} \tag{7.1.26}$$

被测液体部分电容 C_2 为

$$C_2 = \frac{2\pi\varepsilon_1 h}{\ln(R/r)} \tag{7.1.27}$$

因此，电容式液位计总电容 C 为

$$C = C_1 + C_2 = \frac{2\pi\varepsilon_0(H-h)}{\ln(R/r)} + \frac{2\pi\varepsilon_1 h}{\ln(R/r)} = \frac{2\pi\varepsilon_0 H}{\ln(R/r)} + \frac{2\pi(\varepsilon_1 - \varepsilon_0)h}{\ln(R/r)} = C_0 + \frac{2\pi(\varepsilon_1 - \varepsilon_0)h}{\ln(R/r)} \tag{7.1.28}$$

式中：H——极板的高度；R——外圆筒的内半径；r——内圆筒的外半径；h——被测液面高度；C_0——电容式液位计的初始电容量，$C_0 = \dfrac{2\pi\varepsilon_0 H}{\ln(R/r)}$。

由式（7.1.28）可知，电容式液位计的电容变化量与被测液面高度 h 呈线性关系。如果被测液体具有导电性，为防止电极间短路，极板表面应涂覆一层绝缘材料或者加装绝缘套管。

小讨论： 汽车中电容式触摸屏应用于控制面板以调节音响系统、导航、空调等功能，电容式传感器可提供高精度的触摸反馈，提升驾驶体验。讨论：电容式传感器如何提供触摸反馈？

7.1 电容式触摸屏应用于控制面板讨论

小拓展

Nature 子刊：3D 打印离子电容式传感器研究方向取得新进展

我国某高校研究团队开发了一种与高分辨率 3D 打印兼容的高导电离子凝胶，采用 3D 打印离子凝胶结构制备了 3D 打印离子电容式传感器，该传感器弛豫时间短，对刺激响应速度快，循环初期和循环后期的电容信号基本保持一致，没有明显的波动或漂移，具有良好的机械耐久性。

3D 打印离子电容式传感器不仅可以作为可穿戴压力传感器实时监测人体生理信号，还可以将其集成到机械手上用于监测抓取过程，在超宽工作温度范围内赋予机械手感知能力。

小总结：（1）理想状态下，变面积型电容式传感器、并联变介电常数型电容式传感器的输出与输入为线性关系。

（2）理想状态下，串联变介电常数型电容式传感器、变极距型电容式传感器的输出与输入为非线性关系。

7.2 电容式传感器等效电路与测量电路

7.2 电容式传感器等效电路与测量电路课件

电容式传感器的工作原理是将待测物理量转换为电容变化量进行测量。由于电容及其变化量通常十分微小，为皮法（pF）级别，不便于直接测量。需专门的测量电路来检测微小的电容及其变化量。通过测量电路，可将微小的电容变化转换为与其成比例的电信号，最终实现数据显示、存储或传输。

7.2.1 电容式传感器等效电路

电容式传感器可以简化为纯电容模型。在特定条件下，还需兼顾以下两点因素。

（1）若激励电源频率较低，或传感器处于高温、高湿环境中运行，其电极间存在的等效漏电阻不可忽视；当激励电源频率升高时，传感器的容抗会降低，等效漏电阻的影响会减小。

（2）电流集肤效应导致导体电阻增大，必须考虑传输线的电感和电阻。

小知识： 激励电源为特定的电子元件提供稳定度高、精度高的交流或直流电源，确保元件能够正常工作。其频率主要分为 50Hz 和 60Hz，这两种频率被称为工频频率。

图 7.2.1 为实际电容式传感器的等效电路。图中 R_e 为并联损耗电阻（包括极板间的泄漏电阻、介质损耗电阻等），R_s 为串联损耗电阻（包括引线电阻、极板电阻和电容器支架电阻等），L 为电容器本身的电感和传输线电感之和，C 为传感器电容（包括寄生电容）。

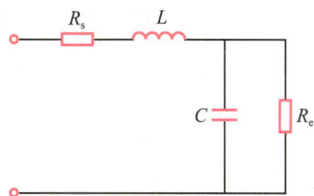

图 7.2.1　电容式传感器的等效电路

传感器的等效阻抗 Z_c 为

$$Z_c = \left(R_s + \frac{R_e}{1 + \omega^2 R_e^2 C^2} \right) - j\left(\frac{\omega R_e^2 C}{1 + \omega^2 R_e^2 C^2} - \omega L \right) \tag{7.2.1}$$

式中，ω——激励电源角频率，$\omega = 2\pi f$。

通常情况下，传感器的并联损耗电阻 R_e 较大，串联损耗电阻 R_s 相对较小。参考式（7.2.1），若忽略 R_e、R_s 等因素的影响，传感器的等效阻抗简化为

$$Z_c = \frac{1}{j\omega C_e} = \frac{1}{j\omega C} + j\omega L \tag{7.2.2}$$

传感器的等效电容 C_e 为

$$C_e = \frac{C}{1 - \omega^2 LC} = \frac{C}{1 - (f/f_0)^2} \tag{7.2.3}$$

式中：f_0——等效电路谐振频率，$f_0 = 1/(2\pi\sqrt{LC})$。

为了保证传感器正常工作，通常 f_0 为几十兆赫兹，激励电源频率必须低于谐振频率，为谐振频率的 $1/3 \sim 1/2$。

根据式（7.2.3），传感器的等效电容 C_e 与其固有的电感 L（含引线电感）及激励电源的频率 f 有关。因此，实际应用中，电容式传感器在标定时的工作条件必须与后续测量时的条件保持一致。如果激励电源频率或传输电缆有所变动，电容式传感器必须重新标定，保证测量的准确性。

7.2.2　电容式传感器测量电路

电容式传感器测量电路的种类有很多，本节主要介绍运算放大器电路、调频电路和差动脉冲宽度调制电路三种。

电容式传感器测量电路视频

1. 运算放大器电路

图 7.2.2 所示为运算放大器电路，图中 C_x 是传感器电容，C_i 为固定电容。C_x 跨接在高增益运算放大器的输入端和输出端之间，C_i 接在高增益运算放大器的输入端。

可将运算放大器视为理想运算放大器（理想运算放大器的增益 $A \to \infty$、输入阻抗 $Z_i \to \infty$），其输出电压为

$$u_o = -u_i \frac{C_i}{C_x} \tag{7.2.4}$$

将 $C_x = \frac{\varepsilon A}{\delta}$ 代入式（7.2.4），可得

$$u_o = -u_i \frac{C_i \delta}{\varepsilon A} \tag{7.2.5}$$

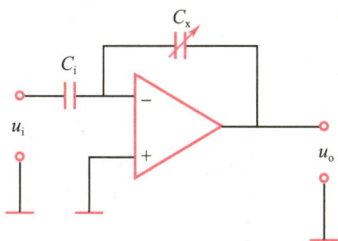

图 7.2.2　运算放大器电路

由式（7.2.5）可知，运算放大器的输出电压 u_o 与极距 δ 呈

线性关系。采用运算放大器电路的优势为可将变极距型电容式传感器非线性输出特性转换为线性输出特性。式（7.2.5）的推导基于运算放大器为理想模型的假设，要求运算放大器具有极高的增益和输入阻抗。

> 🔔 **小提示**：在实际应用中，为保证传感器的测量精度，运算放大器电路要求电源电压稳定，且放大器的增益及输入阻抗要足够大。

例 7-2 以空气为介质，电容式传感器极板面积为 $S = a \times a = 2 \times 2\text{cm}^2$，间隙 $d_0 = 0.1\text{mm}$。试求：

（1）传感器初始电容量；

（2）当两个极板不平行时，如图 7.2.3 所示，两极板一边的间距为 d_0，另一边间距为 $d_0 + b$（$b = 0.01\text{mm}$），请问此时传感器电容量为多少？其中 $\varepsilon_0 = 1/3.6\pi\text{pF/cm}$，$\varepsilon_r = 1$。

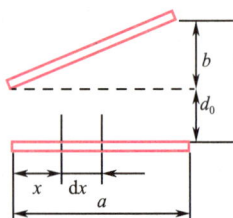

解：

（1）初始电容量为 $C_0 = \dfrac{\varepsilon S}{d} = \dfrac{\varepsilon_0 \varepsilon_r S}{d_0} = \dfrac{2 \times 2}{3.6\pi \times 0.01} \approx 35.37\text{pF}$

图 7.2.3　例题 7-2 图

（2）两极板不平行时电容量为

$$C = \int_0^a \frac{\varepsilon_0 \varepsilon_r a}{d_0 + \dfrac{b}{a}x}\,\mathrm{d}x = \int_0^a \frac{\varepsilon_0 \varepsilon_r \dfrac{a}{b}}{d_0 + \dfrac{b}{a}x}\,\mathrm{d}\left(\frac{b}{a}x + d_0\right) = \frac{\varepsilon_0 \varepsilon_r a^2}{b}\ln\left(\frac{b}{d_0} + 1\right)$$

$$= \frac{2 \times 2}{3.6\pi \times 0.001}\ln\left(\frac{0.01}{0.1} + 1\right) \approx 33.7\text{pF}$$

2．调频电路

调频电路由电容式传感器、振荡器、限幅器、鉴频器、放大器等元件组成。调频电路工作原理如图 7.2.4 所示，当被测量变化，电容式传感器的电容量随着改变，进而使振荡频率变化，鉴频器将频率变化量转换为幅值变化量，再经放大器处理后输出信号。通常会在鉴频器之前设置限幅器，确保进入鉴频器的调频信号具有恒定的幅值，用于消除干扰和寄生调幅。

图 7.2.4 中 C 是振荡回路的总电容，包括传感器电容、振荡回路的固有电容及传感器的引线分布电容；L 是振荡回路的电感。

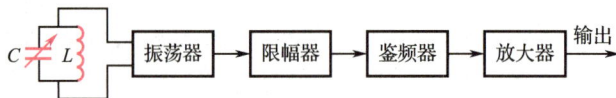

图 7.2.4　调频电路工作原理图

调频电路的优点为：灵敏度高，抗干扰性能好，能获取高强度的直流信号，支持数字信号输出。调频电路的缺点为：其振荡频率易受到温度和寄生电容的影响，需采取措施来减少或消除寄生电容所带来的干扰。

3．差动脉冲宽度调制电路

差动脉冲宽度调制电路如图 7.2.5（a）所示，包括两个相同的比较器 A_1 与 A_2、双稳态触发器、差动电容 C_1 和 C_2、阻值相等的电阻 R_1 与 R_2、放电二极管 VD_1 与 VD_2 及低通滤波器

A_3。其中，双稳态触发器的两个输出端 Q、$\overline{Q}$ 为电路的输出端。为了确保电路正常运作，双稳态触发器的供电电压 U_s 需高于参考电压 U_r。

电源接通时，假设双稳态触发器的高电位端在 A 端，低电位端在 B 端，通过 R_1 缓慢向 C_1 充电（此时 VD_1 处于截止状态，其电阻近似为无穷大），当充电至 M 点的电压等于参考电压 U_r 时，与双稳态触发器 R 端相连的电压比较器 A_1 输出端的电位翻转，产生脉冲，触发双稳态触发器的输出状态翻转，A 端由高电位转变为低电位，B 端由低电位转变为高电位。此时 VD_1 处于导通状态，其电阻近似为零，C_1 通过 VD_1 快速放电使 M 点电压降至为零，同时 B 点通过 R_2 缓慢向 C_2 充电（此时 VD_2 处于截止状态，其电阻近似为无穷大），使 N 点的电位由零缓慢上升，当 N 点电位上升至 U_r 时，与双稳态触发器 S 端相连的电压比较器 A_2 输出端的电位翻转，产生脉冲，使双稳态触发器的输出状态再次翻转，A 端由低电位转变为高电位，B 端由高电位转变为低电位。如此循环往复。

下面讨论输出电压 U_o 与差动电容 C_1 和 C_2 的关系。双稳态触发器的 A、B 两个输出端各自会产生一个宽度受 C_1 和 C_2 调制的脉冲方波信号。

（1）当 $C_1=C_2$ 时，充电时间一致，A、B 两端生成的脉冲宽度相同。电路中各点的电压波形如图 7.2.5（b）所示，在一个周期内，滤波器 A_3 的输入电压 u_{AB} 平均值为零，滤波器输出的直流电压 $U_o=0$。

（2）当 $C_1>C_2$ 时，C_1 的充电时间相较于 C_2 更久，A 端产生的脉冲宽度比 B 端的脉冲宽度长（u_A 占空比大于 u_B 占空比）。电路中各点的电压波形如图 7.2.5（c）所示，在一个周期内，滤波器 A_3 的输入电压 u_{AB} 平均值大于零，滤波器输出的直流电压 $U_o>0$。

（3）当 $C_1<C_2$ 时，依据相同的逻辑，在一个周期内，滤波器 A_3 的输入电压 u_{AB} 平均值小于零，滤波器输出的直流电压 $U_o<0$。

根据电路原理可知，滤波器输出的直流电压 U_o 为 A 点的电压平均值 U_{AP} 与 B 点的电压平均值 U_{BP} 之差，即

$$U_o = U_{AP} - U_{BP} = \frac{T_1}{T_1+T_2}U_s - \frac{T_2}{T_1+T_2}U_s = \frac{T_1-T_2}{T_1+T_2}U_s \qquad (7.2.6)$$

式中：U_s——双稳态触发器的供电电压；T_1——C_1 充至 U_r 需要的时间；T_2——C_2 充至 U_r 需要的时间。

A 点和 B 点的脉冲宽度分别为

$$T_1 = R_1 C_1 \ln \frac{U_s}{U_s-U_r} \qquad (7.2.7)$$

$$T_2 = R_2 C_2 \ln \frac{U_s}{U_s-U_r} \qquad (7.2.8)$$

式中，U_r——参考电压。

由于 U_s 恒定，因此，输出直流电压 U_o 随 T_1 和 T_2 而变，实现了输出脉冲电压的调宽。当电阻 $R_1=R_2=R$ 时，将 T_1、T_2 两式代入式（7.2.6）可得

$$U_o = \frac{C_1-C_2}{C_1+C_2}U_s \qquad (7.2.9)$$

由此可知，直流电压 U_o 与电容 C_1 和 C_2 之差呈线性关系。

对于变极距差动型电容式传感器（见图 7.1.8），当 $C_1=C_2=C_0$ 时，即 $\delta_1=\delta_2=\delta_0$ 时，$U_o=0$。若 $C_1>C_2$，即 $\delta_1=\delta_0-\Delta\delta$，$\delta_2=\delta_0+\Delta\delta$，则有

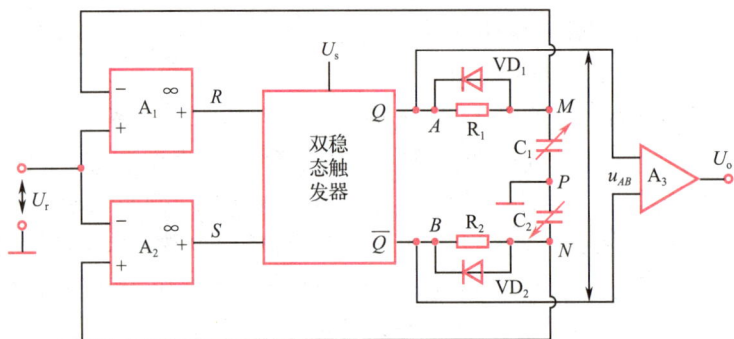

（a）差动脉冲宽度调制电路

（b）$C_1=C_2$时各点电压波形

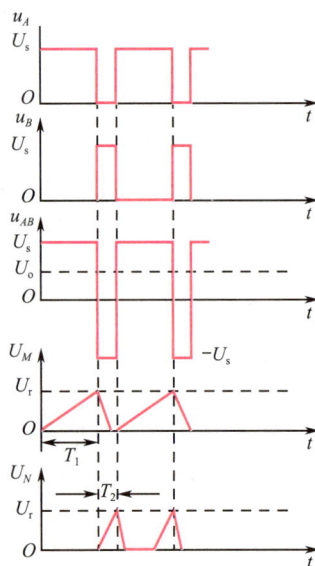

（c）$C_1>C_2$时各点电压波形

图 7.2.5　差动脉冲宽度调制电路及波形

$$U_\text{o} = \frac{\Delta\delta}{\delta_0}U_\text{s} \tag{7.2.10}$$

若 $C_1 < C_2$，即 $\delta_1 = \delta_0 + \Delta\delta$，$\delta_2 = \delta_0 - \Delta\delta$，则有

$$U_\text{o} = -\frac{\Delta\delta}{\delta_0}U_\text{s} \tag{7.2.11}$$

根据式（7.2.10）与式（7.2.11）的推导，差动脉冲宽度调制电路的输出电压能够反映位移的幅值信息和方向信息。

对于变面积差动型电容式传感器，当动极板左右移动，引起电容 C_1 和 C_2 的面积变化 ΔA 时，其输出电压变化为

$$U_\text{o} = \frac{\Delta A}{A}U_\text{s} \tag{7.2.12}$$

由此可见，差动脉冲宽度调制电路具有如下特点。

（1）不论是变面积型电容式传感器或变极距型电容式传感器，经差动脉冲宽度调制电路后的输出与输入呈线性关系；

（2）采用直流电源，电源稳定性高；

（3）对传感元件的线性要求不高。

> ✒ **小总结**：运算放大器电路和差动脉冲宽度调制电路应用于变极距型电容式传感器时，都可实现线性输出。

7.2 设计电容式传感器
用于水深探测讨论

> 🗂 **小讨论**：使用电容式传感器设计一个潜水用的水深探测器，画出系统框图并说明原理。

7.3　电容式传感器的应用

7.3 电容式传感器的
应用课件

电容式传感器基于极距 δ 和极板覆盖面积 A 的变化可测量直线位移或角位移；其结合弹性元件可实现对力、压力、振动或加速度等参数的测量；其利用介电常数 ε 的变化可用于液位、浓度、厚度及温度/湿度测量。

7.3.1　电容式测微仪

图 7.3.1（a）所示为电容式测微仪的基本原理，电容测微仪本质为变极距型电容式传感器。为了减小圆柱形电容极板的边缘效应，在测头外部增加与测头绝缘的电保护套（等位环）；图 7.3.1（b）为使用电容式测微仪测量轴的回转精度和轴心动态偏摆示意图。

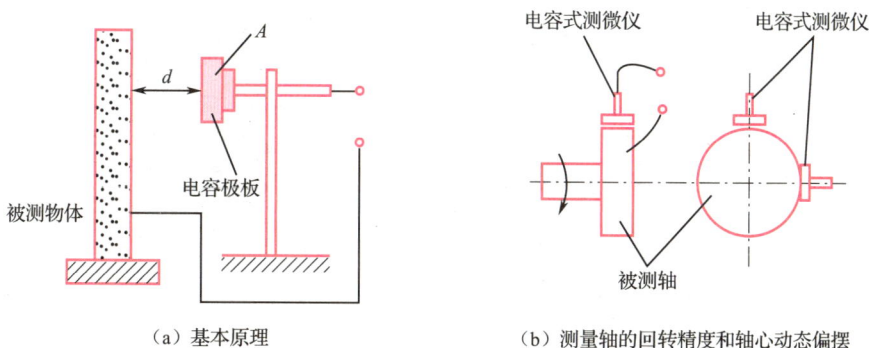

（a）基本原理　　　　　（b）测量轴的回转精度和轴心动态偏摆

图 7.3.1　电容式测微仪的基本原理及应用

7.3.2　电容式压差传感器

电容式压差传感器的结构如图 7.3.2（a）所示，实物如图 7.3.2（b）所示。被测压力经过滤器流入空腔时，在两侧压力差的作用下，金属弹性膜片向压力较小的一侧凸起，导致膜片与两个镀金凹玻璃圆片之间的间距发生变化，进而改变传感器的电容值，实现对压差的测量。

（a）结构　　　　　　　　　（b）实物

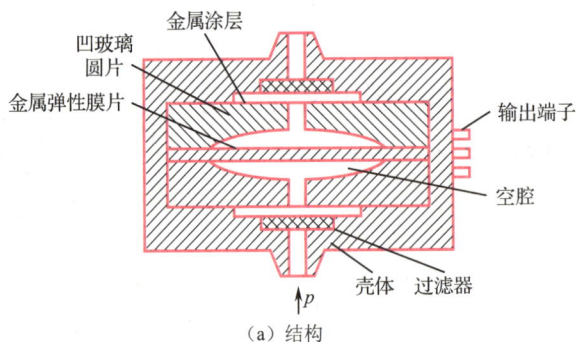

图 7.3.2　电容式压差传感器的结构及实物

7.3.3　空气阻尼电容式加速度传感器

空气阻尼电容式加速度传感器由固定电极、质量块、弹簧片和绝缘体组成，质量块作为动极板与其上、下两个固定电极构成两对极板，弹簧片用于支撑质量块，其结构和实物如图 7.3.3 所示。当空气阻尼电容式加速度传感器随着被测物运动时，质量块在惯性作用下运动，引起两对极板的电容量改变，该电容变化量可反映被测物的加速度值。

空气阻尼电容式加速度传感器可作为测量汽车是否碰撞的传感器，如图 7.3.4 所示。当传感器测得的负加速度值超过设定值时，传感器输出发生碰撞的相关信号，使汽车启动安全气囊。

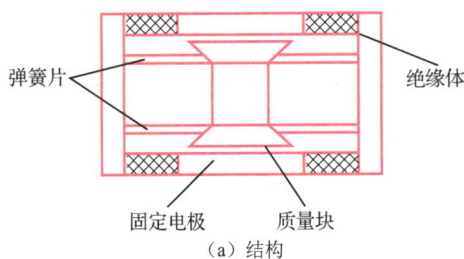

（a）结构　　　　　　　　　（b）实物

图 7.3.3　空气阻尼电容式加速度传感器的结构和实物

图 7.3.4　汽车碰撞测试

7.4　工程应用案例——电容式传感器在人体活动检测中的应用

7.4.1　工程背景

随着人工智能和物联网需求的快速增长，柔性和可穿戴传感器在人机交互、软体机器人和健康监测等领域的应用受到了极大的关注。电容式传感器因其制造简单、抗干扰性好和稳定性高等特点而受到广泛研究。然而，其灵敏度相对较低、检测范围有限等问题限制其进一步应用。受天然蛋壳内膜结构的启发，本案例研制了一种基于 MXene（Ti$_3$C$_2$Tx）/Ag NWs（银纳米线）复合电极和微结构介电层的电容式传感器，以满足传感器对宽检测范围和长期稳定性的应用要求。所研制的电容式传感器能检测各种人体活动，如说话、吹气、握拳、行走和手指/膝盖/肘部弯曲，其在可穿戴和柔性电子设备中具有良好的应用前景。

7.4.2　制备方案

电容式传感器设计灵感来自蛋壳内膜的复杂微观纤维网络结构，其制作过程为：从鸡蛋中剥离蛋壳内膜，用去离子水清洗干净后晾干；将聚二甲硅氧烷预聚物与固化剂按 10:1 的比例混合后，均匀涂覆在蛋壳内膜表面；在 60℃固化 4 小时，固化后剥离蛋壳内膜，得到具有倒置微结构的聚二甲硅氧烷介电层。其中，聚二甲硅氧烷微结构提供了高度的压缩变形空间，显著提高了传感器在加载下的灵敏度和检测范围。根据图 7.4.1，通过有限元分析证实，微结构的高应力集中区域能使电容变化更显著。

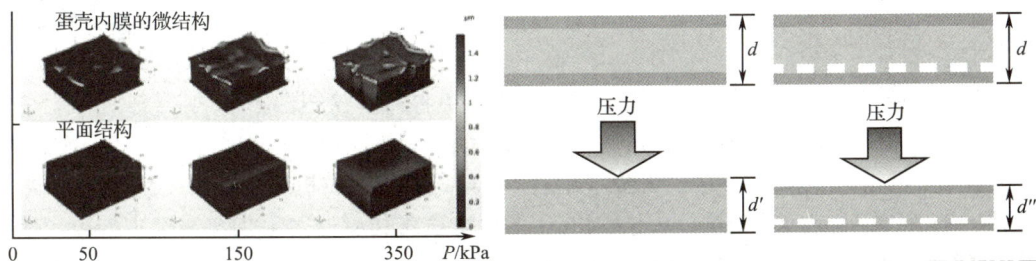

图 7.4.1　有限元仿真结果

电容变化量计算公式为

$$\Delta C = C_{加载} - C_{初始} \qquad (7.4.1)$$

图 7.4.1 有限元仿真结果彩图

其中，ΔC 为电容变化，微结构的显著变形放大了 ΔC。

采用 MXene（Ti$_3$C$_2$Tx）与 Ag NWs（银纳米线）复合材料制备电极，MXene 提供二维片层结构，高导电性和机械柔性。Ag NWs 作为一维导电材料，可防止 MXene 片层的堆叠，提高电极的表面粗糙度和导电路径的密度。将 MXene 和 Ag NWs 按 5:1 的质量比混合，真空过滤制成均匀薄膜，通过静电吸附确保 MXene 和 AgNWs 之间的紧密结合，最后将该复合材料转移至聚二甲硅氧烷层表面形成电极。其中，高表面粗糙度的电极增强了电场的非均匀性，进一步提高了传感器的灵敏度。同时，复合材料形成稳定的导电网络，保障了长期的机械和电学稳定性。最终将微结构化聚二甲硅氧烷介电层夹在两层 MXene/Ag NWs 复合电极之间，构成典型的电容式传感器。传感器结构及制备流程如图 7.4.2 所示。

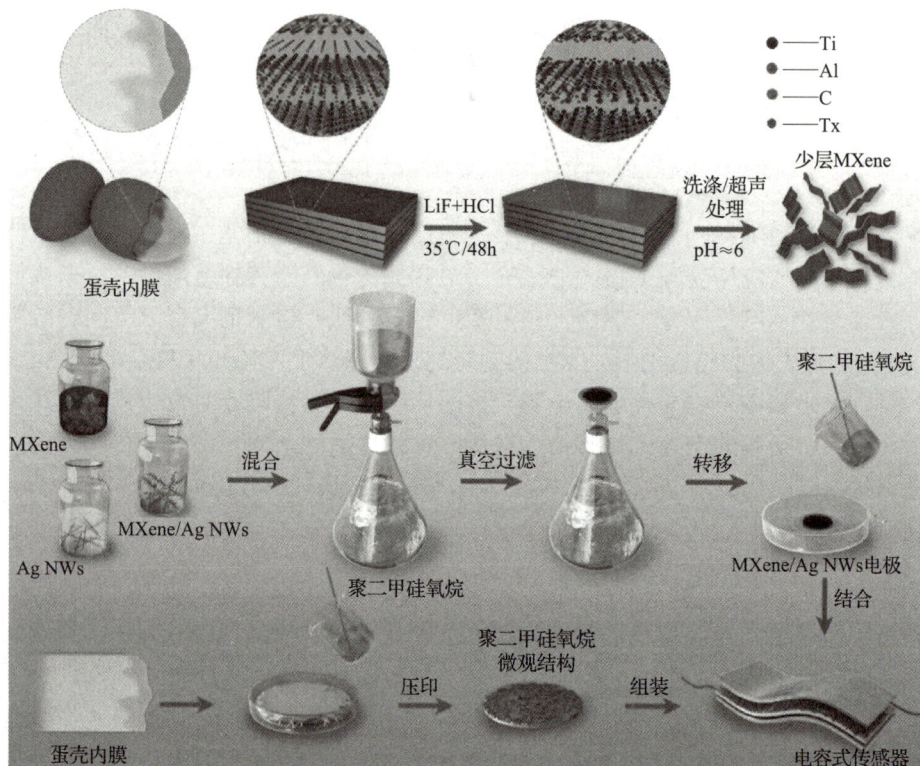

图 7.4.2　传感器结构及制备流程

7.4.3　实施过程

　　通过测试柔性压力传感器（包括推拉机、LCR 电容测量仪和程序计算机）研究电容式传感器的机电特性，如图 7.4.3（a）所示。由图 7.4.3（b）可知，传感器的上升时间为 280ms，下降时间为 290ms。测量响应时间受到推拉机运动速率（2.5N/s）的限制。因此，传感器的实际响应时间可以小于 50 ms。接着测试了传感器对手指快速敲击的电容响应，证明快速响应时间在 50ms 内。一粒重为 16mg 的大米在装卸过程中可以识别出重复信号［见图 7.4.3（c）］，说明该传感器可以通过电容响应可靠地检测细微刺激。此外，在 10kPa、20kPa、35kPa 和 45kPa 的压力下，传感器在单周期和多周期中表现出稳定的信号［见图 7.4.3（d）、（e）］。每种加载的响应都表现出阶梯和稳定的方波形式，表明传感器在宽压力范围内具有优异的传感稳定性。此外，在 2.5N 的加载/卸载周期下，传感器也表现出与加载速度（0.10N/s、0.25N/s 和 2.50N/s）无关的精确响应［见图 7.4.3（f）］。各转速下电容的快速变化和良好的恢复证明了传感器的快速响应和良好的可逆性。由图 7.4.3 可知，为了评估该装置的可重复性，传感器在 40kPa 的恒压下动态加载和卸载时间超过 20000s。传感器表现出显著的鲁棒性，即使经过 1800 次循环，电容也能恢复到初始值。在不同的加载/卸载阶段，电容值没有明显的幅值变化，验证了传感器良好的机械稳定性。为了确认其可长期应用，在相同的测量条件下，150 天后再次测量传感器的电容响应［见图 7.4.3（h）］。由于电极内部具有稳定的导电网络，传感器在整个周期内表现出良好的稳定性，并且在长期存储后和测量前后电容变化是恒定的。

此外，重复加载后辩证层的 SEM（扫描电子显微镜）图像显示聚二甲硅氧烷微观结构没有被破坏。

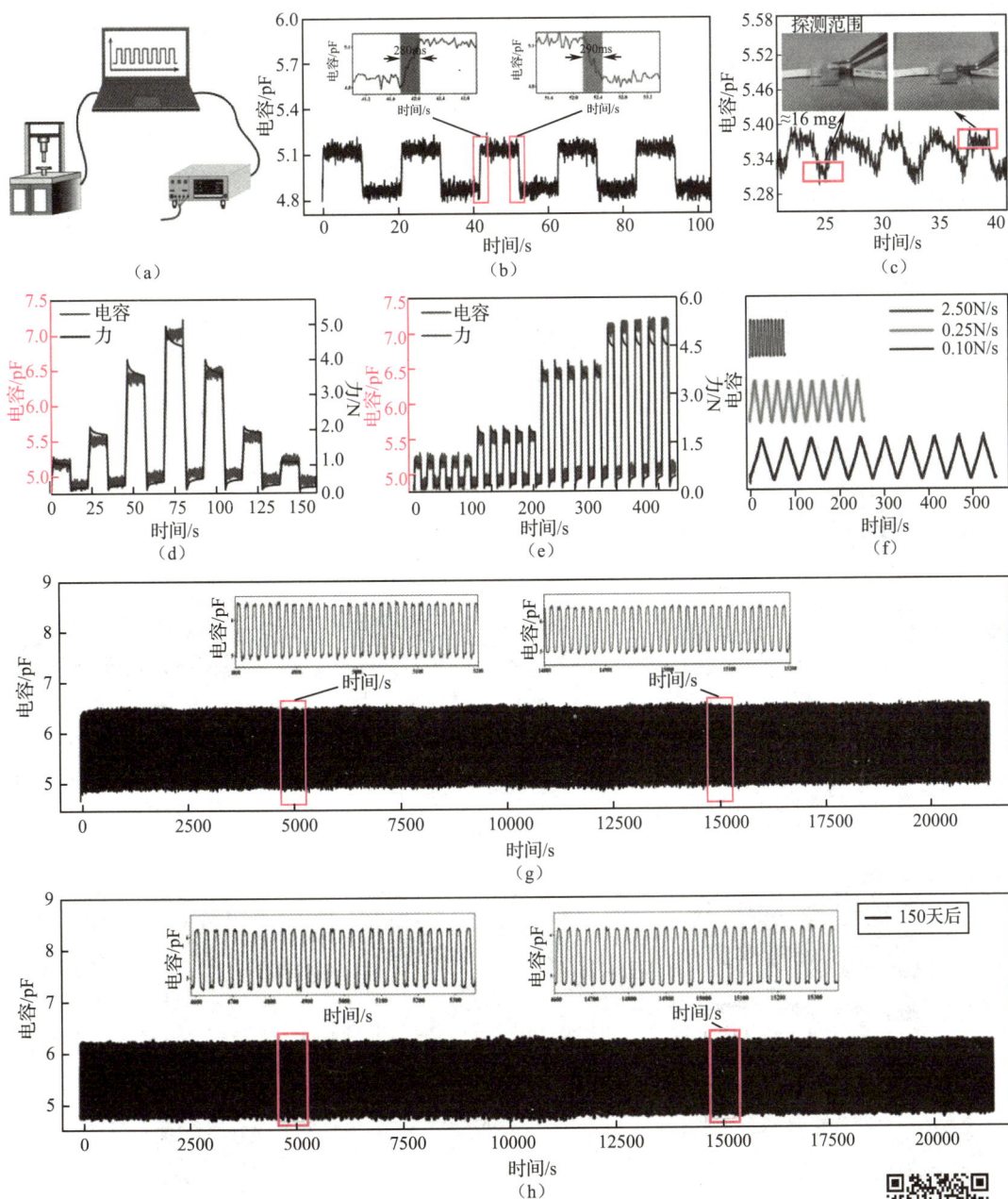

图 7.4.3 电容式传感器的机电特性

图 7.4.3 电容式传感器的机电特性彩图

7.4.4 实施结果

基于上述分析，柔性电容式传感器具有灵敏度高、检测范围宽、响应速度快、长期稳定等特点。为了证明柔性电容式传感器在检测多种身体运动时具有突出的实用性，将传感器牢固地附着在一位健康的 26 岁志愿者身体的各个部位，以收集身体运动的电容信号［见图 7.4.4

（a）]。实验结果表明，在实验过程中，可以观察到有规律的、重复的电信号输出。当志愿者反复读出短语"学习"［见图7.4.4（b）］时，电信号由颈部肌肉运动和声带振动引起。当传感器附着在脸颊上时［见图7.4.4（c）］，吹在设备上的空气应力得到了明显的响应。此外，在传感器连接志愿者握紧和松开的拳头时，获得了稳定的电容变化时间曲线［见图7.4.4（d）］。该传感器还能够监测其他身体运动，如手指、膝盖和肘部的弯曲。每个测试周期中都获得了良好的可逆性［见图7.4.4（e）、（f）、（g）］。此外，将传感器附着在食指上也证明了传感器可识别角度变化。当传感器放置在鞋底时，高度稳定的信号输出表明传感器可以用于监测行走响应［见图7.4.4（h）］。上述实验验证了该传感器可在较宽的检测范围内有效检测各种人体运动功能。

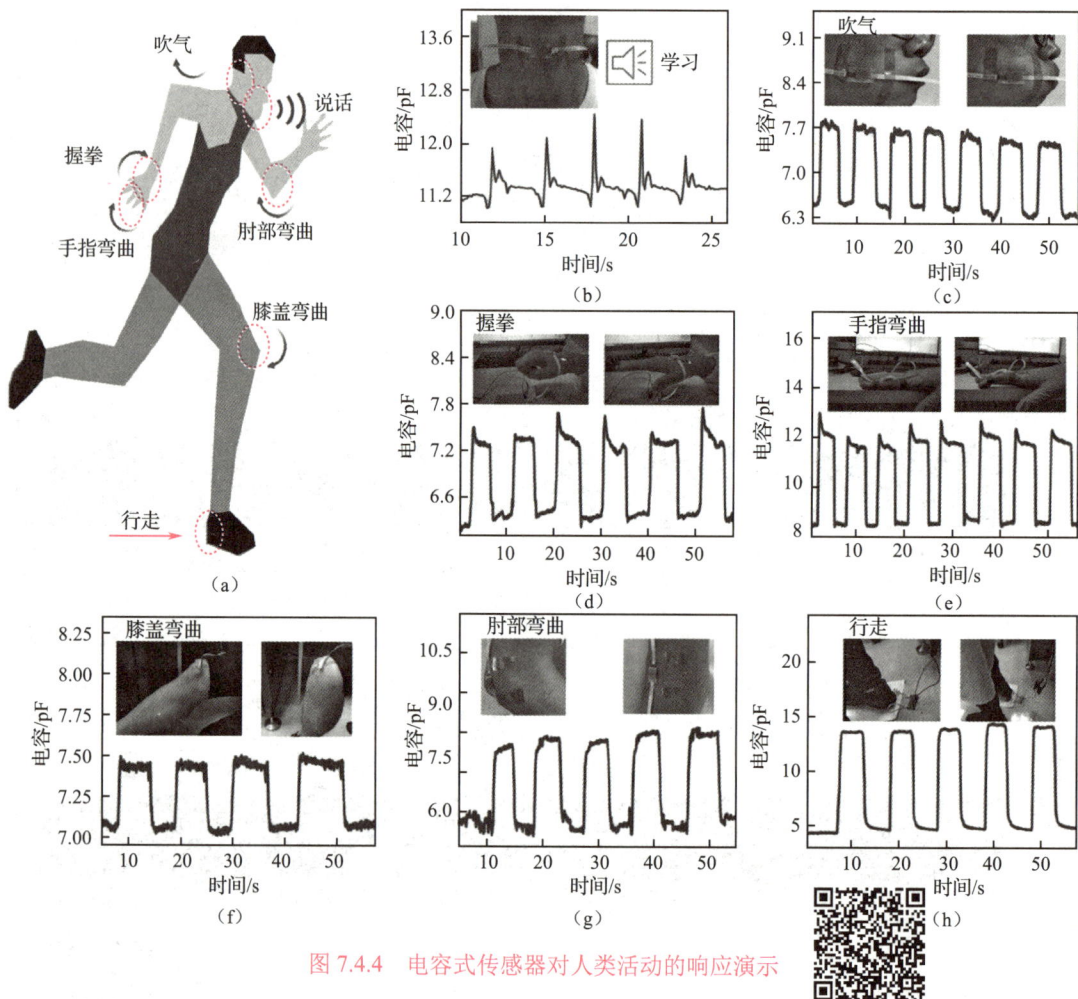

图7.4.4　电容式传感器对人类活动的响应演示

图7.4.4 电容式传感器对人类活动的响应演示彩图

本章知识点梳理与总结

1. 介绍了电容式传感器的工作原理、三种类型及特性；
2. 介绍了变面积型电容式传感器和变极距型电容式传感器的差动结构；

3．介绍了电容式传感器的等效电路和测量电路，并详细介绍了差动脉冲宽度调制电路；

4．介绍了电容式传感器的典型应用与工程应用案例。

本章自测

第 7 章在线自测

思考题与习题

第 7 章思考题与习
题答案及解析

1．简答题

7-1　变极距型电容式传感器为何不适合测量大的位移？

7-2　电容式传感器的测量电路有哪些？各有什么特点？

7-3　电容式传感器有哪些特点？实际应用中应注意哪些问题？分别采用哪些方法加以解决？

7-4　比较电容式接近开关和电感式接近开关的检测原理及适用范围。

7-5　电容式传感器有哪些类型？各有何特点？各适用于哪些场合？

2．计算分析题

7-6　一电容式传感器的圆形极板半径 $r=4$mm，初始间距 $\delta_0=0.3$mm，极板间介质为空气，空气相对介电常数为 $\varepsilon_r=1$，真空介电常数 $\varepsilon=8.854\times10^{-12}$F/m，试问：

（1）工作时，若两极板间距变化量 $\Delta\delta=\pm1\mu$m，传感器电容变化量是多少？

（2）如果测量电路的灵敏度 $S_1=100$mV/pF，读数仪表的灵敏度 $S_2=5$格/mV，两极板间距变化量 $\Delta\delta=\pm1\mu$m 时，读数仪表的指示值变化多少格？

7-7　对于变极距型电容式传感器，若初始两极板间距为 $\delta_0=1$mm，若要求线性度为 0.1%，试问允许间距测量的最大变化量 $\Delta\delta_{max}$ 是多少？

7-8　一电容式传感器的结构如题 7-8 图所示，空气为两极板间的介质，已知极板宽、长分别为 $a=10$mm，$b=16$mm，两极板间距 $d=1$mm。测量时，若上极板自初始位置（$\Delta x=0$mm）沿 x 方向向左平移 2mm（$\Delta x=2$mm），空气相对介电常数 $\varepsilon_r=1$，真空介电常数 $\varepsilon=8.854\times10^{-12}$F/m，试求：

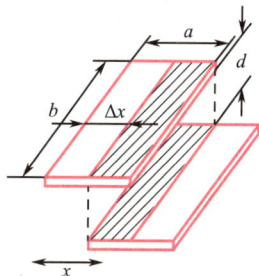

（1）传感器的电容变化量；

（2）传感器的电容相对变化量；

（3）传感器的位移相对灵敏度。

题 7-8 图

7-9　已知圆形电容极板半径 $r=25$mm，初始间距 $\delta_0=0.2$mm，在两极板之间放置一块厚

0.1mm 的云母片（$\varepsilon_r = 7$），空气相对介电常数 $\varepsilon_r = 1$，试问：

（1）无云母片和有云母片两种情况下，电容值 C_1 和 C_2 各为多少？

（2）若间距变化 $\Delta\delta = 0.025\text{mm}$，电容相对变化量 $\Delta C_1/C_1$ 和 $\Delta C_2/C_2$ 各为多少？

7-10 题 7-10 图所示为变介电常数型电容式传感器，设极板长度为 l，宽度为 b，两极板间距为 δ，极板间介质的介电常数为 ε_1。若两极板间放置一厚度为 d 的介质（其长度、宽度与电容极板相同），该介质的介电常数为 $\varepsilon_2(\varepsilon_2 > \varepsilon_1)$，且该介质可在两极板之间自由滑动。若用该电容式传感器测量位移，试求：当介质极板移动 x 时，该传感器的特性方程 $C = f(x)$。

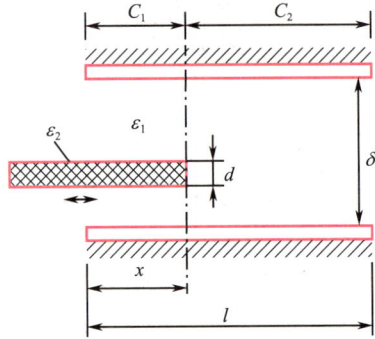

题 7-10 图

7-11 有一差动型电容式传感器，传感器所用测量电路为变压器电桥电路，如题 7-11 图所示。工作初始时，$a_1 = a_2 = 10\text{mm}$，$b_1 = b_2 = 20\text{mm}$，间距 $\delta = 2\text{mm}$，极板间介质为空气。测量电路中，$u_i = 3\sin\omega t$（V），且 $u = u_i$。试求：当动极板有一位移量 $\Delta x = 5\text{mm}$ 时，电桥的输出电压 u_o。

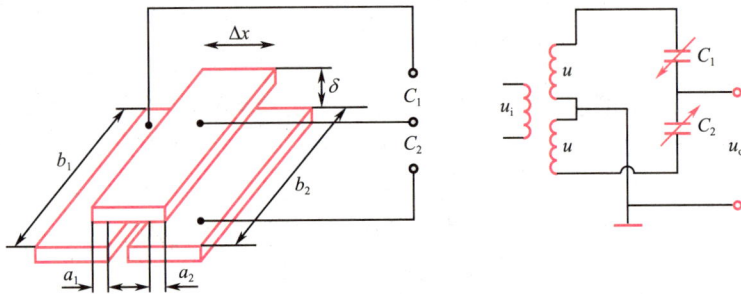

题 7-11 图

第8章

光电式传感器及应用案例

光可用于感应激励信号，如距离、运动状态、温度、化学组成和压力等，既可将光视为能量粒子的传播也可视为电磁波的传播，并且粒子和波的特性均可用于解释光电式传感器的传感原理。由于光的传导不需要导线传输，在信号传输过程中，将电信号转变成光信号传导到下一级，可有效隔离电磁干扰并通过导线向下一级传播。本章将介绍光电式传感器的原理及其在电路中的应用。

学习要点

1. 了解光电式传感器的基本概念、组成、原理，能根据项目需求选择合适的传感器。

2. 掌握典型的光电式传感器类型、安装方式，能根据所选的传感器类型选择正确的安装方式。

3. 了解光电效应原理及内、外光电效应型器件的结构、特性，能复述并解释内、外光电效应，亮电阻，暗电流，数值孔径等基本概念。

4. 了解典型的光电效应器件的选型及设计，参考工程案例进行光电式传感器的应用设计。

5. 了解图像传感器的工作原理、内部结构和特性参数。掌握使用图像传感器进行目标物体的尺寸测量方法。

6. 了解光纤的传导原理，学会参考工程案例的方法将传导原理应用于科学研究中。

知识图谱

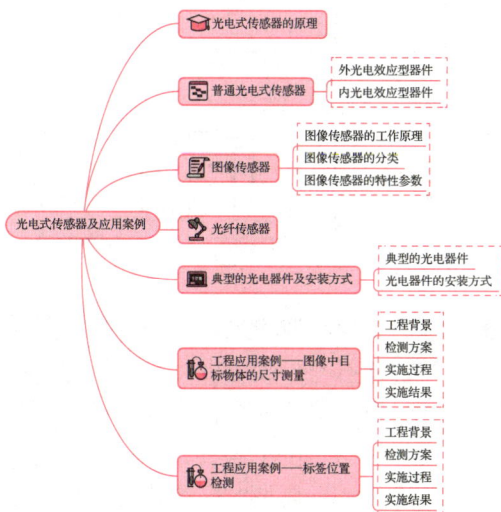

> **小知识：生活中的光电式传感器**
>
> 小光同学在超市的收银柜台付款时，发现收银员用扫码枪在条形码上晃动一下，扫码枪立刻读出了条形码的编码数据。小光同学觉得非常神奇，查阅资料后学到了扫码枪的工作原理：扫码枪内有一个发光二极管，在通电状态下发出红色光线，这些光线遇到条形码上的黑线时，光线被黑线吸收没有反射，接收管也无法接收到反射光线。当光线遇到白色间隔时，光线被反射回去，接收管接收到光线信号，这些信号通过计算机进行分析和识别，组成了一组完整的条形码信息。

8.1　光电式传感器的原理

光电式传感器的原理视频　　　8.1 光电式传感器的原理课件

光电式传感器是将光信号转换为电信号（电压、电流、电荷、电阻等）的一种装置，具有结构简单、使用方便、响应快速、性能可靠、能进行非接触式测量等优点，在自动化生产线中有着非常突出的应用价值。常见的光电式传感器如图 8.1.1 所示。

图 8.1.1　常见的光电式传感器

光电式传感器通常由发送器、接收器和检测电路三部分组成。如图 8.1.2 所示，发送器将光束发射到目标。光束可以持续不断发射，也可以呈脉冲宽度发射。接收器接收反射回来的光信号，并将其转变为电信号，以供后续检测与处理。

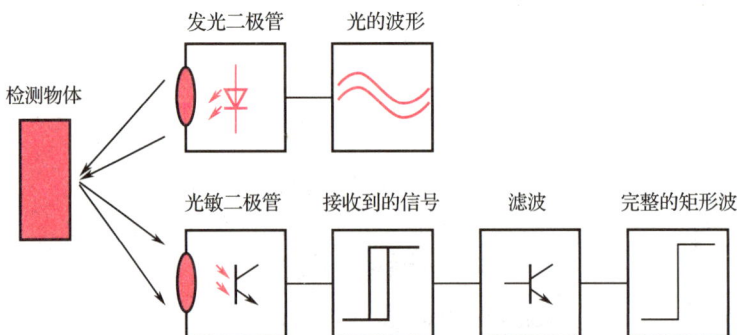

图 8.1.2　光电式传感器的工作过程

光电式传感器首先将被测量的变化转变成光通量的变化，通过光电转换器件将光通量的变化转变成电量的变化，由于光的照射与接收可以使传感器与被测物体分离，故可实现非接触式测量。通过传感器可以直接读取光信号的变化，还可以通过光信号的变化间接获取到温度、压力、位移、速度、加速度等信息。由于光具有快的传播速度与高的安全性，由光作为媒介进行传感的光电式传感器应用广泛，典型的应用就是光纤，如布拉格光栅、光纤陀螺仪等。最新的全球光纤传感器市场预测，预计到 2026 年全球的光纤传感器消费值将达到 59.8 亿美元，其将广泛应用于物流线、机器人控制、机械加工生产线、带材跑偏检测器等应用场所。

> **小拓展**
>
> 　　任何重要的物理规律都必须得到至少两种相对独立的实验方法验证。光的干涉、衍射、偏振等现象表明光具有波动性，但 20 世纪初，对光电效应的深入研究促使人们重新审视光具有粒子性。尽管光电效应方程已经得到实验强有力的支持，但要使人们真正接受光子说，还需新的实验佐证。1923 年，物理学家在研究 X 射线与物质的散射实验时，证实 X 射线具有粒子性。研究中发现，X 射线是由具有一定能量和动量的光子组成的，并用能量守恒定律和动量守恒定律对实验结果做出了令人信服的解释，实验进一步证实了电磁波的粒子性，为光子说提供了更完整的证据。此后，光子说被人们普遍接受。

　　光在真空中的速度 c_0 与波长无关，可用磁导率 $\mu_0 = 4\pi \times 10^{-7}$ H/m 和电容率 $\varepsilon_0 = 8.854 \times 10^{-12}$ F/m 来表示。c_0 表达式为

$$c_0 = \frac{1}{\sqrt{\mu_0 \varepsilon_0}} = (299792458.7 \pm 1.1)\,\text{m/s} \tag{8.1.1}$$

　　光子是具有能量的粒子，光子的能量由频率决定，每个光子的能量可表示为

$$E = hf \tag{8.1.2}$$

式中：h——普朗克常量（$h = 6.626 \times 10^{-34}$ J·s）；f——光的振动频率。

　　根据定理：一个光子的能量只传递给一个电子。一个电子从物体中逸出，必须满足光子能量大于表面逸出功 A_0 的条件，此时逸出表面的电子吸收了光子的能量转变为动能，用光电效应方程式表示为

$$E_k = \frac{1}{2}mv^2 = hf - A_0 \tag{8.1.3}$$

式中：m——电子的质量；v——电子逸出的初始速度。

　　光与物体的相互作用是指以物体中的电子为媒介，光线照射物体后，能将光子能量一次全部传递给物体中的电子，即物体吸收具有一定能量的光子后产生电效应，这就是光电效应。光电效应中所释放出的电子称为光电子，能产生光电效应的敏感材料称为光电材料。根据光电效应原理可以制造出光电转换元器件，也称为光电器件或光敏器件，这是构成光电式传感器的主要部件。根据物理现象的不同，光电效应通常分为外光电效应、内光电效应两类。

8.2　普通光电式传感器

8.2.1　外光电效应型器件

　　在光线作用下，金属内的电子逸出表面的现象被称为外光电效应。根据这一效应，光电管、光电倍增管等光电器件得以制作。当光能量入射到金属或金属氧化物表面时，如果光子的能量足够大，电子便会吸收这些能量，克服金属中正离子对其的吸引力，脱离材料表面，进入外界空间。这一现象是外光电效应的核心原理，其广泛应用于光电检测和信号放大等领

域。图 8.2.1 所示为多种形状的光电管及其结构。

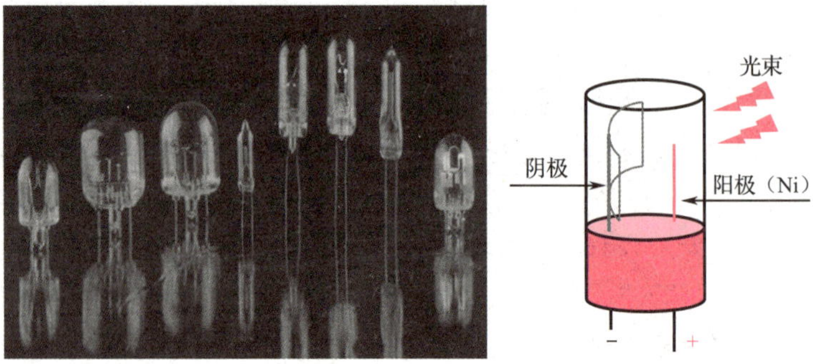

图 8.2.1　光电管及其结构

光电管的结构由一个阴极（K 极）和一个阳极（A 极）组成，这两部分材料由一个真空玻璃管罩住。阴极表面涂有光电材料，阳极由金属丝弯曲成矩形、圆形或柱状。阴极和阳极之间加有一定的电压。当光通过光窗照射到阴极时，光子会使阴极表面的电子获得足够的能量并被激发出来，这些光电子随后在阴极与阳极之间的电场作用下加速运动，最终被阳极收集，从而形成光电流。光电流的大小取决于阴极的灵敏度及入射光的强度。充气光电管是在普通真空光电管的基础上改进的，它在管内充入少量惰性气体，如氩气或氖气。充气光电管的阴极在光照射下释放光电子后，光电子在飞向阳极的过程中会与气体分子发生碰撞，碰撞时使气体分子发生电离，产生自由电子与正离子。新产生的电子与原本的光电子一起被阳极收集，而正离子则朝着阴极方向运动，被阴极接收。这种电离过程增大了光电管内的载流子数量，从而增强了光电流。通常情况下，充气光电管的光电流能达到真空光电管的数倍，因此其灵敏度较高，能够更有效地响应入射光。在自动检测仪表中采用真空光电管较多，其受温度影响小且灵敏度稳定。

8.2.1 光电管两端电压变化讨论

> **小讨论：** 在图 8.2.1 所示的光电管中，增大光电管两端的电压是否可以增大光电流，外接电阻 R 的增大是否会减小光电流？

光电管的性能通常通过伏安特性、光照特性、光谱特性、响应速度、峰值探测能力和温度稳定性等方面来表征。下面主要介绍前三种特性。

（1）光电管的伏安特性。在一定的光照射下，光电管所加电压与所产生的光电流之间的关系称为光电管的伏安特性。真空光电管和充气光电管的伏安特性分别如图 8.2.2（a）和图 8.2.2（b）所示。由图可见：光电流随着光照强度（简称照度，指照射到单位面积上的光通量，表示被照射平面上某一点的光亮程度。符号：E，单位：勒克斯，lm/m^2 或 lx）。在相同的光照下，一定范围内光电流随着所加电压的增加而增大，但电压增加到一定程度（此时所有激发出来的光电子被阳极全部收集后），光电流不再增大。

（2）光电管的光照特性指的是在一定电压下，光通量与光电流之间的关系。该关系在光电管的特性曲线中有所体现，如图 8.2.3 所示。图中曲线 1 为银铯阴极光电管的光照特性，光电流与光通量的变化呈线性关系；曲线 2 为锑铯阴极光电管的光照特性，两个变量呈非线性关系。

（3）光电管的光谱特性表明不同的光电阴极材料对不同波长光的灵敏度差异较大。同种材料的光电管对不同波长光的响应能力也会有所差异。如图 8.2.4 所示，曲线 1 和曲线 2 分别表示银铯阴极和锑铯阴极在不同波长光线下的灵敏度，而曲线 3 展示了由多种元素（如锑、钾、钠、铯等）组成的阴极的光谱特性。因此，选择适合的光电阴极材料对于在特定光谱范围内获取最大灵敏度至关重要。

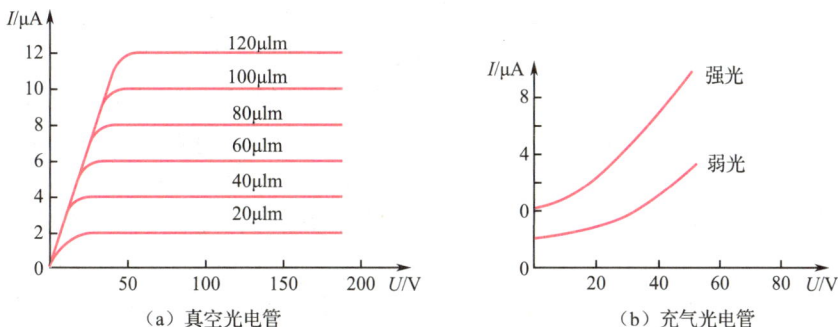

（a）真空光电管　（b）充气光电管

图 8.2.2　光电管的伏安特性

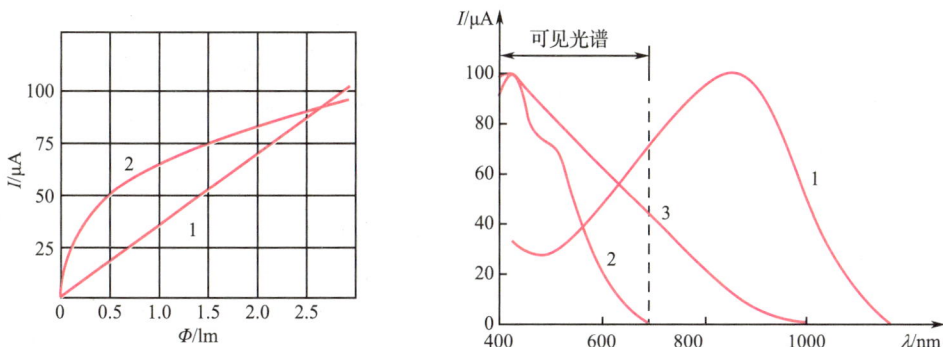

图 8.2.3　光电管的光照特性

图 8.2.4　光电管的光谱特性

8.2.2　内光电效应型器件

当光照射到物体上时，其导电性质发生变化，或者产生特定方向的电动势，这种现象被称为内光电效应。内光电效应主要包括两种类型：光电导效应和光生伏特效应。

1. 光电导效应

在光线作用下，材料的电阻发生改变，此现象称为光电导效应，如光敏电阻是根据光导效应制成的光电器件。光敏电阻如图 8.2.5 所示。

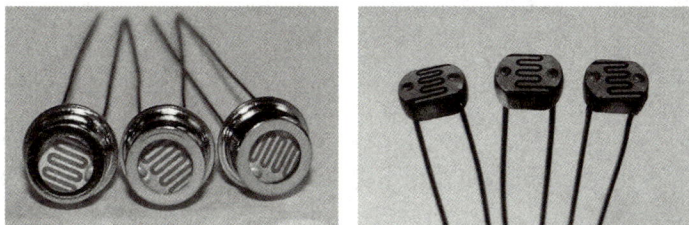

图 8.2.5　光敏电阻

光敏电阻又称光导管，是根据光电导效应用半导体材料制成的光电器件。有些半导体材料在没有光线作用时，其阻值很高。当有光线作用时，其导电性能提高，阻值下降，且光照愈强，阻值下降愈多。这种现象称为光导效应。具有光导效应的半导体材料称为光敏材料。常见的光敏材料有金属的硫化物、硒化物、碲化物等半导体。图 8.2.6 是光敏电阻的结构示意图及图形符号。由图 8.2.6（a）可知在光敏材料的两端装上电极引线，光敏元件封装在带透明窗的管壳内就构成了光敏电阻。当有光照射透明窗时，电路中就有电流产生，从而实现了由光信号到电信号的转换。

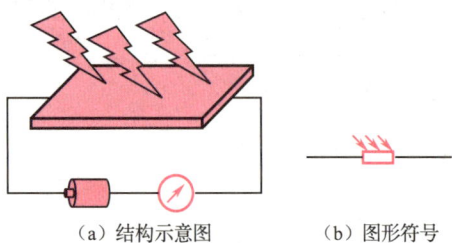

（a）结构示意图　　　　（b）图形符号

图 8.2.6　光敏电阻的结构示意图及图形符号

光敏电阻的主要参数如下。

（1）暗电阻与暗电流：在室温下，当光敏电阻未受到光照时，所测得的稳定电阻值被称为暗电阻。此时，流经光敏电阻的电流被称为暗电流。

（2）亮电阻与亮电流：当光敏电阻受到光照时，测得的稳定电阻值被称为亮电阻。与此同时，流经光敏电阻的电流则被称为亮电流。

（3）光电流：光电流是亮电流与暗电流之间的差值。光电流越大，说明光敏电阻的灵敏度越高。通常情况下，大多数光敏电阻的暗电阻值超过 $1M\Omega$，有些甚至可达 $100M\Omega$，而在光照下的亮电阻值常常低于 $1k\Omega$，这表明光敏电阻具有较高的灵敏度。

2．光生伏特效应

在光线作用下，物体内的电子向一侧偏移，使两侧的电子不相等而产生电动势，这种现象称为光生伏特效应，如光电池、光敏二极管和光敏三极管是根据光电伏特效应制成的光电器件。

光电池是具有一个 PN 结的半导体元件（见图 8.2.7、图 8.2.8），其与普通半导体二极管的最大区别是 PN 结的结面积远大于二极管。常见的光电池就是太阳能光伏板。光电池的种类众多，有硅、硒、锗、砷化镓等，其中硅光电池较其他光电池，具有转换效率高、稳定性能好、光谱范围广的特点，因而获得了广泛的应用。硅光电池一般是在 N 型半导体硅片上用扩散法渗入 P 型杂质形成一个 PN 结而成的。当有足够能量的光照射到 PN 结周围时，价电子吸收能量成为自由电子并产生了电子空穴对，在 PN 结内电场的作用下，电子进入 N 区，空穴进入 P 区，结果在 N 区一边积累了大量过剩电子；P 区一边积累了大量空穴，形成了 P 区为正、N 区为负的光生电动势。光电池在检测中常用于两种情况：一是在工业检测与自动控制中作为光电信号转换的传感器；二是作为小功耗测量仪器的工作电源。

图 8.2.7　光电池

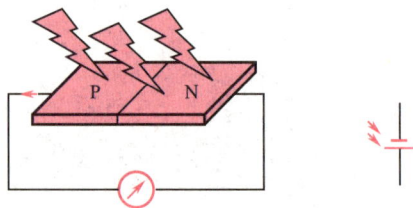

图 8.2.8　光电池结构示意图及图形符号

> **小拓展**
>
> 　　2023 年 11 月 3 日，全球硬科技创新大会在西安开幕。大会展示了中国企业自主研发的晶硅-钙钛矿叠层电池，其效率达到 33.9%，超越了此前其他国家研究团队创下的 33.7% 的纪录，达到了全球当前叠层太阳能电池效率的最高水平。以 2022 年全球新增光伏装机 240GW 计算，即便是效率提升 0.01%，每年就可多发 1.4 亿度电。

> **小讨论：** 阐述内光电效应与外光电效应原理的不同点。

8.2.2 讨论

光电池具有以下的基本特性。

1）光照特性

图 8.2.9 所示是硅光电池的光照特性曲线。它包括两种曲线，一种表示光生电动势与照度间特性关系的开路电压曲线，一种表示光电流与照度间特性关系的短路电流曲线。从图中可看出，开路电压与照度之间呈非线性关系，照度较小时灵敏度很高，而当照度超过 2000lx 时，灵敏度急剧变小，短路电流特性线性较好。在实际应用中，光电池应作为电流源使用，实现照度与光电流间的线性转换。

2）伏安特性

图 8.2.10 所示是硅光电池的伏安特性曲线，又称光电池的外特性曲线。特性曲线与负载线的交点为工作点 Q，工作点对应的电压与电流的体积 $U_Q \times I_Q$ 为光电池的输出功率。通过选取适当的负载电阻，可使光电池获得最大的输出功率。光电池的最大输出功率与光电池接收的入射光功率之比称为光电池的转换效率，但由于光电池的电阻很高，使其转换效率比较低，只有 10%～15%。

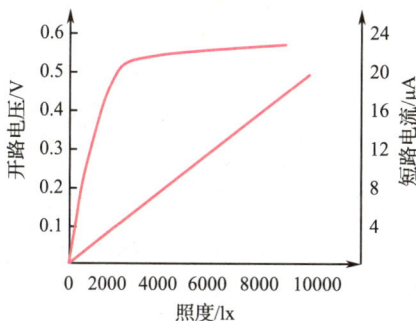

图 8.2.9　硅光电池的光照特性曲线

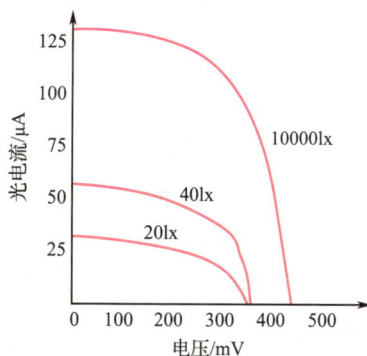

图 8.2.10　硅光电池的伏安特性曲线

3）光谱特性

图 8.2.11 展示了硅光电池的光谱特性曲线。从图中可以观察到，硅光电池对不同波长的入射光表现出不同的灵敏度。其光谱响应的峰值出现在约 800nm 处，且其响应波长范围为 400～1200nm，显示出较宽的波长响应范围。

4）温度特性

随着温度的变化，光电池的温度特性明显，图 8.2.12 所示是硅光电池在 100lx 照度下的温度特性曲线。短路电流受温度的影响较小，开路电压受温度的影响较大。因此，光电池用于检测时，要减小测量误差，仍应当电流源使用，并视其环境温度变化情况采取恒温措施或进行温度补偿。

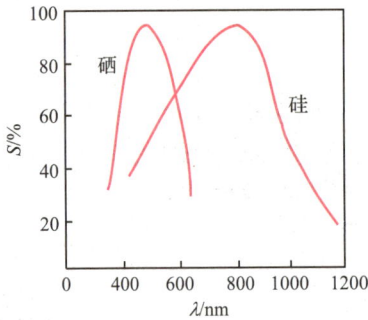

图 8.2.11　硅光电池的光谱特性曲线

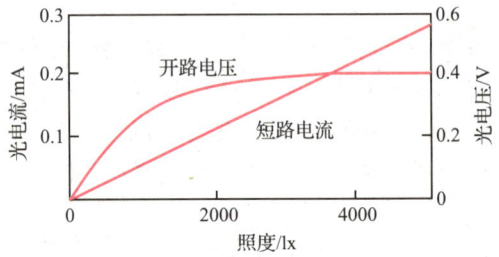

图 8.2.12　硅光电池的温度特性曲线

　　光敏二极管、光敏三极管和光敏晶闸管统称为光敏晶体管，它们都是基于光电伏特效应制成的光电器件，如图 8.2.13、图 8.2.14 所示。光敏三极管比光敏二极管灵敏度高，但频率特性较差，光敏晶闸管主要用于光电开关电路中。

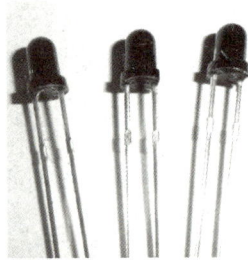

图 8.2.13　光敏二极管

图 8.2.14　光敏三极管

　　图 8.2.15 所示为光敏二极管的结构、表示符号及基本应用电路。光敏二极管四周封装有透明玻璃，PN 结位于管子顶端，可受光照。在使用时需要注意，光敏二极管通常反向接入电路。当没有光线照射时，由于反向电流非常小，光敏二极管处于高阻截止状态。当极管受到光线照射时，PN 结内会激发出空穴-电子对，在内电场的驱动下，这些载流子定向运动，形成电动势差，产生一个方向与反向电流一致的光电流。光敏二极管因此进入低阻导通状态，且光照强度越大，光电流越强，从而实现了光信号到电信号的转换。

　　光敏三极管的结构与一般三极管相似，有集电结与发射结两个 PN 结，在工作时应分别加有负向与正向偏置电压。当没有光照时，无基极电流产生，光敏三极管截止，回路中无光电流；当基区有光照时，则有基极电流产生，并且回路电流是光生电流的 β 倍。可见光敏三极管把光信号转换为电信号的同时，还能够放大信号电流，因而光敏三极管比光敏二极管的灵敏度更高。图 8.2.16 给出了光敏三极管的结构、表示符号及基本应用电路。

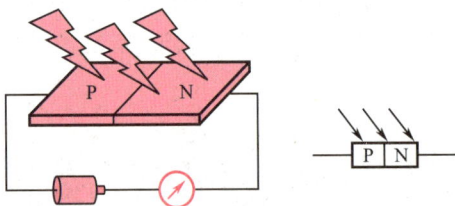

图 8.2.15　光敏二极管的结构、表示符号
及基本应用电路

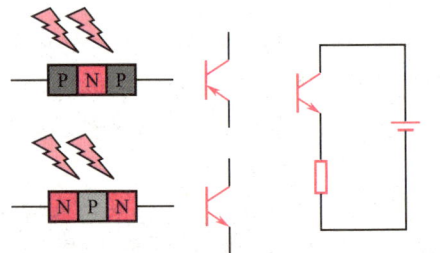

图 8.2.16　光敏三极管的结构、表示符号
及基本应用电路

从光敏三极管的表示符号可以看出，其与普通三极管的不同之处是它的基极往往不接引线，仅在集电极和发射极两端接有引线。

8.3　图像传感器

图像传感器是一种以电荷耦合器件（Charge Coupled Devices，CCD）为核心的半导体表面器件，采用电荷包的形式存储和传递信息，是半导体技术的一项重要突破。由于图像传感器具备光电转换、信息存储和延时等功能，其广泛应用于图像采集、信息存储和处理等领域。典型产品包括数码相机、数码摄像机等。

图像传感器的
工作原理视频

8.3 图像传感器的
工作原理课件

8.3.1　图像传感器的工作原理

图像传感的突出特点是以电荷作为信号，有人将其称为"排列起来的 MOS 电容阵列"。一个 MOS 电容器是一个光敏单元，可以感应一个像素点，如一个图像有 1024×768 个像素点，就需要有同样多个光敏单元。

1. 电荷存储原理

所有电容器都具备存储电荷的功能。当 MOS 电容器的半导体为 P 型硅时，在金属电极上施加正电压（假设衬底接地）时，电压会使金属电极板上积累电荷，P 型硅中的多数载流子（空穴）被排斥到表面。此时，衬底与 SiO₂ 界面处的表面势能发生变化，系统处于非平衡状态。如果此时光照射到硅片，光子会被半导体硅吸收，提供足够的能量使电子跃迁到导带，形成电子-空穴对。光生的电子会被势阱吸引，收集的电子数量与光照强度成正比：光强越大，产生的电子-空穴对越多，势阱中收集的电子数量也越多；反之，光强越弱，收集的电子数量则较少。

2. 电荷转移原理

由于所有光敏单元共享同一个电荷输出端，因此必须及时将电荷转移，否则电荷的累积会导致信息失真。为了实现有效的电荷转移，CCD 的基本结构由一系列间距非常小（15～20μm）的 MOS 光敏单元组成，这些单元共用一个半导体衬底。氧化层均匀且连续，且相邻金属电极之间的间隔非常小，从而保证了电荷能够高效、及时地转移。若两个相邻 MOS 光敏单元所加的栅压分别为U_{c1}、U_{c2}，且$U_{c1}<U_{c2}$，如图 8.3.1 所示，任何可移动的电荷都将力图向表面电动势大的位置移动。因U_{c2}高，表面形成的负离子多，则表面电动势$\phi_{s2}>\phi_{s1}$，电子的静电U位能$-e\phi_{s2}<-e\phi_{s1}<0$，则$U_{c2}$吸引电子的能力强，形成的势阱深，则 1 中电子有向 2 中转移的趋势。若串联很多光敏单元，且使$U_{c1}<U_{c2}<\cdots<U_{cn}$，可形成一个输运电子的路径，实现电子的转移。

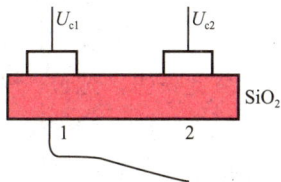

图 8.3.1　电荷转移示意图

由前面的分析可知，MOS 电容的电荷转移原理是通过在电极上加不同的电压（称为驱动脉冲）实现的。以图 8.3.2 的三相 CCD 为例说明其工作原理。设ϕ_1、ϕ_2、ϕ_3为三个驱动脉冲，它们的顺序脉冲（时钟脉冲）为$\phi_1 \rightarrow \phi_2 \rightarrow \phi_3 \rightarrow \phi_1$，且三个脉冲的形状完全相同，彼此间有相位差（差 1/3 周期），如图 8.3.2（a）所示。把 MOS 光敏单元电极分为三组，ϕ_1 驱动 1、4 电极，ϕ_2 驱动 2、5 电极，ϕ_3 驱动 3、6 电极，如图 8.3.2（b）所示。

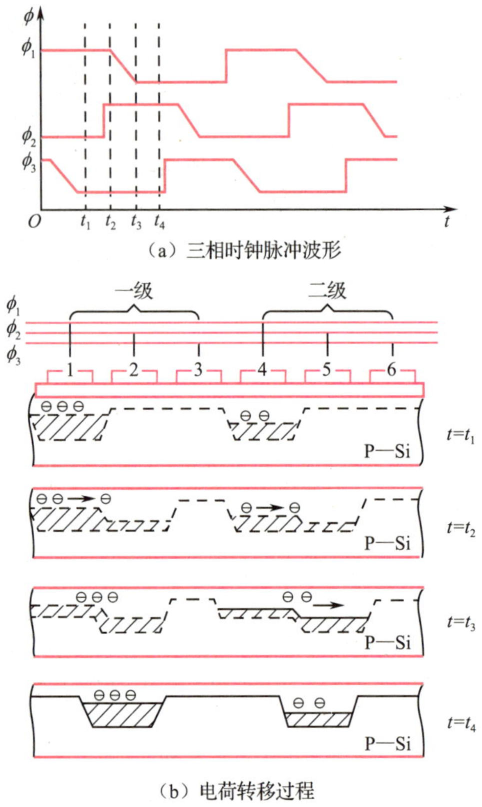

（a）三相时钟脉冲波形

（b）电荷转移过程

图 8.3.2　三相时钟驱动电荷转换原理

三相时钟脉冲控制、转移存储电荷的过程如下。

$t = t_1$：ϕ_1 处于高电平，ϕ_2、ϕ_3 处于低电平，因此在电极 1、4 下面出现势阱，电荷在该区域内堆积。

$t = t_2$：ϕ_2 处于高电平，电极 2、5 下出现势阱。由于相邻电极间距离变小，电极 1、2 及 4、5 下面的势阱互相连通，可堆积更多的电荷。处于电极 1、4 下的电荷会向电极 2、5 转移。接着 ϕ_1 电压下降，电极 1、4 下的势阱相应变浅，电荷容量减小。

$t = t_3$：更多的电荷转移到电极 2、5 下的势阱内。

$t = t_4$：只有 ϕ_2 处于高电平时，信号电荷才全部转移到电极 2、5 下的势阱内。

依此下去，通过改变三相脉冲线中的电压，在半导体表面形成不同的势阱变化，使各边产生更深势阱，容纳更多的电荷，左边形成阻挡势阱阻碍电荷的通过，使信号电荷自左向右做定向运动，在时钟脉冲的控制下从一端移位到另一端，直到输出。由于在传输过程中持续的光照会产生电荷，使信号电荷发生重叠，所以在显示器中出现模糊现象。

3. 电荷的输出

CCD 输出结构如图 8.3.3 所示。OG 是输出栅，它实际上是在 CCD 阵列末端衬底上制作的一个输出二极管。当该输出二极管施加反向偏压时，转移到终端的电荷在时钟脉冲的作用下，向输出二极管移动，并被二极管的 PN 结收集。在负载 R_L 上，电荷转化为脉冲电流 I_o。

输出电流的大小与信号电荷量成正比，并通过负载电阻 R_L 转换为相应的信号电压 U_o 输出。

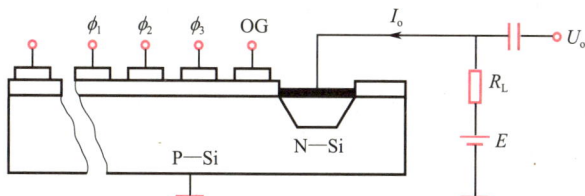

图 8.3.3 CCD 输出结构

8.3.2 图像传感器的分类

1. 线阵型 CCD 图像传感器

线阵型 CCD 图像传感器有两种基本类型可选：单沟道和双沟道，其结构如图 8.3.4 所示，主要由感光区和传输区两部分构成。感光区由一列形状和尺寸相同的光敏单元组成，每个光敏单元通常为 MOS 电容结构。光敏单元的共同电极由透明低阻多晶硅薄条构成，称为光栅。MOS 电容的衬底电极为 P 型单晶硅，硅表面通过沟槽将相邻的光敏单元隔开，以确保每个 MOS 电容的独立性。

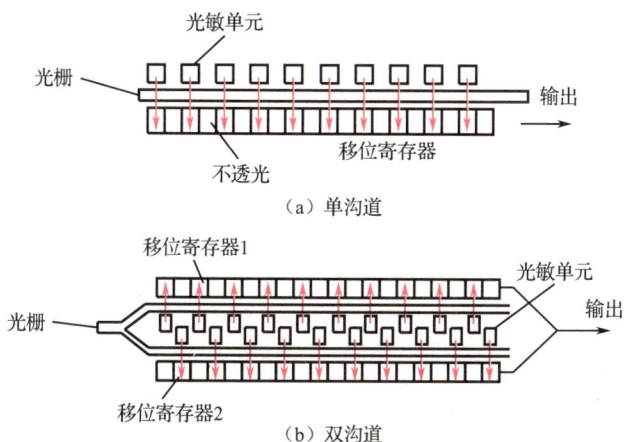

（a）单沟道

（b）双沟道

图 8.3.4 线阵型 CCD 图像传感器的结构

2. 面阵型 CCD 图像传感器

面阵型 CCD 图像传感器的感光单元以二维矩阵形式排列，可以捕捉二维图像。面阵型 CCD 图像传感器广泛应用于数码相机、数码摄像机等设备。

行传输（Line Transmission，LT）的结构如图 8.3.5（a）所示，在感光区完成光积分后，行选址电路将信号电荷一行一行地转移至输出寄存器，再通过输出端读取。行传输的主要优点是有效光敏面积大、转移速度快、转移效率高。然而，它需要行选址电路，结构较为复杂，并且在电荷转移过程中必须同时施加脉冲电压，这可能会导致"拖影"现象，因此这种方式的应用较为有限。

帧传输（Frame Transmission，FT）的结构如图 8.3.5（b）所示。感光区由多个并行排列的电荷耦合沟道构成，每个沟道之间用沟槽隔开，水平电极条跨越各个沟道。在感光区完成光积分后，信号电荷首先迅速转移到暂存区，然后再从暂存区逐行转移到输出寄存器，最终输出到端口。设置暂存区的目的是消除"拖影"现象，从而提高图像清晰度并确保与电视图像扫描制式兼容。帧传输的特点是光敏单元的密度较高，电极结构较为简单。然而，由于增加了暂存区，器件的面积相比于行传输型 CCD 图像传感器要大，约增加一倍。行间传输（Inte Line Transmission，ILT）的结构如图 8.3.5（c）所示，其特点是感光区和暂存区的行与行相间排列。当感光区结束光积分后，每列信号电荷转移入相邻的暂存区中，然后再进行下一帧图像的光积分，并同时将暂存区中的信号电荷逐行通过输出寄存器转移到输出端。

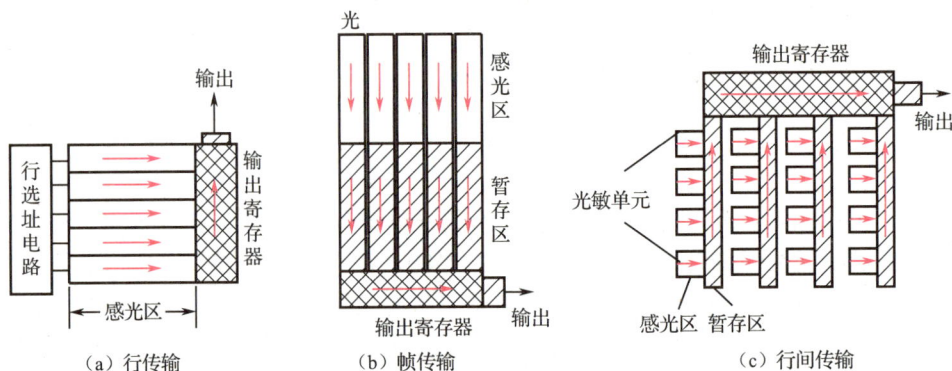

（a）行传输　　　　（b）帧传输　　　　（c）行间传输

图 8.3.5　面阵型 CCD 图像传感器的结构

8.3.3　图像传感器的特性参数

用来评价图像传感器的特性参数有分辨率、光电转移效率、灵敏度、光谱响应、动态范围等。不同的应用场合，对特性参数的要求也各不相同。

1. 分辨率

分辨率是指摄像器件对物像中明暗细节的分辨能力，在感光面积一定的情况下，其主要取决于光敏单元之间的距离，即相同感光面积下光敏单元的密度。

2. 光电转移效率

当 CCD 中的电荷包从一个势阱转移到另一个势阱时，若 Q_1 为转移一次后的电荷量，Q_0 为原始电荷量，转移效率定义为

$$\eta = \frac{Q_1}{Q_0} \tag{8.3.1}$$

当信号电荷进行 N 次转移时，总转移效率为

$$\frac{Q_N}{Q_0} = \eta^N = (1 - \varepsilon)^N \tag{8.3.2}$$

式中，ε 为转移损耗。

因 CCD 中的每个电荷在传送过程中要进行成百上千次的转移，因此要求转移效率 η 必须达到 99.99%～99.999%，以保证总转移效率在 90% 以上。CCD 总效率太低时，就失去了实用价值，所以当 η 一定时，就限制了转移次数或器件的最长位数。

3. 灵敏度及光谱响应

图像传感器的灵敏度是指单位照度下，单位时间内单位面积产生的电信号强度。光谱响应是指传感器对不同波长光的响应能力，图 8.3.6 为光谱响应特性曲线。为了使器件的响应度增大，器件的厚度必须减薄到约为 10μm。在图像传感器表面加上多层抗反射的涂层，以增强其光学透性，硅的吸收波长在 400～1100nm 范围。

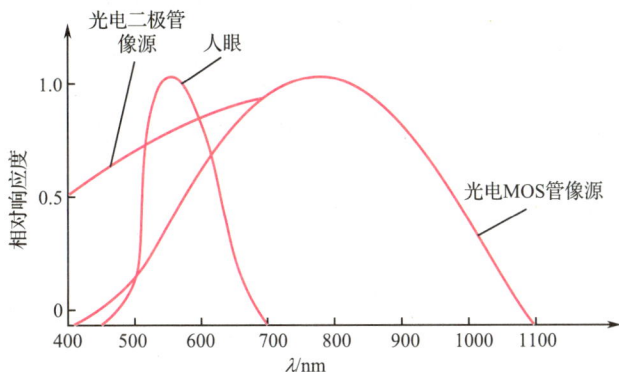

图 8.3.6　光谱响应特性曲线

4. 动态范围

传感器最大光强（饱和曝光量）与最小光强的比值称为 CCD 的动态范围。CCD 的动态范围一般在 $10^3 \sim 10^4$ 数量级。

8.4　光纤传感器

光纤是一种多层介质结构的同心圆柱体，其结构从内往外是纤芯、包层和保护层（涂覆层及护套），如图 8.4.1 所示。其中，纤芯是光波的主要传输通道，纤芯材料的主体是 SiO_2，并掺入微量的 GeO_2、P_2O_5，以提高材料的光折射率。包层可以是一层、二层或多层结构，总直径为 100～200μm，包层材料主要也是 SiO_2，掺入了微量的 B_2O_3 或 S_2F_4，以降低包层对光的折射率。涂覆层采用丙烯酸酯、硅橡胶、尼龙，增加机械强度和可弯曲性，以保护光纤不受水汽的侵蚀和机械擦伤，起着延长光纤寿命的作用。护套采用不同颜色的塑料管套，一方面起保护作用，另一方面以颜色区分多条光纤，许多根单条光纤组成光缆。

光在同一种介质中是直线传播的，如图 8.4.2 所示。当光线以不同的角度入射到光纤端面时，在端面发生折射进入光纤后，又入射到折射率 n_1 较大的光密介质（纤芯）与折射率 n_2 较小的光疏介质（包层）的交界面（$n_1 > n_2$），一部分光纤透射到光疏介质，另一部分反射回光密介质，根据折射定理有：

$$\frac{\sin\theta_k}{\sin\theta_\tau} = \frac{n_2}{n_1} \tag{8.4.1}$$

$$\frac{\sin\theta_i}{\sin\theta'} = \frac{n_1}{n_0} \tag{8.4.2}$$

式中：θ_i、θ'——光纤端面的入射角和折射角；θ_k、θ_τ——光密介质与光疏介质界面处的入射角和折射角。

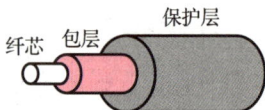

图 8.4.1　光纤的结构

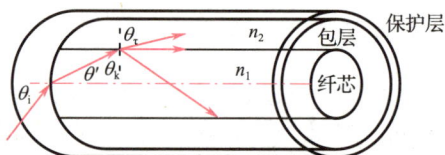

图 8.4.2　光纤的传输原理

随着透光物质的改变，光的折射率改变，不同的两种物质交界面处对相同波长光产生了不同的折射角，一种物质对不同的波长光在交界面处的折射角也是不同的。当光纤材料确定时，n_1/n_0、n_2/n_1 均为定值，因此若减小 θ_i，则 θ' 也将减小，相应地，θ_k 增大，则 θ_τ 也增大。当 θ_i 达到 θ_c 使折射角 $\theta_\tau = 90°$ 时，即折射光将沿界面方向传播，则称此时的入射角 θ_c 存在以下规律：

$$\sin\theta_c = \frac{n_1}{n_0} = \frac{n_1}{n_0}\cos\theta_k = \frac{n_1}{n_0}\sqrt{1-\left(\frac{n_2}{n_1}\sin\theta_\tau\right)^2} \xrightarrow{\theta_\tau = 90°} \frac{1}{n_0}\sqrt{n_1^2 - n_2^2} \tag{8.4.3}$$

外界介质一般为空气，$n_0 = 1$，所以有

$$\theta_c = \arcsin\sqrt{n_1^2 - n_2^2} \tag{8.4.4}$$

当入射角 θ_i 小于临界角 θ_c 时，光线就不会透过其界面而全部反射到光密介质内部，即发生全反射。全反射的条件为

$$\theta_i < \theta_c \tag{8.4.5}$$

在满足全反射的条件下，光线就不会射出纤芯，而是在纤芯和包层界面不断地产生全反射向前传播，最后从光纤的另一端面射出。光的全反射是光纤传感器工作的基础原理。

由式（8.4.5）可知，θ_c 是出现全反射的临界角，且光纤的临界入射角的大小是由光纤本身的性质——折射率 n_1、n_2 所决定的，与光纤的几何尺寸无关，把 $\sin\theta_c$ 定义为光纤的数值孔径（Numerical Aperture，NA），则

$$\sin\theta_c = \sqrt{n_1^2 - n_2^2} \tag{8.4.6}$$

数值孔径的数值反映了光纤的集光能力（见图 8.4.3），光纤的数值孔径越大，表明其可

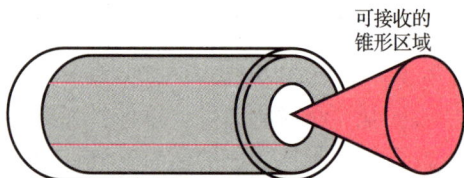

图 8.4.3　光纤的数值孔径

以在较大入射角 θ_i 范围内输入全反射光，集光能力就越强。在光纤端面，无论光源的发射功率有多大，只有 $2\theta_c$ 张角内的入射光才能被光纤接收、传播。如果入射角超出这个范围，进入光纤的光线将会进入包层而散失（产生漏光）。但数值孔径越大，光信号的畸变也越大。石英材料制作的光纤，其数值孔径=0.2~0.4（对应的 θ_c =11.5°~23.5°）。

8.5　典型的光电器件及安装方式

8.5.1　典型的光电器件

1. 光耦合器器件

光耦合器简称光耦，它是由发光器件和光电器件封装在一体，或用光导纤维将两者连接

起来的光电式传感器件，如图 8.5.1 所示。

在输入端（端子 1 和 2）加上大于 1.2V 以上的电压后，内部产生 10mA 的电流，使发光器件发光。受到光照的光电器件输出光电流，输出端（端子 3 和 4）阻值降低，以实现电信号的传递与耦合，实现了输入和输出电路的电气隔离。图 8.5.2 为采用光耦合器制作的 4 通道电压隔离板。

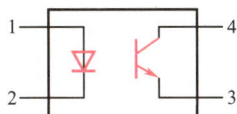

图 8.5.1　光耦合器外形与表示符号　　　图 8.5.2　采用光耦合器制作的电压隔离板

图 8.5.3 所示为光耦合器的几种结构形式。图 8.5.3（a）结构简单，由一个发光二极管和一个光敏三极管组成，常应用于 50Hz 以下工作频率的装置中。图 8.5.3（b）由一个发光二极管与一个达林顿管组成，有较高的传输效率。常用于直接驱动较低频率的装置中。图 8.5.3（c）是由高速开关构成的高速光耦合器，常用在较高频率的装置中。图 8.5.3（d）是用集成电路构成的高速、高传输效率的光耦合器。它们的共同的特点是体积小、无触点、寿命长、输入与输出间绝缘、隔离性好、响应速度快、工作稳定可靠，因而被广泛用于固态继电器、稳压电路、信号调制电路等。

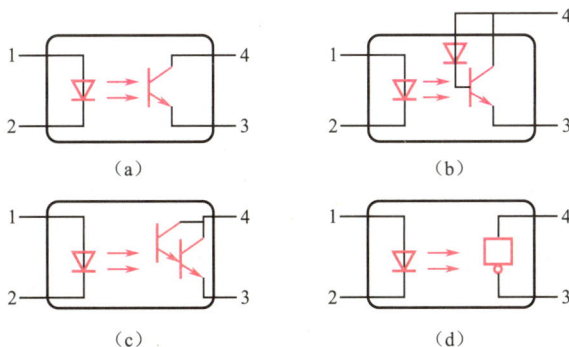

（a）　　　　　　　　　　（b）

（c）　　　　　　　　　　（d）

图 8.5.3　光耦合器的几种结构形式

8.5 光耦合器去除噪声原理讨论

小讨论：为什么光耦合器可以在传输信号的同时能有效抑制尖脉冲和各种噪声干扰，提高信号的信噪比？

2. 光电开关器件

光电开关是以光电器件、三极管为核心，配以继电器组成的一种电子开关，当光电器件受到一定强度的光辐射时就会产生开关动作。光电开关有一体化和分离型两种结构，光电器件、三极管和继电器组合在一起的为一体化光电开关，否则为分离型光电开关。常见的分离型光电开关的原理框图如图8.5.4所示,振荡电路产生的脉冲信号经发射电路调制二极管发光,反射信号由光电器件接收后送入接收电路,经放大电路放大、同步电路整形、检波电路检波、滤波电路滤波,驱动电路工作。

图 8.5.4　分离型光电开关的原理框图

图 8.5.5 所示为基本光电开关电路。图 8.5.5（a）、（b）中的 V_1、V_2 光电器件在无光照时处于截止,继电器 K 不得电;有光照时,V_1、V_2 导通,继电器得电后动作,实现光电开关控制。图 8.5.5（c）中 V_1,无光照时截止,V_2 导通,继电器动作;有光照时 V_1 导通,V_2 截止,继电器掉电后动作,实现了光电开关控制。光电开关与光耦合器一样,有无触点、寿命长、工作稳定且可靠等特点。

图 8.5.5　基本光电开关电路

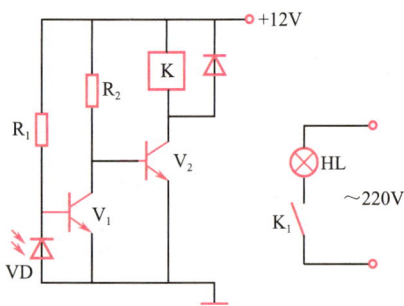

图 8.5.6　路灯自动控制电路

由光电开关组成的路灯自动控制电路如图 8.5.6 所示,VD 为光敏二极管,HL 为路灯。控制器的功能是实现黑夜与白天自动切换路灯的亮灭。控制原理是：当光线变暗时,VD 阻值增大,V_1 饱和导通,V_2 截止,继电器 K 线圈失电,其常闭触点 K_1 闭合,路灯 HL 点亮。当光线亮度达到预定值时,VD 导通,V_1 截止,V_2 饱和导通,继电器 K 的线圈带电,其常闭触点 K_1 断开,路灯 HL 熄灭。

3. 红外探测器

红外探测器是用于探测红外辐射的器件,常见的红外辐射源为红外线或红外光,是不可见光。自然界中任何物体,只要具有的温度高于绝对零度（−273℃）时都会有红外辐射产生。红外辐射是以波动的方式传递出去的,物体温度越高,红外辐射的波动就越强。同样,自然界中任何物体对红外辐射都具有一定程度的吸收、透射或反射能力,用来检测物体辐射红外线的红外探测器的工作原理就是基于此的,如图8.5.7所示。

红外探测器的种类较多,常分为光电型和热电型两类。光电型红外探测器具有灵敏度高、响应速度快的优点和探测波段窄的缺点,热电型红外探测器则具有探测波段宽、使用方便的优点和灵敏度较低的缺点。

图 8.5.7 红外探测器在公共场合防护中的应用

红外探测器是整个红外热成像系统的核心，是探测、识别和分析目标物体红外特征信息的关键。典型的热电型红外探测器是利用红外辐射的热电效应制成的，主要类型是热敏电阻型红外探测器，如图 8.5.8 中的红外热电堆传感器，它通过测量传感器电阻值变化的大小即可得到产生红外辐射物体的温度，常应用于红外线测温计中。

除热敏电阻型红外探测器外，热释电型红外探测器使用也比较普遍。热释电型红外探测器中的传感器件是热晶体，热晶体具有极化现象，其极化强度（单位表面积上的束缚电荷）与温度有关。当热晶体接收红外辐射时，其极化强度下降，束缚电荷减少，相当于释放出一部分电荷。图 8.5.9 所示为热释电型红外探测器中的传感器，其常用于明火火焰的探测仪器中。

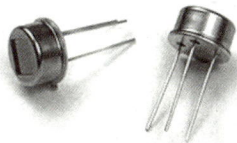

图 8.5.8 红外热电堆传感器　　图 8.5.9 热释电型红外探测器中的传感器

8.5.2 光电器件的安装方式

光电器件的安装方式多样化，较常见的安装方式有以下 6 种。

（1）对射式安装方式［见图 8.5.10（a）］需要由发射器和接收器共同组成，二者的调制频率相同，可用于物体到位、物体有无、计数等应用，可实现长距离检测，在污染环境中表现优异，可穿透灰尘与烟雾。不受检测背景和被测物颜色的影响，但受透明度影响，可能会穿透透明的被测物而检测为无物体存在。小物体的检测不理想，需要加装光缝，且接收器与发射器都需要供电。

（2）反射板式安装方式［见图 8.5.10（b）］，由发射器和接收器集于一体，必须配合反射板来使用，有偏振式和非偏振式两种，非偏振式容易受到被测物强反光率（镜面等）的影响。这种安装方式只需要一端供电，节省了安装空间。如果是因为光亮物体造成的误动作可以用偏振过滤器来解决，仍需要安装两个部件（传感器和反射板）。缺点是检测距离缩短，且在很近的距离具有盲区。

（3）漫反射式安装方式［见图 8.5.10（c）］，由发射器和接收器集于一体，在光线的出入口安装有校准镜头。只需在一侧提供电源，节省了安装空间。但检测距离受限，检测结果会受到检测背景、被测物的颜色、反光率、大小的影响，如果目标物后面有亮光，检测比较困难，可靠度不如对射式和反射板式。

（4）聚焦式安装方式［见图 8.5.10（d）］，由发射器和接收器集于一体，有聚焦镜头，光斑小，检测小物体或进行色标检测表现卓越，受被测物颜色的影响。只需在一侧提供电源，节省了安装空间。

（5）定区域式安装方式［见图 8.5.10（e）］，由一个发射器（E）和两个接收器（R_1/R_2）组成。当近点接收器 R_2 上接收到的光等于或强于远点接收器 R_1 上接收到的光时，传感器检测到被测物。此方式受背景影响小，可忽略关断点以外的物体，对被测物颜色的变化不敏感，但对距离的变化比较敏感。检测距离不可调，即关断点位置固定。

（6）可调区域式安装方式［见图 8.5.10（f）］，具有一个发射器和一个光电接收元件，通过比较光电接收元件两端两个电流（I_1/I_2）的大小来判断物体的位置。这种安装方式受背景光的影响小，可忽略关断点以外的物体。对被测物颜色的变化不敏感，但对距离的变化比较敏感。检测距离可以调整，即关断点位置可调。

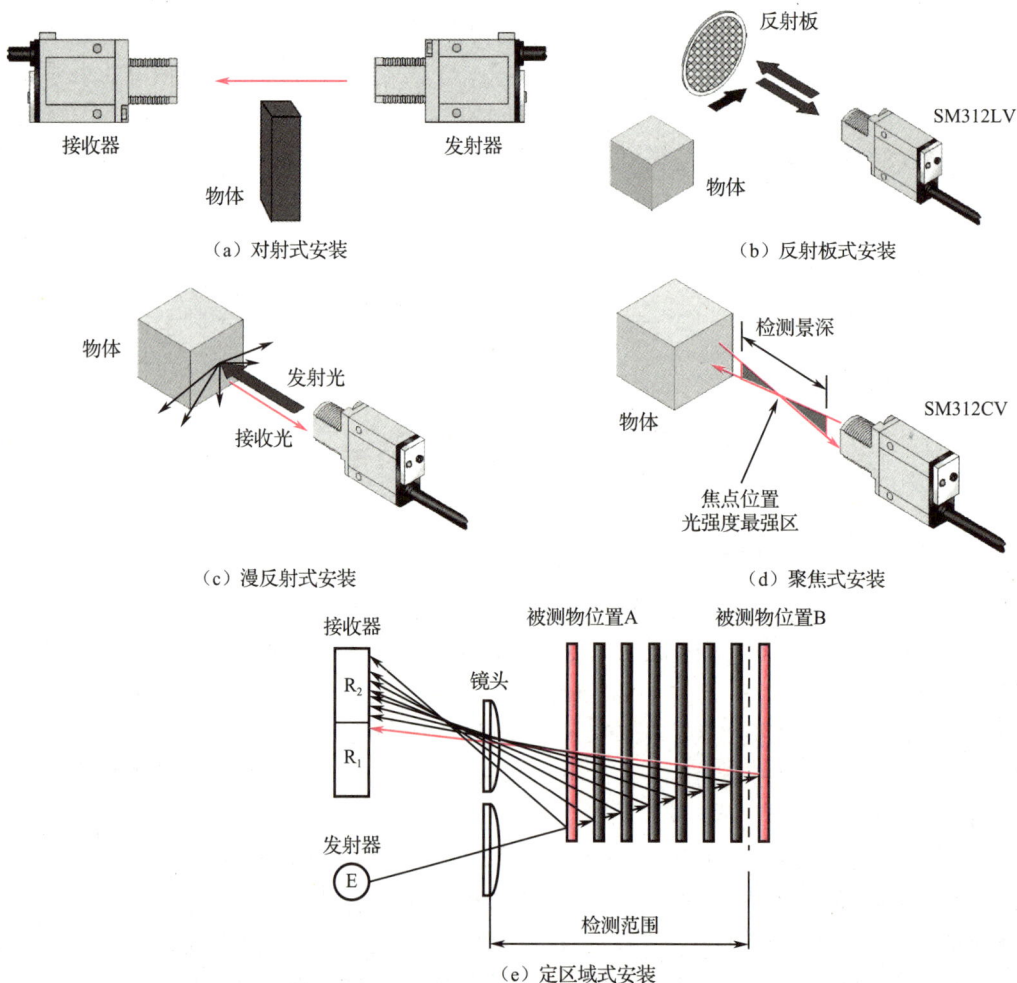

（a）对射式安装

（b）反射板式安装

（c）漫反射式安装

（d）聚焦式安装

（e）定区域式安装

图 8.5.10　光电器件的安装方式

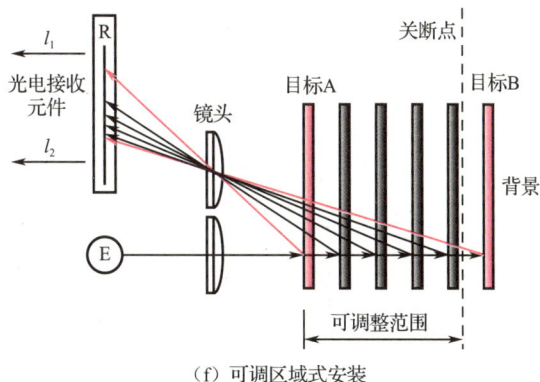

（f）可调区域式安装

图 8.5.10　光电器件的安装方式（续）

小讨论：光电式传感器应用调查

作为一种新型的传感器，光电式传感器不仅种类多，而且应用范围宽，可测量的量很多。根据你所了解的光电式传感器知识，对光电式传感器在某一具体场景中的应用进行全面深入的调查，对调查结果进行总结归纳，写出调查报告。

8.6　工程应用案例——图像中目标物体的尺寸测量

8.6.1　工程背景

图像传感器可用于以下几个方面。计量检测仪器，如产品尺寸、表面缺陷的非接触式在线检测；光学信息处理，如光学字符识别（OCR）、图形识别等；生产过程自动化，如自动售货机、自动搬运机器人和监视装置等；军事领域，如无人驾驶飞机和卫星侦察系统等。通过使用线阵型光敏图像传感器，还可以实现物体尺寸的高精度非接触式测量。

8.6.2　检测方案

相机用于尺寸测量是通过将三维世界中的坐标点（单位：m）映射到二维图像平面（单位：像素）来实现的，这一过程可以通过几何模型来描述，其中针孔模型是一种常见且有效的模型。针孔相机的结构包括一个小孔（针孔），通过该孔，物体发出的光线穿过物体后，在相机的底板或图像平面上形成倒立的图像。这种模型模拟了光线从物体到图像平面的传播过程，能够有效地将物体的三维信息转换为二维图像数据，从而实现尺寸的测量。设 $O\text{-}x\text{-}y\text{-}z$ 为相机坐标系，O 为相机的光心，即针孔相机模型中的针孔。现实世界中的空间点 A 经过小孔 O 投影落在物理成像平面 $O'\text{-}x'\text{-}y'$ 上，成像点为 A'，如图 8.6.1 所示。

设 A 的坐标为 $[X, Y, Z]^{\mathrm{T}}$，A' 为 $[X', Y', Z']^{\mathrm{T}}$，物理成像平面到小孔的距离为 f（焦距）。如图 8.6.2 所示，根据三角形相似关系有 $\dfrac{Z}{f} = -\dfrac{X}{X'} = -\dfrac{Y}{Y'}$，其中负号表示成的像是倒立的。

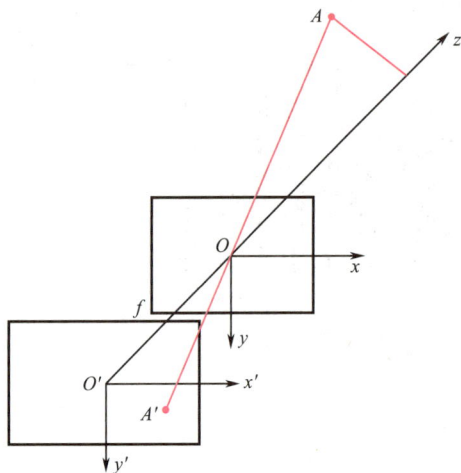

图 8.6.1　针孔相机模型

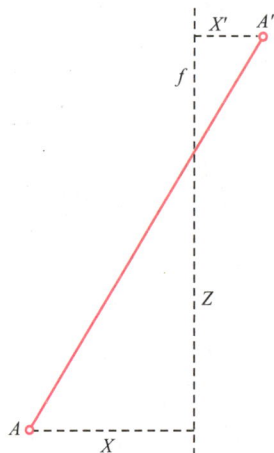

图 8.6.2　三角形相似原理

为简化模型，可以把成像平面对称到相机前方，和三维空间点一起放在摄像机坐标系的同一侧。这样做可以把式中的负号去掉，整理得

$$\begin{cases} X' = f\dfrac{X}{Z} \\ Y' = f\dfrac{Y}{Z} \end{cases} \tag{8.6.1}$$

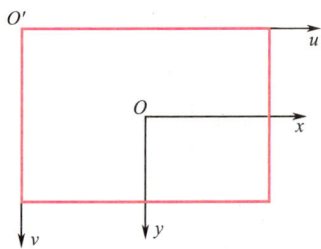

图 8.6.3　像素坐标系与成像平面

该式描述了点 A 和它的像素间的空间关系。如图 8.6.3 所示，像素坐标系与成像平面之间相差了一个缩放和一个原点的平移。设像素坐标系在 u 轴上缩放了 α 倍，在 v 轴上缩放了 β 倍，同时原点平移了 $[c_x, c_y]^{\mathrm{T}}$。

A' 的坐标与像素坐标 $[u, v]^{\mathrm{T}}$ 的关系可表示为

$$\begin{cases} u = \alpha X' + c_x \\ v = \beta X' + c_y \end{cases} \tag{8.6.2}$$

把 αf 合并成 f_x，βf 合并成 f_y，并写成矩阵形式，得到点 A 的相机坐标与像素坐标的关系为

$$\begin{bmatrix} u \\ v \\ 1 \end{bmatrix} = \frac{1}{Z} \begin{bmatrix} f_x & 0 & c_x \\ 0 & f_y & c_y \\ 0 & 0 & 1 \end{bmatrix} \begin{bmatrix} X \\ Y \\ Z \end{bmatrix} = \frac{1}{Z} \boldsymbol{K} A \tag{8.6.3}$$

把中间的量组成的矩阵称为相机的内参数矩阵 $\boldsymbol{K}$，A 的相机坐标应是它的世界坐标 A_{w}，根据相机的当前位姿变换到相机坐标系下的结果，表示为

$$Z A_{uv} = Z \begin{bmatrix} u \\ v \\ 1 \end{bmatrix} = \boldsymbol{K} T A_{\mathrm{w}} \tag{8.6.4}$$

它反映出 A 的世界坐标到像素坐标的投影关系。其中，相机的位姿 T 为相机的外参数，外参数会随着相机运动发生改变。通过图像测量物体尺寸的关键是确定图像每度量比的像素，

每度量比的像素是每个单位指标中包含的像素数，使用此比率，我们可以计算图像中目标物体的尺寸。

8.6.3　实施过程

设图像 A 的尺寸为 $[c, r]$（单位：pixel），物体的图像尺寸为 $[c', r']$，图片对应的实际尺寸为 mn（单位：cm^2），如图 8.6.4 所示。

图像 A 每度量比的像素为 $p = \dfrac{cr}{mn}$，则物体实际尺寸关系式为

$$m'n' = \frac{c'r'}{p} \qquad (8.6.5)$$

图 8.6.4　目标物体的尺寸测量

计算图像中目标物体尺寸的步骤如图 8.6.5 所示。

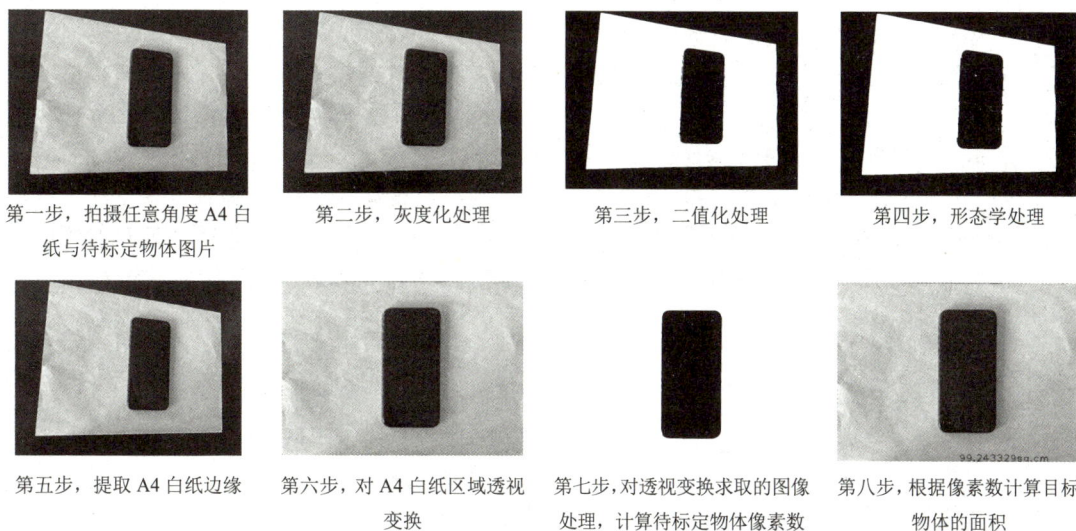

第一步，拍摄任意角度 A4 白纸与待标定物体图片

第二步，灰度化处理

第三步，二值化处理

第四步，形态学处理

第五步，提取 A4 白纸边缘

第六步，对 A4 白纸区域透视变换

第七步，对透视变换求取的图像处理，计算待标定物体像素数

第八步，根据像素数计算目标物体的面积

图 8.6.5　计算图像中目标物体尺寸的步骤

8.6.4　实施结果

手机的实际尺寸（高度：143.6mm；宽度：70.9mm）约为 101.8124cm^2，实验计算结果为 99.243329cm^2。

8.7　工程应用案例——标签位置检测

8.7.1　工程背景

随着电子商务和全球化贸易的快速发展，对高效、准确的标签打印和贴标解决方案的需

求日益增加。在智能制造和工业 4.0 的背景下，自动化设备的集成成为趋势。自动标签出纸机能够提高生产效率，减少人工成本和错误率。自动标签出纸机通常与生产线其他设备（如包装机、输送带等）联动，实现全流程的自动化，提高整体效率。材料科学、传感器技术和自动化控制技术的进步，使得自动标签出纸机的性能不断提升。光电式传感器是标签出纸机构内部用于传感标签位置的器件，本节案例介绍光电式传感器组建的系统。

8.7.2　检测方案

光电器件的选择应根据被测量的要求、光源特点并同时考虑光电器件的特性，主要是光谱特性、光电特性和灵敏度三个方面。

光电器件的光谱特性应当与光源的光谱特性相匹配，可以根据光源选择光电器件，也可以根据光电器件确定光源。各种光电器件的光电特性，一般都有一定程度的非线性，如果用于检测，应选用线性好的光电器件，以减小测量误差。对光电器件灵敏度的要求，要注意它所接收的光的强弱情况。对强光检测时，灵敏度易满足；对弱光检测时，可采用感光面大的光电池，并保证光线照到整个感光面上，以获取较高的灵敏度。

图 8.7.1　黏附在底纸上的标签

成卷的标签会附在底纸上，卷成一卷，每相邻两张标签间会有 3mm 的缝隔开标签，如图 8.7.1 所示。当卷纸机构输出一张标签后，卷辊需要准确停留在 3mm 间隔缝的位置，采用红外对射管的方法可以准确识别出间隔缝，如图 8.7.2 的动力组件。

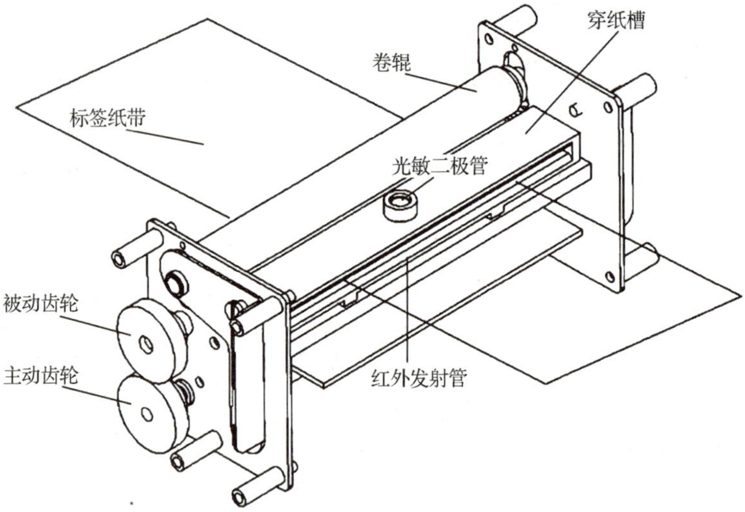

图 8.7.2　动力组件

标签纸穿过纸槽，在纸槽的上端有一个红外接收管，用于接收来自纸槽下方红外发射管发来的红外光，如图 8.7.3 所示。红外光穿透标签纸带，当检测到间隔缝时，穿透的红外光线较强，红外接收管传感到的信号强，表现出电阻值低。当有标签遮挡时，穿透的红外光线较弱，接收管传感到的信号弱，表现出电阻值高。采集红外接收管上的电压值，即可判断是否有到达了间隔缝的位置。

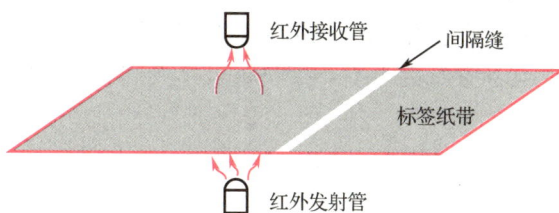

图 8.7.3　红外发射管与红外接收管的安装位置

8.7.3　实施过程

将红外发射管串联一个 220Ω 的电阻连接到 5V 的电源上，此时流过红外发射管的电流约为 15mA，使红外发射管发出红外光，如图 8.7.4 所示。红外光肉眼是不可见的，用手机摄像头拍摄红外发射管，可以在手机屏幕上看到红色亮光出现，在屏幕上看到越亮说明红外光越强烈。

红外接收管串联了一个 1.2kΩ 的电阻 R11 连接到 5V 的电源上，此时流过红外接收管的电流约为 5mA，随着接收到的红外光越强烈，红外接收管内的阻值变小，产生的电流变大。在 R11 右侧引出 SENSOR0 端连接到单片机的模拟量采集口，采集 SENSOR0 端的电压值，如图 8.7.5 所示。

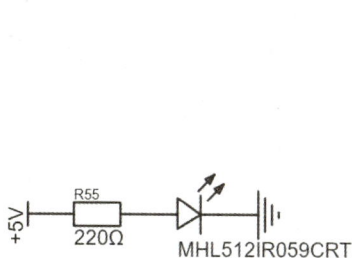

图 8.7.4　红外发射管原理图

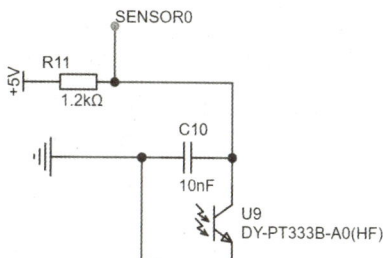

图 8.7.5　红外接收管原理图

SENSOR0 端接入单片机的 ADC 通道中，例如，采用 ATMEGA328P 单片机的 PC0 通道采集模拟量信号，如图 8.7.6 所示。

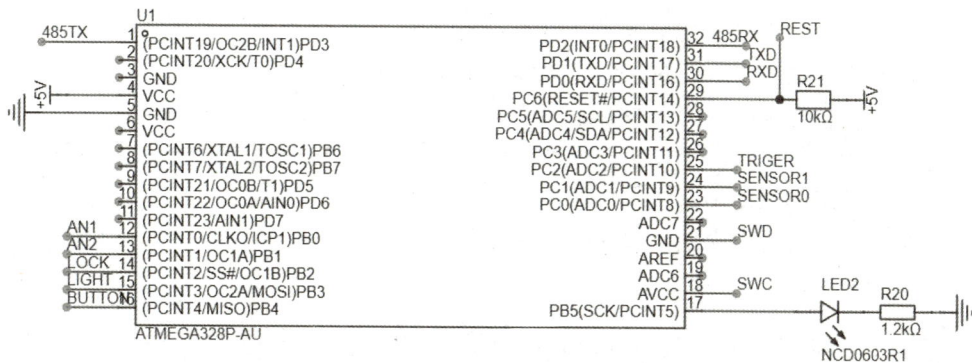

图 8.7.6　ATMEGA328P 单片机的引脚连线

8.7.4　实施结果

当底纸上有标签时，其厚度约为 0.1mm，而没有标签的底纸厚度约为 0.05mm，纸张厚度的差异导致红外光穿透纸张后被接收头接收到的信号产生了差异。采用波长为 940nm 的红外发射管发出红外光，照射到标签纸的下侧，接收头采集到的信号经过 ADC 转换后的数值如图 8.7.7 所示。

单片机采集到信号的数字量值约等于 620 时为厚纸位置，数字量值约等于 200 时为间隔缝位置，如图 8.7.8 所示。

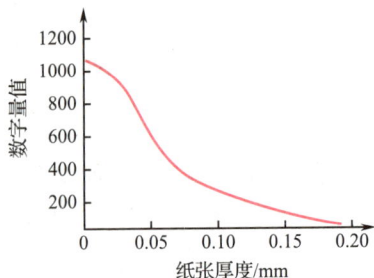

图 8.7.7　传感器数值随纸张厚度的变化曲线

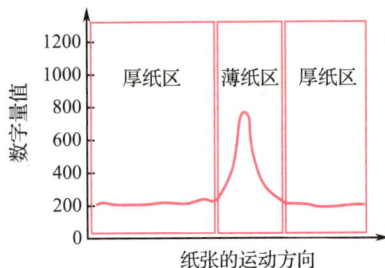

图 8.7.8　在不同厚度区域传感器的特性表现

> **小讨论：光电器件在工业烟尘浊度监测中的应用**
>
> 防止工业烟尘污染是环境保护中的关键任务之一。为了有效消除工业烟尘污染，首先需要测量实际排放量。因此，必须对烟尘进行实时监测，并通过自动化系统进行显示和超标报警，以便及时采取措施，控制排放，确保环境质量。试设计一个透射式工业烟尘浊度监测报警系统，画出系统组成框图，说明其工作原理。进一步设计信号采集电路，模拟烟尘发生方式，实现烟尘浊度检测功能。

8.7 光电器件在工业烟尘浊度监测中的应用讨论

▲ 本章知识点梳理与总结

1. 阐述了光电式传感器的基本概念、组成、原理。
2. 根据光电式传感器的类型选择合适的安装方式。
3. 分析了光电效应原理，内、外光电效应型器件的结构、特性。
4. 给出了典型光电器件的选型方法及电路设计，介绍了标签位置检测的工程应用案例。
5. 介绍了图像传感器的工作原理、内部结构和特性参数，分析图像形成的原理。
6. 介绍了使用图像传感器进行目标物体的尺寸测量案例。
7. 介绍了光纤的传导原理，以及数值孔径等重要参数。

✛ 本章自测

第 8 章在线自测

思考题与习题

8-1　光电式传感器的基本工作原理是什么？按照工作原理可分为哪些类别？

第 8 章思考题与习题答案及解析

8-2　光电式传感器的基本形式有哪些？

8-3　什么是光电效应、内光电效应、外光电效应？

8-4　典型的光电器件有哪些？

8-5　简述光电倍增管的工作原理，光电倍增管的主要参数有哪些？

8-6　试画出光敏电阻的结构。光敏电阻的主要参数有哪些？各有何含义？

8-7　试解释光敏管的工作原理，简述光敏二极管和光敏晶体管的主要特性。

8-8　CCD 的电荷转移原理是什么？

8-9　为什么要求 CCD 的电荷转移效率要很高？

8-10　举例说明 CCD 图像传感器的应用。

8-11　什么是全反射？光纤的数值孔径有何意义？

8-12　说明利用光纤传感器实现温度测量的方法。

第9章

压电式传感器及应用案例

压电式传感器利用压电效应进行测量，能将非电量转化为压电材料的电荷量，从而实现非电量至电量的转换，其灵敏度高、响应快及稳定性好，广泛应用于工业自动化、汽车工业、医疗设备、机械结构及人体健康监测等领域。

学习要点

1. 掌握压电效应的概念；
2. 了解常用的压电材料；
3. 掌握压电式传感器的工作原理，等效电路和测量电路的概念；
4. 了解压电式传感器的应用及工程应用案例。

知识图谱

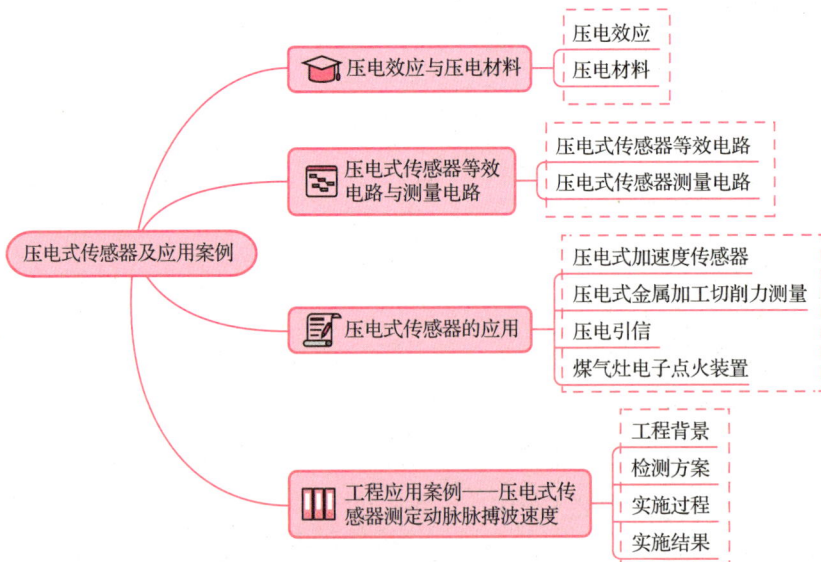

9.1　压电效应与压电材料

压电效应视频　　　9.1 压电效应与压电材料课件

9.1.1　压电效应

压电式传感器是一种有源双向传感器，其工作原理是利用某些电介质材料的压电效应，将机械能转换为电能（正压电效应），或将电能转换为机械能（逆压电效应）。

> 📖 **小知识**：传感器分为有源传感器和无源传感器。有源传感器将非电量转换为电量，又称为能量转换型传感器，如压电式传感器、热电式传感器、磁电式传感器等；无源传感器仅对能量起控制或调节作用，必须有辅助电源，它不是换能器，又称为能量控制型传感器，如电阻式传感器、电容式传感器、电感式传感器等。

在受到沿特定方向的压力或拉力时，某些电介质材料发生变形，其内部会产生极化现象，随之在两个表面上生成极性相反的电荷，形成电场。表面上电荷量多少与所施加外力大小成正比。当外力方向发生变化，两个表面上的电荷极性也会相应地发生改变，一旦外力撤除，材料将恢复至不带电的状态，这种将机械能转换成电能的现象称为"正压电效应"。工程应用中，压电式传感器多利用正压电效应原理工作。反之，如果在某些电介质材料的极化方向上施加电场，材料变形；当电场被撤除后材料变形随之消失，这种将电能转换为机械能的现象称为"逆压电效应"。

压电材料是指具有压电效应的电介质，可划分为以下 4 类，9.1.2 节将详细介绍。

（1）单晶压电晶体，如石英（SiO_2）晶体、铌酸锂（$LiNbO_3$）等；

（2）多晶压电陶瓷，如钛酸钡（$BaTiO_3$）、锆钛酸铅系（PZT）等；

（3）压电半导体，如硫化锌（ZnS）、碲化镉（CdTe）等；

（4）高分子材料，如聚偏二氟乙烯（PVF_2）、聚氟乙烯（PVF）等。

压电材料普遍具有各向异性，即在不同方向上表现出不同的压电性能。为描述压电材料在不同受力方向及不同表面上电荷积累的程度，常采用压电常数（又称为压电系数）表征。

图 9.1.1 所示为正六面体压电材料在直角坐标系下受力、电作用的状态。图中沿 X、Y、Z 轴方向上的正应力（拉应力）分量分别用 T_1、T_2、T_3 表示。绕 X、Y、Z 三轴逆时针旋转时为正方向，相应的切应力分量分别用 T_4、T_5、T_6 表示。压电效应在 X、Y、Z 三个面上产生的总电荷密度分别用 σ_1、σ_2、σ_3 表示。

压电材料的单一压电效应为

$$\sigma_{ij} = d_{ij}T_j \qquad (9.1.1)$$

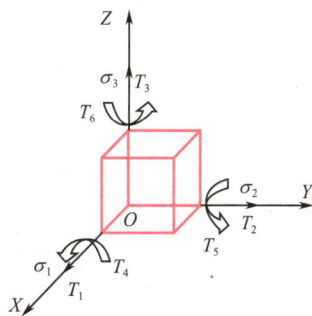

图 9.1.1　正六面体压电材料受力、电作用的状态

式中：i——极化方向，$i=1,2,3$；j——力效应（应力、应变）方向，$j=1,2,3$ 表示晶体承受单向力，$j=4,5,6$ 表示晶体承受剪切力；T_j——沿 j 方向施加的应力分量，单位为 Pa；σ_{ij}——j 方向的应力在 i 表面的电荷密度，单位为 C/m^2；d_{ij}——j 方向应力引起 i 面产生电荷时的压电常数，单位为 C/N。

若压电材料在任意多方向同时受力，所产生的表面电荷密度表示为

$$\boldsymbol{\sigma} = \boldsymbol{DT} \tag{9.1.2}$$

式中：$\boldsymbol{\sigma} = \begin{bmatrix} \sigma_1 \\ \sigma_2 \\ \sigma_3 \end{bmatrix}$；

$\boldsymbol{D} = \begin{bmatrix} d_{11} & d_{12} & d_{13} & d_{14} & d_{15} & d_{16} \\ d_{21} & d_{22} & d_{23} & d_{24} & d_{25} & d_{26} \\ d_{31} & d_{32} & d_{33} & d_{34} & d_{35} & d_{36} \end{bmatrix}$，$\boldsymbol{D}$ 称为压电材料的压电常数矩阵；

$\boldsymbol{T} = \begin{bmatrix} T_1 \\ T_2 \\ T_3 \\ T_4 \\ T_5 \\ T_6 \end{bmatrix}$。

因为不同压电材料的各向异性特性不同，所以 $\boldsymbol{D}$ 中的压电常数个数也不同，需要通过实际测量获得。

1．单晶压电晶体的压电效应

以石英晶体为例介绍单晶压电晶体的压电效应，石英晶体内部结构具有对称性，其几何形状呈六角棱柱体，如图 9.1.2（a）所示。在直角坐标系中，晶体的对称轴为 Z 轴，Z 轴又称为光轴或中性轴。经过六棱柱棱线，并垂直于光轴的 X 轴又称为电轴或极化轴。同时与 X 轴和 Z 轴垂直的 Y 轴称为机械轴，符合右手螺旋法则。

石英晶体常以薄晶片形式使用。由于石英晶体具有各向异性，因此不同切型晶体的压电特性各不相同，其中切型是指将压电晶片按相对于晶轴的特定角度进行切割。

沿 X、Y 和 Z 轴方向对图 9.1.2（b）所示的石英晶体进行切割，得到晶体 X0°切型，如图 9.1.2（c）所示。图中，压电晶片的晶面分别平行于 X、Y 和 Z 轴。当晶片受到不同方向的作用力时，产生不同的极化作用，相应的压电效应分别为纵向压电效应、横向压电效应和切向压电效应，如图 9.1.3 所示。

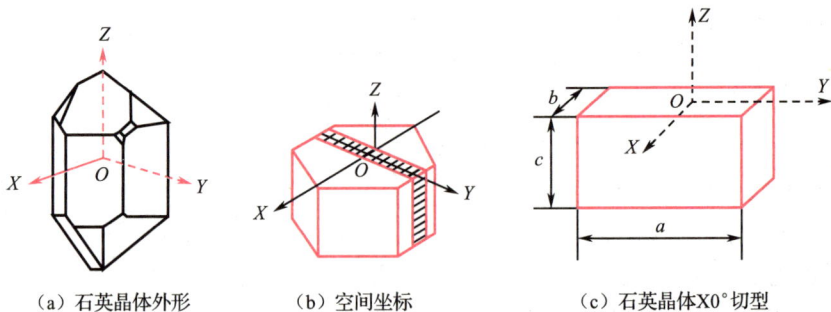

（a）石英晶体外形　　　　（b）空间坐标　　　　（c）石英晶体X0°切型

图 9.1.2　石英晶体

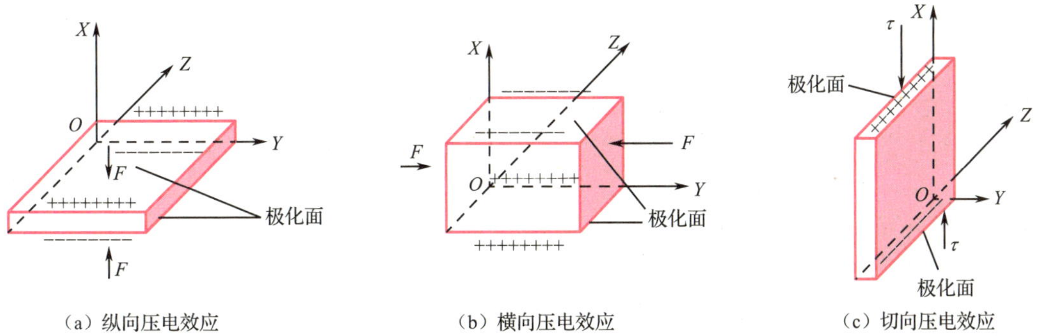

（a）纵向压电效应　　　　　　　（b）横向压电效应　　　　　　　（c）切向压电效应

图 9.1.3　X0°切型的三种压电效应

如图 9.1.4（a）和图 9.1.4（b）所示，当沿 X 轴方向施加力 F_x 时，石英晶片出现极化和变形现象。由式（9.1.1）可知，在垂直于 X 轴的表面上产生的电荷密度 σ_1 与力 F_x 成正比，即

$$\sigma_1 = d_{11}\frac{F_x}{ac} \tag{9.1.3}$$

式中：d_{11}——石英晶片在 X 轴方向受力时的压电常数，又称为纵向压电常数，单位为 C/N；a——石英晶片在 Y 轴方向的长度，单位为 m；c——石英晶片在 Z 轴方向的长度，单位为 m；F_x——沿 X 轴方向施加的力，单位为 N。

式（9.1.3）可以写为

$$q_x = d_{11}F_x \tag{9.1.4}$$

式中：q_x——在力 F_x 作用下，垂直于 X 轴的表面上产生的电荷，单位为 C。

式（9.1.4）中压电常数 d_{11} 的正负代表产生电荷的极性。当石英晶片沿 X 轴方向受力时，产生的电荷与所受外力大小成正比，与晶片的几何尺寸无关。

在 X 轴方向的力的作用下，垂直于 X 轴的表面上产生电荷，此压电效应称为纵向压电效应。

如图 9.1.4（c）和图 9.1.4（d）所示，当石英晶片受到沿 Y 轴方向的作用力 F_y 时，所产生的电荷出现在与 X 轴相垂直的表面上。由式（9.1.1）可知，电荷密度 σ_{12} 与力 F_y 成正比，即

$$\sigma_{12} = d_{12}\frac{F_y}{bc} \tag{9.1.5}$$

式中：d_{12}——石英晶片在 Y 轴方向受力时的压电常数，又称为横向压电常数，单位为 C/N；b——石英晶片在 X 轴方向的长度，单位为 m。

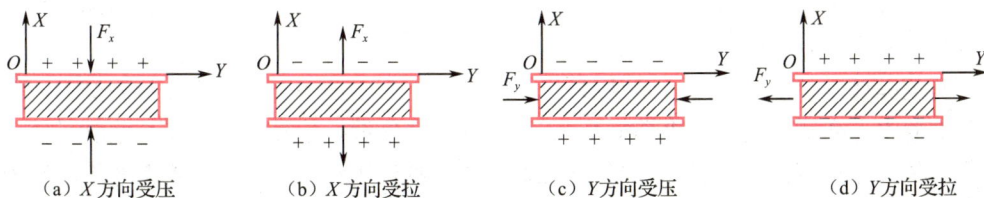

（a）X 方向受压　　　（b）X 方向受拉　　　（c）Y 方向受压　　　（d）Y 方向受拉

图 9.1.4　石英晶片上的电荷极性与受力方向的关系

由此，电荷量为

$$q_y = d_{12} \frac{a}{b} F_y \tag{9.1.6}$$

式中：q_y——在力 F_y 作用下，垂直于 X 轴的表面上产生的电荷，单位为 C；a——石英晶片在 Y 轴方向的长度，单位为 m；b——石英晶片在 X 轴方向的长度，单位为 m。

由式（9.1.6）可见，力 F_y 的方向发生变化时，垂直于 X 轴的表面上电荷的极性会随之改变。此外，电荷量 q_y 取决于石英晶片的几何尺寸。

在 Y 轴方向的力的作用下，垂直于 X 轴的表面产生电荷，此压电效应称为横向压电效应。当力作用于 Z 轴方向时，石英晶体不会产生压电效应。

根据石英晶片轴对称条件：$d_{12}=-d_{11}$，从而有

$$q_y = -d_{11} \frac{a}{b} F_y \tag{9.1.7}$$

由式（9.1.7）可知，横向压电效应产生的电荷与纵向压电效应产生的电荷极性相反。

在石英晶片的压电常数矩阵中，仅存在 5 个非零压电常数，分别标记为 d_{11}、d_{12}、d_{14}、d_{25} 和 d_{26}。除纵向压电效应（d_{11}）和横向压电效应（d_{12}）外，石英晶片还会出现切向压电效应，可用三个不同的压电常数（d_{14}、d_{25} 和 d_{26}）表征。当石英晶片受到切向应力 τ_{xy}、τ_{yz} 或 τ_{zx} 作用时，其相应表面会产生电荷，其电荷量可分别表示为

$$\begin{cases} q_1 = d_{14}\tau_{yz} \\ q_2 = d_{25}\tau_{zx} \\ q_3 = d_{26}\tau_{xy} \end{cases} \tag{9.1.8}$$

为了探究石英晶体（特指 SiO_2）的压电效应与其内部微观结构的内在联系，将构成石英晶体的一个基本单元在 XY 平面上投影。其中，硅离子携带 4 个正电荷，氧离子携带 2 个负电荷，硅、氧离子的排列形态可以等效为正六边形，如图 9.1.5 所示。

在无外力作用下，石英晶体内部的硅离子与氧离子位于一个正六边形的 6 个顶点。这一排列构成了三个电偶极矩：P_1、P_2 和 P_3，它们大小一致且相互之间成 120° 夹角，如图 9.1.5（a）所示。电偶极矩表示为

$$P=ql \tag{9.1.9}$$

式中：q——电荷量；l——正电荷与负电荷之间的距离。

当石英晶体不受外力作用时，其内部的正电荷与负电荷的中心重合，三个电偶极矩的矢量和为零，石英晶体表面呈中性。

当石英晶体受到沿 X 轴方向的压力作用时，晶体将压缩变形，如图 9.1.5（b）所示，其内部正、负电荷中心不再重合，三个电偶极矩在 X 轴方向的分量 $(P_1+P_2+P_3)_x>0$。此时，晶体上表面出现正电荷，下表面出现负电荷。若在 X 轴方向施加拉力，则上表面和下表面的电荷符号与图 9.1.5（b）所示相反。

当石英晶体受到沿 Y 轴方向的压力作用时，晶体产生图 9.1.5（c）所示的变形，其内部正、负电荷中心亦不再重合，电偶极矩在 X 轴方向的分量 $(P_1+P_2+P_3)_x<0$，此时晶体上、下表面分别带负、正电荷。若沿 Y 轴方向施加拉力，则在晶体上表面和下表面产生的电荷的符号与图 9.1.5（c）所示相反。

当石英晶体受到沿 Z 轴方向的作用力时，其内部的正、负电荷中心始终保持重合，电偶极矩在 X、Y 方向的分量均为零，晶体表面无电荷出现。

根据上述分析可知，X 轴方向受力，在垂直于 X 轴晶面上产生电荷的现象为"纵向压电效应"。Y 轴方向受力，却在垂直于 X 轴晶面上产生电荷的现象为"横向压电效应"。

> 🔔 小提示：沿石英晶体 Z 轴方向施加作用力不会产生压电效应。

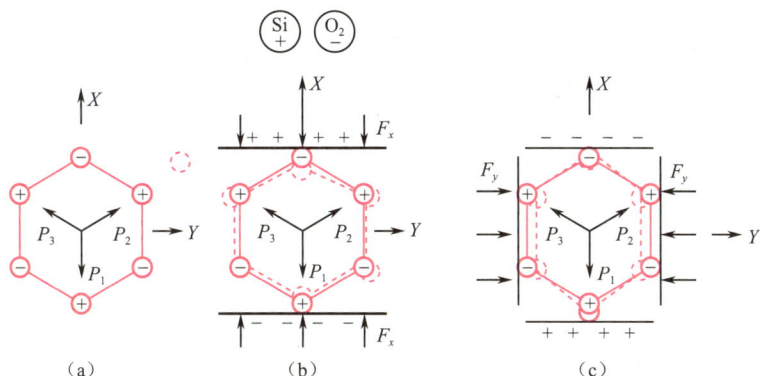

图 9.1.5　石英晶体的压电效应机理示意图

> ✒️ 小总结：（1）无论是正压电效应还是逆压电效应，其作用力与电荷呈线性关系；
> （2）如果晶体在一个方向上有正压电效应，那么在此方向上一定存在逆压电效应；
> （3）石英晶体不是在任何方向上都存在压电效应的。

2. 多晶压电陶瓷的压电效应

压电陶瓷是人工合成的多晶压电材料。在压电陶瓷材料的内部，晶粒包含自发极化的电畴，这些电畴具有特定的极化方向。当没有外部电场作用时，电畴在晶体内部呈现无序分布状态，它们各自的极化效应相互中和，整个多晶压电陶瓷的极化强度为零。因此，原始的压电陶瓷材料表现为电中性，并不具有压电性，如图 9.1.6（a）所示。

为了使材料具有压电性，必须进行极化处理。极化需要在特定的温度范围内（100～150℃）进行，其间需施加外部电场，如 30～50kV/cm 的直流电场。电场的作用是推动材料内部电畴的极化方向发生旋转，使电畴的极化方向倾向于沿电场方向规则排列，实现压电陶瓷极化。外部电场的强度越大，越多电畴更充分地转向电场方向。当外部电场足够强时，可以使压电陶瓷的极化达到饱和状态，即所有电畴的极化方向都与外部电场方向保持一致。撤去外部电场后，各电畴的极化方向基本保持不变，表现出较大的剩余极化强度。此时，压电陶瓷具备压电性，如图 9.1.6（b）和图 9.1.6（c）所示。

当已极化的压电陶瓷再次受外力（或电场）作用时，其内部沿原先极化方向排列的电畴会发生偏转，剩余极化强度相应变化，如图 9.1.6（d）所示。

> 🔔 小提示：石英晶体与压电陶瓷的压电效应机理不同。

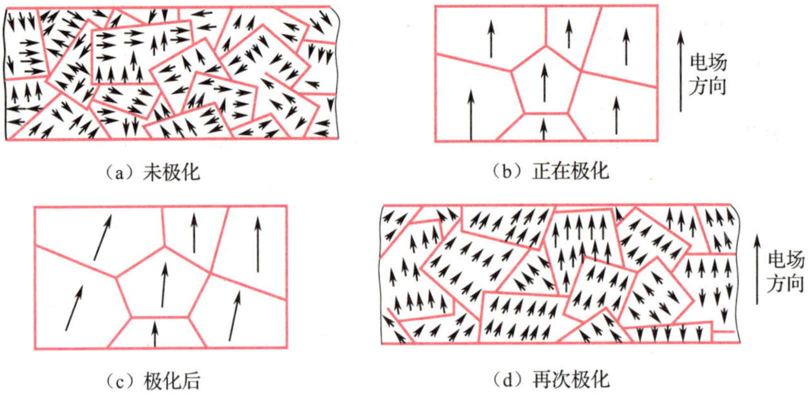

（a）未极化　　　　　　　　（b）正在极化

（c）极化后　　　　　　　　（d）再次极化

图 9.1.6　压电陶瓷的极化处理

9.1.2　压电材料

1. 压电材料的主要特性参数

具有压电效应的材料被定义为压电材料。此类材料的选择对开发高性能传感装置至关重要。在进行材料选取时，通常需要综合考量以下几个关键因素。

（1）压电常数：作为评估材料压电效应强度的关键参数，压电常数越大意味着压电效应越强，其直接影响压电式传感器的输出灵敏度。

（2）弹性模量：反映材料的机械性能（刚度），刚度越大，传感器的固有频率越大，其动态特性越好。

（3）介电常数：对于给定的压电元件的固有电容与介电常数密切相关，介电常数决定压电式传感器的频率下限，介电常数越大，低频特性越好。

（4）电阻率：压电材料要求具有较高的电阻率，绝缘电阻越大，电荷泄漏越小，低频特性越好。

（5）居里点：居里点是指压电材料开始失去压电特性的温度，压电材料的居里点越高，表明其工作温度范围越宽。

（6）机电耦合系数：机电耦合系数是衡量压电材料机械能与电能耦合程度的参数，反映了机械能与电能的相互转换效率。机电耦合系数通常是压电常数、弹性模量和介电常数的函数，可以全面地反映压电材料的特性。

2. 压电材料的分类

压电材料主要包括以下 4 类。

1）压电晶体

（1）石英晶体是典型的压电晶体，其化学成分是二氧化硅（SiO_2），有天然和人工培育两种，其主要的性能特点如下。

① 压电常数的时间和温度稳定性好，在某一温度范围内，其压电常数几乎不随温度而改变。

② 机械强度高，刚度大，可承受高达 $68 \sim 98\text{MPa}$ 的应力，在冲击力的作用下漂移较小，动态性能好。

③ 居里点为 $573\,^{\circ}\text{C}$，无热释电性，绝缘性强，重复性好。

天然石英晶体的上述性能比人工培育的更佳，常被用于精度和稳定性要求高的场合，是制作标准传感器的优质材料。

（2）除石英晶体外，其他的压电单晶材料在传感器中也获得了广泛应用，其中铌酸锂（LiNbO$_3$）应用最广。

> 📖 **小知识**：铌酸锂是一种人工合成方法制备的铁电晶体（多畴单晶）。经过极化处理后，铌酸锂晶体表现出优异的压电、铁电、光电及声光等性能，其居里点高达 1200℃，在高温下可保持良好的压电特性。此外，铌酸锂的时间稳定性好，表面硬度高，能够进行精细的表面加工处理，成本相对较低，被广泛应用于压电器件、光电装置、波导系统及全息存储技术等领域。

2）压电陶瓷

压电陶瓷是一种经人工极化处理的多晶铁电体，常用的压电陶瓷有钛酸钡（BaTiO$_3$）、锆钛酸铅系（PZT）铌镁酸铅（PMN）等，其主要特点如下。

（1）具有较大的压电常数和介电常数，灵敏度高。

（2）制造工艺成熟，可通过合理的配方和掺杂等方式控制其性能，满足不同的使用需求。

（3）成型工艺好，成本低廉，可制成片状、管状等形状的压电元件，但其机械强度和居里点较低，具有热释电性，因此在高稳定性的传感器中的应用受到一定限制。

3）压电半导体

压电半导体兼具压电特性和半导体特性。其主要特点是：既可用其压电特性研制传感器，又可利用其半导体特性制作电子器件，或将二者结合研制新型压电集成传感器测试系统。

常见的压电半导体材料有硫化锌（ZnS）、碲化镉（CdTe）、氧化锌（ZnO）、硫化镉（CdS）、碲化锌（ZnTe）和砷化镓（GaAs）等。

4）高分子压电材料

高分子压电材料包括合成高分子聚合物经延展拉伸和电极化后的高分子压电薄膜和掺杂压电陶瓷粉末制成的高分子压电薄膜。高分子压电材料便于批量生产和大面积使用，可制作大面积阵列传感器乃至人工皮肤等。

第一类是合成高分子聚合物经延展拉伸和电极化后具有压电性的高分子压电薄膜，如聚氟乙烯（PVF）、聚偏氟乙烯（PVF$_2$）、聚氯乙烯（PVC）等，这类材料柔软性好、不易破碎、抗拉强度高，在较宽频率范围内表现出平坦的响应特性，同时其性能稳定性好、空气声阻抗自然匹配能力强。

第二类是在高分子化合物中掺杂压电陶瓷粉末（如 PZT 或 BaTiO$_3$）制成的高分子压电薄膜，此类复合材料轻质、柔软，压电常数高并且机电耦合系数大。

> 🔍 **小拓展**
>
> **可植入式压电材料的压电性能达到新高度**
>
> 来源：光明网，2024 年 4 月 1 日
>
> 我国高校科研团队首次将铁电化学与生物电子学有机结合，研发出一种新型有机铁电晶体，该晶体不仅具有良好的生物安全性、生物相容性和生物降解性，而且其压电性能良好，研究成果使可植入式压电材料的压电性能达到新的高度。

> **小讨论**：在日常生活中，压电式传感器常应用于智能手机触摸屏，请简述其工作原理。

9.2 压电式传感器等效电路与测量电路

9.2.1 压电式传感器等效电路

1. 理想等效电路

将压电晶片产生电荷的两个晶面分别覆以金属电极并进行封装，形成一个压电元件，如图 9.2.1（a）所示。当压电晶片受力时，会在两个电极面上产生等量的正、负电荷。两个电极之间是绝缘的压电介质，相当于一个电容器，其电容量 C_a 为

$$C_a = \frac{\varepsilon_r \varepsilon_0 A}{\delta} \tag{9.2.1}$$

式中：ε_r——压电材料的相对介电常数；ε_0——真空介电常数，$\varepsilon_0 = 8.85\text{pF/m}$；$A$——压电晶片电极面的面积，单位为 m^2；δ——压电晶片的厚度，单位为 m。

电容器上的开路电压 U_a、电荷 q 与电容 C_a 三者之间的关系为

$$U_a = \frac{q}{C_a} \tag{9.2.2}$$

在压电晶片的两个面上加上电极，即可测量其形成的电场。

压电式传感器可以等效为电压 U_a 与电容 C_a 串联的电压源，如图 9.2.1（b）所示，或等效为电荷 q 与电容 C_a 并联的电荷源，如图 9.2.1（c）所示。

（a）压电元件　　　（b）电压源　　　（c）电荷源

图 9.2.1　压电式传感器的理想等效电路

2. 实际等效电路

当压电式传感器接入测量电路后，实际等效电路如图 9.2.2 所示。其中，C_i 为测量电路中的输入电容，C_c 为连接电缆产生的寄生电容，R_i 为输入电阻，R_a 为传感器漏电阻。

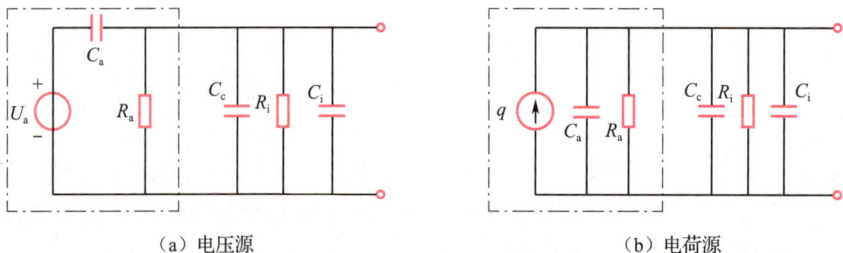

（a）电压源　　　　　　　　　　　（b）电荷源

图 9.2.2　压电式传感器的实际等效电路

由图 9.2.2 可见，若要压电式传感器上的电压（电荷）长时间保存，必须使其负载阻抗无穷大、内部无漏电。若负载阻抗不是无穷大的，则电路就会以时间常数 $(R_a + R_i)(C_a + C_c + C_i)$ 按指数规律放电，产生测量误差。

压电式传感器不适用于静态测量而适用于动态测量，当进行动态测量时，传感器电荷量可以不断地得到补充。

3．压电式传感器的串并联

实际应用中，压电式传感器通常采用两片或多片压电晶片组合的方式来增强性能。压电晶片具有极性，可以通过两种主要的连接方式对晶片进行组装：并联连接和串联连接，如图 9.2.3 所示。

图 9.2.3（a）中，两片压电晶片的负极集中在中间电极上，正极在两侧的电极上，这种接法为并联。其输出电压 $U_并$、输出电容 $C_并$、极板上的电荷量 $q_并$ 与单片各值的关系为

$$U_并 = U，\quad C_并 = 2C，\quad q_并 = 2q \qquad (9.2.3)$$

图 9.2.3（b）中，两片压电晶片的不同极性端接在一起，中间连接处正、负电荷中和，上、下极板的电荷量与单片压电晶片相同，这种接法为串联。其输出电压 $U_串$、输出电容 $C_串$、极板上的电荷量 $q_串$ 与单片各值的关系为

图 9.2.3　压电晶片的连接方式

$$U_串 = 2U，\quad C_串 = C/2，\quad q_串 = q \qquad (9.2.4)$$

式中：U——单个压电晶片的电压；C——单个压电晶片的电容；q——单个压电晶片的电荷。

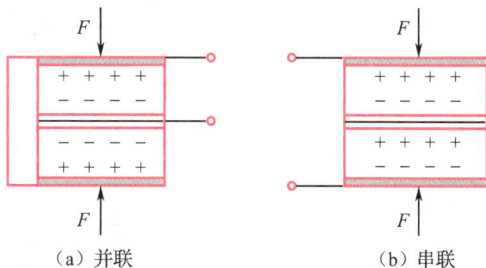

> **小总结：** 在两种连接方式中，并联连接的压电晶片组表现出较大的电荷输出、较高的电容及较长的时间常数，特别适用于需要测量缓慢变化信号或以电荷作为输出信号的应用场景。串联连接的压电晶片组表现出较高的电压输出、较低的电容及较短的时间常数，适用于要求以电压形式输出信号且测量电路需要具备高输入阻抗特性的场合。

例 9-1　某压电式压力传感器为两片石英晶片并联，每片厚度 $t=0.2$mm，圆片半径 $r=1$cm，相对介电常数 $\varepsilon_r=4.5$，X0°切型的 $d_{11}=2.31\times10^{-12}$C/N。当 $p=0.1$MPa 的压力垂直作用于晶片之上时，求传感器输出电荷量 q 和电极间电压 U_a 的值（真空的绝对介电常数 $\varepsilon_0=8.85\times10^{-12}$F/m）。

解： 当两片石英晶片并联时，输出电荷量为单片的 2 倍，所以 $q=2d_{11}F_x=2d_{11}p\pi r^2=2\times2.31\times10^{-12}C/N\times0.1\times10^6Pa\times\pi\times1\times10^{-4}m^2\approx145\times10^{-12}C=145$pC。

并联后的总电容量也为单片的 2 倍，所以 $C_a=2\varepsilon_0\varepsilon_r\pi r^2/t=2\times(8.85\times10^{-12}F/m\times4.5\times\pi\times1\times10^{-4}m^2)/(0.2\times10^{-3}m)\approx125\times10^{-12}F=125$pF。

故电极间的电压：$U_a=q/C_a=(145\times10^{-12})/(125\times10^{-12})=1.16$V。

9.2.2　压电式传感器测量电路

压电式传感器的输出信号通常非常微弱，其内部电阻较大，输出阻抗较高，对后续测量电路要求较高。一般将压电式传感器的输出信号先连接到一个前置放大器中，经前置放大器阻抗转换后，再将信号送入一般的放大和检波电路中进

压电式传感器测量
电路视频

一步处理。最终，经过处理的信号被传输至显示设备或记录仪表，以便观察和记录。所用的前置放大器需具有高输入阻抗。

前置放大器的两个作用如下。

（1）把从压电式传感器输入的高阻抗变为低阻抗输出；

（2）把压电式传感器输出的微弱信号进行放大。

对应图 9.2.2 所示的等效电路，前置放大器有电压放大器和电荷放大器两种形式，如图 9.2.4 所示。

图 9.2.4（a）所示为压电式传感器与电压放大器连接的等效电路图，图 9.2.4（b）所示为图 9.2.4（a）的等效电路中输入端的简化电路。电压放大器的输出电压与电容 C 密切相关，其中电容 C 包括连接电缆的寄生电容 C_c、放大器的输入电容 C_i 和压电式传感器的等效电容 C_a。电容 C_a 和 C_i 均较小，电容 C_c 会随连接电缆的长度和形状改变，U_i 也会随之变化，使前置放大器的输出电压 U_o（$U_o=AU_i$）发生变化，从而导致测量结果不稳定、灵敏度低。

电压放大器电路简单、元件便宜，但测量精度易受电缆影响，应用受限，目前多采用性能更为稳定的电荷放大器。

不考虑传感器本身的漏电阻 R_a，假设电荷放大器的输入电阻 R_i 无穷大，压电式传感器与电荷放大器连接的等效电路图如图 9.2.4（c）所示，电荷放大器是一个带有反馈电容 C_f 的高增益运算放大器。

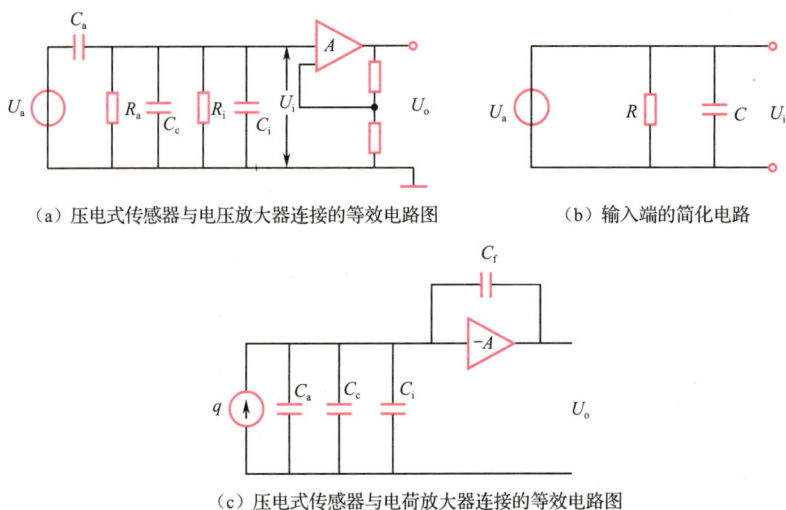

（a）压电式传感器与电压放大器连接的等效电路图　　　　（b）输入端的简化电路

（c）压电式传感器与电荷放大器连接的等效电路图

图 9.2.4　传感器与放大器连接的等效电路图

根据图 9.2.4（c），有

$$q \approx U_i(C_a + C_c + C_i) + (U_i - U_o)C_f = U_iC + (U_i - U_o)C_f \qquad (9.2.5)$$

式中：U_i——电荷放大器的输入端电压；U_o——电荷放大器的输出端电压；C_f——电荷放大器的反馈电容。

根据 $U_o = -AU_i$，A 为电荷放大器开环增益，可以得到

$$U_o = \frac{-Aq}{(C_a + C_c + C_i) + (1+A)C_f} \qquad (9.2.6)$$

当放大器的开环增益 A 足够大（一般约为 10^4 以上）时，$(1+A)C_f \gg (C_a + C_c + C_i)$，则式（9.2.6）可简化为

$$U_{\mathrm{o}} \approx -\frac{q}{C_{\mathrm{f}}} \tag{9.2.7}$$

由式（9.2.7）可知，电荷放大器的输出端电压仅依赖于输入电荷 q 和反馈电容 C_{f}，不受电缆电容及其他外部因素的影响。这一特性使得电荷放大器在处理压电式传感器信号时表现出强稳定性和高可靠性。然而，与电压放大器相比，电荷放大器的电路设计较复杂，制造成本较高。

考虑到在直流工作条件下反馈电容 C_{f} 相当于开路，放大器对电缆噪声较为敏感，零点漂移相对较大。为了减少零点漂移对测量结果的影响并提高放大器的工作稳定性，通常在反馈电容 C_{f} 的两端并联一个高阻值电阻 R_{f}，其值一般为 $10^{10} \sim 10^{14}\Omega$。

电荷放大器具有较大的时间常数 $R_{\mathrm{f}}C_{\mathrm{f}}$，通常在 $10^5 \mathrm{s}$ 量级或以上。当其低频响应的下限截止频率 f_{L}（$f_{\mathrm{L}} = \dfrac{1}{2\pi R_{\mathrm{f}}C_{\mathrm{f}}}$）能够达到 $3 \times 10^{-6}\mathrm{Hz}$ 或更低时，该放大器可测量准静态物理量。

实际应用中，为了提高传感器的测量精度和使用的便利性，许多压电式传感器的前置测量电路都布置在传感器内部。

例 9-2　某使用晶体受纵向压力 $F_x = 9.8\mathrm{N}$，其截面积 $S_x = 5\mathrm{cm}$，厚度 $\delta = 0.5\mathrm{cm}$，相对介电常数为 5.1，真空介电常数为 8.85×10^{-12} F/m，压电常数为 $d_{11} = 2 \times 10^{-12}$C/N。试求：此压电元件两极片间的电压值。

解：

$$C_{\mathrm{a}} = \frac{\varepsilon_0 \varepsilon_{\mathrm{r}} S_x}{\delta} = \frac{8.85 \times 10^{-12} \times 5.1 \times 5 \times 10^{-4}}{0.5 \times 10^{-2}} \approx 4.5 \times 10^{-12}\mathrm{F}$$

$$q = d_{11} \times F_x = 2 \times 10^{-12} \times 9.8 = 1.96 \times 10^{-11}\mathrm{C}$$

$$U = \frac{q}{C_{\mathrm{a}}} = \frac{1.96 \times 10^{-11}}{4.5 \times 10^{-12}} \approx 4.4\mathrm{V}$$

小讨论：在医疗领域中，压电式传感器应用于超声波成像仪中，通过生成和接收超声波信号提供高分辨率的图像。压电式传感器在生成和接收超声波信号时是如何工作的？

9.2 压电式传感器应用于超声波成像仪讨论

9.3　压电式传感器的应用

压电式传感器广泛应用于力、压力、加速度等物理参数的测量，适用于声学（包括超声波）和声发射等领域。在压电式传感器的制造与使用过程中，必须对压电元件施加一定的预应力，以确保在外部作用力变化时，压电元件始终处于受压状态。为了保证输出电压（或电荷）与所施加的作用力呈线性关系，需确保压电元件与作用力之间均匀接触。不过，施加的作用力应控制在合理范围内，过大的作用力可能会导致传感器的灵敏度降低。

9.3 压电式传感器的应用课件

9.3.1　压电式加速度传感器

图 9.3.1 所示为 YD 系列压电式加速度传感器，其中图 9.3.1（a）为其结构图，图 9.3.1（b）

为其实物图，其主要由压电元件、质量块、预压弹簧、螺栓、基座及外壳组成，主要部件装在外壳内。

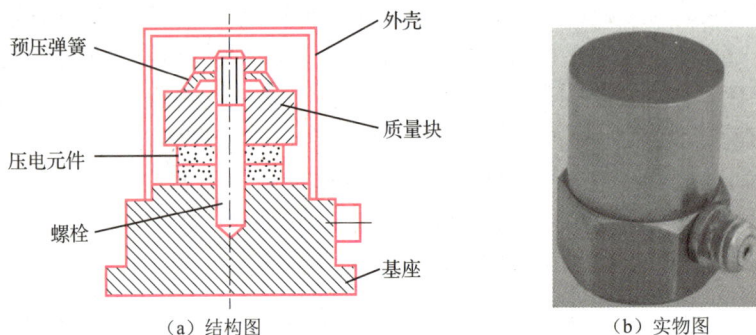

（a）结构图   （b）实物图

图 9.3.1 压电式加速度传感器

当压电式加速度传感器和被测物体一起受到冲击振动时，压电元件受质量块惯性力的作用。所受惯性力为

$$F=ma \tag{9.3.1}$$

产生的电荷量为

$$q=d_{11}ma \tag{9.3.2}$$

式中：F——质量块产生的惯性力，单位为 N；m——质量块的质量，单位为 kg；a——加速度，单位为 m/s²；d_{11}——石英晶片在 X 轴方向受力时的压电常数，单位为 C/N。

当传感器选定后，m 和 d_{11} 为常数，传感器输出电荷 q 与加速度 a 成正比。因此，测得加速度传感器的输出电荷可计算出加速度的大小。

9.3.2 压电式金属加工切削力测量

图 9.3.2（a）为压电式金属加工切削力测量示意图，图 9.3.2（b）为压电式传感器实物图。压电陶瓷适合测量变化剧烈的载荷。图 9.3.2（a）中压电式传感器位于车刀前部的下方，当进行切削加工时，切削力通过刀具传给压电式传感器，压电式传感器将切削力转换为电信号输出，记录该电信号的变化便可测得切削力的变化。

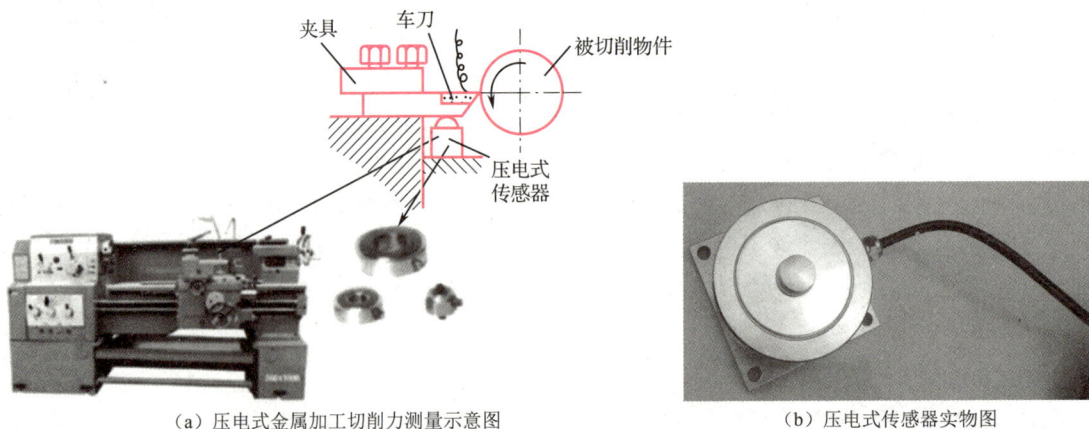

（a）压电式金属加工切削力测量示意图   （b）压电式传感器实物图

图 9.3.2 压电式金属加工切削力测量

9.3.3　压电引信

压电引信的结构如图 9.3.3（a）所示，早期的火箭筒原理如图 9.3.3（b）所示，当火箭筒未受到撞击时，电路为开路，当火箭筒受到撞击时，内、外电极相撞引爆。改进的压电引信原理如图 9.3.3（c）所示，当火箭筒受到撞击时，压电晶体产生电荷，使电发火管打火，从而引爆。

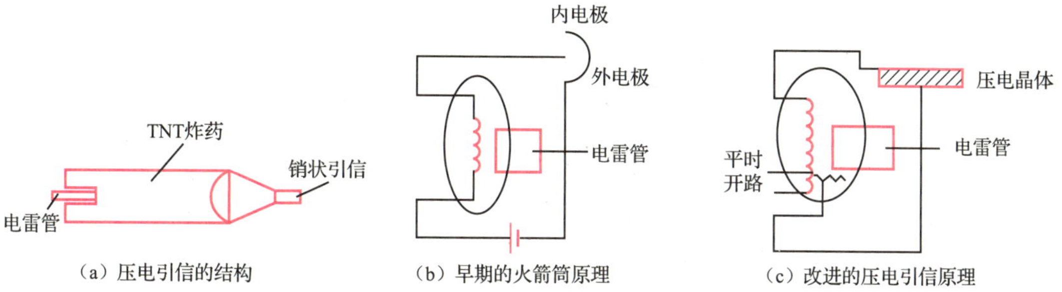

（a）压电引信的结构　　　　（b）早期的火箭筒原理　　　　（c）改进的压电引信原理

图 9.3.3　压电引信结构与原理图

9.3.4　煤气灶电子点火装置

图 9.3.4 所示为煤气灶电子点火装置，它利用高压跳火点燃煤气。当使用者将手动开关往里压时，气阀打开，气体进入燃烧盘；当使用者把手动开关旋转一定角度时，弹簧向左压缩，产生的压力作用于压电晶体，晶体放电导致燃烧盘点火。

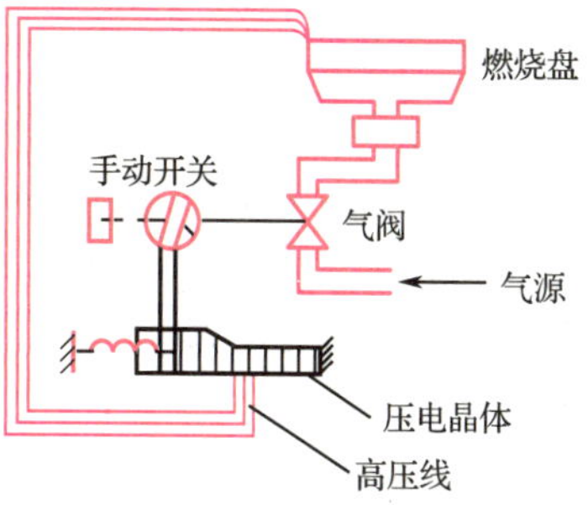

图 9.3.4　煤气灶电子点火装置

小拓展

柔性压电驻极体薄膜传感器用于多种传输媒介的非接触式传感

我国高校科研团队研究了一种基于辐照交联聚丙烯柔性压电驻极体薄膜传感器，其可用于非接触式传感，该传感器可灵敏地检测以固体、液体和气体为传输媒介的机械信号，响应特性稳定，可满足多样化应用需求。这项研究较好地扩展了压电驻极体材料的应用范围，丰富了感知维度，对探索新型非接触式智能人机交互具有深远的意义。

9.4　工程应用案例——压电式传感器测定动脉脉搏波速度

9.4.1　工程背景

动脉脉搏波速度是衡量外周动脉血管弹性的指标。脉搏波速度在硬外周动脉中的变化范围为 12～15m/s，而在正常动脉中，脉搏波速度变化范围为 7～9m/s。以动脉脉搏的传播特性为基础，可将年龄和动脉疾病进展的变化与血管病理和扩张性联系起来。

9.4.2 检测方案

脉搏波速度测量是基于同时测量两个不同位置的两个脉搏波的，例如，手腕处的桡动脉和肘部上方的肱动脉，通过确定这些点之间的脉搏传输时间和两个位置之间的距离，可以计算脉搏波速度。压力脉搏通过两个压电式传感器测量时，若压电式传感器发生机械变形，则在输出触点处产生可测量的电压。变形产生的电压首先被放大和滤波，然后使用数据采集卡数字化，最后分析从传感器获得的数据，包括滤波过程、使用三种不同的方法（脚对脚 FF、互相关 CC 和峰对峰 PP）计算脉搏波速度及确定动脉脉搏率。

为了可靠地预测动脉壁的弹性参数，将外周动脉段建模为包含不可压缩无黏流体的薄壁各向同性不可压缩管，然后通过 Moens-Kortweg 方程将脉搏波速度与壁面弹性联系起来。

测量中使用的传感器技术涉及聚偏氟乙烯的压电效应，该效应会根据材料上的机械压力产生电压。聚偏氟乙烯电荷放大器如图 9.4.1 所示。使用反相放大器实现模拟信号放大，通过数据采集卡将传感器连入电脑，数据采集和分析由 LabVIEW 完成。

压电薄膜具有相对较高的输出电压，大约是陶瓷材料的十倍，是一种薄、柔韧、轻、机械韧性强的塑料薄膜，具有宽频率（0.001～109Hz）、低声阻抗、耐湿性的特点，可以用商用黏合剂黏接。当其靠近人体组织时声阻抗较低，可有效地在组织中传导声信号。

测定动脉脉搏波速度的方法有三种：脚对脚动脉脉搏波速度（FFAPWV）、峰对峰动脉脉搏波速度（PPAPWV）和互相关动脉脉搏波速度（CCAPWV）。与 PPAPWV 方法相比，FFAPWV 和 CCAPWV 方法对动脉树分叉处压力波反射的敏感性较低。计算三种方法的平均值和标准差并进行比较。通过测试年轻健康受试者的数据，研究人员优化了测量程序，并确定了特定外周动脉段脉搏波速度的统计分布和平均值。

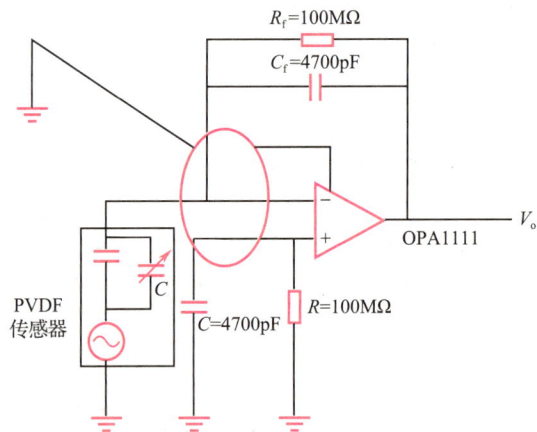

图 9.4.1　聚偏氟乙烯（PVDF）电荷放大器

9.4.3 实施过程

压电式传感器的固定技术对于多次获得稳定的测量结果至关重要。最初使用螺旋装置将压电式传感器固定在皮肤上，测量过程中传感器读数变化很大，之后采用弹性条将传感器固定在皮肤上，传感器读数变化减小。图 9.4.2 展示了用弹性条将传感器隐藏起来的传感器固定技术。

手臂位置是获得稳定测量结果的另一个关键因素。对同一受试者正常体位和依赖体位进行详细分析。在正常的姿势下，受试者坐着，手臂靠在桌子上。所有受试者测量均在该体位进行，测试结果如表 9.4.1 所示。在依赖体位中，受试者坐着，手臂垂下，该位置的脉搏波速度值较小，变异性更大，因此该技术被丢弃。校正模块中的"删除不正确"用于删除由异常信号引起的脉搏波速度值，异常信号通常由测量期间的手臂运动引起。在脉搏波速度值传递给分析虚拟仪器之前，删除这些不真实的值。

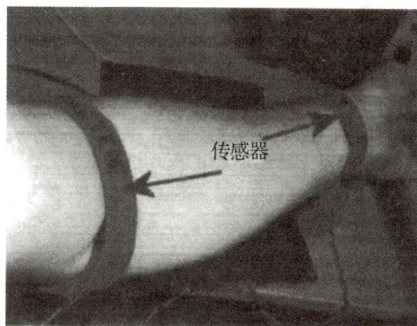

图 9.4.2　传感器固定技术

表 9.4.1　在正常手臂位置测量脉搏波速度

测　　量	PWV/m·s^{-1}			
	PPAPWV	CCAPWV	FFAPWV	平均值
1	5.7	7.74	8.87	7.44
2	5.83	7.49	8.69	7.34
3	6.87	7.20	6.89	6.99
4	5.78	6.98	7.98	6.91

9.4.4　实施结果

该系列测试结果来自 8 名血压正常，不服用药物，没有心脏病，年龄在 22 岁到 32 岁之间的受试者。图 9.4.3 为受试者 1（典型）在 12 天内测量的动脉脉搏波速度结果。三种测量方法（PPAPWV、FFAPWV 和 CCAPWV）的平均动脉脉搏波速度在 6m/s 和 10m/s 之间变化，总体平均值为 7.25m/s。

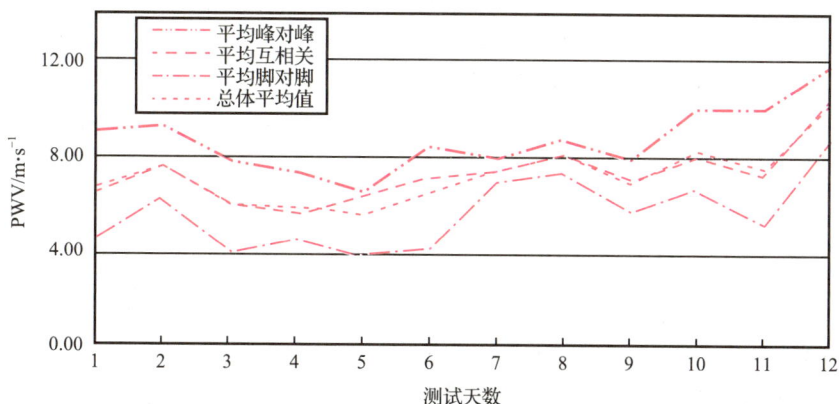

图 9.4.3　受试者 1（典型）在 12 天内测量的动脉脉搏波速度结果

图 9.4.4 是 8 名受试者的动脉脉搏波速度值直方图，显示了三种计算方法得到的动脉脉搏波速度值与总体平均值。图 9.4.5 是 8 名受试者的总体平均动脉脉搏波速度，加上和减去平均值的标准差。研究结果表明，该年龄组的总体平均动脉脉搏波速度约为 8.2m/s，平均标准差约为 1m/s。

图 9.4.4　8 名受试者的三种计算方法的动脉脉搏波速度值直方图

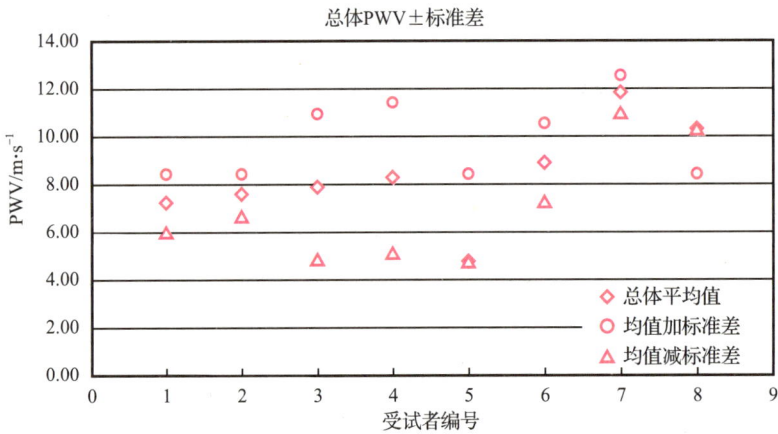

图 9.4.5　8 名受试者总体平均值±标准差

> 📖 **小知识**：压电式触觉传感器凭借自发电、高柔韧性、高灵敏度等优点在触觉传感器领域占据重要地位，其广泛应用于电子皮肤、医疗检测、力学检测和触觉检测等方面，将其与人工智能结合可提高压电式触觉传感器的准确性。

本章知识点梳理与总结

1. 介绍了正压电效应和逆压电效应的定义。
2. 介绍了石英晶体和压电陶瓷的压电效应。
3. 介绍了压电材料的定义、分类和主要特性参数。
4. 介绍了压电式传感器的工作原理、等效电路和测量电路。
5. 介绍了压电式传感器的典型应用与工程应用案例。

本章自测

第9章在线自测

思考题与习题

第9章思考题与习题答案及解析

1. 简答题

9-1　说明纵向压电效应和横向压电效应的区别。

9-2　说明石英晶体的压电效应机理、压电陶瓷的压电效应机理，并说明二者之间的不同之处。

9-3　常用的压电材料有哪些？各有何特点？

9-4　压电晶体的居里点是指什么？为什么压电陶瓷要进行极化处理？

9-5　压电元件在传感器中为什么要有一定的预压力？为什么说压电式传感器只适用于动态测量而不能用于静态测量？

9-6　压电式传感器的测量电路中为什么要接入前置放大器？电荷放大器有何特点？为什么不能用电压放大器？如何减小电缆噪声对压电式传感器测量信号的影响？

9-7　如何提高压电式加速度传感器的灵敏度？压电式加速度传感器横向灵敏度产生的原因主要有哪些？

9-8　简述压电式传感器前置放大器的作用，以及两种形式各自的优缺点。如何合理选择回路参数？

9-9　为什么压电式传感器通常都用来测量动态或瞬态参量？

2. 计算分析题

9-10　有一 $X0°$ 切型石英压电晶体，其面积 $A = 3\text{cm}^2$，厚度 $\delta = 0.3\text{mm}$。

（1）若沿厚度方向受到压力 $P=10\text{MPa}$ 作用时，压电晶体产生的电荷 q 及开路电压 U_a。（石英晶体的相对介电常数 $\varepsilon_r = 4.5$，纵向压电系数 $d_{11} = 2.31 \times 10^{-12}\text{C/N}$。）

（2）若将压电元件与高阻抗运算放大器连接组成测量系统，连接电缆的电容为 $C_c = 40\text{pF}$，此时测量系统的输出电压为多少？

9-11　一压电式加速度计的压电片本身的电容为 1000pF，其所用电缆的长度为 1.2m，电缆电容为 100pF。出厂时标定的电压灵敏度为 100mV/g，如果使用中改用另一根长为 3.0m 的电缆，其电容量为 300pF，那么压电式加速度计的电压灵敏度为多少（ $g = 9.8\text{kg/m}^2$，为重力加速度）？

9-12 某一压电元件的压电系数为 d_{11} =100×10^{-12} C/N，所用电荷放大器的反馈电容 C_f =1000pF，反馈电阻 R_f =$10^9\Omega$，测得输出电压 U_o =0.2V，试求：

（1）压电元件的输出电荷量 q 的有效值；

（2）被测振动力 F 的有效值；

（3）该电荷放大器的下限截止频率。

第10章

热电式传感器及应用案例

热电式传感器是将温度变化转换为电量变化的装置。最常见的热电式传感器为热电偶温度传感器和热电阻温度传感器。热电偶将温度变化转换为热电势变化，热电阻将温度变化转换为电阻值变化。随着新材料和新技术的不断发展和应用，出现了多种新型热电式传感器，如光纤温度传感器、集成温度传感器等。

学习要点

1. 掌握温度测量的基本概念，了解温度传感器的类型及特点；
2. 掌握热电偶的结构及工作原理、测量电路及冷端温度补偿；
3. 了解热电阻的类型，掌握其工作特性与测量电路；
4. 了解热敏电阻的结构及分类，掌握其工作特性及测量电路；
5. 了解集成温度传感器的测温原理、分类及其应用；
6. 学习热电偶、热电阻及热敏电阻的典型应用及应用案例。

知识图谱

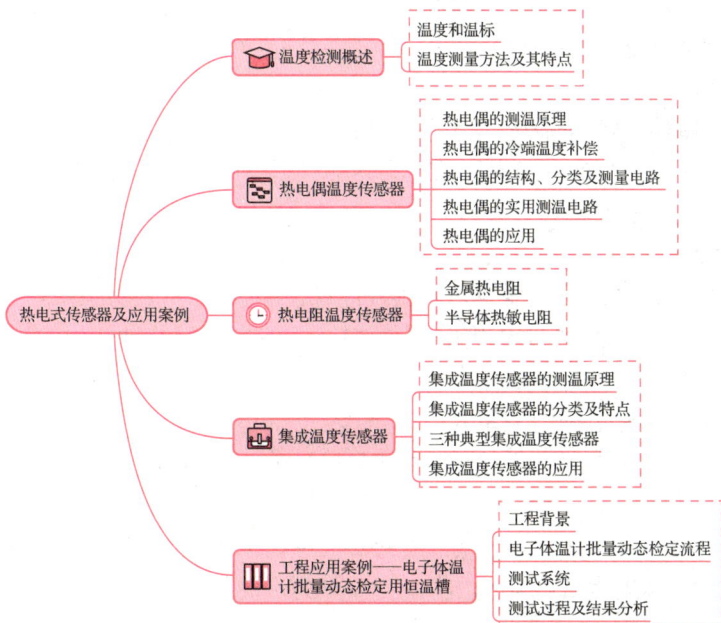

10.1　温度检测概述

10.1 温度检测概述课件

自然界中几乎所有的物理过程与化学过程都与温度密切相关，温度是科学研究、工农业生产及其他各产业中十分重要的物理量。

10.1.1　温度和温标

1.　温度的基本概念

温度反映物体内部分子无规则运动的平均动能，是表征物体冷热程度的物理量。温度越低，物体内部分子运动越缓慢，动能越小；温度越高，分子运动越剧烈，动能越大。温度是内涵量，两个温度不能相加，只能进行相等或不相等比较。温度的测量是基于热平衡原理的，即两个温度不同的物体相互接触，将发生热交换，热量由温度高的物体向温度低的物体传递，直至温度相等，冷热程度一致，处于热平衡状态。

2.　温标

温标是温度的数值表示方法。为保证温度量值准确并有利于传递，需要建立衡量温度的标准尺度，即温标，它规定了温度的基准点（固定点）和测量温度的基本单位。

温标的三要素包括：①固定点的温度，例如，水的液相和固相平衡点称为冰点，具有固定的温度；②测温仪器，即温度计或测量温度的传感器；③插值公式，确定固定点之间任意温度值的数学关系式，也称温标方程。

温标的发展历史就是温标"三要素"发展的历史。国际上常用的温标有经验温标、热力学温标和国际温标等。

1）经验温标

借助于某物质的物理参量与温度的变化关系，通过实验得到经验公式确定的温标称为经验温标。最常用的经验温标如下。

（1）摄氏温标

摄氏温标常用的标准测温仪器是水银温度计。摄氏温标规定：标准大气压下，水的冰点为 0 摄氏度，水的沸点为 100 摄氏度，在冰点和沸点中间划分 100 等份，每等份为 1 摄氏度，记作"1℃"，用符号 t 表示。

（2）华氏温标

华氏温标常用的标准测温仪器也是水银温度计。华氏温标规定：标准大气压下，水的冰点为 32 华氏度，水的沸点为 212 华氏度，在水的冰点和沸点中间划分 180 等份，每等份为 1 华氏度，记作"1℉"，用符号 F 表示。

摄氏温标与华氏温标之间的关系为

$$F(℉) = 1.8t(℃) + 32 \qquad (10.1.1)$$

2）热力学温标

热力学温标规定：分子运动停止（没有热存在）时的温度为绝对零度，水的三相点（气、液、固三相并存）的温度为 273.16K，将绝对零度到水的三相点之间均匀划分 273.16 份，每等份为 1 开尔文，记作"1K"，用符号 T 表示。

3）国际温标

热力学温标克服了经验温标随测温介质的变化而变化的缺点，与测温介质的性质无关，故称它为绝对温标或科学温标，又称开尔文温标。由此得到的温度称为热力学温度。

热力学温标是纯理论的温标，不能根据它的定义直接测量物体的热力学温度，因此难以直接实现。虽然理论上可以证明，热力学温标与理想气体温标完全一致，可借助气体温度计经示值修正后复现热力学温标，但设备复杂，价格昂贵，不利于实际应用。因此，需要建立接近于热力学温标的实用温标作为测量温度的标准，即国际温标。

国际温标是由国际计量委员会建立的国际协议性温标，它与热力学温标相接近，可用内插公式表示，复现精度高，所规定的标准温度计使用方便、容易制造。目前使用的国际温标是 ITS-90。它规定了一系列温度固定点及测量和复现这些固定点的标准仪器。

ITS-90 规定：用 T 表示新温标的热力学温度，以开尔文为单位，1K 等于水的三相点时温度值的 1/273.16。将水的三相点时的温度值定义为 0.01 ℃，绝对零度为 –273.15 ℃。国际温度和摄氏温度的关系为

$$T(\text{K}) = t(℃) + 273.15 \tag{10.1.2}$$

> **小知识**：温度在宇宙中无处不在，太阳时时刻刻进行着剧烈的核聚变反应，太阳核心温度超过了 1500 万摄氏度；我国的第一个原子弹爆炸中心温度达到 5000 万摄氏度，氢弹超过 1 亿摄氏度；人类利用大型粒子对撞机使粒子相互碰撞创造出了 5 万 5 千亿摄氏度的高温。
>
> 温度升高使分子动能增加，振动速度加快，理论上温度是没有上限的。为了便于理解和研究，科学家设定了宇宙的最高温度——普朗克温度（宇宙大爆炸瞬间温度）1.416833×10^{32} ℃，比该温度高的温度没有意义。

10.1.2　温度测量方法及其特点

通常利用某些材料或元器件的特性随温度变化的规律进行温度测量，如材料的电阻、弹性、热膨胀率、导磁率、介电常数、光学特性等随温度的变化规律。温度的测量方法通常有接触式和非接触式两类。

1. 接触式测温

接触式测温将感温元件与被测对象直接接触，两者经过充分的热交换，达到热平衡。此时感温元件的某物理参数的量值反映了被测对象的温度值。接触式测温精度高、成本低、测量结果直观可靠；缺点是感温元件与被测对象直接接触，影响被测温度场分布，热惯性大、接触不良易产生测量误差，如被测对象有腐蚀性或温度过高，易对感温元件的性能和寿命产生严重影响。

2. 非接触式测温

非接触式测温是利用光电传感器，通过检测物体发出的红外线来测量物体的温度。非接触式测温克服了接触式测温的缺点，测温上限高（1000℃以上），热惯性小，响应速度快，便于测量运动物体的温度及快速变化的温度，但测量精度相对较低，广泛应用于辐射温度计、

报警装置、火灾报警器等场合。

本章将主要介绍接触式（热电偶、热电阻及热敏电阻）温度传感器及新型传感器——利用半导体 PN 结中电流或电压特性随温度变化而制成的半导体集成传感器。

> **小讨论**：温度有下限，这个下限就是"绝对零度"（–273.15℃，也称 0K）。目前，人类取得的最接近绝对零度的成果是将铷原子冷却至 10^{-10} K，仅比绝对零度高 10^{-10} ℃。当前的研究结果表明：绝对零度只能出现在理论中，现实世界没有物质能够真正达到绝对零度。请说明现实世界中为什么达不到"绝对零度"？

10.1 温度下限讨论

10.2　热电偶温度传感器

10.2 热电偶温度传感器课件

热电偶温度传感器是工业中使用最广泛的接触式温度传感器。常用热电偶温度传感器的测温范围为 –50～1600℃，选用特殊材料，可拓宽到 -180～2800℃，热电偶温度传感器在高温测量中占有重要地位。

热电偶温度传感器的优点：①测温范围宽、精度较高、热惯性小、动态性能好、结构简单、使用方便；②可以测量固体温度和流体温度；③可以测量静态温度和动态温度；④直接输出直流电压信号或直流电流信号，便于输出信号测量、传输、自动记录和自动控制等。

10.2.1　热电偶的测温原理

1. 热电效应

热电偶的测温原理视频

两种不同的金属导体 A 和 B 组成闭合回路，如图 10.2.1 所示，如果两个接点的温度 T 和 T_0 不相同，回路中将产生电流，即回路中存在电势，这种现象称为热电效应。通常称热电效应产生的电势为热电势，用 $E_{AB}(T,T_0)$ 表示。热电势是由两个导体的接触热电势和同一导体的温差热电势组成的。

两种不同的金属导体 A、B 组成的闭合回路称为热电偶，导体 A、B 称为热电极。热电偶的两个接点，置于被测温度场 T 的接点称为热端，又称工作端或测量端，置于恒定温度场 T_0 的接点称为冷端，又称参考端或自由端。热电势大小与两种导体的材料和接点温度有关，若热电偶的两个电极材料确定，并且冷端温度 T_0 恒定，则热电势只与温度 T 呈单值关系。

1）接触热电势

接触热电势是两种不同导体在接触处因自由电子浓度差异而产生的电势。如图 10.2.1 所示，两种不同的导体相互接触，温度为 T，若导体 A 的自由电子浓度高于导体 B，自由电子将由导体 A 扩散到导体 B，导体 A 因失去电子而带正电，导体 B 获得电子而带负电，在 A、B 接触处形成电场，这个电场将阻碍电子继续扩散，直至扩散力与电场力平衡。此时，导体 A 和 B 接触处便形成了稳定的接触热电势。

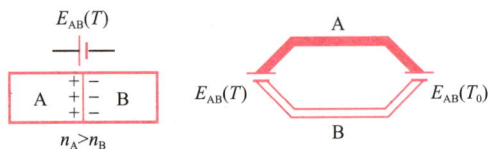

接触热电势为

图 10.2.1　接触热电势示意图

$$E_{AB}(T) = \frac{kT}{e}\ln\frac{n_A}{n_B} \qquad (10.2.1)$$

式中：T——接点温度（K）；k——玻尔兹曼常数（$k = 1.38 \times 10^{-23}$ J/K）；e——电子电荷量（$e = 1.6 \times 10^{-19}$ C）；n_A、n_B——温度 T 时导体 A 和 B 自由电子浓度。

由式（10.2.1）可知，接触热电势的大小与两种导体材料的性质和接点温度 T 有关，与导体的形状和尺寸无关，接触热电势的数量级为 $1 \sim 100$mV。

2）温差热电势

温差热电势是由同一导体两端温度差异而产生的电势。如图 10.2.2 所示，导体两端温度不同，电子的能量不同，电子因迁移运动而失去平衡。假设导体冷端温度为 T_0，热端温度为 T，且 $T_0 < T$，冷端自由电子的能量小于热端，导致热端有更多的电子扩散到冷端，导致热端失去电子而带正电，冷端得到电子而带负电。电子扩散动态平衡时，导体两端形成的稳定电位差称为温差热电势。

温差热电势与导体材料的性质和导体两端温度有关，可表示为

$$E_A(T, T_0) = \int_{T_0}^{T} \sigma_A dT \qquad (10.2.2)$$

式中：σ_A——导体 A 的汤姆逊系数，表示导体 A 两端温度差为 1℃时产生的温差热电势，其值与导体材料性质有关。

温差热电势的数量级为 10^{-5} V，比接触热电势小很多。

3）热电偶总热电势

导体 A、B 组成的热电偶，两个接点温度 $T > T_0$、$n_A > n_B$，回路总热电势为两个接点的接触热电势和两个导体的温差热电势的代数和，如图 10.2.3 所示。

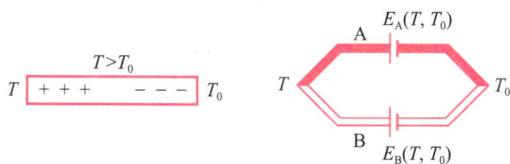

图 10.2.2　温差热电势示意图　　　图 10.2.3　热电偶总热电势

热电偶总热电势为

$$E_{AB}(T, T_0) = [E_{AB}(T) - E_{AB}(T_0)] - [E_A(T, T_0) - E_B(T, T_0)]$$

$$= \frac{k}{e}(T - T_0)\ln\frac{n_A}{n_B} - \int_{T_0}^{T}(\sigma_A - \sigma_B)dT \qquad (10.2.3)$$

由上式可以得出以下结论。

（1）热电偶产生的热电势取决于热电极材料和两个接点温度，与热电极的尺寸、形状等无关。因此，热电特性相同的热电极材料可以互换。

（2）若热电偶两个接点温度相同，回路热电势仍然为零。

（3）只有两种不同性质的材料才能组成热电偶，相同材料组成的闭合回路无法产生热电势。因此，相同材料的电极组成闭合回路，回路热电势为零。

（4）热电偶的热电势表示为 $E_{AB}(T, T_0)$。其中，A 和 T 分别表示正极和热端温度，B、T_0 分别表示负极和冷端温度。热电极的位置互换时，热电势极性相反。

在实际测量时，无须分别测量接触热电势和温差热电势，只需要测量总热电势。由于金

属导体中自由电子数目多，温度变化对自由电子密度影响很小，同一导体内的温差热电势极小，可忽略不计。工程应用中，热电偶总热电势一般可近似为接触热电势，即

$$E_{AB}(T,T_0) = E_{AB}(T) - E_{AB}(T_0) \qquad (10.2.4)$$

热电极材料选定后，热电势 $E_{AB}(T,T_0)$ 是两个接点温度 T 和 T_0 的函数，即

$$E_{AB}(T,T_0) = f(T) - f(T_0) \qquad (10.2.5)$$

若热电偶冷端温度 T_0 保持恒定，热电势 $E_{AB}(T,T_0)$ 为热端温度 T 的单变量函数，直接测量热电势 $E_{AB}(T,T_0)$ 便可确定被测温度 T。

国际温标 ITS-90 明确了热电偶的温度测量值为摄氏温度，冷端温度保持为 0℃，即 $T_0 = 0℃$ 时，热电势为 $E_{AB}(T,0)$，简写为 $E_{AB}(T)$。为了便于应用，通过实验获得热端温度对应的热电势，并制成表格，便于查找，如附录 10-1 所示，称为热电偶分度表。

附录 10-1 镍铬-镍硅（镍铬-镍铝）热电偶分度表

2. 热电偶的基本定律

热电偶的基本定律为解决工程应用提供了理论依据。

1）中间温度定律

如图 10.2.4 所示，导体 A、B 组成的热电偶在接点温度分别为 T 和 T_0 时的热电势，等于热电偶在接点温度分别为 T 和 T_n、T_n 和 T_0 时的热电势的代数和，即热电势仅取决于热电极材料和两个接点温度，而与中间温度 T_n 无关，此定律称为中间温度定律。

$$E_{AB}(T,T_0) = E_{AB}(T,T_n) + E_{AB}(T_n,T_0) \qquad (10.2.6)$$

中间温度定律是制定热电偶分度表的理论基础。热电偶分度表给出了冷端温度为 0℃时热电势与热端温度的关系。中间温度定律为热电偶补偿导线的使用提供了理论依据。

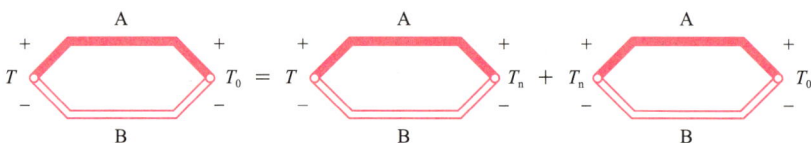

图 10.2.4 中间温度定律

> **小提示**：实际采用热电偶测量温度，冷端通常是不为 0℃的任一恒定温度，只要测出热电势，利用中间温度定律和热电偶分度表便可计算出热端温度。

例 10-1 用镍铬-镍硅热电偶测量高炉温度，若冷端温度 $T_0 = 30℃$，测得热电势 $E(T,T_0) = 39.17\text{mV}$，求高炉温度。

解：由 $T_0 = 30℃$，查镍铬-镍硅热电偶分度表，得 $E(30,0) = 1.2\text{mV}$，根据中间温度定律得

$$E(T,0) = E(T,30) + E(30,0)$$

$$= 39.17\text{mV} + 1.2\text{mV} = 40.37\text{mV}$$

查镍铬-镍硅热电偶分度表得高炉温度 $T = 946℃$。

2）中间导体定律

如图 10.2.5 所示，导体 A、B 组成热电偶，若回路中接入第三种导体 C，只要导体 C 两端的温度相同，导体 C 的接入不影响原回路的热电势，此定律称为中间导体定律。导体 C 通常有两种接法。

（1）如图 10.2.5（a）所示，在热电偶 AB 回路中断开冷端接点，接入导体 C。如果 AC 和 BC 接点温度都为参考接点温度 T_0，则热电势保持不变，即

$$E_{ABC}(T,T_0) = E_{AB}(T,T_0) \qquad (10.2.7)$$

（2）如图 10.2.5（b）所示，将热电偶回路中的导体 A 断开，接入导体 C。导体 C 与导体 A 的两个接点温度都为 T_n，则热电势保持不变，即

$$E_{ABC}(T,T_0,T_n) = E_{AB}(T,T_0) \qquad (10.2.8)$$

若在回路中接入多种导体，只要每种导体两端温度相同，则回路热电势保持不变。

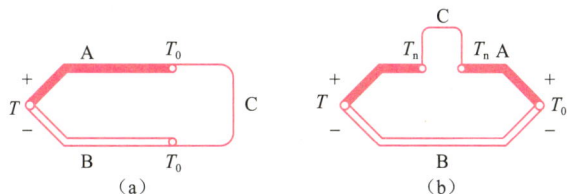

图 10.2.5　中间导体定律

根据中间导体定律，热电偶回路的热电势在特定条件下保持不变：①热电偶回路中接入仪表和连接导线测量热电势，接入点温度相同；②将两热电极直接焊接在被测导体表面温度相同的地方；③采用不同材料焊接热电偶。

3）参考电极定律

如图 10.2.6 所示，已知导体 A、B 分别与导体 C 组成热电偶所产生的热电势，则导体 A、B 组成的热电偶的热电势为它们分别与导体 C 构成热电偶时产生的热电势的代数和，此定律称为参考电极定律，即

$$E_{AB}(T,T_0) = E_{AC}(T,T_0) - E_{BC}(T,T_0) \qquad (10.2.9)$$

导体 C 的电极称为参考电极，通常采用纯铂丝制成参考电极，因为铂性能稳定、易提纯、熔点高。

根据参考电极定律，如果已知导体 A、B 分别与参考电极 C 组成热电偶的热电势，便可求出导体 A、B 组成热电偶的热电势。

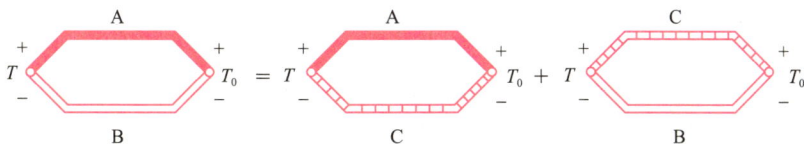

图 10.2.6　参考电极定律

例 10-2　铂铑 30-铂组成的热电偶的热电势 $E_{AC}(1084.5,0)=13.976\text{mV}$，铂铑 6-铂热电偶的热电势 $E_{BC}(1084.5,0)=8.354\text{mV}$，那么相同的结点温度，铂铑 30-铂铑 6 热电偶的热电势为多少？

解：根据标准电极定律，相同的接点温度，铂铑 30-铂铑 6 热电偶的热电势为
$$E_{AB}(1084.5,0)=13.976-8.354=5.622\text{mV}$$

10.2.2　热电偶的冷端温度补偿

热电偶产生的热电势是热端温度与冷端温度共同作用的结果，回路热电势是两个接点温度的函数。为确保输出热电势是热端温度的单值函数，必须保持冷端温度恒定。实际测量时，

热端和冷端距离很近，冷端温度容易受被测对象和环境温度的影响，难以保持恒定，导致产生测量误差。因此，需采用恒温法或补偿措施消除冷端温度波动对测量结果产生的不利影响。

1. 冷端恒温法

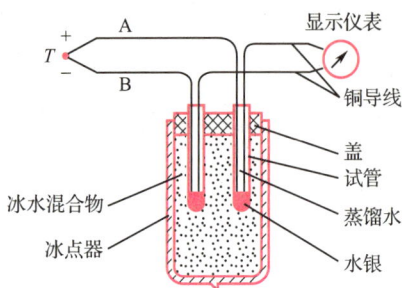

图 10.2.7　冰点槽冷端恒温法示意图

冷端恒温法将热电偶的冷端置于温度恒定的装置中，确保冷端温度不变。恒温装置可以是电热恒温器，或者是冰水混合的冰点槽，确保冷端温度恒为 0℃。在使用冰点槽时，为防止冰水导电导致热电偶连接点短路，需将连接点分别置于绝缘的玻璃试管内，实现电气隔离，如图 10.2.7 所示。冷端恒温法的测量精度高，但装置复杂、操作不便，工程应用中受限，通常用于实验室对标准热电偶等高精度温度测量设备的校准工作。

2. 修正法

实际使用中，如果冷端不是 0℃的恒温环境（恒温器），可采用冷端温度修正方法，将实测的热电势修正到冷端为 0℃时的热电势，从而得到热端温度。根据中间温度定律，$E_{AB}(T,0)=E_{AB}(T,T_n)+E_{AB}(T_n,0)$，由于温度 T_n 恒定，$E_{AB}(T_n,0)$ 可以从热电偶分度表中查得。测出的热电势 $E_{AB}(T,T_n)$ 与查表得到的 $E_{AB}(T_n,0)$ 相加，可得到冷端温度为 0℃时的热电势 $E_{AB}(T,0)$，根据 $E_{AB}(T,0)$ 再查热电偶分度表，可得被测温度 T。

3. 延长热电极法

延长热电极法也称补偿导线法，热电偶的冷端接近热源，或者测温点与指示仪表之间距离较远，通常采用补偿导线增加热电偶的长度使冷端延伸到远离热端的恒温处，或者延伸到测量仪表所在位置，如图 10.2.8 所示。对于普通金属热电偶，通常选取与热电极材料相同的导线作为补偿导线；对于贵金属热电偶，可采用热电特性相同或相近的低成本材料。此外，补偿导线常优选直径大、电阻率低的材料。

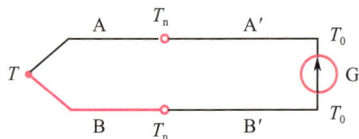

图 10.2.8　补偿导线法

补偿导线在一定温度范围内具有与所连接的热电偶相同或相近的热电性能，即

$$E_{AB}(T_n,T_0)=E_{A'B'}(T_n,T_0) \tag{10.2.10}$$

> 🔔 小提示：①补偿导线只是将冷端延伸到远离热端或温度恒定的地方，没有任何温度补偿作用。若冷端温度不为0℃，需要采用修正法将冷端温度修正到0℃。②不同的热电偶要配不同的补偿导线，极性不能接错。

4. 自动补偿法

自动补偿法也称电桥补偿法，是指利用不平衡电桥随温度变化产生的热电势自动补偿热电偶冷端温度波动引起的热电势变化。

图 10.2.9 所示为冷端温度补偿器，电桥输出端与热电偶串联，热电偶冷端与电桥处于同一温度场，输出端与热电偶串联。桥臂电阻 R_H 是电阻温度系数较大的铜线或镍线制成的热电

阻，其余三个桥臂电阻和限流电阻 R_g 由电阻温度系数很小的锰铜线制成，阻值几乎不随温度改变。为确保电桥稳定、可靠地工作，电桥采用直流稳压电源供电。

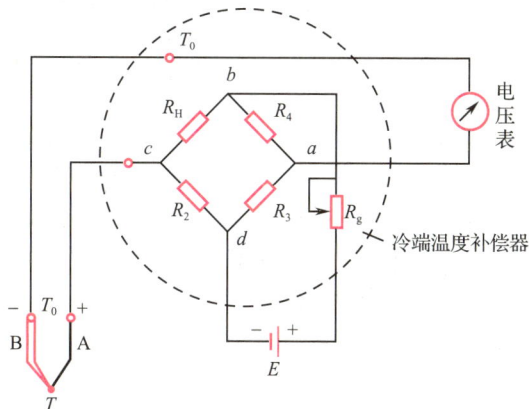

图 10.2.9　冷端温度补偿器

电桥设计时，初始情况下，桥臂电阻 R_H 的阻值与 R_2、R_3、R_4 的阻值相同，如果限流电阻 R_g 选择合适，使电桥的输出电压 U_{ac} 正好补偿 T_0 波动引起的热电势的变化，可实现冷端温度的自动补偿。具体工作过程如下。

初始条件下，电桥输出电压 $U_{ac}=0$。如果环境温度 T_0 变化，电阻 R_H 的阻值改变，电桥失去平衡，电桥输出电压 $U_{ac} \neq 0$。如果环境温度 T_0 高于平衡温度，热电偶产生的热电势变化 $\Delta E < 0$，产生测量误差。同时热电阻 R_H 阻值增大，$U_{ac}>0$，由于 U_{ac} 与热电势 $E_{AB}(T，T_0)$ 同向串联，可抵消热电势的减小量，使电压表测得电压保持不变，补偿环境温度引起的测量误差。如果环境温度 T_0 低于平衡温度，热电偶产生的热电势变化 $\Delta E > 0$，$U_{ac}<0$，U_{ac} 与热电势变化的极性相反，相互抵消，补偿测量误差。自动补偿法结构简单、使用方便，可在一定温度范围内实现自动补偿。

> **小提示**：不同的冷端温度补偿电路只能与相应型号的热电偶配合使用，并且只能在规定的温度范围内使用，连接时极性不能接反。

10.2.3　热电偶的结构、分类及测量电路

1. 热电偶的结构及分类

热电偶的命名直接反映了热电极的材料，如铂铑-铂热电偶、镍铬-镍硅热电偶等。温度测量时，需根据被测温度范围、测量灵敏度、精度和稳定性要求等选择热电偶。

理论上任意两种不同导体均可构成热电偶，为满足测量精度和灵敏度要求，热电极材料需满足以下条件：①宽温度范围内，热电特性稳定；②热电势大，热电势与温度之间为线性或接近线性关系；③电阻温度系数小，导电率高；④物理、化学性能稳定，不易氧化腐蚀；⑤制造方便，易于复制，互换性好等。

热电极作为热电偶的核心构件，有明确的正负极。目前有超过 300 种材料适用于制作热电偶的热电极，其中应用广泛的有 40～50 种。这些材料大致可分为三大类：①贵金属类：铂

铑合金与纯铂性能稳定、精度高、成本高；②普通金属：铁、铜、镍铬合金、镍铝合金等，耐高温材料如铱、钨等；③非金属类：碳、石墨、碳化硅等。

热电偶由热电极、绝缘材料、接线盒和保护套等组成，因使用目的和场景不同而略有差别。常见的热电偶结构形式有普通热电偶、铠装热电偶和薄膜热电偶等。

1）普通热电偶

普通热电偶在工业中应用最广泛。如图 10.2.10 所示，绝缘套管通常设计成圆形或椭圆形，套管上设有两个、四个或六个孔，热电极穿在孔内，确保热电极之间、热电极与保护管之间的绝缘，预防热电极短路。绝缘套管多用黏土、高铝或刚玉等耐高温绝缘材料制成，最常用的是氧化铝和耐火陶瓷。室温下绝缘套管的绝缘电阻应不小于 $5M\Omega$，以确保良好的绝缘性能。

保护管要求耐高温、耐腐蚀，导热性和气密性好，使热电极与被测对象隔离，使热电偶的感温元件免受化学腐蚀或机械损伤。

2）铠装热电偶

如图 10.2.11 示，铠装热电偶将热电极、绝缘材料和金属保护套管三者组合装配后，再经过拉伸加工成的坚实的缆状组合体。其优点：①测温端热容量小，热惯性小，动态响应快；②可制作得很细很长，根据需要任意弯曲，适用于复杂结构内部或狭小空间的温度测量；③机械强度高，耐压、耐冲击、耐振动。

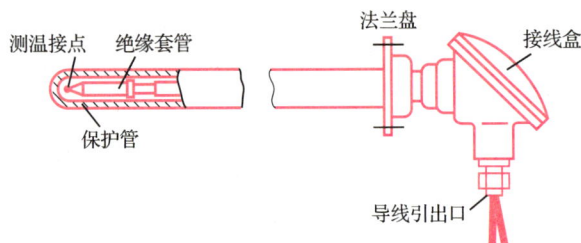

图 10.2.10　普通热电偶

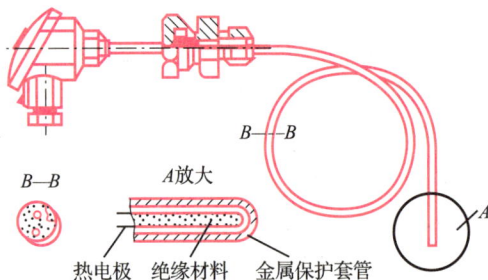

图 10.2.11　铠装热电偶

3）薄膜热电偶

如图 10.2.12 所示，薄膜热电偶是将两种热电极材料均匀地沉积在绝缘基板上制成的特殊温度传感装置。薄膜热电偶的接点为 $0.01\sim0.1\mu m$，热容量极小，响应速度可达毫秒级。适合微小区域表面温度及快速变化的动态温度测量。

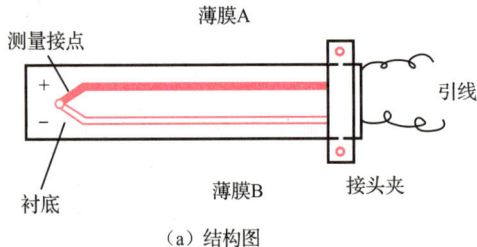

（a）结构图　　　　　　　　　　　　　　（b）实物图

图 10.2.12　薄膜热电偶

2. 测量电路

热电偶将温度变化转换为毫伏级的热电势，可通过动圈式仪表、电位差计、数字电压表等进行测量。

如图 10.2.13 所示，动圈式仪表为磁电式毫伏计，结构简单、价格便宜、使用方便。电流流过仪表动圈时，动圈在磁场作用下带动指针偏转，动圈转角与测量线路电流成正比。流过动圈的电流为

$$I = \frac{E_{AB}(T,T_0)}{R_t + R_l + R_G} \quad (10.2.11)$$

式中：$E_{AB}(T,T_0)$——热电偶的热电势；R_G——动圈式仪表的内阻；R_t——热电偶的电阻；R_l——连接导线的电阻。

仪表指示电压为

图 10.2.13　动圈式仪表测量电路

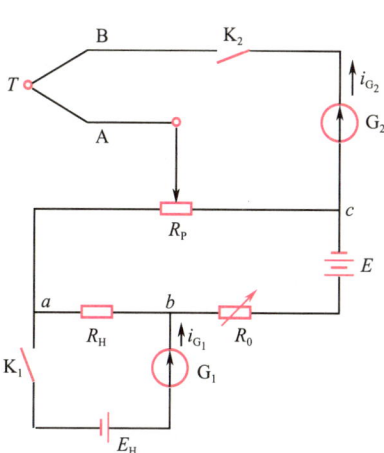

$$U = IR_G = \frac{E_{AB}(T,T_0)}{R_t + R_l + R_G} R_G \quad (10.2.12)$$

为使仪表指示值真实反映热电势，即 $U = E_{AB}(T,T_0)$，要求，$R_G \gg R_t + R_l$。如果电阻 R_t 和 R_l 较大，测量误差较大。因此，动圈式仪表一般用于测温精度要求不高的场合。

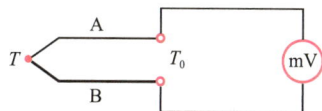

图 10.2.14　电位差计的工作原理图

如果测温精度要求高，常采用电位差计。如图 10.2.14 所示，电位差计利用补偿法原理测量热电势，通过将未知热电势与电路中已知的标准热电势相比较，获得未知的热电势，其工作过程如下。

（1）K_1 闭合，K_2 断开，调节电位器 R_0，使 $G_1 = 0$，a、b 两点的压降与 E_H 平衡，补偿回路电流 $I = E_H/R_H$。

（2）K_1 断开，K_2 闭合，调节电位器 R_P，使 $G_2 = 0$，热电偶测量回路的电流为零。

（3）如果温度变化，热电偶产生热电势，$G_2 \neq 0$，调节 R_P 使 $G_2 = 0$。若电位器 R_P 的电阻增量为 ΔR_P，所测热电势为

$$E_{AB}(T,T_0) = \Delta R_P \cdot I = \Delta R_P \frac{E_H}{R_H} \quad (10.2.13)$$

由于 E_H 和 R_H 均为固定值，热电势的值由 ΔR_P 确定，同时，测量回路电流为零，避免了热电偶的电阻和连接导线的电阻等对测量结果的影响，测量精度较高。另外，可以对热电偶的热电势进行数字化处理，实现温度的数字化显示，构成数字化测温系统。

10.2.4　热电偶的实用测温电路

热电偶的使用温度与热电偶丝的线径有关。线径越大，越耐高温，寿命越长，但响应速度减慢，选择时需综合考虑。

1. 单点温度测量

图 10.2.15（a）所示为热电偶测温时补偿导线结合仪表单点温度测量电路。图 10.2.15（b）为热电偶测温时，补偿导线与温度补偿器（补偿电桥等）连接，转换成标准电流信号输出后，传输至显示仪表，实现温度的显示与记录的带温度补偿功能的单点温度测量电路。

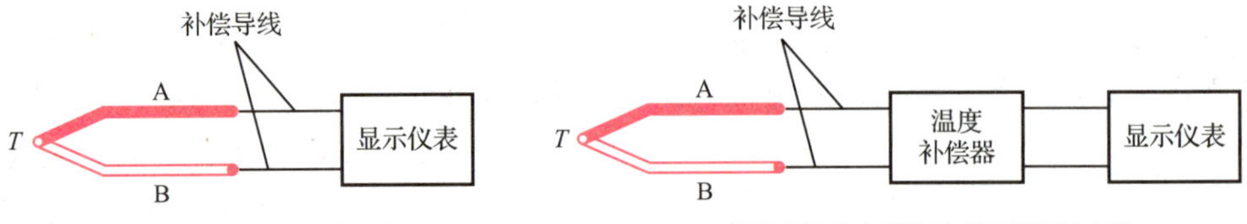

（a）普通单点温度测量电路　　　（b）带温度补偿功能的单点温度测量电路

图 10.2.15　热电偶单点温度测量

2. 两点间温度差测量（反极性串联）

测量两点间温度差 $(T_1 - T_2)$ 的接线方法如图 10.2.16 所示，两个型号相同的热电偶反向串联，即 A 端与 A 端相连，B 端与 B 端相连，配以相同的补偿导线。根据热电偶工作原理，回路总热电势为

$$E_T = E_{AB}(T_1, T_0) - E_{AB}(T_2, T_0) = E_{AB}(T_1, T_2) \qquad (10.2.14)$$

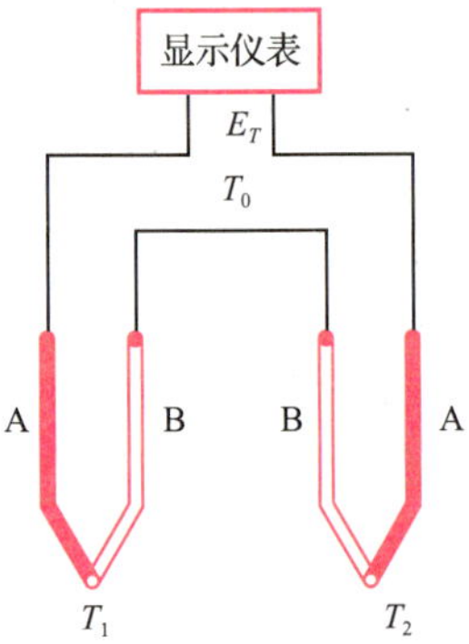

> 🔔 **小提示**：为了减小测量误差，提高测量精度，应保证两热电偶的冷端温度相同。

3. 测量平均温度（同极性并联或串联）

将多个型号相同的热电偶并联或串联，可以测量大型设备多点（两点或两点以上）的平均温度。

图 10.2.16　利用热电偶测量两点间温度差

1）热电偶并联

将多个型号相同热电偶的正极和负极分别相连接的电路称为热电偶并联电路。测量三点平均温度的热电偶并联连接电路如图 10.2.17 所示，每只热电偶均串联均衡电阻 R。若测量仪表输入电阻很大，回路总热电势等于三只热电偶热电势的平均值，即

$$E_T = \frac{E_1 + E_2 + E_3}{3} = \frac{E_{AB}(T_1, T_0) + E_{AB}(T_2, T_0) + E_{AB}(T_3, T_0)}{3} \qquad (10.2.15)$$

式中：E_1、E_2、E_3 ——单只热电偶的热电势。

> 🔔 **小提示**：热电偶并联测量温度时，只要有一只热电偶正常工作，整个测温系统工作就正常，但不能及时发现热电偶损坏。

2）热电偶串联

将多个型号相同的热电偶的正负极依次连接形成的电路称为热电偶串联电路。如图 10.2.18 所示，三只型号相同的热电偶的正、负极依次串联，回路总热电势等于三只热电偶的热电势之和，即

$$E_T = E_1 + E_2 + E_3 = E_{AB}(T_1, T_0) + E_{AB}(T_2, T_0) + E_{AB}(T_3, T_0) \qquad (10.2.16)$$

将结果除以3，可得到三点的平均温度。

> 📖 **小知识**：热电偶串联测量温度的特点：①热电势大，灵敏度增加；②只要有一只热电偶断路，整个测温系统就不能正常工作。

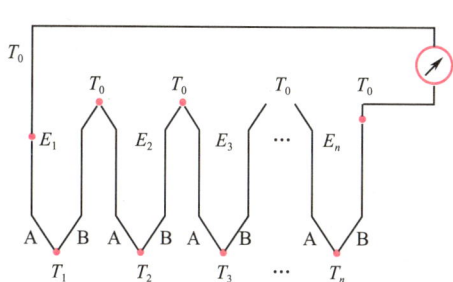

图 10.2.17　并联热电偶

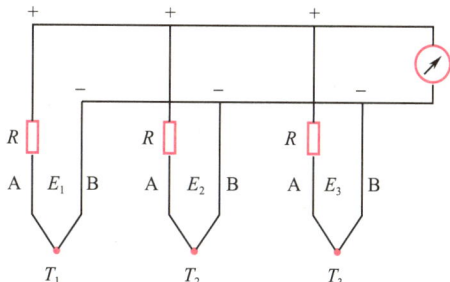

图 10.2.18　串联热电偶

10.2.5　热电偶的应用

图 10.2.19 所示为电热炉温度计算机自动控制系统。电热炉的期望温度由计算机预先设定。计算机生成的控制信号经过 A/D 转换器，触发控制逻辑，控制晶闸管开关状态，启动加热过程。热电偶将炉内温度信号转换为电压信号，经放大、滤波后，计算炉内温度与期望温度之间的偏差，计算机计算所需的控制量，随后通过 I/O 接口向电热炉发送控制指令，动态调整电阻丝的电流强度，实现电热炉温度的精确控制。此外，该系统还具有实时温度显示、温度数据打印记录、超温自动报警及电阻丝与热电偶故障检测报警等功能。

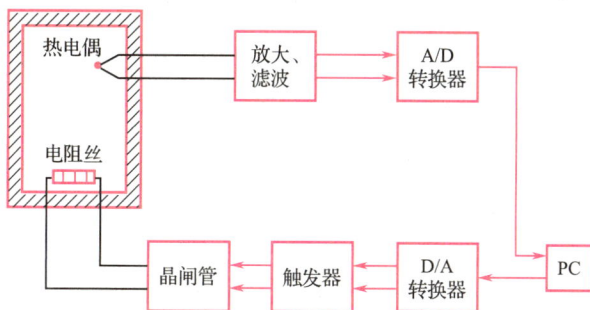

图 10.2.19　电热炉温度计算机自动控制系统

10.2 开路热电偶讨论

小讨论: 请分析能否使用图 10.2.20 所示的开路热电偶测量液态金属或金属壁面的温度，并说明原因。

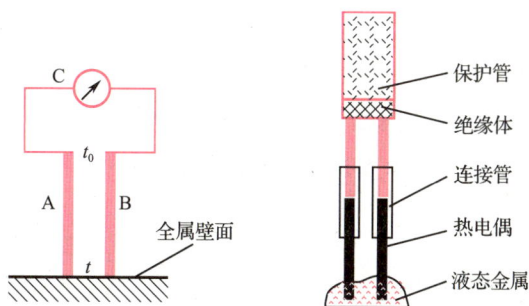

图 10.2.20　开路热电偶的使用

10.3　热电阻温度传感器

10.3　热电阻温度传感器课件

热电阻温度传感器利用金属导体或半导体材料的电阻随温度变化的物理特性实现温度测量，其精度高、测量范围大、稳定性好，便于自动测量和远距离测量，在科研和工农业生产中的应用广泛。热电阻包括金属热电阻和半导体热敏电阻。

10.3.1　金属热电阻

1．常用金属热电阻及特性

1）铂热电阻

铂是当前金属热电阻的首选材料，其特性如下：①耐高温、抗氧化能力强，物理、化学特性稳定；②电阻率较高，易于提纯；③易于加工成型，可制作成极细的铂丝或极薄的铂箔。

基于上述优点，铂热电阻既可用于工业测温，也可作为复现温标的基准器。长时间稳定的复现性可达 10^{-4} K，是目前测温复现性最好的温度计之一。

铂热电阻的缺点：电阻温度系数较小，且电阻值与温度之间呈非线性关系；铂是贵金属，成本较高。

铂热电阻的精度与其纯度有关，通常用百度电阻比 $W(100)$ 表示铂的纯度。$W(100)$ 定义为铂电阻在 100℃时的电阻值 R_{100} 与在 0℃时的电阻值 R_0 之比，即 $W(100) = R_{100}/R_0$，比值越大，铂的纯度越高。一般工业用的铂热电阻 $W(100)$ 为 1.387～1.390，作为基准器的铂热电阻要求 $W(100) \geqslant 1.3925$。

实际应用中，铂热电阻的阻值与温度之间的关系可描述为

$-200℃ \leqslant t < 0℃$：

$$R_t = R_0[1 + At + Bt^2 + C(t-100)t^3] \tag{10.3.1}$$

$0℃ \leqslant t \leqslant 850℃$：

$$R_t = R_0(1 + At + Bt^2) \tag{10.3.2}$$

式中：R_t——温度为 t 时的电阻值；R_0——温度为 0℃ 时的电阻值；A、B、C——系数，与铂的纯度有关。

根据式（10.3.1）和式（10.3.2）可以制成铂热电阻分度表。在实际测量时，测出铂热电阻的阻值 R_t，可从分度表中查得 R_t 对应的温度 t。

我国常用的标准铂热电阻的 R_0 值主要有 10Ω、100Ω 和 300Ω，对应的分度号分别为 Pt10、Pt100 和 Pt300。Pt100 铂热电阻的分度表见附录 10-2。

附录 10-2 Pt100 铂热电阻分度表

2）铜热电阻

铜热电阻也是常用的金属热电阻，铜材料容易提纯、加工，价格低廉，电阻温度系数比铂高，在 -50～150℃ 温度范围内，电阻温度特性接近线性关系。其主要缺点是铜电阻率低，体积大、热惯性大，而且容易氧化，稳定性较差，不宜在腐蚀性介质中使用，主要用于测量精度要求不高并且测温范围较窄的场合。

在 $-50 \sim 150℃$ 的温度范围内，铜热电阻与温度的关系为

$$R_t = R_0(1 + \alpha t) \tag{10.3.3}$$

式中：R_t——温度为 t 时的电阻值；R_0——温度为 $0℃$ 时的电阻值；α——铜的电阻温度系数，$\alpha = (4.25 \sim 4.28) \times 10^{-3} /℃$。

由式（10.3.3）可知，铜热电阻的电阻值与温度之间具有较好的线性关系。一般要求铜热电阻的百度电阻比 $W(100) \geqslant 1.425$，在 $-50 \sim 50℃$ 范围内温度测量精度为 $\pm 0.5℃$，$50 \sim 150℃$ 范围内温度测量精度为 $\pm 1\% t$。

目前，工业用标准铜热电阻的初始电阻 R_0 值主要有 50Ω 和 100Ω，即 Cu50 和 Cu100。

2．金属热电阻的结构

金属热电阻通常是将金属丝绕制在云母、玻璃、石英、陶瓷等绝缘骨架上，增加内引线和保护套管制成。保护套管内温度梯度大，内引线又位于保护套管内，因此，内引线需选用纯度高、不产生热电势的材料。

工业用铂热电阻的结构如图 10.3.1 所示，一般由直径为 $0.03 \sim 0.07\text{mm}$ 的铂丝绕在平板形云母骨架上，测量中低温时采用银线作为内引线，高温时采用镍丝作为内引线。铜热电阻的结构与铂热电阻相似，内引线一般用铜丝。内引线直径通常比热电阻丝的直径大很多，以减小内引线电阻的影响。

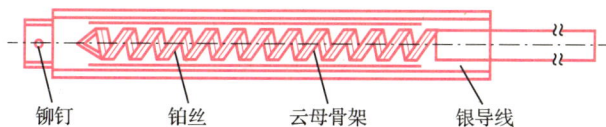

铆钉　　铂丝　　云母骨架　　银导线

图 10.3.1　工业用铂热电阻的结构

3．金属热电阻的测量电路

常采用电桥测量电路。热电阻的阻值通常很小，工业测量时热电阻安装在生产现场，距离控制室较远，需要考虑连接导线的电阻对测量结果的影响。目前，热电阻的接线方式主要有二线制、三线制和四线制。

1）二线制

二线制接线方式如图 10.3.2 所示，在热电阻感温元件的两端各连一根导线。假设每根导线的电阻为 r，则电桥平衡条件为

$$R_1 R_3 = R_2(R_t + 2r) \tag{10.3.4}$$

因此

$$R_t = \frac{R_1 R_3}{R_2} - 2r \tag{10.3.5}$$

如果仅用两根导线连接在热电阻的两端，导线电阻（假设每根导线的电阻为 r）与热电阻串联，测量结果包含导线电阻引起的误差 $2r$。导线电阻 r 随着环境温度变化，由此产生的误差极难修正，因此该方式适用于引线不长、测温精度要求不高，引线电阻远小于热电阻的场合。

2）三线制

为避免或减小导线电阻对测温结果的不利影响，工业热电阻普遍采用三线制接线方式，

即热电阻的一端接一根导线，另一端同时接两根导线，如图 10.3.3 所示，热电阻与电桥配合。与热电阻 R_t 相连的三根导线的直径和长度相同，电阻都为 r。一根串联在电桥电源上，对电桥的平衡无影响，另两根串联在电桥的相邻两臂上，相邻两臂的电阻值均增大 r。

电桥平衡时

$$(R_t + r)R_2 = (R_3 + r)R_1 \tag{10.3.6}$$

可求得

$$R_t = \frac{R_3 R_1}{R_2} + \left(\frac{R_1}{R_2} - 1\right)r \tag{10.3.7}$$

设计电桥时，若使 $R_1 = R_2$，则式（10.3.7）与 $r = 0$ 时的电桥平衡公式相同，说明电阻 r 不影响热电阻的测量结果。

> 🔔 **小提示**：以上结论仅在 $R_1 = R_2$ 和电桥平衡时成立。为消除热电阻感温元件与接线端子间的导线对测量结果的影响，需从热电阻感温元件根部引出导线，且引出的导线一致，以保证它们的电阻值相等。

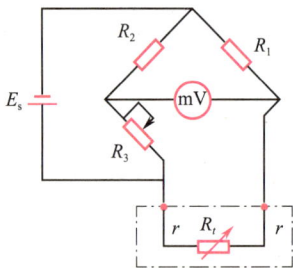

图 10.3.2 二线制接线方式   图 10.3.3 三线制接线方式

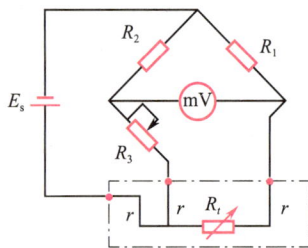

工业热电阻有时采用不平衡电桥指示温度，如动圈式仪表，三线制接线方式不能完全消除连接导线电阻 r 对温度测量结果的影响，但在一定程度上降低了其产生的干扰。因此，三线制接线方式可用于较长距离的工业测量，但精度不高。

例 10-3 利用 Pt100 的铂热电阻测量温度，对测温精度要求较低，采用图 10.3.2 所示的二线制接线方式，设电桥电源为 10V，引线电阻 R_1、R_2 的阻值均为 1000Ω，R_3 阻值为 100Ω，$r = 5Ω$，被测温度为 300℃时，二线制接线方式引起的相对误差为多少？

解：$t = 300℃$ 时，铂热电阻的阻值为

$$R_t = R_0(1 + At + Bt^2)$$
$$= 100 \times (1 + 3.91 \times 10^{-3} \times 300 - 5.78 \times 10^{-7} \times 300^2)$$
$$\approx 212.1Ω$$

① 采用二线制接线方式，输出电压为

$$U_1 = \left(\frac{R_t + 2r}{R_1 + R_t + 2r} - \frac{R_3}{R_2 + R_3}\right)E_s$$
$$= \left(\frac{212.1 \times 5}{1000 + 212.1 + 2 \times 5} - \frac{100}{1000 + 100}\right) \times 10 \approx 908.3\text{mV}$$

② 采用三线制接线方式，引线电阻不会引起误差，其输出电压为

$$U_2 = \left(\frac{R_t + r}{R_1 + R_t + r} - \frac{R_3 + r}{R_2 + R_3 + r} \right) E_s$$

$$= \left(\frac{212.1 \times 5}{1000 + 212.1 + 2 \times 5} - \frac{100 + 5}{1000 + 100 + 5} \right) \times 10 \approx 833.5 \text{mV}$$

③ 二线制接线方式引起的相对误差为

$$\gamma = \frac{U_1 - U_2}{U_2} \times 100\% = \frac{908.3 - 833.5}{833.5} \times 100\% \approx 9\%$$

由计算结果可知，在实际测量中二线制接线方式测量误差较大。

3）四线制

在精密测量中，热电阻测量电路多采用四线制接线方式，如图 10.3.4 所示，热电阻两端各用两根导线连到仪表上。

图中 I 为恒流源，测量仪表 V 通常采用直流电位差计，热电阻引出的 4 根导线电阻分别为 r_1、r_4、r_2、r_3，分别接入电流和电压回路，电流导线上 r_1、r_4 引起的电压降不在测量范围内，而电压导线上虽有电阻但无电流（电位差计测量时不取用电流，认为内阻无穷大），所以 4 根导线的电阻对测量都没有影响。

热电阻的阻值可由测得的电压和恒流源的电流求出，即

$$R_t = \frac{U}{I} \tag{10.3.8}$$

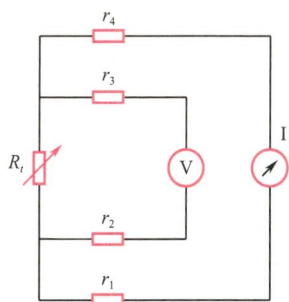

图 10.3.4　四线制接线方式

> **小总结**：四线制接线方式和电位差计配合测量热电阻是比较完善的方法，能消除连接导线电阻对测量结果的影响。如果恒流源电流稳定，四线制接线方式测量精度很高，多用于标准铂热电阻或实验室；若流过金属电阻的电流过大（≥10mA），将产生较大的热量，影响测量精度。

5. 热电阻的应用——基于铂热电阻的高温检测系统

利用铂热电阻可实现高温、高精度测量，采用恒压源激励的三线制惠斯通电桥差分放大测量电路，如图 10.3.5 所示。通过优化电路参数使电压变化范围最大，利用二阶压控低通滤波电路抑制电路噪声对抽样信号的影响，得到准确的电压值，计算出铂热电阻的阻值变化。

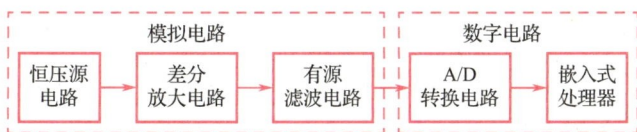

图 10.3.5　铂热电阻高温、高精度测量电路系统框图

1）恒压源电路

恒压源电路为惠斯通电桥差分放大电路提供电压，输出电压的稳定性是恒压源电路设计的重要标准。恒压源电路如图 10.3.6 所示，输入电压为低功率、低飘移的 REF3030 芯片产生基准电压，输出电压为 0.3V，Pt100 型热电阻耗散功率不超过 0.1mW。

系统输入电压 $U_i = 3V$，输出电压满足

$$U_o \approx -\frac{R_{f1}}{R_1} \cdot \frac{R_{f2}}{R_2} \cdot U_i$$

2）惠斯通电桥差分放大电路

采用三线制线方式将铂热电阻接入惠斯通电桥，如图 10.3.7 所示，测量两桥臂电压差，通过计算得出铂热电阻的变化值，由于两桥臂都有引线电阻，所以引线电阻所产生的误差相互抵消，不会对电压差产生影响。

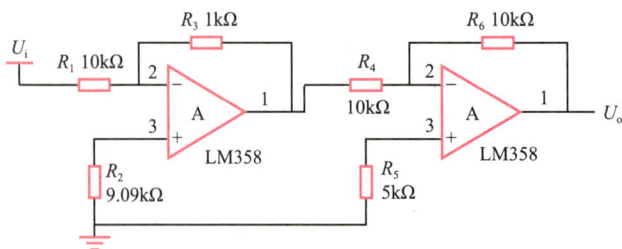

图 10.3.6　恒压源电路

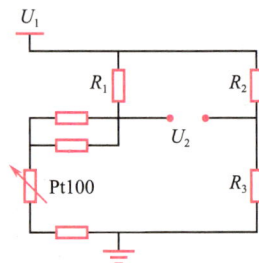

图 10.3.7　惠斯通电桥电路

电桥差分电压 $U_2 = \left(\dfrac{R_1}{R_3 + R_t} - \dfrac{R_2}{R_2 + R_3} \right) U_1$。

放大电路选用 AD623，电路简单、稳定，性能优越。

3）二阶压控滤波电路

采用二阶压控滤波电路提高滤波效率，噪声衰减率达到 –40dB / 十倍频。通过优化电路参数，该系统测量高温时，可减少电路干扰信号对测量结果的影响，测量误差在 ±0.5 ℃内。

10.3.2　半导体热敏电阻

半导体热敏电阻简称热敏电阻，它是基于半导体材料的电阻率随温度变化而变化的特性制成的温度传感元件。热敏电阻的特点：①电阻温度系数大、灵敏度高，可根据需要选择正温度系数或负温度系数的半导体材料；②电阻率大，可制成体积极小的电阻元件，热惯性小，适用于测量点温、表面温度及快速变化的温度；③结构简单、使用方便，可根据需要制成各种形状；④阻值与温度之间呈非线性关系，稳定性和互换性较差。

NTC 半导体热敏
电阻视频

1. 热敏电阻的类型

按照半导体电阻随温度变化的不同，热敏电阻有负温度系数（NTC）、正温度系数（PTC）和在某特定温度下电阻突然发生变化的临界温度系数（CTR）三种类型。

1）负温度系数（NTC）热敏电阻

NTC 热敏电阻的电阻率随温度的升高而急剧减小，采用负温度系数大的固体多晶半导体氧化物按一定比例混合后，烧结而成，如用锰、钴、镍、铁、铜等的金属氧化物，通过调整混合物的成分和配比，可得到具有不同测温范围、阻值及温度系数的 NTC 热敏电阻。

NTC 热敏电阻的负温度系数大，适合 –100～300 ℃的温度测量，广泛应用于点温、表面温度、温差的测量和温度自动控制场合。

2）正温度系数（PTC）热敏电阻

PTC 热敏电阻的电阻率随温度的升高而增大，温度超过某临界点时，电阻值急剧增加。这种电阻材料为半导体陶瓷材料，通常在强电介质钛酸钡材料中掺入微量稀土元素烧结而成。调整稀土元素掺杂量，可以调节 PTC 热敏电阻的使用温度范围，主要用于电气设备的过热保护、发热源定温控制、限流等场合。

3）临界温度系数（CTR）热敏电阻

CTR 热敏电阻具有负电阻突变特性，阻值在某特定温度可能发生急剧减小的情况，具有开关特性。它适合在较窄温度范围用作温度控制开关，如温度检测、过热保护、电流控制等。

CTR 热敏电阻是由钒、钡、锶、磷等元素氧化物的混合烧结体，通过调整还原环境中的氧化物，可改变电阻急剧变化的温度。

🔍 **小拓展**

我国科研团队研制出单根合金铒纳米线温度传感器

2023 年 3 月，我国高校科研团队在 *Light: Science & Applications* 杂志发表名为《Self-optimized Single-nanowire Photoluminescence Thermometry》的文章，文中展示了研究新成果：研制出可按照不同测温需求，对目标测温参数进行自优化的单根合金铒纳米线温度传感器，实现了 4～500K 的宽温区测量。

实验所用的发光材料为稀土硅酸盐合金纳米线，通过优化工艺得到单根纳米线，其极强的发光特性使单根纳米线足以作为测温的荧光物质，发出的谱线极窄，可测量极低温度和微小的温度变化。采集一帧光谱，可构建多个温度响应函数，通过计算机程序实现自优化温度响应函数的选择。该研究首次将测温函数的自优化选择和荧光测温结合，保证了大温度范围的最优温度测量。

---

2. 热敏电阻的特性

NTC 热敏电阻适合在稍宽的温度范围内用作测温元件，是目前使用最多的热敏电阻。下面主要讨论 NTC 热敏电阻的工作特性。

1）热电特性

NTC 热敏电阻的阻值与温度之间的关系近似符合指数规律，是热敏电阻测温的基础。在工作温度范围内，NTC 热敏电阻的电阻与温度的关系为

$$R_T = R_0 e^{B\left(\frac{1}{T} - \frac{1}{T_0}\right)} \tag{10.3.9}$$

式中：R_T ——被测温度为 T（K）时的电阻值；R_0 ——参考温度为 T_0（K）时的电阻值；B ——热敏电阻的材料常数，由实验获得，一般为 2000～6000K。

通常将参考温度为 $T_0 = 298K$（25℃）时的电阻值 R_{25} 称为热敏电阻的标称电阻值，则可形成 $R_T / R_{25} - T$ 特性曲线，即电阻-温度特性曲线。

热敏电阻的温度系数是其热电特性的重要指标，即热敏电阻在温度变化 1℃时电阻值的相对变化量，用 α_T 表示为

$$\alpha_T = \frac{1}{R_T} \frac{\mathrm{d}R_T}{\mathrm{d}T} = -\frac{B}{T^2} \tag{10.3.10}$$

可见，电阻温度系数 α_T 随温度的降低而迅速增大，NTC 热敏电阻的灵敏度很高。图 10.3.8

所示为 B 不同时 NTC 热敏电阻的电阻-温度特性曲线。可以看出，温度越高，阻值越小，特性曲线且有明显的非线性。

2）伏安特性

伏安特性是指热敏电阻两端的电压 U 和流过热敏电阻的电流 I 之间的关系。图 10.3.9 所示为 NTC 热敏电阻的典型伏安特性曲线：①线性区域 OA 段：流过热敏电阻的电流很小，伏安特性遵循欧姆定律，即电压与电流成正比；②非线性区域 AB 段：电流增大到一定值 I_a 后，热敏电阻自身发热，温度升高超过了环境温度，热敏电阻阻值下降；③非线性区域 BC 段：电压缓慢增大，电阻值随之缓慢下降；④电压峰值 C 点：电流继续增大，电流达到 I_m 时电压达到最大值 U_m；⑤非线性负阻区域 CD 段：电流继续增大，热敏电阻升温加剧，阻值迅速减小，其两端电压随电流的增大而降低，若电流持续增加超过热敏电阻的允许值，热敏电阻可能烧毁。

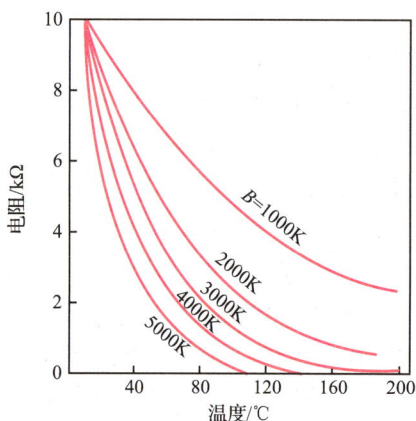

图 10.3.8　NTC 热敏电阻的电阻-温度特性曲线　　　　图 10.3.9　NTC 热敏电阻的典型伏安特性曲线

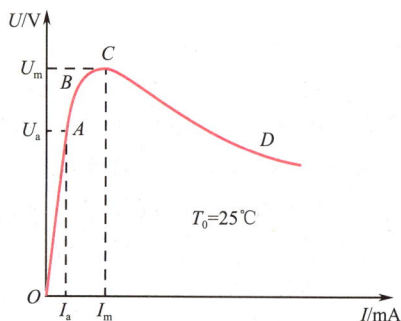

> 🔔 **小提示：** 实际测温时，尽量减小通过热敏电阻的电流，普遍选取伏安特性曲线中电流较小的线性区域 OA 段，使其自身温度接近于环境温度，电阻值视为恒定。

热敏电阻所能升高的温度与环境有关，若电流与周围介质温度恒定，热敏电阻的阻值取决于介质的流速、流量、密度等散热条件。基于该原理可利用热敏电阻测量流体的流速及介质的密度等。

热敏电阻间的互换性较差，其热电特性的非线性较大，影响测量精度。为了优化热敏电阻的性能，实际应用时常采用将热敏电阻与温度系数极小的电阻进行串、并联构成组合式热敏元件，在一定范围内可显著改善热电特性的线性度。另外，近年来还研制了多种线性型 NTC 热敏电阻，线性度和互换性均较好。

3．热敏电阻的结构

热敏电阻的结构简单，一般制成二端器件，也可制成三端或四端器件，其主要由热敏探头、引线和壳体等构成。为了适应多样化的应用场景，热敏电阻可加工成多种形态，如图 10.3.10 所示，包括片形、圆形、柱形、管形、杆形、珠状、锥状及针状等。部分热敏电阻的实物图如图 10.3.11 所示。采用玻璃、树脂或陶瓷封装，易于批量生产、价格低廉，应用范围越来越广。

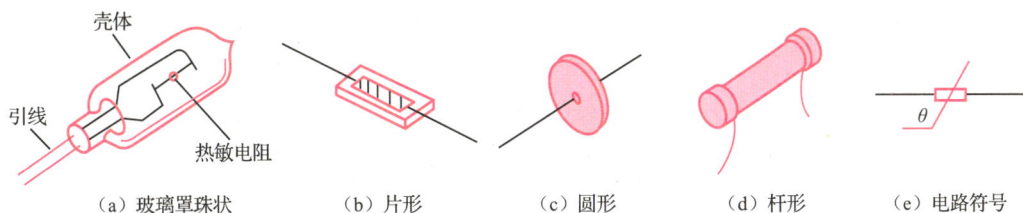

（a）玻璃罩珠状　　　（b）片形　　　（c）圆形　　　（d）杆形　　　（e）电路符号

图 10.3.10　热敏电阻的典型结构及电路符号

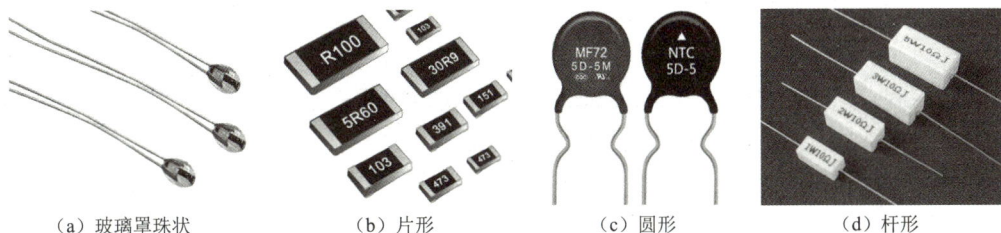

（a）玻璃罩珠状　　　　（b）片形　　　　（c）圆形　　　　（d）杆形

图 10.3.11　热敏电阻的实物图

4. 热敏电阻的测量电路

由于热敏电阻的阻值较大，连接导线电阻和接触电阻等的影响可以忽略不计，测量电路多采用电桥电路，如图 10.3.12 所示。热敏电阻 R_t 和三个固定电阻 R_1、R_2、R_3 组成电桥，R_4 为校准电桥的固定电阻，电位器 R_6 可调节电桥的输入电压。测量过程中，通过切换开关 S 的位置实现测量与校准的转换：①开关 S 处于位置 1 时，电阻 R_4 接入电桥，调节电位器 R_6 使电桥处于平衡状态；②开关 S 处于位置 2 时，电阻 R_4 被热敏电阻 R_t 代替，两者阻值不同，此时电桥输出电压发生变化。电桥输出电压与热敏电阻 R_t 的变化成比例，可由此计算出被测温度。

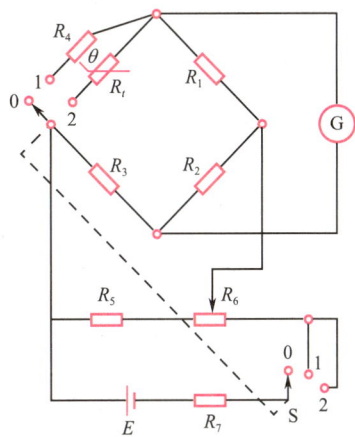

图 10.3.12　热敏电阻的测量电路

> **小总结**：①热敏电阻的阻值随温度改变显著，灵敏度高；②热敏电阻具有自热效应，即使微小的电流流过热敏电阻，也会产生明显的电压变化，引起测量误差。

5. 热敏电阻的应用

1）温度检测与控制

图 10.3.13 为移动设备电池的温度检测电路。智能手机等移动设备的电池组（锂离子电池）有"＋"端子、"－"端子及电池温度监测端子。充电时电池温度升高，NTC 热敏电阻 R_{t1} 温度随之升高，电阻值下降，当高于充电温度上限时，充电控制开关自动关闭，充电器停止充电。同时，电池组内的保护 IC 测量电池电压，防止过充电或过放电。NTC 热敏电阻 R_{t2} 用于测量环境温度。

2）温度补偿

NTC 热敏电阻的电阻值随温度的升高而减小，该特性可以用于温度补偿。例如，晶体管或晶振等电子元件因温度变化会出现不稳定，将热敏电阻嵌入电路中，利用其电阻值随温度上升而下降的特性，补偿电路的变动情况。图 10.3.14 所示为利用负温度系数热敏电阻 R_t 补偿晶体管温度特性的电路。温度升高，晶体管集电极电流 I_c 增大，热敏电阻 R_t 阻值减小，晶体管基极电位 U_b 下降，使基极电流 I_b 减小，从而实现稳定静态工作的目的。

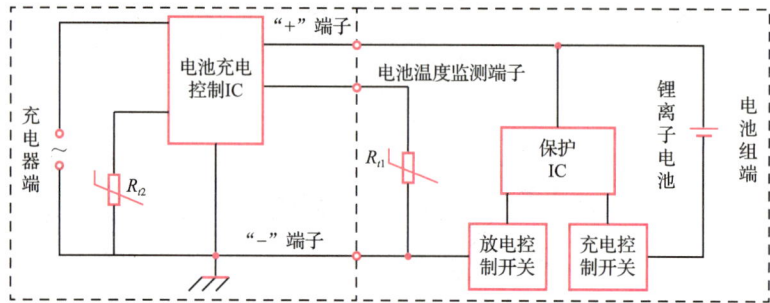

图 10.3.13　移动设备电池的温度检测电路

3）电机过热保护

利用 PTC 热敏电阻的特性可以对特定温度进行监控，如电机过热保护。电机运行过程中，若出现过载，电机容易因过热而损害其绕组的绝缘层，缩短电机的使用寿命。利用 PTC 元件实现电机过热保护的示意图如图 10.3.15 所示。三个 PTC 热敏电阻串联，与辅助继电器串联。电机正常运行时，PTC 热敏电阻处于低阻状态，控制主继电器吸合。一旦电机过热，PTC 热敏电阻突变为高阻状态，辅助继电器切断主继电器回路，从而切断电源，保护电机。

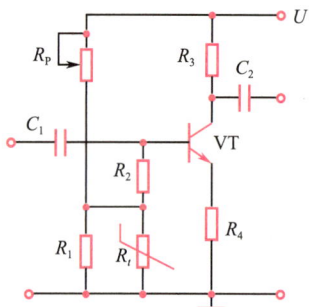

图 10.3.14　利用热敏电阻补偿晶体管温度特性的电路

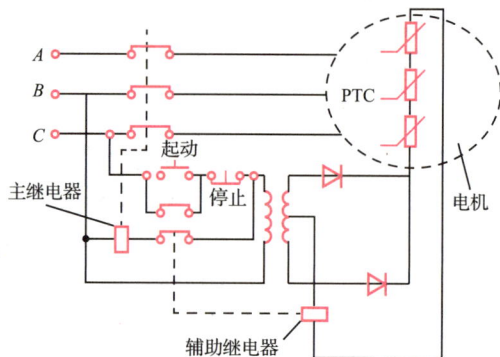

图 10.3.15　电机过热保护的示意图

> 💬 **小讨论**：图 10.3.16 中 R_{t1} 和 R_{t2} 是相同的热敏电阻，R_{t1} 放在管道内，R_{t2} 放在不受流体干扰的容器内，R_1、R_2 是普通电阻，4 个电阻组成电桥。请简述用热敏电阻测量管道内流体流量的基本原理。

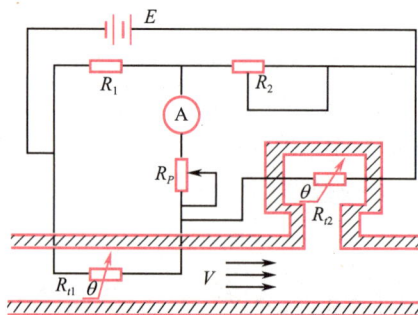

10.3 利用热敏电阻测管道流量讨论

图 10.3.16　利用热敏电阻测量流量

10.4　集成温度传感器

10.4　集成温度传感器课件

集成温度传感器是利用 PN 结的伏安特性与温度之间的关系研制成的一种固态传感器，自 20 世纪 80 年代以来在测温领域应用广泛。

10.4.1　集成温度传感器的测温原理

集成温度传感器是基于晶体管的 PN 结随温度变化产生漂移现象而制成的。如图 10.4.1 所示，晶体管发射极电流密度为

$$J_e = \frac{1}{a} J_S \left(e^{\frac{qU_{be}}{kT}} - 1 \right) \tag{10.4.1}$$

式中：U_{be}——基极和发射极之间的电位差；J_S——发射极反向饱和电流密度；a——共基极接法的短路电流增益。

通常 $a \approx 1$，$J_e \gg J_S$，将上式化简、取对数后得

$$U_{be} = \frac{kT}{q} \ln \frac{aJ_e}{J_S} \tag{10.4.2}$$

图 10.4.1　晶体管集成温度传感器

若图中两晶体管满足 $a_1 = a_2$，$J_{S1} = J_{S2}$，$J_{e1}/J_{e2} = \gamma$（γ 为 VT_1 和 VT_2 发射极面积比因子，由设计和制造决定，为一个常数），则两晶体管基极和发射极电位差 U_{be} 之差 ΔU_{be}，即 R_1 两端压降为

$$\Delta U_{be} = U_{be1} - U_{be2} = \frac{kT}{q} \ln \gamma \tag{10.4.3}$$

由式（10.4.3）可知，ΔU_{be} 正比于热力学温度 T，这就是集成电路温度传感器测温的基本原理。

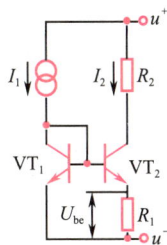

10.4.2　集成温度传感器的分类及特点

目前集成温度传感器主要分为三大类：电流输出型、电压输出型和数字输出型。

1.　电流输出型集成温度传感器

特点：①线性集成电路和与之相容的薄膜工艺元件集成在同一芯片上，通过激光修版微加工技术制造而成；②输出电流与热力学温度呈线性关系；③高输出阻抗，最高可达 $10M\Omega$，便于远距离测温；④可通过外接电阻将电流输出转换为电压输出。

最典型、最常用的电流输出型集成温度传感器为 AD590。

2.　电压输出型集成温度传感器

特点：①温度传感器与缓冲放大器集成在同一芯片上；②内部集成放大器，输出电压高，线性输出为 10mV/℃；③传感器输出阻抗低，不适合长距离测温，适合于工业现场温度测量。

LM135、LM235、LM335 系列是三端电压输出型集成温度传感器，其灵敏度为 10mV/K，工作温度范围分别是 −55～155℃、−40～125℃、−10～100℃。

3．数字输出型集成温度传感器

特点：①温度检测和 A/D 转换等电路集成在同一芯片上，直接输出数字量；②有单总线式、双总线式、三总线式等多种类型；③与单片机接口不需要外围元件，硬件电路结构简单；④抗干扰能力强，广泛应用于节点分布多的测温场合。

数字输出型集成温度传感器种类丰富，如单总线数字温度传感器 DS18B20、双总线数字温度传感器 MAX6635、三总线数字温度传感器 DS1722 等。

🔍 小拓展

国产量子计算超低温温度传感器研制成功

来源：光明日报，2023 年 5 月 22 日

2023 年，国产量子计算超低温温度传感器研制成功，并已应用于国产量子计算机。该超低温温度传感器完全自主研发，支持实时温度检测，测量精度高。

量子芯片作为量子计算机的核心元器件，在运行过程中对温度环境要求极为苛刻，因此实时监测量子芯片运行的温度环境对量子计算机系统的稳定运行至关重要，这款传感器相当于"量子芯片温度计"。我国成功研发的国产超低温温度传感器，标志着我国在极端低温条件下的温度测量技术已跻身国际先进行列，为实现量子计算机的全面自主可控发展奠定了坚实基础。

10.4.3 三种典型集成温度传感器

1. 电流输出型——AD590

AD590 是 3 引脚的精密感温器件，它有 I、J、K、L 和 M 等型号，该系列传感器的封装及引脚如图 10.4.2 所示，其中，I_o 是电流输出端，U_S 是电源端，GND 是接地端。

1）伏安特性

AD590 的伏安特性曲线如图 10.4.3 所示，U 为作用于 AD590 两端的电压，I 为随温度变化的输出电流值。由图可见，工作电压为 4～30V 时，该器件为一个温控电流源，电流值与 T 成正比，即

$$I = k_T T \tag{10.4.4}$$

式中：k_T——标定因子，在器件制造时已标定，每摄氏度对应 1μA。

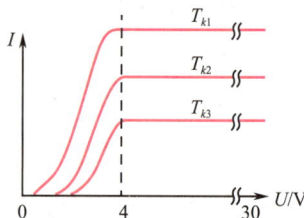

图 10.4.2　AD590 的封装及引脚　　图 10.4.3　AD590 的伏安特性曲线

2）温度特性

图 10.4.4 为 AD590 的温度特性曲线，在-55～150℃测温范围内，有较好的线性度，若略

去非线性项，则

$$I = (k_T t + 273.2) \mu A \qquad (10.4.5)$$

式中，t——摄氏温度。

3）基本温度检测电路

如图 10.4.5 所示，将 AD590 与 1kΩ 电阻串联，即得到基本温度检测电路，将传感器的电流输出转换为电压输出。在 1kΩ 电阻上得到正比于热力学温度的输出电压，其灵敏度为 1mV/K。

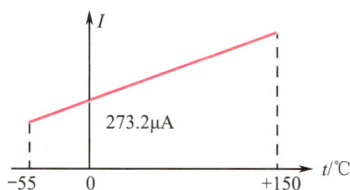

图 10.4.4　AD590 的温度特性曲线

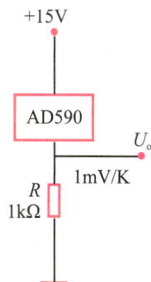

图 10.4.5　AD590 基本温度检测电路

2. 电压输出型——LM135

1）基本结构及引脚

电压输出型集成温度传感器内部的基本结构包括感温元件和运算放大器。图 10.4.6（a）和图 10.4.6（b）分别给出了 LM135 的两种封装接线图。其中，U_o 是电压输出端，U_S 是电源端，GND 为接地端。

2）测量电路

将传感器作为两端器件与一个电阻串联，加上适当的电压，如图 10.4.7 所示，便可得到灵敏度为 10mV/K、正比于热力学温度的输出电压。

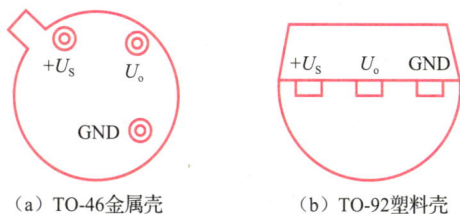

（a）TO-46金属壳　　（b）TO-92塑料壳

图 10.4.6　LM135 的封装接线图

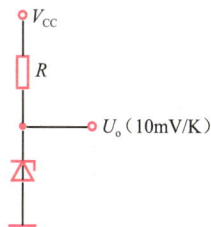

图 10.4.7　LM135 基本温度检测电路

3. 数字输出型——DS18B20

DS18B20 为数字输出型集成温度传感器，将温度信号直接转换成串行数字信号。

1）DS18B20 引脚及功能

单总线数字输出型集成温度传感器 DS18B20 有 PR-35 封装和 SOIC 封装两种形式，以适应不同应用需求，引脚排列如图 10.4.8 所示。DS18B20 封装后体积小巧、耐磨耐碰、使用方便，具有多样化的封装形式，适用于狭小空间设备的数字测温和控制领域。

引脚功能：GND——接地线；I/O——数据输入/输出引脚；VDD——电源引脚。

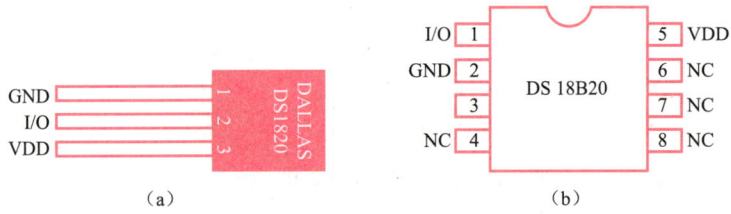

图 10.4.8　DS18B20 的引脚排列

2）DS18B20 的特性

（1）单线接口方式，如图 10.4.9 所示，只需一个 I/O 口即能实现 DS18B20 与单片机的双向通信；

（2）实际使用中无须任何外围元件，DS18B20 测量结果以 9～12 位数字量方式串行传送；

（3）工作电源：3.0～5.5V/DC（可用数据线作为电源）；

（4）测温范围为-55～+125℃，在-10～+85℃时精度为±0.5℃；

（5）输出分辨率为 12 位时，最大转换时间为 750ms；

（6）每片 DS18B20 对应唯一的序列号，一条总线可挂接多个 DS18B20，构成多点温度检测系统，如图 10.4.9 所示；

（7）每片 DS18B20 都具有全球唯一的 64 位序列号编码，据此可灵活组建测温网络。

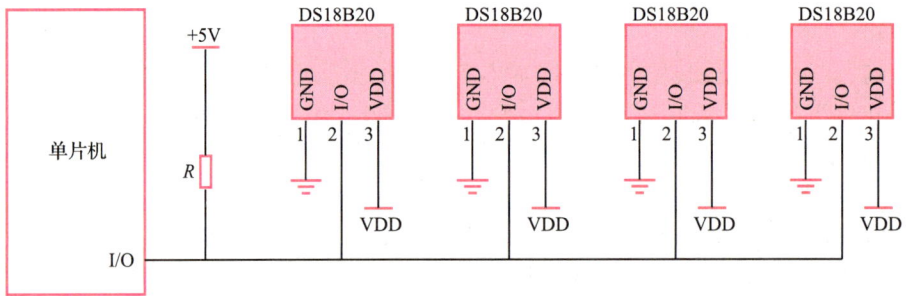

图 10.4.9　一条总线挂接多个 DS18B20 的连线图

10.4.4　集成温度传感器的应用

1. 总体设计方案

图 10.4.10 为温度测控系统总体设计方案，包含 AD590 温度传感器、放大器、A/D 转换器、主控制器、液晶显示、报警电路及串口通信等模块。

图 10.4.10　系统总体设计方案

2. AD590 温度采集及信号放大电路

为得到与温度对应的 0～5V 电压信号及较高的测量精度,温度传感器 AD590 采用分压式电路输出,如图 10.4.11 所示,经电压跟随器后通过差分运放电路对信号进行放大。在差分运放电路中调节电位器 R_5,使反相输入电压为 2.73V,输出电压为 $0.1t$(t 的单位为摄氏度)。

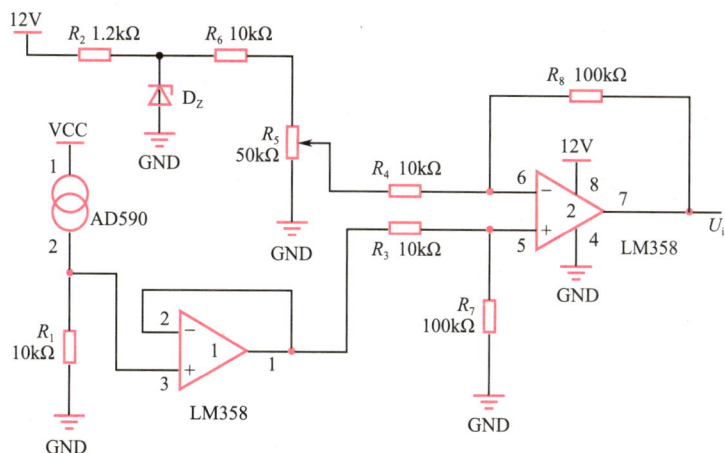

图 10.4.11　AD590 温度采集模块电路

小讨论:DS18B20 温度传感器与 AD590 温度传感器的工作原理和输出信号有什么不同?如何用 DS18B20 实现多点测温?

10.4 集成温度传感器讨论

10.5　工程应用案例——电子体温计批量动态检定用恒温槽

10.5.1　工程背景

电子体温计用于准确测量人体温度,是防疫筛查和疾病治疗监测的基础医疗器具,需按国家或国际计量检定校准规范进行温度计量特性检定,检定合格方能进入市场,传统检定方法效率低、成本高,现有恒温槽无法满足批量动态检定要求。为保障体温计质量与计量准确,需研发大容量恒温槽的自动检定装备。

10.5.2　电子体温计批量动态检定流程

图 10.5.1 为电子体温计批量检定流程。两条机械执行机构带动电子体温计进入温场检定;部署于温场的温度传感器上传温场标准数据至上位机并进行数据融合;液位补偿装置实现液位动态平衡,使电子体温计温度探头插入深度满足检定要求;温度检定后的电子体温计利用机器视觉完成示值检测;将示值检测结果与温场标准数据融合结果进行比对,完成电子体温计的合格性判定。

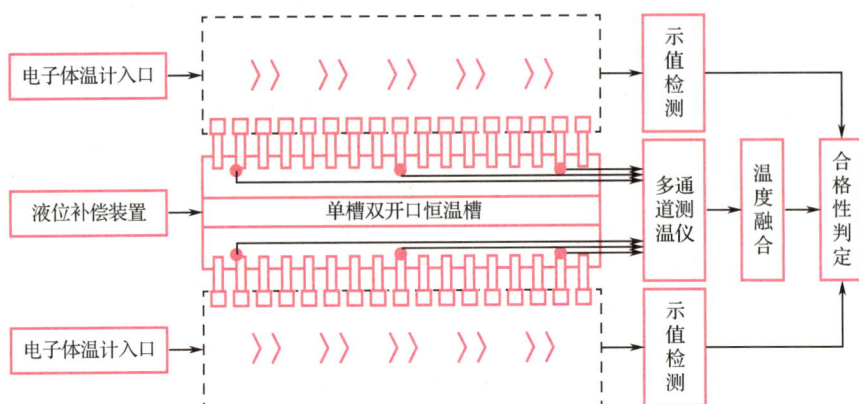

图 10.5.1　电子体温计批量动态检定流程

10.5.3　测试系统

　　电子体温计批量动态检定系统由恒温槽、测量装置、检定器具和数据采集系统组成。恒温槽采用单槽双开口结构，中间架固定标准器和测量装置；测量装置包括二等标准铂电阻温度计和工业铂电阻温度计，用于采集温场温度；检定器具包括标准铂电阻温度计、电测设备与恒温槽，电测设备与计量标准器配备使用，实现物理量与数字量的转换，得到温场标准温度；数据采集系统包括 F200 测温仪和 PC，测温仪通过 232 串口与 PC 连接，PC 利用 LabVIEW 编写上位机测温程序。

　　根据 JJG 1162—2019 等医用电子体温计检定校准规程规范，按照检定用水槽恒温工作区域的温差和波动性要求，参照 JJF 1030—2010 恒温槽技术性能测试规范，对水槽温场分布和温差特性及工作区域的温度波动性，分别进行了空载实验和动态检定运行实验，确定水槽的检定用工作区域内的温差和波动性能满足规程规范要求。为保证被检体温计浸入深度满足检定规程要求，设计液位动态平衡方法与装置，实验验证该液位补偿方法不仅可实现液位动态平衡，而且对温场干扰较小。

10.5.4　测试过程及结果分析

　　恒温槽性能验证：将恒温槽温度设定为 37℃，利用 LabVIEW 测温程序采集两通道温度数据，采样速率为 3s/通道，实验时间超过 1h，数据实时保存至 Excel 中。将 WZPB-2-1 作为固定温度计，WZPB-2-2 作为移动温度计，通过计算移动温度计 10min 内采集温度数据的最大值、最小值之差确定波动性，计算移动温度计与固定温度计在 10min 内的均值之差确定均匀性。图 10.5.2 为恒温槽性能测试传感器布置示意图。实验结果表明，恒温槽在上水平面的 A_1～F_2 共 12 个位置处的温度波动及整个温场的均匀性均满足检定规程要求；将恒温槽温度设定为 37℃，模拟电子体温计批量动态检定过程，将 17 支电子体温计依次装载入电子体温计夹具内进行温场划动检定，推进速度为 3s/格，2min 为一组，共 5 组实验。通过计算三个不同点处 10min 内采集温度数据的最大值、最小值之差确定波动性，计算三点处 10min 内采集温度均值的最大值、最小值之差确定均匀性。实验结果表明，恒温槽在上水平面三点处的波动性和最大温差均满足恒温槽测试规范和医用体温计检定规程提出的技术性能指标，表 10.5.1 为恒温槽空载工况温场性能。

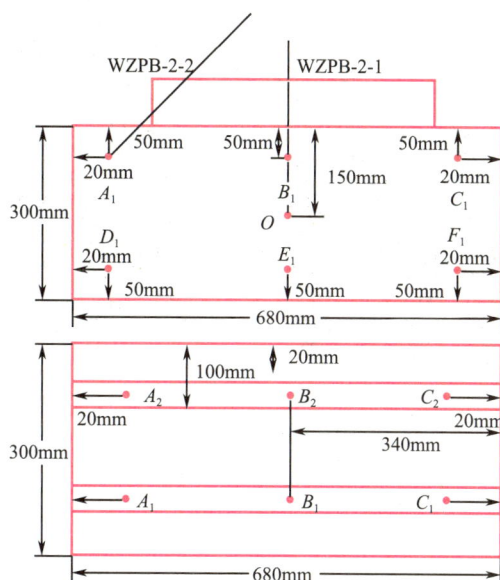

图 10.5.2　恒温槽性能测试传感器布置示意图

表 10.5.1　恒温槽空载工况温场性能

测 温 点	温场波动性/℃	相对 O 点温差/℃	水平均匀性/℃	温场均匀性/℃
A_1	0.012	0.008		
A_2	0.02	0.004		
B_1	0.008	0.002	0.007	
B_2	0.014	0.004	（上水平面）	
C_1	0.015	0.001		
C_2	0.016	0.004		0.007
D_1	0.009	0.004		
D_2	0.015	0.002		
E_1	0.008	0.001	0.003	
E_2	0.012	0.003	（下水平面）	
F_1	0.009	0.002		
F_2	0.011	0.002		

　　液位动态平衡分析：通过实验量化温度蒸发量和电子体温计附着流失量对液位高度的影响。图 10.5.3 为恒温槽液位补偿工况温场各点的变化情况，表 10.5.2 为恒温槽液位补偿工况温场性能。设计液位补偿实验，验证滴灌式液位补偿方式的有效性。将恒温槽初始高度设置为 298mm，温度设定为 37℃，待恒温槽达到设定温度并且稳定 10min 后开始实验。前 10min 不进行液位补偿，后 50min 开始进行液位补偿，补偿水温为 22℃，液位补偿速率设定为 0.15ml/s。实验结果表明，在设定温度 37℃下，离液位补偿装置最近的 C_1 点处的波动性 1h 的实验过程中最大为 0.017℃/10min，满足波动性不大于 0.02℃/10min 的检定要求，其余 5 个测点处的波动性也满足检定要求，均匀性保持在 0.006℃左右，满足均匀性不大于 0.02℃检定要求，说明该补偿速率可实现液位动态平衡，且对温场干扰较小。

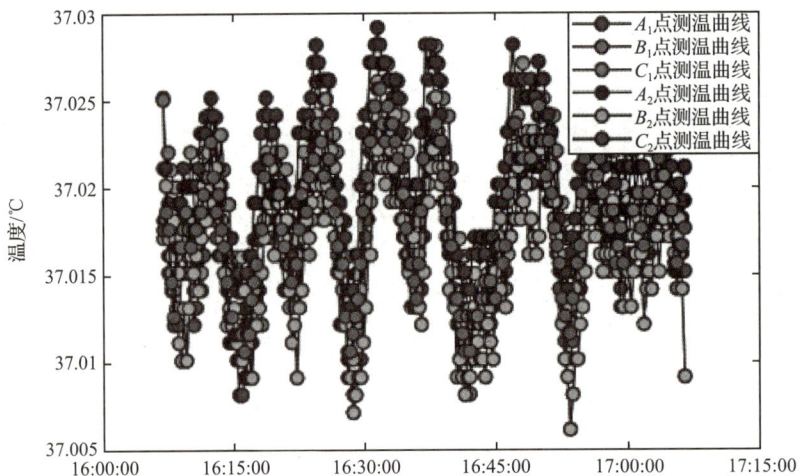

图 10.5.3　恒温槽液位补偿工况温场各点的变化情况

图 10.5.3 恒温槽液位补偿工况温场各点变化情况彩图

表 10.5.2　恒温槽液位补偿工况温场性能

时 间 段	A_1 波动性/℃	B_1 波动性/℃	C_1 波动性/℃	A_2 波动性/℃	B_2 波动性/℃	C_2 波动性/℃	均匀性/℃
0～10min	0.013	0.012	0.017	0.012	0.012	0.012	0.005
10～20min	0.009	0.013	0.009	0.012	0.012	0.009	0.006
20～30min	0.014	0.017	0.015	0.013	0.016	0.015	0.006
30～40min	0.015	0.017	0.012	0.015	0.014	0.013	0.006
40～50min	0.012	0.016	0.012	0.011	0.013	0.013	0.006
50～60min	0.006	0.01	0.005	0.007	0.007	0.006	0.006

电子体温计示值检测合格性判定：模拟检定工况，将 10 支电子体温计分别装入体温计装载支架，进入恒温槽完成 40s 的温度检定，每一批次电子体温计示值比对用标准温度由 Bayes（贝叶斯）估计融合得到，通过工业相机对电子体温计温度显示屏示数进行拍摄并上传至上位机进行字符识别，同时用人眼对示值结果进行判读，将识别结果与标准温度比对完成电子体温计合格性判定，共进行 10 轮实验。实验结果中识别准确率为 96%，满足企业要求。10 个批次检定结果误差均在 0.1℃以内，如表 10.5.3 所示，表明电子体温计的温度显示功能符合检定规程要求。

表 10.5.3　电子体温计合格性判定结果

批 次	每批次示值最大误差	每批次示值最小误差	批次是否合格？	不合格电子体温计编号
1	0.085℃	0.015℃	合格	—
2	0.08℃	0.02℃	合格	—
3	0.083℃	0.017℃	合格	—
4	0.082℃	0.018℃	合格	—
5	0.087℃	0.013℃	合格	—
6	0.087℃	0.013℃	合格	—
7	0.081℃	0.019℃	合格	—

续表

批　　次	每批次示值最大误差	每批次示值最小误差	批次是否合格？	不合格电子体温计编号
8	0.081℃	0.019℃	合格	—
9	0.083℃	0.017℃	合格	—
10	0.08℃	0.02℃	合格	—

本章知识点梳理与总结

1．介绍了温度测量的基本概念、温度传感器的类型及特点；

2．重点介绍了热电偶测量原理、冷端温度补偿及测量电路，并介绍了热电偶的典型应用；

3．介绍了常用金属热电阻及半导体热敏电阻的类型与结构，介绍了热电阻和热敏电阻的工作原理、测量电路及其应用；

4．介绍了集成温度传感器的测温原理，三种典型的集成温度传感器特性、测量电路及其应用；

5．工程应用案例——电子体温计批量动态检定用恒温槽。

本章自测

第 10 章在线自测

思考题与习题

第 10 章思考题与习题答案及解析

1．填空题

10-1　热敏电阻：利用半导体的＿＿＿＿随着温度变化而变化的特性制成的＿＿＿＿敏感元件。

10-2　热电偶的工作原理：热电偶的两个接点，一个为＿＿＿＿，另一个为＿＿＿＿。当它们＿＿＿＿时，热电偶回路产生热电势。该热电势的大小与两电极的＿＿＿＿和＿＿＿＿有关。

2．简答题

10-3　请解释热电效应、接触热电势、温差热电势。

10-4　请阐述热电偶测温的基本原理。

10-5　热电偶测温回路的热电势由哪两部分组成？由同一种导体组成的闭合回路能产生热电势吗？

3．计算分析题

10-6 使用某热电偶，热端温度保持不变，在冷端温度分别为 0℃和 20℃时，测得输出热电势分别为 12.73mV 和 10.22mV，试求该热电偶冷端温度为 0℃、热端温度为 20℃时，输出热电势为多少？

10-7 某热电偶冷端温度为 0℃，热端温度为 20℃时，输出热电势为 2.51mV，若该热电偶在 0～20℃具有线性关系，试求：

（1）热电偶冷端温度为 0℃、热端温度为 6℃的输出热电势。

（2）若实测热电偶相对于冷端温度为 0℃的输出热电势为 1.57mV，求热端温度。

10-8 题 10-8 图为一种测温范围为 0～100℃的热电阻测温电桥电路，其中，R_s 为常值电阻；$R_t = 200(1+0.01t)$ kΩ 为感温热电阻；$R_0 = 200$ kΩ；U_o 为输出电压；U_i 为工作电压。

（1）若要求 0℃时电路为零位输出，常值电阻 R_s 取多少？

（2）若要求该电路的平均灵敏度达到 15mV/℃，工作电压 U_i 取多少？

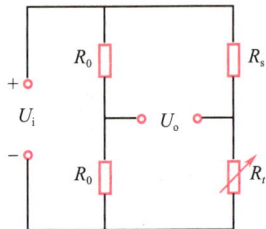

题 10-8 图　一种热电阻测温电桥电路

10-9 一热敏电阻，假设其 B 值为 2900K，若冰点电阻为 500kΩ，试问 100℃时，该热敏电阻阻抗为多少？

10-10 用 K 型热电偶测某一温度 T，冷端在室温环境 T_0 中，测得热电势 $E_A(T,T_0) = 39.17$mV，又用室温计测出 $T_0 = 30$℃，查此种热电偶的分度表可知 $E_{AB}(30,0) = 1.20$mV，求 $E_{AB}(T,0)$。

10-11 用铜-康铜热电偶测某一温度 T，冷端在室温 25℃环境中，测得热电势 $E_{AB}(T) = 1.961$mV，求温度 T 为多少？

10-12 如题 10-12 图所示，用两只 K 型热电偶相连实现测量两点温度差。已知 $T_1 = 420$℃，$T_0 = 30$℃，测得两点的温差热电势为 15.24mV。若 $T_2 < T_1$，试求：

（1）两点的温度差；

（2）若用于测量温度的那只热电偶，误用成 E 型热电偶，其他不变，求两点的实际温度差。

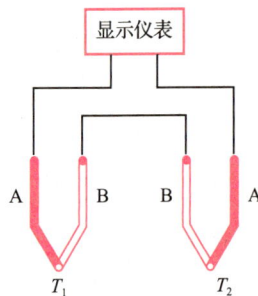

题 10-12 图　热电偶测温

10-13 假设一铜热电阻 Cu100，其百度电阻比 $W(100) = 1.42$，试问：

（1）用该热电阻测量 50℃温度时，其电阻为多少？

（2）若测温时铜热电阻阻值为 92Ω，被测温度为多少？

10-14 题 10-14 图为典型的热电阻测温电桥电路，其中 R_B 为可调电阻；$R_t = R_0(1+0.05t)$ 为感温热电阻；U_i 为工作电压。该电桥始终处于平衡状态，通过调节电阻 R_B 的大小反映所测温度；适用于缓慢变化的温度测量；测量过程受电源波动影响小，抗干扰能力较强。

（1）电路中的 G 代表什么？若要提高测温灵敏度，G 的内阻取大些好，还是小些好？

（2）若测温范围为 0～200℃，请求出调节电阻 R_B 随温度变化的关系及其范围。

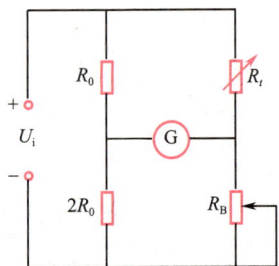

题 10-14 图　典型的热电阻测温电桥

第11章

磁电式传感器及应用案例

　　磁电感应式传感器和霍尔传感器均可用于磁场测量。磁电感应式传感器利用电磁感应原理，将磁场变化转换为电信号，适用于动态测量。霍尔传感器利用霍尔效应，将磁场变化转换为电信号，广泛应用于磁感应强度、位移、转速、电流和电压等物理量的测量。

学习要点

1. 掌握磁电感应式传感器的工作原理；
2. 了解磁电感应式传感器的应用；
3. 掌握霍尔效应；
4. 掌握霍尔元件的测量误差及其补偿方法；
5. 了解霍尔传感器的应用及工程应用案例。

知识图谱

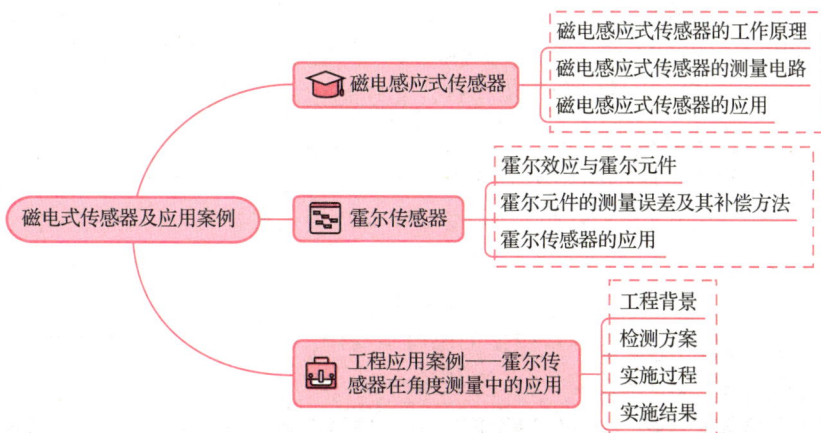

11.1 磁电感应式传感器

11.1 磁电感应式传感器课件

磁电感应式传感器基于电磁感应原理，无须外部电源即可将被测量转换为电信号，属于有源传感器。其结构简单，性能稳定，输出阻抗低，频率响应范围通常为 $10\sim1000\text{Hz}$，适用于多种应用场合。

根据电磁感应原理，通电线圈产生的感应电动势 e 与通过线圈的磁通量变化率和线圈匝数成正比，即

$$e = -W\frac{\mathrm{d}\varphi}{\mathrm{d}t} \tag{11.1.1}$$

式中：W——线圈匝数；φ——通过线圈的磁通量。

式（11.1.1）中负号表示感应电动势的方向遵循楞次定律，即与磁通量变化方向相反。线圈的匝数不变，感应电动势取决于磁通量变化率，而磁通量变化率与磁感应强度、磁路磁阻及线圈相对磁场运动速度等因素有关。

> 📖 **小知识**：楞次定律用于判断感应电流的方向，感应电流的磁场总要阻碍引起感应电流的磁通量的变化。

根据工作原理不同，磁电感应式传感器分为恒定磁通式和变磁通式。

11.1.1 磁电感应式传感器的工作原理

1. 恒定磁通磁电感应式传感器

恒定磁通磁电感应式传感器的结构有动圈型和动铁型两种，如图 11.1.1 所示。动圈型磁电感应式传感器又可分为线速度型和角速度型。动圈型恒定磁通磁电感应式传感器中的运动部件为线圈，线圈通过弹簧与金属骨架相连，永久磁铁固定在传感器的壳体上。在动铁型磁电感应式传感器中，磁铁为运动部件，由弹簧支撑，线圈、金属骨架和壳体均保持相对静止。

恒定磁通磁电感应式传感器的工作原理：置于恒定磁场中的线圈相对于磁铁发生位移，线圈切割磁力线产生感应电动势，感应电动势大小与线圈的相对运动速度成正比。图 11.1.1（a）所示为线速度型恒定磁通磁电感应式传感器，弹簧片发生变形，线圈在恒定磁场中直线运动，切割磁力线。线圈运动方向与磁场方向垂直，根据法拉第电磁感应定律，该过程产生的感应电动势为

$$e = -WBlv \tag{11.1.2}$$

式中：W——有效线圈匝数；B——磁场的磁感应强度；l——单匝线圈有效长度；v——线圈与磁场的相对运动速度。

传感器结构参数确定后，有效线圈匝数 W、磁场的磁感应强度 B、单匝线圈有效长度 l 为定值，感应电动势 e 与线圈相对运动速度 v 成正比。将测得的速度进行微分或积分运算，可得到物体的加速度或位移。

（a）动圈型（线速度型）　　　　（b）动圈型（角速度型）　　　　（c）动铁型

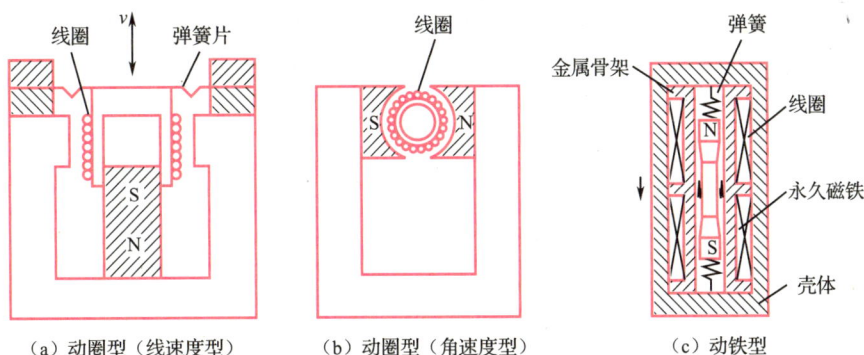

图 11.1.1　恒定磁通磁电感应式传感器的结构示意图

2. 变磁通磁电感应式传感器

变磁通磁电感应式传感器的工作原理如图 11.1.2 所示，线圈和永久磁铁静止，运动导磁材料部件改变磁路气隙，从而改变磁路磁阻。随着磁阻变化，磁路磁场强度随之改变，在线圈中产生交变的感应电动势。变磁通磁电感应式传感器结构简单、使用方便，但输出信号较小，可用于测频数、偏心、转速和振动等。

（a）测频数　　　　　　　　　　　（b）测偏心

（c）测转速　　　　　　　　　　　（d）测振动

图 11.1.2　变磁通磁电感应式传感器的工作原理

11.1.2　磁电感应式传感器的测量电路

磁电感应式传感器线圈产生的感应电动势通过电缆连接至电压放大器，其等效电路如图 11.1.3 所示。其中，e 为线圈产生的感应电动势，Z 为线圈的等效阻抗，R_L 为包括放大电路输入电阻在内的负载电阻，C_e 为电缆的分布电容，R_e 为电缆电阻。实际应用中，由于 R_e 相对较小，可以忽略不计，则等效电路的输出电压为

$$e_0 = e \frac{1}{1 + \dfrac{Z}{R_L} + j\omega C_e Z} \tag{11.1.3}$$

如果电缆较短，C_e 可以忽略不计；若使 $R_L \gg Z$，上式可进一步简化为 $e_0 \approx e$。

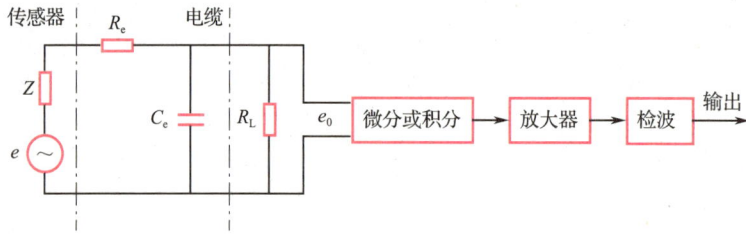

图 11.1.3　磁电感应式传感器的等效电路

11.1.3　磁电感应式传感器的应用

1. 磁电感应式转速传感器

磁电感应式转速传感器如图 11.1.4 所示，主要由永久磁铁、线圈和齿盘组成。在永久磁铁构成的磁路中，磁路气隙发生变化，磁路磁阻随之改变，导致通过线圈的磁通量变化，线圈内产生一定幅值和脉冲的电动势，脉冲电动势的频率与磁路气隙变化频率相同。

在待测轴上安装由软磁材料制成的齿盘可实现磁路气隙变化。待测轴旋转，齿盘上的齿和齿隙交替穿过永久磁铁产生的磁场区域，周期性地改变磁路的磁阻，导致线圈内磁通量周期性变化，产生脉冲感应电动势。该感应电动势的频率与待测轴的转速成正比。线圈产生感应电动势的频率为

$$f = \frac{nz}{60} \qquad (11.1.4)$$

式中：f——感应电动势的频率，单位为 Hz；n——待测轴转速，单位为 r/min；z——齿盘的齿数。

若齿盘齿数 $z=60$，由式（11.1.4）可知 $f=n$，只需要测量感应电动势频率便可得到被测轴转速。

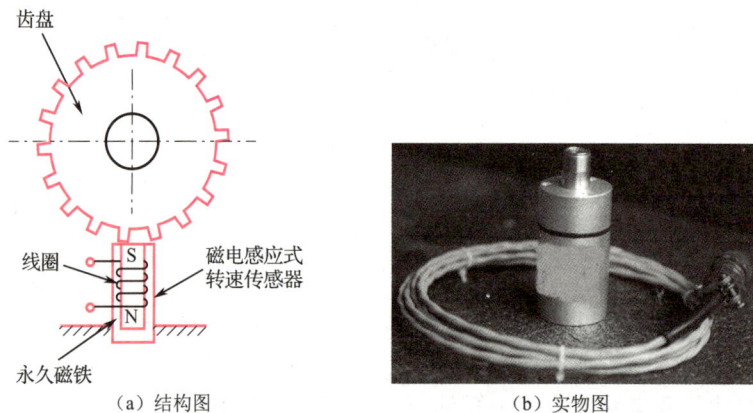

（a）结构图　　　　（b）实物图

图 11.1.4　磁电感应式转速传感器

例 11-1　如图 11.1.5 所示，已知齿盘的齿数 $Z=36$，磁电感应式转速传感器输出电动势的频率 $f=72\text{Hz}$，试求：

（1）被测轴的转速 n（r/min）为多少？

（2）上述情况下，如果计数装置的读数误差为±1 个数字，最大转速误差是多少？

解：（1）测量时，齿盘随被测轴转动，每转过一个齿，传感器磁路磁阻变化一次，磁通量随之变化一次。因此，线圈感应电动势的频率 f 等于齿数 Z 与转速 n 的乘积，即 $f=nZ/60$，$n=60f/Z=60\times72/36=120$（r/min）。

（2）频率计的计数装置读数误差为±1 个数字，对应的角位移为±1/Z 转=±1/36 转，故最大转速误差为±1/36（r/min）。

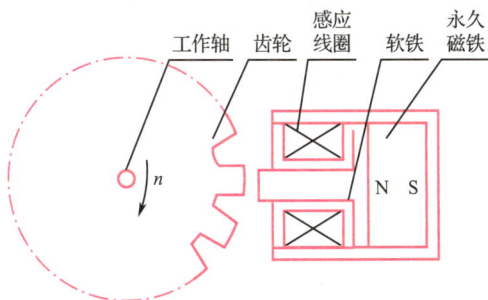

图 11.1.5　例 11-1 图

2. 磁电感应式振动速度传感器

图 11.1.6 所示为 CD 型磁电感应式振动速度传感器。永久磁铁通过铝架与圆筒形导磁材料制成的壳体固定，构成磁路，壳体具有电磁屏蔽功能。磁路中有两个环形气隙：右侧气隙内安装工作线圈，左侧气隙内安装圆环形阻尼器。工作线圈和圆环形阻尼器通过芯轴相互连接，形成质量块，并通过两侧的圆形弹簧片支撑在壳体上。

应用时，传感器固定于待测振动体上，永久磁铁、铝架及壳体随振动体振动。振动使质量块产生惯性力，支撑质量块的弹簧片刚度较小，当被测振动频率明显高于传感器的固有频率时，线圈在磁路的环形气隙中相对永久磁铁运动，以振动体振动的速度切割磁力线，产生正比于振动速度的感应电动势，并通过引线传输至测量电路。

磁路气隙内的圆环形阻尼器伴随振动而移动。移动过程中，阻尼器因磁通量变化而产生方向相反的磁场，形成对振动系统的阻尼效应，有助于抑制传感器固有振动，拓宽传感器有效频率响应范围。

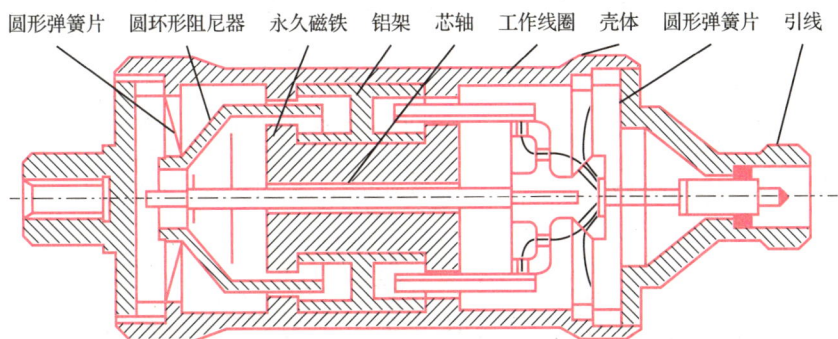

（a）结构图

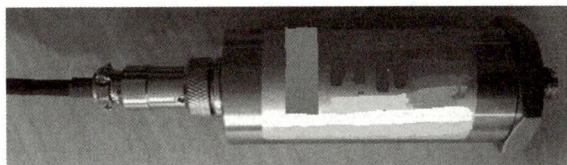

（b）实物图

图 11.1.6　CD 型磁电感应式振动速度传感器

🗇 **小讨论**：磁电感应式传感器可用于检测门的开启和关闭状态。试以冰箱、洗衣机或其他家用电器为例，简述其工作过程。

11.1 磁电感应式传感器检测门的状态讨论

🔍 **小拓展**

具有结构灵活性和设计自由度的柔性磁电式传感器

我国高校科研团队于 2024 年提出激光选区烧结和三维转印复合工艺用于制造液态金属包覆的柔性磁电式传感器，所用工艺提高了液态金属磁电式传感器的结构灵活性和设计自由度，为复杂结构的柔性磁电材料体系成型提供了强有力的支持。

11.2 霍尔传感器

11.2 霍尔传感器课件

霍尔传感器的结构主要包括霍尔元件、磁场源和信号处理电路，霍尔元件是霍尔传感器的关键部件。

11.2.1 霍尔效应与霍尔元件

霍尔效应与霍尔元件视频

1. 霍尔效应

将一块半导体薄片置于磁感应强度为 B 的磁场中，薄片表面与磁场方向垂直，如图 11.2.1（a）所示。若在薄片两侧（a 和 b）施加激励电流 I，则在薄片另外两侧（c 和 d）产生电动势 U_H，该电动势的大小与激励电流 I 和磁感应强度 B 的乘积成正比，称为霍尔电势，这一现象称为霍尔效应。霍尔元件为四端器件，结构如图 11.2.1（b）所示。

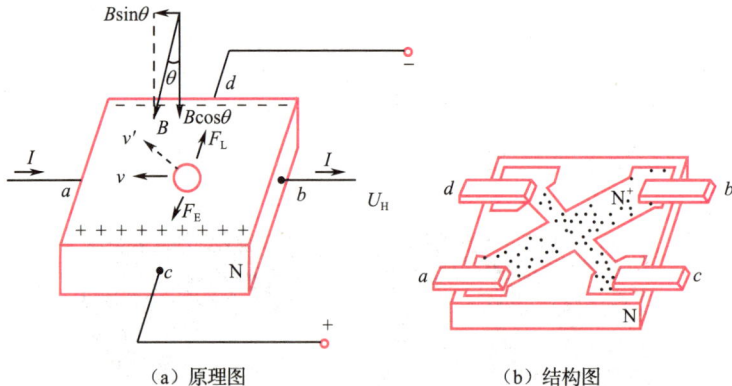

（a）原理图 （b）结构图

图 11.2.1 霍尔效应

霍尔效应是运动中的载流子（通常是电子）在磁场中受到洛伦兹力的作用而发生偏转的结果。半导体中，载流子受洛伦兹力 F_L 的作用，在半导体一侧累积，形成电子聚集区，另一侧形成正电荷聚集区，在垂直于电流和磁场的方向上产生电场，电场力 F_E 阻止载流子进一步偏转。电场力 F_E 与洛伦兹力 F_L 达到平衡状态时，载流子的偏转达到动态平衡。此时，在半导体两侧面形成的电位差即霍尔电势 U_H，可表示为

$$U_H = \frac{R_H I B}{d} = K_H I B \tag{11.2.1}$$

式中：I——激励电流；B——磁感应强度；d——霍尔元件厚度；R_H——霍尔系数，$R_H = \rho\mu$；其中，ρ 为载流子的电阻率，μ 为载流子的迁移率，N 型半导体电阻率较大，载流子迁移率较高，霍尔系数较大；K_H——霍尔元件的灵敏度系数，$K_H = R_H/d$，元件厚度越小，K_H 越大。

磁感应强度 B 和霍尔元件平面的法线方向成一角度 θ 时，实际作用于霍尔元件的有效磁感应强度是其在法线方向的分量，即 $B\cos\theta$，此时霍尔电势为

$$U_H = K_H I B \cos\theta \tag{11.2.2}$$

改变任一参数 B、I、θ，霍尔电势 U_H 将发生变化。激励电流方向或磁场方向改变，霍尔电势 U_H 的方向随之改变，如果电流与磁场方向同时改变，霍尔电势方向不变。

例 11-2　某霍尔元件尺寸为 L=10mm，b=3.5mm，d=1.0mm，沿 L 方向通以电流 I=1.0mA，在垂直于 L 和 b 的方向施加均匀磁场 B=0.3T，灵敏度为 K_H=22V/（A·T），试求输出霍尔电势。

解：

霍尔电势为 $U_H = K_H I B \cos\theta = 22 \times 1 \times 0.3 = 6.6\text{mV}$。

🔍 小 拓 展

量子反常霍尔效应

来源：人民网，2024 年 6 月 25 日

我国科学家和国外科研人员联合组成的团队在磁性掺杂的拓扑绝缘体薄膜研究方面取得重大发现，从实验上首次观测到量子反常霍尔效应，这是世界基础研究领域的一项重大科学发现。量子反常霍尔效应是在磁性材料中不通过外加磁场，自发产生的电流及磁化反应，有助于推动新一代低能耗电子学器件的发展。

2. 霍尔元件

1）霍尔元件的结构

根据霍尔效应设计的磁电转换器称为霍尔元件，其通常包括霍尔片、四根引线及壳体，如图 11.2.2（a）和图 11.2.2（b）所示。霍尔片为长方形薄片，如图 11.2.2（c）所示，垂直 x 轴的两侧中心的电极称为霍尔电极（c 与 d），用于引出霍尔电压。为保证霍尔元件性能，霍尔电极沿 y 轴的长度应尽可能小，并且精确居中。垂直 y 轴两侧的电极称为激励电极或控制电极（a 与 b），用于导入激励电流。要求垂直于霍尔片 z 轴的表面光滑平整。

霍尔元件的壳体材料可选用塑料、陶瓷、金属或环氧树脂等，具体根据应用环境及机械强度、热稳定性和电磁屏蔽等方面的要求而确定。

2）霍尔元件的材料

金属材料的自由电子浓度 n 很高，R_H 很小，输出的 U_H 极小，不宜作霍尔元件。霍尔元件多采用 N 型半导体材料，霍尔元件越薄（d 越小），灵敏度系数 K_H 越大，通常霍尔元件的厚度只有 1μm 左右。

目前常用的霍尔元件材料有硅（Si）、锗（Ge）、砷化镓（GaAs）、砷化铟（InAs）和锑化铟（InSb）等。其中，N型硅具有良好的温度特性和线性度，灵敏度高，应用较多。

> 🔔 **小提示**：导体材料和绝缘体材料由于其内部电子结构的特殊性不宜作霍尔元件。

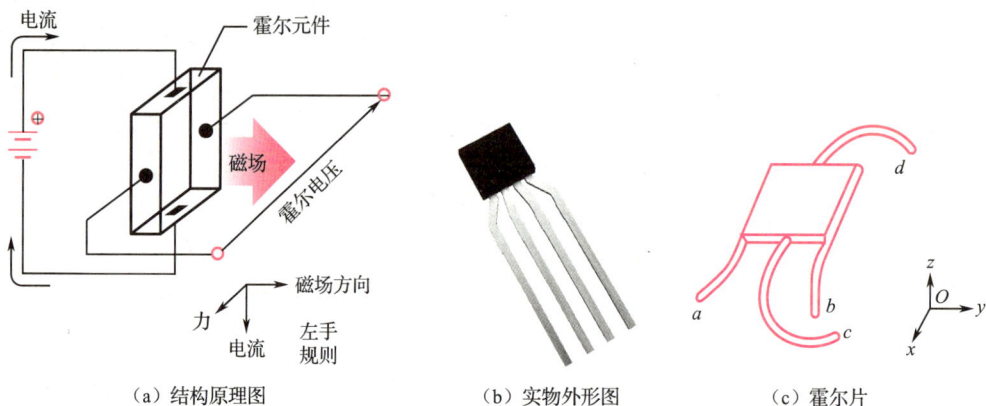

（a）结构原理图　　　　　（b）实物外形图　　　　　（c）霍尔片

图 11.2.2　霍尔元件的结构

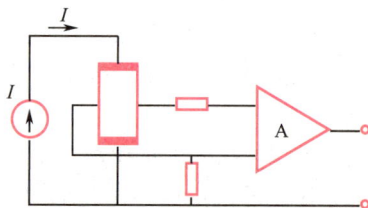

3）霍尔元件的基本测量电路

图 11.2.3 所示为霍尔元件在测量电路中的两种表示方法。霍尔元件的基本测量电路如图 11.2.4 所示，电源 E 产生激励电流，R 为调节电阻。霍尔元件输出端接负载电阻 R_L，也可以是放大器的输入电阻或测量仪表的内阻等。

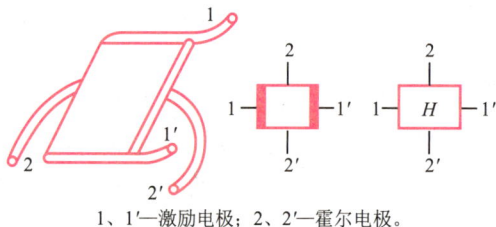

1、1′—激励电极；2、2′—霍尔电极。

图 11.2.3　霍尔元件的表示方法　　　　　图 11.2.4　霍尔元件的基本测量电路

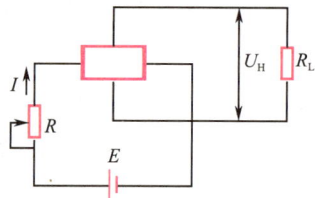

霍尔元件的转换效率较低，实际应用中，为了获得较大的霍尔电压，可将几个霍尔元件的输出串联使用，如图 11.2.5 所示。虽然多个霍尔元件串联可以增加输出电压，但是输出电阻增大。此外，可将霍尔元件的输出接入运算放大器，如图 11.2.6 所示。考虑到性价比，目前常将霍尔元件和放大电路集成。

> 🔔 **小提示**：多个霍尔元件串联时，霍尔元件的激励电极并联，霍尔电极串联。

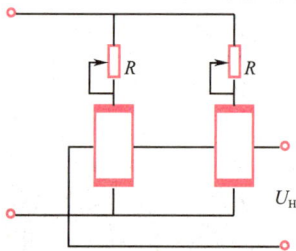

图 11.2.5　霍尔元件的串联　　　　　图 11.2.6　霍尔电势的放大电路

3. 霍尔元件的主要特性参数

1）额定激励电流 I_H

霍尔元件温度升高 10℃所施加的激励电流称为额定激励电流，一般用 I_H 表示。虽然增大激励电流可以增大霍尔电势，但是受到霍尔元件温度升高的限制。通过改善散热条件可以提高最大允许的激励电流。

2）灵敏度系数 K_H

单位磁感应强度和单位激励电流作用下，霍尔元件空载霍尔电势值称为霍尔元件的灵敏度系数。

3）输入电阻 R_i

霍尔元件激励电极间的电阻称为输入电阻，要求在无外磁场和（20±5）℃的环境中测量。

4）输出电阻 R_{out}

霍尔元件的霍尔电极间的电阻称为输出电阻，要求在无外磁场和（20±5）℃的环境中测量。

5）不等位电势 U_0 和不等位电阻 R_0

磁感应强度 B 为零、激励电流为额定值 I_H，霍尔元件的输出电极之间的空载电势称为不等位电势（或零位电势）U_0。

产生不等位电势的原因主要如下。

（1）霍尔电极安装位置不正确（不对称或不在同一等电位面上）。

（2）半导体材料的不均匀造成了电阻率不均匀或者几何尺寸不均匀。

（3）激励电极接触不良造成激励电流不均匀分布等。

不等位电势 U_0 与额定激励电流 I_H 之比称为不等位电阻（零位电阻）R_0，即 $R_0 = U_0/I_H$。

6）寄生直流电势 V

外磁场强度为零，激励电极施加额定交流电流，霍尔电极之间的空载电势为直流与交流霍尔电势之和。交流霍尔电势与不等位电势相对应，直流霍尔电势是一个寄生量，称为寄生直流电势。

产生寄生直流电势的原因主要有：

（1）激励电极及霍尔电极接触不良，形成非欧姆接触；

（2）两个霍尔电极的大小不等，导致两个电极点热容量不同，散热状态不同，形成极间温差电势。

7）霍尔电势温度系数 α

一定磁感应强度和激励电流作用下，霍尔元件温度每改变 1℃，霍尔电势变化的百分率，称为霍尔电势温度系数。该系数与制作霍尔元件的材料有关，一般约为 0.1%/℃。

8）内阻温度系数 β

外磁场强度为零，且在工作温度范围内，霍尔元件温度每变化 1℃，输入电阻 R_i 和输出电阻 R_{out} 变化的百分率称为内阻温度系数，一般取平均值。

11.2.2　霍尔元件的测量误差及其补偿方法

实际应用中，因霍尔元件的制造缺陷和半导体固有特性，存在测量误差，本节主要分析不等位电势误差和温度误差及其补偿方法。

霍尔元件的测量误差及其补偿方法视频

1．不等位电势误差及其补偿方法

不等位电势 U_0 是霍尔电极未能精确安装在同一电位面上所导致的。激励电流 I 流经不等位电阻 R_0 时，在电极间产生电压降，如图 11.2.7（a）所示。霍尔元件有霍尔电极（A 与 B）和激励电极（C 与 D）。假设相邻电极间的电阻分别为 R_1、R_2、R_3、R_4，分析不等位电势时，将霍尔元件等效为四臂电阻电桥，如图 11.2.7（b）所示。等效电路中，不等位电阻导致电桥不平衡，外部磁场为零时存在非零输出电压。

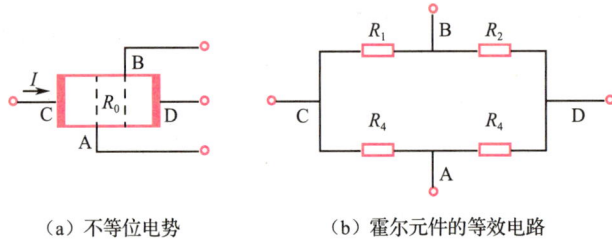

（a）不等位电势　　　　　　　（b）霍尔元件的等效电路

图 11.2.7　不等位电势及霍尔元件的等效电路

如果霍尔电极 A 和 B 处于同一电位面，$R_1 = R_2 = R_3 = R_4$，不等位电阻 R_0 为零，不等位电势 U_0 为零。不等位电势 U_0 非零时，4 个电阻不等，将 4 个电阻视为电桥的 4 个臂，在阻值较大的桥臂上并联电阻［见图 11.2.8（a）］，或者在两个臂上同时并联电阻［见图 11.2.8（b）和图 11.2.8（c）］，使电桥达到平衡状态。图 11.2.8（c）所示的补偿方法调整更方便。

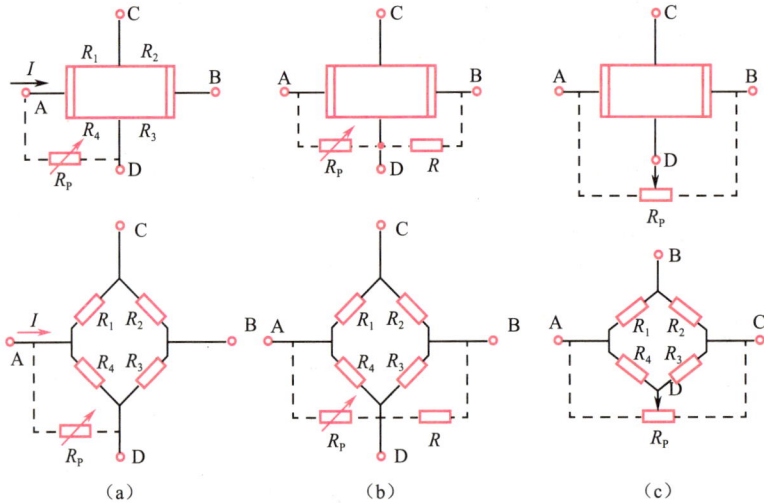

（a）　　　　　　　　　　　（b）　　　　　　　　　　　（c）

图 11.2.8　不等位电势的补偿方法

2．温度误差及其补偿方法

霍尔元件通常采用半导体材料制造，半导体材料的许多特性参数，如电阻率、载流子迁移率和载流子浓度等随温度的变化而变化，引起霍尔元件产生温度误差。此外，霍尔元件的不等位电势是温度的函数，需要考虑温度补偿。为了减小温度对霍尔元件性能的影响，可以采用以下方法。

（1）选择温度系数较小的材料（如砷化铟）或采用恒温控制技术制成霍尔元件。

（2）设计并使用适当的补偿电路。常用的补偿电路包括恒流源激励并联分流电阻补偿电路、恒压源激励串联电阻补偿电路、电桥补偿电路；利用正负不同温度系数的电阻或合理选择负载电阻阻值补偿电路。

下面对恒流源激励并联分流电阻法和电桥补偿法进行详细分析。

1）恒流源激励并联分流电阻法

对于恒流源为霍尔元件提供激励电流的情况，可采用图 11.2.9 所示分流电阻法进行温度补偿。

假设初始温度为 T_0 时，霍尔元件输入电阻为 R_{i0}，温度补偿电阻为 R_{P0}，通过温度补偿电阻的电流为 I_{P0}，激励电流为 I_{C0}，霍尔元件的灵敏度系数为 K_{H0}。

温度由 T_0 升高到 T 时，上述各参数变为 R_i、R_P、I_P、I_C、K_H，并且满足以下关系：

$$R_i = R_{i0}(1 + \alpha\Delta T)$$
$$R_P = R_{P0}(1 + \beta\Delta T) \qquad (11.2.3)$$
$$K_H = K_{H0}(1 + \delta\Delta T)$$

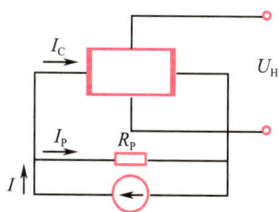

图 11.2.9　恒流源激励并联分流电阻法的温度补偿电路

式中：α——输入电阻的温度系数；β——温度补偿电阻的温度系数；δ——灵敏度系数的温度系数。

$\Delta T = T - T_0$，根据电路可得

$$I_{C0} = I\frac{R_{P0}}{R_{P0} + R_{i0}} \qquad (11.2.4)$$

$$I_C = I\frac{R_{P0}(1 + \beta\Delta T)}{R_{P0}(1 + \beta\Delta T) + R_{i0}(1 + \alpha\Delta T)} \qquad (11.2.5)$$

温度改变 ΔT 时，为使霍尔电势不变，则有如下关系：

$$U_{H0} = K_{H0}I_{C0}B = K_H I_C B = U_H$$
$$= K_{H0}(1 + \delta\Delta T)BI\frac{R_{P0}(1 + \beta\Delta T)}{R_{P0}(1 + \beta\Delta T) + R_{i0}(1 + \alpha\Delta T)}$$

整理上式得

$$R_{P0} = R_{i0}\frac{\alpha - \beta - \delta}{\delta} \qquad (11.2.6)$$

霍尔元件确定，元件的参数 R_{i0}、α、β、δ 是定值，可求得温度补偿电阻 R_{P0}。

2）电桥补偿法

电桥补偿法的温度补偿电路如图 11.2.10 所示，在霍尔电极之间串接温度补偿电桥，温度补偿电桥的一个桥臂为锰铜电阻并联热敏电阻，其他三个桥臂为锰铜电阻，可以输出随温度改变的可调不平衡电压，该电压与温度为非线性关系。通过调整不平衡非线性电压可以补偿霍尔元件的温度误差。

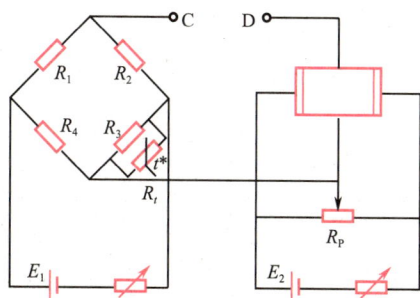

图 11.2.10　电桥补偿法的温度补偿电路

📖 **小知识**：霍尔元件的测量误差除了来源于不等位电势误差和温度误差，还可能来源于磁场分布不均匀误差、零点漂移、非线性误差及环境磁场干扰等。

11.2.3　霍尔传感器的应用

霍尔传感器具有结构简单、体积小、灵敏度高、频率响应范围宽、无触点、寿命长等优点，主要应用于以下场合：①激励电流 I 不变，磁场强度 B 改变，可用于测量磁感应强度、位移、转速、加速度、压力等；②磁感应强度 B 不变，激励电流 I 改变，可以用于电流、电压的测量或控制；③磁感应强度 B 和激励电流 I 同时变化，霍尔电势的变化与两者的乘积成正比，可用作乘法器、功率测量等。下面介绍霍尔传感器的几个应用实例。

1. 霍尔位移传感器

图 11.2.11（a）所示为霍尔位移传感器。霍尔位移传感器主要由两个极性相反、磁场强度相同的磁铁和霍尔元件组成。在两个磁铁气隙内放置一霍尔元件，在激励电极上通入恒定不变的激励电流 I_C，霍尔电势 U_H 与外加磁感应强度成正比。若在一定范围内磁场沿 x 轴方向的变化梯度 $\mathrm{d}B/\mathrm{d}x$ 为一定值，如图 11.2.11（b）所示，当霍尔元件沿 x 轴方向移动时，霍尔电势满足

$$\frac{\mathrm{d}U_\mathrm{H}}{\mathrm{d}x} = R_\mathrm{H}\frac{I_\mathrm{C}}{d}\frac{\mathrm{d}B}{\mathrm{d}x} = K_x \qquad (11.2.7)$$

积分后可得

$$U_\mathrm{H} = K_x \cdot x \qquad (11.2.8)$$

式中：x——沿磁场 x 方向的位移；K_x——位移传感器的灵敏度系数。

由式（11.2.8）可知，磁场梯度越大，传感器灵敏度越高；磁场梯度越均匀，传感器输出线性度越好。霍尔位移传感器可测 $\pm 0.5\mathrm{mm}$ 的微小位移。

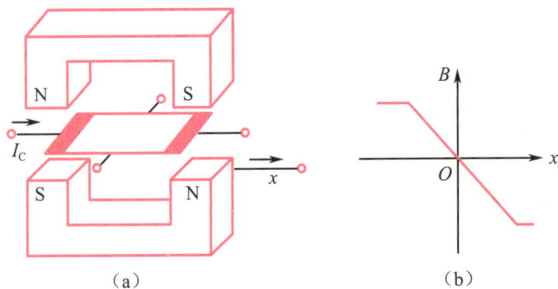

图 11.2.11　霍尔位移传感器

2. 霍尔压力传感器

图 11.2.12 所示为霍尔压力传感器的结构原理图和实物图。霍尔元件固定在弹性元件自由端，弹性元件带动霍尔元件在线性变化的磁场中移动，输出霍尔电势。弹性元件可以是波登管、膜盒或弹簧管。图 11.2.12（a）中弹性元件为波登管，输入压力增大，波登管伸长，霍尔元件在恒定梯度磁场中产生相应位移，输出与压力成正比的霍尔电势。

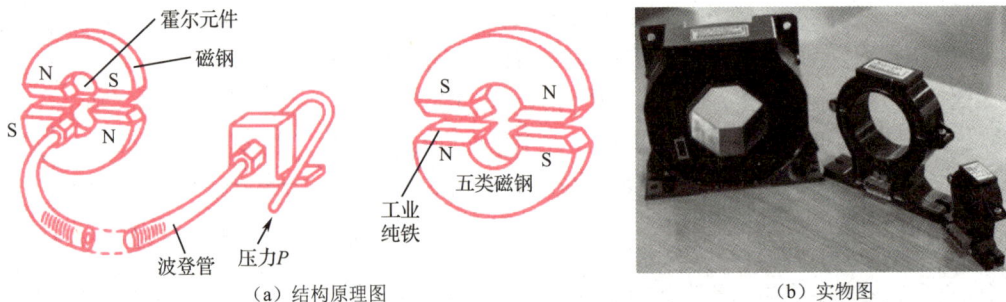

（a）结构原理图　　　　　　　　　（b）实物图

图 11.2.12　霍尔压力传感器结构原理图和实物图

3．利用霍尔传感器实现无接触仿形加工

图 11.2.13 所示为无接触仿形加工原理图。利用霍尔元件制成无接触探头代替靠模机构。在探头的前方设有永久磁铁，靠近模件时，霍尔传感器输出电压增大，远离模件时，霍尔传感器输出电压减小。利用放大器和控制电路，可以使探头与模件保持一定距离。当探头沿模件移动时，通过随动系统移动铣刀，便可以加工出与模件具有相同形状的工件。

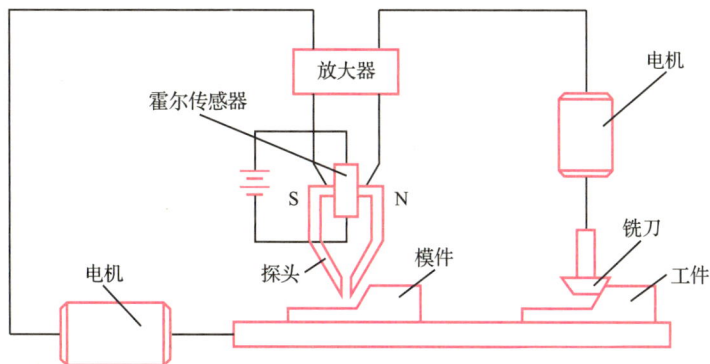

图 11.2.13　无接触仿形加工原理图

4．自动供水装置

自动供水装置可凭牌定量供水，既节约用水又卫生，其结构示意图如图 11.2.14 所示。电磁阀控制水的流出与关闭。需要出水时，将铁制取水牌投进投牌口，取水牌沿非磁性材料制成的滑槽向下滑动，滑动至霍尔传感器位置时，传感器输出信号，控制电路驱动电磁阀打开，水龙头出水，延时一定时间后，控制电路关闭电磁阀，停止供水。

图 11.2.14　自动供水装置的结构示意图

11.2 霍尔开关集成传感器应用原理讨论

小讨论： 图 11.2.15 所示为霍尔开关集成传感器和两个小磁铁构成的键盘开关。请说明键盘开关的工作原理，根据式（11.2.2），哪些参数发生了变化？

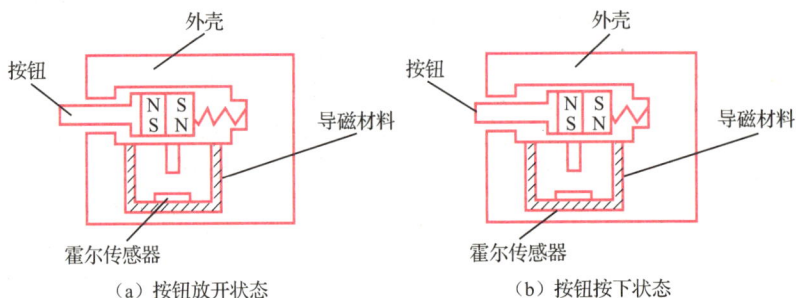

图 11.2.15　键盘开关示意图

（a）按钮放开状态　　　　（b）按钮按下状态

小总结：霍尔元件是基于霍尔效应工作的电子元件，通过将磁场信号转换成电压信号实现磁场测量功能，是霍尔传感器的关键部件。

11.3　工程应用案例——霍尔传感器在角度测量中的应用

11.3.1　工程背景

非接触式永磁体和线性霍尔传感器之间不存在磨损，使用寿命长，可靠性高。角度位置测量系统的主要部件是永磁体和线性霍尔传感器，该系统的优点是能在特殊环境条件（如高振动、湿度或灰尘）下可靠运行。

11.3 工程应用案例——霍尔传感器在角度测量中的应用课件

11.3.2　检测方案

图 11.3.1 为角度定位测量结构示意图，该定位系统由磁铁系统、霍尔传感器和非磁性聚缩醛轴组成。霍尔传感器正交放置，测量旋转磁场的 x 轴和 y 轴。外磁场的投影给出旋转角 θ 的正弦和余弦，可无间断、无死角地提取 360° 上的角度。

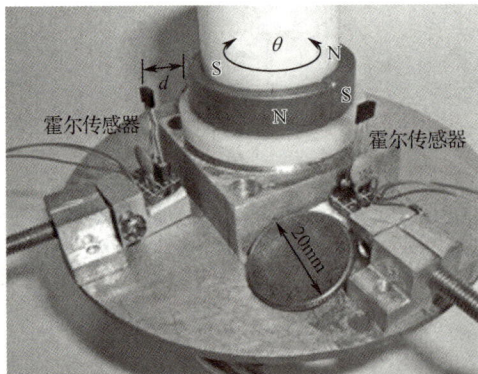

图 11.3.1　角度定位测量结构示意图

磁铁系统主要由两个半环形永磁体组成，这两个半环形永磁体分别为半环形永磁体外 N 极和内 S 极，半环形永磁体外 S 极和内 N 极。半环形永磁体的尺寸为：高 8mm，内径 28mm，外径 10mm。磁通密度最大值为 ±10g。永磁体固定在非磁性聚缩醛轴上，如图 11.3.1 所示，使线性霍尔传感器在没有接触的情况下与永磁体存在间隙 d。

在 0° 至 360° 范围内旋转带永磁体的非磁性聚缩醛轴，测量双线性霍尔传感器输出电压 V_x 和 V_y。通过具有坐标旋转数字计算机算法的数字信号处理器从这两个信号中提取角度位置信息 α，$\alpha = \arctan(V_y/V_x)$。

11.3.3　实施过程

度通常用°表示，是平面角度的度量单位，代表一整圈的 1/360。1 度等于 π/180 弧度。度不是国际制单位，但可以通过 π/180 弧度转换，并与国际制单位一起使用。测量是确定一个量（如长度或质量）相对于测量单位大小的结果。在测量之前要求对系统进行校准，图 11.3.2 显示了校准后的角度位置测量系统。

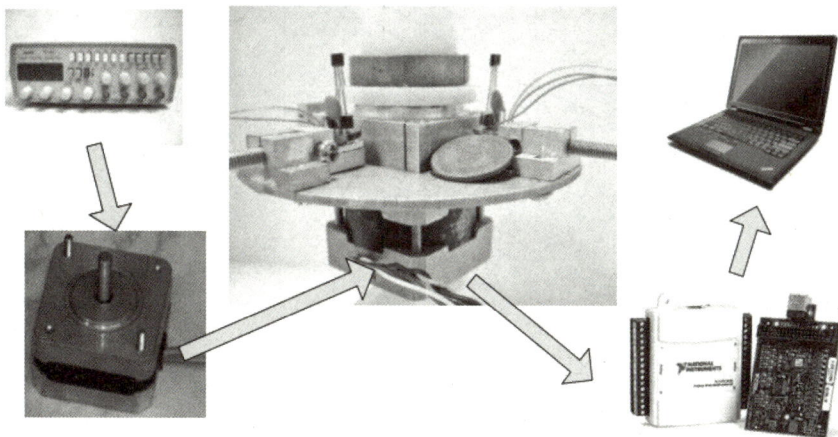

图 11.3.2　校准后的角度位置测量系统

参照物为步进电机，步进电机的角度可靠性高，可将数字脉冲转换为机械旋转。旋转量与脉冲数成正比，旋转速度与脉冲频率有关。步进电机进行角度测量校准后转动 3 圈，相当于带永磁体的非磁性聚缩醛轴转动 1 圈，一次采样数据为 0.6°（360°/600 步）。根据图 11.3.3，角度 α 从偏移补偿后的正弦函数和余弦函数中提取，可在 360°范围内无间断、无死角地获得角度。

角度 α 根据两个输出电压 V_y/V_x 的比值得到，即通过计算反三角函数 $α = \arctan(V_y/V_x)$ 得到。校正传感器通道数据，在室温下对输出进行偏移补偿后，理想角度与实测角度的比较结果如图 11.3.4 所示，二者相关性较好，线性回归达 99.999%。

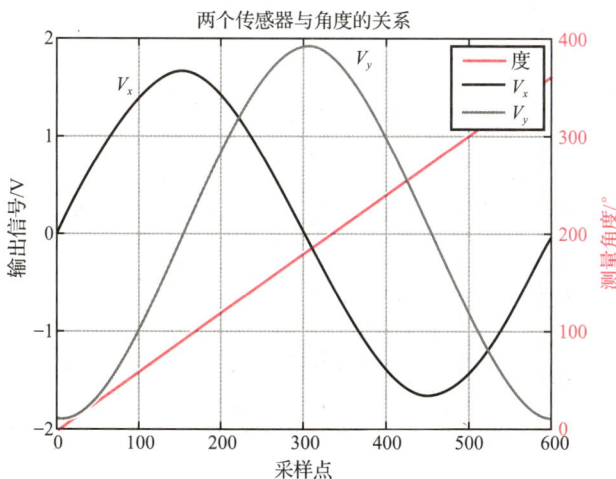

图 11.3.3　磁场中旋转输出端的信号

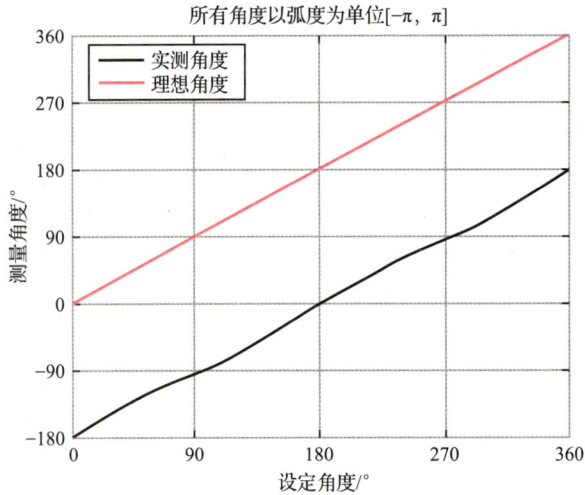

图 11.3.4　理想角度与实测角度的比较结果

11.3.4　实施结果

采用步进电机对非接触式角度位置测量系统进行了测试，测量系统的结构包括在电机轴的后端固定的一个半环形永磁体，将霍尔传感器放置在该永磁体的前面，系统测量范围为 0°～720°。图 11.3.5 为 720°范围内的测量结果。两个霍尔传感器输出信号形成一个周期，图的下方是两条线，斜线为真实角度，另一条线为传递特性检验的结果，结果显示在 600 步内是一条不连续的直线，即在 360°到 0°之间存在传递特性。

结果表明，基于半环形永磁体和线性霍尔传感器的角度位置测量系统在绕轴（电机轴）旋转一圈时精度为±0.6°，可以构建不受机械间隙影响、结构简单且信号易于处理的传感器。角度位置测量系统在可能存在高振动、高温、潮湿或灰尘的环境中能可靠运行。

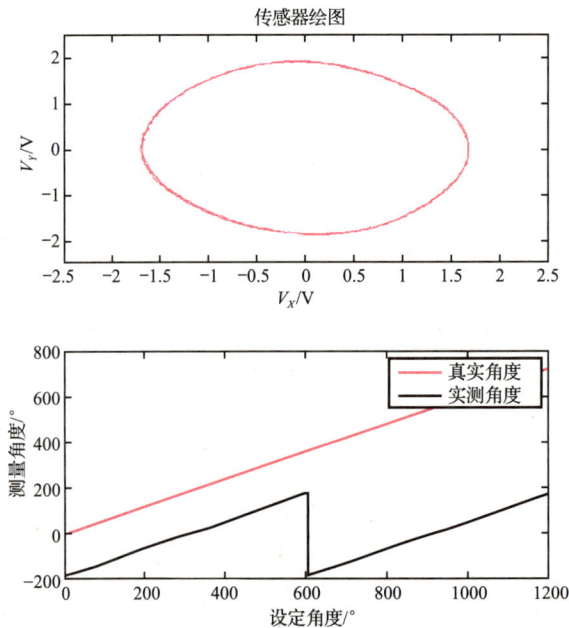

图 11.3.5　测量系统连续旋转位置信号的角度结果

本章知识点梳理与总结

1. 介绍了磁电感应式传感器的工作原理、霍尔传感器的工作原理；
2. 介绍了磁电感应式传感器的分类、结构、特点和应用场合；
3. 介绍了霍尔元件的结构、材料、特性参数、测量电路、测量误差及补偿方法；
4. 介绍了霍尔传感器的典型应用与工程应用案例。

本章自测

第 11 章在线自测

思考题与习题

第 11 章思考题与习题答案及解析

1. 简答题

11-1　试述磁电感应式传感器产生误差的原因及补偿方法。

11-2　采用磁电式传感器测速时，一般被测轴上所安装齿轮的齿数为 60，这样做的目的是什么？

11-3　霍尔元件产生不等位电势的主要原因有哪些？如何进行补偿？

11-4　霍尔元件的温度补偿方法有哪些？常用恒流源激励的主要原因是什么？

11-5　什么是霍尔效应？霍尔电势与哪些因素有关？为什么半导体材料适合作为霍尔元件？

11-6　磁电式传感器与电感式传感器有何不同？磁电式传感器可以测量哪些物理量？

2. 计算分析题

11-7　试分析题 11-7 图所示的霍尔元件测量电路中，要使负载电阻 R_L 上的压降不随环境温度变化，R_L 应取多大。图中 I 为恒流源电流，并可认为 R_L 不随环境温度变化（设霍尔元件的灵敏度温度系数、内阻温度系数分别为 α、β，$\alpha \ll \beta$）。

11-8　已知霍尔元件的厚度 d 为 2mm，霍尔系数 R_H 为 0.5，当激励电流 I 为 3A，磁场的磁感应强度 B 为 5×10^{-3}T 时，试求霍尔元件产生的霍尔电势。

11-9　已知霍尔元件的灵敏度系数 K_H 为 1.2mV/（mA·T），将它放置在一个线性梯度磁场中，控制电流 I 为 10mA，当最大位移为 ±1.5mm 时，要求输出电压为 ±20mV，试问该线性磁场梯度至少为多少？

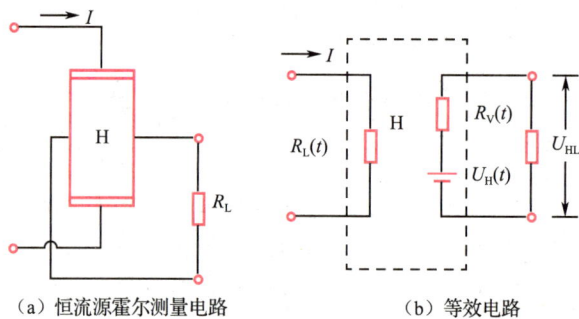

（a）恒流源霍尔测量电路　　　　（b）等效电路

题 11-7 图

11-10　有一霍尔元件，其灵敏度系数 $K_H=12mV/(mA\cdot T)$，把它放在一个梯度为 0.5T/mm 的磁场中，如果额定控制电流是 20mA，设霍尔元件在平衡点附近做 ±0.1mm 的摆动，输出电压范围为多少？

·11-11　霍尔元件的灵敏度系数 $K_H=4V/(mA\cdot T)$，激励电流 $I=30mA$，将霍尔元件垂直置于（$1\times10^{-4}\sim5\times10^{-4}$）T 的线性变化的磁场中，输出霍尔电势的范围为多少？

第12章

数字式传感器及应用案例

数字式传感器是一种将输入量转化为数字量输出的传感器，其具有分辨率高、抗干扰能力强、测量精度高和易于计算机处理等优点。常见的数字式传感码器是编码器，它能将线位移或角位移转化为数字量，相应的编码器是直线位移编码器（码尺）和角度数字编码器（码盘）。编码器按工作原理可分为电触式、电容式、电感式和光电式等。

学习要点

1. 掌握光栅传感器的结构组成、工作原理和特点；
2. 掌握光电编码器的基本概念、种类和工作原理；
3. 了解感应同步器的结构组成、工作原理及其测量方式；
4. 了解容栅传感器的结构、工作原理及其优点；
5. 了解磁栅传感器的结构和分类、工作原理。

知识图谱

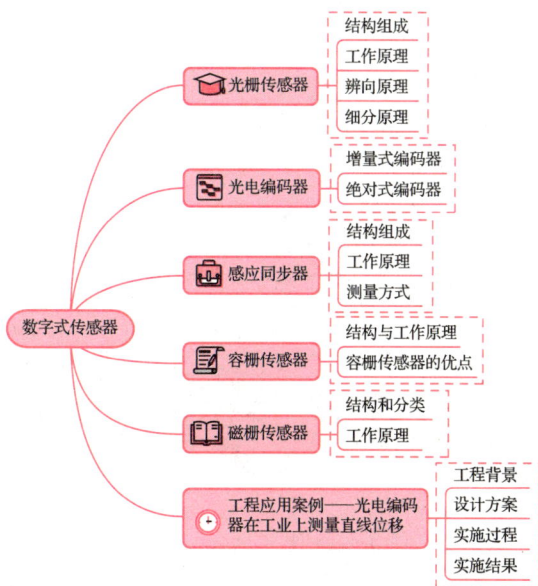

12.1 光栅传感器

光栅传感器是根据莫尔条纹原理制成的传感器，多用于位移及与位移相关物理量（速度、加速度、振动、表面轮廓等）的测量。

12.1.1 结构组成

光栅是由大量等宽等间距的平行狭缝构成的光学器件，精制的光栅，在 1cm 宽度内可刻有几千乃至上万条刻痕，光栅的分类详述如下。

（1）依据其基本原理及应用领域，光栅可分为物理光栅与计量光栅两大类。物理光栅以其精细的刻线设计，主要依赖光的衍射效应，广泛应用于光谱分析及光波长等物理量的测量；而计量光栅，在几何量测量领域占据重要地位，它利用莫尔条纹现象，实现对长度、角度、速度、加速度及振动等几何参数的精确测量。

（2）从栅线的表现形式来看，光栅又可分为黑白光栅与闪耀光栅。黑白光栅亦称幅值光栅，它采用照相复制技术制成，其栅线与缝隙呈现出黑白相间的图案；而闪耀光栅（又称相位光栅）的横截面呈现锯齿状，通常采用刻划工艺精心加工而成。

（3）基于光的衍射原理，光栅还可进一步细分为透射式光栅与反射式光栅两种类型。透射式光栅是最为常用的类型，它通过在玻璃片上刻制大量平行刻痕，利用透射光的衍射原理制成。这些刻痕形成不透光部分，而两刻痕之间的光滑部分允许光线透过，此部分称为狭缝。反射式光栅则利用反射光的衍射原理，在镀有金属层的表面上刻制出许多平行刻痕，两刻痕间的光滑金属面能够反射光线。通常，透射式光栅的刻划基面采用玻璃材料，而反射式光栅采用金属材料。

（4）根据光栅的形状或应用场景的不同，光栅还可分为长光栅与圆光栅，如图 12.1.1 所示。长光栅，又称光栅尺，主要用于测量长度或线位移；而圆光栅，又称盘栅，用于测量角度或角位移。长光栅既有透射式也有反射式，且均有黑白光栅和闪耀光栅之分；而圆光栅一般仅采用透射式黑白光栅。

本节主要介绍透射式光栅。图 12.1.2 展示了透射式光栅传感器的结构示意图，该传感器核心组件包括光电元件、透镜、光栅副（标尺光栅与指示光栅）及光源。

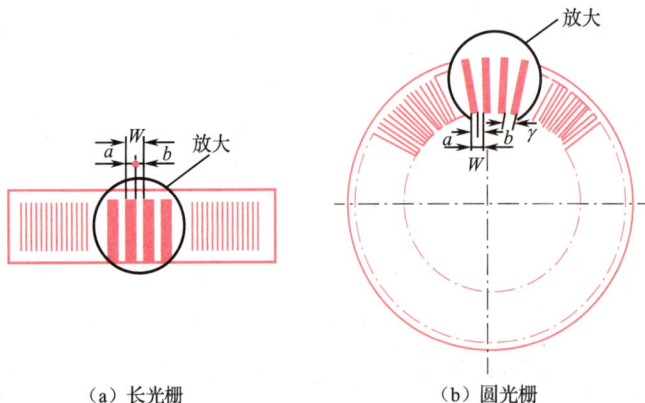

（a）长光栅　　　　　　　　（b）圆光栅

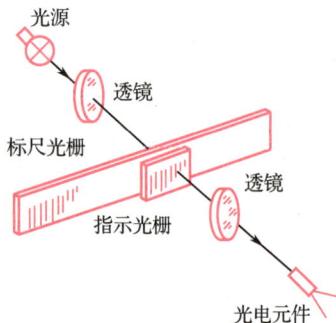

图 12.1.1　光栅的结构　　　　　　图 12.1.2　透射式光栅传感器的结构示意图

12.1.2　工作原理

当标尺光栅与指示光栅发生相对位移时，会产生一系列近似正弦波形分布的明暗交替的莫尔条纹。这些条纹随光栅的相对移动而移动，并直接投射至光电元件上，从而在输出端口生成一系列电脉冲信号。经过信号放大、波形整形、方向辨别及计数处理后，最终转换为数字信号输出，用以显示和记录被测物体的位移量。

1.　工作过程

光栅尺的工作原理可以分为三个过程。

（1）光栅的透射或反射：当光源照射到光栅上时，光栅的条纹会发生透射或反射，形成特定的光学线条。

（2）光学信号的检测：当光学信号入射到光电检测器上时，光电检测器可以将光学信号转化为电信号（电流），其中包含光栅条纹的信息，且电流强度与光学信号的亮度成正比。

（3）信号的处理和计量：将光栅尺检测到的电信号转化为数值信号，可以通过 A/D 转换器将模拟信号转换为数字信号并进行记录和处理。

2.　光栅的结构

图 12.1.3 为光栅的结构，它是一种在长方形镀膜玻璃上均匀刻制等间距分布的明暗相间的细小条纹（刻线）的光学元件。光栅的基本参数包括：①栅线宽度 a，不透光；②缝隙宽度 b，透光；③光栅栅距 W，也叫光栅周期，一般取 $a=b$，则有 $W=a+b$。

3.　莫尔条纹

如图 12.1.4 所示，将具有相同参数的标准光栅与指示光栅紧密贴合，其间保持微小间隔，同时确保它们的栅线间存在细微的夹角 θ，这将导致在近乎垂直于栅线的视角上产生一系列明暗交替的条纹，这些条纹被命名为莫尔条纹。具体来说，在 a—a' 位置，两光栅的线条恰好对齐，允许光线穿透缝隙，形成明亮区域；而在 b—b' 位置，光栅线条相互错开，导致光线被遮挡，形成阴暗区域。这类由明到暗周期性变化的条纹，被称为莫尔条纹，其走向与栅线方向正交，因此也常被称作横向莫尔条纹。

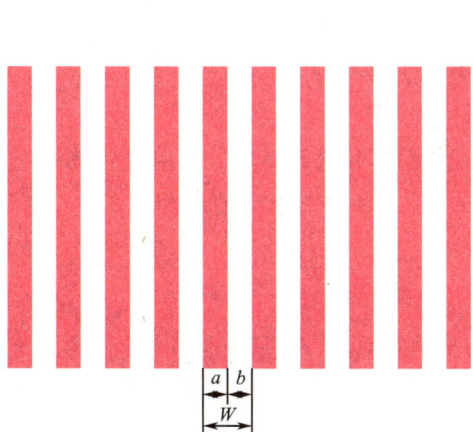

图 12.1.3　光栅的结构

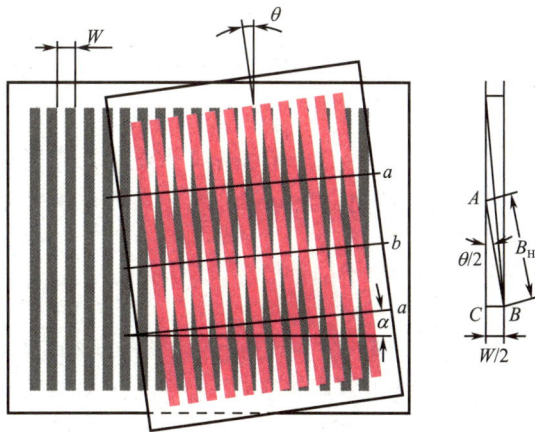

图 12.1.4　莫尔条纹

莫尔条纹的斜率为

$$\tan\alpha = \tan\frac{\theta}{2} \qquad (12.1.1)$$

式中：α——亮/暗带的倾斜角；θ——两光栅的夹角。

莫尔条纹亮带与暗带之间的距离为

$$B_\mathrm{H} = AB = \frac{BC}{\sin\dfrac{\theta}{2}} = \frac{W}{2\sin\dfrac{\theta}{2}} \approx \frac{W}{\theta} \qquad (12.1.2)$$

式中：B_H——横向莫尔条纹之间的距离（莫尔条纹宽度）。可见，莫尔条纹宽度由光栅夹角和光栅栅距共同决定。

莫尔条纹具备几个显著特性，概述如下。

（1）莫尔条纹与光栅的移动之间存在直接的关联性。在光栅组件中，无论哪个光栅沿垂直于刻线方向移动，莫尔条纹都会近似地沿与光栅移动方向垂直的方向移动。每当光栅移动一个栅距，莫尔条纹就会相应地移动一个条纹间距；光栅移动方向的改变也会直接导致莫尔条纹运动方向的调整。因此，通过观测莫尔条纹的移动距离和方向，我们可以准确地判断光栅的位移量和方向。

（2）莫尔条纹具有位移放大的效应。由式（12.1.2）可知，莫尔条纹具有放大作用，虽然光栅栅距 W 很小，但只要通过调整光栅之间的夹角 θ，即可获得远大于光栅栅距 W 的莫尔条纹宽度 B_H，从而实现位移的放大效果。放大系数为

$$K = \frac{B_\mathrm{H}}{W} \approx \frac{1}{\theta} \qquad (12.1.3)$$

（3）莫尔条纹具有光栅误差平均效应。莫尔条纹是由光栅刻线交点构成的图案，如果光栅的栅距存在误差，这些交点的连线将不再是直线。然而，当光敏元件接收信号时，它实际上是在感知整个刻线区域内的综合效果，这个综合结果对各个栅距进行了平均处理，从而减小了栅距误差的影响。莫尔条纹的误差平均效应使得实际应用中对光栅的质量要求大大降低。

例 12-1 已知光栅传感器结构参数，$W = 0.02\mathrm{mm}$，$\theta = 0.1°$，试求放大系数和莫尔条纹宽度。

解：放大系数为 $K = \dfrac{1}{\theta} = \dfrac{1}{0.1\times(2\pi/360)} \approx 572.9578 \approx 573$。

莫尔条纹宽度为 $B_\mathrm{H} = \dfrac{W}{\theta} = WK = 0.02\times572.9578\mathrm{mm} \approx 11.4592\mathrm{mm}$。

📖 **小知识**：莫尔条纹广泛应用于图像处理、印刷与制造等领域。在图像处理中，可用于图像的周期性分析；在印刷和制造过程中，可用于检测材料表面的质量。

12.1.3 辨向原理

在实际测量过程中，被测物体的运动方向通常不是单向的。而光敏元件在接收莫尔条纹信号时，仅能识别明暗变化，而无法确定莫尔条纹的具体移动方向，从而导致位移测量失效。因此，光栅传感器必须能正确判断被测物体的移动方向。

完成这种辨向任务的电路称为辨向电路。为了实现辨向，需要设置具有相位差的两路测

量信号。如图 12.1.5 所示，假设这两路测量信号由两个光敏元件 1 和 2 接收莫尔条纹信号得到，当主光栅相对于指示光栅向右移动时，莫尔条纹会向下移动，则从光电元件 1 和 2 接收的莫尔条纹信号得到两路电信号：

$$u_1 = E \sin \varphi \tag{12.1.4}$$

$$u_2 = E \sin(\varphi - \phi) \tag{12.1.5}$$

式中，ϕ——两路信号之间的相位差。

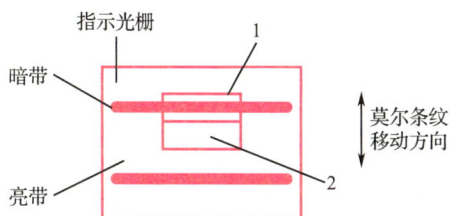

图 12.1.5　光电元件接收莫尔条纹信号的示意图

如图 12.1.6（a）所示，将这两路电信号整形成方波 u_1'、u_2' 后，此时 u_1' 超前 u_2' 一个相位角 ϕ。同理，当主光栅相对于指示光栅发生左移时，莫尔条纹会呈现上移趋势，此时，光电元件 1 和 2 会分别捕捉到相应的电信号变化：

$$u_1 = E \sin \varphi \tag{12.1.6}$$

$$u_2 = E \sin(\varphi + \phi) \tag{12.1.7}$$

整形成方波后的信号如图 12.1.6（b）所示，此时 u_1' 滞后 u_2' 一个相位角 ϕ。因此，只要辨别出 u_1' 和 u_2' 这两路信号哪一路超前，就可以知道运动的方向。

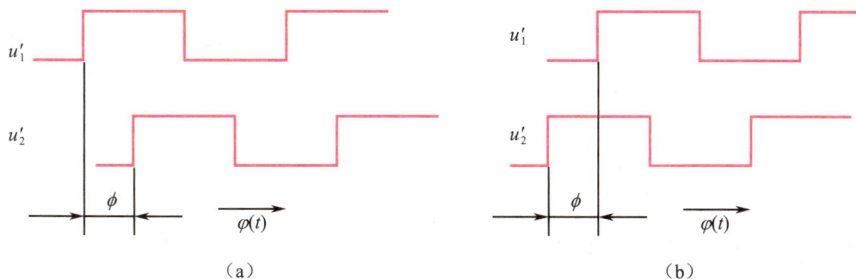

图 12.1.6　辨向的两路信号

需要注意的是，相位角 ϕ 不能是 0°、180° 和 360°，否则会出现两路信号刚好相差周期的整数倍或相位刚好相反的情况，无法鉴别哪一路信号超前。实际使用中常从细分电路中取出两路信号进行辨向，相位差通常取 90°。

12.1.4　细分原理

光栅测量原理以相对移动的莫尔条纹的数量来确定位移量，其分辨率为光栅栅距。随着测量精度需求的提高，数字读数的最小分辨率也逐步减小。为了提高分辨率，测量更小的位移量，一种方法是通过增加刻线的密度减小栅距，提高分辨率。但这种方法成本高，且受制造工艺限制。另一种方法是采用细分技术，使光栅每移动一个栅距输出的脉冲从一个增加到 n 个均匀分布的脉冲，从而使分辨率提高到 W/n。细分方法有多种，有直接细分法（位置细分法）、电阻电桥细分法（矢量和法）和电阻链细分法（电阻分割法）等。

例 12-2 某光栅的刻线数 $N=25$ 根/mm，采用 $n=4$ 的细分技术，细分后光栅的分辨率为多少？

解： $\Delta = W/n = (1mm/25)/4 = 0.04mm/4 = 0.01mm$ 。

可见，经过细分技术处理后，光栅的分辨率从 0.04mm 提高到了 0.01mm，测量精度大幅提高。

小讨论： 简述光栅传感器未来的发展趋势。

12.1 光栅传感器未来的发展趋势讨论

小拓展

来源：《湖北日报》

2022 年 5 月 1 日，鄂州花湖机场高速公路建成通车。此高速公路沿线每隔 70 米设有防护栏，并配备了车路协同的路况感知体系。位于花湖机场收费管理处的控制中心，展示了包括 5G 通信、北斗卫星导航、量子通信、物联网技术、云计算等在内的多项前沿科技。据悉，该项目在国内率先采纳了光纤光栅技术，部署了总数达到 1.6 万个的光栅感应装置，为道路配备了"智能感知单元"。当车辆行驶在这条智能化高速公路上时，系统能够即时反馈路面结构安全状况、道路运行实况、车辆速度及间距等关键信息，实现全方位、全天候的监控与管理，确保即便在极端气候条件下，车辆也能保持全天候的安全通行。

12.2 光电编码器

光电编码器视频　12.2 光电编码器课件

光电编码器利用光电原理，能将输出轴上的机械位移（线性位移或旋转角度）转换成脉冲信号或数字形式的信息。根据测量方式的不同，光电编码器可以分为线性式编码器和旋转式编码器（见图 12.2.1）；根据编码方式的不同，又可以分为增量式编码器和绝对式编码器（见图 12.2.2）。绝对式编码器能够直接输出数字编码，便于与计算机系统连接；而增量式编码器的输出是一系列脉冲信号，需要通过附加的数字电路才能转换为数字编码。旋转式光电编码器测量角位移最直接有效，成为最实用的数字式传感器之一，因此本书将重点介绍旋转式编码器。

（a）线性式编码器　　　　　（b）旋转式编码器

图 12.2.1　线性式编码器和旋转式编码器

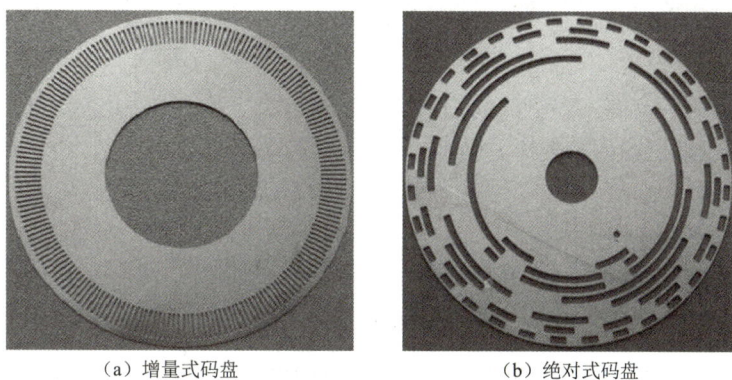

（a）增量式码盘　　　　　　　　（b）绝对式码盘

图 12.2.2　码盘分类

12.2.1　增量式编码器

增量式编码器将设备运动时的位移信息变成连续的脉冲信号，脉冲个数表示位移量的大小，其结构原理图如图 12.2.3 所示。圆形码盘边缘刻有等节距的辐射状狭缝，这些狭缝形成了均匀分布的透光区域和不透光区域，数量从几百条至上千条不等。码盘设计相对简单，通常仅包含三个码道。与绝对式编码器不同，增量式编码器的码道不直接输出数字编码，而是检测码盘上转过的透光与不透光线条的数量，即脉冲数，因此被称为脉冲式编码器。外圈码道（A 相）用于产生计数脉冲，是增量式编码器的主要码道。内圈码道（B 相）与外圈码道的透光缝隙数量相同，但位置错开了半个缝隙距离，作为辨向码道，其辨向原理与光栅相似。此外，还有一条码道（通常位于最外圈），它仅含有一条透光的狭缝，作为基准码道，用于表示码盘的参考零位（Z 相）。

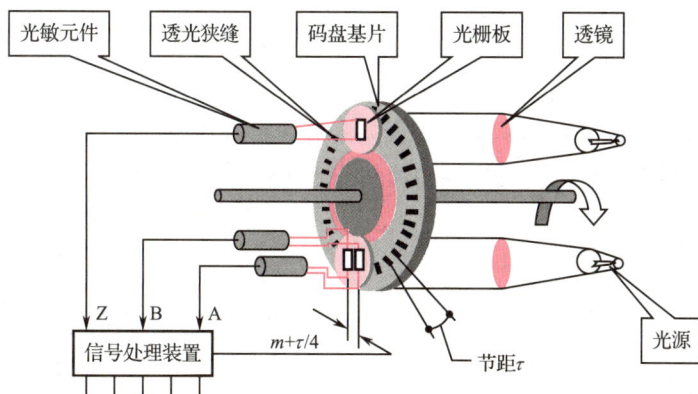

图 12.2.3　增量式编码器的结构原理图

当码盘与工作轴同步旋转时，增量式编码器利用光电器件将这一角位移转换为近似的正弦波电信号。该信号经过一系列电路处理，包括放大、整形、细分及辨向，最终转化为脉冲信号，这一过程与光栅传感器的工作原理相似。增量式编码器的输出通常包含三组脉冲信号：A 相（作为增量脉冲）、B 相（用于辨向的脉冲）及 Z 相（代表零位脉冲）。其中，A 相和 B 相脉冲之间存在 90° 的相位差，这一设计使得旋转方向的判断变得简单直观。而 Z 相脉冲则每转一圈发出一次，用于精确定位基准点。通过累计这些脉冲的数量，可以准确地表示出码盘所转过的角位移大小，即

$$\alpha = N\frac{360^{\circ}}{M} \tag{12.2.1}$$

式中：N——脉冲数；M——码盘周向缝隙数。

显然，增量式编码器的分辨率与码盘圆周上的缝隙数 M 有关：

$$\alpha_{\min} = \frac{360^{\circ}}{M} \tag{12.2.2}$$

增量式编码器的分辨率通常以码盘每转输出脉冲数（CPR）表示，常用的有 256、512、1024、2048。

例 12-3　某码盘的 CPR 为 2048，求其可分辨的最小角度。

解： $\alpha_{\min} = \dfrac{360^{\circ}}{M} = \dfrac{360^{\circ}}{2048} \approx 0.1758^{\circ} = 10'33''$。

旋转编码器可以用于机械旋转时的角度测量和转速测量。

例 12-4　编码器每转脉冲数为 2048，在 0.2s 内测得 8192 个脉冲，求其转过的角度、脉冲当量和转速。

解： 转过的角度为

$$\theta = \frac{360^{\circ}}{2048} \times 8192 = 1440^{\circ}$$

脉冲当量为

$$\tau = \frac{360^{\circ}}{2048} \approx 0.176^{\circ}/\text{脉冲}$$

转速为

$$n = \frac{8192}{2048} \times \frac{1}{0.2} \times 60\text{r}/\min = 1200\text{r}/\min$$

增量式编码器结构简单、成本低、精度高、抗干扰能力强、可靠性高、性能稳，平均寿命可达几万小时，可以用倍频电路提高精度，适合于长距离传输。但增量式编码器无法输出轴转动的绝对位置信息，且存在零点累计误差，开机后要先寻找零位或参考位，不具有断电记忆能力，若中途断电，将无法得知运动部件的绝对位置。

12.2.2　绝对式编码器

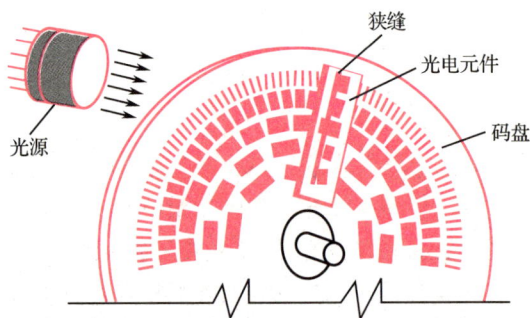

图 12.2.4　绝对式编码器的结构示意图

绝对式编码器的构造与增量式编码器相似，包含码盘、检测装置及放大整形电路等核心部件。但两者在码盘结构和输出信号含义上存在差异。绝对式编码器采用了二进制编码方式（利用特殊设计的码盘）将设备运动时的位移信息直接转换成数字量输出。绝对式编码器的结构示意图如图 12.2.4 所示，主要由码盘、狭缝及安装在码盘两侧的光源、透镜和光电元件等组成。这种编码器能够将被测角位移转换成与之相对应的编码输出，即通过读取码盘上的特定图案精确表示其绝对位置。

图 12.2.5 所示为四位绝对式编码器的码盘结构图。图 12.2.5（a）为标准二进制码盘，它是在圆形的光学玻璃盘上，通过蚀刻技术形成透光与不透光的编码图案，其中，黑色部分代表不透光区域，标记为 0；而白色部分则代表透光区域，用 1 表示。图 12.2.5 中码盘被细分为 4 个独立的码道区域，每个区域都与一个特定的光电元件相对应，且这些元件沿着码盘的半径方向有序排列，这样在任意角度都有对应的、唯一的二进制编码。

码盘的码道数量与其数码位数相同，其中，高位位于内侧，低位则在外侧。绝对式编码器的分辨率高低，是由其码道数量，也就是二进制编码盘的位数来决定的。假设码盘具有 n 个码道，那么它能分辨的最小角度为

$$\alpha_{\min} = \frac{360^\circ}{2^n} \tag{12.2.3}$$

图示 12.2.5（a）中的码盘采用标准二进制编码，也被称为 8421 码盘，因为它直接基于二进制累加的原理设计。值得注意的是，在码盘于两个相邻位置边缘进行切换或震荡时，可能会因为码盘制造精度或光电元件装配上的偏差，引发读数错误，产生所谓的非单值性误差。例如，在 0111 与 1000 状态转换的边缘，系统可能会误读出 1111、1110、1011 或 0101 等不正确的数据。因此在实际应用中，为减少误差，常选用图 12.2.5（b）展示的二进制循环码码盘（亦称格雷码码盘）。此码盘的特点是相邻数码间仅有一位差异，因此产生的读数偏差被限制在 1 以内，有效防止了非单值性误差的产生。格雷码实质上是二进制的一种特殊变换，其中每一位都不再代表固定的权重值，故需通过解码步骤，将格雷码转换回二进制码，方可获取位置信息。解码既可通过专门的硬件解码器完成，也可通过软件实现。表 12.2.1 详细列出了 4 位二进制码与格雷码之间的转换对应关系。

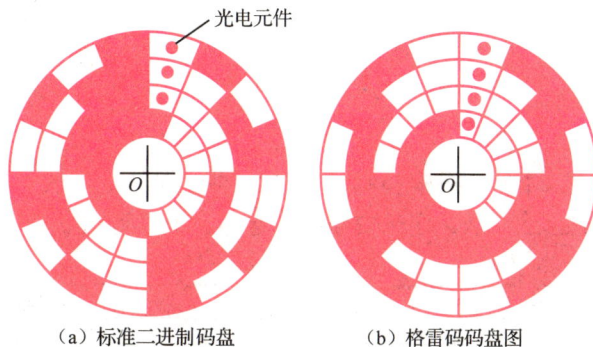

（a）标准二进制码盘　　　　　（b）格雷码码盘图

图 12.2.5　四位绝对式编码器的码盘结构图

表 12.2.1　4 位二进制码与格雷码对照表

十进制数	二进制码	格雷码	十进制数	二进制码	格雷码
0	0000	0000	8	1000	1100
1	0001	0001	9	1001	1101
2	0010	0011	10	1010	1111
3	0011	0010	11	1011	1110
4	0100	0110	12	1100	1010
5	0101	0111	13	1101	1011
6	0110	0101	14	1110	1001
7	0111	0100	15	1111	1000

绝对式编码器的优点是具有绝对零位，可直接读出 0～360°范围内角度坐标的绝对值；具有断电位置记忆功能，断电后位置信息也不丢失；无累积误差；编码器的精度取决于位数；测量最高转速比增量式编码器高。但是它结构较复杂、造价较高，而且信号引出线随着分辨率的提高而增加。

12.2 绝对式编码器与增量式编码器区别讨论

> **小讨论**：比较光电编码器与磁性编码器在性能、精度、应用场合等方面的异同。

小拓展

来源：《吉林日报》，2024 年 6 月 5 日

某公司多年来持续加强研发投入，提高自主创新能力，推出高技术含量和附加值的新产品和服务，目前正在开发反射式绝对值编码器，精度可以达到正负 5 角秒。空心轴磁电绝对值编码器、伺服绝对值编码器，满足市场需求，企业市场地位稳步提升。

12.3 感应同步器

12.3 感应同步器课件

感应同步器是一种基于电磁感应原理设计的装置，它能将线性或旋转运动转化为电信号。依据应用场景的不同，该装置分为直线型和旋转型两类，分别用于线性位移和角度的测量。

12.3.1 结构组成

1. 直线式感应同步器

图 12.3.1 展示了直线式感应同步器的结构（图中单位为 mm），该设备包含两大组件：定尺和滑尺。定尺和滑尺的材料、结构和制造工艺相同，都是由基板、绝缘黏合剂和平面绕组等部分组成，如图 12.3.2 所示，定尺安装在固定部件上，滑尺安装在运动部件上。

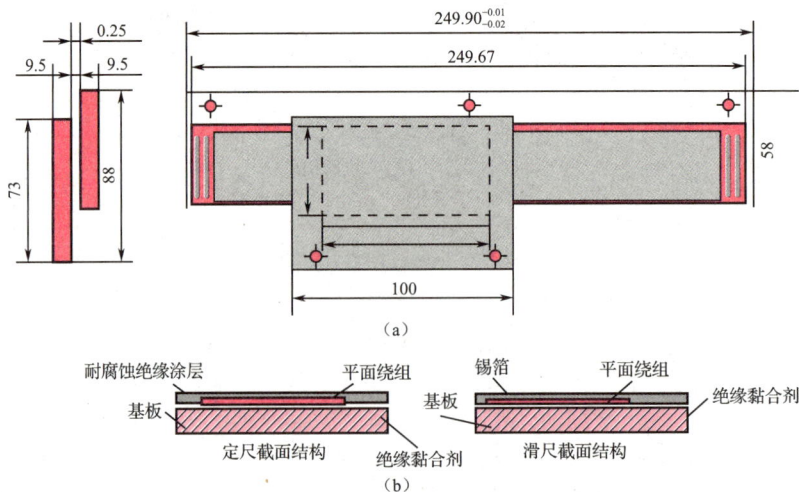

图 12.3.1 直线式感应同步器的结构

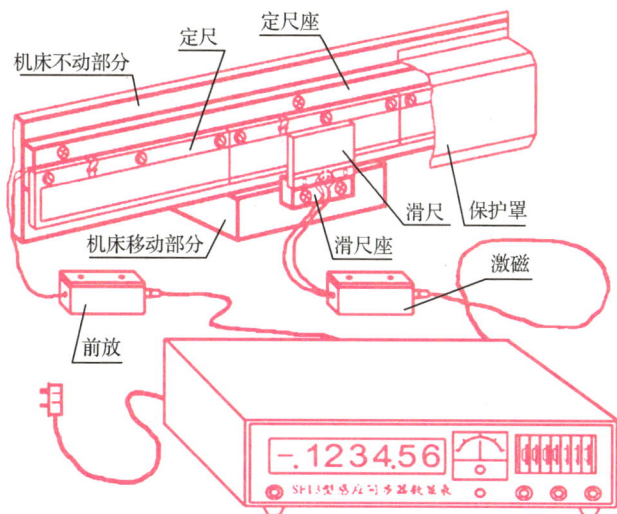

图 12.3.2　直线式感应同步器安装示意图

图 12.3.3 为直线式感应同步器定尺和滑尺绕组的结构图，定尺和滑尺上的绕组均为矩形绕组。绕组导电片的宽度为 a，导电片之间的间隙为 b。

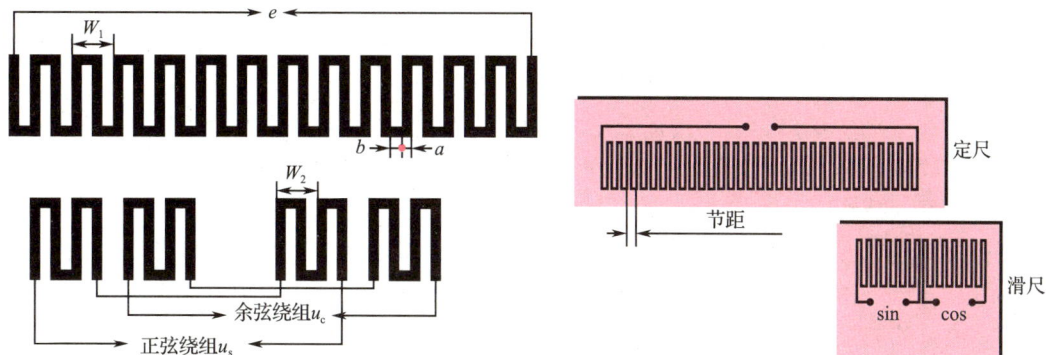

图 12.3.3　直线式感应同步器绕组的结构图

定尺绕组为单相连续绕组，节距为 $W_1 = 2(a_1 + b_1)$。滑尺上分布有两组间断绕组，其相位角为 90°，分别称为正弦绕组和余弦绕组。滑尺上的两相绕组节距相同，均为 $W_2 = 2(a_2 + b_2)$，且交替排列，串联形成正弦和余弦两相绕组。通常定尺的节距 W_1 与滑尺的节距 W_2 相等。

2. 旋转式感应同步器

旋转式感应同步器根据其形状又可称为圆盘式感应同步器，由单绕组的转子和两组相位差 90° 的正、余弦绕组的定子组成，其结构如图 12.3.4 所示。

旋转式感应同步器的定子和转子绕组的制造过程沿用了直线式感应同步器的相同制作工艺，定子等效为滑尺，转子等效为定尺。由于旋转式感应同步器的信号通过转子输出，而工作状态下转子保持旋转无法直接输出，因此需要对信号做一定的处理。通常采用导电环直接耦合输出，或者通过耦合变压器将转子的一次绕组感应电动势经气隙耦合到定子二次绕组上输出。

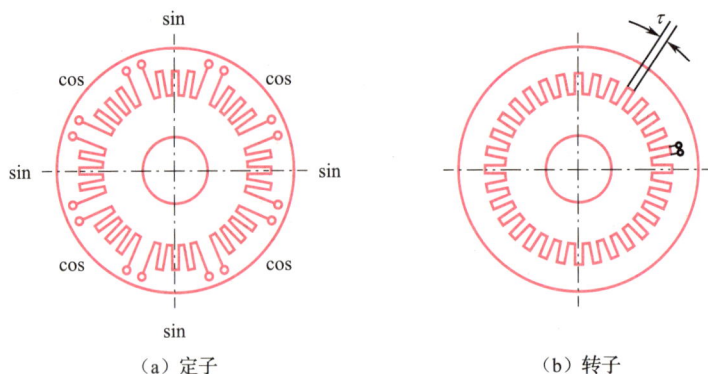

（a）定子　　　　　　　　（b）转子

图 12.3.4　旋转式感应同步器绕组结构图

12.3.2　工作原理

感应同步器通过电磁耦合的变化来检测位移量。当励磁绕组与感应绕组之间发生相对位移时，感应绕组中的感应电压随位移的变化而变化。直线式感应同步器和旋转式感应同步器都依赖电磁感应原理工作。

如图 12.3.5 所示，以直线式感应同步器为例，滑尺配置为励磁绕组，而定尺则配置为感应绕组。当励磁绕组接收到周期性变化的励磁电压（如正弦交流电）时，通过电磁感应机制，定尺上的感应绕组会生成一个与励磁电压频率相同的感应电动势。此感应电动势的幅值会随着滑尺的位移，按余弦波形规律进行变化，这种变化还受到励磁频率、励磁电压（或电流）及绕组间隙的影响。滑尺移动一个节距，感应电动势发生一次完整周期变化。对这些信号进行处理，可以精确测出位移。

施加励磁电压至滑尺绕组会触发电磁感应效应，使得定尺绕组产生感应电压，该电压的幅值受滑尺与定尺相对位置的影响。图 12.3.6 展示了仅在滑尺绕组通电时，定尺感应电压与两者相对位置的关系。

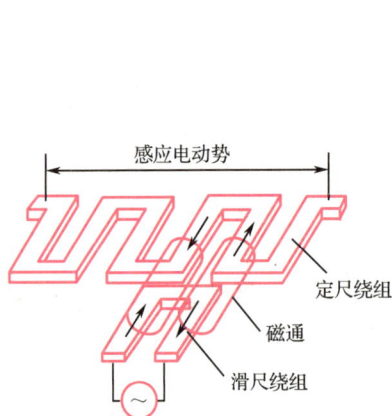

图 12.3.5　直线式感应同步器的工作原理

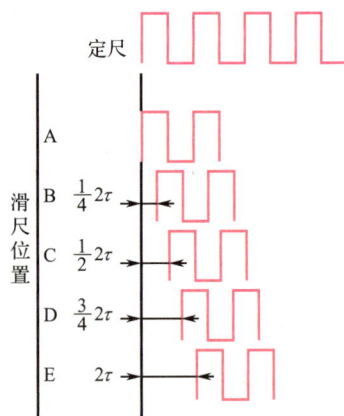

图 12.3.6　感应电压与定、滑尺相对位置的关系

当滑尺处于 A 位置，与定尺绕组完全对齐时，磁通穿透定尺绕组达到最大，因此感应电压最高；随着滑尺的平移，穿过的磁通量逐渐减少，导致感应电压下降；到达 B 位置时，滑尺与定尺绕组偏移四分之一节距，此时感应电压降为零；继续移动至 C 位置，即半节距处，

磁通穿出定尺绕组最多，此时感应电压再次达到峰值，但极性相反；进一步移动至 D 位置时，即四分之三节距处，感应电压再次归零；当滑尺移动一整节距至 E 位置时，状态恢复到与 A 位置相同。在这样一个节距的移动过程中，感应电压经历了一个近似的余弦周期变化，如图 12.3.7 所示。

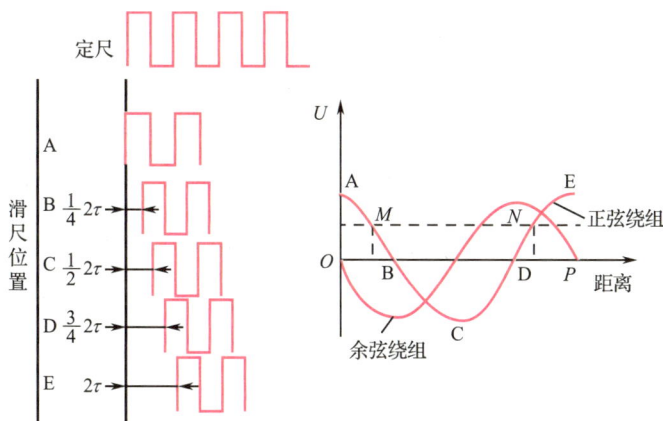

图 12.3.7 感应电压与两绕组相对位置的关系

滑尺正弦绕组上加励磁电压 U_s 后，与之相耦合的定尺绕组上的感应电压为

$$U_{os} = KU_s \cos\theta \tag{12.3.1}$$

滑尺余弦绕组上加励磁电压 U_c 后，与之相耦合的定尺绕组上的感应电压为

$$U_{oc} = KU_c \cos\left(\theta + \frac{\pi}{2}\right) = -KU_c \sin\theta \tag{12.3.2}$$

当滑尺的正弦绕组与余弦绕组同时施加励磁电压 U_s 和 U_c 时，根据叠加原理，与之对应的定尺绕组上产生的总感应电压为

$$U_o = U_{os} + U_{oc} = KU_s \cos\theta - KU_c \sin\theta \tag{12.3.3}$$

式中：K——电磁感应系数；θ——定尺绕组上感应电压的相位角。

12.3.3 测量方式

在实际测试中，感应同步器通常与数字显示仪表配合使用，组成位移测试系统。这个系统可以分为两种类型：鉴相型和鉴幅型，具体取决于对滑尺正、余弦绕组施加的励磁电压方式。鉴相系统依据感应电动势的相位信息来测定位移，而鉴幅系统则通过测量感应电动势的幅度来实现位移的测量。

1. 鉴相法

在感应同步器正弦绕组 s、余弦绕组 c 上施加幅值和频率相同、相位差为 90° 的交流励磁电压 U_s 和 U_c，即

$$U_s = U_m \sin\omega t \tag{12.3.4}$$

$$U_c = -U_m \cos\omega t \tag{12.3.5}$$

两个励磁绕组在单相绕组上的感应电动势分别为

$$U_{os} = KU_m \cos\theta \sin\omega t \tag{12.3.6}$$

$$U_{oc} = KU_m \sin\theta \cos\omega t \tag{12.3.7}$$

根据叠加原理可知单相绕组的总感应电动势为

$$U_\mathrm{o} = U_\mathrm{os} + U_\mathrm{oc} = K U_\mathrm{m} \sin(\omega t + \theta) \tag{12.3.8}$$

此时输出电动势的幅值是一个不变的常值，而输出电动势的相位改变量等于电角度 θ。因此通过输出的电动势信号的相位改变量就可以知道电角度 θ，从而可以求出对应的线位移或角位移。

2. 鉴幅法

鉴幅法通过分析感应电动势的幅值来得到处理滑尺和定尺之间的相对位移信号，通常在滑尺的正、余弦绕组上施加频率和相位相同但幅值不同的正弦励磁电压，即

$$U_\mathrm{s} = U_\mathrm{m} \sin \omega t \tag{12.3.9}$$

$$U_\mathrm{c} = U_\mathrm{m} \sin \omega t \tag{12.3.10}$$

利用函数变压器使滑尺上正、余弦绕组的励磁电压的幅值满足

$$U_\mathrm{s} = U_\mathrm{m} \sin \varphi \tag{12.3.11}$$

$$U_\mathrm{c} = -U_\mathrm{m} \cos \varphi \tag{12.3.12}$$

式中：U_m——励磁电压的幅值；φ——励磁电压的相位角。

根据叠加原理可知定尺绕组输出的总感应电动势为

$$U_\mathrm{o} = U_\mathrm{s} + U_\mathrm{c} = k \omega U_\mathrm{m} \sin(\varphi - \theta) \sin \omega t \tag{12.3.13}$$

感应同步器通过捕捉定尺绕组中感应电动势的变化，来测定一个节距 W 范围内的位移，这种方式属于绝对式测量。设滑尺绕组的节距为 2τ，它对应的感应电动势按余弦函数规律将变化 2π。若滑尺的移动距离为 x，则对应感应电动势以余弦函数将变化 θ：

$$\theta = \frac{2\pi}{W} x = \frac{x}{2\tau} 2\pi = \frac{\pi}{\tau} x \tag{12.3.14}$$

由此可见，定尺感应电动势的幅值取决于滑尺的相对位移 x，故可通过感应电动势的幅值变化来测量滑尺的相对位移 x。

12.3 感应同步器特点讨论

> **小讨论**：感应同步器与光电编码器在位置测量中的性能比较。

> **小总结**：鉴相法通过检测感应电动势的相位变化测量位移，其核心在于输出信号的相位如何与滑尺的位移相关联；鉴幅法通过分析感应电动势幅值的变化确定位移，关键在于输出信号幅值与滑尺位移之间的关系。

12.4　容栅传感器

12.4 容栅传感器课件

容栅传感器是一种能够测量大范围位移的电容型数字式传感器。相较于其他类型的数字位移传感器，如光栅传感器和感应同步器等，容栅传感器展现出体积小巧、成本经济、高分辨率、快速测量、低功耗及适应多种使用环境等显著优势。

12.4.1　结构与工作原理

容栅传感器根据其结构形式的不同可分为长容栅传感器（又称线位移容栅传感器）和圆

容栅传感器两类。长容栅传感器用于测量线位移，圆容栅传感器用于测量角位移。本节以长容栅结构为例讲解容栅传感器的工作原理。

图 12.4.1 为长容栅传感器的结构示意图，它由两组条状电极群相对放置，分别是动尺和定尺。与一般电容式传感器不同的是定尺和动尺的电容极板分别印刷（或刻蚀）成一系列互相绝缘、等间隔的金属栅状电极，因此也称为定栅尺和动栅尺。动栅尺和定栅尺（一般用覆铜板制造）通过静电耦合来实现直线位移测量。动栅尺包含多个发射电极（A、B、C、D、E、F、G、H）和一个长条形接收电极 J；而定栅尺则包含多个相互绝缘的反射电极 R 和一个屏蔽电极 S。

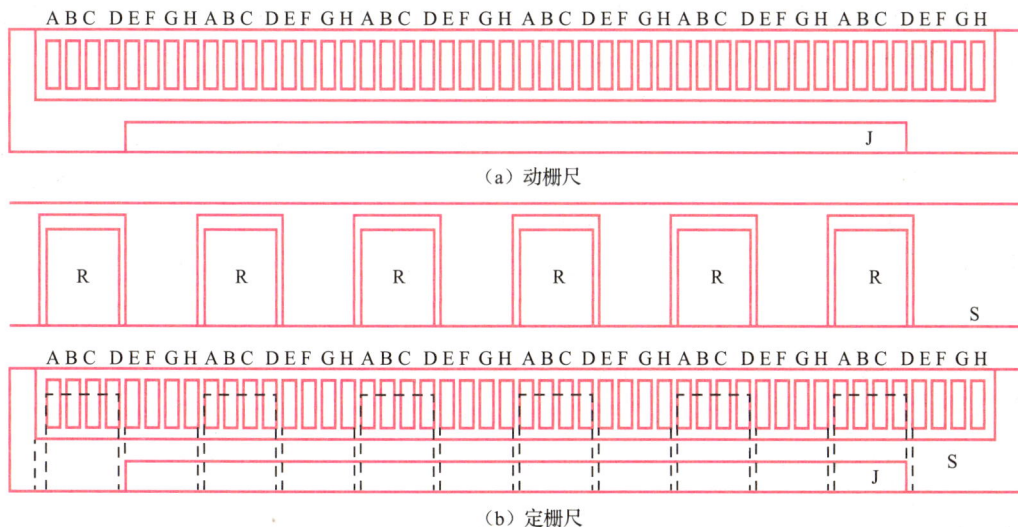

图 12.4.1 长容栅传感器的结构示意图

将动栅尺和定栅尺的栅极面平行相对安装，并留有很小间隙（可填充电介质），就形成一对对并联连接的电容，即容栅。一个反射电极对应于一组发射电极，一组发射电极的长度为一个节距 W（反射电极的极距）。忽略边缘效应，根据电场理论其最大电容量为

$$C_{\max} = n\frac{\varepsilon ab}{\delta} \tag{12.4.1}$$

式中：n——动栅尺栅极片数；ε——极板间介质的介电常数；δ——极板间距；a 和 b——栅极片的长度和宽度。

长容栅传感器的最小电容量理论值为 0，但由于制造安装误差等因素，其实际上为一固定电容 C（称为容栅固有电容）。长容栅传感器利用变面积工作原理来测量位移。当动栅尺与定栅尺相对移动时，每对容栅的覆盖面积会周期性变化，从而使电容量也发生周期性变化。由于反射电极的电容耦合和电荷传递作用，接收电极的输出信号会随发射电极和反射电极位置的变化而变化。该传感器的主要作用是将机械位移转化为电信号的相位变化，然后将该信号送入测量电路进行处理，从而测得线位移。

12.4.2 容栅传感器的优点

容栅传感器的优点如下。

（1）量程大、分辨率高。容栅传感器能够在很大的量程范围内提供高分辨率的测量。例

如，分辨率达到 2mm 时，测量量程可扩展至 20m。此外，容栅传感器的测量速度也较快，线速度可以达到 1.5m/s，这使它在面对需要高速度和高精度的应用场景时具有一定的优势。

（2）非接触式测量。容栅传感器采用非接触式测量技术，减少了摩擦阻力，改善了磨损问题。可以让传感器保持较长时间的稳定性和高精度，尤其在高频率或长时间使用场景中。

（3）结构简单。容栅传感器的结构设计相对简单，敏感元件主要由动栅和静栅组成。信号线可以全部从静栅上引出，使得运动部件的动栅无须引线，从而简化了传感器的设计和集成过程。

（4）传输距离长、速率高、误差小。由于配有专用集成电路，容栅传感器可以实现数字信号输出，方便与计算机进行接口对接。它能够在长距离传输中保持较低的数据传输误差，数据更新速率高达 50 次/秒，适合需要高速和高精度数据传输的应用。

（5）功耗极小。容栅传感器的功耗非常低，正常工作时电流小于 10mA，使得它可以长时间稳定工作。例如，一粒纽扣电池可以支持容栅传感器连续工作超过一年。这一特性使得容栅传感器在要求低功耗和长使用寿命的应用场景中具有适用性。

（6）价格低。相比同类传感器，容栅传感器的性价比高，其价格相对较低且性能优越，这使得它在预算有限但需要高性能的应用中非常具有吸引力。

12.4 容栅传感器
特点讨论

小讨论：简述容栅传感器的工作原理及比较其与电容传感器的异同。

小拓展

来源：《美通社》

　　2024 年 6 月 11 日，在国际传感器及测量测试展览会上，某公司展示了 TMR4101 微米级高精度磁栅传感器，此传感器适用于消费电子和工业领域，如相机的自动对焦变焦、线性与角度定位测量、微米级位移检测及磁编码功能。它配合磁极间距 0.4mm 的多极磁栅使用，传感器在磁栅移动过程中，其推挽式 TMR（隧道磁阻效应）半桥结构能输出相位相差 90°的正弦信号与余弦信号，信号周期等同于相邻南北磁极组合的总长度，即 0.8mm。

12.5 磁栅传感器

磁栅传感器是一种通过磁栅与磁头间的电磁作用实现位移测量的新型数字式传感器。它具备成本低廉、安装便捷及使用简单等优点。

12.5 磁栅传感器
课件

12.5.1 结构和分类

1. 磁栅的组成

磁栅传感器由磁栅、磁头、信号处理电路、输出接口及外壳和连接器构成。

（1）磁栅：或称磁尺，是传感器的主要部件，由磁性材料如永磁体或软磁体排列而成，其结构和排列直接影响传感器的测量特性。

（2）磁头：负责感应磁场，通常由磁敏材料如磁敏电阻、磁敏电容或磁敏二极管制作，其特性决定了对磁场的响应能力。

（3）信号处理电路：负责将磁头感应到的磁场信号转化为电信号，并进行放大、滤波和线性化处理，以提供稳定的输出信号。

（4）输出接口：将处理后的电信号转换为模拟电压、模拟电流或数字信号等形式。

（5）外壳和连接器：保护内部元件，并提供与外部系统的连接功能。

磁栅传感器的这些部分共同工作，实现对磁场的测量并转换为可用的输出信号。

图 12.5.1 展示了磁栅传感器的结构。磁栅的基底由非导磁材料制成，其表面覆盖有一层均匀的磁性薄膜，并通过录制技术形成间隔相等且极性正负交替的磁信号栅条。这些磁信号的波长也被称为节距，用符号 W 表示。在 N 极与 N 极、S 极与 S 极相互重叠的区域，磁感应强度达到最大，但它们的极性相反。当前常用的磁信号节距规格有 0.05mm 和 0.20mm 两种。

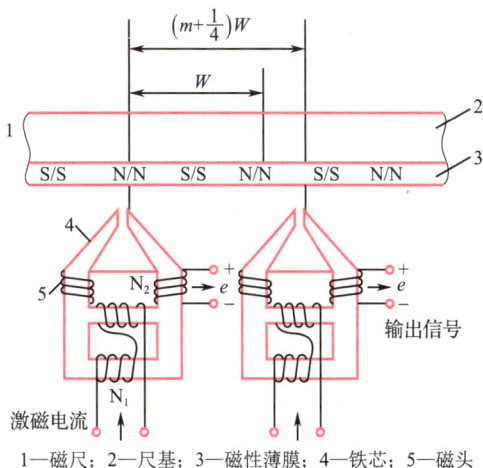

1—磁尺；2—尺基；3—磁性薄膜；4—铁芯；5—磁头

图 12.5.1　磁栅传感器的结构示意图

2. 磁栅的分类

磁栅分为两大类：长磁栅（见图 12.5.2）与圆磁栅（见图 12.5.3）。长磁栅主要用于直线位移的测量，而圆磁栅则专门用于角位移的测量。长磁栅还可以细化为尺形、带形及同轴形三种类别。其中，尺形磁栅传感器是应用最广泛的类型，其外观可参考图 12.5.2（a）。若遇到安装空间有限的情况，可以选择带形磁栅，其结构详见图 12.5.2（b）。同轴形磁栅传感器如图 12.5.2（c）所示，因其特别小巧的结构设计，适用于需要高度紧凑性的应用场景。

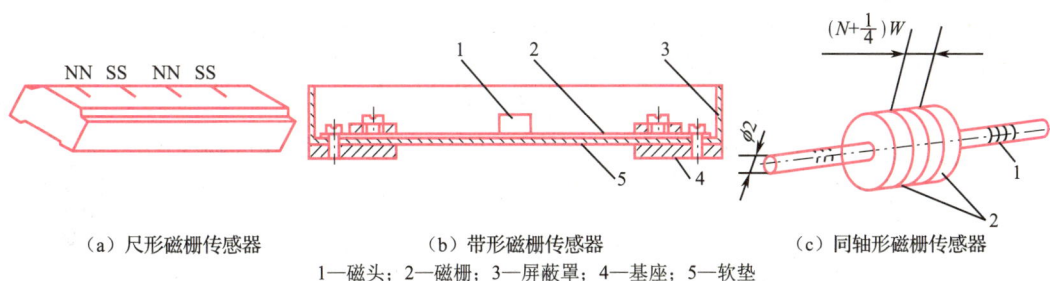

（a）尺形磁栅传感器　　　（b）带形磁栅传感器　　　（c）同轴形磁栅传感器

1—磁头；2—磁栅；3—屏蔽罩；4—基座；5—软垫

图 12.5.2　长磁栅传感器的类型

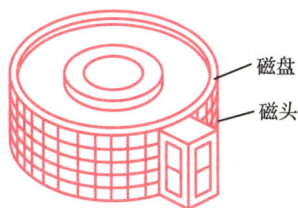

磁盘

磁头

图 12.5.3　圆磁栅传感器

12.5.2　工作原理

磁栅传感器的工作原理如下：当正弦励磁电压施加于激励绕组 N_1 时，由于磁芯具有非线性磁化特性，因此励磁电流也是非线性的（见图12.5.4）。

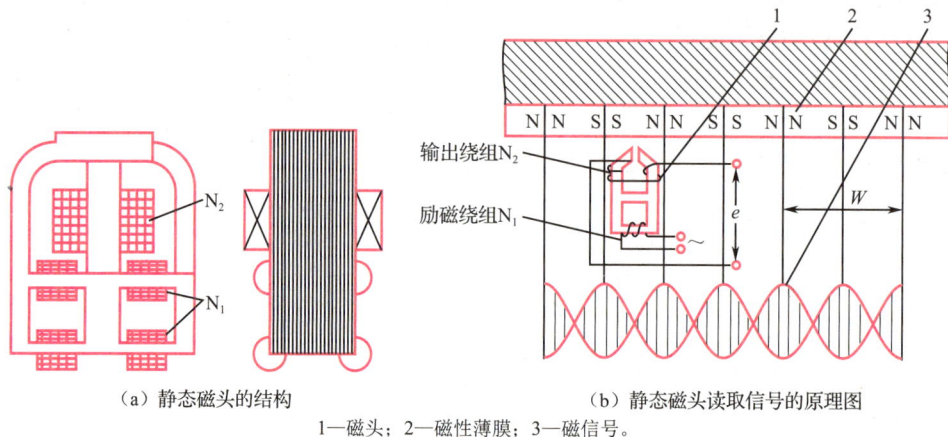

（a）静态磁头的结构　　　　（b）静态磁头读取信号的原理图

1—磁头；2—磁性薄膜；3—磁信号。

图12.5.4　磁栅传感器的工作原理图

励磁电流工作在磁化曲线的不同区段时，铁芯回路中的磁导率和磁阻均随之变化。这种磁阻的变化类似于一个磁路开关，对磁尺产生的磁通起到导通与阻断的作用。当励磁电压的瞬时值达到某个特定幅值时，铁芯会发生磁场饱和，磁阻增大，导致磁栅上的磁通无法穿越铁芯，从而使磁路呈现"断开"状态，此时输出绕组无法产生感应电动势。相反，当励磁电压的瞬时值低于该特定幅值时，铁芯磁场不饱和，磁阻随之减小，磁栅上的磁通便能在磁头铁芯中顺畅通过，磁路因此被"接通"，进而使输出绕组产生感应电动势。随着励磁电压的不断变化，可饱和铁芯这一磁路开关会不断地"接通"与"断开"，从而在输出绕组上产生与磁头和磁尺相对位置相关的感应电动势。由于每个激励电压周期内，输出绕组中的感应电动势会发生两次变化，因此，输出绕组中感应电动势的频率是励磁电压频率的两倍。磁头所输出的感应电动势呈现为一种调幅波形式，可表示为

$$U_o = U_m \sin(2\pi x/W)\sin 2\omega t \qquad (12.5.1)$$

式中：U_m——励磁电压的峰值；$U_m\sin(2\pi x/W)$——磁头感应电动势的幅值；ω——励磁电压的角频率；W——磁信号的节距；x——磁头与磁尺的相对位移。

由式（12.5.1）可知，该感应电动势的幅值与磁栅到铁芯的磁通量的大小成正比，即与磁头相对磁尺的位移 x 有关，而与磁头与磁尺的相对运动速度无关。

12.5 磁栅传感器特点讨论

小讨论：简述磁栅传感器的特点。

小知识：磁栅传感器的磁信号可以重新录制。在传感器安装和使用过程中，若发现磁信号有误差或需要调整，可以重新录制磁信号，而无须更换整个传感器。这种灵活性为磁栅传感器的使用和维护带来极大便利。

12.6　工程应用案例——光电编码器在工业上测量直线位移

12.6.1　工程背景

转速是反映旋转机械运行状态的一个重要参数。测量转速的瞬时值能精确反映转动机械内部动力装置的工作状态及负载变化过程，为设备运行监控、瞬态性能分析及故障诊断提供关键数据。在工业变频调速控制中，常在电动机轴上安装增量式编码器来监测转速，而准确测量转速则是确保精度分析有效性的基础。对于增量式编码器的测量方法常见的是 M/T 法测量。

12.6.2　设计方案

将联轴器把编码器和电机连接在一起，通过 PLC 控制变频器来间接控制电机转速。本次选用增量式编码器，其半径为 50mm，对应的圆周长度大约为 314mm。该编码器设定为每转一圈输出 2500 个光电脉冲。因此，需要在 314mm 的圆周上均匀划分出 2500 个光栅刻线，确保每个光栅之间的间隔精确为 0.1256mm。

12.6.3　实施过程

采用 M/T 法测速，每个计算频率 f_s 的编码器脉冲数为 m_1，每个计数周期的计数脉冲数为 m_2。定义电动机的额定转速为 n_1（RPM），调速范围为 $n_0 \sim n_1$，编码器每转脉冲数为 P，计数脉冲频率为 f_c。

$$n = \frac{f_c}{Pm_2/m_1} \times 60 \tag{12.6.1}$$

在此次实验环境中，计数脉冲频率为 36MHz，测得 $m_1/m_2 = 1521$，通过上式可以计算出转速 n 约等于 568r/min。

采用 M/T 法测速的系统误差计算公式为

$$\varepsilon_e = \frac{1}{m_2} = \frac{Pn}{60m_1f_c} = \frac{P}{60f_c} \times \frac{60f_s}{P} = \frac{f_s}{f_c} \tag{12.6.2}$$

在所述的变频器测速体系中，脉冲计数频率设定为 40MHz，而编码器的测速操作频率为 640Hz。据此，我们可以计算出测速系统的误差为

$$\varepsilon_e = \frac{640}{40 \times 10^6} = 0.0016\% \tag{12.6.3}$$

因此，采用 M/T 法测速时，若计数频率足够高，理论上可实现万分之一以下的控制精确度。然而，在实际编码器安装过程中，安装精度的差异是不可避免的，这要求在测量时需特别关注编码器的安装工艺及其精确度。理想状态下的安装示意图如图 12.6.1（a）所示，但在实际操作中，受安装工艺等的限制，实际安装效果如图 12.6.1（b）所示，编码器与电动机转子难以达到理论上的完全同心同轴状态。图 12.6.1（b）所展示的情况是，即便电动机转子保持匀速旋转，编码器的转速在一个完整的旋转周期内仍会出现波动。最终的表现为在旋转一周之内的不同位置，转速会略有差异。利用 M/T 法实时测算出的转速，会不可避免地包含因

安装工艺造成的编码器系统误差。当这个实时转速作为反馈信号用于速度控制环节时，它所含有的波动信息会体现在输出的转矩指令中。

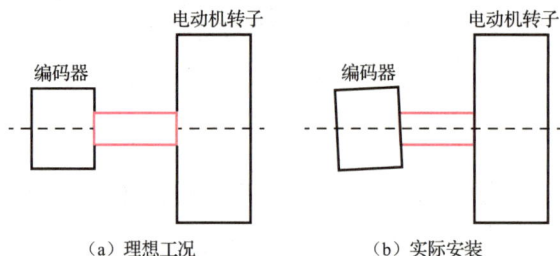

（a）理想工况　　　　　　　　（b）实际安装

图 12.6.1　编码器安装示意图

鉴于编码器制作工艺及其安装工艺中存在的误差，在评估转速稳定性时，我们通过对一个完整旋转周期内的 Z 信号进行转速测量，即通过测定相邻 Z 信号上升沿之间的时间差 Δt，可以计算出当前的转速，相应的计算公式为

$$n = \frac{1}{\Delta t} \times 60 \qquad (12.6.4)$$

在电动机稳定运行期间，利用示波器捕捉 Z 信号脉冲的上升沿，可以测定相邻 Z 信号的周期和频率，据此能够推算出电动机每转一圈的速度。

12.6.4　实施结果

表 12.6.1 记录了各驱动点在稳态运行时随机抽取的任意两个 Z 信号间隔的数据。观察表 12.6.1 可知，利用 Z 信号计算得出的电动机转速，其稳定性在所有测试数据中均能达到额定转速的万分之一精度水平。

表 12.6.1　Z 信号信息

测试转速点	Z 信号频率/Hz	转速/（r/min）	波动/（r/min）	转速波动率/%
1	2.360168	141.640	0.0080	0.001072
	2.360132	141.607		
2	3.496437	209.786	0.0234	0.00312
	3.496631	209.797		
3	4.619564	277.173	0.0211	0.00784
	4.619212	277.152		
4	5.74213	344.527	0.0588	0.0034
	5.74311	344.586		
5	6.851939	411.116	0.0259	0.0099
	6.852372	411.142		

▲ 本章知识点梳理与总结

本章对各种数字式传感器的工作原理、分类、测量电路、应用等方面的知识进行了阐述。

1. 介绍了光栅传感器的结构组成、工作原理及光栅尺的特点。

2．介绍了光电编码器的基本概念及常见种类，重点介绍了旋转式光电编码器的种类、工作原理，并介绍了关于增量式编码器的应用计算。

3．介绍了感应同步器的类型与结构，在此基础上讲解了感应同步器的工作原理及测量方式。

4．介绍了容栅传感器的结构组成、工作原理及其优点。

5．介绍了磁栅传感器的结构组成、工作原理。

--- **本章自测** ---

第 12 章在线自测

--- **思考题与习题** ---

第 12 章思考题与习题答案及解析

12-1　什么是数字式传感器？它有何特点？

12-2　如何实现提高光电式编码器的分辨率？

12-3　简述光栅传感器的组成和分类。

12-4　简述光电编码器的概念和分类。

12-5　简述计量光栅的结构和基本原理。

12-6　透射式光栅传感器的莫尔条纹是怎样形成的？它有哪些特征？

12-7　简述光栅传感器的辨向原理。

12-8　某一绝对式旋转编码器的示意图如题 12-8 图所示。

（1）在编码器中，请标注哪个是发光二极管，哪个是光敏三极管，哪个是码盘。

（2）当前传感器的角度检测精度有多高（多少度）？请给出必要的分析说明。

（3）绝对式旋转编码器如果采用"二进制码盘"的话，在检测过程中会出现什么问题？如何解决？

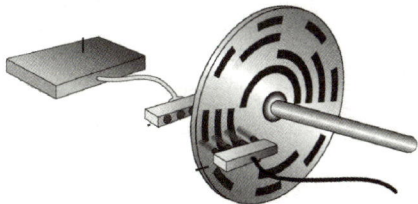

题 12-8 图　绝对式旋转编码器的示意图

12-9　如何提高光电编码器的分辨率？

12-10　一个 8 位光电码盘的最小分辨率是多少？若要求每个最小分辨率对应的码盘圆弧长度最大为 0.01mm，则码盘半径应有多大？

第 13 章
辐射式传感器及应用案例

辐射式传感器凭借非接触式测量、高精度、快速响应等优点，已广泛应用于现代自动化控制、环境监测、无损检测及医疗健康领域。本章将深入探索辐射式传感器的奥秘，重点阐述红外辐射传感器、超声波传感器和微波传感器的内部构造，揭示其工作原理，展现它们如何将无形的辐射能量转化为有形的可处理信息。从红外辐射传感器在温度测量与夜视技术中的应用，到超声波传感器在测距与探测领域的贡献，再到微波传感器在通信、测速与安全监控中的广泛实践，本章将为学习者全面展示辐射式传感器技术的多样性与重要性。

学习要点

1. 了解红外辐射、超声波、微波的概念与特性；
2. 了解红外辐射传感器的分类、工作原理及其应用；
3. 了解超声波传感器的分类、工作原理及其应用；
4. 了解微波传感器的分类、工作原理及其应用。

知识图谱

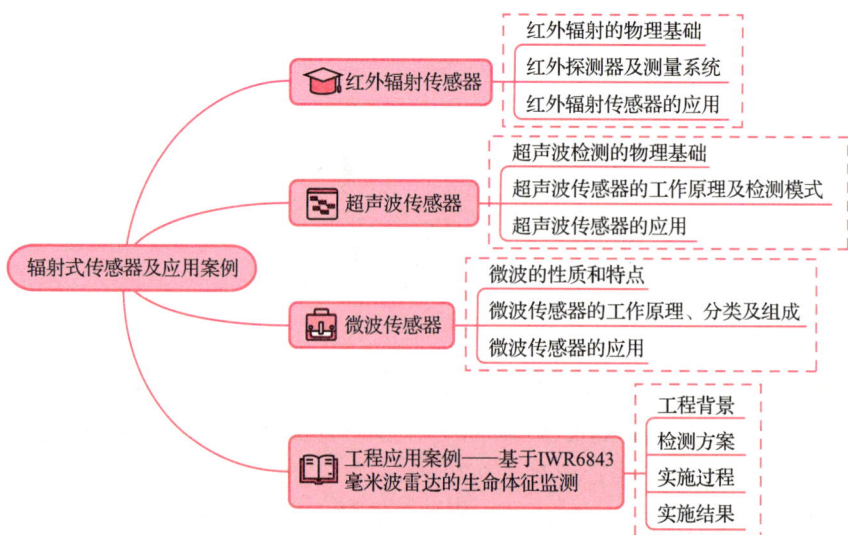

13.1　红外辐射传感器

13.1 红外辐射
传感器课件

13.1.1　红外辐射的物理基础

红外辐射，亦称红外线，是电磁波谱中人类视觉无法感知的不可见光辐射。在物理学中红外线特指波长大于可见光谱红色光波长的电磁波，其波长区间为 $0.76 \sim 1000\mu m$，相应频率区间为 $3\times10^{11} \sim 4\times10^{14}Hz$，如图 13.1.1 所示。依据波长特性，红外线通常细分为 $0.76 \sim 3\mu m$、$3 \sim 6\mu m$、$6 \sim 15\mu m$ 和 $15 \sim 1000\mu m$ 四个子波段，分别称为近红外、中红外、远红外和极远红外。

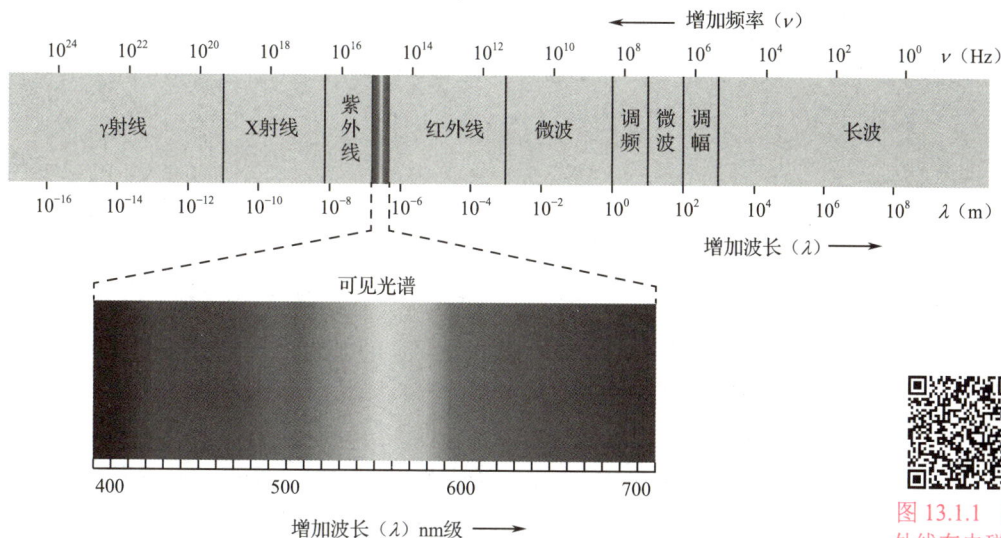

图 13.1.1　红外线在电磁中的位置图

图 13.1.1　红外线在电磁中的位置图彩图

红外线具备热能转换效应，只要物体温度超过 $-273.15℃$，均会以红外线的形式向周围环境释放能量，被物体吸收的红外线能量会转化为热能。红外线还具备光学特性，其传播遵循波动原理，即在空间中沿直线传播，存在反射、折射、散射、干涉和吸收等物理现象。在真空中，红外线的传播速度约为 $3\times10^{8}m/s$。当红外线穿越不同介质时，其能量会经历衰减，呈现出显著的波粒二象性特征。红外线在金属介质中传播时会显著衰减，但它能有效穿透多数半导体材料及部分塑料，极易被多数液体吸收。红外线在大气环境中传播时的透射率不同，在 $1 \sim 3\mu m$、$3 \sim 5\mu m$ 和 $8 \sim 14\mu m$ 这三个波长区间内的透射率最大，此区间被称为"大气窗口"。当前红外技术系统的设计与应用，普遍聚焦于利用这些"大气窗口"的波段，使物体发射的红外辐射能够更为有效地被红外探测设备捕获与识别。

红外线的传播速度等于波的频率与波长的乘积，即

$$c = \lambda f \tag{13.1.1}$$

式中，c、λ、f——红外辐射的传播速度、波长及频率。

任何物体对于投射至其表面的红外辐射，其吸收率、反射率与透射率之和等于 1。在任意温度下能完全吸收所有红外辐射的物体称为黑体，其吸收率为 1。能够以镜面形式完全反射所有红外辐射的物体称为镜体，其反射率为 1。能够以漫反射方式完全反射所有红外辐射的物

体称为白体，其反射率为 1。能够完全透过所有红外辐射的物体称为透明体，其透射率为 1。自然界中广泛存在的物体多为灰体，表现为部分吸收、部分反射及部分透射红外辐射。

红外辐射的基本定律包括基尔霍夫（Kirchhoff）定律、普朗克（Planck）定律、斯特藩-玻尔兹曼（Stefan-Boltzmann）定律和维恩（Wien）位移定律。

1．基尔霍夫定律

基尔霍夫定律由古斯塔夫·基尔霍夫于 1859 年提出，描述了物体的辐射度与吸收比的关系。在热平衡状态下，所有物体在一定温度下的辐射通量密度（辐射出射度或辐照度）与辐射吸收率（吸收比）之比等于该温度下黑体的辐射通量密度，即

$$\frac{E}{\alpha} = E_b \tag{13.1.2}$$

式中：E——物体（非黑体）在一定温度下的辐射通量密度（W/m^2）；α——物体（非黑体）在一定温度下的辐射吸收率；E_b——黑体在相同温度下的辐射通量密度（W/m^2）。

物体与黑体的辐射出射度之比称为辐射率（或发射率），式（13.1.2）可写为

$$\varepsilon = \frac{E}{E_b} = \alpha \tag{13.1.3}$$

式中，ε——物体的辐射率（黑体的 $\varepsilon=1$）。

2．普朗克定律

普朗克定律由马克斯·普朗克于 1901 年提出，描述了黑体的辐射能量与绝对温度和波长的关系。在任意温度下，黑体的光谱辐射通量密度与波长的关系为

$$E_{b\lambda} = C_1 \lambda^{-5} (e^{C_2/\lambda T} - 1)^{-1} \tag{13.1.4}$$

式中：$E_{b\lambda}$——黑体的光谱辐射通量密度（W·m^{-2}·μm^{-1}）；λ——波长（μm）；T——绝对温度（K）；C_1、C_2——普朗克辐射常数，$C_1=3.7415\times10^{-16}$W·m^2，$C_2=1.4388\times10^{-2}$m·K。

黑体发射的光谱是一系列随波长变化的连续光谱，温度越高，光谱辐射通量密度越大，如图 13.1.2 所示。一定温度下黑体辐射的总能量等于该温度对应曲线的面积，即

$$E_b = \int_0^\infty E_{b\lambda} d\lambda = \sigma T^4 \tag{13.1.5}$$

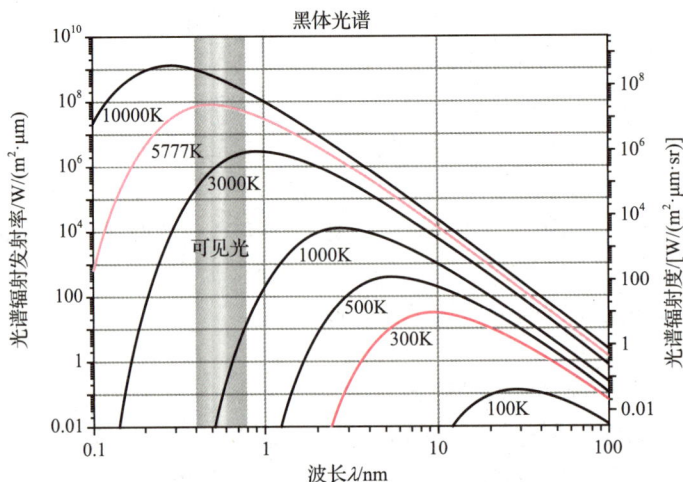

图 13.1.2　黑体光谱辐射通量密度分布曲线

图 13.1.2　黑体光谱辐射通量密度分布曲线彩图

3. 斯特藩-玻尔兹曼定律

斯特藩-玻尔兹曼定律由约瑟夫·斯特藩（Josef Stefan）于 1879 年实验发现，而后由路德维希·玻尔兹曼（Ludwing Boltzmann）于 1884 年根据热力学理论推导获得，描述了黑体辐射功率与其温度之间的关系。物体的温度越高，发射的红外辐射能越多，在单位时间内其单位面积辐射的总能量为

$$E = \sigma \varepsilon T^4 \tag{13.1.6}$$

式中：T——物体的绝对温度（K）；σ——斯特藩-玻尔兹曼常数，$\sigma = 5.67 \times 10^{-8}$W/（$m^2 \cdot K^4$）。

黑体辐射的总能量与波长无关，仅仅与绝对温度的四次方成正比。在一定温度下，物体的辐射率 ε 与其性质（成分、结构等）和表面状态（表面粗糙度、氧化程度等）有关。

4. 维恩位移定律

维恩位移定律由威廉·维恩于 1893 年提出，描述了黑体光谱辐射出度的峰值对应的峰值波长与黑体绝对温度的关系，如图 13.1.3 所示。在一定温度下，黑体绝对温度 T 与黑体光谱辐射出度的峰值对应的峰值波长 λ 的乘积为一常数，即

$$\lambda T = a \tag{13.1.7}$$

式中，a——维恩位移常数，$a = 0.002897$m·K。

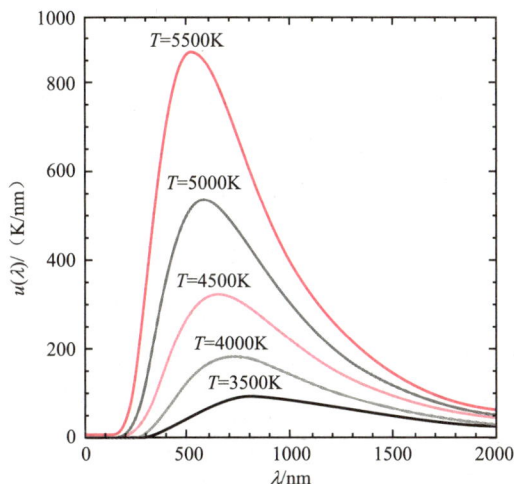

图 13.1.3　黑体光谱辐射出度的峰值对应的峰值波长与黑体绝对温度的关系

13.1.2　红外探测器及测量系统

1. 红外探测器

红外探测器是一种利用红外辐射进行物理量测量的装置，包括光学系统、探测器单元、信号处理电路及显示界面等组件。其中，红外探测器是能量转换的关键元件，它通过捕捉红外辐射与物质交互时产生的特定物理效应来实现红外辐射能量向电信号的转换。依据探测原理的差异，红外探测器可分为热探测器和光子探测器两大类。

1）热探测器

工作原理：利用红外辐射的热转换效应制成；内部的敏感元件在吸收红外辐射后温度升

高，其相关物理属性发生改变；通过精密测量这些物理量及其变化情况，能够间接评估探测器所捕获的红外辐射强度。常见的测量参数包括温差电效应、热释电效应、金属或半导体电阻变化、气体压力变化、金属热胀冷缩及液体薄膜蒸发速率等。

主要优缺点：响应频谱宽，覆盖整个红外区域，能吸收各种波长的红外线，可在室温下工作，使用便捷，应用场景广。相较于光子探测器，其峰值探测效率低，反应速度慢。

主要类型：热释电型、热敏电阻型、热电偶型和气体型。其中，热释电型热探测器根据热释电效应制成，灵敏度高、探测效率高、频率响应宽、功耗低，广泛应用于红外热成像、非接触式温度测量、红外光谱分析、激光测距及亚毫米波探测等领域。气体型热探测器利用气体吸收红外辐射后温度升高、体积增大的特性制成。

> **小提示**：热释电效应是一种因温度升高引起电介质产生电荷的现象。比如，当电石、水晶、酒石酸钠钾、钛酸钡等晶体受热产生温度变化时，其原子排列将发生变化，晶体自然极化，从而在其两表面产生电荷。

> **小知识**：20世纪60年代，随着激光、红外技术的迅速发展，推动了对热释电效应的研究和对热释电晶体的应用。热释电晶体已广泛用于红外光谱仪、红外遥感及热辐射探测器，是基于红外激光的一种较理想的探测器。

2）光子探测器

工作原理：利用红外辐射的光子效应制成；当外来光辐射携带的光子流与探测器材料的电子发生相互作用时，电子的能量状态会发生转变，导致其电学特性变化。基于电学特性的差异，可设计并制造出多种光子探测器，光子探测器包括内光电效应型、外光电效应型（如PE器件）。内光电效应型光子探测器又分为光电导效应光子探测器（PC器件）、光生伏特效应光子探测器（PU器件）、光磁电效应光子探测器（PEM器件）和量子传感器等。光子探测器灵敏度高、响应快、响应频率高，但探测波长范围窄，多采用液氮冷却或温差电制冷技术，将探测器维持在低温环境下工作，以保证其高性能。光子探测器广泛应用于军事领域，包括红外制导系统、响尾蛇系列空对空及空对地导弹的制导、夜视装备等。

3）热探测器和光子探测器的区别

热探测器和光子探测器的区别如下。

（1）光子探测器受红外辐射时，直接产生电效应，将其能量转换为电信号；而热探测器在吸收红外能量后，先产生温度变化，再产生电效应，且该电效应与探测器材料的固有特性密切相关。

（2）光子探测器灵敏度高、响应速度快，但二者受波长影响，且其灵敏度取决于器件温度；为保持高灵敏度，常需借助液氮等冷却介质将探测器温度降至较低水平。热探测器在灵敏度与响应速度上相对逊色，响应时间为毫秒级，远低于光子探测器的纳秒级，但它在室温下能良好工作，无须低温冷却。此外，热探测器的响应频谱宽，可覆盖整个红外波段。

2. 红外探测器测量系统

红外探测器测量系统由光学系统、红外探测器、前置放大器和信号调制器组成，其中光学系统是重要组成部分。根据光学系统结构的不同，可分为反射式红外探测器、透射式红外探测器。

1）反射式红外探测器

反射式红外探测器的光学系统有两种形式，如图 13.1.4 所示。为优化成像质量、提升操作便捷性，该系统配置有主、副两套反射镜，其中一套为凹面玻璃反射镜，将目标发出的红外辐射经过两次反射聚焦到敏感元件上。反射镜表面镀金、铝和镍铬等高度反射红外波段的材料，以增强光线的收集效率。敏感元件与透镜合为一体，形成紧凑的探测单元。为提升信号质量，引入前置放大器，用于接收来自敏感元件的微弱信号并进行放大。

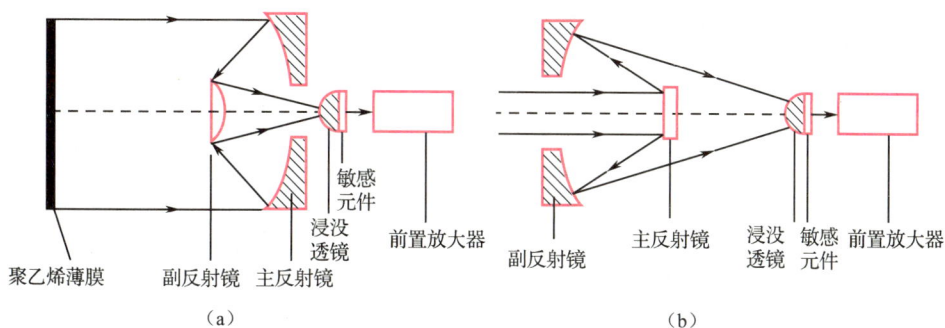

图 13.1.4　反射式红外探测器的光学系统

2）透射式红外探测器

透射式红外探测器的光学系统如图 13.1.5 所示，该系统包括光管、保护窗口、光栅、透镜、浸没透镜、敏感元件、前置放大器等。通过透镜可将红外辐射聚焦到敏感元件上，敏感元件采用红外光学材料制成，并根据所探测波长范围选择不同的光学材料。比如，当探测温度超过 700℃时，采用波长为 0.75～3μm 范围内的近红外光，此时透镜材质多为常规光学玻璃及石英石等；当探测温度为 100～700℃时，采用 3～5μm 的中红外光，对应透镜材料常为氟化镁、氧化镁等；当探测温度低于 100℃时，采用波长为 5～14μm 的中远红外光，多使用锗、硅、硫化锌等热敏特性优异的材料。鉴于透射式红外光学材料的获取难度较大，反射式光学系统在实现上更简便，因此反射式光学系统在工程应用中占主导。

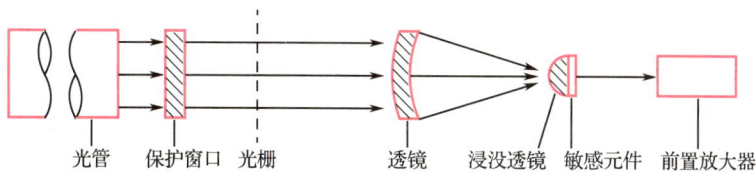

图 13.1.5　透射式红外探测器的光学系统

根据工作原理的不同，红外探测器分主动式、被动式两种。主动式红外探测器集成了红外发射器和红外接收器，前者负责发射红外线，后者负责接收反射回来的红外线。常用的红外发射器包括 GaAs、GaAlAs 等材料制成的红外发光二极管、激光二极管，常用的红外接收器包括红外接收二极管、光敏二极管、光敏晶体管。被动式红外探测器无须配备红外发射器，它依靠探测器自身对温度变化的敏感性，直接捕捉物体散发的红外辐射，其核心元件为热释电传感器。被动式红外探测器隐蔽性好，特别适合对安全性、保密性要求极高的场合。

13.1.3　红外辐射传感器的应用

红外辐射传感器属于非接触式测量器件，广泛应用于人体探测、防盗报警、测距、测温、热像、多光谱扫描、无损探伤、气体分析、水分检测及遥感等领域。按照功能和用途，红外辐射传感器的应用分为以下五大类。

（1）红外辐射计：用于热辐射和光谱辐射测量。

（2）红外搜索跟踪系统：用于搜索并跟踪红外目标，确定其空间坐标并监测其运动轨迹。

（3）红外热成像系统：用于将目标释放的不可见红外辐射转换为可视化的分布图像。

（4）红外测距：利用近红外光发射和反射的时间差，测量物体间的距离。

（5）通信系统：作为无线通信的一种方式。

1. 红外测温仪

红外测温技术在产品质量监控、设备在线故障诊断和安全保护等方面发挥着重要作用。相较于接触式测温，红外测温具有响应速度快、非接触式测量、使用安全和寿命长等优点。红外测温仪测温范围广（$-100\sim6000℃$），响应时间短（$1\mu s\sim1s$，常见为 $4\sim10ms$），能在线实时测量高速运动物体的温度，广泛应用于钢铁、化工、烧结炉及发电设备等领域。

红外测温仪内置一个光机电一体化的红外测温系统，包括红外透镜、滤光片、调制盘、红外探测器、信号处理系统、微处理器和温度传感器等，其原理框架如图 13.1.6 所示。被测目标的红外辐射经光学系统聚焦到红外探测器上，红外探测器将红外辐射转换为电信号，再经信号处理系统放大、处理后显示或记录。

微电机驱动似扇叶的调制盘（亦称辐射调制器、斩波器）转动，将被测红外辐射调制成交变信号。红外测温仪电路包括前置放大器、选频放大器、同步检波电路、加法器、发射率（ε）调节电路、线性化电路、A/D 转换器、多谐振荡器等。前置放大器负责阻抗转换和信号放大；选频放大器仅放大同频交流信号，抑制杂频噪声；同步检波电路将交流信号转换为直流峰—峰值信号输出；加法器将环境温度信号与测量信号相加，实现环境温度补偿；发射率（ε）调节电路用于恢复相对于标定指标减小的测量信号，本质为放大电路；线性化电路对信号进行线性化处理，以获得测量信号与温度的线性关系；A/D 转换器将模拟信号转换为数字信号，便于显示温度；多谐振荡器产生时序方波信号，驱动步进电机和同频检波器开关。

图 13.1.7 所示为 H13 型 HM-TPH13-3AVF 手持式红外测温仪。该测温仪功能强大、操作简便且经济实用，能精确测量环境中高温目标的温度，广泛用于电力、冶金、石化、新能源和暖通等领域，成为其运维、巡检、检修和测漏的高效工具。仪器上配备 3.5 英寸触摸屏与 160 像素×120 像素分辨率红外探测器，具备强大的图像处理能力，集成自适应 AGC、DDE 及 3D DNR 算法，图像清晰度高，支持双光融合，点、线、框测温，中心点测温，自动捕捉热点、冷点。

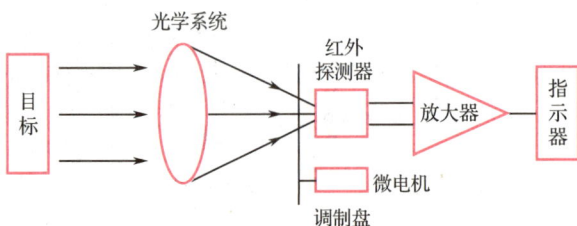

图 13.1.6 红外测温仪的原理框架

图 13.1.7 HM-TPH13-3AVF 手持式红外测温仪彩图

图 13.1.7 HM-TPH13-3AVF 手持式红外测温仪

2. 红外热成像仪

红外热成像仪通过特定电子装置将物体表面温度分布转换为可视图像，并以颜色差异表示温度分布。它在工业检测、医疗诊断、安防监控和环境监测等方面发挥着重要作用，能搜索、捕获并跟踪目标，具有隐蔽性好、抗干扰强、易识别伪装、信息获取丰富等优点，在天文探测、遥感、医学、海上救援等领域应用前景广阔。

红外热成像仪按功能分为测温型、非测温型，按工作温度分为制冷式、非制冷式。测温型直接读取热图像上任一点温度值，常用于无损检测，但有效测量距离较短；非测温型仅显示物体表面热辐射差异，适于观测，有效测量距离较长。制冷式内置低温制冷器，使热噪声低于成像信号，成像质量好；非制冷式以微测辐射热计为基础，多为多晶硅或氧化钒材质，无须低温制冷。

红外热成像仪的工作原理如图 13.1.8 所示。该仪器利用红外探测器、光学成像镜和光机扫描系统捕获目标物体的红外辐射能量分布图形，将其映射至红外探测器光敏元件上；通过光机扫描系统将目标红外热像进行扫描，聚焦至单元或分光探测器；由红外探测器将接收的红外辐射能转换为电信号，经放大处理后转换为视频信号，从而在电视屏或监测器上显示红外热像图。

图 13.1.8　红外热成像仪工作原理彩图

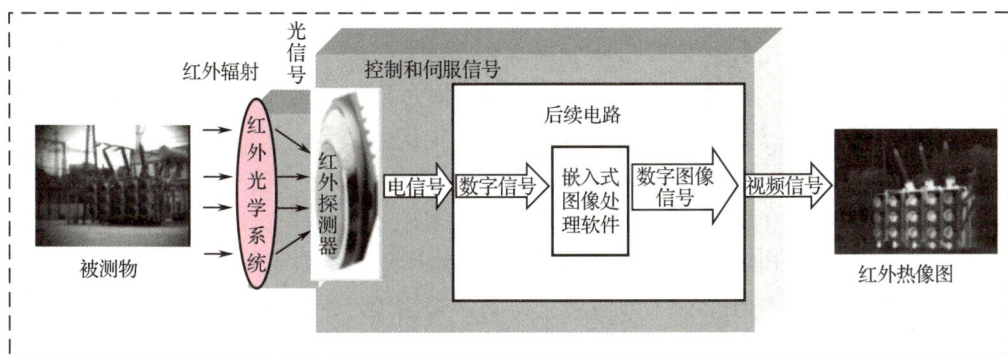

图 13.1.8　红外热成像仪的工作原理

图 13.1.9 所示为 DH-TPC 红外热成像仪。它融合了光电子技术、红外探测器技术和红外图像处理技术，具有测温速度快、灵敏度高、测温范围广、显示直观和非接触式测量等优点，广泛应用于石化、安防等领域。相较于传统检测手段，它能测量运动物体温度，利用显微镜头可对微米级或更小的目标测温，实现快速热诊断，且不干扰被测温度场，使用安全可靠。

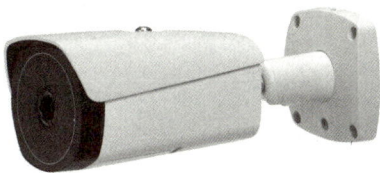

图 13.1.9　DH-TPC 红外热成像仪

虽然红外热成像仪生成的热像图可反映物体表面的热分布，但相较于可见光图像，往往因红外辐射信号微弱而缺少层次和立体感。为有效评估目标红外热分布，常采用数学运算与处理等手段来增强仪器的实用性，包括图像亮度调整、对比度控制、实际校正、伪色彩描绘等。

3. 红外线气体分析仪

红外线在大气传播时，因气体分子、水蒸气、固体微粒和尘埃等对不同波长红外线的吸收与散射作用不同，会形成特定吸收谱带。例如，CO 主要吸收波长约 $4.65\mu m$ 的红外线，CO_2

的吸收谱带位于波长约 2.78μm、4.26μm 和大于 13μm 的波段。红外线气体分析仪利用气体对红外线选择性吸收的特性，广泛应用于大气污染监测、燃烧控制、石油化工、煤炭及焦炭生产等工业流程的气体分析。

红外线气体分析仪由红外线辐射光源、滤波气室、红外探测器和测量室等组成，其工作原理如图 13.1.10 所示。光源通过镍铬丝通电加热发出 3～10μm 红外线，由同步电动机驱动切光片调制为脉冲红外光，便于探测器检测。红外探测器是薄膜电容型，设双吸收室，充入被测气体，吸收红外能量后，气体升温致室内压力增大。

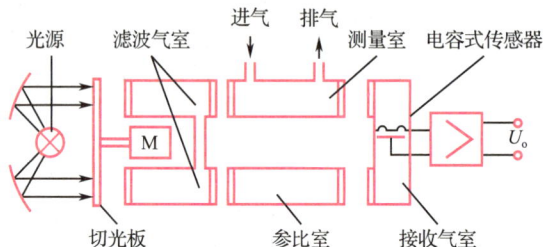

图 13.1.10　红外线气体分析仪的工作原理

该分析仪设测量室和参比室，滤波气室用于消除干扰气体影响。以分析 CO 气体含量为例，两束红外线经反射、切光后射入测量室和参比室，测量室内含一定量 CO，对 4.65μm 红外线吸收能力强，而参比室气体（如 N_2）不吸收。因此，两室射入红外探测器的能量存在差异，导致两室压力不同，测量室侧压力减小，薄膜向定片偏移，改变了电容极板间距，即电容 C。被测气体浓度越大，光强差值越大，电容变化量也越大，从而可以用电容变化量来反映被测气体浓度的大小，通过测量电路的输出电压或频率来表征该浓度。

图 13.1.11 所示为 CI-PC23 便携式红外线气体分析仪。它基于微控制器技术，采用 NDIR（非散射红外）原理设计而成，通过数字化处理技术实现零点/量程校准、线性化处理、开关量输出控制、电流/电压输出和参数设置等，具备报警输出、通信接口、外部控制、模拟信号输出等功能。目前，该设备广泛应用于工业控制（如工业烟气排放监控）、石油勘探（如石油化工过程气体检测、油气勘探气体成分分析）、空气质量监测（如新风系统、暖通空调行业）和沼气分析（如垃圾填埋场、污水处理厂、沼气工程的沼气含量监测）等领域。

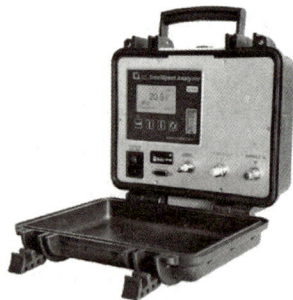

图 13.1.11　CI-PC23 便携式红外线气体分析仪彩图

图 13.1.11　CI-PC23 便携式红外线气体分析仪

13.1 红外辐射传感器讨论

小讨论：红外辐射传感器

（1）智能手环、智能手表等可穿戴设备是如何实现脉搏测量的？

（2）电视机遥控器的原理是什么？

（3）红外测温仪为何要用调制盘将被测的红外辐射制成交变的？

13.2　超声波传感器

13.2 超声波传感器课件

13.2.1　超声波检测的物理基础

根据频率范围，声波可分为次声波、声波和超声波。其中，频率 $f<20Hz$ 的机械波称为次声波；频率在 $20Hz\leqslant f\leqslant 20kHz$ 范围内，能为人耳所闻的机械波称为声波；频率 $f>20kHz$ 的机械波称为超声波，如图 13.2.1 所示。

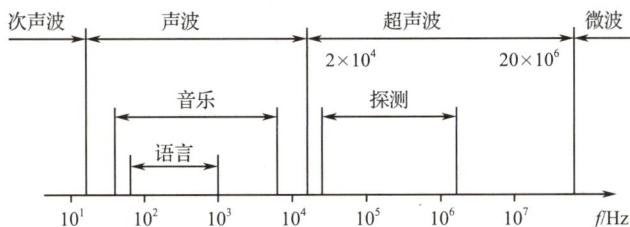

图 13.2.1　声波的频率范围

超声波具备频率高、波长短、绕射小、方向性好、传播能量集中等特点，在空气中衰减严重，但在液体、固体中衰减很弱，穿透力强，碰到介质分界面会产生明显的反射和折射，广泛应用于无损探伤、厚度（距离）测量、流速（流量）测量、清洗、焊接、医学成像等领域。

1．超声波的反射和折射

超声波从一种介质传播至另一种介质时，一部分超声波在两介质分界面上被反射，另一部分则穿透分界面并在另一种介质中继续传播，称为超声波的反射和折射，如图 13.2.2 所示。

根据反射定律，超声波入射角的正弦与反射角的正弦之比，等于入射波波速与反射波波速之比，即

$$\frac{\sin\alpha}{\sin\alpha'}=\frac{c}{c_1} \tag{13.2.1}$$

式中：c——入射波在介质中的速度；c_1——反射波在介质中的速度；α——入射角；α'——反射角，当入射波与反射波的波形相同、波速相等时，反射角 α' 等于入射角 α。

图 13.2.2　超声波的反射和折射

根据折射定律，超声波入射角的正弦与折射角的正弦之比，等于入射波在第一介质中的波速与折射波在第二介质中的波速之比，即

$$\frac{\sin\alpha}{\sin\beta}=\frac{c}{c_2} \tag{13.2.2}$$

式中：c_2——折射波在介质中的速度；β——折射角。

2．超声波的波形及其转换

由于声源在介质中的施力方向和波的传播方向不同，超声波波形各异。主要波形包括：

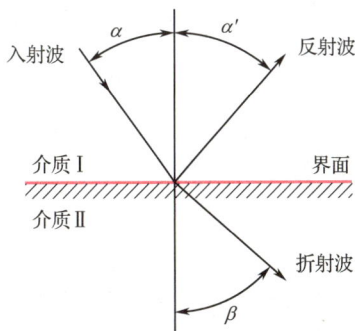

（1）横波——质点振动方向与传播方向垂直，仅能在固体介质中传播；

（2）纵波——质点振动方向与传播方向相同，能在固体、液体和气体介质中传播；

（3）表面波——质点振动方向介于横波和纵波之间，沿介质浅表面传播，幅值随深度的增大而迅速衰减，仅能在固体表面传播。

为测量不同状态下的物理量，多采用纵波，近年来表面波传感器技术发展迅速。

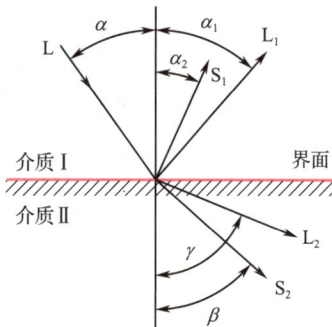

图 13.2.3　超声波的波形转换

当超声波以特定角度入射至第二种介质（固体）界面时，除纵波的反射和折射外，还会产生横波的反射和折射，并在一定条件下产生表面波，如图 13.2.3 所示。图中，L 为入射波，L_1 为反射纵波，L_2 为折射纵波，S_1 为反射横波，S_2 为折射横波。

这几种波形均符合几何光学中的反射定律，即

$$\frac{c_L}{\sin\alpha} = \frac{c_{L1}}{\sin\alpha_1} = \frac{c_{S1}}{\sin\alpha_2} = \frac{c_{L2}}{\sin\gamma} = \frac{c_{S2}}{\sin\beta} \qquad （13.2.3）$$

式中：α——入射角，α_1、α_2——纵波和横波的反射角；γ、β——纵波和横波的折射角；c_L、c_{L1}、c_{L2}——入射介质、反射介质和折射介质的纵波速度；c_{S1}、c_{S2}——反射介质和折射介质横波速度。

3．传播速度

超声波的传播速度受介质的弹性常数与密度的影响。气体和液体中的剪切弹性模量几乎为零，传播时没有横波，仅有纵波。室温下，超声波在气体中的传播速度为 344m/s，而在液体中的传播速度为 900～1900m/s。在固体介质中，纵波、横波和表面波的传播速度相互关联，横波速度约为纵波速度的 50%，表面波速度约为横波速度的 90%。超声波在介质中的传播速度受温度影响较大，实际应用中需要采取恒温或温度补偿措施。

4．超声波的衰减

超声波在介质中传播时，随着传播距离的增加，能量逐渐衰减，其衰减规律与波面形状相关。对于平面波，其声压和声强通常按指数规律衰减，即

$$P = P_0 e^{-\alpha x} \qquad （13.2.4）$$

$$I = I_0 e^{-2\alpha x} \qquad （13.2.5）$$

式中：P_0、I_0——声源处的声压（Pa）和声强（W/m²）；P、I——距离声源 x（cm）处的声压和声强；α——衰减系数（Np/cm），不同介质的衰减系数不同。

超声波在介质中传播时，能量的衰减受超声波的扩散、散射和吸收作用影响。在理想介质中，能量衰减仅与扩散相关，即随传播距离的增加而能量逐渐减弱。散射衰减源于超声波在固体介质颗粒界面或流体介质中悬浮粒子、气泡上的散射，其程度与散射粒子形状、尺寸、数量及介质和粒子性质相关。吸收衰减与介质的热传导性、黏滞性和弹性滞后等因素相关，能量被介质吸收后转换为热能。衰减系数 α 取决于介质材料的性质，通常以 dB/cm 或 dB/mm 为单位。例如，α 为 1dB/mm 的材料，表示超声波每穿透 1mm 衰减 1dB。

介质对超声波的吸收程度与超声波的频率、介质密度密切相关。若气体介质密度低，超声波传播时衰减迅速，尤以高频时衰减速度最快，因此在空气中常用低频率超声波。超声波在液体与固体中传播时衰减微弱，穿透力强，即便不透光也能穿透数十米，因此超声波检测

适用于液体与固体介质。

5. 超声波对传播介质的作用

当超声波在介质中传播时，与介质的相互作用会产生以下效应。

（1）机械效应。超声波传播时，引发介质质点交替地压缩、扩张，导致压力波动，产生机械效应。尽管质点运动的位移和速度小，但质点的加速度（与超声波振动频率的平方成正比）很大，可达重力加速度的数万倍，从而对介质产生强烈机械影响，甚至能破坏介质。在压电材料和磁致伸缩材料中传播时，超声波的机械作用还能引起感生电极化与磁化现象。

（2）空化效应。液体中的微小气泡（空化核）在超声波的激励下发生振动，当声压达到特定阈值时，气泡迅速膨胀，随即破灭产生冲击波，此过程称为空化效应。空化效应受介质的温度、压力、含气量、空化核半径、黏滞性及声波的强度和频率等影响。介质的温度高、含气量高、空化阈值低、黏滞系数大及声强高时，空化效应易发生；而频率高、空化阈值高时，空化效应不易发生。例如，在 15kHz 频率时，诱发空化效应所需的声强范围为 $0.16\sim2.6W/cm^2$；而频率增至 500kHz 时，所需的声强则增至 $100\sim400W/cm^2$。

空化时所形成的小气泡随介质的振动不断运动、膨胀或突然破灭，气泡压缩至破灭瞬间，可产生高达数十甚至数百兆帕的瞬时高压。伴随着空化而发生的内摩擦导致电荷形成，气泡内因放电会产生发光现象。超声波清洗技术与液体空化效应息息相关。

（3）热效应。超声波振动诱发介质高频振动，导致介质间摩擦生热，温度升高。部分超声波能量被介质吸收后导致温度升高。当超声波穿透不同介质分界面时，因分界面阻抗差异产生反射，形成驻波并加剧分子摩擦，致使温度进一步升高。

超声波频率高，能量强，在介质中传播时存在显著热效应，在工业及医疗领域应用广泛。此外，超声波与介质相互作用时还会产生声流、触发、弥散、多普勒及化学等效应。

13.2.2　超声波传感器的工作原理及检测模式

1. 超声波传感器的工作原理

超声波传感器是将声信号转换成电信号的声电转换装置，利用超声波发射、传播及接收特性工作，又称为超声波换能器、超声波探测器或超声波探头。超声波传感器是双向传感器，可以是仅能发射或接收超声波的装置，也可以是既能发射又能接收超声波的装置。超声波传感器分为压电式、磁致伸缩式、电磁式等，其中压电式最为常用，其工作原理如图 13.2.4 所示。

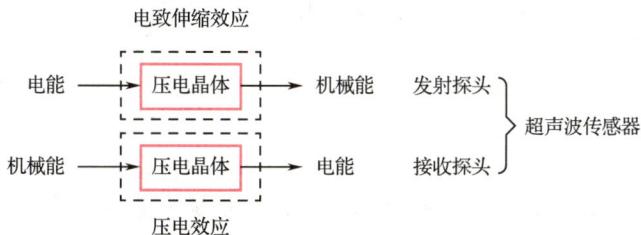

图 13.2.4　压电式超声波传感器的工作原理

压电式超声波传感器采用压电晶体或压电陶瓷等压电材料制成，利用压电材料的正或逆压电效应工作。通过向压电晶体施加交变电压，产生电致伸缩振动，利用逆压电效应制成的探头可将高频电振动转换成高频机械振动，产生超声波，用作发射探头；利用正压电效应制成的探头可将超声波振动波转换成电信号，此探头用作接收探头。

磁致伸缩式超声波传感器包括发生器、接收器。发生器的原理是：将铁磁材料（如镍、铁钴钒合金和锌镍铁氧体）置于交变磁场，诱导其产生周期性机械形变，即振动，进而发射超声波。接收器的原理是：超声波触发磁致伸缩材料形变，引发内部磁场变化，通过电磁感应原理，缠绕于材料上的线圈捕获感应电动势，经由测量电路处理后被记录或显示。

2．超声波传感器的结构

压电式超声波传感器的结构及实物图如图 13.2.5 所示，其由压电晶片、吸收块（阻尼块）、保护膜和接线片等组成，其核心部件为压电晶片（敏感元件）。压电晶片多为圆片形，双面镀银以作为导电的极板，超声波频率 f 与晶片厚度 δ 成反比。阻尼块用于吸收压电晶片背面的超声脉冲能量，抑制杂乱反射波产生，提高分辨率，常由高衰减系数复合材料制成。若无阻尼块，电脉冲激励终止后，晶片将持续振荡，导致超声波脉冲宽度增加，分辨率降低。保护膜用于防止晶片磨损，常由耐磨材料如不锈钢、刚玉等制成。

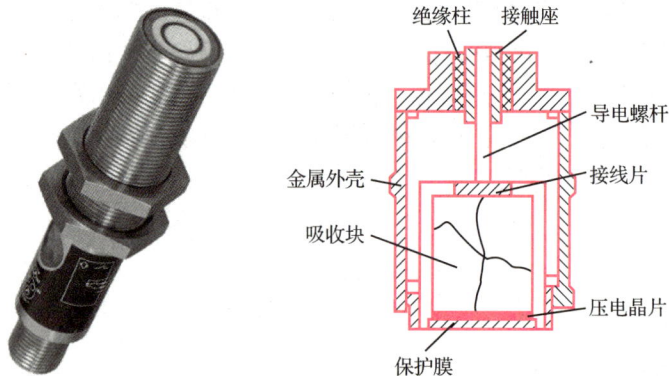

图 13.2.5　压电式超声波传感器的结构及实物图

超声波传感器的探头可分为直探头、斜探头、双探头和液浸探头。单晶直探头配备单一压电晶片，兼具发射与接收功能，通过电路分时操控，用于纵波检测。双晶直探头配备两个晶片，分别负责发射与接收功能，两晶片间用吸声性强、绝缘性好的薄片隔离，避免干扰；晶片下设延迟块（材质为有机玻璃或环氧树脂），用于延迟超声波入射时间，提高分辨率。双探头多用于纵波检测，其检测精度比单晶直探头高，控制电路简单。斜探头用于横波检测，其压电晶片（多为方形、由有机玻璃制成）安装于倾斜楔块上，通过与底面特定角度布置使纵波折射为横波。液浸探头可置于液体中作业，结构近似直探头，但不需要保护膜。

在超声检测过程中，如果探头与被测物体表面间存在空气间隙，那么超声波在空气界面上会全部被反射，不能进入被测物体内部。因此，必须使用耦合剂将接触面之间的空气排挤掉，使超声波能顺利入射到被测介质中，耦合剂的厚度应尽量薄一些，以减小耦合损耗。常用的耦合剂有自来水、机油、甘油、硅酸钠溶液（水玻璃）、胶水和化学糨糊等。

3．超声波传感器的检测模式

超声波传感器的检测模式包括反射式、透射式两种，反射式分为一体化反射式、分离式反射型，如图 13.2.6 所示。反射式检测模式中，发射器与接收器常置于被测物体同侧，发射出去的超声波经被测物体反射后部分被接收器接收。一体化反射式常用于材料探伤、测厚等；分离式反射型的发射器与接收器分离，适用于接近开关、测距、液位和料位检测等。透射式（对射）检测模式中，被测物体位于发射器与接收器之间，超声波的接收被阻断，常用于遥控器、防盗报警器、接近开关和自动门等。

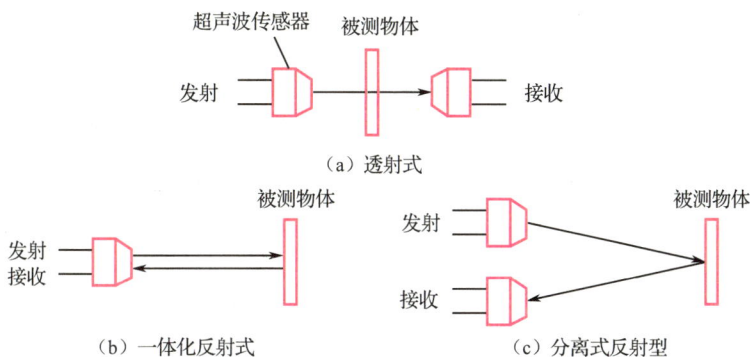

（a）透射式

（b）一体化反射式　　　　　　　（c）分离式反射型

图 13.2.6　超声波传感器的检测模式

> **小知识**：超声波传感器与声呐传感器不是同一种传感器。声呐传感器通常用于直接探测和识别水中的物体和水底的轮廓，其工作原理是声呐传感器发出一个声波信号，但遇到物体后会产生反射，依据反射时间及波形可计算它的距离及位置。声呐传感器主要用于探测生物，如用于探测水下有哪些生物，生物体形有多大等。

13.2.3　超声波传感器的应用

超声波在固体、液体、气体中都能传播，穿透力强，不受环境光线和光照条件影响，反射能力强，对反射面平整度要求低，在尘埃、烟雾、电磁干扰和腐蚀性环境中具有良好适应性，广泛应用于超声波探伤、测距、测速、测厚、物位/液位监测、测流量、泄漏检测及医学诊断（如超声波 CT）等领域。

1. 超声波测距

超声波测距具备非接触式测量、方向性好、穿透力强、实时性好、测量范围广及环境敏感性低等优点，广泛应用于机器人定位、自动驾驶、无人机导航、超声成像及雷达探测等领域。超声波在空气中具有恒定传播速度（常温下约 340 m/s），通过测定超声波发射后遇到障碍物反射回来的时间差，可计算发射点到障碍物的实际距离。超声波测距传感器由发射器、接收器、计时器及控制电路等组成，如图 13.2.7 所示。超声波测距原理如图 13.2.8 所示。

首先，发射器向被测物体发射超声波；随后关闭发射器，同时打开接收器来检测回波信号；此时，计时器从发射器发射超声波时开始计时，直到接收器检测到超声波为止停止计时，记录超声波从发射到接收的时间。根据物理学原理，传感器与被测物体的距离等于超声波传播时间与其在介质中传播速度一半的乘积。

超声波测距传感器测量范围较短，有效测距范围为 5～10m，并伴有几十毫米的探测盲区。市面上，超声波测距集成芯片型号多样，其中索尼（Sony）CX20106A 型号应用较广，常用于汽车倒车防撞装置。

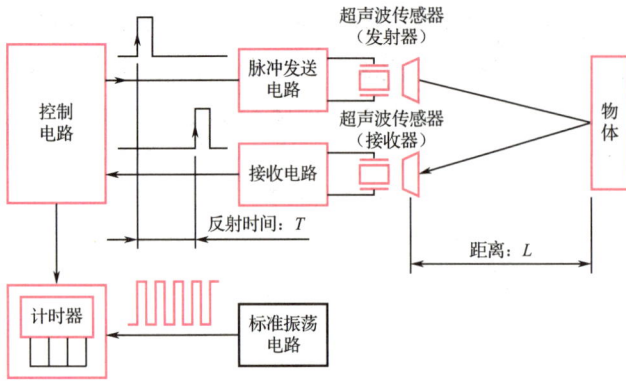

图 13.2.7 超声波测距传感器的组成框图

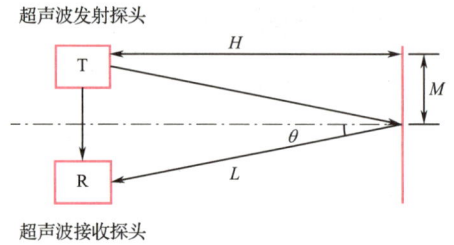

图 13.2.8 超声波测距原理

超声波测流量
方法视频

2. 超声波测流量

超声波流量计利用超声波在静止与流动流体中传播速度不同的特点来计算流体流动的速度和流量。该测量方法具有精度高、压力损失极小、无运动部件、维护简便、不阻碍流体流动等特点，适用于多种流体，包括非导电、高黏度、浆状、强腐蚀性及放射性流体等，其测量结果不受物理和化学性质的影响，也不受管道直径的限制。

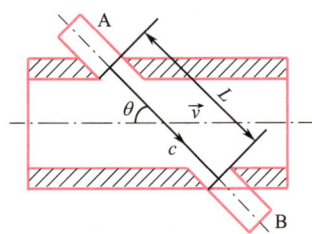

图 13.2.9 超声波测流体流量的工作原理

图 13.2.9 所示为超声波测量流体流量的工作原理。图中，v 为被测流体的平均流速，c 为超声波在静止流体中的传播速度，θ 为超声波传播方向与流体流动方向的夹角（$\theta \neq 90°$），A、B 为超声波换能器，L 为二者间距。在工程应用中，超声波测流量的方法包括时差法、相位差法和频率差法，下面以频率差法为例介绍其工作原理。

多普勒超声波流量计采用频率差法，它依靠流体中杂质的反射来测量流体流速，适用于杂质较多的脏水和浆体介质，能测量连续混入气泡的液体，但要求被测介质中必须含有一定量的散射体（如颗粒、气泡），如城市污水、污泥、工厂排放液及含杂质的工厂过程液。

当 A 为发射换能器、B 为接收换能器时，超声波的传播频率 f_1 为

$$f_1 = \frac{1}{t_1} = \frac{c + v\cos\theta}{L} \qquad (13.2.6)$$

当 B 为发射换能器、A 为接收换能器时，超声波的传播频率 f_2 为

$$f_2 = \frac{1}{t_2} = \frac{c - v\cos\theta}{L} \qquad (13.2.7)$$

两者频率差为

$$\Delta f = f_1 - f_2 = \frac{c + v\cos\theta}{L} - \frac{c - v\cos\theta}{L} = \frac{2v\cos\theta}{L} \qquad (13.2.8)$$

被测流体的平均流速为

$$v = \frac{L}{2\cos\theta}\Delta f \qquad (13.2.9)$$

由式（13.2.9）可知，当换能器安装位置一定时，L 和 θ 也就一定，流速 v 直接与 Δf 有关，而与 c 值无关。因此，该方法可克服温度的影响，获得更高的测量精度。

3．超声波探伤

超声波探伤灵敏度高、检测快速、经济高效、操作简便、检测深度大和环境友好，广泛应用于板材、管材、锻件及焊缝等材料内部缺陷的检测，如裂纹、气孔、夹杂物等的检测，探测深度可达数米。其工作原理是：超声波在介质（待检材料或结构）中传播时，遇到内部缺陷会产生折射、反射、散射或显著衰减等现象，通过分析这些物理特性的变化，可建立缺陷与超声波强度、相位、频率、传播时间及衰减特性的函数关系，实现对缺陷的准确识别与评估。依据工作原理，超声波探伤分为穿透法、反射法。穿透法探伤是通过分析超声波穿透工件后能量衰减程度来判断工件内部缺陷，适用于薄板内部质量的检测。反射法探伤是通过分析超声波在工件内部反射特性的差异，来识别工件缺陷，分为一次脉冲反射、多次脉冲反射两种。

以一次脉冲反射法为例，超声波探伤的基本原理如图 13.2.10 所示。测量过程中，超声波探头被置于被测工件表面，并沿工件表面来回移动。高频脉冲发生器产生脉冲（发射脉冲 T），施加在超声波探头上，激励其产生超声波。超声波以恒定速度向工件内部传播，其间一部分波遇到缺陷后立即反射形成缺陷脉冲 F，另一部分余波继续传播至工件底部后反射，生成底脉冲 B。这些脉冲（F 与 B）由探头接收并转换为电信号，与发射脉冲 T 经放大处理，在显示器荧光屏上以图像形式显示。通过观察荧光屏图像，可判断工件内部缺陷的有无、大小及位置。若无缺陷，仅显示发射脉冲 T 与底脉冲 B；反之，则额外显示缺陷脉冲 F。荧光屏上的水平扫描线（作为时间基准）长度与时间线性相关，依据发射脉冲 T、缺陷脉冲 F 及底脉冲 B 在扫描线上的相对位置，可确定缺陷的具体位置。缺陷脉冲的幅值可用于评估缺陷的尺寸。

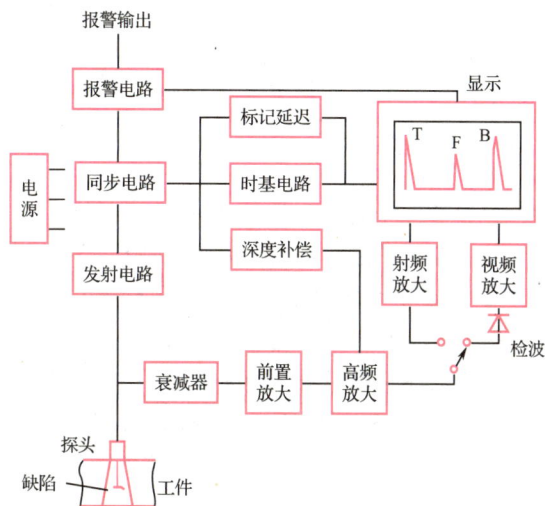

图 13.2.10　超声波探伤的基本原理

> **小提示**：当缺陷面积超过超声波束截面时，所有超声波均从缺陷处反射，此时荧光屏上仅呈现发射脉冲 T 与缺陷脉冲 F，底脉冲 B 消失。

超声波探伤是金属、复合材料及焊接结构无损检测的核心手段，广泛应用于识别并量化分层、脱黏、气孔、裂缝、冲击损伤及焊接缺陷（如未焊透、夹杂、裂纹、气孔等），可精准定位并量化分析缺陷。一般采用 0.5～10MHz 频率，在钢等金属材料检测中常用 1～5MHz 频率。虽然超声波探伤对裂纹、未

13.2 超声波传感器讨论

熔合等高危缺陷的检测灵敏度高，但其缺陷评估的直观性不足，且量化准确性受操作者技能和经验影响大。

小讨论：超声波传感器

（1）压电式传感器和压电式超声波传感器有什么区别和联系？压电式超声波传感器是否可以不用电源？

（2）医学临床用B超的工作原理是什么？

（3）如何采用超声波技术实现指纹识别？

13.3 微波传感器

微波的性质和
特点视频

13.3 微波传感
器课件

13.3.1 微波的性质和特点

如图13.1.1所示，微波是介于红外线与无线电波之间的一种电磁辐射，其波长为1mm～1m，对应的频率范围为300MHz～300GHz。按照波长特征，微波分为分米波、厘米波和毫米波。微波作为一种电磁波，具有电磁波的所有性质。微波传感器是利用微波特性来检测某些物理量的器件或装置，广泛应用于通信、传感、雷达、导弹制导、遥感等领域。

小拓展

"人民科学家"国家荣誉称号获得者王小谟——用一生为祖国打造"千里眼"

预警机通过在飞机上搭载雷达系统，赋予飞机远程探测能力，相当于为其装配"千里眼"。它集指挥、控制、通信和情报收集等功能于一体，成为现代战争中实现"知己知彼"战略、显著提升作战效能的关键装备，被誉为"空中帅府"。

王小谟，我国著名雷达专家、现代预警机事业的开拓者和奠基人，主持研制了中国第一部三坐标雷达等一系列国际领先的雷达系统，以及中国第一代机载预警系统，被誉为"中国预警机之父"。他引领我国雷达技术实现了从地面雷达到空中预警指挥机的跨越式发展，提出了世界首创的新型预警机设计方案，攻克了超过100项关键技术难题，为我国雷达和预警机事业的创新和发展，以及跻身国际先进行列做出了突出贡献，也为我国雷达领域培养了一大批后备人才。新中国成立75周年前夕，他被追授"人民科学家"国家荣誉称号。

---

1. 微波的主要特性

微波既保有电磁波的基本性质，又区别于常规的无线电波及光波，其频率高于普通无线电波，被称为"超高频电磁波"。与微波传感器密切相关的特性如下。

1）似光性和似声性

微波与光波相似，相较于低频无线电波，其传播与集中性能更佳，表现出似光性。此特性便于制成定向性好且结构紧凑的天线装置。当微波波长与特定物体尺寸相当时，其传播特性又近似于声波，表现出似声性。例如，微波波导类似于声学传声筒，喇叭天线与缝隙天线分别类似于声学喇叭与管乐器，而微波谐振腔则与声学共鸣腔类似。微波，和光波与声波一样，存在反射、折射、散射、吸收等物理现象。

2）穿透性

微波相较于其他辐射加热用电磁波（如红外线、远红外线）波长更长、穿透力更强。它比红外线更易渗透至物质深层，具有更高的加热效率。微波的强穿透性使得微波雷达能够穿越多数物体进行探测，广泛应用于加热、干燥、杀菌等领域。对于玻璃、塑料及瓷器，微波几乎无吸收地穿透；对于水、食物，微波大多被吸收并致其发热；对于金属，微波则产生反射。微波能穿透短波无法穿越的电离层，成为人类探测外太空的"宇宙窗口"与通信方式。

3）信息性

微波频率极高，即便在有限相对带宽内，仍具有极宽的可用频带，范围可达数百至数千MHz，远高于低频无线电波。微波的信息承载能力优于低频波，是通信领域的优选载体。高频微波能承载更多信息，契合现代通信对高速率、大容量数据传输的需求。微波信号不仅承载幅值信息，还包括相位、极化及多普勒频率等多维度信息，在目标探测、信息搜集与遥感技术等应用领域展现出重要价值。

2．微波的特点

（1）微波容易产生，且空间定向辐射设备易于制造。

（2）微波定向特性好，遇障碍物易反射，但绕射能力较弱。

（3）微波传输特性好，损耗低，受烟雾、火焰、尘埃、强光等环境因素的干扰小，能有效穿透云、雨、雾层，适用于遥感遥测及军事领域。

（4）微波能量在介质中的吸收与介质的介电常数正相关，尤以水对微波的吸收最明显。

> **小提示**：微波、超声波和光波都具有多普勒效应。

13.3.2　微波传感器的工作原理、分类及组成

1．微波传感器的工作原理

发射天线发出微波信号，信号遇被测物体时产生吸收或反射效应，引起微波功率变化。接收天线捕获此变化信号，并转换为低频电信号，随后经信号调理电路处理，显示被测量，如物体的存在、运动速度、距离、浓度等。

根据工作原理，微波传感器分为反射式、遮断（透射）式两种。

1）反射式微波传感器

基于检测微波信号在被测物体反射后的功率变化或信号往返时间差来实现测量的传感器，适用于精确测定物体的位置、位移及厚度等。

2）遮断式微波传感器

依据微波的低绕射性及介质吸收特性工作，当发射天线与接收天线间存在被测物体时，微波信号受阻或被吸收，通过监测接收天线接收的微波功率变化，可判定天线间是否存在物体及其位置、厚度、含水量等。

与一般传感器不同，微波传感器的敏感元件可看作一个微波场，其他部分可看作为一个转换器和接收器，如图 13.3.1 所示。其中，转换器是一个微波场的有限空间，被测物体置于其中。当微波源与转换器集成时，称为有源微波传感器；当微波源与接收器集成时，称为自

振式微波传感器。

2. 微波传感器的组成

微波传感器由微波发生器（或微波振荡器）、微波天线及微波检测器等组成。

1）微波发生器

微波发生器用于产生微波，其结构示意图如图 13.3.2 所示。由于微波波长极短且频率极高，要求振荡电路有极小的电容与电感，普通电子管及晶体管难以满足要求，需选用特定微波半导体元件，如微波晶体管、磁控管、雪崩渡越二极管及体效应二极管等。波发生器输出的振荡信号需经波导管传输，当波导管长度超过 10cm 时，可采用同轴电缆进行信号传递。

图 13.3.1　微波传感器的实物图

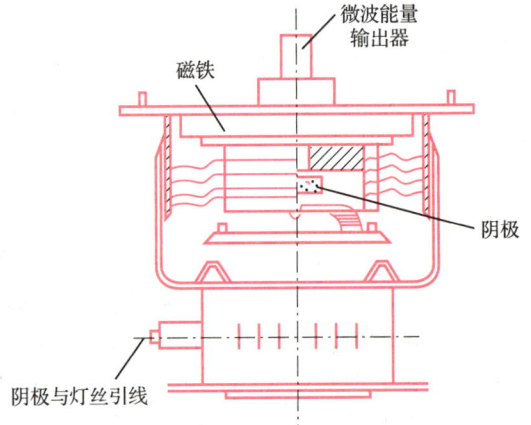

图 13.3.2　微波发生器的结构示意图

2）微波天线

由振荡器产生的微波信号需要通过微波天线发射出去。为确保辐射的微波能量最大化且方向保持一致，微波天线需具备特定的结构与形状。常用的微波天线形状如图 13.3.3 所示，另外还有介质天线、隙缝天线和透镜天线等。

喇叭天线结构简单、制造方便，被视为波导管的延续，能有效桥接波导管与敞开空间，实现最佳能量传输。抛物面天线，能汇聚微波形成平行波束，改善微波发射的方向性。

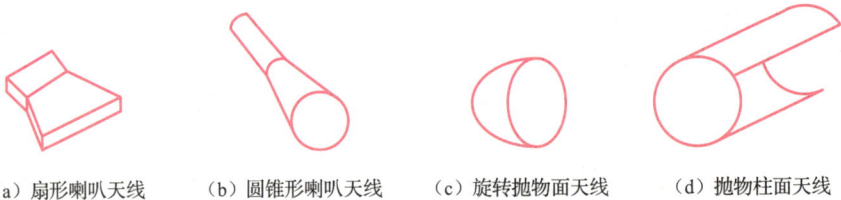

（a）扇形喇叭天线　　　（b）圆锥形喇叭天线　　　（c）旋转抛物面天线　　　（d）抛物柱面天线

图 13.3.3　常用的微波天线形状

3）微波检测器

微波检测器用于探测微波信号。微波电磁场在空间中以微小电场变动形式传播，常用非线性电流-电压特性的电子元件作为敏感探头。依据工作频率的不同，可选用多种电子元件（如低频域的半导体 PN 结、高频域的隧道结构元件及超高频域的肖特基结等），但需确保其在对应频率范围内具备高速响应能力。

依据信号处理方式的不同，微波检测法分为视频检测法和外差法。视频检测法，又称直接检波，它将微波信号转换为与幅值或功率成正比的电流/电压视频信号，常用检波器实现高频至低频（视频或直流信号）的转换。视频检测法适用于直接测量微波幅值或功率，直观反映信号强度，但灵敏度有限，易受噪声影响，处理复杂信号的能力弱。外差法通过微波信号与本机振荡信号混频，生成低频、中频信号，利用频率加减特性，经滤波器提取差频信号进行后续处理。外差法广泛应用于微波通信、雷达、无线电天文等领域，灵敏度高、选择性好、易于实现信号的放大和滤波，但实施复杂度较高，可能会引入额外噪声与干扰。

3．微波传感器的特点

微波传感器是一种非接触式检测装置，依赖微波半导体元件与集成电路技术，涉及微波生成、频率变换及幅值、相位、品质因素等参数测量，其特点如下。

1）优点

（1）频谱极宽（波长为 1.0mm～1.0m），允许根据被测对象特性灵活选择工作频率；

（2）响应迅速，时间常数小，适用于动态监测与实时数据处理；

（3）无显著辐射危害，非破坏性测量，支持活体检测，多数情况下无须取样；

（4）对烟雾、粉尘、水汽及极端温湿条件不敏感，适用于高温、高压、有害环境；

（5）信号调制便捷，利用载波可实现远距离传输，便于遥测遥控；

（6）直接输出电信号，接口简单，便于计算机集成与自动化控制。

2）缺点

（1）存在零点漂移现象，标定过程复杂；

（2）测量精度易受环境条件的影响，如温度、气压及取样位置等因素。

13.3.3　微波传感器的应用

近年来，基于微波频段电磁波的性质，开发了多种非电量检测与无损检测技术的微波传感器。利用微波的定向辐射特性，研制了微波开关式物位计；利用微波的反射原理，研制了微波液位计、测厚仪及微波雷达等设备；利用物质对微波的选择性吸收特性，研制了微波湿度传感器，用于纸张、粮食、酒精、木材、皮革、土壤、煤炭、石油等物料的水分含量测量。

1．微波液位计

微波液位计包括相距 S 且呈特定角度布置的微波发射天线与接收天线，其工作原理如图 13.3.4 所示。发射天线向被测液面发射波长为 λ 的微波，该微波自液面反射后由接收天线捕获。接收到的微波功率与被测液面的高度变化直接相关，据此可实现液位测量。接收天线接收到的功率 P_r 用无线通信传输模型表示为

$$P_r = \left(\frac{\lambda}{4\pi}\right)^2 \frac{P_t G_t G_r}{S^2 + 4d^2} \tag{13.3.1}$$

或

$$P_r = \left(\frac{\lambda}{4\pi L}\right)^2 P_t G_t G_r \tag{13.3.2}$$

式中：d——两天线与被测液面间的垂直距离；S——发射天线与接收天线之间的水平距离；P_t、G_t——发射天线的发射功率和增益；G_r——接收天线的增益；L——微波信号从发射天线到接收天线间传播的距离，$L = \sqrt{S^2 + 4d^2}$。

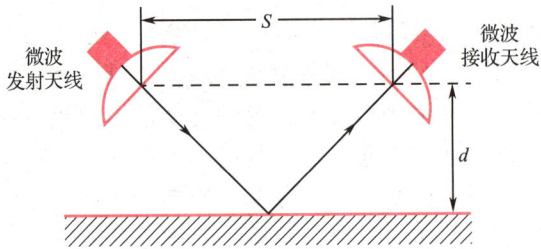

图 13.3.4 微波液位计的工作原理

当 P_t、λ、G_t、G_r 均为恒值时，式（13.3.2）可改写为

$$P_r = \left(\frac{\lambda}{4\pi}\right)^2 \frac{P_t G_t G_r}{4} \frac{1}{\dfrac{S^2}{4} + d^2} = \frac{K_1}{K_2 + d^2} \tag{13.3.3}$$

式中：K_1——取决于发射功率、天线增益和波长的常数；K_2——与天线安装方法和安装距离有关的常数。

由式（13.3.3）可知，微波接收功率 P_r 是液位高度的函数。只要测得接收功率 P_r，即可求得被测液面的高度（液位）。

2. 微波湿度传感器

水分子是极性分子，常态下以偶极子形态无序分布。外电场作用下，偶极子定向排列。在微波场作用下，偶极子经历周期性储能与释能过程。首先吸收电场能量（储能），导致微波信号的相位偏移；随后释放能量（释能），导致微波衰减。水分子的介电常数可表示为

$$\varepsilon = \varepsilon' + \alpha\varepsilon'' \tag{13.3.4}$$

式中：ε——水分子的介电常数；ε'——储能的度量；ε''——衰减的度量；α——常数。

ε' 和 ε'' 与材料特性及测试信号的频率密切相关，普遍存在于极性分子中。常见干燥物质，诸如木材、皮革、布料、纸张及塑料等，其 ε' 在 $1\sim5$ 范围内；而水分子的 ε' 高达 64。因此，当材料内含有微量水分时，其复合（材料与水分的总体效应）的 ε' 将大幅上升。同样，ε'' 亦展现出类似特性。

微波湿度传感器通过对比干燥基准物与含水物体的微波信号变化，即以测量干燥物体为标准参照，而潮湿物体会引发微波信号的相位偏移与衰减，据此精确计算出物体的水分含量。目前，已成功研发出一系列应用于土壤、煤炭、石油矿砂、酒精、谷物、纸张、木材、皮革和塑料等领域的微波湿度传感器。

图 13.3.5 所示为酒精含水量测量仪原理示意图。首先，微波振荡器 MS 生成微波信号，该信号被功率分配器分为两路；随后，通过衰减器 A_1、A_2 后分别进入转换器 T_1、T_2 中。T_1 中内含无水酒精，作为校准基准；T_2 中放置待测酒精样品。最后，通过相位测定仪 PT 和衰减测定仪（PT、AT）交替连接 T_1、T_2 的信号路径进行检测，自动记录并显示两者间的相位差与衰减差，据此精确计算并判定样品中的水分含量。

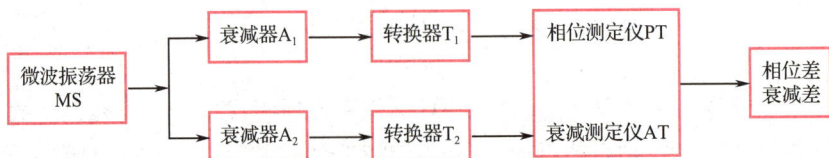

图 13.3.5 酒精含水量测量仪原理示意图

> 📖 **小知识：** 实验数据证实，电磁辐射对人或动物的细胞会产生"生物效应"，手机的工作信号处于微波频段。在人的全身组织或器官中，大脑和眼睛的含水量高达到 75%，长期受较高强度的手机辐射最易对人体含水量多的组织或器官造成伤害，可能引发记忆力下降、睡眠障碍及情绪波动等健康问题。因此，为维护身体健康，建议合理使用手机，保持适度节制。

3. 微波多普勒传感器

当波源（如声源、光源）与观察者间存在相对运动时，观察者所接收波的频率将发生偏移，此现象为多普勒效应。多普勒效应适用于测定运动物体的速度、方向及位置。微波多普勒传感器通过雷达发射微波至待测目标，接收反射波，实现相关测量。

若以相对速度 v 运动的物体发射微波，由于多普勒效应，反射波的频率发生偏移（称为多普勒频移），其频率为

$$f_d = \pm \frac{v}{\lambda} \cos\theta \tag{13.3.5}$$

式中：f_d——多普勒频率；v——运动物体的速度；λ——微波信号的波长；θ——微波方向与运动物体之间的夹角，即方位角。

当运动物体靠近发射天线时，f_d 取"+"号；当物体远离发射天线时，f_d 取"–"号。

雷达测距基于多普勒效应来探测运动物体的速度、方向和位移。根据多普勒效应，当雷达发射器主动发射微波至运动物体后，接收器接收到的反射波的频率将发生偏移。微波发射频率、接收频率之差为多普勒频率，即 f_d。

在确定 v、λ、θ 中任意两个参数后，由于 f_d 可测出，因此根据式（13.3.5）即可确定第三个参数，通常用于测定物体的运动速度。接收器将来自发射器的参照信号和来自运动物体的反射信号混合后，进行超外差检波，得到多普勒频移的输出信号，即

$$u_d = U_d \sin\left(2\pi f_d t - \frac{4\pi r}{\lambda}\right) \tag{13.3.6}$$

式中：r——运动物体与发射天线之间的距离；u_d、U_d——多普勒电压信号及信号的幅值。

如果已知运动物体与发射天线间的距离 r，可先后发射两个不同波长的信号，引起式（13.3.6）中信号初始相位的变化，即

$$\Delta\varphi = 4\pi r \left(\frac{1}{\lambda_2} - \frac{1}{\lambda_1}\right) \tag{13.3.7}$$

则有

$$r = \frac{\Delta\varphi \lambda_1 \lambda_2}{4\pi(\lambda_1 - \lambda_2)} \tag{13.3.8}$$

由式（13.3.8）可知，只要测出不同波长 λ_1、λ_2 下的初始相位差 $\Delta\varphi$，即可确定距离 r。

微波多普勒传感器应用十分广泛，如交通管制中用来车辆测速与定位跟踪、水文站用来测量流速、海洋气象站用来测定海浪与热带风暴、火车站用来监控火车进站速度等。

北斗卫星导航系统组网成功，开启下一代新技术试用

来源：新华网，2024 年 9 月 19 日

北斗卫星导航系统（BDS），又称 COMPASS，是中国自主研制的全球卫星导航系统，是继 GPS、GLONASS 后全球第三个成熟的卫星导航系统，利用电磁波中的微波传递信息。其于 1994 年启动，2020 年 6 月完成 30 颗卫星组网，实现全球覆盖。2024 年 9 月，第 59、60 颗卫星成功发射，与前期组网卫星相比，这组卫星升级了星载原子钟、搭载了新型星间链路终端，进一步提升了 BDS 的可靠性及服务性能，将为下一代 BDS 技术升级进行相关试验。

目前 BDS 已从区域迈向全球覆盖，功能多元，成为中国航天事业的璀璨明珠，提升了国家综合实力，彰显了国家科技竞争力。BDS 由空间段、地面段和用户段三部分组成，能够在全球范围内提供全天候、全天时的服务，广泛应用于交通运输、农林渔业、气象测报等领域，推动了我国国民经济与国防现代化的深化发展。

小讨论：微波传感器

（1）卫星导航（GPS、北斗导航系统等）的基本原理是什么？你知道我国科学家研发北斗导航系统克服了哪些困难、取得了哪些技术突破吗？

（2）空中指挥预警飞机（Air Early Warning，AEW）是如何工作的？我国 AEW 处于什么水平？

（3）微波炉的工作原理是什么？

13.3 微波传感器讨论

13.4 工程应用案例——基于 IWR6843 毫米波雷达的生命体征监测

13.4.1 工程背景

随着科技进步和人们生活水平提高，老百姓对生命体征监测的需求日益增加。心电图仪、脉搏血氧仪等传统的接触式生命体征监测设备精度虽高，但使用不便、易受干扰。毫米波雷达是一种非接触式生命体征监测技术，可大幅提升医疗监护的效率和准确性，具备"感知入微"、非侵入性、全天候工作和隐私保护等优势，已在呼吸、心跳等生命体征监测领域展现出巨大潜力，特别适合医院、家居、办公室等室内环境。

13.4.2 检测方案

IWR6843 由 TEXAS Instruments（TI）研发，是业内第一款基于 TI 的 45nm RFCMOS（射频互补金属氧化物半导体）工艺的毫米波雷达传感器。它将中射频电路、VCO（电压控制振荡器）、ADC（A/D 转换器）、DSP（数字信号处理器）和硬件加速器集成在单个芯片内，能够在 60～64GHz 频段内工作，拥有 3 个发射天线和 4 个接收天线，具有高集成度、低功耗和

高性能等特点，工作温度为-40～125℃，可同时完成射频、信号处理、系统控制和外部通信等功能。

1. IWR6843 的主要模块和特点

图 13.4.1 所示为 IWR6843 毫米波雷达传感器的方框图，其主要模块如下。

（1）前端接口和控制模块。包括低噪声放大器（LNA）、中频放大器（IF）、A/D 转换器（ADC）、功率放大器（PA）、相位移器（PS）、通用 A/D 转换器（GPADC）和温度传感器等。其中，接收天线中的 LNA 用于接收、放大信号，降低信号噪声；IF 用于放大混频后的中频信号；ADC 用于将模拟信号转换为数字信号，以便后续数字化处理；发射天线中的 PA 用于放大、发射信号，以确保足够的信号强度；PS 用于调整信号相位，以支持波束成形和信号的精确定位；GPADC 和温度传感器则用于确保传感器正常工作。

（2）射频和模拟前端接口模块。包括数字前端、斜坡发生器和无线处理器等。其中，数字前端用于抽取滤波链，对 ADC 输出的高采样频率数据进行滤波和抽取，以减少数据量并抑制噪声；斜坡发生器用于产生线性调频信号，控制发射信号的频率随时间变化；无线处理器用于射频模块的校准与自检，确保系统在不同温度和频率条件下的稳定性。

（3）雷达数据处理模块。包括 Cortex R4F @ 200 MHz、共享外设、C674x DSP @ 600 MHz 和处理链加速器。其中，Cortex R4F @ 200 MHz 用于控制功能和执行安全关键算法，可满足用户编程；共享外设是处理器之间共享的外围设备和接口，用于数据通信和资源管理；C674x DSP @ 600MHz 用于雷达信号处理，支持复杂的算法和数据处理，可满足用户编程。处理链加速器属于硬件加速器，用于加速特定的信号处理任务，如 FFT、滤波和目标检测。

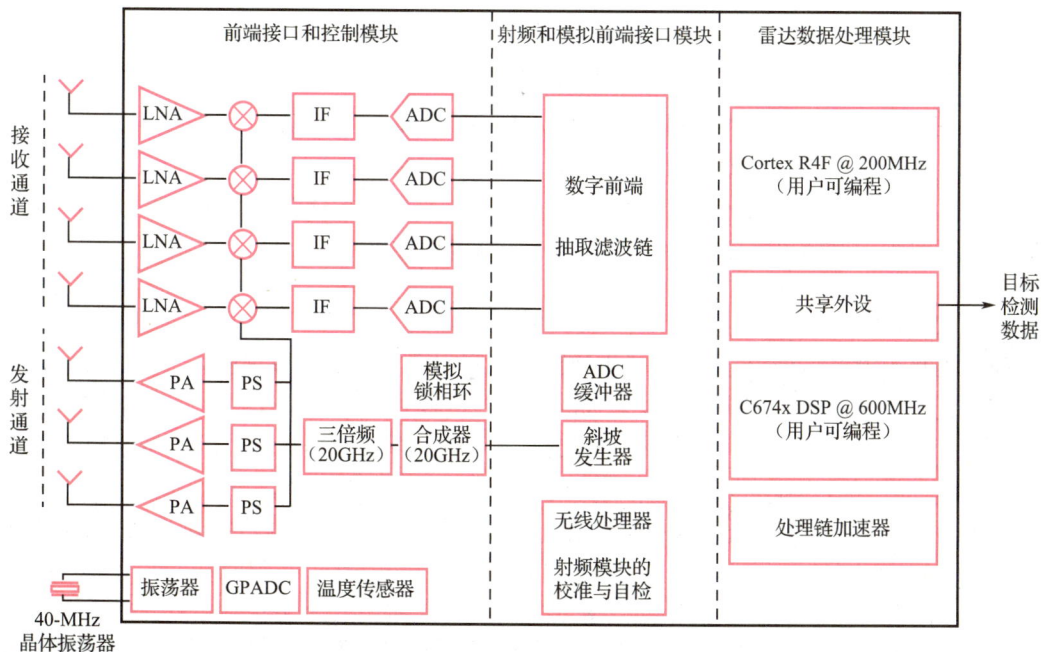

图 13.4.1　IWR6843 毫米波雷达传感器的方框图

IWR6843 的功能特点包括：拥有 60～64GHz 频段的调频连续波射频收发器；支持 3 个发射天线和 4 个接收天线；具有可编程周期和斜率的 Chirp 配置文件；拥有 12、14 和 16 位的实时/复数 ADC，基带 ADC 采样频率最高可达 12.5 MHz（12 位复数）；支持双通道串行 LVDS

低电压差分信号接口；支持 FFT、滤波和 CFAR（恒虚警率）处理的硬件加速器等。

2．生命体征监测及其原理

IWR6843 毫米波雷达传感器能够实现宽范围、高精度的距离测量。通过分析发射的线性调频连续波（LFMCW）和接收回波之间的频率差，可基于多普勒效应原理，精确检测目标沿雷达径向（雷达与目标连线方向）的运动速度。对于高速运动目标（如汽车行驶速度），雷达通过测量多普勒频移直接计算速度；而对于低速微动目标（如呼吸时胸部的毫米级起伏），则采用微多普勒检测技术捕捉由微小运动引起的相位变化。这种分层检测机制使毫米波雷达既能实现百公里级高速测量，又能识别 0.1mm 精度的生命体征信号。

雷达工作时，发射和接收的线性调频脉冲频率差与其时间成正比，即与目标距离成正比。发射波幅 $y_T(t)$ 和接收波幅 $y_R(t)$ 分别为

$$y_T(t) = A_T \times \sin[2\pi(f_0 + Kt) \cdot t] \tag{13.4.1}$$

$$y_R(t) = A_R \times \sin\{2\pi[f_0 + K(t - \delta)] \cdot (t - \delta)\} \tag{13.4.2}$$

式中：K——发射频率随时间增长的斜率；f_0——线性调频脉冲起始时的最低频率；$\delta = 2d/v$（两倍传播时间），d 为目标距离，v 为光在介质中的传播速度。

混频器将发射信号和接收信号进行混频，有 $y_M = y_T \times y_R$。混频器的输出信号经低通滤波器处理后，产生中频信号 y_{IF}，对应于发射器和接收器间的频率差，有

$$y_{IF} = \cos[2\pi(-f_0\delta - 2K\delta t + K\delta^2)] \tag{13.4.3}$$

通过分析中频信号 y_{IF}，利用 ADC 模块将信号数字化，经过 FFT 处理，运用 CFAR 算法或阈值化算法等进行后续分析。

13.4.3　实施过程

本方案利用调频连续波固有的测距特性，在确定待测目标点后，基于生理活动引起的体表运动会引起雷达发射与接收信号的相位差异，采用信号处理算法提取呼吸与心率信息；选取反射能量最大值点作为人体胸腔位置，以此为基准对反射相位变化情况进行分析，获得呼吸与心跳叠加引起的体表振动幅值变化。具体实施过程如下。

1．硬件连接与配置

（1）连接电源：保证 IWR6843 毫米波雷达传感器获得稳定电源供应。

（2）连接天线：正确连接 3 个发射天线和 4 个接收天线，确保天线方向对准目标区域。

（3）连接微控制器：利用 SPI 或 I²C 接口将雷达与微控制器连接，用于发送控制指令、接收数据。

（4）设置通信接口：配置 USB 或 UART 接口，便于将处理数据传输到 PC 或移动终端。

2．软件配置与编程

（1）初始化雷达：利用 TI 库和 API 对 IWR6843 雷达初始化，包括发射功率、接收增益、采样频率等参数设置。

（2）配置发射波形：设置 Chirp 信号的频率范围、周期和斜率，确保雷达在 60～64GHz 频段内工作。

（3）数据采集：启动雷达采集数据，包括目标反射的 Chirp 信号。

3．信号处理

（1）数字信号处理：使用 ADC 将模拟信号转换为数字信号；应用抽取滤波链减少数据量并抑制噪声；对数字信号进行 FFT 变换，获取频域信息。

（2）距离与速度提取：分析 FFT 结果，利用频率差与传播时间的关系计算目标距离；通过微多普勒效应分析呼吸引起的频率微小变化，提取呼吸波形。

（3）信号处理算法：应用 CFAR 算法或阈值化算法处理信号，提高检测准确性；识别并剔除非呼吸相关信号（如环境噪声、人体移动等）。

4．生命体征提取

分析呼吸波形，计算呼吸频率。可以使用机器学习算法对呼吸波形进行进一步分析，以便分类并识别出不同呼吸模式，如正常呼吸、浅呼吸、深呼吸等。

5．数据传输与显示

将处理后的呼吸波形和频率数据通过通信接口传输到 PC 或移动设备；在用户界面上显示呼吸波形和频率，实时监测目标对象的生命体征。

6．系统优化与验证

对系统进行反复测试，验证其准确性和稳定性；根据测试结果调整雷达配置和信号处理算法，优化系统性能；在不同环境条件下（如温度、湿度、干扰源等）进行验证，确保系统的鲁棒性。

13.4.4　实施结果

假设每 50ms 为一帧，测量并获取一组数据，如图 13.4.2 所示。通过慢时间积累（连续采集并累加）N 帧数据后，在待测目标的距离点上观察相位随时间的变化情况。该相位变化情况实际上反映了待测目标体表由于呼吸和心跳等生理活动引起的微小位移或振动，但不直接等同于体表幅值的变化，而是与这些生理活动导致的电磁波反射路径的微小变化相关，这种变化可以通过相位信息的分析来间接推断。

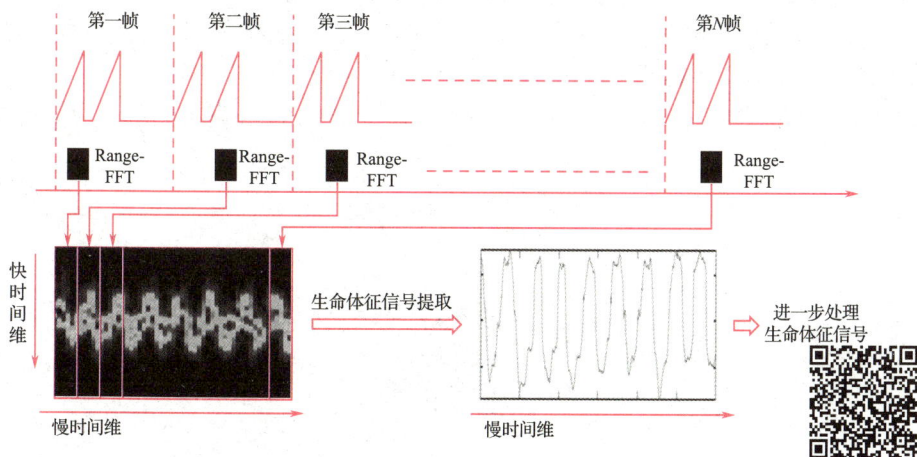

图 13.4.2　体表幅值信号获取过程

图 13.4.2　体表幅值信号获取过程彩图

得到体表幅值变化曲线后，分别使用两组不同截止频率的带通滤波器将呼吸和心跳的信号波形滤出（心跳信号一般在 0.8～2.0Hz，呼吸信号一般在 0.1～0.5Hz），并使用峰值计数方法得到被测人的呼吸及心跳值，如图 13.4.3 所示。

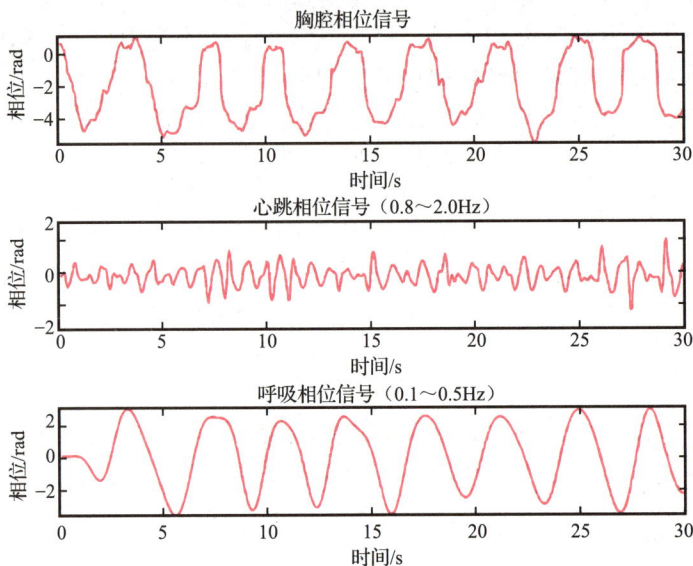

图 13.4.3　呼吸及心跳信号波形的分离结果示例

本章知识点梳理与总结

1. 介绍了红外辐射、超声波、微波的概念与特性；

2. 介绍了红外辐射传感器的物理基础与分类，重点介绍了热探测器、光子探测器两类红外辐射传感器的工作原理及其典型应用；

3. 介绍了超声波传感器的物理基础与分类，重点介绍了压电式、磁致伸缩式和电磁式三类超声波传感器的结构、工作原理和检测模式及其典型应用；

4. 介绍了微波传感器的物理基础与分类，重点介绍了反射式、遮断式两类微波传感器的结构组成、工作原理及其典型应用；

5. 介绍了辐射式传感器的工程应用案例——基于 IWR6843 毫米波雷达的生命体征监测。

本章自测

第 13 章在线自测

思考题与习题

第 13 章思考题与习题答案及解析

1. 填空题

13-1　红外传感器一般由_____、_____、_____和_____等环节组成，其中，_____是红外传感器的核心器件。

13-2　微波传感器是利用_____来检测某些物理量的器件或装置，其工作频段通常在 1mm～1m 之间。

13-3　超声波传感器是利用_____在介质中的传播特性来工作的，其频率一般高于 20kHz。

13-4　红外辐射传感器的性能直接影响红外探测系统的优劣，其类型包括_____和_____两大类。

13-5　微波传感器在通信、雷达、工业自动化、气象观测等领域有广泛应用，是实现_____和_____的重要手段。

13-6　超声波传感器在工业检测、医疗诊断、机器人导航等领域发挥着重要作用，其优点包括_____、_____、_____等。

2. 简答题

13-7　什么被称为"大气窗口"，它对红外线的传播有什么影响？

13-8　超声波在介质中有哪些传播特性？

13-9　在用脉冲回波法测量厚度时，利用何种方法测量时间间隔 Δt 有利于自动测量？

13-10　试比较微波传感器与超声波传感器的异同。

13-11　检测航空发动机涡轮机叶片是否存在裂纹，可采用哪些测量方法？说明其工作原理。

3. 计算分析题

13-12　拟测量一块金属的辐射能量，设金属表面温度为 1050℃，金属的辐射率为 0.82。若后来发现实际的辐射率为 0.75，试问温度误差为多少？

13-13　采用超声波测速仪测量车辆的行驶速度，某次检测时，第一次发出到接收到超声波信号用时 0.4s，第二次发出到接收到超声波信号用时 0.3s，两次信号发出的时间间隔为 1s，则被测汽车的速度是多少（假设超声波的速度为 340m/s，且保持不变）？

13-14　若已知超声波在被测试件中的传播速度为 5480m/s，测得时间间隔为 25μs，试求被测试件的厚度。

第14章

图像检测技术及应用案例

　　图像检测技术在工业自动化、安防、医疗等领域发挥着重要作用。通过合理配置光源、摄像机、处理器等组件，图像检测系统能够精确定位和识别图像特征，从而实现场景中的非接触式测量和目标检测。不同类型的图像传感器，如可见光相机、红外热像仪、RGBD 相机、毫米波雷达 SAR 成像装置等，各有其适用场景。结合机器学习和深度学习技术，图像检测系统不仅能够进行目标分类，还能实现复杂场景中的目标识别。本章将介绍图像检测的常用技术及其实际应用案例。

学习要点

　　1. 了解图像检测系统的基本组成和结构，掌握光源、摄像机、处理器和执行机构等的作用，能够根据项目需求合理选择和配置合适的图像检测单元；

　　2. 掌握不同类型图像传感器的工作原理，包括可见光相机、红外热像仪、RGBD 相机、毫米波雷达 SAR 成像装置等常见传感器的特点与应用场景，能够根据项目需求进行合理选型；

　　3. 了解图像匹配与特征点识别方法，掌握常见的图像匹配算法，如 SIFT、SURF、ORB 等，并能将其应用于目标检测。

　　4. 掌握机器学习在图像检测中的常用方法，能够应用支持向量机（SVM）、随机森林等技术，进行基础的图像分类和字符识别任务。

　　5. 了解深度学习神经网络框架及其应用流程，熟悉常见框架如 YOLO、R-CNN 等，能够实现图像分类、目标检测等任务，并了解自定义模型的训练优化过程。

　　6. 了解毫米波雷达传感器的工作原理，掌握毫米波雷达近场 SAR 成像技术在目标识别中的应用，能够结合雷达图像实现目标检测。

知识图谱

图像检测
- 图像传感技术概述
- 图像检测系统的组成
- 常见图像传感器简介
  - 可见光相机
  - 红外热像仪
  - RGBD相机
  - 毫米波雷达SAR成像
- 图像匹配方法和工件检测应用案例
  - 模板匹配
  - 特征点检测
  - 应用案例小结
- 机器学习在图像检测中的应用案例
  - 机器学习的基本概念
  - 车牌识别案例
- 深度学习神经网络简介及图像识别案例
  - 图像增广与锚框
  - 目标检测
  - 区域卷积神经网络（R-CNN）
  - YOLO网络结构与发展历程
  - 使用预训练的YOLO模型进行目标识别
  - 使用自己的数据集训练YOLO模型
- 毫米波雷达近场SAR成像和目标识别
  - 毫米波雷达传感器
  - MIMO-SAR成像
  - 近场SAR成像装置
  - 雷达原始ADC数据处理
  - 基于雷达成像的目标检测方法

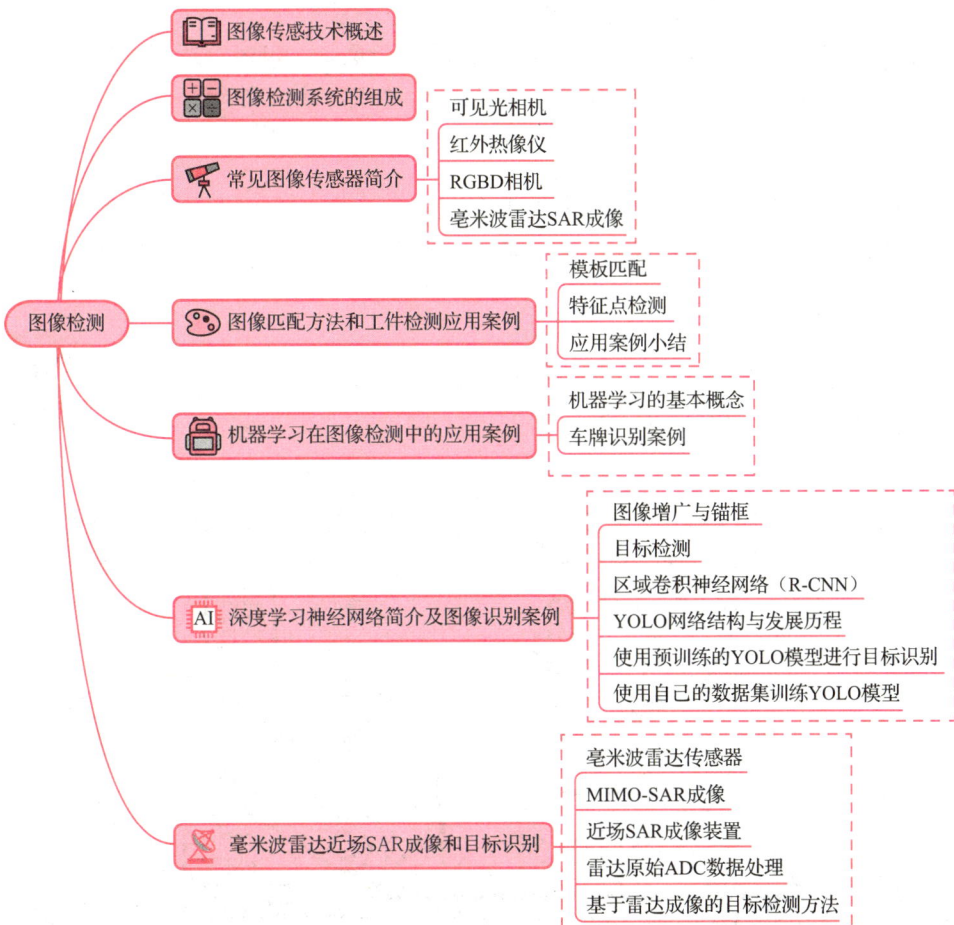

14.1　图像传感技术概述

图像传感技术
概述视频

14.1 图像传感
技术概述课件

近年来，随着半导体技术、计算机技术、嵌入式系统、人工智能算法等的发展，以可见光相机、红外相机、红外热像仪、雷达和遥感成像设备作为传感器的图像检测技术，正逐渐在工业、农业、服务业等众多领域发挥越来越重要的作用，它们犹如检测设备上的"眼睛"，帮助人类完成大量的检测、识别任务。

图像检测技术的应用领域广泛。例如，在工业制造领域，图像检测技术可以用于产品质量检测和设备故障诊断。它们能够实时检测流水线上的产品尺寸、形状、表面缺陷等指标，并根据图像输入和检测结果进行自动产品分类和判断。很多原先以人工检测的目视测量环节正逐渐被自动化的图像检测设备替代，这种变革既避免了人工检测中存在的劳动枯燥、单一且容易出错的问题，又能实现人眼无法达到的测量精度的检测，因此生产效率和产品质量均大幅度提高。在医疗诊断领域，图像检测技术可以通过分析医学影像数据，帮助医生快速和准确地诊断疾病。通过图像检测技术可检测出 X 射线或 MRI（核磁共振成像）扫描图像中的病变和异常区域，为临床医生的诊断提供重要的参考依据。最近随着深度学习技术的发展，在某些医学图像诊断领域，基于人工智能的机器诊断识别率已经超过了高水平的临床医生。在智能交通领域，应用于汽车中的图像检测技术，通过识别交通标志、行人和车辆，可以实现智能辅助驾驶甚至无人驾驶；安装于道路上的监控摄像头，可对交通流量和道路状况进行实时统计分析，从而帮助城市规划和交通管理部门更好地优化交通策略，最终使得人们的出行更加安全便捷。

> **小讨论**：图像检测技术还可以应用于哪些领域？
>
> 可以查阅文献资料，可以通过互联网搜索，了解图像检测技术的应用领域及在这些领域发挥的重要作用。

14.2　图像检测系统的组成

14.2 图像检测系统的组成课件

图 14.2.1 为典型的图像检测系统（装置）组成示意图，该检测系统通常包含以下几个单元。

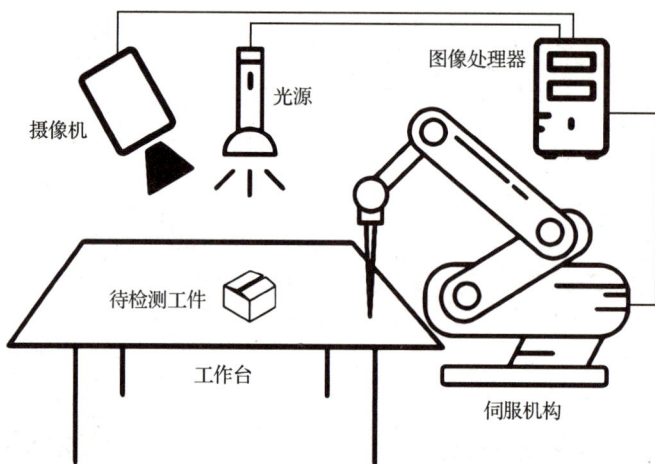

图 14.2.1　典型的图像检测系统组成示意图

- 摄像机：该装置为图像采集装置，通常由各种型号的图像传感器构成，摄像机主要通过 CCD 或 CMOS 等感光器件，将采集到的数据（通常为数字信号构成的图像阵列数据）通过数据总线的方式送往图像处理器进行进一步的信号处理。
- 光源：为保证良好的图像采集质量，避免实际工况环境中照明条件昏暗或照明不均匀导致拍摄图像模糊等问题，通常采用光源对待检测工件位置进行照明或补光，常见的光源为 LED 光源，光源具有不同的分布形式，如点光源、线光源、环状光源等。
- 图像处理器：一种专门用于处理和分析图像数据的硬件或软件系统，它能够对图像数据进行复杂的运算、滤波、变换和分析，以提取有用的信息或增强图像的质量，最终实现图像检测，例如，使用数字信号处理器（Digital Signal Processor，DSP）对工件缺陷类型进行算法判断，此时 DSP 即图像处理器。

- 伺服机构：根据图像处理器的检测结果执行特定的机械动作。通常由工业机械手或其他执行装置组成，伺服机构能够根据检测结果对工件进行精确的移动、调整、分拣或剔除操作，确保生产过程的操作自动化和运动精度。

- 待检测工件：图像检测系统中需要被检测、识别或分析的对象。工件的颜色、外形、材质等特征将决定系统如何进行图像采集和处理。它可以是工业生产中的产品零件、电子元器件、机械部件等，也可以是环境中的其他目标，例如，无人驾驶汽车的摄像头需要拍摄道路场景目标，此种情况下，待检测目标为道路上的行人、机动车、道路交通牌等。

- 工作台：待检测工件放置的操作平台，在图像检测系统中起着支撑和固定工件的作用。它确保工件在检测过程中稳定且位置正确，便于摄像机进行拍摄和分析，同时方便伺服机构进行分拣、夹取等后续操作。

14.3　常见图像传感器简介

14.3 常见图像传感器简介课件

根据图像传感器采集物理信号原理的不同，图像传感器分为多种类型，图 14.3.1 列出了常见的图像传感器，从左到右分别为可见光相机、红外热像仪和 RGBD 相机。

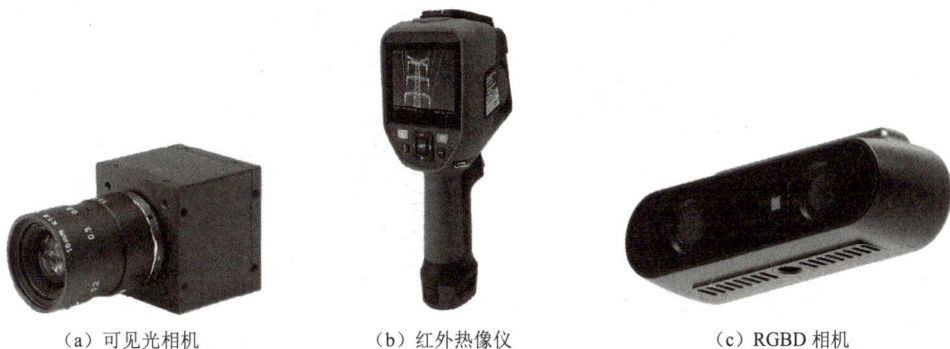

　（a）可见光相机　　　　　（b）红外热像仪　　　　　（c）RGBD 相机

图 14.3.1　常见的图像传感器

14.3.1　可见光相机

可见光相机如图 14.3.1（a）所示，该传感器的信号输入基于可见光，主要通过传统的光学镜头和光学感光器件捕捉图像信息。这类系统应用广泛，如工业视觉检测、自动驾驶和安防监控等。

该类型的传感器硬件工作原理在本书第 8 章中的 8.3 节中有介绍。工业摄像机是一种最常见的可见光相机。工业摄像机常采用 CCD 或 CMOS 感光器件作为信号采集输入，在摄像机的前部配有凸透镜玻璃镜头。镜头通常根据检测需求进行选型。镜头的选型参数包括焦距、光圈、视场角、透光率等，以满足不同拍摄距离、工件尺寸和成像质量的需求。为了减少畸变和提高边缘图像质量，工业摄像机镜头常采用多层镀膜技术，增强光线透过率并降低反射率。

工业摄像机镜头的调节旋钮环通常用于调整光圈和像距。光圈调节环用于控制进入镜头的光量，通过调节光圈的大小来影响图像的亮度、景深和清晰度。工业摄像机镜头上的光圈调节环通常可以手动操作，确保在不同光线条件下获取最佳图像质量。焦距调节环（对焦环）用于调整镜头的像距，以确保目标工件能在感光器件上清晰成像。

调节旋钮环通常设计有锁定机构。当调整好光圈或像距后，旋紧锁定旋钮就可以将当前设置固定，从而保证图像采集的一致性和稳定性。

可见光相机通常可以拍摄得到的一张包含 RGB（Red 红色，Green 绿色，Blue 蓝色）信息的彩色图片。如图 14.3.2 的左侧图片所示，一幅 600 列、387 行的彩色 RGB 图片，共包含 600×387=23200 个像素点。每个像素点的颜色值由红、绿、蓝三个通道的强度值组成，每个通道的强度值通常用 1 个无符号字节表示，其数值在 0～255 变化。数值越大，表示颜色强度越大。例如，某个像素的 RGB 值为（255, 0, 0），那么它的颜色就是纯红色。

彩色图像的每个像素都可以通过其对应的 RGB 值，分解为三个独立的通道，分别代表红色通道、绿色通道和蓝色通道，如图 14.3.2 右侧的 3 幅图片所示。每个通道的图像实际上是反映该种颜色强度的单色图像。通过将彩色图像的颜色信息分离为三个独立的单色图像，可以更有效地进行图像处理和分析，如图像增强、颜色分割等操作。

图 14.3.2　彩色图片的 RGB 阵列分解为 Red、Green 和 Blue 三种通道的单色图片彩图

彩色图像：600像素×387像素，每个像素3字节

3个单色图像：每个图像600像素×387像素，每个像素1字节

图 14.3.2　彩色图片的 RGB 阵列分解为 Red、Green 和 Blue 三种通道的单色图片

传统的灰度摄像机内部通常包含一个能够感应光强度的感光元件阵列。光线通过透镜后，会在感光阵列上形成一个反映光线强弱的灰度矩阵，即灰度图像。然而，要实现彩色图像的获取，通常需要三组感光元件阵列，分别对应红色（R）、绿色（G）和蓝色（B）的光强度，将三组通道的图像重新组合后，便得到彩色 RGB 图像（图 14.3.2 从右到左的过程）。这种设计虽然可以准确捕捉彩色图像，但需要三套感光元件，导致相机的硬件成本较高。为了降低硬件成本并简化设计，出现了一种新的彩色相机技术——Bayer 模式（Bayer Filter Mosaic），如图 14.3.3 所示。这种模式通过在传感器表面覆盖特定排列的红、绿、蓝滤光片，使得每个像素只记录 RGB 三种颜色中的其中一种颜色的光强度。通过这种方式，可以用单个感光元件阵列生成最终的 RGB 图像，而不需要多组阵列。

Bayer 滤光阵列是由红、绿、蓝三种滤光片按照特定规律排列而成的一种彩色滤光阵列。通常，每 4 个像素包含两个绿色滤光片、一个红色滤光片和一个蓝色滤光片。这是因为人眼对绿色更为敏感，因此绿色通道的采样密度相对较高。Bayer 滤光阵列的典型排列如图 14.3.3 左上角所示。在这个矩阵中，每个像素都只通过对应的滤光片，记录特定颜色的光强度，例如，红色滤光片的像素只能记录红光的强度，而蓝色和绿色滤光片则分别记录蓝光和绿光的强度。

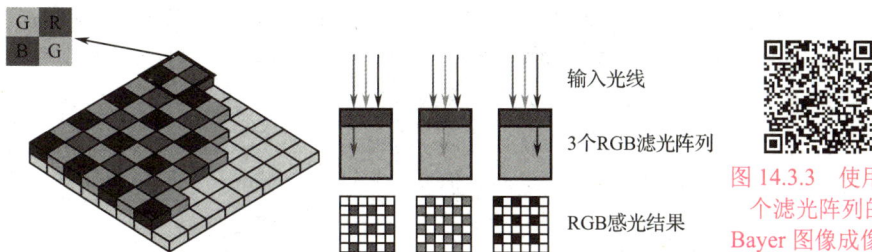

输入光线

3个RGB滤光阵列

RGB感光结果

图 14.3.3　使用单个滤光阵列的 Bayer 图像成像原理

图 14.3.3　使用单个滤光阵列的 Bayer 图像成像原理彩图

由于每个像素只记录一种颜色的信息，为了生成完整的 RGB 图像，必须使用一种称为"去马赛克"（Demosaicing）的插值算法。该算法通过插值计算来为每个像素估算缺失的两个颜色通道的值。这样，原本只记录单一颜色的像素就可以通过邻近像素的信息，推算出完整的红、绿、蓝三通道的值，最终生成彩色图像。Bayer 滤光阵列的设计既能节省硬件成本，又能在一定程度上满足彩色成像的需求。

🔍 小拓展

擦亮"东方慧眼"——国家最高科学技术奖获得者李德仁谈智能遥感卫星与应用

来源：自然资源部网站，2024 年

李德仁院士是国际知名的摄影测量与遥感领域专家，专注于提升我国测绘遥感技术水平。他攻克了全球高精度定位和测图的关键技术，解决了卫星影像处理的多项难题，带领团队开发了高精度的航空与地面测量系统，为我国遥感观测体系的建设贡献了重要力量。

即使步入高龄，他依然专注于天地互联的智能遥感技术研究。他带领团队建设"东方慧眼"智能遥感卫星，致力于通过人工智能处理遥感大数据，实现全球范围内分钟级的遥感信息服务，让用户能够快速、便捷地获取精准数据。

14.3.2　红外热像仪

红外热像仪如图 14.3.1（b）所示，红外热像仪根据物体的红外辐射来测量温度，这基于物体温度与其辐射能量之间的关系，符合物理学中的黑体辐射原理。任何温度高于绝对零度（−273.15℃）的物体都会发射红外辐射，辐射的强度与物体的温度成正比。红外热像仪的成像原理如图 14.3.4 所示。红外热像仪的核心是一个红外探测器，它能够接收物体表面发出的红外辐射电磁波并将其转化为电信号。物体的温度不同，辐射电磁波的强度和波长会有所不同。高温物体会发出更多的红外辐射，且波长更短。红外探测器能够捕捉这些不同波长的辐射能量。根据普朗克定律和斯特藩玻尔兹曼定律，辐射的能量与物体的温度相关。红外热像仪中的处理器利用相关的数学公式将红外辐射量转换

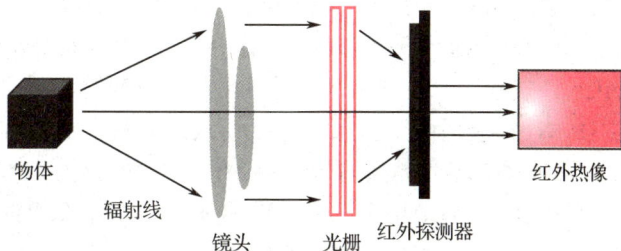

物体

辐射线　　镜头　　光栅　　红外探测器

红外热像

图 14.3.4　红外热像仪的成像原理示意图

为相应的温度值。

红外热像仪还需要根据物体的发射率（物体材料特性）来进行温度校正，确保测量的准确性。使用红外传感器来捕捉物体的热辐射信号，适合夜间监控、军事目标识别及工件表面测温等场景。在使用过程中，红外热像仪的输出原始数据为一个包含每一个像素点温度的浮点阵列，为了方便观察不同区域的温度差异，通常将温度阵列通过颜色映射的形式转化为 RGB 彩色图像，如图 14.3.5 所示。图中右侧竖直位置为"色带"区域，色带提供了当前图像中从颜色到温度的转换标准，不同颜色反映了不同的温度值。

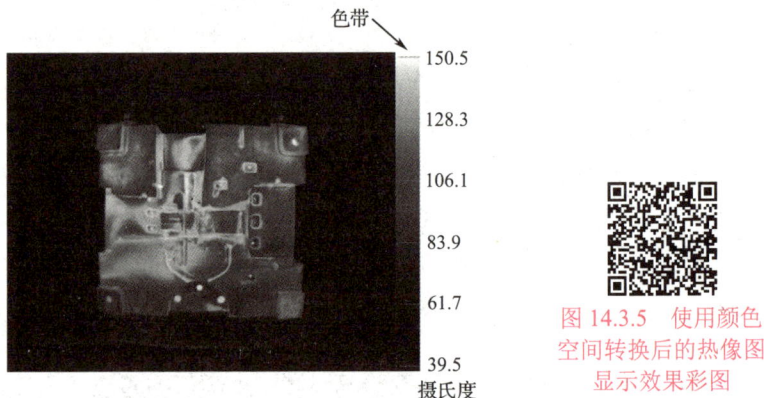

图 14.3.5　使用颜色空间转换后的热像图显示效果

图 14.3.5　使用颜色空间转换后的热像图显示效果彩图

通常，红外热像仪可提供每秒几十帧甚至更高的热像图采集帧率，但是，这种连续采集帧率的状态每隔 2～3min 会有 2～3s 的间断。产生间断的主要原因是红外热像仪需要定期进行自动校准，否则红外热像仪输出温度会随着时间的增加而与实际产生较大偏差。红外热像仪中通常内置一块类似黑体的挡片。在进行自动校准时，挡片将红外探测器遮挡，会形成类似黑体腔的环境温度检测效果。黑体腔的温度和机器内部温度一致，红外热像仪进而需要计算环境温度和目标温度的差异以提供温度补偿。

14.3.3　RGBD 相机

RGBD（Red Green Blue Depth）相机是一种能够同时拍摄彩色图像和深度（物体距离摄像机远近）信息的传感器。与传统的彩色相机相比，RGBD 相机除能够记录每个像素点的红、绿、蓝三通道颜色值外，还能提供图片中的每个像素到摄像机之间的距离信息。RGBD 相机结合了彩色图像和 3D 空间的深度数据，广泛应用于计算机视觉、机器人导航、增强现实等领域。其中的深度传感器常用的距离测量技术包括：结构光技术，即通过投射已知的红外光图案（如点阵或条纹）到物体表面，并通过相机捕捉光的变形来计算深度；飞行时间（Time of Flight）技术，即通过测量红外光从相机发射到物体再反射回来的时间差来计算深度；立体视觉技术，即利用两个摄像头捕捉场景，从两个相机得到的视差图像，计算物体的深度信息，类似于人类的双眼成像原理。RGBD 相机将彩色图像和深度图结合，可生成一个四通道数据，其中 RGB 三通道用于颜色，D 通道用于每个像素的深度信息。通过结合颜色和深度数据，RGBD 相机可以生成更加丰富的视觉信息，既能呈现物体的彩色外观［见图 14.3.6（a）］，也能描述场景中的物体和三维形状［见图 14.3.6（b），不同颜色代表物体距离相机的不同深度］。RGBD 相机的深度探测距离一般为 10m 以内。RGBD 相机在一些领域中发挥重要作用，例如，在 3D 建模领域，RGBD 相机可以快速生成物体或场景的三维模型；在机器人导航领域，机器人利用 RGBD 相机感知环境的三维结构，从而实现路径规划、避障等任务；在人机交互领域，在手势识别、虚拟现实或增强现实系统中，RGBD 相机可用于手势追踪和交互；在人脸识别和安全验证领域，RGBD 相机可以提高人脸识别的准确性，特别是在光照条件不佳时。

（a）RGBD相机拍摄的可见光图像　　　　（b）RGBD相机拍摄的深度图

图 14.3.6　RGBD 相机的可见光图像和深度图

图 14.3.6　RGBD 相机的可见光图像和深度图彩图

14.3.4　毫米波雷达 SAR 成像

毫米波雷达是一种利用毫米波段的电磁波进行目标探测和成像的传感器。毫米波雷达的工作频率通常为 30～300GHz，由于毫米波具有较短的波长，相比于传统的微波雷达，它能够提供更高的分辨率，适用于细节要求较高的近距离探测任务。此外，毫米波穿透性较好，能够在雾、雨等恶劣天气条件下保持较强的探测能力。合成孔径雷达（Synthetic Aperture Radar，SAR）成像技术与毫米波雷达相结合，可以在动态环境中获取高分辨率图像。SAR 通过雷达天线的移动合成大孔径，进而提升横向分辨率，实现对地面或其他物体的高精度成像。这种技术广泛应用于无人驾驶汽车、安防监控、地形测绘和环境监测等领域，有助于提供细致的场景信息和精准的物体检测结果。

图 14.3.7（a）为 ADT6101P 毫米波雷达的电路板和数据采集板，雷达有 2 个发射通道和 2 个接收通道，集成了 4 路 20MHz 采样频率的模数转换器（ADC），可对 4 路 IQ 中频信号进行采样。同时，雷达还集成了数字信号处理单元（DSP）电路和微处理器（MCU）。

图 14.3.7（b）的上半部分是雷达采集信号的实验场景，金属剪刀被固定在三脚架上，边上放置了一把金属手枪模型。图 14.3.7（b）的下半部分是雷达 ADC 数据处理后生成的 SAR 图像。生成的 SAR 图像显示雷达清晰地捕捉到目标的形状和细节，从中可以直观地看到毫米波雷达在目标识别和成像中的应用效果。

> **小讨论**：能够产生图像数据的传感器还有哪些？
>
> 图像数据通常是一种两维的阵列数据，很多传感器可生成这样的数据，试着讲讲你了解的能产生这种类型数据的传感器。

（a）毫米波雷达的电路板和数据采集板　　（b）SAR图像采集目标和成像结果

图 14.3.7　毫米波雷达 SAR 成像装置和成像结果

图 14.3.7　毫米波雷达 SAR 成像装置和成像结果彩图

14.4　图像匹配方法和工件检测应用案例

14.4 图像匹配方法和工件检测应用案例课件

　　图像匹配技术是一种在制造业、工业自动化和计算机视觉领域中常用的图像检测技术。当用于工件检测时，通过检测和定位生产线上工件的形状、位置、姿态等信息，以实现对工件的自动化检测、分类、装配等操作。该技术在质量控制、缺陷检测、自动化装配等环节起着至关重要的作用。本节通过介绍模板匹配和特征点检测常用算法来实现工件的检测与匹配。图 14.4.1（a）是模板图像，展示了待检测工件；图 14.4.1（b）为目标图像，显示了待检测工件在不同尺度、旋转角度和干扰环境下拍摄的场景图像。图像匹配的目标是在图 14.4.1（b）中精确定位图 14.4.1（a）所示的工件，并标识其位置。

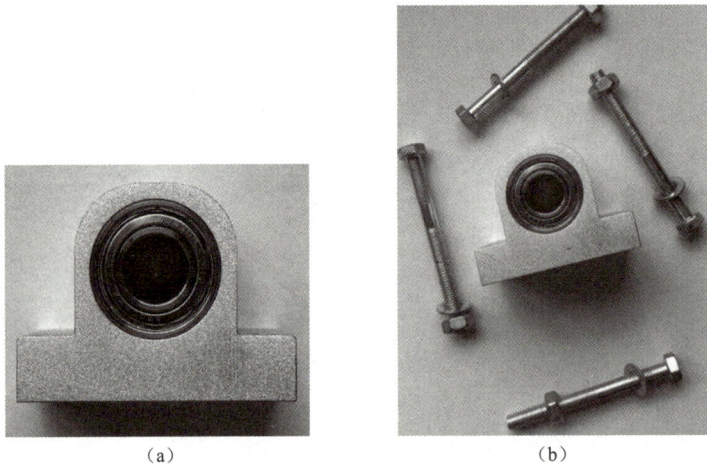

（a）　　　　　　　　　　　　　　　（b）

图 14.4.1　图像检测模板和待检测工件的图片

14.4.1　模板匹配

模板匹配（Template Matching）是一种基于像素值比较的图像处理方法，它常用于在大图像中搜索并定位与给定模板图像最相似的区域。简单来说，模板匹配就是寻找模板在一个大图（主图）中的最匹配位置。模板匹配的基本思想是通过滑动窗口的方法，将模板图像逐一与主图像的不同区域进行比较，并计算出每个区域的匹配程度。匹配程度通常通过相关性或差异性的度量方法来进行计算。常用的度量方法包括归一化的互相关系数、平方差等。

模板匹配的具体步骤如下。

（1）模板图像和主图像的输入：加载主图像和模板图像。

（2）滑动窗口比较：将模板图像沿着主图像进行逐像素滑动比较。对于主图像中的每个区域，都会计算该区域与模板图像的相似度。

（3）相似度度量：使用不同的方法，如标准化的平方差、归一化的相关性等计算相似度。

（4）定位最佳匹配区域：找出相似度值最大的区域（或最小的误差值区域），这就是模板图像在主图像中的最佳匹配位置。

（5）绘制匹配结果：在主图像中画出一个矩形框，标记出匹配的位置。

整个基于滑动窗口的模板匹配过程，可用图 14.4.2 进行描述，图中，模板图像［见图 14.4.2（b）］，在待检测图像［见图 14.4.2（a）］中沿着从左到右、从上到下的顺序进行滑动。

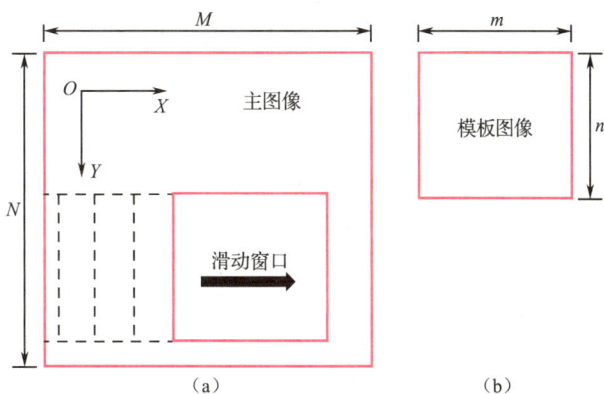

图 14.4.2　滑动窗口的模板匹配过程示意图

图 14.4.3 是使用模板匹配的匹配结果，图 14.4.3（a）为模板匹配的相似性矩阵（包含相似度值的二维矩阵）输出，图中的亮色区域表示在该区域中的图像和模板具有最高的相似度，查找相似性矩阵中的最大值，即可找到主图像中的模板最佳匹配位置，即成功进行目标定位，如图 14.4.3 中矩形框所示。

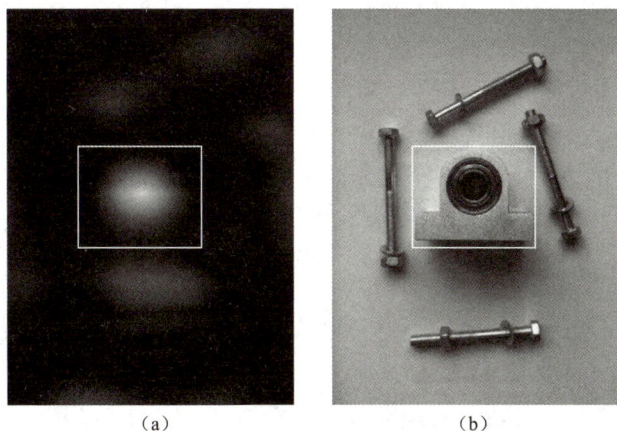

图 14.4.3　模板匹配的相似性矩阵和检测结果显示

图 14.4.4 是模板匹配失败的结果图，这是因为模板匹配图［见图 14.4.4（a）］对于主图像［见图 14.4.4（b）］中的待检测物体干扰、尺度变换和旋转等不具备鲁棒性，错误的匹配导致图 14.4.4（c）中的错误位置被识别为匹配位置。

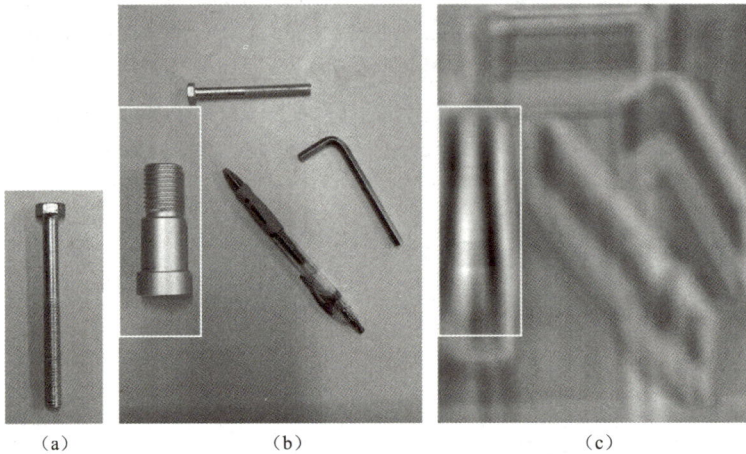

（a）　　　　　　　　　　（b）　　　　　　　　　　（c）

图 14.4.4　模板匹配失败情况

14.4.2　特征点检测

在图像处理过程中，每幅图像都包含一些具有独特信息的像素点或像素区域，通常称为特征点。特征匹配正是基于这些特征点进行的，因此，如何准确地检测和描述图像中的特征点成为计算机视觉中的关键问题。

特征点检测和匹配在计算机视觉中广泛应用于目标识别、图像配准、视觉跟踪和三维重建等任务。其核心思想是从图像中选取具有代表性和辨识度的特征点，进行局部分析，而不是处理整幅图像。只要图像中存在足够数量的可检测特征点，且这些特征点具有稳定性、显著性和可区分性，基于特征点的算法就能在图像匹配和目标检测中发挥重要作用。

在本案例中，将使用 4 种不同的特征点检测方法来实现工件的检测与匹配。对于检测到的目标，通过单应矩阵（Homography Matrix）来生成矩形框进行标注。单应矩阵描述了两个图像平面之间的透视变换关系，在特征匹配、图像拼接、相机标定等方面具有广泛应用。

1. SIFT

SIFT（Scale Invariant Feature Transform，尺度不变特征转换）是一种广泛应用的特征检测方法，具有尺度不变性和旋转不变性。它通过浮点内核进行计算，能够在空间和尺度上较为精确地定位特征。由于特征计算量较大，SIFT 更适合用于对匹配精度要求较高且对速度要求不敏感的场景。

SIFT 算法主要包含以下步骤。

（1）尺度空间极值检测：在不同尺度上通过高斯滤波检测图像的极值点。

（2）关键点定位：通过局部极值点的拟合确定关键点位置和尺度。

（3）方向分配：为每个关键点分配主方向，提高后续匹配的鲁棒性。

（4）关键点描述：使用局部图像梯度的梯度直方图生成稳定的特征描述子。

（5）特征匹配：通过比较特征描述子进行特征匹配。

SIFT 匹配效果如图 14.4.5 所示，可见用于匹配的特征点较多且大部分都匹配成功。

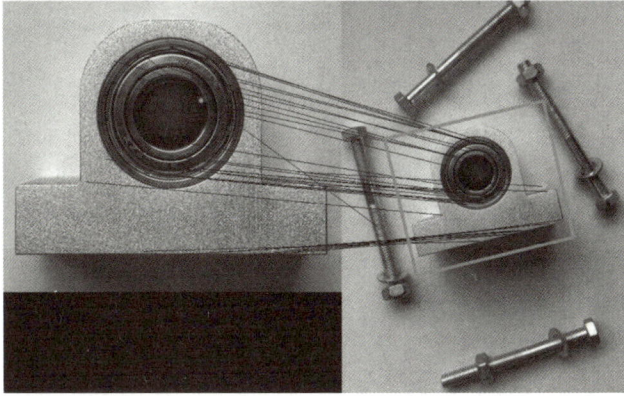

图 14.4.5　SIFT 匹配效果

2．FAST

FAST（Features from Accelerated Segment Test）算法是一种等效的角点检测方法，通过比较像素点周围的灰度值变化，快速识别图像中的关键点。

与 Harris 检测器类似，FAST 算法源于对构成角点的定义。FAST 算法通过分析候选特征点周围像素的强度变化来定义角点特征。具体而言，以某点为圆心构建一个圆形区域，判断圆上像素值的分布特性。当圆弧中连续像素的强度与圆心强度明显不同（更亮或更暗），且长度超过圆周的 3/4 时，该点被视为关键点。由于该算法运行效率较高，特别适合对检测速度要求较高的场景。

由于 FAST 算法仅用于特征点的检测，并不提供特征描述功能，因此在进行特征匹配时，通常需要结合其他特征描述算法（如 SIFT）来提取特征描述子。图 14.4.6 展示了使用 FAST 检测特征点，并结合 SIFT 来进行特征描述和匹配的结果。

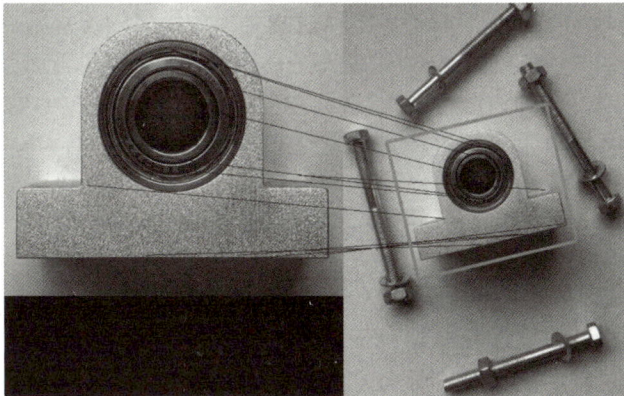

图 14.4.6　FAST 特征点匹配

3．ORB

ORB（Oriented FAST and Rotated BRIEF）是计算机视觉中另一种常用的特征点检测和描述算法。其结合了 FAST 角点检测和 BRIEF（Binary Robust Independent Elementary Features）描述子，并进行了改进。ORB 算法的运行速度显著快于 SIFT 算法，适用于对实时性要求较高的应用场景。但是 ORB 算法在尺度不变性方面表现有限。

ORB 算法主要包含以下步骤。

（1）关键点检测：使用 FAST 算法检测图像中的关键点。

（2）方向分配：为每个关键点分配方向，以实现旋转不变性。

（3）关键点描述：使用改进的 BRIEF 算法生成特征描述子，进而使用二进制模式对图像编码。

（4）特征匹配：通过比较两幅图像之间的特征描述子的相似性进行特征匹配。

ORB 匹配效果如图 14.4.7 所示，可见大多数关键点实现了准确匹配，体现了 ORB 算法在特征匹配中的高效性和鲁棒性。

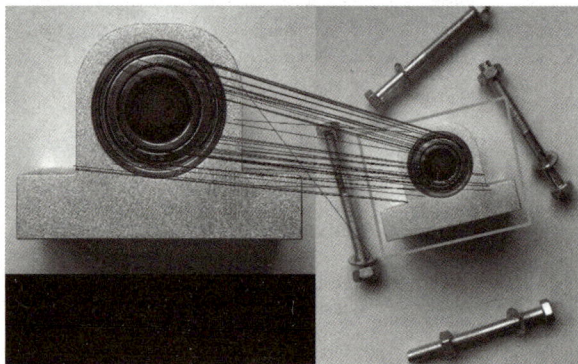

图 14.4.7　ORB 匹配效果

4．Harris 角点

在图像特征提取中，角点是一种重要的局部特征，尤其在人造物体中较为常见（如墙壁、门窗或桌子的边角）。角点通常是两条边缘线的交汇点，具备明显的二维特性，可实现高精度定位，甚至达到子像素级别。而相比之下，均匀区域或物体轮廓上的点难以在不同图像中稳定地重复定位，其特征价值较低。Harris 角点检测是一种经典的角点检测方法。

Harris 角点本身并不生成描述符，因此无法直接进行特征点匹配。为了实现 Harris 角点的特征匹配，需要先检测角点，然后结合其他特征描述符（如 SIFT、ORB 等）来提取描述符，最后再进行匹配。图 14.4.8 展示了使用 Harris 角点检测定位特征点，并结合 ORB 提取描述符进行匹配的结果，部分特征点的匹配失败。

图 14.4.8　Harris 特征点匹配

14.4.3　应用案例小结

通过图像工件匹配案例可以看出，除使用 Harris 角点检测时匹配失败外，其他的特征点检测匹配方法均能正确识别并标注工件的位置。虽然这些方法功能强大，但由于它们特点各异，因此使用时需要注意使用场景，下面是对以上方法的特点及适用性小结：SIFT 算法是高精度、稳健的特征检测方法，适合于特征匹配要求高、图像之间视角变化大或光照条件变化显著的情况。ORB 算法提供了良好的速度与精度平衡，非常适合实时应用，在一些实时场景和低分辨率情况下可以优先尝试 ORB 算法且匹配成功率较高。Harris 角点检测实现简单且速度快，适用于一些对图像中的角点或局部特征进行定位和检测的场景，尤其是需要快速检测角点位置的场景。FAST 算法是一种快速且高效的特征点检测算法，适用于需要快速检测特征点的场景，尤其是在计算资源有限的环境，如移动设备和嵌入式系统中，它的速度优势尤为明显。在实时性要求高或者简单场景中，模板匹配是一种常用且有效的方案。

14.5　机器学习在图像检测中的应用案例

14.5 机器学习在图像检测中的应用案例课件

近年来，机器学习作为人工智能的核心技术之一，推动了各个领域的革命性变革。无论是在金融分析、医疗诊断，还是推荐系统中，机器学习都发挥着重要作用。本节首先介绍机器学习的基本概念与常用机器学习方法。后续以车牌识别为例，探讨机器学习在图像检测方面的具体应用。

14.5.1　机器学习的基本概念

机器学习是计算机科学与统计学交叉的领域，旨在通过算法和统计模型，使计算机系统在无须明确编程的情况下进行数据分析和预测。其核心思想是利用大量数据来训练模型，从而捕捉数据中的规律和特征。这种方法使计算机能够在面对新数据时做出合理的判断和决策，因此，机器学习广泛应用于图像识别、语音识别、推荐系统等领域。

在机器学习中，数据至关重要，模型的表现通常与训练数据的质量和数量密切相关。通过预处理和特征选择，研究人员可以提高模型的有效性，减少噪声对结果的影响。高质量的特征不仅能提高模型的准确性，还能降低计算成本。

机器学习算法大致可分为三类：监督学习、无监督学习和强化学习。监督学习利用带标签的数据进行训练，通过学习输入与输出之间的映射关系，常用于分类和回归任务。无监督学习则不依赖于标签，通过聚类和降维等方法发现数据中的潜在结构。强化学习通过试错与环境互动，优化决策策略，广泛应用于游戏、机器人控制等动态环境中。

近年来，随着计算能力的提升和大数据时代的到来，机器学习的发展速度加快，特别是在深度学习的推动下，机器学习技术在计算机视觉、自然语言处理等领域取得了显著的进展。这使得机器学习不仅成为研究的热点，也在商业应用中展现出巨大的潜力，为各行业的智能化转型提供了新的机遇和挑战。

人工智能正让城市更有安全感

来源：新华网，2018 年

城市安全是城市发展的重要基础，随着"人工智能（AI）+"技术的不断拓展，其在城市治理和安全管理中的作用日益显著。人工智能通过构建智能化的城市环境，为智慧、安全、健康的城市运行提供了有力支持。

目前，计算机视觉、生物特征识别、人体轨迹自动检测等技术已广泛应用于城市安防领域。例如，可以实现实时监测和报警，快速应对入侵家庭的不法行为，或识别并预防校园周边的潜在暴力事件，为家庭、校园及大型公共场所的安全保驾护航。

下面是对常用机器学习算法的介绍。

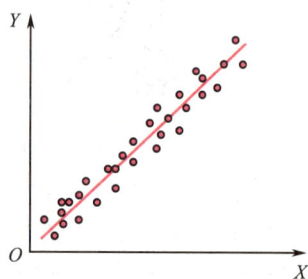

图 14.5.1　线性回归图

线性回归（Linear Regression）：线性回归是一种基础的回归算法，用于预测一个连续的目标变量。它通过寻找一条最优的直线（或超平面）来拟合训练数据，目标是使预测值与真实值之间的误差（通常使用均方误差）最小化。线性回归的优点是模型简单、可解释性强，但对数据的线性关系和异常值敏感。线性回归图如图 14.5.1 所示，图中展示了自变量 X 与因变量 Y 之间的关系。散点代表实际数据点，拟合线通过最小化散点与线之间的距离来表示数据的趋势。图中可以清晰地看到自变量与因变量之间的线性关系，可帮助进行数据分析和预测。

逻辑回归（Logistic Regression）：尽管名为回归，但逻辑回归主要用于分类问题，尤其是二分类。它将线性回归的结果通过 sigmoid 函数映射到 0 和 1 之间，来估计事件发生的概率。逻辑回归易于实现和解释，适合于处理特征之间线性可分的情况，但在处理复杂关系时效果有限。逻辑回归图如图 14.5.2 所示，图中展示了二分类问题中的决策边界。散点表示两个类别的数据点，而拟合的曲线通过将线性组合映射到 0 和 1 之间，确定了样本属于某一类别的概率。决策边界将样本空间划分为两个区域，有助于理解模型如何区分不同类别，图 14.5.2 中的直线代表决策边界。

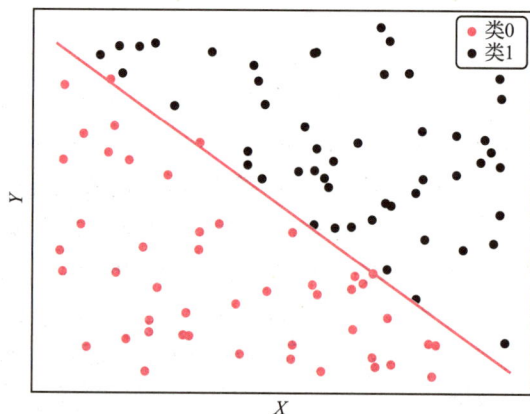

图 14.5.2　逻辑回归图

决策树（Decision Trees）： 决策树通过将数据集分成若干子集，形成一个树状结构进行决策。每个内部节点表示一个特征测试，每个叶子节点代表一个分类结果。决策树易于理解和可视化，能够处理数值型和类别型特征。但容易过拟合，且对噪声敏感。决策树结构图如图 14.5.3 所示。

随机森林（Random Forest）： 随机森林是一个集成学习算法，通过构建多棵决策树，并对每棵树的结果进行投票，来提高预测的准确性。它通过引入随机性（如随机选择特征）来减少过拟合问题。随机森林适用于处理高维数据，并在许多实际问题中表现优越，随机森林结构图如图 14.5.4 所示，从图中可见，随机森林其实就是多个决策树的结合，每次从数据集中有放回地（每次抽样后，样本会被放回原始数据集中，可能被多次抽取）随机选择样本，同时随机选取部分特征作为输入，因此得名"随机森林"。

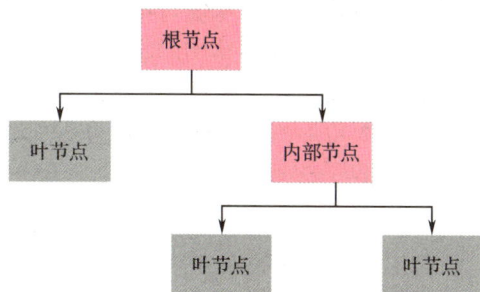

图 14.5.3　决策树结构图

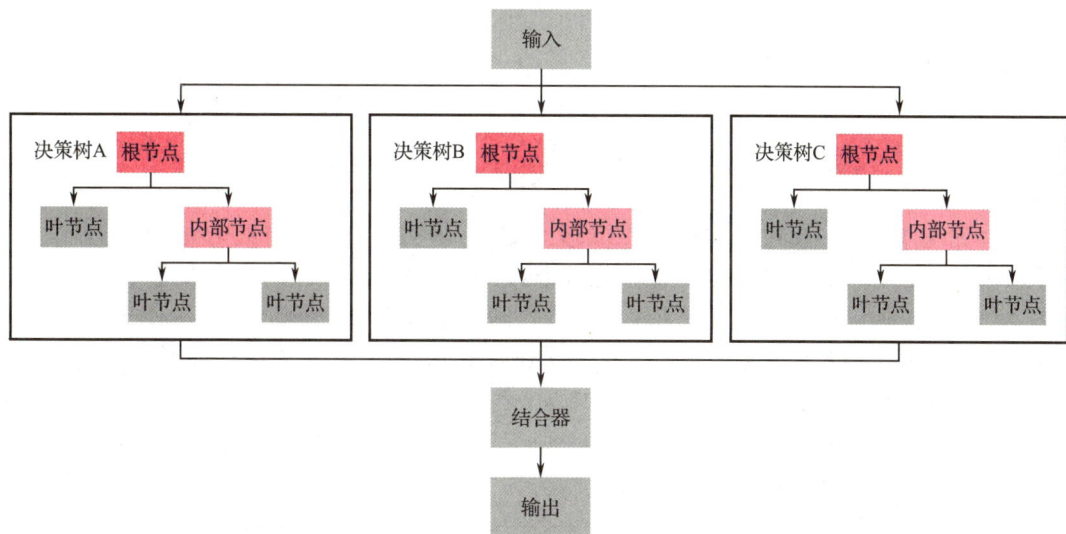

图 14.5.4　随机森林结构图

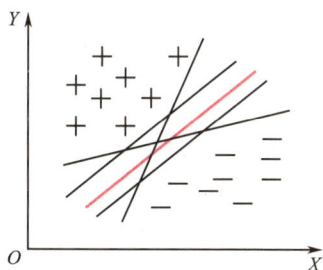

图 14.5.5　多个超平面将训练样本分类

支持向量机（Support Vector Machines，SVM）： SVM 用于分类和回归，旨在找到一个最佳的超平面来分隔不同类别的样本。它通过最大化支持向量（边界点）之间的间隔来实现分类。SVM 对高维数据处理能力强，并且在处理复杂的边界时表现良好，但训练速度相对较慢，且对参数选择和核函数的选择敏感。如图 14.5.5 所示，存在多个超平面能够将数据进行分类，而 SVM 要找的就是中间那条带颜色的超平面。数据点到分类器的最近距离称为间隔，间隔越大，处理数据越准确。离分类器最近的那些点叫支持向量，一般情况下，只需要这些点就能完成分类。

K-近邻算法（K-Nearest Neighbors，KNN）： KNN 是一种简单的监督学习算法，是基于实例的学习方式。它通过计算样本之间的距离（如欧氏距离），将待分类样本归类到其最近的 K 个邻居中占多数的类别。KNN 易于理解和实现，但在大规模数据集上计算成本高，并对特征的尺度敏感。KNN 根据它距离最近的 K 个样本点是什么类别来判断该新样本属于哪个类别（多数投票），KNN 示意图如图 14.5.6 所示，洋红色圆圈表示 K 的设定范围，目前 K 设置为 3，这意味着需要在该范围内寻找未分类点周围的 3 个最近邻居，可见这 3 个邻居（圆圈内的 3 个标注为三角形的点）都属于类 0，因此未分类的点将归为类 0。

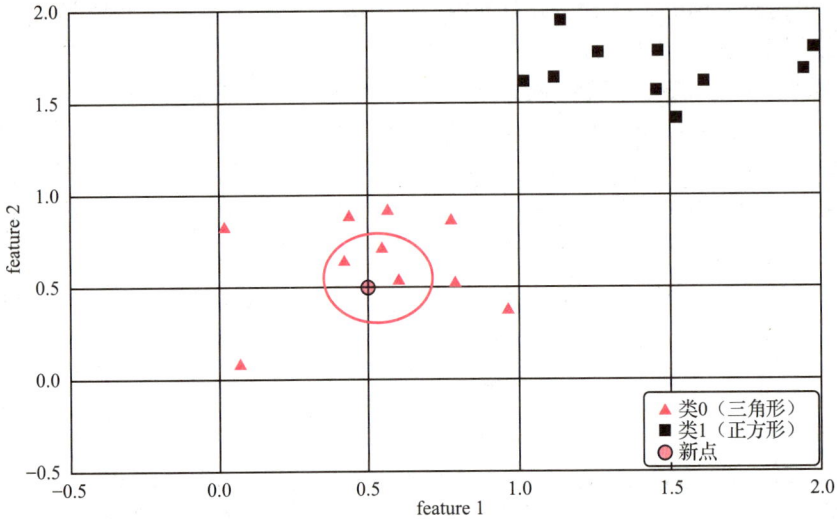

图 14.5.6　KNN 示意图

聚类算法（如 K-Means 算法、层次聚类算法）：聚类算法用于将数据集划分为多个自然的群体，常见的 K-Means 算法通过最小化每个聚类内样本到中心点的距离来进行分组。层次聚类算法则通过构建层次树状结构来表示样本之间的相似性。聚类算法广泛应用于市场细分、图像处理等领域，但对初始参数敏感，且无法处理噪声和离群点。K-Means 聚类示意图如图 14.5.7 所示，首先随机选择 K 个初始聚类中心（质心），然后将样本分配给最近的中心，接着计算新均值并更新中心，重复这一过程直到收敛。最终结果显示为多个颜色不同的簇，直观地反映出了数据的分组情况。

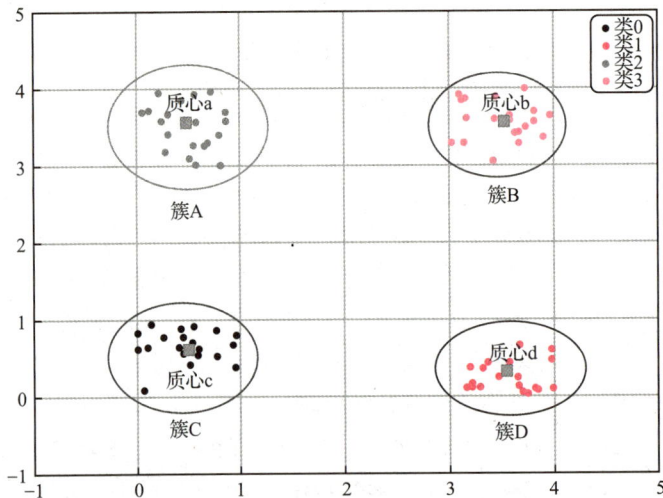

图 14.5.7　K-Means 聚类示意图

这些算法在机器学习的不同应用场景中各有优势，选择合适的算法通常依赖于问题的特点、数据的性质及所需的模型复杂度。

14.5.2　车牌识别案例

车牌识别（Automatic License Plate Recognition，ALPR）是一种利用图像处理和机器学习技术自动识别车辆车牌信息的检测技术。其过程包括输入车牌图片、车牌图像预处理、车牌定位、字符分割和字符识别，最终输出识别的车牌号码。该技术广泛应用于交通管理、停车场收费和道路监控等领域，提升了管理效率和安全性。

1. 车牌识别的总体流程

车牌识别的总体流程图如图 14.5.8 所示。

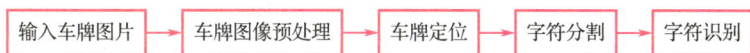

输入车牌图片 → 车牌图像预处理 → 车牌定位 → 字符分割 → 字符识别

车牌识别案例中的图像预处理和车牌定位视频

图 14.5.8　车牌识别的总体流程图

1）车牌图像预处理

车牌图像预处理是对输入图像进行初步处理，以提高后续处理的效果。常见步骤包括去噪声、增强对比度和边缘检测等。通过这些操作，可以改善图像质量，使车牌字符更加清晰，便于后续的定位和识别。

2）车牌定位

车牌定位是从整张车辆图像中识别并提取车牌区域的过程。通常通过查找轮廓操作，寻找图像中符合车牌形状的候选区域，最终确定车牌的位置，以便进行后续处理。

3）字符分割

字符分割是将定位到的车牌图像中的每个字符独立分割出来的过程。通过分析字符之间的空隙和像素分布，可以有效地将字符分离，为后续的字符识别做好准备。

4）字符识别

字符识别是对分割后的字符进行分类和识别的步骤。常用的算法包括支持向量机（SVM）、卷积神经网络（CNN）等，通过特征提取和分类模型，将每个字符映射到对应的数字或字母，从而完成车牌号码的识别。

2. 图像预处理

图像预处理包括高斯滤波、二值化处理、边缘检测和形态学操作。下面是对图像预处理所用方法的介绍。

1）高斯滤波

高斯滤波是一种平滑图像的方法，通过将高斯函数应用于图像中的每个像素来实现。此方法能有效去除图像中的噪声，降低细节，使后续处理（如边缘检测）更加准确。高斯滤波通过对周围像素赋予不同的权重来实现，靠近中心的像素权重较高，远离中心的像素权重较低，从而形成模糊效果。

2）二值化处理

二值化处理将灰度图像转换为黑白图像，以突出显示对象与背景的差异。通过设置一个阈值，所有像素值高于该阈值的变为白色（浮点值为 1.0），低于的变为黑色（浮点值为 0）。

固定阈值方法在光照均匀的图像中效果较好，而自适应阈值方法在光照不均的图像中表现更佳。图像二值化方法能够简化图像，便于后续的对象识别和分析，常用于文档分析、目标检测等场景。

3）边缘检测

边缘检测旨在识别图像中强度变化显著的区域，这些区域通常对应于对象的边界。常用的方法有 Canny 边缘检测，包含多个步骤：首先使用高斯滤波减少噪声，然后计算图像的梯度以检测边缘，接着进行非极大值抑制以保留显著边缘，最后通过边缘跟踪形成最终的边缘图像。这对于图像分割和特征提取至关重要。

4）形态学操作

形态学操作主要用于根据图像的形状进行处理的情况，常用于噪声去除和结构提取。常见的操作包括膨胀和腐蚀，膨胀用于扩展对象的边界，而腐蚀则用于缩小边界。开运算（先腐蚀再膨胀）可以去除小物体，保持大物体的形状；闭运算（先膨胀再腐蚀）则用于填补对象中的小孔。这些操作有助于改善图像质量，为后续处理提供更好的基础。图像预处理效果如图 14.5.9 所示。

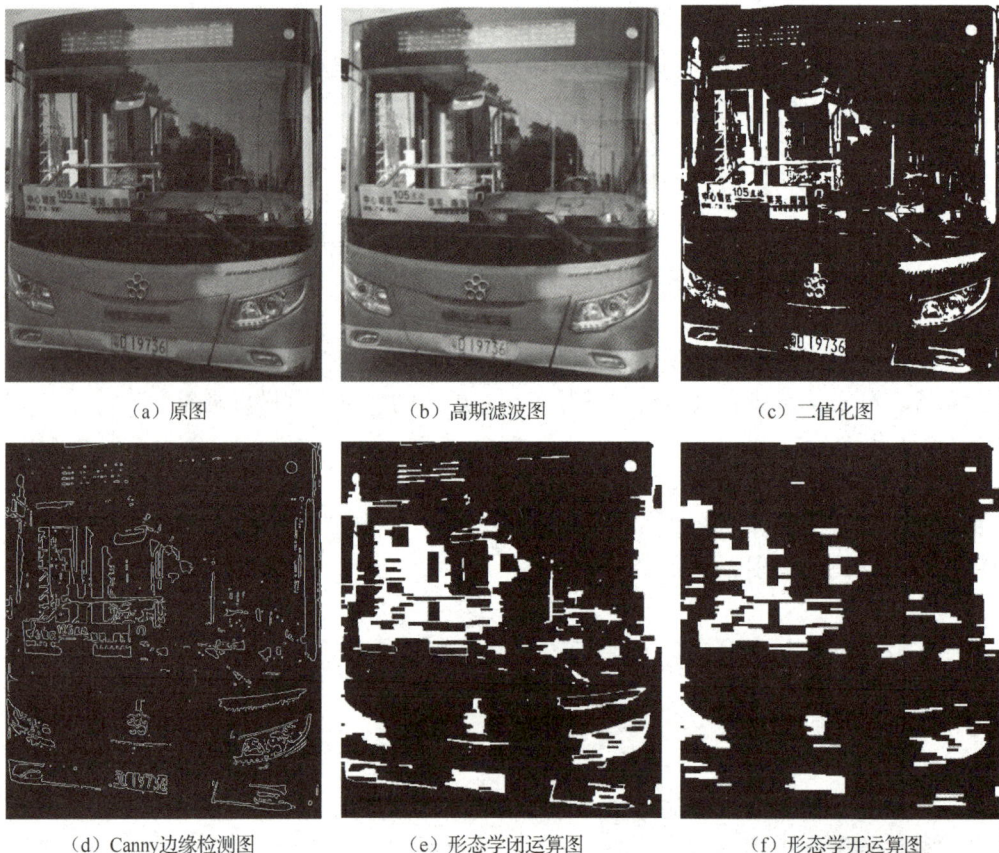

| (a) 原图 | (b) 高斯滤波图 | (c) 二值化图 |

| (d) Canny 边缘检测图 | (e) 形态学闭运算图 | (f) 形态学开运算图 |

图 14.5.9　图像预处理效果

图 14.5.9　图像预处理效果图彩图

3．车牌定位

车牌定位是从整张车辆图像中精确识别并提取车牌区域的过程，其输出为车牌图像。此过程的准确性直接影响后续的字符分割和字符识别效果。定位流程通常包括几个关键步骤：

首先，通过边缘检测（如 Canny 算法）提取图像中的边缘，然后查找轮廓，并根据面积过滤掉噪声，确保后续处理的轮廓质量；接着，通过计算每个轮廓的最小外接矩形，筛选出符合车牌长宽比的矩形区域。这一步骤有效地排除了不相关的矩形，提高了车牌识别的精度。由于车牌可能存在倾斜，接下来使用仿射变换对检测到的矩形进行矫正，确保车牌边缘被准确捕捉；此外，分析车牌的颜色，通过将图像转换为 HSV（Hue，Saturation，Value）颜色空间，统计不同颜色的像素数量，以识别车牌的颜色（如蓝、绿、黄）。这种颜色识别帮助进一步排除非车牌的区域，并进行精确定位，确保提取出的区域仅包含车牌的部分。最终，这一系列步骤为后续的字符识别奠定了基础，提升了车牌识别的整体效果。车牌定位的效果图如图 14.5.10 所示，定位的车牌在图中已用框标出。

4．字符分割

字符分割是从定位到的车牌图像中提取每个字符的过程，为后续字符识别奠定基础。该过程通过分析车牌图像的像素分布，识别字符之间的间隔，从而有效地将字符分割开来。字符分割的准确性直接影响识别效果，因此需要仔细处理字符间的空隙和边界，确保每个字符独立提取，以便后续的字符识别系统能够准确识别字符。

字符分割过程主要包括水平直方图和垂直直方图分析，以及字符区域的提取。首先，通过计算图像的水平直方图，识别潜在的字符行区域。直方图展示了每一行像素强度的总和，通过设定合理的阈值，确定哪些区域为字符。直方图中找到的波峰代表字符区域，波谷代表字符之间的间隔。通常选择最大波峰作为主要字符区域。接着，对波峰进行处理，例如，合并相邻的波峰以消除字符之间的间隔，确保每个字符完整。此外，判断波谷是否为字符边缘，过滤掉过于细小的波谷，以避免误判为分隔符或噪声。

随后，进行垂直直方图的分析，以进一步精确识别字符的宽度。这一步骤有助于确保字符不会被误认为分隔符或背景噪声。最后，利用识别出的字符区域，提取每个字符图像，为后续的字符识别模型提供输入。通过这一系列精细化的步骤，车牌上的字符得以成功提取。字符分割效果图如图 14.5.11 所示，图中的数字代表每个字符所在的位置，共 7 个字符，图中显示的是按照直方图分析找到的字符位置。

图 14.5.10　车牌定位的效果图

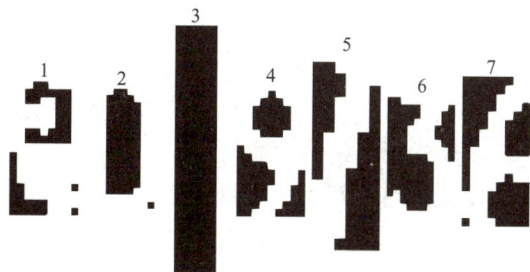

图 14.5.11　字符分割效果图

5. 字符识别

在字符识别阶段，可以借助机器学习方法，如支持向量机（SVM）作为分类器进行识别。SVM 是一种监督学习方法，通过寻找最佳的超平面将不同类别的字符区分开来。

使用 SVM 训练模型时，数据集是必不可少的，将这些数据集按 8∶2 分为两类，一类作为训练样本，剩下一类作为测试样本。车牌数据集如图 14.5.12 所示，设置两个文件夹，一个文件夹里面放的是数字和字母的图片；另一个文件夹里面存放的是中国省份简写汉字图片。每一个字母、数字和省份简写都有若干张图片，每一个字符大小为 20 像素×20 像素。

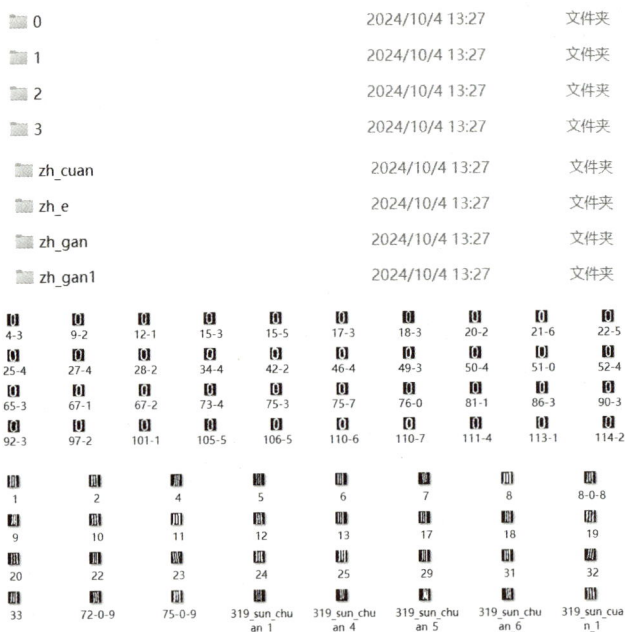

图 14.5.12　车牌数据集

构建数据集后，将分别训练中文字符、英文字符和数字字符。首先，使用英文字符和数字字符训练 SVM 模型。训练过程中，通过遍历对应的训练数据集，收集每个字符的灰度图像，并将其对应的 ASCII 码作为标签。为了提高模型的识别能力，图像经过去斜处理，以消除由于拍摄角度不当造成的扭曲。同时，采用 HOG（Histogram of Oriented Gradients，方向梯度直方图）特征提取技术，将图像转换为特征向量，以便 SVM 能够更有效地进行分类。训练完成后，对 SVM 的模型性能进行评估，计算其在训练集上的准确率，确保模型具有良好的泛化能力。

接着，针对中文字符，创建另一个 SVM 模型，流程与英文字符模型构建过程类似。通过遍历中文字符数据，收集每个字符的图像及其对应的标签。在进行去斜处理和 HOG（方向梯度直方图）特征提取后，模型被训练并评估其准确率。通过这一系列步骤，两个分类器都得到了有效训练，确保它们在后续的车牌字符识别任务中能够准确、快速地识别字符，从而提升整个车牌识别系统的性能。

之后就是对字符识别进行预测分类，对于车牌号码的第一个字符，通常是省份缩写汉字字符，调用训练好的省份识别模型，将预处理后的字符图像输入该模型，最终输出相应的省份字符。而对于后续的字符，则使用通用的字符识别模型。这一过程依赖于机器学习的推理能力，模型通过在训练期间学习到的特征来准确识别每个字符。

在获取预测结果后，需要进行结果验证以确保识别的准确性。例如，如果识别的最后一个字符是"1"，且该字符是最后一个分割出的字符，需要进一步检查其宽高比，确保其不被误判为车牌的边缘。这个步骤至关重要，因为某些字符（如"1"）在视觉上与车牌边缘可能相似，若不加以验证，可能导致错误的识别结果，车牌识别结果如图 14.5.13 所示，可见此方法能够准确识别出车牌，使用 SVM 训练车牌，对中文字符的识别准确率达到 97%，对英文字符的识别准确率达到 99%。

图 14.5.13　车牌识别结果

14.6 深度学习神经网络简介及图像识别案例课件

14.6　深度学习神经网络简介及图像识别案例

在计算机视觉领域，图像目标检测和图像目标识别是一个长期存在的挑战。随着深度学习神经网络的引入，这一领域取得了前所未有的突破。通过模拟人脑的神经元连接，深度学习模型能够从大量图像数据中自动学习到复杂的特征表示，极大地提升了计算机视觉系统的识别能力。在此背景下，深度学习广泛应用于各种图像检测和识别的任务中，包括人脸识别、自动驾驶中的行人和车辆检测、医疗影像的病变区域识别等。以卷积神经网络（Convolutional Neural Network，CNN）为代表的深度学习架构，凭借其强大的特征提取能力和高效的层次化处理，成为图像识别领域的核心工具。

本节将通过具体的应用案例，深入介绍深度学习神经网络在图像目标识别中的实际应用，阐述从模型构建到训练优化的完整流程，并探讨该技术在不同行业中的创新应用。目标检测的流程如图 14.6.1 所示。图左侧是一个输入图像，经过中间的深度学习网络进行图像处理，得到右侧标注了图像中识别目标位置的输出图像。在构建深度学习网络的过程中，网络训练是提升模型性能的关键步骤。为了让神经网络从数据中学习到有用的特征，训练过程需要依赖大量高质量的标注数据。数据不仅是模型学习的基础，还直接影响网络的最终表现。在图像识别任务中，数据准备包括收集、清洗、标注和增强等环节，以确保训练数据覆盖足够多的场景和变化。此外，适当的数据增广技术可以帮助模型增强对不同变换的鲁棒性，减少过拟合现象。本节首先探讨如何准备数据以确保深度学习网络的成功训练。同时将介绍计算机视觉中常用的图像增广方法与锚框的基础知识。后续将介绍如何使用 R-CNN 与 YOLO 模型进行目标检测。

神经网络包含前向传播与反向传播两个主要功能，前向传播是指输入数据通过神经网络各层的过程，最终生成输出。反向传播是训练神经网络的关键步骤，目的是通过优化损失函数来更新网络的参数。反向传播的步骤如下。

（1）计算损失：使用前向传播的输出和真实标签计算损失（如均方误差、交叉熵等）。

（2）计算梯度：通过链式法则反向传播梯度，计算损失相对于每个权重和偏置的导数。这通常从输出层开始，逐层向后传播。

（3）更新参数：使用优化算法（如 SGD、Adam 等）根据计算出的梯度更新权重和偏置。

输入图片

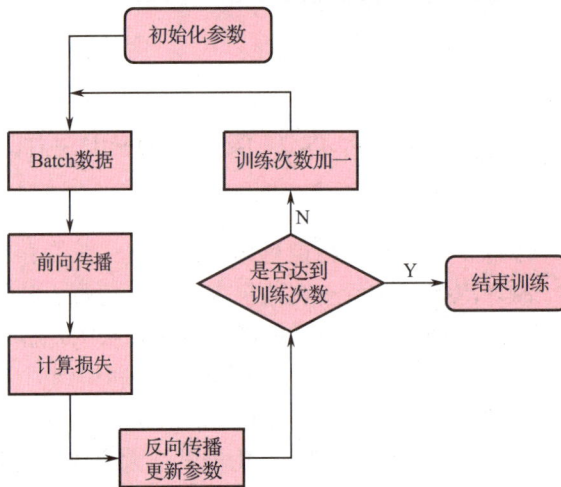

输出结果

图 14.6.1　目标检测的流程

化繁为简——AI 影像在疾病诊疗中大显身手

来源：科技日报，2021 年

人工智能在医学领域的应用日益广泛，其中约 30% 的人工智能软件涉及医学影像。AI 影像在血管病变、肿瘤检测及定量诊断中表现出显著优势，有助于重大疾病的早期防治，如心脏病、头颈部和肝脏相关疾病。

近年来，AI 影像技术发展迅速。早在 2015 年，人工智能便用于肺结节检测，AI 影像技术能够高效定位微小结节，显著提高诊断效率。到 2018 年，其应用范围扩大至心血管及头颈血管领域，实现了血管影像的智能重建和病灶自动识别。到 2021 年，AI 影像通过三维重建技术为临床手术提供了关键支持。

14.6.1　图像增广与锚框

在深度学习的图像识别任务中，模型的泛化能力往往受到训练数据规模的限制。为了提高模型在不同场景中的表现，图像增广（Image Augmentation）技术应运而生。它通过对原始训练图像进行随机的几何变换、颜色调整、裁剪等操作，生成多样化的数据样本，帮助模型学习到更广泛的特征。这不仅能够提高模型的鲁棒性，还能有效减轻过拟合问题。通过图像增广，即使在数据量有限的情况下，网络依然能获得良好的性能表现。

1. 图像翻转与裁剪

大多数图像增广方法都具有一定的随机性。为了便于观察图像增广的效果，以图 14.6.2 为例加以说明。

图 14.6.2　作为数据增广的输入样本示意图彩图

图 14.6.2　作为数据增广的输入样本示意图

图像翻转与裁剪不会改变图片的类别，所以这种方法是一种最为广泛应用的图像增广方式。翻转之后的图像如图 14.6.3 所示。

将随机裁剪一个面积为原始面积 10% 到 100% 的区域，该区域的宽高比从 0.5～2 之间随机取值。然后，区域的宽度和高度都被缩放到 200 像素，如图 14.6.4 所示。

2. 改变颜色

另一种增广方法是改变颜色。可以改变图像颜色的 4 个方面：亮度、对比度、饱和度和色调。随机更改图像的亮度，随机值为原始图像的 50%（1-0.5）到 150%（1+0.5）之间，如图 14.6.5 所示。

图 14.6.3　翻转之后的图像示意图彩图

图 14.6.3　翻转之后的图像示意图

图 14.6.4　随机裁剪之后的示意图彩图

图 14.6.4　随机裁剪之后的示意图

图 14.6.5　改变颜色之后的示意图彩图

图 14.6.5　改变颜色之后的示意图

3. 锚框

目标检测算法通常会在输入图像中对多个区域进行采样，并判断这些区域内是否存在目标。然后，通过调整区域的边界来更精确地预测目标的真实边界框（Ground-truth Bounding Box）。不同模型采用的区域采样策略各有差异。这里介绍一种常见的方法：以每个像素为中心生成多个不同缩放比例和宽高比（Aspect Ratio）的边界框，这些边界框称为锚框（Anchor Box）。锚框在 Faster R-CNN、SSD 和 YOLO 等模型中被广泛应用。

1）定义与作用

锚框是预定义的一组边界框，它们被用来捕捉不同尺度和宽高比的目标物体。通过设置锚框，模型可以有效处理不同尺寸和形状的物体检测任务。锚框在输入图像中以每个像素或特征图中的每个点为中心生成。

2）多尺度与多宽高比

每个中心点生成多个锚框，每个锚框有不同的尺度（Scale）和宽高比。这使检测模型可以同时处理大小不一、形状各异的物体。例如，SSD（Single Shot Multibox Detector）模型通常为每个特征图点生成多个尺度和宽高比的锚框。

3）正负锚框

锚框会和真实边界框（Ground-truth Bounding Box）进行匹配，通常通过 IoU（Intersection over Union）来衡量重叠程度。

正锚框（Positive Anchor Box）：与真实目标边界框的 IoU 大于某个阈值（如 0.5）的锚框，会被视为包含目标的锚框。

负锚框（Negative Anchor Box）：与任何真实边界框的 IoU 都较低的锚框，被标记为不包含目标，主要用于背景类的学习。

4）锚框匹配

锚框与真实目标的匹配通过 IoU 进行计算。一个锚框可能会与多个真实目标有较高的 IoU 值，模型会选择 IoU 最高的目标进行匹配。这一步非常重要，因为它决定了哪些锚框会作为训练样本来回归目标的边界框。

5）回归与分类

锚框不仅用于目标分类，还要通过回归调整其边界，以精确预测目标的位置。网络的回归分支会学习如何调整锚框的坐标，使其逼近真实的边界框。

6）锚框生成的数量

锚框的数量通常非常庞大，尤其在高分辨率的图像中，可能会产生大量的锚框。但实际检测过程中，大部分锚框不会包含目标，因此需要进行采样或筛选，保留部分高质量的锚框用于训练或推理。

7）FPN 中的锚框

在具有特征金字塔网络（FPN，Feature Pyramid Network）的检测器中，锚框通常会在不同尺度的特征图上生成，便于处理从小物体到大物体的检测。

8）改进与变种

一些现代目标检测模型尝试摆脱锚框的使用，改用其他方法直接预测物体的边界框，如 CenterNet、FCOS（Fully Convolutional One-Stage Object Detection）等。这类模型称为 Anchor-free 方法，它们通过直接预测物体中心和边界，不再依赖锚框。

14.6.2　目标检测

目标检测（Object Detection）是一项重要的计算机视觉任务，旨在识别图像或视频中的多个目标，并为每个目标生成其类别标签和边界框。与图像分类不同，目标检测不仅要求识别出图像中存在的物体类别，还需要精确定位这些物体。具体来说，目标检测模型需要返回每个目标物体的类别标签及该物体在图像中的位置，即由矩形框标注的边界框。

目标检测的应用非常广泛，包括自动驾驶中的行人检测、车辆检测，智能安防中的人脸识别、异常行为检测，工业生产中的缺陷检测等。实现目标检测的经典方法包括基于卷积神经网络的区域卷积神经网络（Region-based Convolutional Neural Network，R-CNN）、快速区域卷积神经网络（Fast R-CNN）、更快的区域卷积神经网络（Faster R-CNN）及单步检测方法，如 YOLO（You Only Look Once）和 SSD（Single Shot MultiBox Detector）。这些方法各自有优缺点，其中，R-CNN 系列方法检测精度较高，但推理速度相对较慢，而 YOLO 和 SSD 则以较高的速度著称，适用于实时检测。

14.6.3　区域卷积神经网络（R-CNN）

R-CNN 首先从输入图像中选取若干（如 2000 个）候选区域（如锚框也是一种选取方法），并标注它们的类别和边界框（如偏移量）。然后，用卷积神经网络对每个提议区域进行前向传播以抽取其特征。接下来，用每个提议区域的特征来预测类别和边界框。R-CNN 主要流程如图 14.6.6 所示。

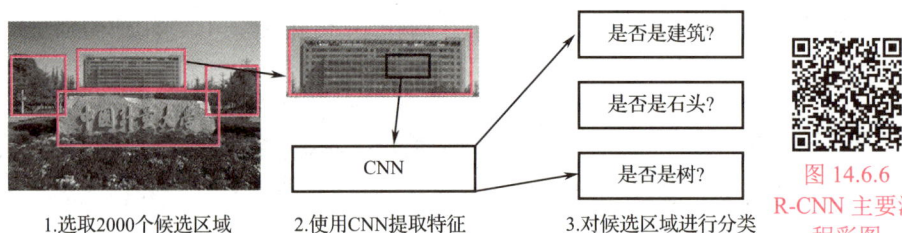

图 14.6.6　R-CNN 主要流程

一般来说 R-CNN 主要有以下几个步骤。

R-CNN 首先通过 Selective Search 方法生成大量（如 2000 个）潜在的候选区域（或称为区域建议，Region Proposals），这些区域可能包含目标对象。Selective Search 是一种启发式算法，它通过图像分割技术找到图像中具有相似纹理或颜色的区域，并将它们作为候选区域。

R-CNN 使用卷积神经网络（CNN）来提取其特征。CNN 架构可以是预训练的模型，如 AlexNet、VGG 或 ResNet。对于每个区域，先将该区域调整为固定尺寸（如 224 像素×224 像素），然后输入到 CNN 中提取特征向量。将每个提议区域的特征连同其标注的类别作为一个样本。训练多个支持向量机对目标分类，其中每个支持向量机用来判断样本是否属于某一个类别；将每个提议区域的特征连同其标注的边界框作为一个样本，训练线性回归模型来预测真实边界框。

14.6.4　YOLO 网络结构与发展历程

YOLO 算法通过将目标检测和分类任务融合在一起，具备结构简单和实时性强的特点。其模型由输入层、骨干网络、颈部网络和输出层等模块组成。从最初的 YOLOv1 到最新的

YOLOv9，以及各类优化版本，其广泛应用于医学、工业、农业等领域。YOLO 的核心在于直接以整张图像作为输入，输出层同时预测边界框的位置和目标类别。其中每个边框都要预测（x,y,w,h）和 confidence 5 个值，此外每个网格还需要预测一个类别信息，记为 C 类。下面介绍 YOLO 算法流程。

首先将图片划分为 $S×S$ 的网格。然后根据阈值去除置信度比较低的边界框。

每个网格会生成两个具有不同长宽比的边界框，每个边界框包含 5 个参数：中心点的横坐标、纵坐标、高度、宽度，以及边界框内存在目标的概率。总计每个网格预测（$B×5+C$）个值，其中 C 表示类别数量。

最终，通过非极大值抑制（NMS）算法去除多余的重叠边界框，生成最终的预测结果。

YOLO 算法由 4 个主要模块组成：输入端（Input）、骨干网络（Backbone）、颈部（Neck）和头部（Head）。这些模块共同构成了 YOLO 模型的高效架构，兼具速度与准确性。

输入端（Input）：负责接收并预处理输入数据，同时应用数据增强方法，以提升模型对多样化输入的适应能力。

骨干网络（Backbone）：作为特征提取的核心，采用通用神经网络结构，在不同的计算机视觉任务中均有应用。通过调整架构和参数，骨干网络能够高效提取关键特征。

颈部（Neck）：连接骨干网络和头部模块，主要用于整合和处理不同层的特征图。在 YOLOv3 首次引入，成为后续版本的重要组成部分。通过优化特征融合，增强模型在多任务和多数据集中的表现。

头部（Head）：用于输出目标类别和边界框预测，包含检测头设计、损失函数和优化策略，确保模型能够精确地完成目标检测任务。

14.6.5　使用预训练的 YOLO 模型进行目标识别

以 YOLOv5 为例，它是 YOLO 系列中的一个重要版本，其预训练模型在 COCO 数据上训练。下面介绍 YOLOv5 的架构、预训练模型的使用。

1. YOLOv5 的架构

YOLOv5 的架构在 YOLOv3 的基础上做了很多改进，同时吸收了 YOLOv4 中的一些优点。

Backbone：主干网络负责特征提取。YOLOv5 采用了基于 CSPNet（Cross Stage Partial Network）的设计，提升了模型的特征学习能力和效率。

Neck：使用 FPN（Feature Pyramid Network）和 PAN（Path Aggregation Network，路径聚合网络）进行特征融合，从不同尺度获取更丰富的特征图。

Head：最终的检测头负责预测边界框（Bounding Box）、分类概率和置信度。

YOLOv5 具有多个尺寸版本，以适应不同的硬件和任务需求；

YOLOv5s：最小的模型，适合实时性要求较高的场景。

YOLOv5m、YOLOv5l、YOLOv5x：分别代表中、大、超大的模型版本，逐步增加模型的参数量和计算复杂度，适合对精度要求更高的场景。

2. YOLOv5 预训练模型的使用

YOLOv5 提供了预训练的模型权重，可以非常方便地加载和使用这些模型进行推理或微调。以下是在 PyTorch 中使用 YOLOv5 预训练模型的基本步骤。

1）加载预训练模型

通过预训练模型存储库（torch.hub），可以轻松加载 YOLOv5 不同版本的预训练模型。

```
1.  Import torch
2.  #加载 YOLOv5s 预训练模型
3.  Model=torch.hub.load('ultralytics/yolov5','yolov5s',pretrained=True)
```

2）使用模型进行推理

加载预训练模型后，可以直接用它进行图像的目标检测。

```
1.  #输入一张图片进行推理
2.  Img = 'path/to/your/image.jpg'
3.  results = model(img)
4.  #显示检测结果
5.  results.show()
6.  #获取检测的标签、坐标等信息
7.  results.xyxy      #坐标信息
8.  results.pred      #预测信息
9.  results.names     #类别名称
```

推理结果如图 14.6.7 所示，该模型识别到的每一个物体外侧都有一个边界框。边界框上有类别标识这个物体是哪个类别，同时后面的数字为识别为该类别的置信度，置信度的值越大，则代表识别的可靠性越高。

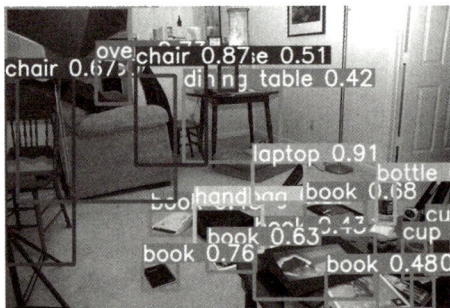

图 14.6.7　预训练的 YOLO 模型推理结果

> 📖 **小知识**：torch.hub 预训练模型
>
> torch.hub 是 PyTorch 中的一个模块，提供了一种便捷的方法来加载和共享预训练模型、数据集和其他代码。这一模块允许用户轻松地从 GitHub 上的公共库中下载和加载模型，简化了模型共享和复用的过程。加载预训练模型：用户可以通过 torch.hub.load() 函数从指定的 GitHub 仓库加载预训练的模型。例如，可以方便地加载常用的图像分类模型、目标检测模型等。共享和复用代码：开发者可以将自己的模型和功能上传到 GitHub，并通过 torch.hub 使其他用户能够简单地加载和使用这些模型，而无须手动下载或安装依赖项。支持不同的模型版本：torch.hub 允许用户指定要加载的特定模型版本，以确保代码的可重复性和稳定性。

14.6.6　使用自己的数据集训练 YOLO 模型

尽管现有的 YOLO 模型通常是在大规模通用数据集上训练的，但为了实现特定场景或任务的最佳效果，使用自己的数据集进行训练显得尤为重要。本节将介绍如何准备和配置自定义数据集，以便有效训练 YOLO 模型。介绍内容涵盖数据集的准备流程、标注工具的使用，以及训练过程中的超参数调整，确保能够根据特定需求优化模型性能。其中最重要的是准备数据集，需要将自定义数据集按 YOLO 格式进行组织，通常需要创建类似 COCO 格式的标注文件，或使用 YOLO 格式的 txt 文件进行标注。以 YOLO 格式的 txt 文件为例：

```
<category_id> <x_center> <y_center> <width> <height>
```

category_id：类别编号，从 0 开始。例如，如果你有 3 类对象（如人、车、狗），它们的编号分别是 0、1 和 2。

x_center：物体边界框的中心点 x 坐标，归一化到[0, 1]，相对于图像的宽度。

y_center：物体边界框的中心点 y 坐标，归一化到[0, 1]，相对于图像的高度。

width：物体边界框的宽度，归一化到[0, 1]，相对于图像的宽度。

height：物体边界框的高度，归一化到[0, 1]，相对于图像的高度。

以检测图片中的狗、猫为例（狗的类型编号为 0，猫的类型编号为 1）。首先使用工具来创建符合 YOLO 格式的标注文件，可以使用 LabelImg 工具来进行标注。图 14.6.8 展示了怎么在 cat_1.jpg 这张图片上进行标注，这张图片中只有猫是我们的目标，所以只需要标注猫（编号为 1）。

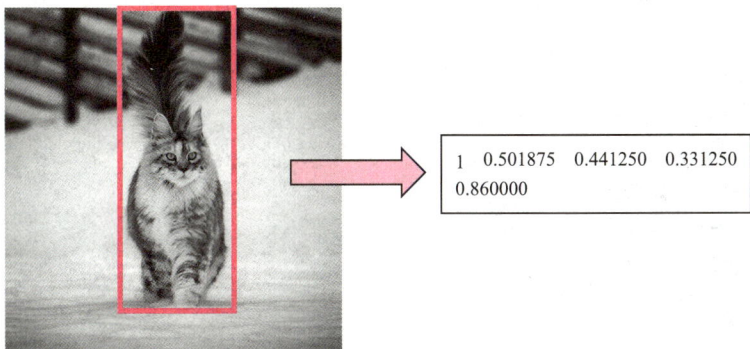

图 14.6.8　标注流程示意图

完成数据集的准备工作之后，将大约 3000 张图片作为训练集，大约 50 张图片作为测试集。训练 200 轮之后的模型输出结果如图 14.6.9 所示，边界框选中目标，并显示目标类别，其中 0.9605 表示识别为"狗"类型的置信度。

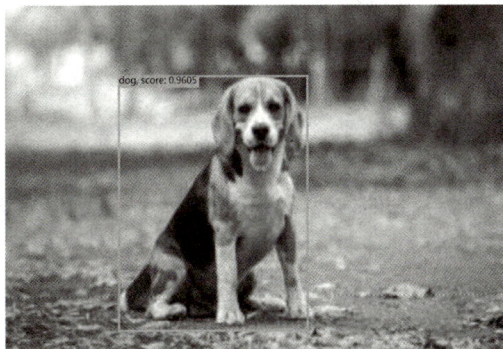

图 14.6.9　使用自己的数据集训练的 YOLO 模型的输出结果

14.7　毫米波雷达近场 SAR 成像和目标识别

合成孔径雷达（Synthetic Aperture Radar，SAR）成像是一种通过雷达系统从移动平台（如飞机、卫星或无人机）上对地面目标进行高分辨率成像的技术。SAR 利用雷达的发射与回波信号，并通过合成天线孔径的方式获取比实际天线孔径大得多的"虚拟"天线阵列，从而在距离和方位上同时实现高分辨率。

目前，基于 SAR 成像的目标检测技术已经广泛用于船舶识别、地质监测、海上石油泄漏检测等遥感领域。随着交通运输和物流行业的迅速发展，危险物的快速精准检测越发重要，X 射线等传统检测方法检测虽然效果较好，但体积大、结构复杂、存在高能辐射。毫米波雷达穿透性好、安全、无高能电磁辐射，有望成为危险物品检测的新手段。因此，毫米波雷达近场 SAR 成像技术在安检领域的应用具有较高的研究价值。

14.7.1　毫米波雷达传感器

图 14.7.1（a）是德州仪器公司生产的 AWR1843 毫米波雷达传感器，图 14.7.1（b）是配套使用的 DCA1000EVM 实时数据采集适配器。其信号发射模块由三根发射天线（TX）和四根发射天线（RX）组成，发射的信号频率为 77GHz～81GHz。DCA1000EVM 实时数据采集适配器与 AWR1843 组合使用，用于实时采集中频信号的 ADC 数据。

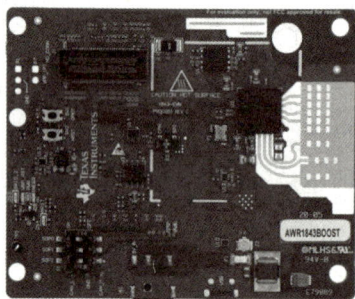

（a）AWR1843　　　　　　　　　　（b）DCA1000EVM

图 14.7.1　AWR1843 毫米波雷达传感器及对应的数据采集适配器

14.7.2　MIMO-SAR 成像

毫米波雷达的探测精度受雷达工作带宽和天线有效孔径直接影响。由于天线尺寸与质量的限制，无法预留足够大的位置放置大孔径雷达天线。SAR 通过移动天线，分步发射并接收每个阵列单元的回波信号并做阵列合成处理，达到与大孔径雷达相同的探测效果，突破了天线孔径对雷达方位向分辨率的限制。但 SAR 通过移动扫描获取合成孔径的采集数据，耗时长。多输入多输出（Multiple Input Multiple Output，MIMO）雷达是利用多个发射天线同步发射分集波，多个接收天线接收回波信号的新体制雷达，可以在短时间内采集数据，解决了传统 SAR 成像数据采集速度慢的问题。因此，基于 MIMO-SAR 的毫米波雷达近场成像可以在降低硬件复杂度的同时减少数据采集时间。

14.7.3　近场 SAR 成像装置

为实现合成孔径雷达的近场成像，需要设计一种移动平台，平台搭载雷达进行大范围的扫描，获得合成孔径，进行高分辨率 SAR 成像。近场 SAR 成像装置如图 14.7.2（a）所示，两根丝杆导轨在 X 轴和 Y 轴上垂直交叉连接，在导轨上安装雷达。控制导轨移动，便可使用雷达对目标进行扫描，并采集雷达中频信号的 ADC 数据并成像，图 14.7.2（b）是采集实物目标，图 14.7.2（c）是对应 SAR 成像结果图。图 14.7.3 是 SAR 成像数据采集流程。

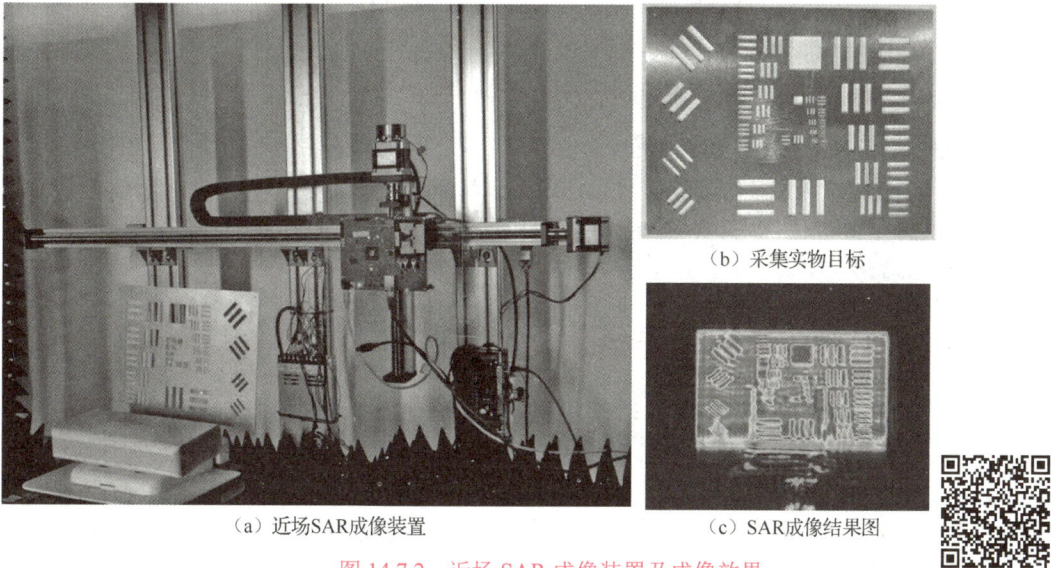

（b）采集实物目标

（a）近场SAR成像装置

（c）SAR成像结果图

图 14.7.2　近场 SAR 成像装置及成像效果

图 14.7.2　近场 SAR 成像装置及成像效果彩图

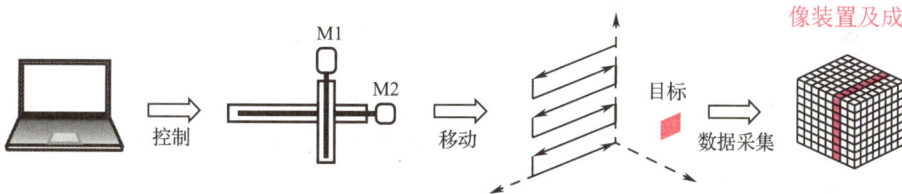

图 14.7.3　SAR 成像数据采集流程

14.7.4　雷达原始 ADC 数据处理

雷达输出的数据为原始 ADC 数据，需要进行预处理。每段数据中含有 N 个 chirp，每个 chirp 中含有 N_s 个采样点，每个采样点的数据为 I、Q 信道组合的复数。当对二维平面每个位置数据进行整合时，将得到三维数据体，如图 14.7.4 所示。洋红色点代表当前的采集位置，立方体中的洋红色区域对应当前位置采集到的 ADC 数据，即 N 个 chirp。Δx、Δy 分别对应 X 轴和 Y 轴天线阵列的采集空间间隔距离。

通过快速傅里叶变换（Fast Fourier Transform，FFT），将信号由时域转换到频域，找到中频信号的频率峰值，可得到目标平面所在位置。之后采用图像重建算法对目标所在平面成像，即可得到 SAR 图像。

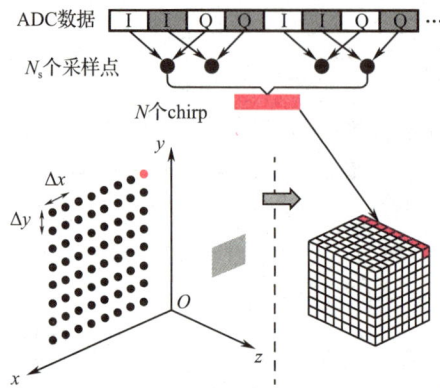

图 14.7.4　三维数据体

本节实验采用图像重建算法的后向投影算法（Back Projection，BP），算法对中频信号在传播路径中产生的相位进行补偿，完成目标平面投影。BP 算法是一种时域成像算法，依靠 FFT 进行高效的图像重建，可以应用于多种架构的雷达天线而不受限制，广泛应用于各种 MIMO 阵列成像领域。

14.7.5　基于雷达成像的目标检测方法

高效的检测方法对于雷达目标检测至关重要。早期检测方法包括恒虚警率（Constant False-Alarm Rate，CFAR）、广义似然比检验（Generalized Likelihood Ratio Test，GLRT）等，具有代表性的是恒虚警率，其根据雷达杂波数据动态调整检测阈值，若目标窗口内信号强度超过阈值，则判定目标存在。但是早期的 SAR 图像检测方法耗时长、准确率低。随着计算机技术的发展，基于深度学习的目标检测方法逐渐用于 SAR 图像检测，主要分为双阶段目标检测（FPN、R-CNN、Faster R-CNN、Mask R-CNN 等）和单阶段目标检测（SSD 和 YOLO 系列等）。

双阶段目标检测方法包括两个步骤：①候选区域生成；②目标分类与精确定位。网络首先生成一些可能包含目标的候选区域。这个过程相当于对图像进行一个初步的扫描，找出有可能包含目标的区域。在生成了候选区域之后，对这些区域进行进一步的处理，对每一个候选区域进行分类（判断该区域属于哪个类别的目标），并进一步回归出该目标的精确边界框。而单阶段目标检测方法直接将目标检测任务简化为一个回归问题，在一个步骤内同时进行目标的分类和定位。

1．YOLOv8-seg

自 2015 年以来，YOLO 算法已逐步发展成为应用最广泛的单阶段目标检测算法。YOLOv8 在前代产品的基础上，进行进一步的轻量化，提高了检测精度。YOLOv8 有 5 种变体，分别为 YOLOv8n、YOLOv8s、YOLOv8m、YOLOv8l 和 YOLOv8x。YOLOv8-seg 在 YOLOv8 的基础上进行了扩展，添加了分割头部，同时进行目标检测和分割，算法结构包括：输入层（Input）、骨干网络（Backbone）、颈部网络（Neck）和检测头（Head），结构如图 14.7.5 所示。图中，Upsample 表示上采样，Concat 表示连接；Segment 表示分割；Bottleneck 表示瓶颈结构；Split 表示拆分；Conv2d 表示两维卷积；BatchNorm2d 表示两维批量归一化。算法骨干网络主要由 CBS〔由 Conv（卷积层）、BN（Batch Normalization，批归一化层）和 SiLU（激活函数）

三部分组成，其名称也由此而来]、C2f、快速空间金字塔池化（Spatial Pyramid Pooling Fast，SPPF）组成。CBS 提取变换特征，帮助网络理解图像内容；C2f 有助于减少梯度消失；SPPF 对特征图进行不同尺度的池化操作；颈部网络通过上采样、连接、卷积等操作提取信息，使算法能对不同尺寸目标检测；检测头识别各类目标，并输出相应边界框和置信度。

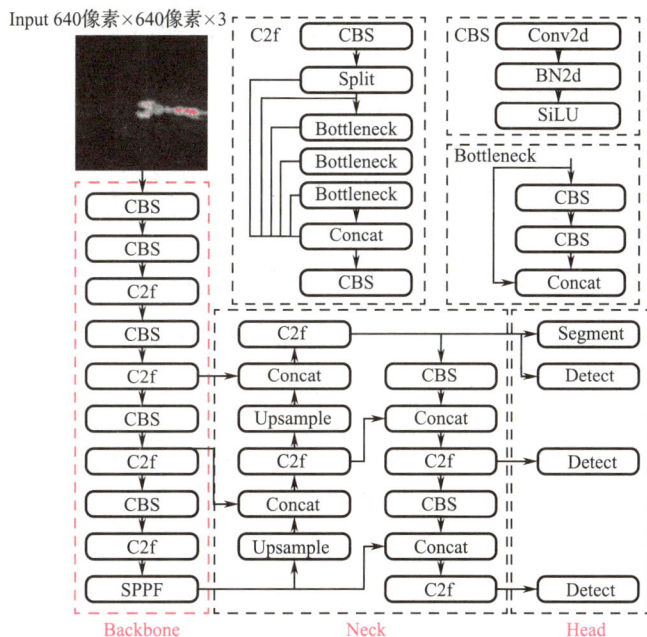

图 14.7.5　YOLOv8-seg 结构

图 14.7.5
YOLOv8-seg
结构图彩图

2. 数据集

数据集采集的目标包括扳手、锤子、模型手枪、剪刀、刀，一共得到了 633 幅原始 SAR 图像。采集的 5 种目标的实物图及其对应 SAR 图像如图 14.7.6 所示。之后标注 SAR 图像，保存标注文件。在深度学习中，数据量影响算法的识别性能，需对 SAR 图像进行数据增强，以增加样本的数量。采用镜像、亮度变换、高斯模糊、改变饱和度，进行数据增强，扩展数据集到 4300 张图像。最后将图片随机分为三组，分别为训练集、验证集和测试集，对应的比例为 80%、10% 和 10%，用于算法训练、验证和测试。

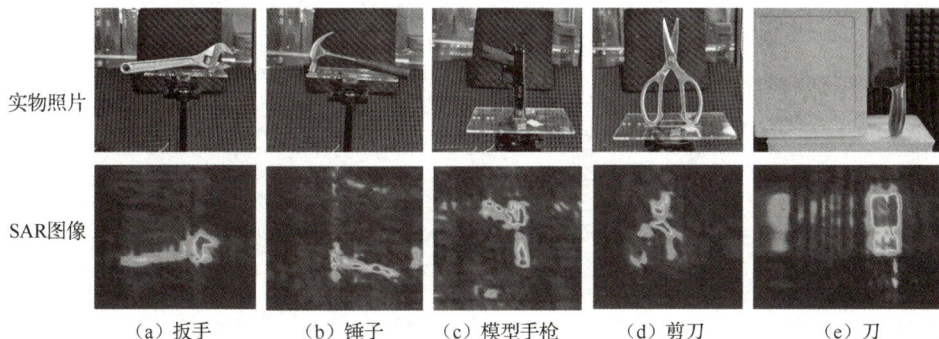

　　　（a）扳手　　　　（b）锤子　　　（c）模型手枪　　　（d）剪刀　　　　（e）刀

图 14.7.6　数据集中的 5 种目标样本

图 14.7.6　数据集中
的 5 种目标样本彩图

3．实验环境及训练参数

实验环境：深度学习框架为 PyTorch1.9，编程语言为 Python3.8，操作系统为 Windows11，CUDA 版本为 11.2，CPU 为 AMD R9 5900HX，GPU 为 Nvidia GeForce RTX 3080，内存为 32G。训练参数设置 100 个 Epoch，Batch Size（批次大小）为 32，初始学习率设置为 0.01，动量为 0.937，权重衰减为 0.0005，优化器为 SGD，图片大小为 640 像素×640 像素。

4．评价指标

评价指标有准确率 P（Precision）、召回率 R（Recall）、平均精度 mAP50 和 mAP50-95、参数量（Parameters）、浮点运算数（GFLOPs）和每张图片的检测耗时（Speed）等。准确率 P 表示正样本中被预测为正值的数量与正样本的比，表示为

$$P = \frac{TP}{TP + FP} \tag{14.7.1}$$

召回率 R 表示检测到的真实的正样本与正样本的比，表示为

$$R = \frac{TP}{TP + FN} \tag{14.7.2}$$

式中：TP（True Positives）——检测正确的正样本数量；FP（False Positives）——检测错误的正样本数量；FN（False Negatives）——检测错误的负样本数量。

精度和召回率的值都在 0 和 1 之间。通过取不同的精确率和召回率值可绘制 P-R 曲线，P-R 曲线下的面积定义为 AP，取所有检测类别 AP 的均值即 mAP，即

$$AP = \int_0^1 P(r)\mathrm{d}r \tag{14.7.3}$$

$$mAP = \frac{1}{N}\sum_{i=1}^{N} AP_i \tag{14.7.4}$$

标签框与预测框的交并比（Intersection over Union，IoU）的阈值设置为 0.5 时，平均精度表示为 mAP50；同理阈值设置为 0.5～0.95 时，平均精度表示为 mAP50-95。

5．训练结果

表 14.7.1 是 YOLOv8-seg 检测任务和分割任务的训练结果。实验对象有 5 个类别，包括锤子、刀、模型手枪、剪刀和扳手，采用准确率、召回率和平均精度 mAP50 和 mAP50-95 作为评价指标，评价模型性能。可以见得锤子类别的召回率较高但精确度相对较低，可能存在误检。剪刀类别的检测和分割均非常准确，且几乎没有漏检。其他各类的表现良好，在检测和分割上均有较好的性能。

表 14.7.1　YOLOv8-seg 训练结果

类　　别	检　　测				分　　割			
	P/%	R/%	mAP50/%	mAP50-95/%	P/%	R/%	mAP50/%	mAP50-95/%
全部	92.9	94.6	95.4	80.2	92.5	94	95.3	69.4
锤子	85.8	96.0	89.6	74.2	83.3	93.2	88.3	61.6
刀	92.9	93.9	96.1	73.4	92.9	93.5	96.9	65.2
手枪	95.7	94.7	96.1	79.5	95.1	94.0	95.2	70.0
剪刀	95.2	1	99.5	93.2	95.2	1	99.5	75.4
扳手	95.0	88.3	95.6	80.8	96.1	89.4	96.5	74.8

6. 检测结果

图 14.7.7 展示了 YOLOv8-seg 检测近场 SAR 图像的结果。图 14.7.7（a）～图 14.7.7（e）分别对应锤子、刀、剪刀、模型手枪和扳手等待测目标。其中，第一排是采集目标实物图；第二排是 BP（Back Projection）法处理雷达 ADC 数据后的原始近场 SAR 图像，图像中的颜色从蓝到红，表示反射雷达波强度的从弱到强；第三排是 YOLOv8-seg 对近场 SAR 图像的检测结果，图中检测到的目标都标注了边框和置信度，并对目标轮廓进行分割，锤子、刀、剪刀、手枪和扳手的检测置信度分别为 0.86、0.92、0.93、0.90 和 0.93。这表明 YOLOv8-seg 的识别效果非常出色，且置信度较高。

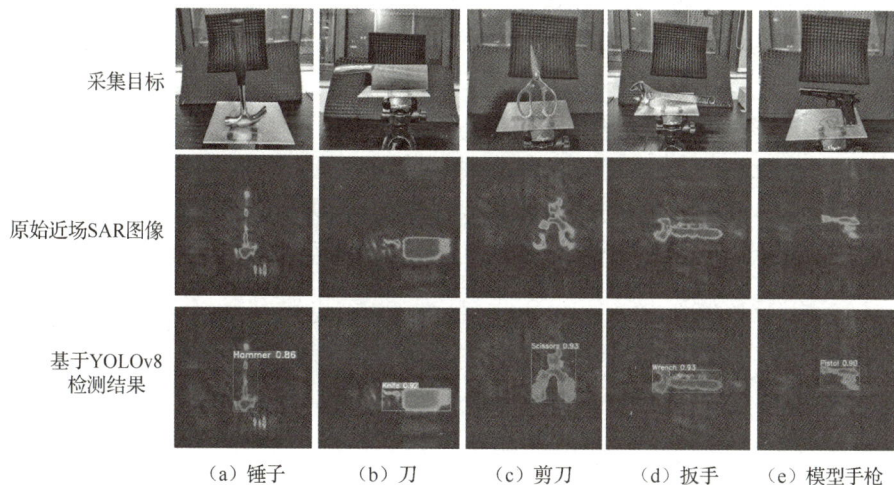

（a）锤子　　（b）刀　　（c）剪刀　　（d）扳手　　（e）模型手枪

图 14.7.7　YOLOv8-seg 检测结果

图 14.7.7
YOLOv8-seg
检测结果彩图

本章知识点梳理与总结

1．介绍了图像检测系统的组成，介绍了常见的图像传感器的基本工作原理。

2．介绍了图像检测常见的目标匹配算法，并使用工件匹配的案例介绍不同算法的优缺点。

3．介绍了机器学习的常见算法，通过车牌识别的案例，介绍机器学习算法在实际案例中的应用。

4．介绍了深度学习神经网络的基本概念、神经网络训练的基本操作流程，及如何训练自定义的网络。

5．毫米波雷达近场 SAR 成像原理和装置，并结合深度学习网络，介绍雷达成像下的目标检测方法。

思考题与习题

14-1　解释雷达 SAR 成像的基本工作原理，并阐述成像分辨率与哪些因素有关？

14-2　双阶段目标检测和单阶段目标检测方法分别有哪些？各有什么特点？分别适用于哪些场景？

第 14 章思考题与
习题答案及解析

14-3 结合所学内容，并查询相关资料回答：YOLOv8 有多少层？包含哪些模块？训练前有哪些基本参数需要设置？有哪些指标可以评价 YOLOv8 训练结果的好坏？

14-4 请比较随机森林和支持向量机在处理高维数据时的优缺点，并举例说明在什么情况下更适合使用其中一种算法。

14-5 请讨论特征选择在机器学习模型中的重要性，以及不进行特征选择可能带来的后果。举例说明特征冗余对模型性能的影响。

14-6 讨论在实际应用中选择模型时需要考虑的几个关键因素。请举例说明如何在特定场景下（如图像分类或金融预测）选择合适的模型。

14-7 卷积层与全连接层的主要区别是什么？为什么卷积层在处理图像时更有效？

14-8 如何选择合适的评价指标来评估分类模型的性能？在处理不平衡数据时，有哪些特别的考虑？

14-9 在车牌识别案例中，为什么需要针对中文和英文（数字），设计两个独立的 SVM 分类器，能否仅设计 1 个分类器，试说明理由。

14-10 还有什么方法可以用于特征检测与匹配？并分析这些方法的优点与缺点。

14-11 请用题 14-10 中的方法完成工件的检测与匹配实验，并分析不同参数对识别效果有何影响。

14-12 SIFT 算法可以用于哪些应用领域？请结合实际应用案例，给出相关的实现程序。

参考文献

[1] XIE S L, REN G Y, Wang B R. A modified asymmetric generalized Prandtl-Ishlinskii model for characterizing the irregular asymmetric hysteresis of self-made pneumatic muscle actuators[J]. Mechanism and Machine Theory, 2020, 149: 103836.

[2] 李晓莹. 传感器与测试技术[M]. 2 版. 北京：高等教育出版社，2019.

[3] 郑君里. 信号与系统[M]. 2 版. 北京：高等教育出版社，2010.

[4] 王化详. 传感器原理及应用[M]. 5 版. 天津：天津大学出版社，2021.

[5] 陈光军. 测试技术[M]. 北京：机械工业出版社，2014.

[6] 王雪松. 自动控制原理[M]. 北京：机械工业出版社，2022.

[7] 付华. 传感器技术及应用[M]. 北京：电子工业出版社，2017.

[8] 胡向东. 传感器与检测技术[M]. 4 版. 北京：机械工业出版社，2022.

[9] 孙杰，金珊. 电容式位移传感器在气阀测试中的应用[J]. 石油化工高等学校学报，2005，18(1): 55-58.

[10] 施宇成，孔德仁，徐春冬，等. 爆炸场冲击波压力测量及其传感器技术现状分析[J]. 测控技术，2022, 41(11): 1-10.

[11] 张艳芳. 基于压电传感的脉搏信号采集与分析研究[D]. 广州：华南理工大学，2023.

[12] 王俊博，高国伟. 压电式触觉传感器的优化与应用的研究进展[J]. 微纳电子技术，2023, 60(2): 165-174.

[13] 王惟桢，潘春荣，李凌志，等. 基于霍尔传感器的磁铁矿预选系统设计[J]. 有色金属（选矿部分），2023,(6): 162-169.

[14] 邓鹏，范盈圻，张玉伽，等. 传感器与检测技术[M]. 四川：电子科技大学出版社，2020.

[15] 海涛，李啸骢，韦善革，等. 传感器与检测技术[M]. 重庆：重庆大学出版社，2016.

[16] 陈杰，黄鸿. 传感器与检测技术[M]. 北京：高等教育出版社，2002.

[17] 刘光定. 传感器与检测技术[M]. 重庆：重庆大学出版社，2016.

[18] 程相昊. 基于毫米波雷达的心电信号重建与分类算法研究[D]. 北京：北京邮电大学，2023.

[19] 王坤. 基于 77GHz 毫米波雷达的生命体征监测系统研究[D]. 济南：山东师范大学，2023.

[20] 刘馨. 毫米波雷达多目标生命体征监测算法研究[D]. 北京：北京邮电大学，2023.

[21] 张涛. 基于毫米波雷达的驾驶员疲劳监测系统设计[J]. 电子制作，2023, 31(17): 42-44,37.

[22] 肖兵，薛琦，余师棠. 基于 DSP 的 M/T 测速法改进[J]. 重庆工学院学报（自然科学版）. 2009, 23(10): 65-67+76.

[23] 郭天太，李东升，赵军，孔明. 计量学基础[M]. 3 版. 北京：机械工业出版社，2021.

[24] 张文娜，熊飞丽. 计量技术基础[M]. 北京：国防工业出版社，2013.

[25] 梁森，欧阳三泰，王侃夫. 自动检测技术及应用[M]. 3 版. 北京：机械工业出版社，2018.

[26] 张玲. 温湿度表检定结果的测量不确定度评定[J]. 中国计量，2007,(8): 66+82.

[27] 肖志伟,徐珊. 温湿度计检定结果的测量不确定度评定[J]. 黑龙江科技信息，2019(8): 46-47.

[28] 胡福年. 传感器与测量技术[M]. 南京：东南大学出版社，2015.

[29] 王俊杰，曹丽. 传感器与检测技术[M]. 北京：清华大学出版社，2011.

[30] 周杏鹏，孙永荣，仇国富. 传感器与检测技术[M]. 北京：清华大学出版社，2010.

[31] 佟维妍，高成，李文强，等. 传感器与检测技术[M]. 2 版. 北京：机械工业出版社，2022.

[32] 王燕，蔡吉飞，李晋尧. 传感器与测试技术[M]. 北京：文华发展出版社，2021.

[33] 张建奇，应亚萍. 检测技术与传感器应用[M]. 北京：清华大学出版社，2019.

[34] 蒋萍，赵建玉，魏军. 误差理论与数据处理[M]. 北京：国防工业出版社，2014.

[35] 耿维明. 测量误差与不确定度评定[M]. 2 版.北京：中国质检出版社，2015.

[36] 卜雄洙. 工程测量误差与数据处理[M]. 北京：国防工业出版社，2015.

[37] 袁峰，李凯，张晓琳. 误差理论与数据处理[M]. 2 版.哈尔滨：哈尔滨工业大学出版社，2020.

[38] 狄长安，陈捷，贾云飞，等. 工程测试技术[M]. 北京：清华大学出版社，2008.

[39] 霍钰，王功. 基于铂热电阻的高温检测系统设计与优化[J]. 传感器与微系统，2019, 38(4): 108-110.DOI: 10.13873/J.1000-9787(2019)04-0108-03.

[40] 王立刚.一种基于 STC89C52 和 AD590 的温度测控系统设计[J].物联网技术，2019, 9(6): 20-21.DOI: 10.16667/j.issn.2095-1302.2019.06.005.

[41] 国家消化系统疾病临床医学研究中心（上海），国家消化内镜质控中心，中华医学会消化内镜学分会胶囊内镜协作组,上海市医学会消化内镜专科分会胶囊内镜学组. 中国磁控胶囊胃镜临床应用指南（2021，上海）[J]. 中华消化内镜杂志，2021, 38(12): 949-963.

[42] 王桥. 中国环境遥感监测技术进展及若干前沿问题[J]. 遥感学报，2021, 25(1): 25-36.

[43] KANG H, WANG X J, GVO M Q, et al. Ultrasensitive detection of SARS-CoV-2 antibody by graphene field-effect transistors. Nano Letters. 2021, 21(19), 7897-7904.

[44] MENNEL L, SYMONOWICZ J, WACHTER S, et al. Ultrafast machine vision with 2D material neural network image sensors[J]. Nature 579, 2020, 62-66.

[45] ZHAO H C, KEVIN O B, LI S, et al. Optoelectronically innervated soft prosthetic hand via stretchable optical waveguides[J]. Science Robotics. 2016(6). eaai7529, 1-10.

[46] 约瑟夫豪斯. OpenCV 4 计算机视觉：Python 语言实现[M]. 北京：机械工业出版社，2021.

[47] 吴昊. 电子体温计批量化动态检定用恒温槽研发[D]. 杭州：中国计量大学，2021.

[48] 谢胜龙. 一种足底驱动步态模拟机构控制方法研究[D]. 天津：天津大学，2018.

[49] HE X, LIU Z, SHEN G, et al. Microstructured capacitive sensor with broad detection range and long-term stability for human activity detection[J]. Flexible Electronics, 2021, 5(1): 17.

[50] MCLAUGHLIN J, MCNEILL M, BRAUN B, et al. Piezoelectric sensor determination of arterial pulse wave velocity[J]. Physiological measurement, 2003, 24(3): 693-702.

[51] Lee Y Y, Wu R H, Xu S T. Applications of linear Hall-effect sensors on angular measurement[C]//2011 IEEE International Conference on Control Applications (CCA). IEEE，2011: 479-482.